Jetzt helfe ich mir selbst

Motor
buch
Verlag

Umschlagentwurf und Buchgestaltung: Anita Ament.
Umschlagfoto: Opel.

ISBN 3-613-01373-8

Auflage Nr. 103 9904

Manuskriptbearbeitung: Redaktion »Jetzt helfe ich mir selbst«.
Fotos: autopress 1, Haeberle 3, Lautenschlager 5, Opel 4, Riesen 237, Thaer 1.
Zeichnungen: autopress 3, Bosch 2, Brunner 3, Conti 1, Lautenschlager 1, Opel 37, Pirelli 1, RUD 1, Volkswagen 3.
Stromlaufpläne: Opel.
Bildgrafik: Roland Riesen.
Repros: Kunstanstalt Huber, 71636 Ludwigsburg.
Satz: Vaihinger Satz + Druck, 71665 Vaihingen.
Druck: Rung-Druck, 73033 Göppingen.
Bindung: Wilhelm Nething, 73235 Weilheim.
Printed in Germany.

Dieter Korp
Roland Riesen

Opel Omega

Benziner Vierzylinder
Oktober ’86 bis Februar ’94

Motorbuch Verlag
Stuttgart

Inhaltsverzeichnis

Seite

Pflichtlektüre

Oft endet ein Werkstattbesuch mit einer umfangreichen, hohen Rechnung, da mehr als ursprünglich gedacht repariert oder ersetzt werden mußte. Dann kommt mancher Autobesitzer ins Grübeln: Waren wirklich alle aufgeführten Arbeiten notwendig? Hätte man nicht zumindest einen Teil der Wartungsaufgaben oder Reparaturen selbst erledigen und dabei Geld sparen können?
Mit diesem Buch wollen wir dem Autofahrer – speziell in Sachen Omega – zur Seite stehen, um seine Ausgaben zu verringern und den Wert seines Wagens zu erhalten. Aber da kommt gleich die nächste Frage: Reichen die eigenen Fähigkeiten und Möglichkeiten aus? Auch hier ist es wie anderswo: Ob Frau oder Mann, jeder hat mehr Geschick, als er glaubt. Und auch am Auto gibt es einfache Handgriffe, nicht schwerer als im täglichen Leben. Wir nennen nur: Auswechseln von Glühbirnen, Kontrolle und Nachfüllen von Öl und Wasser bzw. Reifendruck prüfen. Und man kann sich nach Belieben steigern.
Dieses Buch gibt Auskunft, z. B. mit dem farbigen Wartungsplan innen auf der hinteren Umschlagseite. Darin finden Sie genau aufgeführt, was Sie als verantwortungsbewußter Fahrer selbst bewerkstelligen können und welche Arbeiten Werkstatt bzw. Tankstelle rationeller erledigen. Die entsprechende Arbeitsbeschreibung finden Sie hier im Buch anhand der angegebenen Seitenzahl. Dort steht Punkt für Punkt, wie die Arbeit vor sich geht. So können Sie eine komplette Inspektion in Eigenregie durchführen. Oder Sie erwerben sich das nötige Grundwissen, um bei der Auftragsvergabe in der Werkstatt sachkundig mitreden zu können. Wenn Ihnen das nicht genügt, können Sie auch an die Reparatur gehen – wir haben alle gängigen Arbeiten bis hin zur Teilzerlegung des Motors beschrieben.

Damit Sie sich im Innern dieses Buches leichter zurecht finden, ist bereits im Inhaltsverzeichnis auf den vorangegangenen Seiten eine Auswahl der Stichworte herausgegriffen, die in den einzelnen Kapiteln zur Sprache kommen. Eine weitere Orientierungshilfe bietet das Stichwortverzeichnis hinten im Buch.
Ebenfalls der besseren Orientierung dient die Buchgestaltung auf den einzelnen Seiten. So sind Passagen, die der Information dienen, stets einspaltig abgedruckt, während reine Arbeitsschritte generell zweispaltig erscheinen. Je nach Interessenlage können Sie sich also mehr dem einen oder dem anderen Wissensgebiet zuwenden.

Bei der Erstellung des Manuskriptes für dieses Buch haben uns viele freundliche, geduldige und hilfsbereite Menschen bei Opel, in der Werkstatt sowie in anderen Firmen mit Rat und Tat unterstützt. Wir möchten uns an dieser Stelle ganz herzlich bei ihnen bedanken.

Die Verfasser

Gestatten? Omega

Fünf Jahre vergingen vom ersten Design-Strich bis zum Produktionsbeginn des Omega. Allein 8000 Ingenieure und Techniker arbeiten rund 5000000 Stunden, um ihre Erkenntnisse im neuen Produkt zu realisieren. Im Oktober 1986 ist es soweit: Der Omega hat Premiere.

Die Karosserie

Für eine Omega-Karosserie von 306 Kilogramm Gewicht werden rund 60 Quadratmeter Blech benötigt. Darin sind 70 Kilogramm Verschnitt enthalten, der wiederum für die Herstellung von Kleinteilen verwendet wird. Der Bau der Rohkarosserie erfolgt durch Roboter, die millimetergenau rund 4200 Schweißpunkte setzen.
Der Omega präsentiert sich in einem glattflächigen Blechkleid. Der häufig genannte Luftwiderstandsbeiwert (Abkürzung c_w) beträgt bei der Limousine 0,28 und beim Caravan 0,32. Erreicht wurde dies durch den tropfenartigen Grundriß der Karosserie sowie eine Vielzahl an Detailmaßnahmen, wie z.B. bündig in die Karosserie eingeklebte Front- und Heckscheibe, glattflächige Seitenscheiben, die fast ohne Überstand mit der Außenhaut abschließen, leicht abgedeckte Hinterräder sowie verdeckte Scheibenwischerachsen, die sich unter der Motorhauben-Hinterkante befinden.
Gute Aerodynamik ist aber nicht nur ein guter C_w-Wert. Aerodynamik beinhaltet gleichzeitig eine Vielzahl technischer Komponenten, die unter anderem dazu beitragen, die Fahrstabilität zu erhöhen, Verschmutzungen an Karosserie und Scheiben sowie die Windgeräusche und den Kraftstoffverbrauch zu minimieren. Rund 1400 Stunden verbrachte der Omega im Windkanal, um allen Ansprüchen einer guten Aerodynamik zu genügen.
Die Karosserie des Omega wurde aber auch unter dem Aspekt der Sicherheit konstruiert. So bietet der Omega besten Insassenschutz. Im Falle eines Aufpralls lassen sich die Türen noch öffnen, da sie überlappend konstruiert sind und sich nicht verkanten können. Zusätzlich entriegelt bei Fahrzeugen mit Zentralverriegelung ein »Crash-Sensor« alle eventuell verschlossenen Türen. Sogenannte »Anti-Lift-Scharniere« verhindern überdies ein Aufspringen der Motorhaube.
Besonders rostgefährdete Karosserieteile sind aus ein- oder beidseitig verzinkten Blechen gefertigt, weniger gefährdete Teile sind mit einer Rostschutzgrundierung bzw. Schutzwachs versehen.

Die Motoren

Unter der Motorhaube des Omega finden wir folgende Motoren:

- 1,8-Liter/60 kW Euro-Norm (ungeregelter Kat) mit Vergaser
- 1,8-Liter/65 kW Euro-Norm (ohne Kat) mit elektronischem Vergaser
- 1,8-Liter/66 kW mit Vergaser
- 1,8-Liter/85 kW mit L3-Jetronic-Einspritzung
- 2,0-Liter/85 kW US-Norm (geregelter Kat) mit Motronic-Einspritzung
- 2,0-Liter/90 kW mit Motronic-Einspritzung
- 2,4-Liter/92 kW US-Norm (geregelter Kat) mit Motronic-Einspritzung
- 2,6-Liter/115 kW US-Norm (geregelter Kat) mit Motronic-Einspritzung
- 3,0-Liter/130 kW mit Motronic-Einspritzung
- 3,0-Liter/130 kW US-Norm (geregelter Kat) mit Motronic-Einspritzung
- 3,0-Liter 24V/150 kW US-Norm (geregelter Kat) mit Motronic-Einspritzung
- 2,3-Liter Diesel/54 kW
- 2,3-Liter Turbodiesel/66 kW
- 2,3-Liter Turbodiesel/74 kW mit Ladeluftkühlung

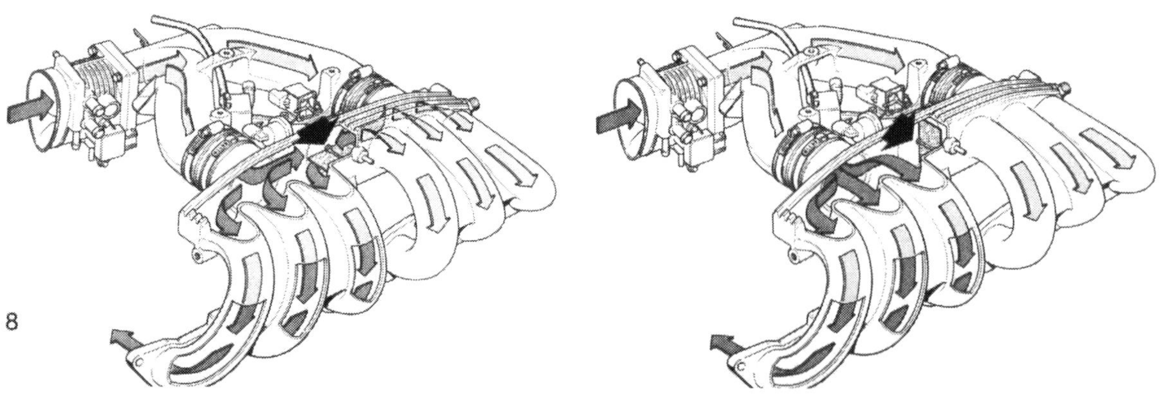

So funktioniert das Dual-Ram-Ansaugsystem: Ab 4000/min öffnet die Steuerklappe für günstige Strömungsverhältnisse bei höheren Drehzahlen (Zeichnung links). Bis 4000/min bleibt die Steuerklappe geschlossen (Zeichnung rechts).

Mit der Markteinführung wurde der Omega Caravan zunächst nur in den Ausstattungen LS, GL und GLS angeboten. Später kamen die Versionen CD, Club und 3,0i hinzu.

Was den Omega 2,6i und den Omega 3000 24V angeht, so besitzen deren Motoren als Besonderheit ein sogenanntes Dual-Ram-Ansaugsystem. Bei diesem System wird die Ansaugluft durch zwei verschiedene Kanäle geleitet. Welchen Weg die Luft nehmen soll, entscheidet das Motronic-Steuergerät. Es steuert eine Klappe im Saugrohr, die beide Kanäle zur Verbesserung des Drehmoments bei niederen Drehzahlen (bis 4000/min) trennt und bei hohen Drehzahlen verbindet.

Das Getriebe

Für den Omega hat man ein neues 5-Gang-Schaltgetriebe entwickelt. Durch den Einsatz von speziellen Nadellagern und beschichteten Buchsen wurde die Schaltqualität verbessert. Auf Wunsch gibt es auch ein 4-Gang-Automatikgetriebe. Es besitzt eine Wandler-Überbrückungskupplung, die im 4. Gang ab einer Geschwindigkeit von ca. 80 km/h eine starre Verbindung zwischen Motor und Getriebe herstellt. Seit Modelljahr 1989 gibt es zunächst nur für den 2,4-Liter-Omega ein elektronisch gesteuertes 4-Gang-Automatikgetriebe. Auch dieses Getriebe ist mit einer Wandlerkupplung ausgestattet, die im 3. und 4. Gang wirksam wird. Das Getriebe läßt sich mit den elektronisch überwachten Programmen »Economy«, »Sport« oder »Winter« steuern.

Das Fahrwerk

Großen Aufwand betrieben die Opel-Ingenieure bei der Entwicklung des Omega-Fahrwerks. Komfort, Fahrverhalten, Geräuschdämpfung und Sicherheit wurden gegenüber dem Vorgängermodell erheblich verbessert.
Vorn besteht die Aufhängung aus einem Vorderachsträger, McPherson-Federbeinen, Dreiecksquerlenkern und einem Stabilisator. Hinten besitzt der Omega eine Schräglenkerachse mit einem Querträger, Schräglenkern und ebenfalls einem Stabilisator. Die Federung übernehmen Schraubenfedern, sogenannte Miniblock- oder Tonnenfedern. Die Stoßdämpfer sind leicht schräg stehend angeordnet und hinter der Radmitte befestigt.
Opel gab dem Fahrwerk des Omega den Namen DSA-Fahrwerk (**D**ynamic **Sa**fety = Dynamische Sicherheit). Zu dessen Besonderheiten zählen z. B. der negative Lenkrollradius (siehe auch Seite 115) der Vorderräder von 2 Millimetern. (Das Vorgängermodell hatte noch einen Lenkrollradius von 40 Millimetern – positiv.) Einen relativ starken negativen Sturz bekamen die Räder der Hinterachse. Hinzu kommt eine spezielle Anordnung und Lagerung der Quer- und Schräglenker an Vorder- und Hinterachse. Sie sind so in Gummi gelagert, daß sie beim Ein- und Ausfedern eine programmierte Bewegung vollziehen: So gehen z. B. beim Bremsen die Vorderräder auf Vorspur, sie lenken dabei beide individuell abhängig von Art und Zustand der Straßenoberfläche nach innen. Dadurch bleibt das Auto auch dann stabil in der Spur, wenn die Räder auf unterschiedlichen Fahrbahnbeschaffenheiten gebremst werden.
Wird beim Kurvenfahren Gas weggenommen (Lastwechsel), machen die Hinterräder einen geringfügigen Lenkeinschlag nach innen. Die Tendenz zum Ausbrechen des Hecks (Übersteuern) wird so fast ausgeschaltet. Im übrigen ändert sich der negative Sturz auch bei extremen Kurvenfahrten oder voller Beladung kaum.

Die Karosserieform des Omega wurde während der gesamten Bauzeit nicht wesentlich verändert.

Motorraumbild 1,8-Liter

Pfiffikus

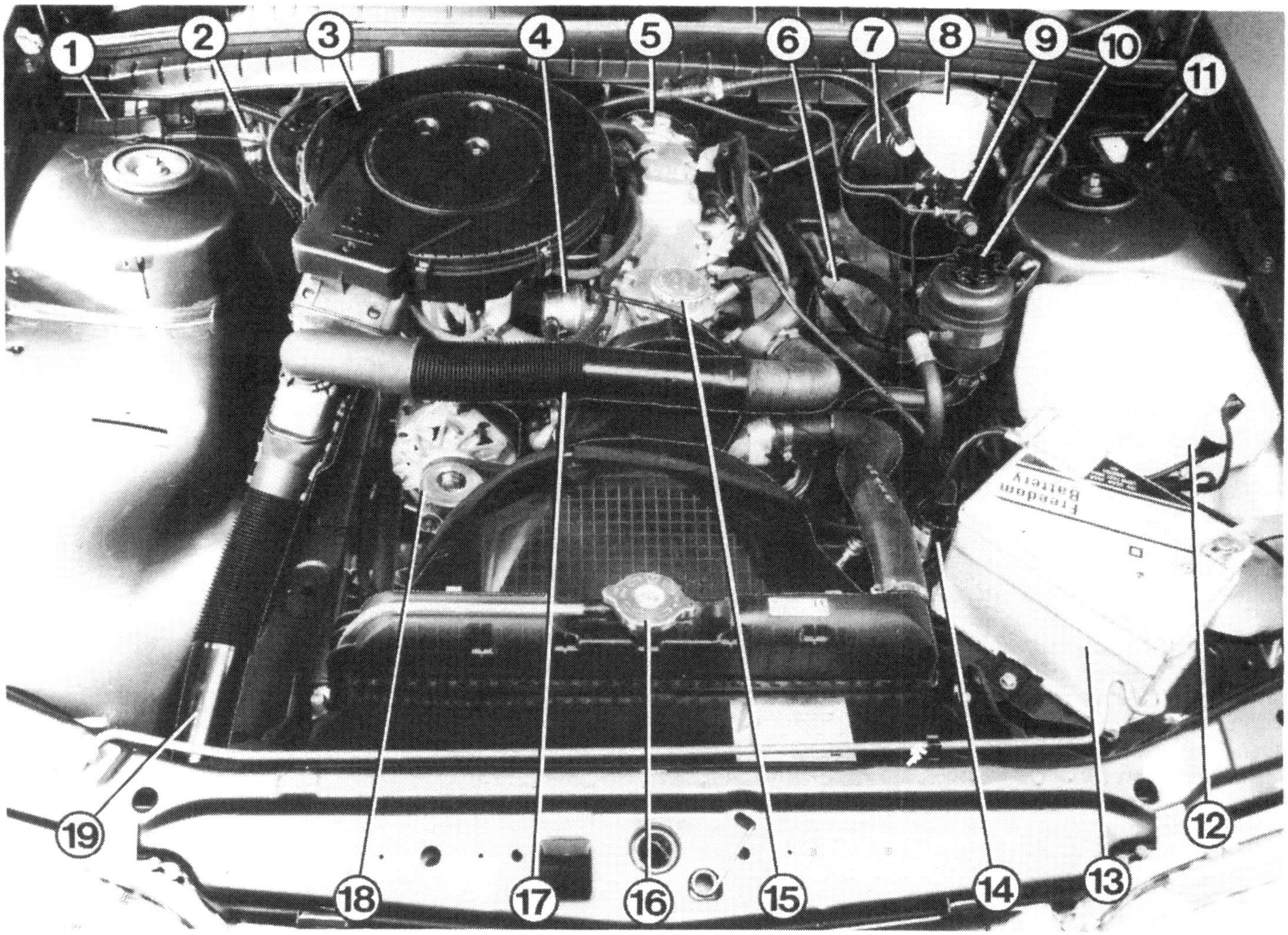

Ein Blick in den Motorraum eines Omega mit 1,8-Liter-Motor: 1 – Steuergerät der Zündung; 2 – Diagnosestekker; 3 – Luftfiltergehäuse; 4 – Kraftstoffpumpe; 5 – Zündverteiler; 6 – Lenkgetriebe; 7 – Bremskraftverstärker; 8 – Bremsflüssigkeitsbehälter; 9 – Hauptbremszylinder; 10 – Vorratsbehälter der Servolenkung; 11 – Relaiskasten; 12 – Scheibenwaschwasserbehälter; 13 – Batterie; 14 – Zündspule mit angebauter Endstufe; 15 – Motoröl-Einfüllstutzen; 16 – Kühlerverschlußdeckel; 17 – Warmluft-Ansaugschlauch; 18 – Lichtmaschine; 19 – Kaltluft-Ansaugschlauch.

Athlet

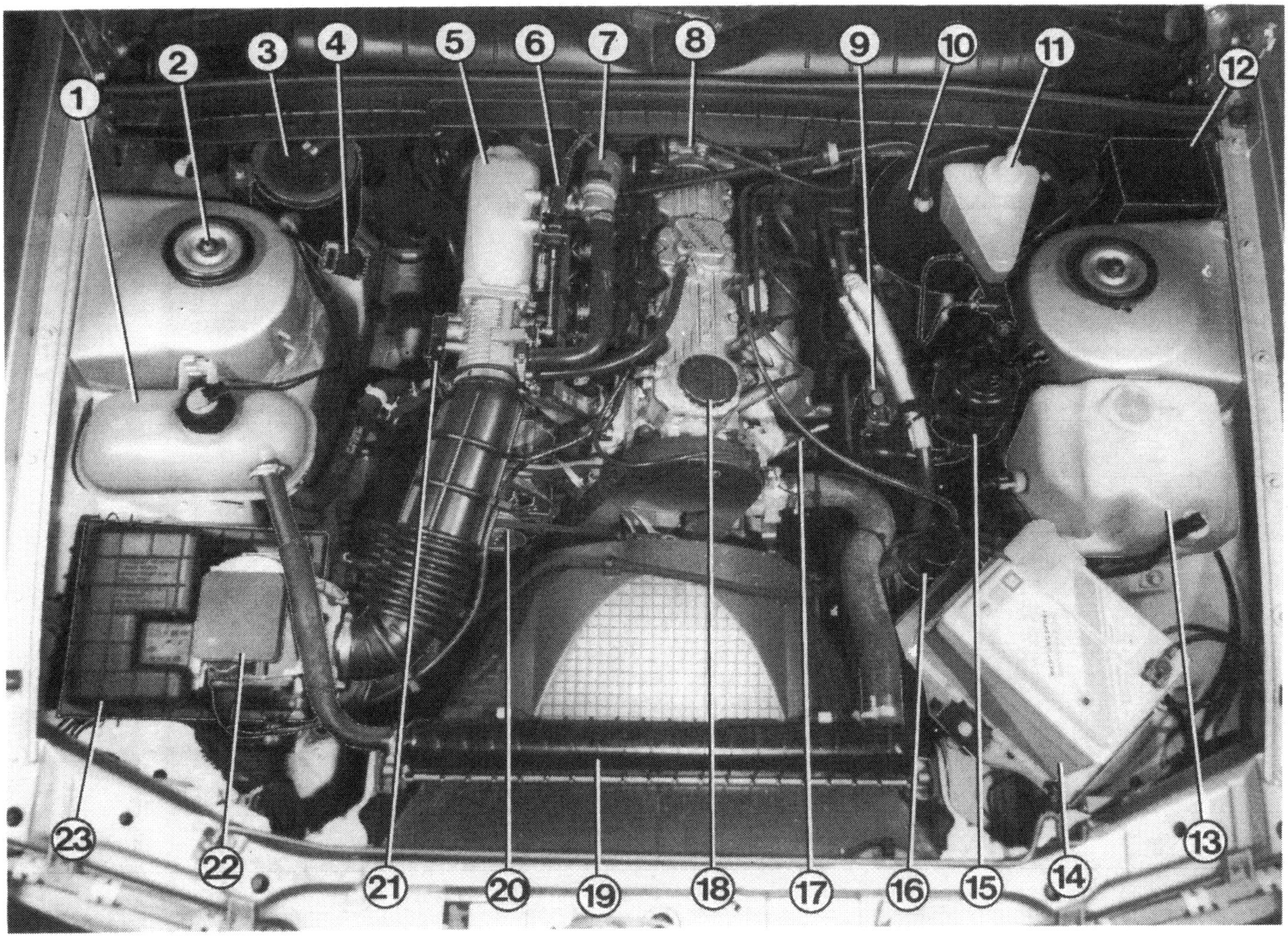

Das Motorraumbild eines 2,0-Liter-Omega zeigt: 1 – Kühlmittel-Ausgleichbehälter; 2 – Federbein; 3 – Aktivkohlebehälter; 4 – Diagnosestecker; 5 – Sammelsaugrohr der Motronic-Einspritzung; 6 – Gaszug; 7 – Lehrlaufdrehsteller; 8 – Zündverteiler; 9 – Hydraulikeinheit des ABS; 10 – Bremskraftverstärker; 11 – Bremsflüssigkeitsbehälter; 12 – Relaiskasten; 13 – Scheibenwaschwasserbehälter; 14 – Batterie; 15 – Vorratsbehälter der Servolenkung; 16 – Zündspule; 17 – Ölpeilstab; 18 – Motoröl-Einfüllstutzen; 19 – Kühler; 20 – Lichtmaschine; 21 – Drosselklappenschalter; 22 – Luftmengenmesser; 23 – Luftfiltergehäuse.

Kraftprotz

Im Motorraum eines Omega mit 2,4-Liter-Motor sehen Sie: 1 – Kühlmittel-Ausgleichbehälter; 2 – Federbein; 3 – Aktivkohlebehälter; 4 – Diagnosestecker; 5 – Gaszug; 6 – ATF-Peilstab (Fahrzeuge mit Automatikgetriebe); 7 – Leerlaufdrehsteller; 8 – Ölpeilstab; 9 – Lenkgetriebe; 10 – Hydraulikeinheit des ABS; 11 – Bremskraftverstärker; 12 – Relaiskasten; 13 – Scheibenwaschwasserbehälter; 14 – Batterie; 15 – Zündspule; 16 – Lichtmaschine; 17 – Zündverteiler; 18 – Wasserpumpe; 19 – Motoröl-Einfüllstutzen; 20 – Sammelsaugrohr der Motronic-Einspritzung; 21 – Vorratsbehälter der Servolenkung; 22 – Luftmengenmesser; 23 – Luftfiltergehäuse.

Fitness-Training

Fit sein, fit bleiben – was dem Besitzer recht ist, gilt auch für den Wagen. Damit es so bleibt, hat Opel ein Fitnessprogramm zusammengestellt. Nicht für den Besitzer, sondern für den Wagen. Um Verwechslungen zu vermeiden, heißt das ganze schlicht »Wartungsplan«.

Wartungs-Intervalle

Verfährt man nach der Opel-Empfehlung, soll der Wagen alle 15000 km oder einmal jährlich in der Werkstatt stehen. Bei diesem Anlaß wird neben zahlreichen anderen Wartungspunkten der Ölwechsel und die Abgas-Sonderuntersuchung durchgeführt.
Bei Kilometerstand 30000 (oder alle zwei Jahre) bzw. 45000 (oder alle drei Jahre) kommen weitere Arbeiten dazu.
Ob die Wartung in Zeit- oder Kilometerintervallen erfolgen soll, hängt davon ab, welches Limit zuerst erreicht wird.

Vorgehensweise

Ob für Sie die Jahres- oder die Kilometer-Intervalle maßgeblich sind, entscheidet sich an der Jahres-Kilometerleistung Ihres Wagens. Hier einige Beispiele:
○ Wenn Sie ca. 15000 km im Jahr fahren, wird die Inspektion natürlich jährlich durchgeführt.
○ Bei ca. 30000 km pro Jahr erfolgt die Inspektion halbjährlich. Auch logisch.
○ Schwieriger wird's, wenn z.B. ca. 24000 km jährlich gefahren werden – wenn also keines der Intervalle so richtig zutrifft. Denn jetzt müssen Sie bei 15000 km zur Inspektion (des Ölwechsels wegen), aber nach Ablauf des Jahres erneut in die Werkstatt (der Abgas-Sonderuntersuchung wegen).
○ Der Selbsthelfer kann in einem solchen Fall flexibler einteilen, was wann gemacht werden soll. Er kann beispielsweise – nach Ablauf der Garantiezeit, versteht sich – jährlich die Inspektion durchführen, aber einen zusätzlichen Ölwechsel einschieben.

Wartungsplan für den Selbsthelfer

Damit Sie zu unserem Pflegeplan während der Arbeit nicht ständig zurückblättern müssen, haben wir ihn **auf der Innenseite des Umschlags hinten** abgedruckt. So haben Sie ihn ständig vor Augen und können die Arbeiten Punkt für Punkt erledigen. Die Reihenfolge haben wir speziell für Heimwerker zusammengestellt und auch zusätzliche Punkte eingefügt, die nach unseren Erfahrungen wichtig sind.
Ganz zu Anfang finden Sie eine Anzahl von Arbeiten unter der Überschrift »Ständige Kontrollen«. Diese Wartungspunkte lassen sich in kein Kilometerintervall pressen. Auch sollte da – wie beispielsweise bei der Ölstandskontrolle – öfter als alle 15000 km nachgesehen werden.

Was können Sie selbst machen?

Fast alle Wartungsarbeiten am Omega können Sie selbst ausführen, das entsprechende Wissen hierzu liefert unser Handbuch. Wenn dennoch Werkstatt oder Tankstelle den einen oder anderen Wartungspunkt rationeller durchführen können, so haben wir das im Wartungsplan vermerkt. Die »Selbsthelfer-Ampel« weist Ihnen dabei vor jedem Wartungspunkt in den bekannten Farben grün–gelb–rot den richtigen Weg:
Grün: Freie Fahrt für den Selbsthelfer. Diese Arbeit können Sie mit den Kenntnissen aus diesem Buch fachgerecht ausführen und Geld sparen.
Gelb: Die Arbeit ist zwar nicht schwierig, doch es fehlen meist die nötigen Einrichtungen. An der Tankstelle sind Sie in diesem Fall am besten aufgehoben.
Rot: Halt, hier lassen Sie am besten die Werkstatt ran. Spezielle Werkzeuge oder Meßgeräte sind erforderlich, der Aufwand an Eigenarbeit lohnt sich nicht, weil die Werkstatt wesentlich schneller arbeitet oder weitergehende Kenntnisse erforderlich sind.

Einschränkungen während der Garantiezeit

Wenn wesentliche Bauteile Ihres Wagens erneuert wurden, verlangt das Werk, daß die entsprechenden Wartungsarbeiten termingerecht in einer Werkstatt erledigt werden. Andernfalls können auch berechtigte Garantieansprüche abgelehnt werden.

Behandlungsraum

Nicht jeder Platz ist dafür geeignet, um dort Krankheiten des Wagens zu beseitigen oder um regelmäßige Wartungsarbeiten durchzuführen. Auf einem Rasenplatz versickern beispielsweise Öltropfen, Kraftstoff oder Frostschutz unaufhaltsam böse im Erdreich. Ist der Untergrund zudem noch weich, wird das Aufbocken nicht nur schwieriger, sondern auch wesentlich gefährlicher. Wo also arbeiten?

Der Pflegeplatz

Am günstigsten ist eine breite, lange Garage oder ein ähnlicher Raum mit solchen Ausmaßen. Der Pflegeplatz sollte gut ausgeleuchtet werden können, wofür sich Leuchtstoffröhren und eine Handlampe oder Stehlampe gut eignen. Einige Steckdosen dürfen nicht fehlen. Haben Sie einen Arbeitsplatz mit Montagegrube, können die Arbeiten an der Unterseite Ihres Fahrzeuges einfach und bequem durchgeführt werden. Hinweis: Vor dem nachträglichen Einbau einer Grube mit dem zuständigen Bauamt sprechen. Wenn Ihr Arbeitsraum ausreichend hoch ist, könnten Sie an der Decke einen stabilen Haken befestigen, um ggf. einen Flaschenzug einhängen zu können. Ein mit einem Kunststoff-Anstrich versehener Boden läßt sich gründlich reinigen. Stabile Regale, eine Arbeitsfläche oder eine Werkbank runden einen weitestgehend perfekten Pflegeplatz ab. Doch auch wenn Sie sich nicht solche Möglichkeiten schaffen können, braucht die Selbstpflege Ihres Omega nicht zu unterbleiben. Viele Reparaturen und fast alle Wartungsarbeiten können bei warmem, trockenen Wetter genauso gut auf einer Fläche mit festem Boden im Freien durchgeführt werden. Sorgen Sie für genügend Ablageflächen, bevor Sie mit dem Arbeiten beginnen.
Vorsicht mit Kraftstoff und Öl auf Asphalt. Beachten Sie auch, daß warmer Asphalt weich wird. Wagenheber oder Unterstellböcke können umkippen!

Fingerzeig: Nicht selten bleiben nach der Arbeit Ölspuren auf dem Boden zurück, die man abbinden sollte, bevor sie weiter versickern. Hier kann fürs erste ein scharfer Haushaltsreiniger oder Geschirrspülmittel helfen. Auch saugende Materialien, wie z.B. Sägemehl, Sand, Zement, schaffen Besserung. Im Zubehörhandel und von der Fa. Take GmbH, Trumppstraße 2, 80997 München werden Ölfleck-Entferner angeboten.

Wagenheber

Es gibt verschiedene Wagenhebertypen mit unterschiedlicher Belastbarkeit und entsprechenden Preisdifferenzen. Ansatzstellen für die Wagenheber siehe Abbildungen auf der gegenüberliegenden Seite.
Bordwagenheber: Wenn er bei einem alten Fahrzeug angesetzt wird, dessen Türschweller bereits durch Rost geschwächt sind, ist Vorsicht geboten. Er darf immer nur auf festen Untergrund gestellt werden.
Scherenwagenheber: Hiervon ist nur eine stabile Ausführung mit breitem Fuß und möglichst langer Kurbel ratsam.
Hydraulischer Stempelwagenheber: Es gibt preiswerte Ausführungen. Sein Vorteil ist es, daß der Wagen sehr schnell angehoben werden kann. Vor dem Kauf ist die Hubhöhe zu kontrollieren: Bei zu kurzem Hub werden die Räder nicht genügend vom Boden abgehoben. Ein zu großer Heber läßt sich nicht unter dem Wagenboden ansetzen.
Rangierwagenheber: Als noch praktischer erweist sich ein solcher Heber, wenn er ein zusätzliches Pedal zum Hochpumpen hat. Für den Heimwerker gut geeignet ist ein kurzer, kleiner Rangierwagenheber, der sich leicht verstauen läßt. Aber es ist zu beachten, daß sich ein Heber mit zu kleinen Rädern unter Last kaum noch rangieren läßt und daß die Befestigung der Deichsel den Rangiervorgängen standhält.

Fingerzeig: Ein Hartholzbrett zwischen Kopf des Wagenhebers (ausgenommen Bordwagenheber) und Wagenboden plaziert, verteilt die Last besser und verhindert mögliche Beschädigungen der Fahrzeugunterseite.

Wagen immer abstützen

Wagenheber sind – wie ihr Name schon sagt – nur dazu da, das Fahrzeug anzuheben. Das gilt für Bordwagenheber, Scherenwagenheber, hydraulischen Stempelwagenheber und Rangierwagenheber. Sie sind keinesfalls eine ausreichende Stütze für Arbeiten an der Wagenunterseite. Lassen Sie es auch in der größten

Nur an diesen Punkten dürfen Wagenheber angesetzt werden:
A – Aufnahme für Bordwagenheber;
B – Aufnahme für Werkstattwagenheber.

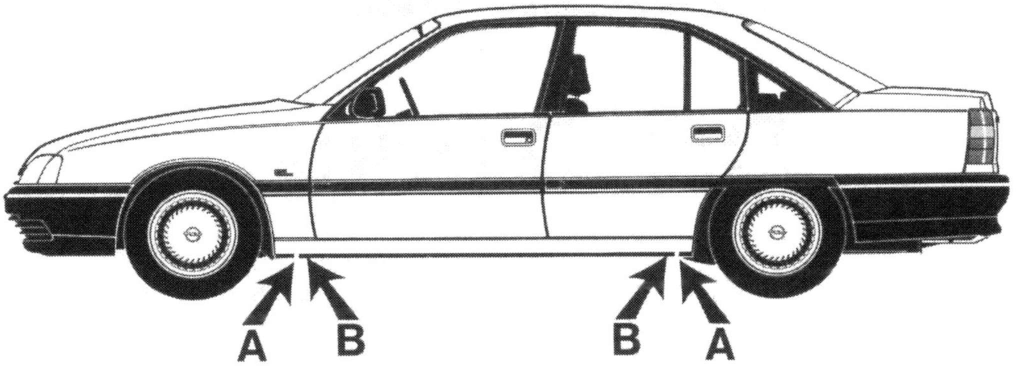

Eile nie an der fachgerechten Abstützung des aufgebockten Fahrzeugs fehlen. Sonst kann die eigenhändige Reparatur das Leben kosten. Zum richtigen Abstützen gehört natürlich auch das Unterlegen der Räder mit Steinen oder Holzkeilen, damit der Wagen beim Anheben nicht wegrollen kann.

Womit abstützen?

Hohlblocksteine haben sich als preisgünstigste Abstützmöglichkeit erwiesen. Sie dürfen allerdings nicht feucht oder rissig sein, sonst könnten sie unter Belastung in sich zusammenbrechen. Zwischen Stein und Karosserie muß ein Brett gelegt werden, damit sich die Last gleichmäßig über den ganzen Stein verteilen kann.
Der Hohlblockstein selbst muß senkrecht auf ebenem und tragfähigem Grund (Beton oder Asphalt) stehen. Ungeeignet ist weicher Boden oder Rasen.
Unterstellböcke stellen eine ideale Ergänzung zum Rangierwagenheber dar. Bei allen Hebern – aber auch bei seitlich angesetztem Rangierwagenheber – besteht allerdings die Gefahr, daß der auf der gegenüberliegenden Seite angesetzte Dreibeinbock einfach zur Seite weggedrückt wird. Am günstigsten steht der Bock, wenn eines seiner Beine nach außen und zwei zur Wagenmitte hin zeigen. Beachten Sie beim Kauf, daß die Böcke keine zu kleine Standfläche haben sollten.
Kontrollieren Sie beim Ansetzen eines Unterstellbocks, ob das Blech nirgendwo eingedrückt werden kann. Günstig ist ein zusätzlich eingelegtes Kantholz, wie im Bild unten rechts gezeigt.
Auffahrrampen sind die schnellste Aufbockmöglichkeit, da kein Wagenheber gebraucht wird. Auch steht der Wagen dann absolut sicher. Wichtig ist, daß die Rampen einerseits eine genügend hohe seitliche Absicherung und nach vorn einen Überfahrschutz haben, andererseits aber auch von einem Fahrzeug mit Frontspoiler befahren werden können. Als zusätzliche Sicherung sollte in der Standfläche eine Mulde für die Räder vorhanden sein. Die billige Ausführungen genügen diesen Anforderungen oft nicht.

Mietwerkstatt

Steht Ihnen kein geeigneter Platz zum Autobasteln zur Verfügung oder müßte im Winter bei Eiskälte im Freien geschraubt werden, können Sie sich auch in einer Mietwerkstatt einquartieren. Dort gibt es Hebebühnen, Gruben sowie teilweise auch Spezialwerkzeuge, und die Arbeitsräume sind winters beheizt. Mit freien Plätzen ist unter der Woche eher zu rechnen als am Wochenende, wenn alle Autobastler zum Werkzeug greifen.
Die Rechnung muß aber in der Mietwerkstatt stimmen; Sie müssen Ihre Zeit scharf kalkulieren. Nur wenn die Arbeit flott von der Hand geht und evtl. ein Helfer mitarbeitet, lohnt sich die Eigenarbeit. Wenn Sie eine umfangreiche Reparatur erstmals selbst ausführen, kann das Experiment durch die Summe der angesammelten Stunden teurer werden als der Arbeitspreis in der Fachwerkstatt.

Links: Der Bordwagenheber darf nur unter der ins Blech eingeprägten Markierung am Blechfalz des Wagenbodens angesetzt werden. Das gilt vorn wie hinten. Die Ansatzstellen können durch Klappen verdeckt sein. Zum Abnehmen der Klappe eignet sich ein breitflächiger Schraubendreher.
Rechts: Abstützen nicht vergessen, wenn am Wagen gearbeitet wird! Gut geeignet ist ein solcher Dreibock. Ein lastverteilendes Kantholz als Zwischenlage schont Unterbodenschutz und Wagenboden.

Der Ölprinz

Ein Ölfund bedeutet Geld – das gilt nicht nur für Ölscheichs. Wer als Autofahrer ein günstiges und doch gutes Öl im Supermarktregal findet, hat Geld gespart.

Aufgaben des Öls

○ Öl vermindert die Reibung, damit Kolben und Zylinder nebst sämtlichen Lagerungen und dem Ventiltrieb möglichst wenig Verschleiß ausgesetzt sind.

○ Zur Feinabdichtung zwischen Kolben, Kolbenringen und Zylinderwand wird das Öl gebraucht, denn zwischen diesen Teilen verbleibt andernfalls ein gewisser, wenn auch nur tausendstel Millimeter breiter Spalt. Durch die zusätzliche Dichtwirkung des Öls kann der durch die Verbrennung entstehende hohe Druck weitestgehend ohne Verluste auf die Kolbenböden übertragen und in Bewegungsenergie umgesetzt werden, der Motor also auf optimale Leistung kommen.

○ Weiter wird das Öl zur Kühlung herangezogen. Bei der Verbrennung des Kraftstoffes kann nur ein Viertel der anfallenden Energie für die Fortbewegung nutzbar gemacht werden, ein Teil verläßt den Motor als Wärme durch den Auspuff, und ein weiterer Teil Wärmeenergie muß über das Kühlwasser und Öl abgeführt werden. So kann z. B. ein Kolben nur durch das Motoröl gekühlt werden. Zum einen wird die Wärme vom Kolben durch die Kolbenringe und das abdichtende Öl an die Zylinderlaufflächen und weiter an das Kühlmittel geleitet, und zum anderen kühlt das im Kurbelgehäuse umherspritzende Öl den Kolben direkt. Aber auch jedes einzelne Lager von Kurbelwelle, Nockenwelle usw. wird durch das Öl gekühlt. Die vom Motoröl aufgenommene Wärme wird über die Ölwanne an den Fahrtwind abgeleitet.

○ Die Motorenbauer haben noch spezielle Wünsche an das Öl: Es soll bei den hohen Temperaturen, wie sie an den Zylinderlaufbahnen auftreten, nicht verdampfen. Es darf bei diesen ungünstigen Bedingungen den Schmierfilm nicht abreißen lassen. Wenn es verbrennt, soll dies ohne Rückstände geschehen – Ölverbrauch bedeutet im Grunde genommen, daß das Öl verbrannt wird. Das Öl soll Ruß und Schmutz binden, damit sie sich nicht im Motor ablagern. Es soll alterungsbeständig sein und noch einiges mehr.

Motorölstand prüfen

Ständige Kontrolle

Zum Ölpeilstab sollten Sie nach jeder zweiten Tankung greifen. In der Einfahrzeit oder bei einem älteren Motor mit erhöhtem Ölverbrauch erfolgt die Kontrolle sicherheitshalber schon bei jedem Volltanken.

- Wagen auf waagrechtem Untergrund abstellen.
- Nach dem Abstellen des vorher warmgefahrenen Motors mindestens fünf Minuten warten, damit alles Öl in die Ölwanne abtropfen kann. Besser ist die Kontrolle vor dem ersten Start bei noch kaltem Motor.
- Peilstab ziehen – Vorsicht bei warmgefahrenden 1,8- und 2,0-Liter-Motoren, der benachbarte Auspuffkrümmer ist sehr heiß –, mit sauberem, fusselfreien Lappen oder Papiertuch abwischen, bis zum Anschlag wieder hineinschieben, kurz warten und erneut herausziehen.
- An der Peilstabspitze können Sie nun den Ölstand ablesen: Der Pegel muß sich **zwischen den Markierungen** befinden; dann ist alles in Ordnung.
- Reicht die Schmiermittelmenge nur noch bis zur unteren Markierung, muß Motoröl nachgefüllt werden.

Fingerzeig: Lassen Sie sich nicht verunsichern: Hochwertiges Motoröl wird schon nach kurzer Laufzeit dunkel. Das beweist nur, daß es richtig »arbeitet« und den anfallenden Schmutz in der Schwebe hält. Es ist jedoch kein Zeichen dafür, daß das Öl gewechselt werden müßte.

Öl nachfüllen

Die Ölmenge zwischen oberer und unterer Peilstabmarke beträgt bei allen Motoren **1 Liter.** Unter die untere Marke sollte der Ölstab nicht fallen. Ein Viertelliter zu wenig für den Motor ist noch nicht gefährlich. Fehlt mehr Öl und wird der Omega scharf gefahren, kann der Öldruck gefährlich abfallen, was die Öldruckkontrolleuchte auch sofort anzeigt.

Bei welchem Ölstand Sie nachfüllen sollten, hängt von Ihrer Fahrweise ab:

○ Bei gemäßigtem Fahrstil genügt Nachfüllen – wie schon gesagt –, wenn das Niveau an der unteren Peilstabmarke angelangt ist.

○ Lediglich bei sehr scharfer Fahrweise empfiehlt sich das Auffüllen, wenn der Ölstand sich im unteren Viertel zwischen den beiden Peilstabmarken befindet. Die größere Ölmenge kann die Kühlungsaufgaben besser erfüllen.

○ Sie erweisen dem Motor keinen Gefallen, wenn Sie weit über die obere Peilstabmarke hinaus Öl einfüllen. Dann gelangt zu viel Öl über die Kurbelgehäuse-Entlüftung in die Brennräume und wird dort verbrannt. Bei den Vergasermotoren kommt auf diesem Weg Öl in den Luftfilter und verschmutzt den Filtereinsatz.

Fingerzeig: Öl wird selten in Halbliter-Dosen verkauft, sondern in Liter-Dosen, die sich nicht wieder verschließen lassen. Wenn Sie preisgünstiges Öl in größeren Gebinden gekauft haben, sollten Sie einen kleinen, mineralölbeständigen Kanister füllen und in den Kofferraum stellen. Den Rest einer angebrochenen Liter-Dose gießen Sie ebenfalls in einen solchen Behälter als Reserve für unterwegs.

Darf man Öle mischen?

Die Motorölsorten aller Hersteller lassen sich ohne Gefahr mischen, auch Einbereichs- mit Mehrbereichsölen (siehe folgende Seite). Diese Mischbarkeit ohne schädliche Folgen ist eine Grundforderung der internationalen Ölnormen. Entscheidend ist lediglich, ob die **Spezifikation** (folgende Seite) ausreicht.

Ölverbrauch

Ein Teil des Motoröls verbrennt bei seiner Schmiertätigkeit. Ölverbrauch ist also völlig natürlich. Gut eingefahrene Motoren kommen mit **0,2 Liter Öl auf 1000 km** aus, bei Opel gilt als **höchstzulässiger Wert** ein Verbrauch von **1,5 Liter je 1000 km.**

Ölverbrauch messen

Wenn Sie den Ölverbrauch auf den Hundertstel-Liter genau messen wollen, muß der Wagen jeweils auf einer absolut waagrechten Stelle stehen und der Motor mindestens fünf Minuten stillstehen. Am einfachsten geht das vor dem ersten Start. Dann wird der Ölstand genau angezeigt, und Sie müssen nicht einmal den Peilstab abwischen, da über Nacht alles Öl in die Ölwanne zurückgesickert ist.

Zu hoher Ölverbrauch

Wieviel Öl Ihr Omega verbraucht, hängt von folgenden Umständen ab:
○ Ölverlust wird häufig mit Ölverbrauch verwechselt. Bevor also der Ölverbrauch kritisiert wird, müssen erst die illegalen Ölquellen beseitigt werden (siehe Seite 31).
○ Wer Öl bis weit über die obere Peilstabmarke einfüllt, hat automatisch höheren Ölverbrauch, denn der übrige Schmierstoff wird zur Kurbelgehäuse-Entlüftung hinausgeblasen (und verstopft bei den Vergasermotoren den Luftfilter).
○ Dünnflüssiges Öl verbrennt schneller als dickflüssiges. Wenn das Einbereichsöl sehr heiß wird, fließt es »dünn wie Wasser«. Mehrbereichsöl bleibt dagegen dickflüssiger und kann so vor allem bei Langstreckenfahrern den Verbrauch senken.
○ Motoröl (vor allem Mehrbereichsöl), das zu lange im Motor bleibt, hat einen geringfügig höheren Nachfüllbedarf.
○ Scharfe Fahrweise treibt nicht nur den Kraftstoffkonsum in die Höhe. Nach unseren Erfahrungen hängt auch der Ölverbrauch davon ab, ob bevorzugt in den höchsten Drehzahlen gefahren wird.
○ Einlaufvorgang noch nicht abgeschlossen (mindestens 5000 km).
○ Defekt im Motor; z. B. Ventilschaftabdichtungen defekt, Spiel zwischen Ventilführung und Ventilschaft zu groß, Kolbenringe falsch eingebaut oder schadhaft, beschädigte Zylinderwand durch Kolbenfresser.

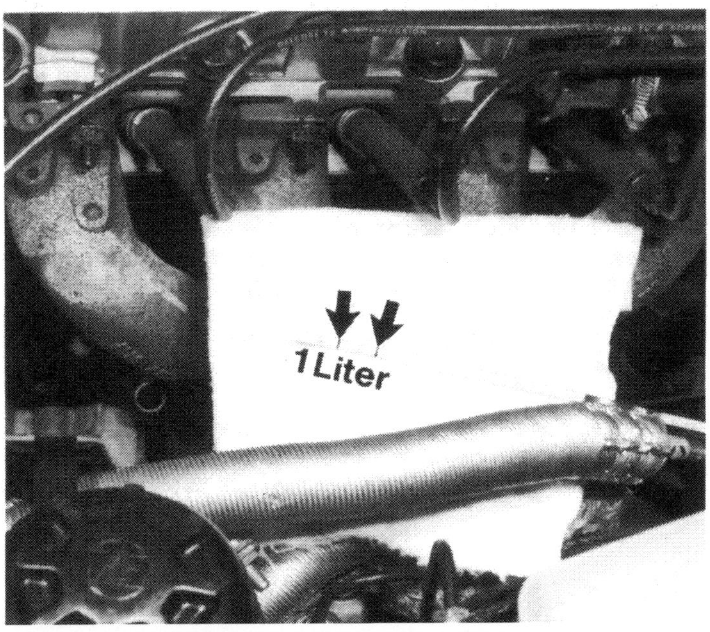

Zur Ölstandskontrolle wird der Peilstab aus dem Führungsrohr an der linken Motorseite gezogen. Der Pegel muß sich zwischen den Marken (Pfeile) befinden. Genau ist die Messung nur, wenn der Wagen auf waagrechtem Untergrund steht.

Ihr Motor verbraucht kein Öl?

Im winterlichen Kurzstreckenbetrieb kann es vorkommen, daß der Ölstand steigt, statt wie normal leicht abzufallen. Sie haben dann nicht etwa eine Ölquelle entdeckt, sondern der Ölwanneninhalt wurde durch Kraftstoffkondensat verdünnt, das sich – bedingt durch die nun länger geschlossene Starterklappe (Vergasermotoren) bzw. Gemischanreicherung (Einspritzer) – an den Kolbenringen vorbeigemogelt hat. Sie riechen den Benzingehalt sogar am herausgezogenen Ölstab.
Die Schmiereigenschaften des Öls sind dadurch beträchtlich herabgesetzt. Ein zusätzlicher Ölwechsel zwischen den Intervallen (oft schon nach 3000 km) ist da kein Luxus, denn er kann Ihnen schwere Motorschäden ersparen. Der Ölfilter braucht dabei natürlich nicht gewechselt zu werden.
Bei geringerer Ölverdünnung kann auch eine längere Fahrt Ölstand und Schmierfähigkeit des Öls wieder ins richtige Lot bringen. Bei Öltemperaturen über 100°C verdunsten die Kondensatanteile nach etwa einer halben Stunde. Wichtig ist jetzt die sofortige Ölstandskontrolle! Durch die Verdunstung kann der Ölpegel erheblich absinken.

Die Ölqualität

Öl-spezifikationen

Die veraltete Qualitätsbezeichnung »HD-Öle«, die immer noch vereinzelt auftaucht, wurde schon vor vielen Jahren nach und nach durch tiefergreifende Ölspezifikationen ersetzt, die von verschiedenen Institutionen nach unterschiedlichen, aber letztlich doch ähnlichen Prüfbedingungen erstellt wurden. Mit Erfolg geprüfte Öle dürfen als Qualitätsnachweis die erreichte Spezifikation auf der Verpackung tragen.
Die Qualitätsprüfungen führen zum Beispiel durch: Das **A**merican **P**etroleum **I**nstitute (API) und **C**omité des **C**onstructeurs d'automobiles du **M**arché **C**ommun (CCMC).
Egal, ob Sie das Motoröl an der Tankstelle oder im Supermarkt kaufen, auf der Verpackung muß mindestens **eine** der geforderten Ölspezifikationen aufgedruckt sein.

Die richtige Ölspezifikation

Opel gibt für seine Benzinmotoren ausdrücklich folgende Ölspezifikationen frei:

Ein- und Mehrbereichsöle	Leichtlauföle
API SF oder API SG (derzeit höchste Qualität)	API SF oder API SG
CCMC–G2 oder CCMC–G4 (entspricht API SG)	CCMC–G3 oder CCMC–G5

Fingerzeig: Öle mit der Bezeichnung API CD oder API CC sind reine Dieselöle und sollen nicht im Benzinmotor verwendet werden. Ausnahme: Öle mit der Doppelbezeichnung z.B. API SF/CC oder API SG/CD. Hier gilt für uns nur die Benziner-Spezifikation SF bzw. SG der Doppelbezeichnung.

Zähflüssigkeit des Öls

Damit der Anlasser den kalten Motor durchdrehen kann, darf das Öl keinen großen Widerstand dagegensetzen. Außerdem soll es schnellstmöglich an die Schmierstellen gelangen; dazu muß es dünnflüssig sein. Bei hohen Temperaturen und Drehzahlen muß der Schmiersaft dagegen ausreichend zäh sein, damit der Schmierfilm nicht abreißt. Das Mineralöl ist leider umgekehrt veranlagt: Bei Kälte ist es dickflüssig, mit zunehmender Erwärmung fließt es leicht.
Das Öl und die vorherrschenden Betriebstemperaturen des Motors müssen daher genau aufeinander abgestimmt werden. Das Fließverhalten, also die Dick- oder Dünnflüssigkeit, wird durch die Viskositätsklasse angegeben. Die entsprechenden Klassen wurden von der amerikanischen **S**ociety of **A**utomotive **E**ngineers (SAE) festgelegt. Die Viskositätsklassen reichen von den Winterölen SAE 5W, 10W über die Übergangsstufe SAE 20W/20 zu den Sommerölen SAE 30, 40 und 50.

Einbereichs- oder Mehrbereichsöle

○ Am billigsten ist **Einbereichsöl,** das aber mittlerweile kaum mehr erhältlich ist. Für einwandfreie Motorschmierung muß es entsprechend der Jahreszeit dick- oder dünnflüssig sein. Das bedeutet, daß im Herbst Winteröl und im Frühjahr Sommeröl in den Motor gefüllt werden muß.
○ Wesentlich aufwendiger in Herstellung und deshalb auch teurer ist **Mehrbereichsöl.** Es besitzt Viskositätsindex-(VI)-Verbesserer – lange Molekülketten, die beim Erhitzen quellen und beim Abkühlen wieder schrumpfen. Das Öl kann sich damit den Temperaturen elastisch anpassen und mehrere Viskositätsklassen überspannen. Ein Öl SAE 15W-50 entspricht bei einer Temperatur von –15°C der Zähflüssigkeitsklasse 15W und bei 100°C der Klasse 50.

Die richtige Ölviskosität

Bei welchen Temperaturen der Omega-Motor welche Öl-Zähigkeit verlangt, zeigt die **Grafik rechts oben.** Der Blick in die Tabelle zeigt, daß Opel ausdrücklich auch das preiswertere Einbereichsöl freigibt. Das ist eine Sparmöglichkeit, wenn Sie Ihren Wagen nicht dauernd bis zur Leistungsgrenze beanspruchen. Einbereichsöle

Die Grafik zeigt die Verwendbarkeit der verschiedenen Motoröl-Viskositäten in Abhängigkeit von der Außentemperatur:
»A« steht für Einbereichsöle;
»B« für Mehrbereichsöle;
»C« für Hochleistungs- und Leichtlauföle.

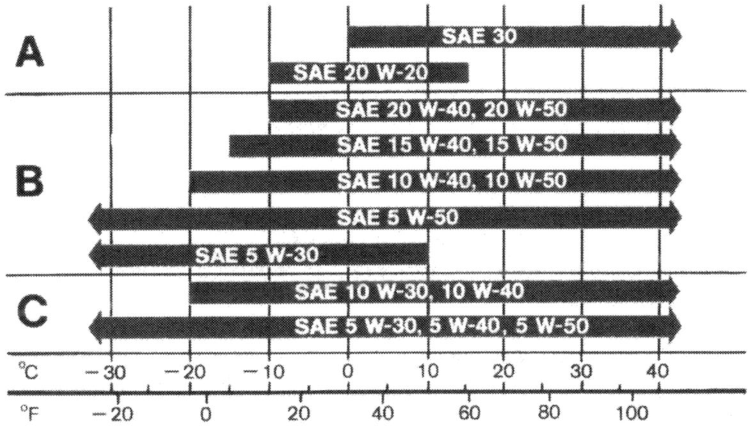

sind nicht schlechter als Mehrbereichsöle, aber sie können nur geringere Temperaturspannen überbrücken. In der kalten Jahreszeit mit ihren starken Temperaturdifferenzen erscheint uns dagegen Mehrbereichsöl günstiger. Bei Hochleistungsölen tritt das Temperaturproblem nicht mehr in Erscheinung.

Hochleistungsöle

Hochleistungsöle sind synthetische oder teilsynthetische Schmierstoffe, die bedingt durch ihren molekularen Aufbau sehr alterungsbeständig und vor allem sehr scherstabil sind. Bei diesen Ölen reißt also der Schmierfilm auch bei höchsten Temperaturbeanspruchungen nicht so schnell ab wie bei herkömmlichen Mineralölen. Dabei sind sie ebenfalls mineralischen Ursprungs. Nur wurden die bestehenden Molekülketten bei der Herstellung gewissermaßen aufgetrennt und neu zusammengefügt.
Hochleistungsöle sind heute in aller Regel gleichzeitig Leichtlauföle. Das war nicht immer so: In zurückliegender Zeit liefen die beiden Gruppen getrennt nebeneinander. Die Leichtlaufeigenschaften der Hochleistungsöle bewirken vor allem bei kaltem Motor erheblich verminderte Reibung, wodurch sich eine Benzinverbrauchs-Reduzierung von rund 3 % ergibt. Ein Wert, der sich aber aufgrund des höheren Ölpreises kaum rechnet.
Ein weiterer Vorteil der Hochleistungsöle ist ihre Eigenschaft, weite Temperaturbereiche abzudecken, wie in der Grafik oben zu sehen ist. Fazit: Füllt man Hochleistungsöl ein, kostet das zwar eine schöne Stange Geld, doch kann man das Thema Öl weitgehend vergessen.

Das richtige Motoröl für den Omega

Hier die Zusammenfassung der beiden entscheidenden Kriterien für den Kauf des richtigen Motoröls. Das Öl muß haben:
○ Die richtige **Ölspezifikation** (siehe gegenüberliegende Seite). Etikettenschwindel auf der Packung ist da äußerst selten, denn die Ölfirmen überwachen sich gegenseitig.
○ Die richtige **Ölviskosität** (Zähflüssigkeit). Sie hängt von der überwiegenden Außentemperatur ab und kann aus der Grafik oben entnommen werden.
Andere Faktoren, wie Ölpreis oder Herkunft, sagen nichts über die Verwendbarkeit aus!

Zusätze zum Motoröl

»Das Verwenden von Zusatzmitteln – gleich welcher Art – in Schmierölen verstößt gegen unsere Betriebsanleitung und kann im Garantie- bzw. Kulanzfall zu Auseinandersetzungen führen«. Das ist die Meinung von Opel zu Ölzusatzmitteln. Ob die Mehrkosten für Ölzusätze eine entsprechende Lebensverlängerung des Motors bewirken – vor allem bei Verwendung von Hochleistungsölen – ist fraglich.

Alles über den Ölwechsel

Wo Öl wechseln?

○ In den Werkstätten kostet der Ölwechsel nach unseren Erfahrungen das meiste Geld, weil nur sehr teure Ölsorten vorrätig sind. Außerdem ist der Motor oft schon wieder kalt, bis das alte Öl abgelassen wird, so daß nicht aller Schmutz herausgeschwemmt wird. Manche Werkstätten berechnen die Arbeit für den Ölfilterwechsel zusätzlich zum Ölpreis.
○ An Tankstellen kommt der Wagen meist sofort dran. Sie können auch ein billigeres Öl aus dem Tankstellenverkaufsprogramm auswählen, und im Ölpreis ist die Arbeit des Tankwarts inbegriffen.
○ Gegen den SB-Ölwechsel mit Absauggerät an der Tankstelle bestehen keine Bedenken, vorausgesetzt der Ölfilter wird ebenfalls ausgetauscht.
○ Ölwechsel zu Hause lohnt sich, wenn Sie das Öl preisgünstig einkaufen (Zubehörhandel, Großmarkt, Warenhaus oder Mitnahme-Öl an der Tankstelle).

Wie oft Öl wechseln?

Die Werkstattvorschrift fordert für den Omega einmal jährlich einen Ölwechsel. Oder alle 15000 km, sofern die Jahresleistung wesentlich über 15000 km liegt. Da dürfen – speziell bei Vielfahrern – 18 oder notfalls auch

20 000 km zusammenkommen, wenn sich dadurch das Jahresintervall noch halten läßt. Denn schließlich kommt durch den Nachfüllbedarf des Motors immer neues Öl dazu. Oder man rückt das Jahresintervall etwas nach vorn.
Läuft der Omega ausschließlich im Kurzstreckenbetrieb, empfiehlt sich der halbjährliche Ölwechsel. Termin ist dann Frühjahr und Herbst, denn das winters verstärkt auftretende Kraftstoffkondensat sollte vor der warmen Jahreszeit mit dem Öl abgelassen werden.
Ungeachtet dessen sind noch kürzere Intervalle empfehlenswert, wenn der Ölstand winters durch Kraftstoffkondensat steigt (Seite 18).

Was wird gebraucht?

Folgende »Zutaten« benötigen Sie zum Ölwechsel.
○ Auffanggefäß für das Altöl. Ein alter Ölkanister mit herausgeschnittener Seitenwand oder eine ausgediente Spülschüssel leisten hier gute Dienste
○ Eine Ölkanne vereinfacht das Einfüllen des neuen Motoröls.
○ Ein Altölkanister dient zum Wegschaffen des Altöls.
○ Ein großer Trichter erleichtert das Umfüllen des Altöls.
○ Das Motoröl darf natürlich nicht fehlen. Nach den Spezifikationen auf Seite 18 kann es (meist im 5-Liter-Kanister) preisgünstig eingekauft werden.
○ Ein Ölfilter passend für den Opel Omega.
○ Ein Spannbandschlüssel zum Lösen des Filters.
○ Eine neue Dichtung für die Ölablaßschraube.

Wohin mit dem Altöl?

In Zeiten zunehmenden Umweltbewußtseins dürften die Folgen von Altöl im Grundwasser mit der entsprechenden Gefährdung des Trinkwassers mittlerweile jedem bekannt sein. Die ordnungsgemäße Beseitigung des beim Ölwechsel abgelassenen Altöls ist dank der Abfall-Gesetzgebung ganz einfach: Man kann es kostenlos dort abgeben, wo man Motoröl gekauft hat. Der Handel ist zur Rücknahme verpflichtet, als Kaufbeweis müssen Sie nur die entsprechende Quittung vorlegen.

Fingerzeig: Das beim Ölwechsel anfallende Altöl wird von spezialisierten Firmen bei Tankstellen, Werkstätten usw. eingesammelt und der Wiederverarbeitung zugeführt. Voraussetzung für die Verarbeitung des Altöls ist, daß keine Fremdstoffe beigemischt sind, andernfalls ist das Altöl lediglich noch Abfall, dessen Beseitigung Geld kostet.

Motoröl und Ölfilter wechseln

Wartung Nr. 1

● Öl nur bei betriebswarmem Motor wechseln! Deshalb den Wagen evtl. warmfahren.
● Fahrzeug möglichst waagrecht aufbocken (abstützen!) oder über eine Rampe fahren.
● Geeignetes Gefäß (siehe Bild unten) unter die Ölwanne stellen.
● Ablaßschraube mit Ringschlüssel öffnen, Öl auslaufen lassen. Vorsicht, es ist heiß!
● Haben Sie den Wagen nur vorn aufgebockt, sollten Sie ihn zum völligen Auslaufenlassen des Altöls nochmals ablassen. Aufpassen, daß dabei das Auffanggefäß nicht beschädigt oder umgekippt wird.
● Auffanggefäß unter den Ölfilter stellen.
● Ölfilter mit dem rechts unten gezeigten Bandschlüssel lösen. Bei sehr festsitzendem Filter einen scharfen Schraubendreher durch das Blechgehäuse

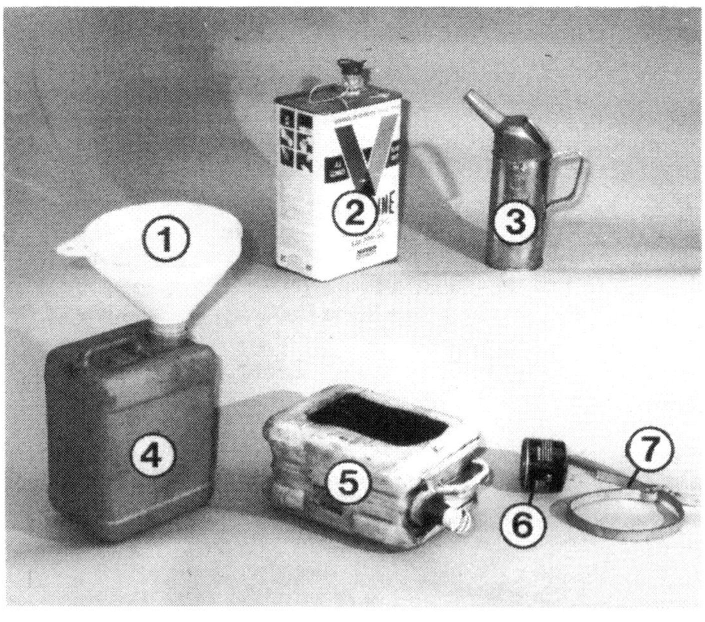

**Ausstattung für den Heimwerker-Ölwechsel:
1 – Trichter zum Umfüllen des Altöls;
2 – Motoröl in ausreichender Menge;
3 – Öleinfüllkanne;
4 – Altölkanister;
5 – Ölkanister mit herausgeschnittener Seitenwand zum Auffangen des Ablaßöls;
6 – Ölfilter;
7 – Spannbandschlüssel zum Lösen des Ölfilters.**

Am tiefsten Punkt der Ölwanne sitzt die Ölablaßschraube. Die Schraube nicht mit einem Gabelschlüssel, sondern mit einem Ringschlüssel oder mit Stecknuß und Hebel herausdrehen.
Links zu sehen ist die Ölablaßschraube des 2,4-Liter-Motors, rechts die Ölwanne des 1,8-Liter- bzw. 2,0-Liter-Motors.

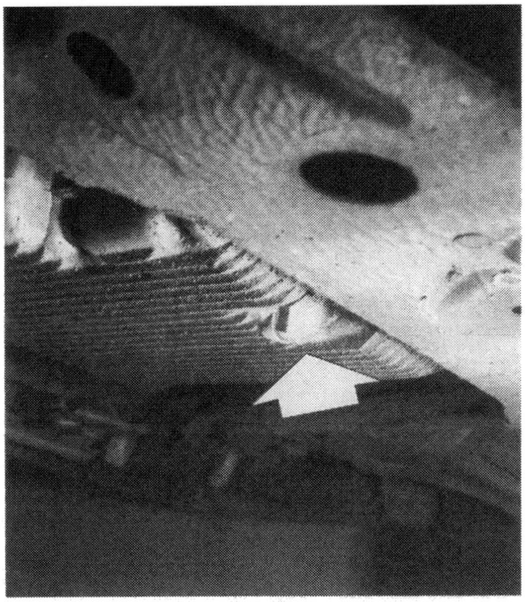

des Filters treiben (Vorsicht, heißes Öl läuft aus) und Filter mit dem Schraubendreher losdrehen.

- Dichtring am neuen Ölfilter mit etwas Fett einreiben.
- Kein Öl nehmen, das bei der Sichtkontrolle zum Schluß oft fälschlicherweise für austretendes Öl gehalten wird.
- Filter ohne irgendwelches Werkzeug von Hand festdrehen.
- Ölablaßschraube sauberreiben und mit neuem Dichtring eindrehen; nicht anknallen, sonst wird das Führungsgewinde beschädigt.
- Öl einfüllen.
- Motor laufen lassen, Öldichtheit kontrollieren.

Die Ölfüllmenge

Wieviel Motoröl gebraucht wird, hängt davon ab, ob auch der Ölfilter gewechselt wird. Folgende Füllmengen gelten:

○ **Ohne Filterwechsel 4,0 Liter**

○ **Mit Filterwechsel 4,5 Liter**

Getriebe auf Dichtheit prüfen

Wartung Nr. 44

Im Getriebe wird das Schmiermittel nicht wie im Motor verbraucht, sondern kann allenfalls durch undichte Stellen ins Freie gelangen. Zeigt das Getriebegehäuse von außen keine öldurchtränkte Schmutzkruste, ist dieser Wartungspunkt schon erledigt. Andernfalls muß der Ölstand überprüft werden. Die Kontroll- und Einfüllschraube sitzt in Fahrtrichtung rechts in halber Höhe im Getriebegehäuse, siehe auch Bild folgende Seite.

- Fahrzeug waagrecht aufbocken.
- Kontroll- und Einfüllschraube herausdrehen.
- Läuft nun bereits etwas Getriebeöl heraus, stimmt der Ölstand.
- Ansonsten kleinen Finger in Gewindebohrung stecken und fühlen, ob die Schmierflüssigkeit bis an die Öffnung heranreicht: Ausreichender Ölstand.
- Bei größerem Ölmangel an der Tankstelle oder in der Werkstatt die vorgeschriebene Getriebeölsorte einfüllen lassen.

Fingerzeig: Das eigenhändige Einfüllen des sehr zähflüssigen Getriebeöls durch die seitliche Getriebe-

Links: So wird der Ölfilter (1) mit dem Spannbandschlüssel (2) losgedreht. Im Bild gezeigt ist der Filter des 2,4-Liters.
Rechts ist der Ölfilter (Pfeil) der 1,8- und 2,0-Liter-Motoren gezeigt.

Links: Das Foto zeigt die gut zugängliche Öleinfüllschraube des Hinterachsgetriebes.
Rechts: Die Ölkontroll- und Einfüllschraube (1) für das Schaltgetriebe sitzt in Fahrtrichtung rechts in halber Höhe des Getriebegehäuses. Die Ölablaßschraube (2) sitzt hinten am Getriebe.

öffnung ist mit Heimwerkermitteln eine gehörige Geduldsprobe. Geeignet ist ein Trichter mit abgewinkeltem Auslauf oder eine Flasche aus Weichplastik mit gebogenem Mundstück, mit der man das vorher erwärmte Öl durch Zusammendrücken der Flasche einpumpen kann.

Die richtige Getriebeölsorte

An einen Getriebeölwechsel brauchen Sie nicht mehr zu denken. Das Getriebe ist mit einer Dauerfüllung versehen, aus der eventueller Abrieb durch Magnete herausgefischt wird.
Allerdings muß das Getriebeöl bestimmten Anforderungen entsprechen. Opel schreibt hier ausdrücklich ein Synthetiköl vor. Das Synthetiköl wird bei Opel unter der Nr. 1940761 (90297261) geführt.

ATF-Stand im automatischen Getriebe kontrollieren

Ständige Kontrolle

Die Getriebeautomatik ist mit einer synthetischen Flüssigkeit namens **A**utomatic **T**ransmission **F**luid gefüllt. ATF dient als Schmiermittel und zur Steuerung des hydraulischen Drucks im Getriebe. Wegen dieser besonderen Aufgaben darf nur das Spezialöl mit der Bezeichnung Dexron® D (mit einer nachfolgenden Kontrollzahl) verwendet werden, bei Opel unter der Nummer 1940699 (90350341) geführt. Falsche Flüssigkeit bewirkt schwere Schäden im Getriebe!

- Motor im Leerlauf drehen lassen und alle Fahrstufen kurzfristig einlegen.
- Wahlhebel in Stellung »P« legen, Handbremse anziehen und Motor laufen lassen.
- Hydraulisches Getriebe: **Bei kaltem Getriebe** (unter +20°C) Peilstab – hinten am Motor – aus dem Führungsrohr herausziehen. Er darf nur mit einem absolut sauberen, nicht fasernden Tuch abgewischt werden.
- Peilstab einschieben und erneut herausziehen. Der Flüssigkeitsstand muß sich an der »+20°C«-Marke abzeichnen. Dies ist gleichzeitig die »MAX«-Marke.
- Gleiches gilt für das hydraulisch-elektronische Getriebe. Nur hier gilt als Meßstelle der mit »COLD« bezeichnete Bereich zwischen »MIN« und »MAX«.
- **Bei betriebswarmem Getriebe** – nach Autobahnfahrt von wenigstens 20 km oder vergleichbarer Fahrt auf anderen Straßen – bei Fahrzeugen mit hydraulischem Getriebe den Ölstand auf der Peilstabseite mit »+80°C« ablesen. Er muß zwischen den Marken »MIN« und »MAX« stehen.
- Bei Fahrzeugen mit hydraulisch-elektronischem Getriebe muß sich der Flüssigkeitsstand am »HOT«-Bereich zwischen den Markierungen »MIN« und »MAX« abzeichnen.
- Die Nachfüllmenge zwischen den beiden Markierungen beträgt ca. 0,35 Liter.
- Es muß klare Flüssigkeit sichtbar sein. Ist sie dunkelbraun oder schwarz und riecht zudem noch verbrannt, liegt ein Getriebeschaden vor.
- Bei zu niedrigem Flüssigkeitsstand sollte nicht einfach ATF nachgefüllt werden, sondern das Getriebe auf Undichtigkeit hin kontrolliert werden. Notwendige Abdichtarbeiten sollten Sie der Werkstatt überlassen.
- ATF durch einen sauberen Trichter in das Führungsrohr für den Peilstab nachfüllen.
- Auch zu hoher Ölstand kann einen Getriebeschaden verursachen.

ATF wechseln

Wartung Nr. 45

Bei normalem Fahrbetrieb sieht das Inspektionssystem einen Ölwechsel nach 45000 km vor. Wird der Omega vorwiegend im Kurzstreckenbetrieb, häufig mit Anhänger oder im Gebirge gefahren, soll schon nach 30000 km der Flüssigkeitswechsel erfolgen. Da zu dieser Arbeit die Getriebeölwanne abmontiert, das Ölsieb gewechselt und die Bremsbandeinstellung korrigiert werden muß, ist diese Arbeit dem Opel-Service zu überlassen.

Zur Kontrolle des ATF-Stands bei automatischem Getriebe wird der Peilstab aus dem Führungsrohr (weißer Pfeil) hinten im Motorraum gezogen. Bei warmer ATF muß sich der Flüssigkeitsstand, wie hier gezeigt, im »HOT«-Bereich abzeichnen. Bei kaltem Getrieb gilt der mit »COLD« bezeichnete Meßbereich.

Ölstand im Hinterachsgetriebe kontrollieren

Wartung Nr. 17

Sind am Hinterachsgetriebe keine Ölspuren zu sehen, kann davon ausgegangen werden, daß der Ölstand stimmt. Genaueren Aufschluß gibt die Prüfung:

- Öleinfüllschraube des Hinterachsgetriebes (Bild links oben) bei genau waagrecht stehendem Wagen herausdrehen.
- Läuft etwas Öl heraus oder reicht der Flüssigkeitsspiegel genau bis zur Unterkante der Kontrollöffnung, ist alles in Ordnung.
- Ist der Ölstand beträchtlich gesunken, ist mit einer Undichtigkeit zu rechnen (ölverschmiertes Gehäuse?).
- Hinterachsgetriebe abdichten und Ölstand ergänzen lassen.

Öl für das Hinterachsgetriebe

Für das Hinterachsgetriebe schreibt Opel ein Hypoidöl der Zähflüssigkeitsklasse SAE 90 vor. Bei Opel wird das Getriebeöl unter der Nummer 1942382 (9293688) geführt.

Flüssigkeitsstand der Servolenkung prüfen

Ständige Kontrolle

Der Vorratsbehälter für die Flüssigkeit der Servolenkung sitzt bei den 1,8- und 2,0-Liter-Modellen neben dem Scheibenwaschwasserbehälter. Beim 2,4-Liter-Omega sitzt der Behälter links im Motorraum am Federbeindom. Zu Ihrer eigenen Sicherheit sollten Sie regelmäßig, etwa bei jeder zweiten Kontrolle des Motorölstands, den Flüssigkeitsstand in diesem Behälter kontrollieren. Eingefüllt ist die gleiche Flüssigkeit wie in der Getriebeautomatik, siehe gegenüberliegende Seite.

- Prüfung bei stehendem Motor vornehmen.
- Verschlußdeckel vom Behälter abschrauben. Der mit dem Deckel verbundene Peilstab besitzt zwei Markierungen.
- Bei betriebswarmem Motor soll der Ölstand maximal bis an die obere Markierung reichen.
- Bei kaltem Motor darf der Ölstand nicht unter die untere Markierung absinken.

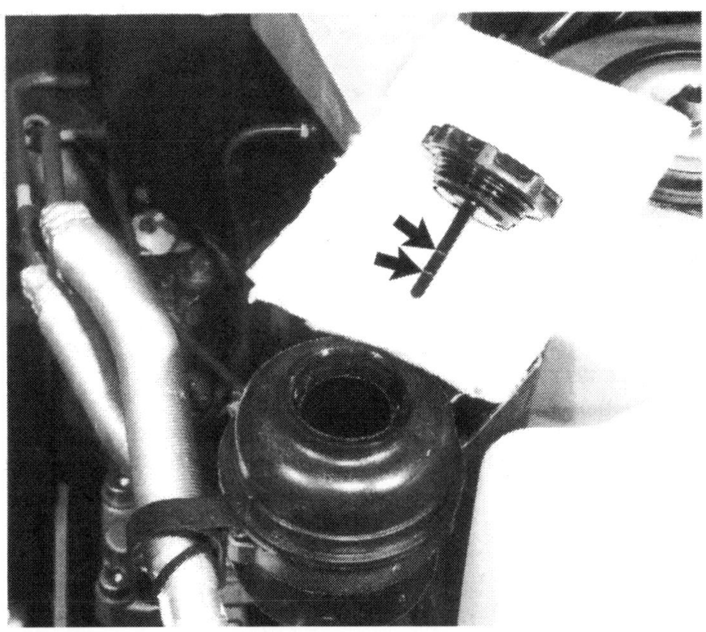

Auch der Ölstand der Servopumpe sollte ab und an kontrolliert werden. Zwischen den Pfeilen muß sich der Flüssigkeitsstand befinden, dann ist alles in Ordnung.

Die Scharnierhülse ist mit einem Stopfen verschlossen. Um das Scharnier zu ölen, muß diese Staubkappe mit einem Schraubendreher herausgehebelt werden. Die Kappe nicht verlieren, nach dem Ölen wird sie wieder in ihren Sitz gedrückt.

- Fehlende Menge nachfüllen.
- Generell deutet Flüssigkeitsverlust auf eine Leckstelle im Hydrauliksystem. Also in diesem Fall nicht einfach ATF nachkippen, sondern erst die Leckstelle ermitteln.
- Achten Sie darauf, daß bei geöffnetem Vorratsbehälter kein Schmutz hineinfällt. Das könnte Funktionsstörungen zur Folge haben.

Gasgestänge schmieren

Wartung Nr. 37

- Von einem Helfer bei stehendem Motor das Gaspedal durchtreten lassen.
- An allen sich dabei bewegenden Gelenken und Lagerstellen den eventuell anhaftenden Schmutz abreiben.
- An den gleichen Stellen etwas Öl ansprühen oder Fett anbringen, während der Helfer das Gaspedal mehrmals bewegt.
- Nicht die Wellen und Lagerungen am Vergaser schmieren, sie werden sonst von dem intensiver haftenden Schmutz vorzeitig ausgeschlagen.

Türscharniere ölen

Wartung Nr. 38

- Staubkappe auf den Türscharnieren abhebeln und Öl in das Scharnier tropfen lassen. Tür mehrmals hin- und herschwenken, ablaufendes Schmiermittel abwischen.
- Die Heckklappenscharniere mit etwas Öl besprühen. Vorsicht, daß dabei die Innenverkleidung nichts abbekommt.

Was sonst noch zu schmieren ist

Der Inspektionsplan von Opel sieht keine weiteren Schmierarbeiten am Omega vor. Aber die Erfahrung hat gelehrt, daß manches mit einer gelegentlichen Schmierration gängig gehalten wird und somit weder quietscht noch klemmt oder reißt. Dabei gilt folgende Regel: An Scharnieren oder Gelenken mit engen Durchgängen, in die kein Fett eindringen kann, ist Öl oder Schmierspray günstiger. Gegeneinander reibende Flächen werden besser gefettet oder mit einer Schmierpaste behandelt, da diese Gleitstoffe besser haften.

Schließzylinder

- Sprühen Sie spätestens zu Beginn der kalten Jahreszeit etwas Rostlöser-Isolierspray in den Schlüsselschlitz.
- Es schmiert, verdrängt Feuchtigkeit und schützt vor Rost sowie Einfrieren im Winter.

Motorhaube

- Kühlergrill ausbauen (Seite 246).
- Entriegelungszug der Motorhaube von einem Helfer im Wageninnern ziehen lassen.
- An der Stelle, wo der Seilzug aus der Umhüllung kommt, etwas Fett anstreichen und durch mehrmalige Hebelbewegung in die Zugumhüllung ziehen.
- Motorhaubenschloß und Schließzapfen mit etwas Fett bestreichen oder Schmierspray auftragen.
- Die Motorhaubenscharniere erhalten etwas Öl oder Schmierspray.

Schiebedach

- Die Gleitschienen des Schiebedaches sauberreiben.
- Schienen mit Silikonpaste oder -spray fetten.

Gesunder Herzschlag

Nicht zu Unrecht wird der Motor im Auto bisweilen als das Herz des Wagens bezeichnet. Denn ohne solche künstliche Kraftquelle wäre unser Opel kein Selbstbeweger (Verdeutschung von »Automobil«).
Das folgende Kapitel beschreibt neben der Arbeitsweise des Motors wichtige Einzelteile, gibt Anleitung für erforderliche Wartungsarbeiten und mögliche Reparaturen. Damit dürfte es Ihnen gelingen, die Kraftquelle in Ihrem Omega möglichst lange aktiv zu erhalten.

Blick unter die Motorhaube

In unseren Omega-Modellen arbeiten Motoren zwei verschiedener Grundkonstruktionen. Die wesentlichen Unterschiede zeigen sich im Aufbau des Zylinderkopfes und in der Einbaulage der Nockenwelle.
1,8- und 2,0-Liter-Motoren sind bis auf die Hubraumgröße baugleich und tragen die Bezeichnung **OHC-Motor** (over head camshaft = Über-Kopf-Ventile). Die Nockenwelle befindet sich über den senkrecht hängenden Ventilen im Zylinderkopf. Angetrieben wird die Nockenwelle über einen Zahnriemen.
Das **2,4-Liter**-Aggregat ist ein sogenannter **CIH-Motor** (camshaft in head = Nockenwelle im Kopf). Hier sind die Ventile schräg hängend angeordnet, und die Nockenwelle sitzt nicht wie bei den OHC-Motoren über den Ventilen, sondern seitlich daneben. Angetrieben wird die Nockenwelle mittels einer Duplex-Steuerkette.

Verschiedene Leistungsstufen

Zur genauen Bestimmung des Motorentyps dient die links am Motorblock eingeschlagene Motornummer, der jeweils die Typenbezeichnung voran gesetzt ist. In der folgenden Tabelle finden Sie die wichtigsten technischen Daten der im Omega eingebauten Motoren.

Motortyp		18 NV	E 18 NVR	18 SV	18 SEH	C 20 NE	20 SE	C 24 NE
Hubraum	cm^3	1771	1771	1771	1771	1984	1984	2393
Leistung	kW/PS	60/82	65/88	66/90	85/115	85/115	90/122	92/125
bei Drehzahl	1/min	5400	5200	5200	5600	5400	5400	4800
Drehmoment	Nm	135	143	148	160	170	175	195
bei Drehzahl	1/min	3000	3200	3400	4600	2600	2600	2400
Verdichtung		9,2:1	9,2:1	10,02:1	10,02:1	9,2:1	10,0:1	9,2:1
Gemisch-Aufbereitung		2E3-Vergaser	2EE-Ecotronic-Vergaser	2E3-Vergaser	L3-Jetronic-Einspritzung	Motronic-Einspritzung	Motronic-Einspritzung	Motronic-Einspritzung
Katalysator		ungeregelt	–	–	–	geregelt	–	geregelt

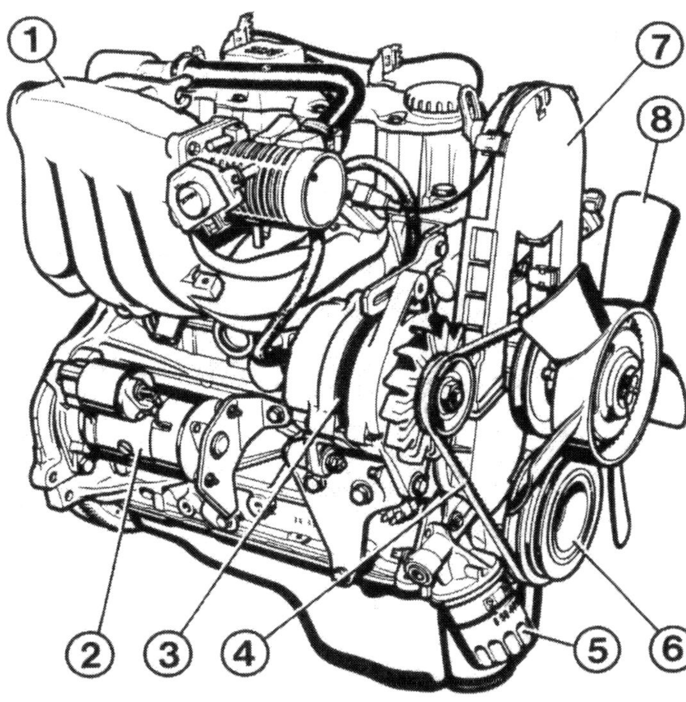

Ansicht des 1,8- bzw. 2,0-Liter-Einspritzmotors von vorn rechts:
1 – Ansaugkrümmer;
2 – Anlasser;
3 – Drehstrom-Generator;
4 – Keilriemen;
5 – Ölfilter;
6 – Kurbelwellen-Riemenscheibe;
7 – Zahnriemenabdeckung;
8 – Lüfter.

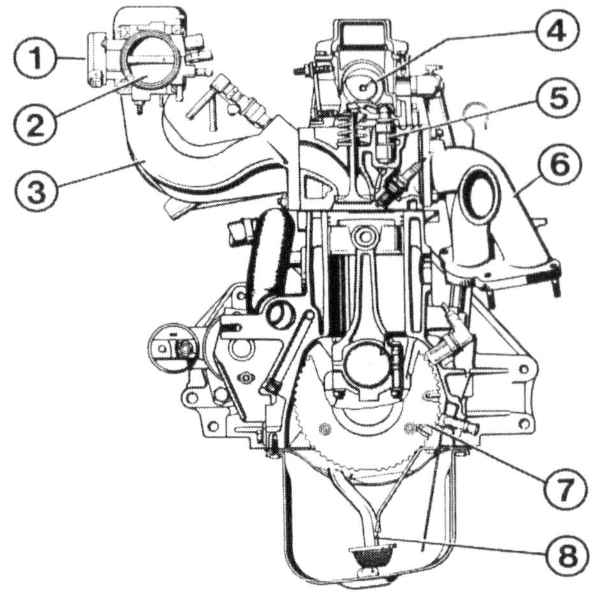

Querschnitt durch einen 1,8- bzw. 2,0-Liter-Einspritzmotor:
1 – Drosselklappenschalter;
2 – Drosselklappe;
3 – Ansaugrohr;
4 – Nockenwelle;
5 – Ventilspielausgleicher (Hydrostößel);
6 – Auspuffkrümmer;
7 – induktiver Impulsgeber;
8 – Ölsiebrohr.

Die Einzelteile

Wer sich für die Funktion des Motors interessiert, findet im folgenden die wichtigsten Teile herausgegriffen und beschrieben, bevor wir zu den Wartungs- und Reparaturarbeiten kommen.

Kolben und Zylinder

Die aus Leichtmetall gegossenen Kolben besitzen eine Stahleinlage, welche die Wärmedehnung verringert. Im oberen Drittel jedes Kolbens sind drei Kolbenringe elastisch in entsprechenden Nuten im Kolben eingebettet. Sie drücken federnd gegen die Zylinderwand. Die beiden oberen Kolbenringe verwehren dem Gasgemisch den Weg aus dem Verbrennungsraum nach unten ins Kurbelgehäuse, während der untere Ölabstreifring verhindert, daß allzuviel Schmiersaft vom Kurbelgehäuse in den Brennraum gelangt.
Im Kolbenboden ist eine Mulde vorhanden. Diese ermöglicht den Ventilen genügend Bewegungsfreiheit.
Die Zylinder, in denen die Kolben auf und ab laufen, sind in das Graugußmaterial des Motorblocks eingearbeitet. Die Zylinderbohrungen sind im sogenannten Kreuzschliff gehont (geschliffen). Die Wandungen dürfen nicht völlig glatt sein, weil sonst das zur Schmierung notwendige Öl nicht daran haften kann. Die Bohrungen der Zylinder sind um 0,02 mm weiter als die zugehörigen Kolben. Bei Motorüberholungen können die Zylinderlaufbahnen – je nach Grad des Verschleißes – um mehrere hundertstel Millimeter ausgeschliffen werden. Für jedes Schleifmaß gibt es passende Kolben.

Die Kurbelwelle

Aufgabe der Kurbelwelle ist es, die geradlinige Bewegung der in den Zylindern auf und ab laufenden Kolben in eine Drehbewegung umzusetzen. Zur Verbindung der Kolben mit der Kurbelwelle dienen an beiden Enden drehbar gelagerte Pleuelstangen.
Die einzelnen Kröpfungen der Kurbelwelle sind beim Vierzylinder um 180° zueinander versetzt, wobei die Kurbeln für den 1. und 4. Zylinder sowie für den 2. und 3. Zylinder gleich ausgerichtet sind. Für vibrationsarmen Lauf sitzen in Gegenrichtung der Kurbelzapfen unwuchtausgleichende Gegengewichte.
Um ein Durchbiegen der Kurbelwelle im Betrieb zu vermeiden, ist sie an fünf Stellen im Motorblock gelagert.

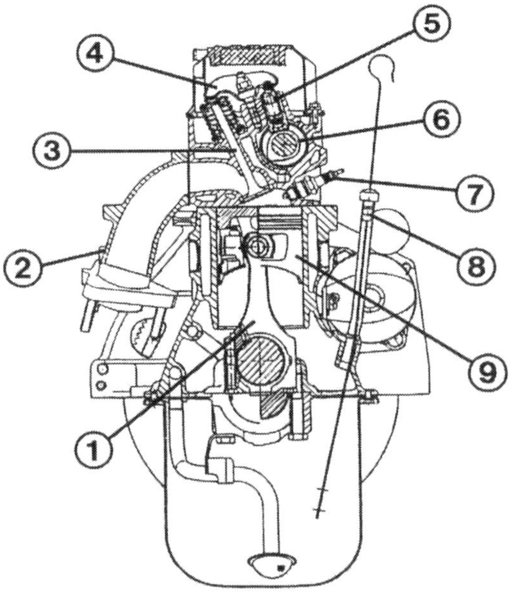

Die Schnittzeichnung durch den 2,4-Liter-Motor zeigt:
1 – Pleuel;
2 – Auspuffkrümmer;
3 – Auslaßventil;
4 – Kipphebel;
5 – Hydrostößel;
6 – Nockenwelle;
7 – Zündkerze;
8 – Ölpeilstab;
9 – Kolben.

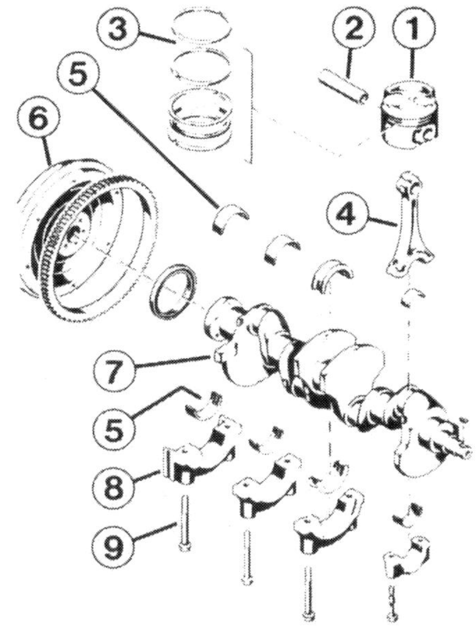

Zum Kurbeltrieb einschließlich der Kolben gehören folgende Teile:
1 – Kolben;
2 – Kolbenbolzen;
3 – Kolbenringe;
4 – Pleuel;
5 – Lagerschale;
6 – Schwungrad mit Zahnkranz für Anlasser;
7 – Kurbelwelle;
8 – Lagerbock;
9 – Schraube für Lagerbock.

Jede Kurbel, auf der eine Pleuelstange sitzt, ist demnach auf beiden Seiten durch ein Kurbelwellenlager gestützt.
Auch die Lagerzapfen der Kurbelwelle und deren Pleuellagerzapfen können nachgeschliffen werden, und zwar im Durchmesser wie in der Breite. Den geänderten Maßen entsprechend stehen passende Lagerschalen als Ersatzteil zur Verfügung.
Am hinteren Ende der Kurbelwelle sitzt eine Scheibe mit dem Zahnkranz für das Ritzel des Anlassers. Das ist entweder die Schwungscheibe, auf welche die Kupplung und damit die Verbindung zum Getriebe montiert ist, oder die Antriebsscheibe, an die der Drehmomentwandler der Getriebeautomatik geschraubt ist. Am vorderen Ende der Kurbelwelle sind das Antriebsrad für den Zahnriemen (OHC-Motor) bzw. das Zahnrad für die Steuerkette (CIH-Motor) angeschraubt sowie die Keilriemenscheibe(n). Bei den OHC-Motoren sitzt außerdem vorn auf der Kurbelwelle noch die Ölpumpe.

Die Pleuel

Die vier Pleuel sind zusammen mit je zwei Lagerschalenhälften auf ihren Zapfen der Kurbelwelle montiert. Die Verbindung zwischen Pleuel und Kolben besteht aus einem Kolbenbolzen. Dieser wird bei erhitzter Pleuelstange in das Pleuelauge und zugleich in das Kolbenbolzenauge eingesetzt. Dadurch sitzt er im Pleuel fest und im Kolben drehbar.
Pleuel gibt es in sechs Gewichtsgruppen. Der Gewichtsunterschied der vier Pleuel darf untereinander maximal 8 g betragen.

Zylinderkopf und Nockenwelle

Wegen besserer Wärmeleitfähigkeit und aus Gewichtsgründen besteht der Zylinderkopf aus Leichtmetall. Die Ventilsitze sind bei erhitztem Zylinderkopf eingesetzt und dadurch nach Abkühlen fest eingeschrumpft. Die Ventile werden in legierten Graugußführungen bewegt, welche im Zylinderkopf eingepreßt sind. Oberhalb jeder Führung ist eine Ventilschaftabdichtung aufgesetzt. Alle Auslaufventile verfügen über »Roto Caps« (Ventildrehvorrichtungen). Sie drehen das Ventil bei jedem Hub um einige Grad, womit das Einschlagen der Sitzfläche und dadurch Kompressionsverlust hinausgezögert wird.

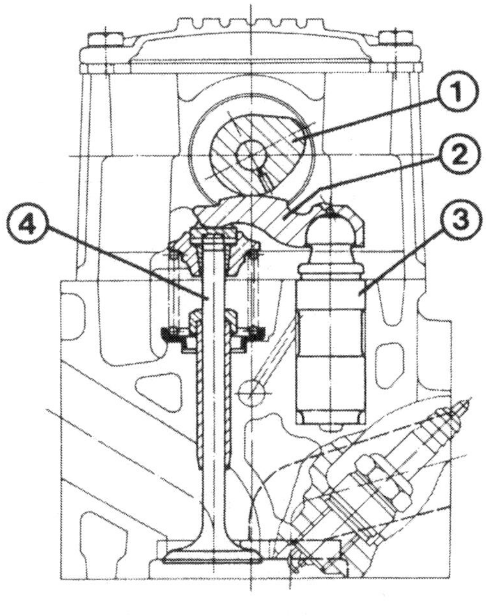

Die Schnittzeichnung durch den Zylinderkopf eines 1,8- bzw. 2,0-Liter-Motors zeigt:
1 – Nockenwelle;
2 – Schwinghebel;
3 – hydraulischer Ventilspielausgleicher (Hydrostößel);
4 – Ventil.

Die Zündkerzen sind jeweils direkt in eingeschnittenen Gewinde im Zylinderkopf eingeschraubt. Dieses Gewinde kann beschädigt werden, wenn eine Zündkerze zu fest angezogen oder schräg angesetzt und mit Gewalt eingedreht wird.

Beim **OHC-Motor** sitzt die Nockenwelle über den Ventilen im Zylinderkopf. Sie ist fünffach gelagert. Mit ihren eiförmigen Nocken bewirkt sie, daß die Ventile bei bestimmten Kolbenstellungen öffnen und schließen. Form und Anordnung der Nocken bestimmen die Ventilsteuerzeiten. Den Antrieb der Nockenwelle besorgt die Kurbelwelle über einen Zahnriemen. Über einen Mitnehmer am hinteren Ende der Nockenwelle treibt diese noch den Zündverteiler an und außerdem bei Fahrzeugen mit Vergaser über einen Exzenter die Benzinpumpe.

Die »hängenden« Ventile werden auf kurzem Übertragungsweg gesteuert: Die Nocken drücken auf die Schwinghebel – eine Art Zwischenlager – und über diese gegen die Kraft der Ventilfedern auf die Ventile. So wird ein Spalt zwischen Ventilteller und Ventilsitz frei, das Ventil öffnet. Beim Weiterdrehen des Nockens drückt die Ventilfeder das Ventil wieder in Schließstellung.

Die Ein- und Auslaßventile sind im Zylinderkopf zueinander versetzt angeordnet, und jeweils ihnen gegenüber sind Hydrostößel (hydraulische Ventilspielausgleicher) eingesetzt. Diese Hydrostößel gleichen Längenänderungen der Ventile aus, die durch Temperatureinflüsse und Verschleiß auftreten.

Die Wirkung der Hydrostößel überträgt sich auf das Ventil über den Schwinghebel. Somit ist eine spielfreie Arbeit des ganzen Ventiltriebs gesichert, und es entfällt das sonst notwendige Nachstellen des Ventilspiels. Der Gemischeinlaß befindet sich in Fahrtrichtung links, die Auslaßkanäle auf der rechten Seite. Entsprechend diesem Querstromprinzip haben auch die Einlaß- und Auslaßventile ihre Position.

Beim **CIH-Motor** sitzt die Nockenwelle nicht wie beim OHC-Motor über den Ventilen, sondern seitlich daneben. Angetrieben wird die Nockenwelle über eine Duplex-Steuerkette. Die Ventile im CIH-Zylinderkopf hängen schräg in einer Reihe. Gemischeinlaß und -auslaß befinden sich an der rechten Seite.

Zur Ventilbetätigung hebt ein Nocken jeweils einen Hydrostößel und den darüber sitzenden Kipphebel an. Dabei drückt das andere Ende des Kipphebels gegen die Kraft der Ventilfeder und öffnet das Ventil. Ferner treibt die Nockenwelle über eine schrägstehende Welle oben den Zündverteiler und unten die Ölpumpe an.

Die Ventilsteuerung

Bekanntlich haben wir im Omega einen Viertaktmotor, der das Gemisch aus Kraftstoff und Luft ansaugt, verdichtet, zündet und die verbrannten Gase wieder ausstößt. Fürs Ansaugen der Frischgase und das Ausschieben der Altgase bleibt dem ventilgesteuerten Verbrennungsmotor nur wenig Zeit. Weder kann die Nockenwelle die Ventile schlagartig öffnen noch vermögen sie die Ventilfedern derartig schnell zu schließen. Deshalb sind die Nocken so geformt, daß das Einlaßventil bereits gegen Ende des Auslaßtakts öffnet und erst dann schließt, wenn der Kolben nach Beendigung des Ansaughubs wieder verdichtend aufwärtsstrebt. Das Auslaßventil öffnet schon vor Abschluß des Arbeitstakts und schließt erst, wenn der Kolben wieder Frischgas ansaugt. Beide Ventile sind deshalb einen Sekundenbruchteil gleichzeitig geöffnet, wenn der Kolben im oberen Totpunkt (OT) vom Ausstoßen zum Ansaugen umkehrt. Diese Zeitspanne wird mit Ventilüberschneidung bezeichnet.

Hydrostößel

Alle Omega-Modelle besitzen hydraulische Ventilspielausgleicher, sogenannte Hydrostößel. Diese Einrichtung bewirkt, daß die Kontrolle des Ventilspiels entfallen kann: Der Ventiltrieb arbeitet spielfrei, aber dennoch ist dafür gesorgt, daß die geschlossenen Ventile fest auf dem Ventilsitz aufliegen und damit einwandfrei abdichten. Akustisch wahrnehmbarer Vorzug der Hydrostößel: Der Ventiltrieb arbeitet geräuschärmer als der herkömmliche.

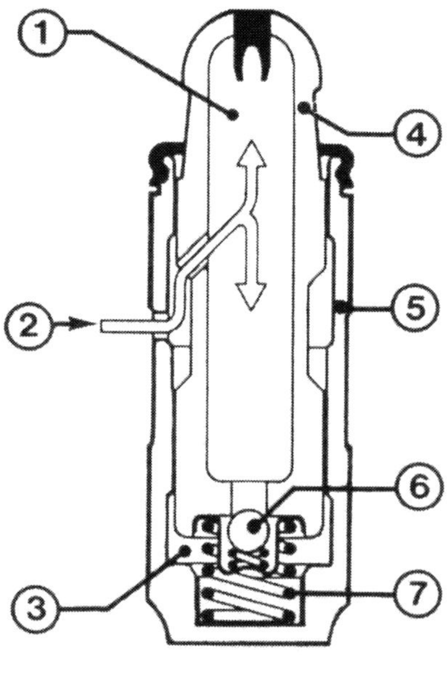

Aufbau des hydraulischen Ventilspielausgleichers (Hydrostößel):
1 – Ölreservoir;
2 – Ölzufuhr;
3 – Druckkammer;
4 – Kolben (beweglich);
5 – Druckzylinder (feststehend);
6 – Rückschlagventil;
7 – Expansionsfeder.

Fingerzeig: Lagerschadenähnliche Klappergeräusche kann ein Motor mit Hydrostößeln nach längeren Standzeiten kurz nach dem ersten Motorstart verursachen. Dieser Effekt tritt auf, wenn alles Öl aus den Hydrostößeln ausgelaufen und dadurch wieder Spiel im Ventiltrieb entstanden ist (siehe folgenden Abschnitt). Kein Grund zur Besorgnis: Das Geräusch verschwindet nach kurzer Zeit, und der Ventiltrieb arbeitet wieder geräuschfrei. Klappert ein einzelner Hydrostößel längere Zeit oder sogar noch bei warmem Motor, muß er ersetzt werden (siehe Seite 35).

Funktion der Hydrostößel

Bei geschlossenem Ventil gelangt Öl aus dem Schmierkreislauf des Motors über eine Bohrung in das Ölreservoir des Hydrostößels. Nach Passieren des Rückschlagventils im Stößel fließt der Schmierstoff in die momentan noch völlig drucklose Druckkammer und füllt diese ganz aus.
Parallel zu diesem Vorgang drückt die Expansionsfeder den Kolben beim OHC-Motor spielfrei an den Schwinghebel, der seinerseits spielfrei an einem Nocken der Nockenwelle wie auch am Ventilschaftende anliegt. Beim CIH-Motor hingegen drückt die Feder den Kolben an den Kipphebel, wobei das Stößelgehäuse spielfrei auf der Nockenwelle aufliegt.
Dreht sich nun die Nockenwelle und drückt ihr exzentrischer Nocken gegen den Kolben des Hydrostößels (OHC-Motor) bzw. gegen das Stößelgehäuse (CIH-Motor), so steigt der Druck in der Druckkammer. Das Rückschlagventil verschließt die Zulaufbohrung und sorgt dafür, daß kein Öl mehr entweichen kann. Da sich das Öl nicht komprimieren (in sich zusammendrücken) läßt, ist damit eine starre Verbindung zwischen Hydrostößel, Schwing- bzw. Kipphebel, Nockenwelle und Ventilschaftende hergestellt. Das Ventil kann also durch die Kraft der Nocke niedergedrückt werden.
Nach dem Schließen des Ventils entsteht durch Leckölverlust ein geringfügiges Ventilspiel, das aber durch die Expansionsfeder – sie drückt den Kolben nach oben – sofort wieder ausgeglichen wird. In das vergrößerte Volumen der Druckkammer strömt nun bei geöffnetem Rückschlagventil wieder Öl nach. Damit ist der Hydrostößel bereit zur nächsten Ventilbetätigung.

Zahnriemen am OHC-Motor

Für die obenliegende Nockenwelle dient der von der Kurbelwelle in Bewegung gesetzte Zahnriemen als geräuscharmes Antriebselement. Der gezähnte Gummiriemen mit Stahldrahteinlage arbeitet verschleißfrei, zumal die Gummimischung des Zahnriemens auch für eine Trockenschmierung des Riementriebs sorgt.
Außerdem treibt der Zahnriemen die Wasserpumpe an, die durch ihren exzentrischen Einbau zugleich als Spannvorrichtung dient.

Rollenkette im CIH-Motor

Geschützt vom Steuergehäusedeckel läuft über die Zahnräder von Kurbelwelle und Nockenwelle eine doppelte Rollenkette (Duplex-Steuerkette). Sie wird vom Motoröl geschmiert. Damit die nicht völlig stramm eingebaute Kette dennoch unter Spannung steht und im Betrieb nicht »schlägt«, drückt ein Kettenspanner von rechts gegen die aufwärts laufende Kette. Die im Uhrzeigersinn betätigte Kette wird auf der linken Motorseite durch das Kurbelwellenrad heruntergezogen.

Die Zylinderkopfdichtung

Die Dichtung zwischen Motorblock und Zylinderkopf muß dafür sorgen, daß die Verbrennungsräume und die Kanäle für das Kühlmittel voneinander getrennt bleiben, wobei sie auch kein Schmieröl hindurchlassen darf. Sie muß hohen Temperatur- und Druckschwankungen widerstehen.
Bei den Omega-Motoren handelt es sich um eine »setzarme« Zylinderkopfdichtung. Deshalb müssen bei der Montage des Zylinderkopfes die Schrauben unter Einhaltung besonderer Arbeitsfolgen angezogen werden.

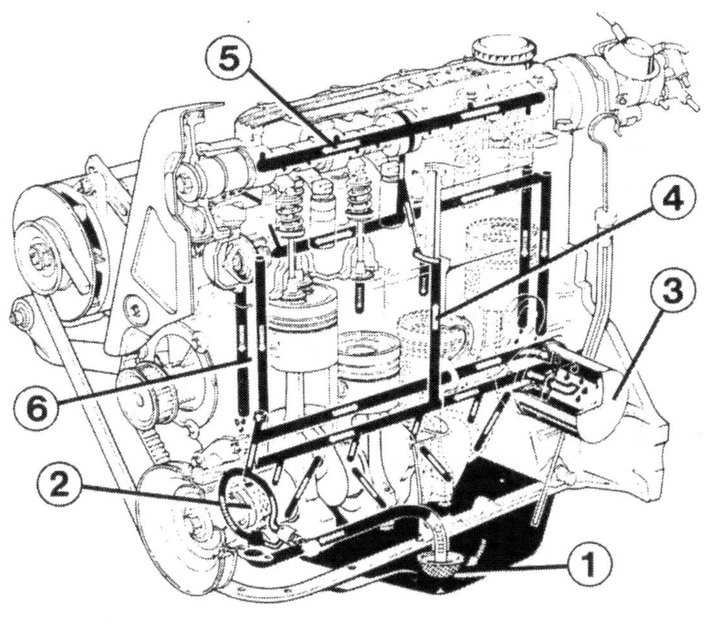

Kreislauf des Öls im OHC-Motor. Es durchläuft folgende Bauteile:
1 – Ölwanne mit Ölsieb;
2 – Ölpumpe (auf Kurbelwelle);
3 – Ölwechselfilter;
4 – Steigleitung;
5 – Nockenwelle;
6 – Leitungen für ablaufendes Öl.

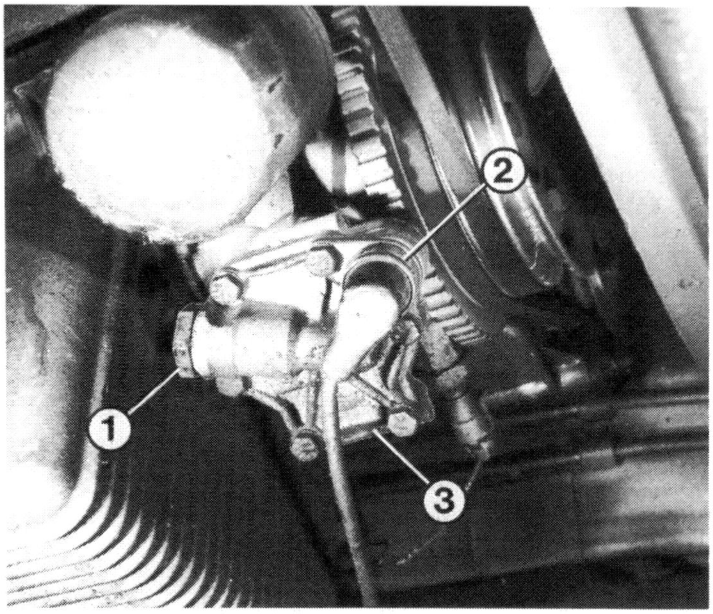

Die Ölpumpe (3) des 2,4-Liter-Motors sitzt unten am Motor. In der Pumpe befindet sich das Druckregelventil (1). Auf dem Ölpumpengehäuse ist der induktive Impulsgeber (2) angeschraubt.

Das Schmiersystem

Im Motor verlangen eine ganze Reihe von Lagerstellen und Reibpartnern nach Schmierung. Das Motoröl muß dorthin unter Druck gepumpt werden – von der Ölpumpe. Sie saugt den Schmiersaft durch einen mit einem Sieb versehenen Schnorchel an und drückt ihn in den Hauptstrom-Ölfilter.
Ist das Filterpapier von Schmutz zugesetzt, weil der Filter nicht rechtzeitig gewechselt wurde, tritt ein Sicherheitsventil in Aktion. Es öffnet, der Filter wird umgangen, die Ölversorgung ist sichergestellt. Allerdings bewirkt ungefiltertes Motorenöl höheren Verschleiß an den Lagerstellen. Vom Filter aus gelangt das schmierfähige Naß über Bohrungen im Zylinderblock zu den Schmierstellen der Kurbelwelle, außerdem in den Zylinderkopf und zur Nockenwelle.
Durch andere Bohrungen fließt das Öl zurück in die Ölwanne und kann für einen erneuten Durchlauf von der Ölpumpe angesaugt werden.

Die Ölpumpe

Beim **1,8- und 2,0-Liter-Motor** sitzt die Ölpumpe hinter der Keilriemenscheibe. Hierbei handelt es sich um eine sogenannte **Sichelpumpe.** Direkt angetrieben von der Kurbelwelle läuft ein exzentrisch angeordnetes Außenzahnrad in einem etwas größeren Zahnrad mit Innenverzahnung. Dadurch entsteht ein dauernd umlaufender sichelförmiger Freiraum, in dem Motoröl von der Saugseite auf die Druckseite befördert wird.
Beim **2,4-Liter-Motor** sitzt die Ölpumpe unten am Motor vor der Ölwanne. Anders als bei den OHC-Motoren ist hier eine **Zahnradpumpe** eingebaut, deren Funktion einfach zu beschreiben ist. Zwei Zahnräder gleicher Größe sind miteinander im Eingriff und bewegen sich daher in entgegengesetzter Richtung. Zwischen den Zähnen und hauptsächlich über ihnen ist noch etwas Platz, und so schaufeln die beiden Räder munter bei jeder Umdrehung etwas Motoröl von der Saugseite auf die Druckseite der Pumpe.
Obwohl die Ölpumpen im Motor recht spielerisch aussehen, leisten sie Schwerstarbeit. Mehr als 30 Liter liefern die Pumpen in der Minute bei Vollgas. Dieser fette Überstrom sorgt jedoch nicht nur für die Schmierung, sondern trägt auch einen großen Teil zur Motorkühlung bei.

Öltemperatur

Ausschlaggebend für das Wohlbefinden des Motors ist die Öltemperatur. Allerdings besitzen die Omega-Modelle serienmäßig kein Ölthermometer, an dem sich ablesen läßt, wie es um den Wärmehaushalt des Motors bestellt ist. Normalerweise wird die Temperatur am Ölfilterflansch oder in der Ölwanne gemessen; dort ist das Öl am kühlsten. Dagegen können an den Kolbenringen Temperaturen bis 300° C auftreten. Falls Sie nachträglich ein Ölthermometer eingebaut haben: Gemäß Opel darf die Temperatur bei extremen Bedingungen 150° C betragen, gemessen in der Ölwanne, 1 cm über deren Boden. Dabei ist allerdings die Verwendung eines tatsächlich hochwertigen Motoröls Voraussetzung, das dann noch ausreichend Schmierwirkung besitzt.
Schädlich für den Motor ist auch eine zu niedrige Öltemperatur. Bei weniger als 60° C sind die Öl-Additive nicht voll wirkungsfähig, was erheblich höheren Verschleiß zur Folge hat. Deshalb sollten Sie nach Möglichkeit den Motor nach dem Kaltstart nicht über 3500/min drehen lassen, bis das Öl etwa 60° C erreicht hat. Für unsere Modelle ohne Ölthermometer gilt als Anhaltspunkt, daß das Motoröl gegenüber dem Kühlmittel etwa doppelt so lange braucht, bevor es seine Betriebstemperatur erreicht hat.

Der Öldruck

Der Öldruck bei einer Öltemperatur von 70 bis 80° C und einer Kühlmitteltemperatur von 80° C soll folgende Werte erreichen:

Bei dem 1,8- und 2,0-Liter-Motoren sitzt das Druckregelventil (Pfeil) rechts unten am Motor. Es sorgt dafür, daß bei kaltem und noch zähflüssigem Motoröl der Öldruck nicht zu hoch ansteigt.

○ Bei **2000/min** des Motors **mindestens 2,0 bar,**
○ im **Leerlauf mindestens 0,3 bar (OHC-Motor)** bzw. **1,0 bar (CIH-Motor).**

Das läßt sich freilich nur kontrollieren, wenn Sie nachträglich ein entsprechendes Meßinstrument eingebaut haben. Serienmäßig gibt es nur eine annähernde Kontrollmöglichkeit über den Öldruckschalter, der im Betrieb die Warnleuchte im Armaturenbrett bei ungenügendem Druck aufleuchten läßt. Dieser Öldruckschalter sitzt beim OHC-Motor hinten am Ölfilterflansch und beim CIH-Motor links über dem Ölpumpengehäuse.
Zu hoch darf jedoch der Öldruck auch nicht sein. Das Druckregelventil erweitert den Weg zur Saugseite, wenn der Druck durch kaltes oder sehr zähflüssiges Öl zu hoch ansteigt. Zur Öldruckkontrolle ist auf Seite 224 noch mehr gesagt. Übrigens: Wenn Sie den Öldruck Ihres Wagens ganz genau messen wollen, muß der Öldruckschalter herausgeschraubt und stattdessen ein exakt anzeigender Manometer angeschlossen werden.

Druckregelventil prüfen

Wie schon erwähnt, sorgt das Druckregelventil dafür, daß bei kaltem Öl der Öldruck nicht zu hoch ansteigt. Leuchtet oder flackert bei warmem Motor die Ölkontrolleuchte auf, weist das auf zu geringen Öldruck hin. In diesem Fall muß das Druckregelventil geprüft werden.
Beim 1,8- und 2,0-Liter-Motor sitzt das Regelventil seitlich hinter der Kurbelwellen-Riemenscheibe, beim 2,4-Liter-Motor unten am Motor im Ölpumpen-Gehäusedeckel.

● Sechskantschraube losdrehen.
● Druckfeder und Regelkolben abnehmen.
● Teile reinigen. Der Regelkolben darf am Umfang keine Riefen aufweisen bzw. durch Schmutzteilchen verkrustet sein. Die Druckfeder darf keine Scheuerstellen aufweisen.
● Schadhafte Teile ersetzen. Beim 2,4-Liter komplettes Druckregelventil ersetzen.
● Beim Einbau neuen Kupferdichtring verwenden.

Die Kurbelgehäuse-Entlüftung

Auch ein gesunder Motor bläst in der Minute mehr als 50 Liter Verbrennungsgase an den Kolbenringen vorbei ins Kurbelgehäuse. Damit die Dichtungen des Motors nicht zu stark beansprucht werden oder gar Teile des Motors reißen, muß der Druck aus dem Kurbelgehäuse entweichen können. Das geschieht über die Kurbelgehäuse-Entlüftung. Die giftigen Gase aus dem Motorinnern werden zum Schutz der Umwelt beim Vergasermotor in das Luftfiltergehäuse und beim Einspritzmotor in den Drosselklappenstutzen zurückgeleitet. Von dort werden die Gase zur vollständigen Verbrennung nochmals vom Motor angesaugt.
Der Entlüftungsschlauch ist oben am Zylinderkopfdeckel befestigt. Gelegentlich können Sie kontrollieren, ob sich in diesem Schlauch Ölrückstände gebildet haben. Man kann sie mit Benzin auswaschen.

Sichtprüfung des Motors

Wartung Nr. 4

● Betrachten Sie den Motor Ihres Omega von oben und unten.
● Geringfügig ölfeuchte Stellen sind nicht bedenklich, alle Motoren »schwitzen« gelegentlich etwas Schmiermittel aus.
● Ölflecken unter dem geparkten Wagen und deutlichen Ölnässen sollten Sie aber auf den Grund gehen.
● Motor mit Motorreiniger und Dampfstrahlgerät säubern.
● Nach einer Probefahrt von wenigen Kilometern kontrollieren, wo Öl austritt.

Mögliche Leckstellen

An welchen Stellen beim Omega-Motor Öl austreten kann, haben wir hier zusammengestellt:

- ○ Abdichtungen von Kurbelwelle und Nockenwelle
- ○ Dichtungen am Zylinderkopfdeckel
- ○ Nockenwellengehäusedichtung
- ○ Zylinderkopfdichtung
- ○ Benzinpumpenfuß (Vergasermotoren)
- ○ Trennstelle Zündverteiler
- ○ Öldruckschalter
- ○ Ölfilterdichtung
- ○ Dichtung der Ölwanne

Fingerzeig: Manche Tankstellen haben Dampfstrahlgeräte mit Münzeinwurf zur Selbstbedienung. Wer den Motorreiniger selbst mitbringt, kommt so zu einer preiswerten Motorwäsche. Unbedingt Arbeitskleidung mitnehmen.

Einfahren des neuen Motors

Zylinderwände wie auch Kolben und Kolbenringe weisen im Neuzustand eine mikroskopische Rauhigkeit auf. Erst der Einlaufvorgang kann diese kleinen Unebenheiten beseitigen, so daß die Teile gut gegeneinander abdichten. Zu flottes Hochdrehen des neuen oder überholten Motors kann zu winzigen Freßstellen am Metall führen, die unter Umständen einen fatalen Kolbenfresser nach sich ziehen.
Im Hinblick auf die Motorlebensdauer tun Sie also gut daran, die Hinweise von Opel für die erste Betriebszeit zu beachten. Während der ersten 1000 km gilt als höchste Drehzahl **4000/min.** Faustregel für alle Gänge bzw. Fahrstufen: **Gaspedal maximal drei Viertel durchtreten.**
Während der Einlaufzeit fühlt sich der Motor auf Landstraßen am wohlsten. Dort fährt man mit wechselnden Geschwindigkeiten und kann fleißig schalten. So wird man auch bei Beachten der anfänglich empfohlenen Höchstgeschwindigkeiten nicht zum Verkehrshindernis. Ab 1500 km darf der Motor auch ruhig einmal hochgedreht werden. Dazu eignen sich besonders Autobahngefälle: Bergab mit relativ hohen Motordrehzahlen, ohne den Motor gleichzeitig stark zu belasten. Allerdings muß die Maschine dazu richtig durchgewärmt sein, wie auch später nur bei erreichter Betriebstemperatur herzhaft beschleunigt werden sollte.
Bis der Motor richtig eingefahren ist, vergehen wenigstens 3000 km. Bei überwiegendem Stadtverkehr dauert es bestimmt viel länger.

Die Motor-Lebensdauer

Gleich ob 1,8-, 2,0- oder 2,4-Liter-Motor, in der Regel werden mit diesen Aggregaten 130000–160000 km erreicht. Diese Kilometerleistung stellt nur einen Anhaltspunkt dar. Je nach Fahrweise und Pflege werden Sie den unteren oder oberen Wert erreichen.
Der Fahrer entscheidet durch seinen Umgang mit der Maschine, ob der Exitus schon früh erfolgt oder 160000 km oder mehr auf den ersten Motor kommen. Von entscheidender Bedeutung ist hierbei die Motoröltemperatur. Während die Kühlmittel-Temperaturanzeige schon relativ früh Betriebstemperatur signalisiert, ist das Motoröl frühestens nach etwa 10 Minuten Fahrt völlig einwandfrei schmierfähig.
Nach wochenlangem Kurzstreckenverkehr ist es ebenfalls nicht ratsam, gleich voll aufs Gaspedal zu treten. Bei den langen Leerlaufminuten in der Stadt bilden sich in den Brennräumen und an den Ventilen Ablagerungen, die bei voller Betriebstemperatur und zügiger, aber nicht scharfer Fahrt langsam abgebrannt werden sollen. Für Fahrzeuge mit Drehzahlmesser: Das entspricht 4000–5000/min.

Kompressionsdruck messen

Die Messung des Kompressionsdrucks in den Motorzylindern gibt Aufschluß darüber, ob die Ventile und Kolbenringe noch gut abdichten. Leistung, Kaltstartverhalten sowie Öl- und Kraftstoffverbrauch unseres Motors hängen davon ab. Eine Prüfung also, die zur Fehlersuche und beim Gebrauchtwagenkauf interessant ist.

- Motor warmfahren. Die Kolbenringe dichten bei warmem Öl besser ab.
- Bei Einspritzer-Motoren das Kraftstoffpumpenrelais abziehen (siehe Seite 231). Andernfalls wird der Motor bei der Druckprüfung mit Kraftstoff überflutet, was auch dem Katalysator schaden kann (Seite 48).
- Zündung »lahmlegen«, siehe Seite 195.
- Handbremse anziehen, Schalthebel in Leerlauf bzw. Getriebeautomatik-Wählhebel in Stellung »P« drücken.
- Zu Anfang alle Zündkerzen herausschrauben.
- Gummikonus des Druckprüfers in das Kerzenloch des 1. Zylinders (in Fahrtrichtung der vordere) pressen bzw. Anschlußleitung ins Zündkerzengewinde schrauben.
- Von Helfer Gaspedal voll durchtreten lassen. So erhalten die Zylinder ihre größte Füllung.
- Mit dem Anlasser den Motor etwa 4 Sekunden durchdrehen lassen.
- Meßwert ablesen und notieren. Bei einem Druckschreiber mit Meßkärtchen weiterschalten für den nächsten Zylinder.

Zu niedrige Druckwerte

Kompressionsdruckwerte zwischen 9 und 12 bar signalisieren einen guten Motorzustand. Liegen die Werte unter 7 bar, ist der Motor überholungsbedürftig. In Opel-Werkstätten wird als Maßgabe 1 bar Unterschied von Zylinder zu Zylinder erlaubt.
Gleichmäßig niedriger Kompressionsdruck ist nicht unbedingt ein Alarmzeichen; Ursache können Meßtoleranzen zwischen verschiedenen Prüfgeräten sein. Bedenklich ist es dagegen, wenn zwischen den vier Meßwerten für die Zylinder Unterschiede von mehr als 3 bar bestehen. Das kann bedeuten:

- ○ Kolben- und Kolbenringverschleiß
- ○ Festsitzende Kolbenringe durch Rückstandsbildung
- ○ Unrunde Zylinder als Folgeerscheinung von Kolbenklemmern
- ○ Ablagerungen an den Ventilschäften oder -sitzen durch Verbrennungs- bzw. Schmierölrückstände
- ○ Eingeschlagene Ventile
- ○ Verbrannte Ventile

Fingerzeig: In den meisten Fällen sind undichte Ventile die Ursache für mangelhaften Kompressionsdruck und damit geringere Motorleistung. Abhilfe bringt entweder Einschleifen der Ventile oder die Überholung des Zylinderkopfes.

Fehlersuche

Um bei zu niedrigem Kompressionsdruck den Fehler lokalisieren zu können, wendet man folgenden Trick an: Ins Zündkerzenloch mit einer Spritzkanne etwas zähflüssiges Öl träufeln und Kompressionsdruck nochmals messen.

○ Sind die Werte weiterhin schlecht, liegt es an den Ventilen.

○ Erhalten Sie höhere Druckwerte, liegt es an den Kolbenringen und vielleicht auch an den Zylindern. Das eingefüllte Öl hat kurzfristig zwischen Kolben und Zylinderwänden besser abgedichtet, so daß das komprimierte Gas kaum noch entweichen konnte.

Fingerzeig: Der Kompressionsdruck ist nicht zu verwechseln mit dem Verdichtungsverhältnis. Das Verdichtungsverhältnis ist bei der Konstruktion festgelegt durch den Kolbenhub, die Ausformung des Kolbenbodens und das Volumen des Verbrennungsraumes. Dagegen variiert der Kompressions- oder Verdichtungsdruck je nach Motorzustand.

Der Druckverlusttest

Genauere Erkenntnisse liefert der Druckverlusttest, den manche Werkstätten durchführen können. Das Testgerät besteht aus zwei Kammern, wobei in einer ein gleichbleibender Druck herrscht. Die zweite Kammer ist über einen Schlauch zur Zündkerzenbohrung mit dem Verbrennungsraum, durch eine Düse mit der ersten Kammer und außerdem mit einer Anzeigeskala verbunden.
Verliert der geprüfte Brennraum Druck, wird dies auf der Skala angezeigt. Eine größere Leckstelle läßt sich durch Abhorchen erkennen:

○ Blasgeräusche am Auspuff lassen auf ein undichtes Auslaßventil schließen.

○ Strömt Druckluft aus Vergaser oder Drosselklappenteil der Einspritzanlage, ist ein Einlaßventil defekt.

○ Bei einer defekten Zylinderkopfdichtung oder einem Riß im Zylinderkopf gelangt Druckluft durch das benachbarte Zündkerzenloch oder aus dem geöffneten Kühlmittel-Ausgleichbehälter ins Freie.

○ Verschlissene Zylinderwände, Kolbenlaufbahnen oder Kolbenringe lassen Druck ins Kurbelgehäuse strömen und am geöffneten Öleinfüllstutzen oder am Rohr für den Ölpeilstab austreten.

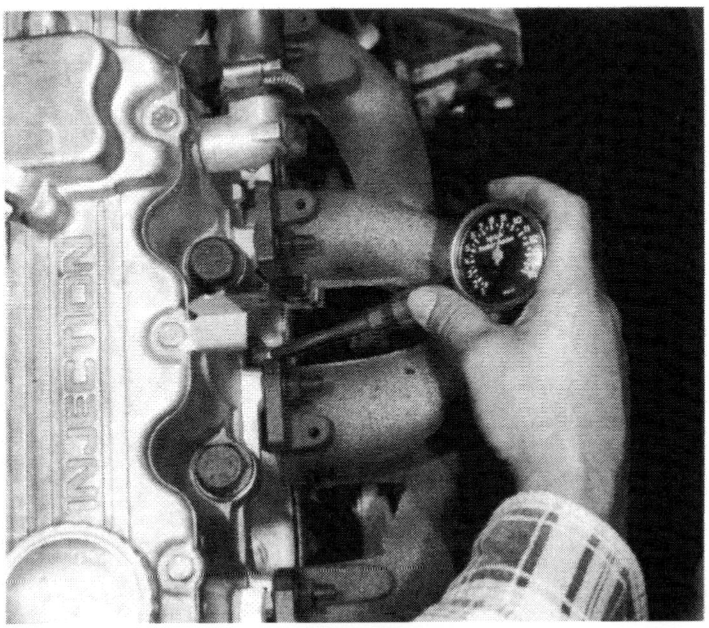

Beim Messen des Kompressionsdrucks muß das Prüfgerät absolut dicht mit dem Zündkerzenloch abschließen.

Motor durchdrehen

Zu manchen Arbeiten muß man den Motor entweder in eine bestimmte Stellung bringen oder durchdrehen. Hierzu gibt es folgende Möglichkeiten:

- Falls genügend ebene Fläche zur Verfügung steht, den Wagen bei eingelegtem 5. Gang (Schaltgetriebe ist Voraussetzung) entsprechend vor- oder zurückschieben.
- Oder den Opel wie zu einem Radwechsel einseitig hinten aufbocken. 5. Gang einlegen und das freihängende Hinterrad durchdrehen, wodurch der Motor bewegt wird.
- Oder einen gekröpften Ringschlüssel auf der Zentralmutter der Lichtmaschinen-Riemenscheibe ansetzen und den Motor jetzt über den Keilriemen durchdrehen.
- Rutscht der Riemen durch, wird er mit der freien Hand zwischen den Riemenscheiben belastet und damit gestrafft.
- Bei Fahrzeugen mit OHC-Motor **niemals** bei abgenommener Zahnriemenabdeckung den Motor an der Befestigungsschraube des Nockenwellen-Zahnriemenrads durchdrehen! Der Zahnriemen könnte sonst überspringen – Motorschaden.

Oberen Totpunkt suchen

Beim Viertaktmotor kommt der Kolben während der vier Arbeitsgänge zweimal in den oberen Totpunkt (OT): Einmal beim Zünden des angesaugten Gemisches und zum zweiten Mal nach dem Ausstoßen der Altgase mit anschließend beginnendem Wiederansaugen von Kraftstoff/Luft-Gemisch. Üblicherweise wird bei verschiedenen Einstellarbeiten der OT von Zylinder 1 (der vordere) während des Zündzeitpunktes gebraucht.

- **1,8- und 2,0-Liter-Motor:** Sämtliche Spannklammern der vorderen Zahnriemenabdeckung abdrücken.
- Zahnriemenabdeckung nach oben aus dem Motorraum nehmen.
- Motor so lange durchdrehen, bis die Kerbe am Umfang der Kurbelwellen-Keilriemenscheibe genau dem Zeiger am Motorblock gegenübersteht.
- Gleichzeitig muß nun auch die Markierung an der Vorderseite des Nockenwellen-Zahnriemenrades in Höhe der Bezugsmarkierung an der hinteren Zahnriemenabdeckung stehen.
- **2,4-Liter-Motor:** Verteilerkappe abnehmen (Seite 198).
- Motor durchdrehen, bis das Metall-Kontaktstück des Verteilerfingers auf die Kerbmarkierung am Gehäuserand des Zündverteilers zeigt.
- Nun zeigt auch der Zeiger im Schauloch am Motorblock auf die Kugel im Schwungrad. Der genaue OT ist gefunden.

Nockenwellen-Gehäusedeckel abnehmen

Der Nockenwellen-Gehäusedeckel – oft Ventildeckel genannt – wird bei unseren Motoren folgendermaßen abgebaut:

- Beim Vergasermotor ggf. Luftfiltergehäuse abbauen (Seite 68).
- Alle Motoren: Klemmschelle des Kurbelgehäuse-Entlüftungsschlauches lösen und Schlauch abziehen.
- Befestigungsschrauben des Nockenwellen-Gehäusedeckels herausschrauben.
- Ventildeckel vorsichtig vom Nockenwellengehäuse abheben, damit die Dichtung nicht beschädigt wird.
- Eine beschädigte Dichtung ersetzen.
- Beim Einbau Schrauben an der Deckelmitte beginnend über Kreuz anziehen.

Die Hydrostößel

Ventilgeräusche

Allgemein deuten Klappergeräusche aus dem Bereich Zylinderkopf auf einen oder mehrere defekte Hydrostößel hin. Der betreffende Stößel wird dann nicht repariert, sondern ausgetauscht.

Zum Durchdrehen der Kurbelwelle von Hand wird ein gekröpfter Ringschlüssel oder, wie hier gezeigt, ein Gabelschlüssel auf der Lichtmaschinen-Riemenscheibe angesetzt. Rutscht der Riemen durch, wird er mit der Hand belastet.

Ventilgeräusch kann jedoch auch bei intakten Hydrostößeln auftreten, wenn
- ○ kurz nach dem Starten die Ölversorgung der Stößel noch nicht gewährleistet ist;
- ○ der Wagen zuvor bei hohen Außentemperaturen voll belastet wurde;
- ○ der Wagen lange Zeit nicht gefahren wurde. Das Ventilgeräusch muß dann spätestens bei betriebswarmem Motor verstummen;
- ○ bei extrem niedrigem Ölstand die Ölpumpe manchmal Luft ansaugt.

Hydrostößel am OHC-Motor wechseln

Zum Ausbau eines Ventilspielausgleichers benutzt die Werkstatt eine Spannvorrichtung (KM-565), mit dem das betreffende Ventil im UT nach unten gedrückt wird. Schwinghebel, Druckstück und Hydrostößel können so bei eingebauter Nockenwelle abgenommen werden. Steht keine Spannvorrichtung zur Verfügung, muß die Nockenwelle ausgebaut werden. Eine Arbeit, die sich nicht lohnt.

- ● Nockenwellengehäusedeckel abbauen.
- ● Betreffenden Kolben auf UT stellen.
- ● Spannvorrichtung auf den Federteller aufsetzen und an der gegenüberliegenden Gewindebohrung im Nockenwellengehäuse anschrauben.
- ● Spezialwerkzeug spannen, Schwinghebel, Druckstück und Ventilspielausgleicher aus dem Nockenwellengehäuse herausnehmen.
- ● Laufbahn des neuen Stößels etwas einölen und Stößel einsetzen.
- ● Nach dem Einbau eines neuen Stößels ist keine Einstellung erforderlich, da die Vorspannung konstruktiv berücksichtigt wurde.

Hydrostößel am CIH-Motor ausbauen

- ● Ventildeckel vom Zylinderkopf abbauen.
- ● Einstellmutter des betreffenden Hydrostößels losschrauben.
- ● Kipphebel abnehmen.
- ● Defekten Hydrostößel aus der Bohrung herausziehen.
- ● Neuen Stößel etwas einölen und in die Bohrung einsetzen.
- ● Nach dem Einbau des Kipphebels Grundeinstellung des Ventilspielausgleichers durchführen.

Grundeinstellung der Hydrostößel
CIH-Motor

Die Grundeinstellung der Hydrostößel ist nur dann erforderlich, wenn die Kipphebel ausgebaut wurden. Das Einstellen erfolgt bei stehendem Motor.

- ● Kurbelwelle auf OT Zündzeitpunkt 1 stellen (Seite 34).
- ● Einstellmutter am Kipphebel von Zylinder 1 zurückdrehen, bis gerade Spiel spürbar wird.
- ● Einstellmutter langsam wieder anziehen, bis kein Spiel mehr zwischen Ventil, Kipphebel und Hydrostößel besteht.
- ● Nun die Einstellmutter um **eine volle Umdrehung** weiter anziehen. Der Hydrostößel ist damit in der Grundstellung fixiert.
- ● Jetzt den zweiten Hydrostößel desselben Zylinders in gleicher Weise einstellen.
- ● Danach Kurbelwelle im Uhrzeigersinn eine halbe Umdrehung weiterdrehen. Nun steht gemäß der Zündfolge Zylinder 3 auf OT Zündzeitpunkt.
- ● Grundeinstellung an den beiden Hydrostößeln von Zylinder 3 vornehmen.
- ● Nach dem Einstellen der Hydrostößel von Zylinder 3 Kurbelwelle wieder eine halbe Umdrehung weiterdrehen und Stößel von Zylinder 4 einstellen.
- ● Zuletzt – Kurbelwelle eine weitere halbe Umdrehung gedreht – Hydrostößel von Zylinder 2 einstellen.

2,4-Liter-Motor: Wurden ein oder mehrere Kipphebel ausgebaut, muß nach dem Zusammenbau der betreffende Hydrostößel eingestellt werden.

Der Zahnriemen

OHC-Motor

Die Ventilsteuerung erfolgt bei den 1,8- und 2,0-Liter-Motoren, wie bereits besprochen, über einen Zahnriemen. Er bewegt die Nockenwelle mit halber Umdrehungszahl der Kurbelwelle und treibt außerdem die Wasserpumpe an.

Zahnriemenzustand prüfen

- Vordere Zahnriemenabdeckung abnehmen.
- Der gezähnte Riemen darf nicht verölt oder rissig sein.
- Die Flanken der Verzahnung müssen intakt sein und dürfen keine Abnutzungserscheinungen zeigen.
- Damit Sie den Riemen auf seiner gesamten Länge begutachten können, den Motor durchdrehen, siehe Seite 34.
- Einen schadhaften Zahnriemen unbedingt ersetzen!

Zahnriemenspannung kontrollieren

- Vordere Zahnriemenabdeckung ausbauen.
- Kurbelwelle in Drehrichtung (Uhrzeigersinn) mindestens eine viertel Umdrehung durchdrehen. Damit steht der Zahnriemen zwischen Wasserpumpen- und Nockenwellenrad unter Spannung; an dieser Stelle wird auch geprüft.
- Der kalte Riemen muß sich bei richtiger Spannung nur mit Daumen und Zeigefinger um 90° (= rechter Winkel) in sich verdrehen lassen.
- Diese Prüfung ist nur ein Behelf. Zur genauen Prüfung verfügt die Opel-Werkstatt über ein Prüfgerät, das auf dem Zahnriemen angesetzt wird.

Fingerzeig: Ein Pfeifgeräusch nach dem Kaltstart, das mit höheren Drehzahlen kräftiger wird, deutet auf einen zu strammen Zahnriemen hin.

Zahnriemen spannen

Das Spannen des Zahnriemens und das Prüfen der Zahnriemenspannung geschieht in der Opel-Werkstatt gleichzeitig. Dort verwendet man Spezialwerkzeug: Einen 41-mm-Gabelschlüssel mit Hebel zum Spannen des Riemens und ein Spannungsprüfgerät, das auf den Zahnriemen zwischen Wasserpumpen- und Nockenwellenrad angesetzt wird.
Behelfsmäßig kann zum Spannen des Riemens auch eine Rohrzange genommen werden. Die Zahnriemenspannung kann, wie im vorigen Abschnitt beschrieben, geprüft werden.

- Vordere Zahnriemenabdeckung ausbauen.
- Befestigungsschrauben der Wasserpumpe etwas lösen.
- Exzentrisch gelagerte Wasserpumpe drehen, dazu den Gabelschlüssel oder die Rohrzange auf den Zweikant hinter der Wasserpumpe ansetzen. Drehen im Uhrzeigersinn bedeutet Spannen des Riemens.
- Schrauben wieder anziehen. Anzugsdrehmoment 25 Nm.

Zahnriemen auswechseln

- Vordere Zahnriemenabdeckung ausbauen.
- Kolben im Zylinder 1 auf OT Zündzeitpunkt stellen, siehe Seite 34.
- Zahnriemen entspannen (siehe unter »Zahnriemen spannen«).
- Keilriemenscheibe von der Kurbelwelle abschrauben. Dazu 1. Gang einlegen und Handbremse anziehen. Befestigungsschrauben der Riemenscheibe herausdrehen und Scheibe abnehmen.
- Zahnriemen abnehmen.
- Neuen Riemen auflegen. Wurde die Stellung von Kurbelwellen- und Nockenwellenrad nicht verändert, stimmen die Ventilsteuerzeiten eventuell noch.
- Sicherheitshalber sollte man dies jedoch vor dem endgültigen Zusammenbau kontrollieren (siehe folgenden Abschnitt).
- War der Zylinderkopf abgenommen, müssen die Steuerzeiten in jedem Fall eingestellt werden.

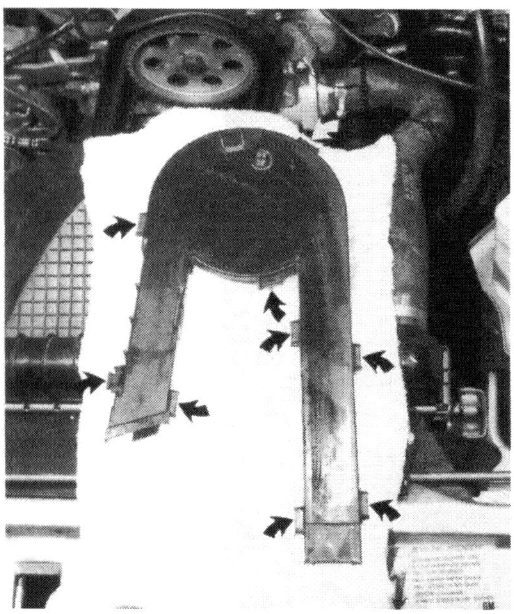

Links: Nach Lösen von insgesamt 9 Spannklammern (Pfeile) kann die vordere Zahnriemenabdeckung abgenommen werden. Rechts: Der Zahnriemen (2) ist richtig gespannt, wenn er sich zwischen den Zahnriemenrädern der Wasserpumpe (1) und der Nockenwelle (3) um 90° verdrehen läßt.

Steuerzeiten einstellen
OHC-Motor

Unter dem Begriff »Steuerzeiten« versteht man das zeitgerechte Öffnen und Schließen der Ventile in Abhängigkeit zur Stellung der Kolben und damit der Kurbelwelle. Einzustellen im Sinn von Justieren gibt es da nichts. Es wird lediglich geprüft, ob Nocken- und Kurbelwelle in der richtigen Stellung zueinander stehen, was nach Abnehmen des Zahnriemens nicht mehr unbedingt der Fall zu sein braucht.

- Zahnriemen ist abgenommen.
- Zahnriemenrad der Nockenwelle so drehen, daß die Markierung an der Vorderseite des Rades in Höhe der Bezugskerbe an der hinteren Zahnriemenabdeckung steht. Dabei darf kein Kolben im OT stehen, sonst können beim Drehen der Nockenwelle Ventile oder Kolbenböden beschädigt werden.
- Kurbelwellen-Keilriemenrad lose auf die Kurbelwelle schrauben.
- Kurbelwelle drehen, bis die Kerbe am Umfang der Riemenscheibe sich im kürzesten Abstand zum Zeiger am Ölpumpengehäuse befindet.
- Kurbelwellen-Keilriemenrad wieder losschrauben.
- Zahnriemen auflegen, dabei die Stellung von Nocken- und Kurbelwelle nicht mehr verändern.
- Keilriemenrad mit 20 Nm anschrauben.
- Zahnriemen spannen.

Fingerzeig: Um Irrtümern vorzubeugen: Die Steuerzeiten verändern sich nicht durch Verschleiß. Eingestellt wird nur einmal, wenn zuvor der Zahnriemen abgenommen wurde.

Die Steuerkette

CIH-Motor

Die Ventilsteuerung erfolgt beim 2,4-Liter-Motor über eine Steuerkette. Diese versetzt die Nockenwelle in die halbe Umdrehungszahl der Kurbelwelle.
Die kleinen Brennräume lassen es auch bei diesem Motor nicht zu, daß eines der Ventile geöffnet hat und somit in den Verbrennungsraum ragt, während sich der betreffende Kolben nach oben – seiner höchsten Stellung zu – bewegt. Dieser Fall könnte eintreten, wenn durch eine falsch eingebaute Kette die Einstellung von Nockenwelle zu Kurbelwelle nicht mehr stimmt (siehe »Zylinderkopf aus- und einbauen«). Dann schlägt das Ventil auf den Kolbenboden auf – Motor-Totalschaden.

Spannmechanismus der Steuerkette

Zur Vermeidung von Kettengeräuschen und zum Ausgleich von Verschleiß an der Steuerkette (sie längt sich etwas im Laufe der Zeit) dient der Kettenspanner an der rechten Motorseite. Ein federbelasteter und mit Öl gedämpfter Kolben drückt dazu die rechte Führungsschiene gegen die Kette, wodurch sich diese spannt.

Störungen am Kettenspanner

Rasselgeräusche, die von der Steuerkette ausgehen, lassen auf eine stark gelängte Kette (Verschleiß bei mehr als 150000 km) oder einen defekten Spannmechanismus schließen.
Fehlerursache:
- ○ Dämpfungskolben sitzt verklemmt
- ○ Feder ist erlahmt
- ○ Luftpolster im Kolbenkanal behindert die Dämpfung (mangelhaft entlüftet)
- ○ Kugelventil oder Entlüftungsschlitze des Kolbens sind verstopft

Der Kettenspanner kann ausgebaut werden. Er sitzt rechts am Motor oberhalb des Ölfilters.

**Links: Bei den OHC-Motoren ist der OT gefunden, wenn die Kerbe auf der Kurbelwellen-Riemenscheibe (1) dem Zeiger am Motorblock (2) gegenübersteht.
Rechts: Bei abgenommener Zahnriemenabdeckung muß zusätzlich die Kerbe an der Nockenwellen-Riemenscheibe (3) mit der Kerbe an der hinteren Zahnriemenabdeckung (4) fluchten.**

Nockenwelle ausbauen

Zum Ausbau der Nockenwelle müssen die Zylinderkopfschrauben gelöst werden. Ein Wechsel der Zylinderkopfdichtung ist deshalb unumgänglich. Wird die Nockenwelle des OHC-Motors ausgebaut, müssen zudem noch sämtliche Schwinghebel durch neue ersetzt werden.

- Zylinderkopf ausbauen.
- **OHC-Motor:** Nockenwellengehäuse vom Zylinderkopf abnehmen und auf eine saubere und stabile Unterlage ablegen.
- Zündverteiler und Verteilerfinger losschrauben.
- Mit einem Schraubendreher hintere Dichtung aus dem Nockenwellengehäuse heraushebeln.
- Begrenzungsscheibe der Nockenwelle losschrauben.
- Bei Fahrzeugen mit Vergasermotor Benzinpumpe abbauen.
- Nockenwelle aus dem Gehäue herausziehen.
- Vorderen Dichtring aus dem Nockenwellengehäuse heraushebeln.
- Neue Nockenwelle mit der Begrenzungsscheibe in das Nockenwellengehäuse einsetzen. Scheibe mit 8 Nm anziehen.
- Neue Dichtringe einölen und mit einem passenden Rohrstück bis zum Anschlag ins Nockenwellengehäuse eintreiben.
- Verteilerfinger und Zündverteiler einbauen.
- Wo vorhanden, Kraftstoffpumpe anschrauben.
- Zylinderkopf einbauen.
- **CIH-Motor:** Muttern lösen und sämtliche Kipphebel ausbauen. Kipphebel so ablegen, daß sie später beim Wiedereinbau an derselben Stelle sitzen.
- Alle Hydrostößel aus dem Zylinderkopf herausziehen und ebenfalls geordnet auf einer sauberen Unterlage ablegen.
- Beide seitlichen Montagedeckel abschrauben.
- Nockenwelle vorsichtig aus dem Zylinderkopf herausziehen, damit die Lagerbuchsen nicht beschädigt werden. Gleichzeitig Nockenwelle durch die seitlichen Montageöffnungen abstützen.
- Alle Gleit- und Lagerflächen der Nockenwelle und die Stößelböden mit MoS_2-Paste bestreichen.
- Nockenwelle von vorn nach hinten in die Lager des Zylinderkopfes einführen, dabei die Welle durch die Montageöffnungen abstützen.
- Deckel der Montageöffnung festschrauben, Schrauben mit Sicherungsmasse einsetzen.
- Nockenwelle so drehen, daß der Führungsstift des Nockenwellenrades oben steht.
- Zylinderkopf komplettieren und einbauen.
- Grundeinstellung der Hydrostößel durchführen (Seite 35).

Störungsbeistand

Zylinderkopfdichtung

Häufigster Schaden im Bereich Zylinderkopf ist eine defekte Zylinderkopfdichtung. Dieser Defekt tritt meistens als Folge von Überhitzung auf.

Erkennungsmerkmal	Ursache/Besonderheiten
A Kühlflüssigkeitsstand nimmt stetig langsam ab	**Kühlmittel gelangt in sehr geringer Menge in die Brennräume. Diese Erscheinung kann sich ohne weitere Merkmale über längere Zeit hinziehen. Andere Möglichkeit: Kühlanlage undicht**
B Der Wagen zieht bei Betriebstemperatur einen weißen Abgasschleier hinter sich her, großer Wasserverlust	**Kühlmittel dringt in großer Menge in einen Verbrennungsraum, verdampft dort und entweicht als weiße Fahne durch den Auspuff**
C Aus dem geöffneten Ausgleichbehälter steigen bei laufendem Motor Luftblasen auf bzw. beim Öffnen des Verschlußdeckels sprudelt eine größere Menge Kühlmittel heraus	**Verbrennungsgase werden ins Kühlsystem gedrückt. Aus der Öffnung des Ausgleichbehälters riecht es nach Abgasen**
D In Regenbogenfarben schillernde oder schwarze Verfärbung an der Oberfläche des Kühlmittels	**Öl aus dem Schmierkreislauf gelangt ins Kühlsystem**
E Grau oder braun aussehende Emulsion am herausgezogenen Ölpeilstab oder Öl von Wasserbläschen durchsetzt	**Kühlflüssigkeit ist in den Schmierkreislauf geraten. Achtung: Wasser im Motoröl kann einen Lagerschaden verursachen. Zylinderkopfdichtung sofort wechseln (lassen). Motor nicht mehr starten; Wagen zur Reparatur abschleppen**

Zylinderkopf aus- und einbauen

Der Zylinderkopf darf nur bei kaltem Motor abgebaut werden, denn ein warmer Zylinderkopf kann sich nach dem Abbau verziehen. Zum Wiedereinbau des Zylinderkopfes benötigen Sie eine neue Zylinderkopfdichtung sowie neue Zylinderkopfschrauben. Des weiteren benötigen Sie beim CIH-Motor einen neuen Dichtring, der in die Bohrung vorn am Steuergehäuse eingelegt wird, und eine neue Steuergehäusedeckeldichtung.

Ausbau

- Minuskabel von der Batterie abklemmen.
- Beim Vergasermotor Luftfiltergehäuse mit Vorwärmschlauch und beim Einspritzmotor Luftansaugschlauch abbauen.

Das Foto zeigt die Anordnung der Einlaßventile (E) und der Auslaßventile (A) im Zylinderkopf eines OHC-Motors.

● Kühlflüssigkeit ablassen und auffangen.
● Kühlmittelschlauch vom Thermostatgehäuse abziehen.
● **OHC-Motor:** Kabelstecker vom Temperaturgeber abziehen.
● Vordere Zahnriemenabdeckung abbauen.
● Kurbelwelle auf OT Zündzeitpunkt von Zylinder 1 drehen.
● Keilriemen der Lichtmaschine entspannen und abnehmen. Befestigungsschraube am Spannbügel herausdrehen.
● Lüfterrad mit Viscokupplung ausbauen, siehe Seite 58.
● Vorderes Auspuffrohr vom Auspuffkrümmer abschrauben.
● Zahnriemen an der Wasserpumpe entspannen und Riemen vom Nockenwellenrad abnehmen (Seite 36).
● Kurbelgehäuse-Entlüftungsschlauch abziehen. Befestigungsschrauben des Nockenwellen-Gehäusedeckels losschrauben und Deckel abnehmen.
● Nockenwellenrad losschrauben. Dabei die Nockenwelle zwischen Einlaßnocken des 3. Zylinders und Lagerstelle mit einem Gabelschlüssel gegenhalten.
● Obere Schrauben der hinteren Zahnriemenabdeckung herausdrehen.
● Gaszug aushängen und vom Widerlager trennen.
● Unterdruckschlauch vom Bremskraftverstärker abbauen.
● Kraftstoff-Vor- und Rücklaufleitung markieren und abbauen.
● Alle elektrischen Leitungen und alle Schläuche am Zylinderkopf, Ansaugkrümmer und an der Einspritzanlage bzw. am Vergaser kennzeichnen und abziehen.
● Hinten am Motor Verbindungsrohr der Kurbelgehäuse-Entlüftung ausbauen.
● Hauptzündkabel von der Zündspule abziehen.
● Zylinderkopfschrauben in umgekehrter Reihenfolge wie unten gezeigt lösen. Zuerst ¼ Umdrehung, im nächsten Arbeitsgang ½ Umdrehung lockern, danach vollständig herausdrehen.
● Nockenwellengehäuse abheben.
● Zylinderkopf mit Ansaug- und Auspuffkrümmer sowie Verteiler abheben. Löst er sich nicht gleich, helfen leichte Schläge mit einem Kunststoffhammer.
● **CIH-Motor:** Unterdruckschlauch zum Bremskraftverstärker am Saugrohr abschrauben.
● Beide Massekabel vom Saugrohr losschrauben.

Damit sich bei der Montage der Zylinderkopf nicht verziehen kann, kommt es sehr genau darauf an, in welcher Reihenfolge die Zylinderkopfschrauben angezogen werden. Das endgültige Anzugsdrehmoment wird dabei in mehreren Stufen erreicht, siehe Text auf der nächsten Seite.
Die Abbildung zeigt einen CIH-Motor. In der gezeigten Reihenfolge werden auch die Zylinderkopfschrauben eines OHC-Motors angezogen.

● Gaszug aushängen und vom Widerlager abnehmen.
● Kraftstoff-Rücklaufleitung vom Druckbegrenzer und Vorlaufleitung vom Pulsator abziehen. Beim Abziehen der Vorlaufleitung Lappen darüberlegen. Spritzgefahr!
● Alle elektrischen Leitungen am Zylinderkopf, Ansaugkrümmer und an der Einspritzanlage markieren und abbauen.
● Genauso ist mit den Schläuchen bzw. Unterdruckleitungen zu verfahren.
● Abgasrohre vom Auspuffkrümmer losschrauben.
● Befestigungsschrauben des Ventildeckels lösen und Deckel abnehmen.
● Zündkerzenstecker von den Kerzen abziehen.
● Kurbelwelle auf OT Zylinder 1 drehen.
● Verschlußdeckel an der Stirnseite des Zylinderkopfes losschrauben.
● Kunststoff-Begrenzungsschraube aus der Nokkenwelle herausdrehen.
● Nockenwellenrad mit Vielzahnsteckschlüssel abschrauben. Steuerkette nicht vom Nockenwellenrad abnehmen.
● Beide Befestigungsschrauben vorn am Zylinderkopf herausdrehen.
● Zylinderkopf in umgekehrter Reihenfolge wie unten auf der Vorseite gezeigt losschrauben. Zuerst ¼ Umdrehung, im nächsten Arbeitsgang ½ Umdrehung lockern, danach vollständig herausdrehen.
● Zylinderkopf mit Ansaug- und Auspuffkrümmer abheben. Löst er sich nicht gleich, helfen leichte Schläge mit einem Kunststoffhammer.
● Achten Sie beim Ablegen des Zylinderkopfes darauf, daß der Drosselklappenschalter nicht beschädigt wird.

Ausgebauten Zylinderkopf kontrollieren

● **OHC-Motor:** Schwinghebel und Druckstücke vom Zylinderkopf abnehmen. Teile so ablegen, daß sie später wieder an derselben Stelle eingebaut werden können.
● **Alle Motoren:** Alte Zylinderkopfdichtung abnehmen. Die Dichtflächen am Zylinderkopf und Motorblock müssen absolut sauber und frei von Dichtungsresten sein. Nicht mit hartem Werkzeug auf der weichen Zylinderkopf-Dichtfläche kratzen. Riefen können den nächsten Kopfdichtungsschaden verursachen.
● Zylinderkopf auf Verzug prüfen, besonders dann, wenn der Kopfdichtungsschaden durch Überhitzung entstanden ist.
● Langes Metallineal oder garantiert geraden Metallwinkel längs und diagonal über die gereinigte Dichtfläche des Zylinderkopfes legen.
● Mit einer Fühlerblattlehre prüfen, ob der Durchhang bzw. der Verzug an irgendeiner Stelle größer als 0,05 mm ist. Dann muß der Zylinderkopf vor der Montage plangeschliffen werden. Nur die Dichtfläche zu den Brennräumen kann nachgeschliffen werden. Ist die Dichtfläche zum Nockenwellengehäuse verzogen, muß der Zylinderkopf ersetzt werden.
● Der Zylinderkopf darf nur in Grenzen nachgearbeitet werden. Es muß die Mindesthöhe – gemessen von oberer zu unterer Dichtfläche – von 95,75 mm beim 1,8- und 2,0-Liter-Motor und 102,45 mm beim 2,4-Liter-Motor eingehalten werden.

Einbau

Die Gewinde in den Schraubenlöchern des Motorblocks müssen sauber und ohne Beschädigungen sein, sonst stimmt das Drehmoment beim Anziehen nicht.
In den Schraubenlöchern im Motorblock darf kein Öl oder Wasser stehen, sonst kann das Gußmaterial im Bereich der Gewindelöcher reißen.

● **OHC-Motor:** Neue Zylinderkopfdichtung so auf die fettfreie Dichtfläche legen, daß die Kennzeichnung »OBEN/TOP« nach oben und zur Zahnriemenseite des Motors zeigt.
● Zylinderkopf mit gereinigten Dichtflächen aufsetzen.
● Waren die Hydrostößel ausgebaut, diese mit etwas Öl benetzen und in die Bohrungen im Zylinderkopf einsetzen. Geölte Schwinghebel und Druckstükke auflegen.
● Dichtfläche des Zylinderkopfes zum Nockenwellengehäuse gleichmäßig mit Opel-Dichtmittel Nr. 1503166 bestreichen.
● Nockenwellengehäuse mit der gereinigten Dichtfläche auf den Zylinderkopf aufsetzen (Steuerzeiten kontrollieren).
● Sämtliche Zylinderkopfschrauben eindrehen und in der auf der Vorseite gezeigten Reihenfolge festziehen.
● **1. Durchgang** mit **25 Nm.**
● Beim **2. Durchgang** die Schrauben in gleicher Reihenfolge um 60° weiterdrehen, dazu starren Schlüssel mit Gradeinteilung benutzen. Als Hilfsmittel kann auch ein Schweißdraht verwendet werden, der am Schlüssel in einem Winkel von 60° angebracht wird.
● Beim **3. Durchgang** die Schrauben nochmals um **60° weiterdrehen.**
● Im **4. Durchgang** wiederum Schrauben um **60° weiterdrehen.**
● **CIH-Motor:** Neuen Gummidichtring in die Bohrung vorn am Steuergehäuse einlegen.
● An der Trennfuge zwischen Motorblock und Steuergehäuse eine ca. 3 mm hohe Raupe Klebedichtmittel (Opel Nr. 1503292 oder Curil) auftragen.
● Neue Zylinderkopfdichtung so auflegen, daß keine Bohrung verdeckt werden kann.
● Zylinderkopf – mit Nockenwelle in OT-Stellung – auf den Motorblock aufsetzen.
● Zylinderkopfschrauben eindrehen und wie auf der Vorseite gezeigt festziehen.
● **1. Durchgang** mit **60 Nm.**

● Beim **2. Durchgang** die Schrauben in gleicher Reihenfolge um **90° weiterdrehen,** dazu starren Schlüssel mit Gradeinteilung benutzen.
● Beide Schrauben vorn am Steuergehäuse mit 25 Nm anziehen.
● Nockenwellenrad anschrauben. Mit einer Fühlerblattlehre Spiel zwischen Verschlußdeckel und Kunststoff-Begrenzungsschraube messen. Max. zulässiges Spiel: 0,1 bis 0,2 mm. Größeres Spiel kann durch Nachrichten des Verschlußdeckels mit einem Dorn korrigiert werden. Dazu Deckel wieder ausbauen.
● **Alle Motoren:** Nach dem vollständigen Zusammenbau **Motor warmlaufen** lassen, danach die Zylinderkopfschrauben in der vorhergehenden Reihenfolge beim **OHC-Motor 30°** und beim **CIH-Motor um 10°** nachziehen. Zusätzlich beim CIH-Motor die beiden Schrauben vorn am Steuergehäuse nochmals lösen und wieder mit 25 Nm anziehen.
● Damit sind die Schrauben endgültig festgezogen, sie dürfen keinesfalls nochmals nachgezogen werden.
● Beachten Sie beim Zusammenbau die richtigen Steuerzeiten, die Einstellung des Gaszugs, den richtigen Kühlmittel- und Ölstand sowie die Zündeinstellung, die kontrolliert werden muß.

Lagerschäden

Klopfgeräusche aus dem Motorraum, die mit wärmer werdendem Öl lauter werden, sind Anzeichen für einen Lagerschaden.

Ursachen

○ Mangelnde Schmierung durch zu niedrigen Ölstand
○ Wasser im Motoröl als Folge einer defekten Zylinderkopfdichtung
○ Zu hohe Drehzahlen bei kaltem Motor und daher zähflüssigem Öl
○ Abgerissener Schmierfilm bei hohen Öltemperaturen, evtl. durch falsche Ölviskosität

Maßnahmen bei einem Lagerschaden

Um es vorweg zu nehmen – fast immer sind die Gleitlager der Pleuel defekt. Ganz selten liegt der Schaden an den Hauptlagern der Kurbelwelle. Normalerweise bedeutet ein Lagerschaden eine umfangreiche Motorreparatur. Wenn Sie ein defektes Pleuellager aber bereits im Frühstadium erkennen, kann der Austausch der Lagerschalen genügen. Deshalb:
○ Bei harten Klopfgeräuschen aus dem Motorraum den Motor sofort abstellen. Oft leuchtet zusätzlich die Ölkontrollampe auf.
○ Motor nicht mehr starten, Wagen jetzt in die Werkstatt schleppen lassen.
○ Ist der Motor noch jünger als 100000 km, kann sich eine Teilreparatur lohnen.
○ Ölwanne ausbauen und Lagerdeckel aller Pleuellager abschrauben lassen.
○ Sind nur einzelne Lagerschalen beschädigt, die Zapfen der Kurbelwelle aber noch glatt, reicht Austauschen der Lagerschalen.
○ Eventuell muß anhaftendes Lagermetall vom Kurbelwellenzapfen entfernt werden.
○ In jedem Fall die Pleuelbohrung am defekten Lager vermessen lassen. Meist muß die Pleuelbohrung nachgebohrt werden – ein Fall für den Motorinstandsetzer.

CIH-Motor: Nach dem Anschrauben des Nokkenwellenrades wird der Abstand zwischen Verschlußdeckel (1) und Kunststoff-Begrenzungsschraube (2) kontrolliert. Max. zulässiges Spiel: 0,1–0,2 mm.

Motorschaden

Ein Schaden am Motor muß die Haushaltskasse nicht gleich plündern. Unsere Liste soll Ihnen helfen, die wirtschaftlichste Methode herauszufinden, wie Sie Ihrem Opel wieder auf die Sprünge helfen können:

○ Der Motor wird selbst repariert. Das lohnt sich z. B. bei einer defekten Zylinderkopfdichtung. Die Reparaturen, die Sie dabei mit etwas Geschick und Geduld selbst ausführen können, sind hier im Buch beschrieben. Nicht sinnvoll ist der Einbau neuer Lager an einer Kurbelwelle mit Riefen oder der Wechsel von Kolben bzw. Kolbenringen bei Zylindern mit Laufspuren. Das sind Arbeiten für eine Motorinstandsetzungsfirma.

○ Der Motor wird selbst teilweise zerlegt und dann zu einem Motor-Reparateur gebracht, der den eigentlichen Schaden behebt. Beispiel: Der Motor wird selbst ausgebaut, der Zylinderkopf abgenommen, und die Werkstatt lagert die Kurbelwelle neu. Wichtig ist hier allerdings der Kostenvergleich.

○ Komplett- oder Teilüberholung des Motors durch eine Motorinstandsetzungsfirma. Viele Werkstätten dieser Branche haben sich zu einer Gütegemeinschaft zusammengeschlossen: Verband der Motorinstandsetzungsbetriebe e.V., Kölner Straße 89, 50859 Köln. Sie garantieren Motorreparaturen nach bestimmten Qualitätsrichtlinien.

○ Kauf eines Teile-Motors bei einer Opel-Werkstatt oder Instandsetzungsfirma. Der Teile-Motor besteht aus Motorblock mit Kolben, Pleuelstangen, Kurbel- und Nockenwelle mit sämtlichen Lagern, Kurbel- und Nockenwellenrad, Ölpumpe und einem Satz Dichtungen. Zylinderkopf, Ölwanne, Vergaser bzw. Einspritzanlage, Zündverteiler und Nebenaggregate werden von dem alten Motor übernommen. Letzterer wird zurückgegeben. Die Montagearbeiten sind umfangreich, deshalb rechtzeitig prüfen und kalkulieren, ob nicht besser die Werkstatt in Anspruch genommen wird.

○ Kauf eines kompletten Austauschmotors bei einem Opel-Dienst, der dort möglicherweise angeboten wird. Er lohnt sich aber bei einem älteren oder schlecht erhaltenen Fahrzeug nicht mehr.

○ Ein gebrauchter Motor von der Autoverwertung. Achten Sie dann aber genau auf die Kenndaten des Motors (Seite 25), damit Sie kein falsches Triebwerk einbauen. Angegebene Kilometerlaufleistungen sind mit einer gewissen Skepsis zu betrachten. Günstig ist es, wenn Sie den Motor noch im eingebauten Zustand laufen hören können. Seriöse Firmen geben eine Garantie auf die Motoren oder legen ein (hoffentlich echtes) Kompressionsdiagramm vor.

Motor aus- und einbauen

Der Motor wird ohne Getriebe nach oben herausgehoben. Dazu brauchen Sie einen Flaschenzug, den Sie in ausreichender Höhe stabil aufhängen können. Günstig ist auch ein »vorbelasteter« Helfer. Schauen Sie sich vor der Arbeit die Motorraum-Schaubilder auf den Seiten 10 bis 12 an, dort sind viele der im nachfolgenden Text beschriebenen Bauteile gezeigt.

Da im Omega eine Vielzahl von elektrischen Leitungen und Unterdruckschläuchen eingebaut ist, sollten Sie als erstes alle diese Steckverbindungen und Schläuche so kennzeichnen, daß sie anschließend wieder an der richtigen Stelle angeschlossen werden.

Ausbau

- Minuskabel der Batterie abklemmen.
- Motorhaube abmontieren (Seite 247).
- Luftansaugschlauch (Einspritzermotor) bzw. Luftfiltergehäuse (Vergasermotor) ausbauen.
- Vergaserdurchlaß mit Lappen verstopfen, damit nichts hineinfällt.
- Wanne unterstellen und Kühlmittel ablassen.
- Luftfangtrichter und Kühler ausbauen (Seite 54).
- Abdeckblech unten an der Getriebeglocke losschrauben.
- Drei Verbindungsschrauben Motor/Getriebe unten herausdrehen.
- Vorderes Auspuffrohr vom Krümmer abschrauben.
- Pumpe der Servolenkung komplett mit Halter vom Motorblock losschrauben und seitlich anbinden. Leitungen angeschlossen lassen.
- Obere Verbindungsschrauben Motor/Getriebe herausdrehen.
- Gaszug aushängen und vom Widerlager trennen.
- Kraftstoffvor- und Rücklaufleitung markieren und abbauen.
- Alle Kühlmittelschläuche, die vom Motor zur Karosserie führen, kennzeichnen und abziehen.
- Hauptzündkabel abziehen.
- Alle elektrischen Leitungen, die vom Motor zur Karosserie führen, kennzeichnen und ausstecken.
- Genauso ist mit den Unterdruckleitungen zu verfahren.
- Fahrzeuge mit Kat: Steckverbindung der Lambda-Sonde trennen.
- Masseverbindung vom Saugrohr und Längsträger lösen.
- Obere Befestigungsmutter der linken und rechten Motoraufhängung von den Dämpfungsblöcken abschrauben.
- Stabile Drahtseile oder Ketten an den Halteösen vorn und hinten am Motor einhängen und mit dem Haken des Flaschenzugs verbinden.
- Wagenheber unter das Getriebe stellen und abstützen.
- Nochmals prüfen, ob alle Verschraubungen, Schlauch- und Kabelverbindungen gelöst wurden.

Das Foto zeigt die Aufhängung des Motors vorn rechts: Der Motorträger (1) stützt sich über ein elastisches Gummilager (2) auf den Rahmenträger (3).

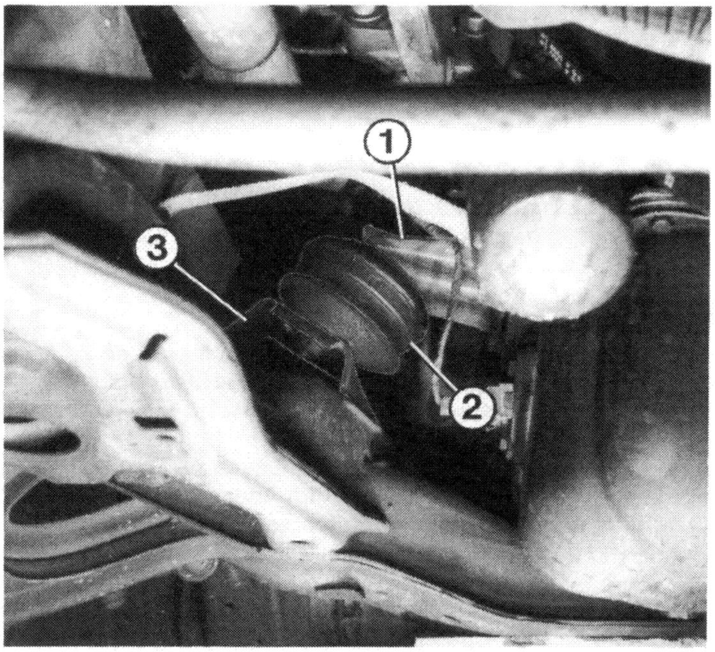

- Motor mit dem Flaschenzug anheben, bis die Motordämpfungsblöcke frei sind.
- Motor vom Getriebe abdrücken und so weit vorziehen, bis die Getriebeantriebswelle frei ist.
- Motor nach oben herausheben. **1,8- und 2,0-Liter-Motoren:** Motor weit genug nach vorn ziehen, so daß beim Herausheben nicht der Zündverteiler beschädigt wird.

Einbau

- Sinngemäß wird in umgekehrter Reihenfolge des Ausbaus vorgegangen.
- Achten Sie beim Einbau des Motors darauf, daß keine Kabel, Leitungen oder Schläuche eingeklemmt werden.
- Motor so einsetzen, daß die Nase am Gummipuffer der Motoraufhängung in der Aussparung des Halters sitzt.
- Beim Aufdrücken des Motors auf die Getriebeglocke muß sich die verzahnte Getriebewelle in die Kupplungsmitnehmerscheibe einfädeln. Wenn sich der Motor nicht auf die Getriebeglocke aufdrücken läßt, Kurbelwelle vorn an der Riemenscheibe langsam rechtsdrehen, gleichzeitig Motor auf die Glocke aufschieben.
- Befestigungsmuttern der Motoraufhängung durch neue ersetzen.
- Anzugsdrehmomente der Schrauben und Muttern beachten.
- Motoraufhängung zwecks spannungsfreiem Einbau noch nicht endgültig festziehen.
- Motor erst mit noch losen Muttern kräftig hin und herrütteln. Erst dann die Muttern anziehen.
- Auspuff spannungsfrei anbauen.
- Kühlsystem befüllen und entlüften.
- Zuletzt noch folgende Punkte vor, während bzw. nach der Probefahrt kontrollieren: Motorölstand? Funktionieren Instrumente und Anzeigen? Arbeitet die Lenkanlage richtig? Tritt auch nirgends Öl, Kraftstoff oder Kühlmittel aus?

Anzugsdrehmomente

Bauteile	Nm
Motorlagerung	40
Motor an Getriebe	75
Servopumpe an Motorblock	40
Vorderes Auspuffrohr an Krümmer	25

Nichts wie raus

Unangenehmes muß schnell verschwinden – doch auf saubere Weise und ohne allzuviel Aufhebens zu verursachen. Das ist kein Politiker-Grundsatz, sondern die Aufgabe der Auspuffanlage. Sie leitet die Abgase nach hinten, wandelt Schadstoffe im Katalysator um und dämpft das Verbrennungsgeräusch.

Die Teile der Auspuffanlage

Beim Omega besteht die Auspuffanlage aus folgenden Bauteilen:

○ Am Zylinderkopf ist der **Auspuffkrümmer** befestigt.

○ Es folgt das **Abgasrohr vorn.** Es ist beim 1,8-Liter-Vergasermotor als Einfachrohr ausgeführt. Alle anderen Modelle besitzen ein Doppelrohr.

○ Die nächste Abgasstation ist der **Katalysator.** Bei den im Buch beschriebenen Fahrzeugen ohne Kat ist an dieser Stelle der Vorschalldämpfer am Abgasrohr angeschweißt.

○ **Mittel- und Nachschalldämpfer** schließen sich an. Miteinander verbunden sind sie durch ein langes Rohrstück, das am Mittelschalldämpfer angeschweißt ist.

Die Auspuff-Lebensdauer

Die Auspuffkorrosion nimmt mit sinkender Abgastemperatur zu. Langstreckenbetrieb mit voll durchgewärmtem Motor und heißen Abgasen setzt der Auspuffanlage kaum zu. Anders dagegen andauernde Stadtfahrten mit meist unterkühltem Triebwerk. Das bewirkt, daß in den Schalldämpfern Kondenswasser auftritt. Es vermischt sich mit Verbrennungsrückständen zu aggressiven Säuren und läßt das Auspuffblech von innen nach außen durchrosten. Unabhängig von der Fahrweise fördern Spritz- und Salzwasser den Rostfraß von außen. Steinschlag oder Aufsetzen auf hartem Untergrund wirkt ebenso lebensverkürzend wie Schwingungen durch defekte oder fehlende Aufhängungsgummis bzw. eine schadhafte Motoraufhängung.

Aufhängung und Zustand der Auspuffanlage kontrollieren

Wartung Nr. 25

Die Auspuffanlage ist starr mit dem Auspuffkrümmer und zusätzlich noch durch einen Halter mit dem Getriebe-Querträger verbunden. Am Fahrzeugboden hängt die Anlage frei schwingend in Gummischlaufen.

● Haltegummis auf Brüchigkeit, Einrisse oder sonstige Schäden überprüfen, ggf. ersetzen.

● Verschraubungen am Auspuff, Auspuffkrümmer und an der Halterung auf festen Sitz kontrollieren, aber nicht mit Gewalt »anknallen«.

● Mit einem Lappen in der Hand bei laufendem Motor das Auspuffrohr zuhalten. Der Motor muß nach kurzer Zeit stehenbleiben.

● Hören Sie zischende Geräusche und läuft der Motor ungestört weiter, ist die Anlage an der Geräuschstelle undicht.

● Ein dumpferer Auspuffton als gewöhnlich und Knallen im Schiebebetrieb weist auf einen durchgerosteten Auspuff hin.

● An den Nahtstellen sind die Schalldämpfer zuerst rostgefährdet. Sollen sie noch einige Zeit halten, muß dieser Bereich auch einer sanften Klopfprobe mit dem Schraubendreher standhalten.

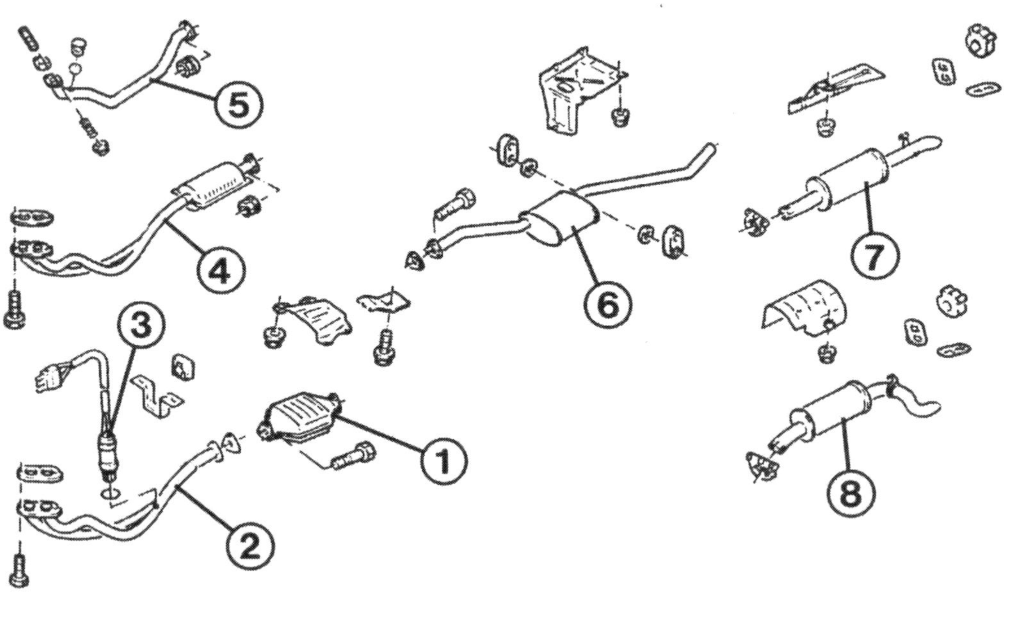

Die Auspuff-Einzelteile der verschiedenen Omega-Modelle. Es bedeuten:
1 – Katalysator;
2 – vorderes Abgasrohr der Kat-Motoren;
3 – Lambda-Sonde;
4 – vorderes Abgasrohr der 1,8- und 2,0-Liter-Einspritzmotoren ohne Kat;
5 – vorderes Abgasrohr der 1,8-Liter-Vergasermotoren;
6 – Mittelschalldämpfer;
7 – Nachschalldämpfer des Caravan;
8 – Nachschalldämpfer der Limousine.

Links: Vorn ist die Auspuffanlage zusätzlich mit einer Halterung am Unterboden befestigt.
Rechts: Das Foto zeigt einen der beiden Anschlagpuffer (2) des Mittelschalldämpfers (1). Damit der Anschlagpuffer nicht von der Halterung abrutschen kann, ist er mit einem Sicherungsring (3) fixiert.

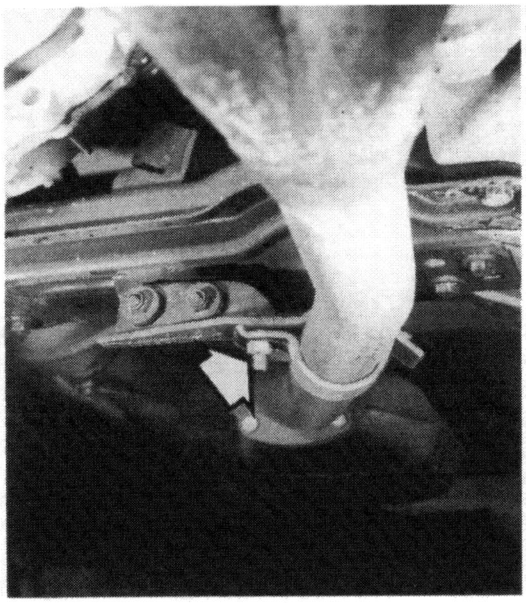

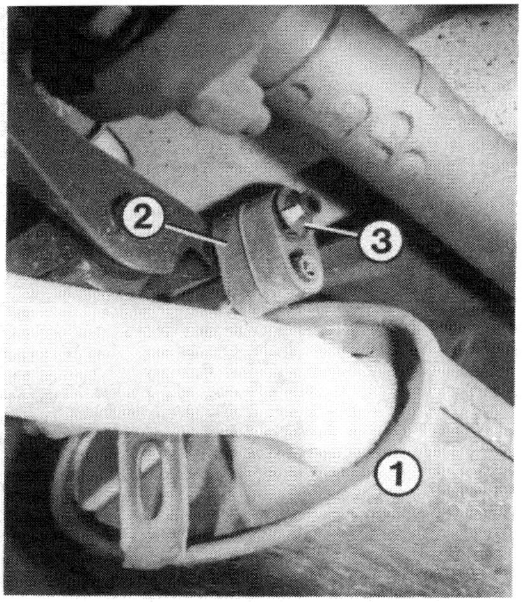

Auspuffanlage erneuern

Reparaturen an einer durchgerosteten Auspuffanlage sind meist nur kurzer Erfolg beschieden. Auf rostgeschwächtem Blech kann nicht mehr geschweißt werden. Auspuffkitt und Bandagen sind zwar recht dauerhaft, aber das Blech bricht bald neben der Reparaturstelle aus.
Ganz selten sind alle Schalldämpfer gleichzeitig austauschreif. Hat man einen Schalldämpfer ersetzt, gibt boshafterweise wenige Monate später der andere den Geist auf. Werkstätten wechseln die Auspuffanlage gleich komplett aus. Das empfehlen wir nicht so unbesehen:

- Klopfen Sie den ausgebauten, noch intakten Schalldämpfer mit einem Hammer rundum gründlich ab, auch an den Stirnseiten. Dabei nicht zu zaghaft hämmern.
- Klingt es bei jedem Schlag hell, ist das Blech noch gesund.
- Wird das Klopfgeräusch an manchen Stellen dumpfer, ist die Außenhaut bereits geschwächt und wird bald durchbrechen; besonders wenn die salzhaltige kalte Jahreszeit herrscht.
- Für den Ersatzteilkauf gilt, daß Dichtung(en), Schrauben und Muttern durch neue ersetzt werden müssen.

Auspuffanlage ausbauen

- Zu allen Arbeiten an der Auspuffanlage muß der Wagen absolut rüttelsicher aufgebockt sein, daß er nicht kippen kann – auch bei heftigem Drehen und Zerren an den Rohren.
- Wenn sich beim Demontieren eine Verschraubung nicht lösen läßt, sollten Sie sie durch Überdrehen abreißen. Beim Einbau werden grundsätzlich neue Schrauben, Muttern und Dichtungen verwendet.
- Haltegummis ebenfalls austauschen.
- Einzelteile der Auspuffanlage hinten beginnend ausbauen. Dazu stets nur die angrenzenden Befestigungsteile lösen.
- Haltegummis mit einem großen Schraubendreher von den Halterungen abhebeln.
- Am Mittelschalldämpfer Sicherungen der Anschlagpuffer abziehen und Puffer seitlich abnehmen.

Ausbau des Nachschalldämpfers:
Verschraubung der Rohrschelle (1) lösen. Haltegummis (3) am besten mit einem großen Schraubendreher von den Halteösen abhebeln. Nachschalldämpfer (2) durch Hin- und Herdrehen vom Rohr des Mittelschalldämpfers abziehen.

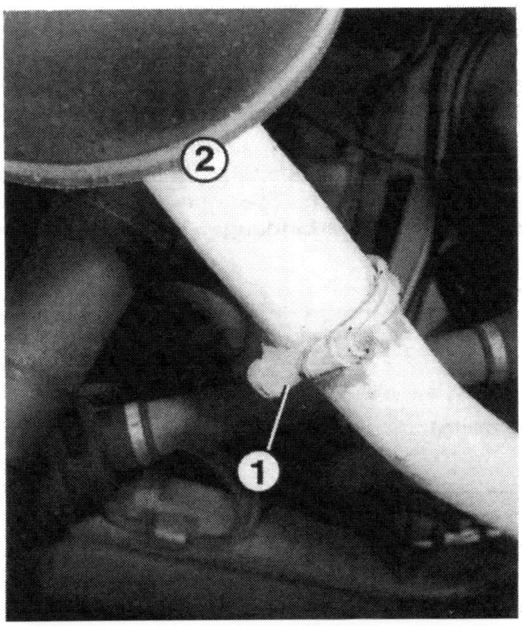

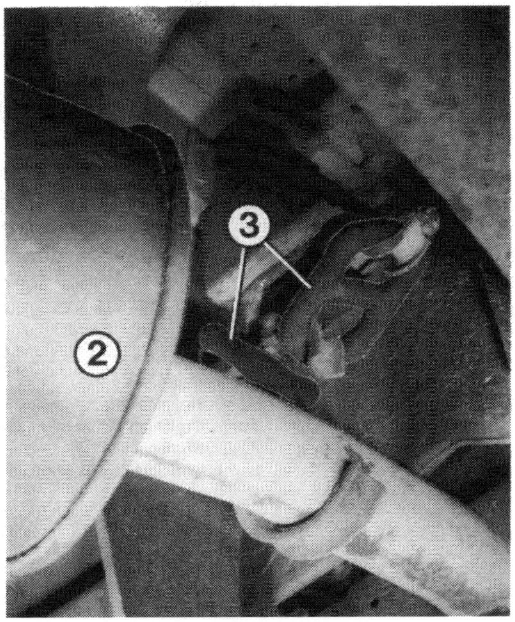

Der Katalysator ist vorn am Abgasrohr und hinten am Rohrstück des Mittelschalldämpfers angeflanscht.

- Bei Fahrzeugen mit Katalysator Kabelsteckverbindung der Lambda-Sonde trennen und Sonde aus dem vorderen Auspuffrohr herausdrehen.
- Steckverbindungen der Rohrstutzen lassen sich am besten im erhitzten Zustand trennen. Die Werkstatt verwendet hierzu einen Schweißbrenner. Auch ein Heißluftfön kann genügen.
- Kalt geht es allenfalls unter Zuhilfenahme von Rostlösemittel.
- Ineinandergesteckte Rohre werden durch kräftige Drehbewegungen oder Hammerschläge getrennt. Hilft das nicht, wird die Rohrverbindung des defekten Schalldämpfers abgesägt.
- Den verbleibenden Rohrrest mit der Metallsäge in Längsrichtung aufsägen und mit einem kräftigen Schraubendreher aufhebeln.

Auspuffanlage einbauen

- Die Verschraubungen der Auspuffanlage lassen sich beim nächsten Mal leichter lösen, wenn die Gewinde beim Einbau mit Kupferfett bestrichen wurden. Gleiches gilt für das Gewinde der Lambda-Sonde.
- Auch zwischen die Rohrverbindungen können Sie solch hitzebeständiges Fett streichen, damit sie sich später wieder leichter trennen lassen.
- Beim Einbau ist auf spannungsfreie Ausrichtung der Anlage zu achten.
- Teile provisorisch zusammenstecken, Halteschellen aber gleich über die Rohre streifen und ausrichten. Flanschverbindungen noch nicht festziehen.
- Auspuffanlage mit ihren Haltegummis am Wagenboden aufhängen.
- Die Gummiringe sollen unter gleichmäßigem Zug stehen.
- Die Auspuffanlage muß auch genügend Abstand zur Karosserie haben. Durch Drehen bzw. Verschieben Rohre und Dämpfer in Längsrichtung auf gleichmäßigen Abstand zur Karosserie bringen.
- Verschraubungen festziehen, siehe Tabelle unten.
- Stellt sich bei einer anschließenden Probefahrt heraus, daß die Auspuffanlage doch irgendwo anschlägt, Klemmschellen nochmals lösen (Vorsicht an den heißen Rohren!) und Auspuffanlage erneut ausrichten.

**Fingerzeige: Eine verspannt eingebaute Auspuffanlage macht sich durch Brumm- oder Dröhngeräusche bemerkbar. Außerdem können die inneren Spannungen Risse verursachen.
Geringe Undichtigkeiten an einer der Steckverbindungen des neuen Auspuffs können mit Auspuffdichtmasse behoben werden.**

Anzugsdrehmomente

Bauteil	Nm
Klemmschellen	20
Flanschverschraubungen	25
Auspuffrohr an Krümmer (1,8-Liter-Motor)	12
Auspuffhalter	20
Lambda-Sonde in Auspuffrohr	30

Endkontrolle

Benzin besteht im wesentlichen aus den Elementen Kohlenstoff und Wasserstoff. Wenn das Benzin im Motor verbrannt wird, verbindet sich der Kohlenstoff mit dem Luftsauerstoff zu **Kohlendioxid** (chemische Kurzformel CO_2), und der Wasserstoff vereinigt sich mit dem Sauerstoff zu Wasser (H_2O). Aus einem Liter Benzin entstehen rund 0,9 Liter Wasser, das Sie aber gewöhnlich nicht sehen, da es durch die Verbrennungswärme unsichtbar-dampfförmig dem Auspuff entweicht. Nur bei kaltem Motor, zumal in der kalten Jahreszeit, sehen Sie weiße Auspuffwolken vom kondensierenden Wasser.
Diese Verbrennungsprodukte bilden sich, wenn Luft und Kraftstoff im optimalen Verhältnis (14,7:1) gemischt sind. Das ist leider fast nie der Fall. Deshalb entstehen auch Schadstoffe.

Was stößt der Motor aus?

○ **Kohlenmonoxid** (CO) ist wohl die bekannteste Verbindung, denn der CO-Gehalt wird bei der Leerlaufeinstellung gemessen. Es entsteht um so mehr, je fetter, also kraftstoffreicher das Benzin/Luft-Gemisch ist. Mageres Gemisch, genaue Zündeinstellung und gleichmäßige Gemischverteilung im Verbrennungsraum ermöglichen einen niedrigen CO-Anteil.
○ Unverbrannte **Kohlenwasserstoffe** (HC) entstehen, wenn die von der Zündkerze entzündete Flammenfront an kalten Wandungen und engen Winkeln im Brennraum erlöscht. Zu fettes oder zu mageres Gemisch erhöht den Ausstoß der Kohlenwasserstoffe. Der HC-Anteil ist z. T. bereits durch die Motorkonstruktion bestimmt, er kann später nur gering beeinflußt werden.
○ **Stickoxide** (NO_x) bilden sich vor allem durch den zu über ¾ in der Verbrennungsluft enthaltenen Stickstoff. Ihr Anteil ist besonders hoch bei einer Auslegung des Motors für geringen Kraftstoffverbrauch und geringen CO- sowie HC-Ausstoß: Hohe Verbrennungstemperaturen und mageres Kraftstoff/Luft-Gemisch.
○ **Bleiverbindungen** werden dem herkömmlichen, bleihaltigen Kraftstoff als Antiklopfmittel zugesetzt, siehe Seite 59. Rund 75% davon werden zum Auspuff hinausgeblasen.
○ **Schwefeldioxid** (SO_2) bildet sich lediglich bei den Dieselmotoren.

Was ist gefährlich?

○ Kohlenmonoxid ist giftig und kann beim Einatmen in geschlossenen Räumen zum Tod führen. In der Luft verbindet sich das Kohlenmonoxid relativ schnell mit Sauerstoff zu Kohlendioxid (CO_2).
○ Die Kohlenwasserstoff-Verbindungen sind der Übersichtlichkeit wegen zusammengefaßt, wobei die Bandbreite von harmlos bis möglicherweise krebserregend reicht. In der Luft sind die Kohlenwasserstoffe mit den Stickoxiden für die Bildung von Smog (schwer auflösbare Abgasnebelwolken) verantwortlich.
○ Stickoxide können bei entsprechender Konzentration zu Reizungen der Atmungsorgane führen.
○ Die Bleiverbindungen lagern sich in der Umgebung ab und werden u.a. mit der Nahrung im Körper aufgenommen, aber nicht mehr ausgeschieden. Das ist bei höheren Konzentrationen gesundheitsgefährlich.

»Saurer Regen«

Der Anteil der in der Atmosphäre vorhandenen Schadstoffe, die auch für die Bildung von saurem Niederschlag verantwortlich sind, ist wie folgt (auf ganze Zahlen gerundet):
○ Schwefelverbindungen (SO_2): 35% natürlicher Ursprung, 65% menschliche Aktivität – davon 97% Kraftwerke, Industrie und Heizung, 3% Verkehr (Dieselfahrzeuge).
○ Stickoxide (NO_x): 95% natürlicher Ursprung, 5% menschliche Aktivitäten (knapp die Hälfte Verkehr).

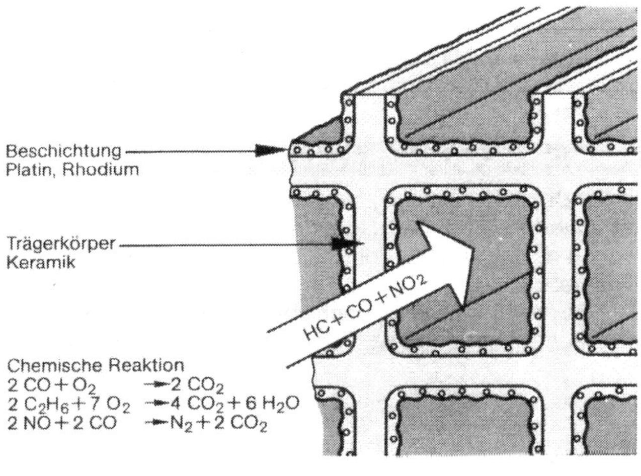

Hier wird die Wirkungsweise des Dreiwege-Katalysators gezeigt: Das Abgas mit seinen Schadstoffen (Pfeil) strömt durch die vielen Kanäle im Keramikteil und kommt dort mit den katalytisch wirksamen Edelmetallen Platin und Rhodium in Berührung. Die Reaktionsgleichung beschreibt, wie durch Oxidation CO und HC unschädlich gemacht werden. Das Stickoxid (NO) wird durch Abspaltung von Sauerstoff (Reduktion) in harmlose Verbindungen umgewandelt.

Abgas-Entgiftung

Funktion des Katalysators

Mit dem Dreiwege-Katalysator rückt man den drei Schadstoffen Kohlenmonoxid, Kohlenwasserstoffe und Stickoxide zu Leibe. Wird der Katalysator einfach ins Auspuffsystem eingesetzt, verringert sich der Schadstoffausstoß um etwa 65%.

Wirksamer ist die Umsetzung der Schadstoffe, wenn die Zusammensetzung des Kraftstoff/Luft-Gemisches beeinflußt werden kann. Das geschieht bei den Einspritzmotoren mit Hilfe der Lambda-Sonde; sie mißt den Sauerstoffanteil im Abgas, Lambda (λ = griechischer Buchstabe) ist die »Luftzahl« – das Verhältnis der Luftmenge zur Kraftstoffmenge im angesaugten Gemisch. Der Katalysator kann nur dann richtig arbeiten, wenn die Luftzahl λ dem Wert 1 möglichst nahekommt. Der λ-Wert wird anhand des Sauerstoffrestes im Abgasstrom gemessen – eine Vergleichsgröße für die Zusammensetzung des Kraftstoff/Luft-Gemisches. Weicht die Messung vom Idealwert ab, gibt das elektronische Steuergerät der Benzineinspritzung den Befehl zur unverzüglichen Korrektur: Anreichern bei zu magerem Gemisch; Abmagern des Kraftstoff/Luft-Gemisches, wenn dieses zu fett wird.

Die Regelung arbeitet im Bereich von $\lambda = 0{,}8$ bis $\lambda = 1{,}2$ in rasch wechselnder Folge: Luftüberschuß zur Verbrennung der Kohlenwasserstoffe, Luftmangel zur Verringerung der Stickoxide. Die aus dieser Mischung entstehenden Abgase gelangen in den Katalysator, wo eine nahezu vollständige Umwandlung in ungiftige Stoffe, wie Kohlendioxid, Wasserdampf und Stickstoff, erfolgt.

Da die Lambda-Sonde erst bei Temperaturen über 300°C ein verwertbares Signal abgibt, wird die Sonde beim Omega gleich nach dem Start elektrisch beheizt. So setzt die Abgasreinigung schon früher ein. Bis es soweit ist, bleibt die Anlage ungeregelt und richtet sich nach einem vorgegebenen mittleren λ-Wert. Der gleiche gilt, wenn die Vollast-Anreicherung aktiviert ist.

Fingerzeig: Im einzelnen beträgt die Verringerung der Schadstoffe beim geregelten Katalysator: Kohlenmonoxid 85%, Kohlenwasserstoffe 80%, Stickoxide 70%. Dabei ist berücksichtigt, daß der Katalysator mit zunehmender Laufleistung einen Teil seiner Wirkung einbüßt.

Arbeitsbereich

Ehe der Katalysator – ob geregelt oder ungeregelt – arbeiten kann, muß er eine Anspringtemperatur von etwa 300°C haben. Die sind nach 25–27 Sekunden erreicht. Katalysator und Lambda-Sonde sind allerdings überhitzungsempfindlich. Steigen die Temperaturen im Kat über 900°C, setzt eine verstärkte Alterung ein. Ab 1200°C wird seine Wirksamkeit auf Dauer zerstört. Für den Katalysator ist unverbleiter Kraftstoff unbedingt erforderlich. Blei würde die Oberfläche im Katalysator schnell verstopfen, und die Abgase könnten die katalytisch wirkenden Substanzen nicht mehr erreichen. Versuche haben gezeigt, daß bereits nach einer Tankfüllung Kohlenmonoxid kaum noch abgebaut wird. Nach 2–3 Tankfüllungen werden auch die restlichen Schadstoffe nicht mehr abgebaut. Der Katalysator ist vergiftet.

Funktion der Lambda-Sonde

Die Lambda-Sonde (auch Sauerstoff-Sonde bzw. O_2-Sonde genannt) ist vor dem Katalysator in das Auspuffrohr eingeschraubt. Die Sonderkeramik der Sonde ist außen dem Abgas ausgesetzt und steht an ihrer Innenseite mit der Umgebungsluft in Verbindung.

○ Durch den unterschiedlichen Sauerstoffgehalt in Abgas und Außenluft erzeugt die Sonde eine Spannung, die bei einem bestimmten Rest-Sauerstoffgehalt im Abgas steil ansteigt. Dieser Spannungssprung findet genau bei einem Kraftstoff/Luft-Verhältnis von $\lambda = 1$ statt. Bei Sauerstoffmangel (λ kleiner als 1), also bei fettem Gemisch, beträgt die Spannung 0,9–1,1 Volt. Bei magerem Gemisch (λ größer 1) werden um 0,1 Volt erreicht.

○ Die Lambda-Signale werden zum Steuergerät der Einspritzung geleitet. Von dort aus wird die Gemischaufbereitung beeinflußt, um das Kraftstoff/Luft-Verhältnis möglichst nahe an $\lambda = 1$ zu halten.

○ Die Lambda-Sonde reagiert auf Sauerstoffschwankungen in Abhängigkeit ihrer Betriebstemperatur unterschiedlich schnell: Bei 300°C hat sie ca. 1 Sekunde, bei 600°C hat sie weniger als 50 Millisekunden Reaktionszeit.

○ Durch eine eingebaute Heizung wird die günstigste Betriebstemperatur von ca. 600°C schneller erreicht. Eine Lambda-Sondenheizung besitzen alle Omega-Modelle mit geregeltem Kat.

Fahren mit Katalysatorfahrzeugen

In der Betriebsanleitung sind zahlreiche Hinweise für Katalysator-Fahrzeuge aufgeführt. Besonders **gefährlich ist unverbranntes Gemisch,** das sich im heißen Katalysator entzündet und so die Temperaturen in gefährliche Höhen ansteigen läßt. Folge: Der Katalysator kann teilweise schmelzen und wird dadurch funktionsunfähig.

Deshalb:

○ Das Anrollenlassen, Anschieben oder Anschleppen des Wagens ist problemlos, wenn der Anlasser wegen einer leeren Batterie den Motor nicht zum Laufen brachte.

Links: Beim 2,4-Liter-Omega sitzt die Lambda-Sonde vorn im Auspuffkrümmer.
Rechts: Beim 2,0-Liter-Omega dagegen sitzt die Lambda-Sonde im vorderen Abgasrohr unten am Fahrzeugboden.

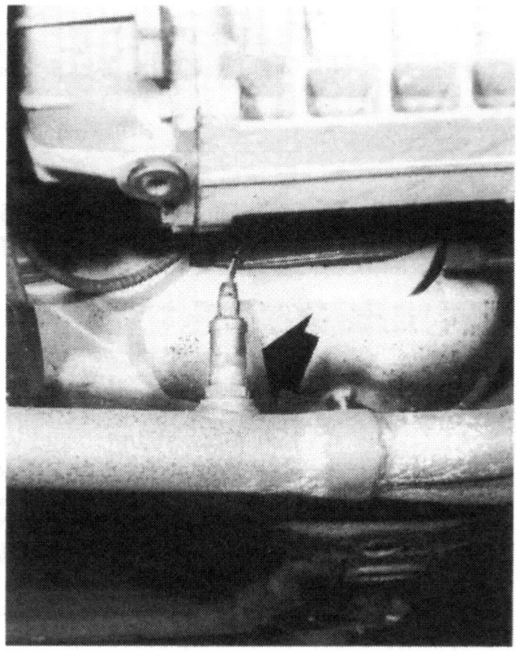

○ Anschleppen über lange Distanzen – was z. B. bei defekter Zündung der Fall sein könnte – ist nicht zulässig. Denn so gerät eine große Menge unverbrannter Kraftstoff in die Abgasanlage, was besonders bei noch betriebswarmem Kat schädliche Folgen hat.
○ Lassen Zündaussetzer oder Fehlzündungen auf einen Defekt an der Zündanlage schließen, diese sofort überprüfen (lassen). Auf der Weiterfahrt hohe Drehzahlen vermeiden.
○ Ungefährlich sind kleine Mengen unverbrannten Gemisches, besonders, wenn sie in den kalten Kat gelangen. Das passiert oft bei Werkstattarbeiten, wie z. B. Messen des Kompressionsdrucks.
○ Zu einem Überhitzen des Kat kann es auch bei Dauervollgas nicht kommen, denn der höhere Gasdurchsatz wirkt gewissermaßen kühlend auf den Katalysator. Dieser ist nämlich durch die »Nachverbrennung« in seinem Innern stets viel heißer als die vom Motor kommenden Abgase.

Außerdem:

○ Im Hochsommer nach wochenlanger Trockenheit beim Parken den Wagen nicht über trockenem Laub, Heu o. ä. abstellen. Unter besonders ungünstigen Umständen könnte es zu einer Entzündung unter dem Wagen kommen.
○ Beim Auftragen von Unterbodenschutz darf nichts davon an den Katalysator oder die Hitzeschutzschilde über der Auspuffanlage geraten.
○ Kontrollieren Sie gelegentlich bei aufgebocktem Fahrzeug, ob die Hitzeschutzbleche nicht beschädigt oder verloren gegangen sind.

Was sonst noch wissenswert ist:

○ Hoher Ölverbrauch ist für den Kat weitgehend unschädlich. Da Motoröl wie Kraftstoff aus Kohlenwasserstoffen besteht, behandelt der Kat verbranntes Öl genauso wie verbrannten Kraftstoff.
○ Additive in Kraftstoffen und Motorölen schädigen den Kat nicht. Ganz sicher ist das, wenn die Betriebsstoffe von Opel freigegeben sind.
○ Defekte an Kat oder Lambda-Sonde lassen sich leider nur in recht aufwendigen Abgastests nachweisen. Ein thermisch beschädigter Katalysator ist dagegen an Klappergeräuschen zu erkennen. Der Keramik-Träger des Kat schrumpft durch das teilweise Schmelzen, was zur Folge hat, daß er sich lose im Blechmantel bewegt.

Fingerzeig: Kat-Fahrzeuge machen gelegentlich durch stechenden Geruch auf sich aufmerksam. Was da übel riecht, sind kleinste Mengen der aus »Stinkbomben« bekannten Schwefelverbindung H_2S (Schwefelwasserstoff), die im Katalysator entstehen kann. In den im Auto auftretenden Konzentrationen ist dieses Gift jedoch völlig unschädlich. Abhilfe: Keine. Versuchsweise an einer anderen Tankstelle tanken, um weniger schwefelhaltigen Kraftstoff zu erwischen.

Wasserspiele

Auch wenn nicht jede Motorversion im Omega als Heißsporn gelten kann, darf dennoch eine kleine Abkühlung nicht fehlen. Im Gegenteil: die Erfrischung ist lebensnotwendig für die Maschine, damit die bei der Verbrennung im Motor entstehende Wärme durch den Wasserumlauf »abtransportiert« werden kann.

So wird gekühlt

Ständig wird durch den Motor Kühlmittel gepumpt. Die Zirkulation veranlaßt die Wasserpumpe. Vom Zahnriemen (1,8- und 2,0-Liter) bzw. vom Keilriemen (2,4-Liter) angetrieben, beschleunigt sie den Wasserstrom durch ein kleines Schaufelrad an ihrer Rückseite. Auf welchem Weg das Kühlmittel durch die zahlreichen Kanäle und Schläuche strömt, hängt von seiner momentanen Temperatur ab:

○ Bei noch nicht betriebswarmem Motor fließt das Kühlmittel im »kleinen Kreislauf«, der durch den Motor und durch den Heizungs-Wärmetauscher führt.

○ Über ca. 92° öffnet der Thermostat den »großen Kühlwasserkreis«, der den Kühler mit einbezieht. Dort wird das Kühlmittel durch den Fahrtwind und durch den vom Kühlerventilator erzeugten Luftstrom abgekühlt.

Überdruck-Kühlsystem

Die Kühlanlage faßt je nach Motor unterschiedliche Flüssigkeitsmengen:

Motor	1,8- und 2,0-Liter	2,4-Liter
Inhalt des Kühlsystems	6,4 l	7,8 l

Diese doch recht geringe Wassermenge würde bei einer scharfen Autobahnfahrt oder einem Paßaufstieg im Hochgebirge nicht ausreichen, wäre das Kühlsystem nicht unter Druck gesetzt. In der Kühlanlage herrscht bei Betriebstemperatur ein Überdruck von **1,2–1,3 bar.** Das erhöht den Wasser-Siedepunkt von 100°C auf etwa **125°C.** Somit ist eine gewisse Reserve geschaffen. Der Motor kann also Betriebstemperaturen von über 100°C erreichen, ohne daß »Kochgefahr« im Kühlsystem besteht.

Verantwortlich für ein gutes »Arbeitsklima« des Motors sind:

○ Der Verschlußdeckel auf dem Ausgleichbehälter bzw. Kühler, der den Druck reguliert.

○ Der Thermostat, der nach dem Kaltstart die Kühlflüssigkeit nicht gleich durch den Kühler strömen läßt, sondern erst mit steigender Temperatur.

Stand der Kühlflüssigkeit prüfen

Ständige Kontrolle

Auch bei Fahrzeugen mit Check-Control, die zu niedrigen Kühlmittelstand durch Aufleuchten einer Kontrollleuchte anzeigt, sollte in regelmäßigen Abständen der Flüssigkeitsstand im Ausgleichbehälter im Motorraum kontrolliert werden.

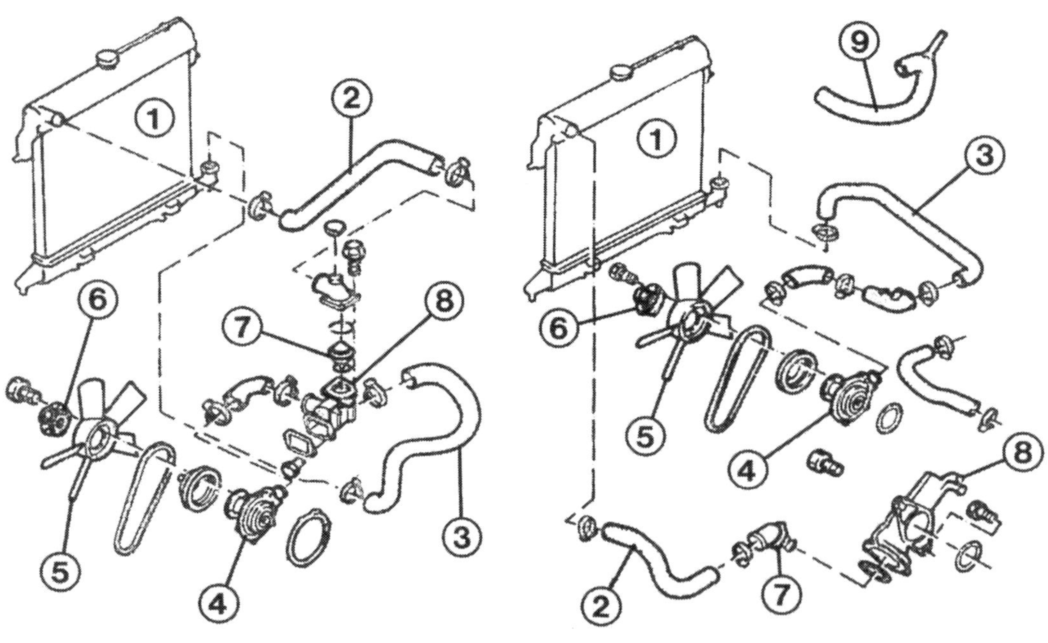

Die Teile der Kühlanlage. Links der 2,4-Liter-Motor, rechts der 1,8- und 2,0-Liter-Motor. Es bedeuten: 1 – Kühler; 2 – oberer Kühlschlauch; 3 – unterer Kühlschlauch; 4 – Wasserpumpe; 5 – Lüfterrad; 6 – Viscokupplung; 7 – Thermostat (links mit Wasseranschlußstutzen); 8 – Thermostatgehäuse; 9 – Wasserschlauch der Saugrohr-Beheizung (Vergasermotor).

Bei einem Fahrzeug ohne Ausgleichbehälter sollten Sie den Stand nach Möglichkeit nur bei kaltem Motor kontrollieren. Dann ist das Kühlmittel praktisch drucklos. Der Überdruck baut sich erst mit Erwärmung der Kühlflüssigkeit auf. Je heißer sie ist, desto vorsichtiger muß man beim Öffnen des Deckels sein.

- Nur bei stehendem Motor läßt sich der Kühlmittelstand exakt kontrollieren.
- Bei Fahrzeugen **ohne Ausgleichbehälter** dicken Lappen über den Deckel legen und diesen ganz langsam eine Umdrehung öffnen. So wird der Druck allmählich abgebaut, ohne daß gleich heißes Wasser aus dem Kühler sprudelt. Erst das vom Überdruck befreite Kühlmittel beginnt zu kochen.
- Verschlußdeckel abschrauben.
- Kontrollieren, ob der Flüssigkeitsstand etwa 5 cm unter der Oberkante des Kühlereinfüllstutzens steht.
- Bei Fahrzeugen **mit Ausgleichbehälter** ist der Kühlmittelstand auch bei geschlossenem Deckel leicht von außen zu sehen. Er muß bei kaltem Motor etwas über der »KALT«-Markierung (siehe unten) stehen.
- Bei betriebswarmem Motor steigt der Kühlmittelspiegel und sinkt beim Abkühlen des Motors wieder ab.

Kühlmittel nachfüllen

Merklicher Kühlmittelverlust ist ein Zeichen für eine Störung oder einen Defekt. Die Kühlflüssigkeit wird nicht verbraucht und kann im geschlossenen Kühlsystem auch nicht verdampfen. Lediglich bei Überhitzung des Motors kann etwas Kühlmittel zum Verschlußdeckel herausdrücken. Was bei Kühlmittelverlust zu tun ist, steht auf der folgenden Seite.

- Wird der Verschlußdeckel bei heißem Motor geöffnet, besteht **Verbrühungsgefahr** – deshalb äußerste Vorsicht walten lassen:
- Deckel mit Handschuh oder Lappen langsam zunächst eine Umdrehung öffnen und den Überdruck aus dem Kühlsystem entweichen lassen. Erst dann den Deckel vollends abschrauben.
- Wird nur Wasser nachgefüllt, verdünnen Sie den Frostschutz allmählich, daher evtl. gleich etwas Frostschutz mit einfüllen.
- Nicht über die Marke (siehe vorigen Abschnitt) nachfüllen; das Kühlmittel dehnt sich bei Erwärmung aus, und die Mehrmenge entweicht aus dem System.
- Kleinere Flüssigkeitsmengen können Sie sowohl bei warmem wie kaltem Motor in den Nachfüllbehälter eingießen.
- Bei erheblichem Wasserverlust und heißer Maschine kein kaltes Wasser nachfüllen. Durch den »Kälteschock« kann sich der Zylinderkopf verziehen oder der Motorblock reißen.

Fingerzeig: Mit völlig kalkfreiem Wasser, Regenwasser, destilliertem (kondensierten) oder entsalztem (ionengetauschten) Wasser tun Sie Ihrer Kühlanlage keinen Gefallen. Diese Wasserarten wirken korrosiver als normales, kalkarmes Trinkwasser, da ihnen die natürlichen neutralisierenden Stoffe fehlen.

Frostschutzmittel

Im Kühlsystem sorgt nicht allein klares Wasser für die notwendige Abkühlung des Motors, sondern eine Mischung von Frost- und Korrosionsschutz sowie Wasser. Man spricht daher auch besser von Kühlflüssigkeit oder Kühlmittel. Das Mischungsverhältnis beträgt für europäische Verhältnisse 2:3, in nordischen Ländern 1:1.

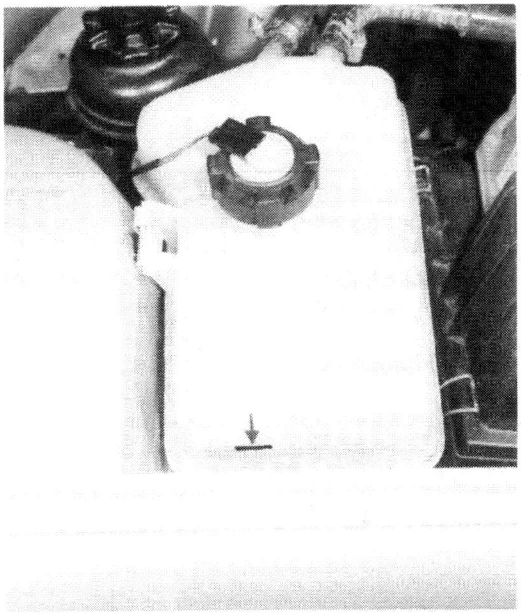

Links: Bei Fahrzeugen mit Ausgleichbehälter ist der Kühlmittelstand von außen zu sehen. Er muß bei kaltem Motor etwas über der »KALT-Markierung« (Pfeil) stehen.
Rechts: Bei Fahrzeugen ohne Ausgleichbehälter muß zum Prüfen des Kühlmittelstands der Kühler-Verschlußdeckel abgenommen werden. Der Flüssigkeitsstand soll etwa 5 cm unter der Oberkante des Einfüllstutzens stehen.

Motor	Gefrierschutz bis	Wasser	Frostschutzmittel
1,8- und 2,0-Liter	–25° C –35° C	4,3 l 3,2 l	2,1 l 3,2 l
2,4-Liter	–25° C –35° C	5,2 l 3,9 l	2,6 l 3,9 l

Als Frostschutz dient gewöhnlich Äthylenglykol – eine Flüssigkeit auf Alkoholbasis, die nicht verdampft oder verdunstet. Ebenso wichtig wie der Gefrierschutz ist auch der Korrosionsschutz. Er verhindert, daß sich im Kühlsystem Kesselstein, Rost und andere Korrosionsprodukte bilden. Das werksseitig eingefüllte Kühlmittel mit Korrosionsschutz soll deshalb auch nicht im Frühjahr abgelassen werden, sondern verbleibt ganzjährig in der Kühlanlage.
In den Opel-Werkstätten wird das eigene Frostschutzmittel mit der General-Motors-Spezifikation GMEL 6368 verwendet. Wir sind in diesem Punkt nicht so markengläubig und würden jedes Gefrierschutzmittel nehmen, das auch eine Korrosionsschutzbeimischung enthält. Frostschutzmittel verschiedener Hersteller lassen sich übrigens gefahrlos mischen.

Frostschutz prüfen

Wartung Nr. 9

Zum Nachprüfen der Kühlmittel-Frostfestigkeit brauchen Sie einen Hebe-Messer (Spindel, Aerometer). Damit wird das spezifische Gewicht der Flüssigkeit gemessen. Durch unterschiedliche Zugabe von Korrosionsschutzmitteln sind die spezifischen Gewichte der einzelnen Frostschutzprodukte nicht gleich. Für eine absolut genaue Messung brauchen Sie eine auf das eingefüllte Gefrierschutzmittel abgestimmte Spindel. Im Zweifelsfall ziehen Sie vom ermittelten Wert eine Meßtoleranz von 2–3° C ab.

- Etwas Kühlmittel aus dem Ausgleichbehälter oder Kühler ansaugen, die Spindel muß frei schwimmen können.
- Je nach spezifischem Gewicht der Flüssigkeit taucht die Spindel mehr oder minder tief ein.
- An der Skala ablesen, wie weit der Gefrierschutz reicht.
- Manche Frostschutzprüfer haben Zeiger, an denen die Frostfestigkeit abgelesen werden kann.

Frostschutzkonzentration einstellen

Meist stellt sich heraus, daß die Konzentration des Gefrierschutzmittels nicht mehr ausreicht. Dann muß etwas Frostschutz nachgefüllt werden; grob über den Daumen gepeilt etwa 1 Liter für einen um 10° C erweiterten Gefrierschutz.

- Wanne unter den Wagen stellen.
- Unteren Wasserschlauch am Kühler abnehmen, 1 bis 2 Liter Kühlmittel ablassen.
- Entsprechende Menge Frostschutz eingießen.
- Zuletzt mit der aufgefangenen Kühlflüssigkeit vollfüllen.

Fingerzeige: Angebrochenes Gefrierschutzmittel altert, wenn es offen herumsteht. Deshalb in ein verschließbares Gefäß umfüllen, dieses beschriften und vor Kinderhänden gesichert aufbewahren.
Kühlerfrostschutzmittel ist giftig, es darf deshalb nicht in die Kanalisation geschüttet werden. Stattdessen in ein gesondertes Gefäß füllen und zum Sondermüll geben (Annahmestelle bei der Gemeindeverwaltung erfragen).
Das Äthylenglykol im Frostschutz ist enorm kriechfähig. Das kann zur Folge haben, daß nach der Neubefüllung mit Gefrierschutzmittel undichte Stellen zutage treten, die bislang noch von Kalk- und Korrosionsansatz abgedichtet waren.

Kühlsystem auf Dichtheit prüfen

Wartung Nr. 15

- Schläuche am Kühler und Motor dicht, auch die dünneren zur Heizanlage bzw. – wo vorhanden – zum Ansaugrohr und zur Startautomatik?
- Schläuche rissig? Durch Kneten feststellen, ob die Wasserschläuche hart und spröde sind – dann umgehend austauschen.
- Sitzen die Schlauchenden nicht zu knapp auf ihren Stutzen?
- Sind die Spannschrauben der Schraubschellen festgezogen?
- Sind die Schellen verrostet? Dann können sie unvermutet während der Fahrt und bei vollem Betriebsdruck im Kühlsystem nachgeben. Auswechseln!
- Die Werkstatt kontrolliert die Dichtheit der Kühlanlage mit einer speziellen Handluftpumpe mit Druckmesser.
- Dieses Gerät wird auf die Kühler- bzw. Ausgleichbehälteröffnung gesetzt und ein Druck von 1 bar aufgepumpt.
- Fällt der Skalenzeiger nicht innerhalb von ein bis zwei Minuten, ist das Kühlsystem dicht.

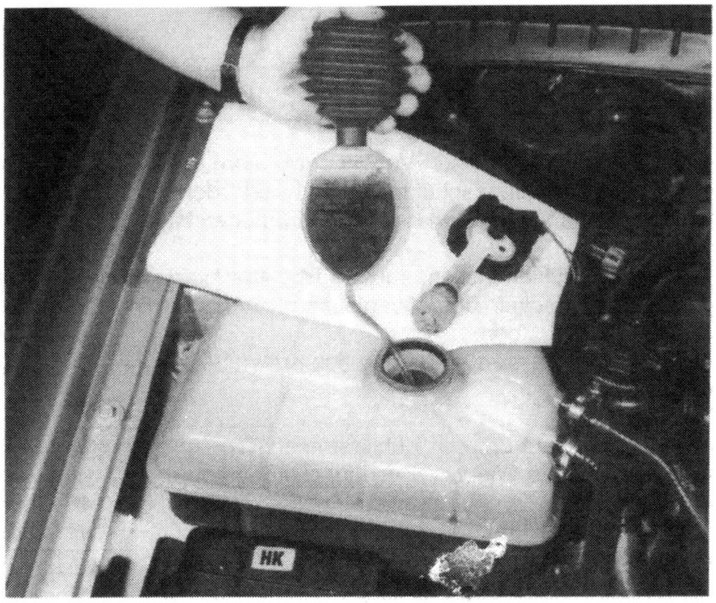

Bei diesem Frostschutzprüfer wird die Gefrierschutzmittel-Konzentration nicht durch eine ein die Flüssigkeit eintauchende Spindel angezeigt, sondern durch zwei bewegliche Zeiger.

Fingerzeig: Zur Behebung von kleineren Undichtigkeiten im Kühlsystem hat sich das Mehrzweckmittel »5 in 1« (Bezugsquellennachweis: Firma Munz, Oelser Straße 17, 72379 Hechingen) sehr gut bewährt. Es dient aber auch als zusätzlicher Korrosionsschutz, schmiert die an sich wartungsfreie Wasserpumpe und hält den Thermostat beweglich.

Der Kühler

Der Kühler besitzt sogenannte Wasserkästen aus Kunststoff. Diese sitzen bei den 1,8- und 2,0-Liter-Modellen oben und unten im Kühler. Der Kühler des 2,4-Liter-Omega hingegen hat seine Wasserkästen rechts und links angeordnet. Von diesen Sammelkästen aus strömt das Kühlmittel durch die senkrecht stehenden bzw. waagrecht liegenden Leichtmetallröhrchen des Kühlers. Die Aluminiumröhrchen sind zur Vergrößerung ihrer Oberfläche (und damit der Kühlfläche) mit Kühlrippen versehen. Über die Kühlrippen kann das Kühlmittel Wärme an die Umgebung abgeben.
Bei Verdacht auf einen undichten Kühler sollten Sie in der Werkstatt die beschriebene Druckprüfung durchführen lassen. Bei einem offenkundigen Defekt können Sie den Kühler auch gleich selbst ausbauen und zur Reparatur bringen. Es gibt spezielle Kühlerwerkstätten (Branchentelefonbuch!), die solche Reparaturen durchführen.

Kühler reinigen

Vor und nach dem Sommerhalbjahr sollten die Kühlerlamellen von den dort festgesetzten Insektenleichen gesäubert werden, sonst wird die Kühlwirkung verschlechtert.

- Kühlergrill ausbauen (Seite 246).
- Angetrocknete Insektenreste mit einem eiweißlösenden Mittel einsprühen – z. B. »Summer Screen« von Holt.
- Nach einer gewissen Einwirkzeit mit parallel zu den Kühlerlamellen gerichtetem Wasserstrahl abspülen und mit nicht zu hohem Druck von der Kühlerrückseite her. Hartes Bürsten oder scharfe Werkzeuge können die Kühlerlamellen beschädigen.
- Spezielle Reinigungsmittel für das Kühlerinnere

Wenn die Kühlerlamellen derartig mit Insektenleichen zugesetzt sind, dürfen Sie sich über mangelnde Kühlleistung nicht wundern.

sind bei ausschließlicher Verwendung von Frostschutz mit Korrosionsschutzmittel nicht erforderlich.
- Nach etwa fünf Jahren bei abgenommenen Kühlerschläuchen Kühler vom Motor her mit einem kräftigen Wasserstrahl durchspülen – das genügt.

Kühlmittel ablassen

- Motor abkühlen lassen, sonst **Verbrühgefahr!**
- Verschlußdeckel des Ausgleichbehälters bzw. Kühlers abschrauben.
- Breite Wanne zum Auffangen des Kühlmittels bereitstellen.
- Schlauch am unteren Stutzen des Kühlers lösen und abziehen.
- Soll das Kühlmittel vollständig abgelassen werden, zusätzlich noch den Kühlmittelschlauch zur Heizung von der Spritzwand abziehen.

Kühler ausbauen

- Schlauch vom unteren Kühlerstutzen abnehmen.
- Kühlmittel zur Wiederverwendung auffangen.
- Fahrzeuge mit Automatikgetriebe: Ölleitungen vom Kühler abschrauben. Vorsicht, Öl läuft aus! Öffnungen verschließen.
- Sämtliche Halteklammern am Kühler mit Schraubendreher oder Zange abziehen.
- Wo vorhanden, Batterie-Pluskabel mit dem Kunststoffhalter von der Lüfterabdeckung abhebeln.
- Lüfterabdeckung aus den Haltern herausheben und über das Lüfterrad legen.
- Oberen Kühlmittelschlauch und, wo vorhanden, Verbindungsschlauch zum Ausgleichbehälter am Kühler abziehen.
- Kühler aus den unteren Gummiblöcken ziehen und nach oben herausheben.
- Bei Fahrzeugen mit Automatikgetriebe nach dem Zusammenbau Getriebeölstand kontrollieren.

Kühlsystem neu befüllen und entlüften

Da eine geringe Restmenge an Kühlflüssigkeit im Motor zurückbleibt, kann möglicherweise nicht die gesamte in der Tabelle auf Seite 50 genannte Flüssigkeitsmenge eingefüllt werden.

- **Vergaser-Motoren:** Luftansaugschlauch vom Stutzen abziehen.
- **1,8- und 2,0-Liter:** Kabelstecker vom Temperaturgeber abziehen. Temperaturgeber aus dem Thermostatgehäuse herausschrauben.
- **Vergasermotoren:** Wasserschlauch der Saugrohr-Beheizung unten am Drosselklappenstutzen abziehen.
- **Alle Motoren:** Zuerst Frostschutzmittel, dann möglichst kalkarmes Wasser einfüllen.
- Tritt bei den **1,8- und 2,0-Liter-Motoren** aus der Öffnung im Thermostatgehäuse Kühlmittel blasenfrei aus, kann der Temperaturfühler wieder eingedreht werden (10 Nm). Kabelschuh aufschieben.
- **1,8- und 2,0-Liter-Einspritzmotoren:** Kühlflüssigkeit weiter auffüllen, bis sie am Vorwärmschlauch austritt. Schlauch montieren.
- **Alle Motoren:** Kühlsystem verschließen. Motor starten und mit erhöhter Drehzahl (ca. 3000/min) warmlaufen lassen, bis der Thermostat öffnet. Der untere Kühlmittelschlauch am Kühler wird dann warm.
- Motor abstellen und abkühlen lassen.
- Anschließend Kühlmittelstand nochmals prüfen, ggf. Kühlmittel nachfüllen (siehe Seite 51).

Kühlmittelschläuche ausbauen

Besorgen Sie sich als Ersatz Originalschläuche in der richtigen Bogenform und grundsätzlich neue Schlauchschellen.

- Kühlmittel ablassen und auffangen.
- Schlauchschellen lösen, Schläuche abziehen.
- Festsitzende Schlauchenden mit einem Schraubendreher lockern, den man vorsichtig zwischen Schlauch und Stutzen schiebt und dann vorsichtig hebelt.
- Neue Schläuche weit genug auf die Stutzen schieben, damit sie nicht wieder abrutschen können.
- Schraubschellen nicht mit Gewalt anziehen, sonst wird das Gewinde überdreht.

Fingerzeig: Unterwegs kann man einen gerissenen Wasserschlauch selten ersetzen. Hier hilft das »Pannenband« von Weyer, Düsseldorf oder Holts »Hoseweld Bandage«. Beide kleben auf gesäuberten und trockenen Gummischläuchen recht gut. Bei einem großen Leck kann es vorteilhaft sein, den Verschlußdeckel des Ausgleichbehälters eine Umdrehung zu öffnen, damit sich im Kühlsystem kein Druck aufbauen kann, dem die Bandage dann nicht mehr standhält. Jetzt nur noch schonend bis zur Werkstatt weiterfahren. Temperaturanzeige und Kühlmittelstand im Auge behalten!

Der Kühlsystem-Verschlußdeckel

Im Überdruck-Kreislauf spielt der Kühlsystem-Verschlußdeckel eine wichtige Rolle:

○ Die Dichtfläche wird bei aufgeschraubtem Deckel fest auf den Rand der Ausgleichbehälteröffnung bzw. Kühleröffnung gedrückt. Es kann kein Druck entweichen.

○ Wenn bei Erwärmung der Druck im Kühlsystem **1,2–1,3 bar** übersteigt, öffnet das Überdruckventil. Jetzt kann zum Druckausgleich etwas Wasserdampf entweichen.

Im Kühlsystem-Verschlußdeckel (1; hier die Ausführung mit Ausgleichbehälter) ist das Überdruckventil (2) und das Unterdruckventil (3) eingesetzt.

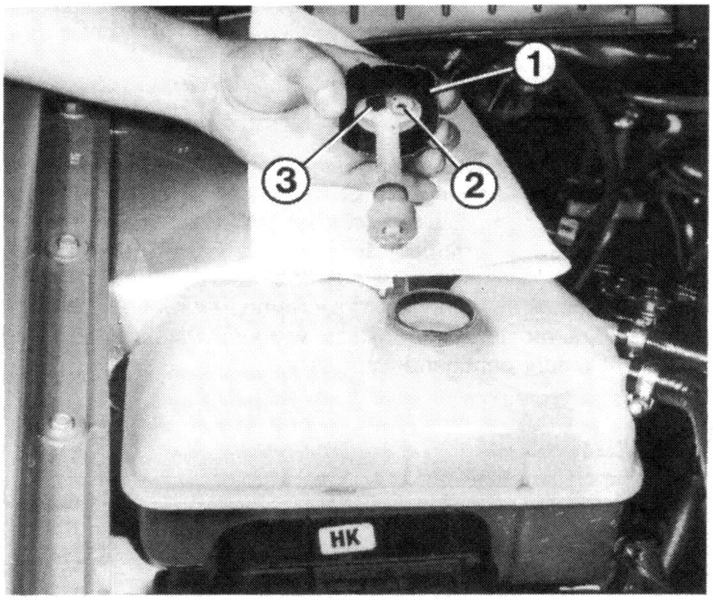

○ Beim Abkühlen des Motors zieht sich die Kühlflüssigkeit wieder zusammen. Dadurch entsteht im Kühlsystem ein gewisser Unterdruck. Für den Ausgleich dieses Unterdrucks sitzt im Deckel ein zweites Ventil, so daß Außenluft ins System strömen kann.

Überdruckventil prüfen

Wer sich die Mühe der Kontrolle nicht machen will, wechselt den relativ preisgünstigen Verschlußdeckel im Verdachtsfall einfach aus.
Die Werkstatt prüft ihn mit einem Druckprüfgerät:
- Druck aufpumpen.
- Zwischen **1,2–1,3 bar** muß das Ventil öffnen.

Unterdruckventil prüfen

Ob das Unterdruckventil richtig arbeitet, läßt sich nur behelfsmäßig feststellen:
- Bei abgenommenem Kühlsystem-Verschlußdekkel einen dicken Wasserschlauch von Hand fest zusammendrücken.
- Deckel aufsetzen und festdrehen.
- Schlauch loslassen.
- Rundet sich der zusammengepreßte Schlauch wieder, dürfte das Ventil intakt sein.
- Sind die Kühlwasserschläuche morgens vor dem ersten Start plattgedrückt, streikt sicher das Unterdruckventil.

Der Thermostat

Vereinfacht gesagt, bestimmt der Thermostat darüber, ob das Kühlmittel im Kühler abgekühlt werden soll oder nicht. Er hat also das Sagen darüber, ob das Kühlwasser im »kleinen« oder im »großen Kühlwasserkreislauf« zirkuliert (siehe dazu Seite 50).
Welchen Kreislauf er dabei schaltet, hängt ausschließlich von der Wassertemperatur ab. So bleibt die Betriebstemperatur annähernd konstant.

Links: Das Foto zeigt den Thermostat am 2,4-Liter-Motor. Der Deckel wurde vom Thermostatgehäuse abgeschraubt.
Rechts: Bei den 1,8- und 2,0-Liter-Motoren ist der Thermostat (1) im Auslaßstutzen (2) eingehängt (Pfeile). Zum Aushängen den Federteller des Thermostats kräftig niederdrücken, Thermostat drehen und vom Stutzen abnehmen.

Funktion des Thermostats

○ Das »Umschalten« des Thermostats bewirkt eine mit Spezialwachs gefüllte Büchse und der daran befestigte Ventilteller. Bei Erwärmung des Kühlmittels verflüssigt sich das Wachs und dehnt sich dabei aus. Zwangsläufig öffnet es durch sein größeres Volumen jetzt den Ventilteller.
○ Solange die Wassertemperatur steigt, wird vom Thermostat der Zufluß zum Kühler zunehmend geöffnet und gleichzeitig der »kleine« Kreislauf geschlossen.
○ Sinkt während der Fahrt die Wassertemperatur wieder unter die gewünschte Betriebstemperatur, drückt eine Feder am Thermostat den Ventilteller wieder in Richtung »Zu« und sperrt den Kühlerdurchfluß so lange, bis das Kühlmittel wieder genügend warm ist.

Störungsbeistand

Thermostat

Erkennungsmerkmal	Ursache/Auswirkungen
A Temperaturanzeige steigt langsam, Betriebstemperatur wird später erreicht, Heizwirkung ungenügend	**Thermostat-Ventilteller ist in »Offen»-Stellung blockiert (etwa durch Ablagerungen); der Zufluß zum Kühler bleibt ständig offen. Motor bleibt zu lange im Kaltlaufbetrieb. Es kommt jedoch kurzfristig zu keinen Schäden. Trotzdem Thermostat in Bälde wechseln**
B Temperaturanzeige steht trotz richtigem Kühlmittelstand im roten Bereich. Kühler und unterer Schlauch zum Kühler sind kalt	**Thermostat-Ventilteller ist in »Geschlossen«-Stellung blockiert (etwa durch eine defekte oder undichte Thermostatbüchse). Auf keinen Fall weiterfahren, sonst entstehen schwere Hitzeschäden am Motor! Thermostat sofort auswechseln**

Fingerzeig: Wenn der Motor unterwegs wegen defektem Thermostat ins Kochen kommt, hilft nur noch Abschleppen oder der komplette Ausbau des Thermostats an Ort und Stelle. Sollten Sie sich für den Ausbau entscheiden, müssen Sie erst abwarten, bis die Kühlmitteltemperatur gesunken ist.

Thermostat ausbauen

● Wo nötig, Luftansaugschlauch vom Stutzen abziehen.
● Auffanggefäß unter den Stutzen des Thermostatgehäuses halten.
● **1,8- und 2,0-Liter:** Kabelstecker vom Temperaturgeber abziehen.
● Schelle lösen, zurückschieben und Kühlmittelschlauch vom Stutzen abziehen.
● **Alle Motoren:** Sechskantschrauben am Thermostatgehäuse herausdrehen.
● Thermostatgehäuse abnehmen, dabei auf die Einbaulage achten.
● **1,8- und 2,0-Liter:** Thermostat vom Gehäuse abnehmen.
● Einbau: Neuen Thermostat – möglichst mit neuem Dichtring – wieder einsetzen.
● Thermostatgehäuse anschrauben. Anzugsdrehmoment: 1,8- und 2,0-Liter 15 Nm, 2,4-Liter 6 Nm.
● Aufgefangenes Kühlmittel wieder einfüllen.

Thermostat prüfen

Mit einem Einmachthermometer können Sie selbst kontrollieren, ob der Kühlwasserregler bei der vorgeschriebenen Temperatur öffnet:
● Thermostat ausbauen.
● Thermostat in einen Topf mit Wasser hängen und erhitzen.
● Kontrollieren Sie, ob der Ventilteller bei **92°C** vom Sitz abhebt bzw. bei **107°C** voll geöffnet hat.

Die Wasserpumpe

Die Kühlflüssigkeit wird von der Wasserpumpe beschleunigt, damit sie im Kühlsystem zirkulieren kann. Die Pumpe sitzt bei allen Motoren an der Stirnseite. Den Antrieb besorgt beim **2,4-Liter-Motor** der Keilriemen, der zusätzlich auch die Lichtmaschine antreibt. Generell darf dieser Motor **nie ohne Keilriemen und damit ohne Wasserpumpe betrieben werden.** Sie riskieren sonst einen schweren Motorschaden.
Beim 1,8- und 2,0-Liter-Motor wird die Wasserpumpe vom Zahnriemen angetrieben.
An Defekten ist nur der Verschleiß an den Lagern durch minderwertige Kühlmittelzusätze oder Undichtigkeiten – ausgelöst durch schadhafte Dichtringe – denkbar. Das Kühlmittel läuft in diesem Fall durch die kleine Bohrung unten an der Wasserpumpe ab. Schadhafte Lager machen sich zusätzlich durch Mahlgeräusche bemerkbar. Eine defekte Wasserpumpe kann nicht repariert werden, sie wird komplett ausgetauscht.

Wasserpumpe ausbauen
1,8- und 2,0-Liter

● Kühlmittel ablassen und auffangen.
● **Vergasermotor:** Warmluft-Ansaugschlauch abziehen und aus dem Motorraum nehmen.
● **Alle Motoren:** Kabelstrang von der Lüfterabdeckung abnehmen und über den Motor legen.
● Kühler ausbauen (siehe Seite 54).
● Lüfterabdeckung aus dem Motorraum herausnehmen.

● Keilriemen der Lichtmaschine ausbauen.
● Visco-Lüfter von der Nabe abschrauben. Mit Gabelschlüssel Nabe hinten gegenhalten. Achtung: Linksgewinde!
● TORX-Schrauben lösen und Keilriemenscheibe abnehmen.
● Zahnriemenabdeckung abbauen.
● Motor auf Zylinder 1 stellen (Seite 34).
● Halteschrauben der Wasserpumpe lösen, Zahnriemen entspannen und abnehmen.
● Lüfterträger abschrauben.
● Zahnriemenabdeckung vom Ölpumpengehäuse losschrauben.
● Wasserpumpe von der Stirnseite des Motors abschrauben.
● Von der alten Pumpe Rückwand losdrehen und auf die neue aufschrauben.
● Dichtfläche am Motor reinigen.
● Um ein Festrosten der Wasserpumpe zu vermeiden, Dichtfläche am Motor, Dichtring und Wasserpumpengehäuse dünn mit Silikonfett bestreichen.
● Wasserpumpe mit neuem Dichtring in den Motorblock einsetzen. Befestigungsschrauben handfest eindrehen.
● Zahnriemenabdeckung am Ölpumpengehäuse mit 8 Nm festschrauben.
● Lüfterträger mit 25 Nm anschrauben.
● Zahnriemen auflegen, unbedingt Steuerzeiten beachten (Seite 37).
● Zahnriemen spannen (Seite 36) und Befestigungsschrauben der Wasserpumpe mit 25 Nm festschrauben.
● Keilriemenscheibe mit 8 Nm und Visco-Lüfter mit 50 Nm anschrauben.
● Keilriemen einbauen und spannen (Seite 187).
● Kühler einbauen.

Wasserpumpe ausbauen
2,4-Liter

● Kühlmittel ablassen und auffangen.
● Lüfterabdeckung ausbauen. Dazu Halteklammern mit Schraubendreher oder Zange abziehen und Abdeckung aus den Haltern herausheben.
● Visco-Lüfter von der Nabe abschrauben. Mit Gabelschlüssel Keilriemenrad gegenhalten. Achtung: Linksgewinde!
● Keilriemen der Lichtmaschine ausbauen.
● Riemen der Servolenkung abnehmen.
● Kühlmittelschläuche von der Wasserpumpe abbauen.
● Gang einlegen, Handbremse anziehen und Kurbelwellen-Keilriemenscheibe losschrauben.
● Wasserpumpe von der Stirnseite des Motors losschrauben.
● Dichtfläche am Motorblock reinigen.
● Beim Einbau die Pumpe mit neuem Dichtring einsetzen.
● Wasserpumpe mit 15 Nm anschrauben.
● Kühlmittelschläuche sorgfältig montieren.
● Kurbelwellen-Keilriemenscheibe mit 120 Nm festschrauben.
● Keilriemen einbauen und spannen.
● Visco-Lüfter mit 50 Nm anschrauben und Lüfterabdeckung montieren.
● Kühlmittel auffüllen und Kühlsystem entlüften.

Der Kühlerventilator

Er soll – wenn das vom Fahrtwind nicht in ausreichender Weise besorgt werden kann – einen stetigen Luftstrom durch die Kühlerlamellen erzeugen. Die Luft nimmt die vom Kühler abgegebene Wärme gewissermaßen »mit«. Je mehr Luft durch die Lamellen zieht, desto besser ist die Wärmeabfuhr. Um Leistung zu sparen, ist der Ventilator mit einer sogenannten Viscokupplung versehen. Sie schaltet den Lüfter ab einer Umgebungstemperatur von ca. 80°C zu. Das geschieht über ein Bimetallband, das (temperaturabhängig) über ein Ventil zähes

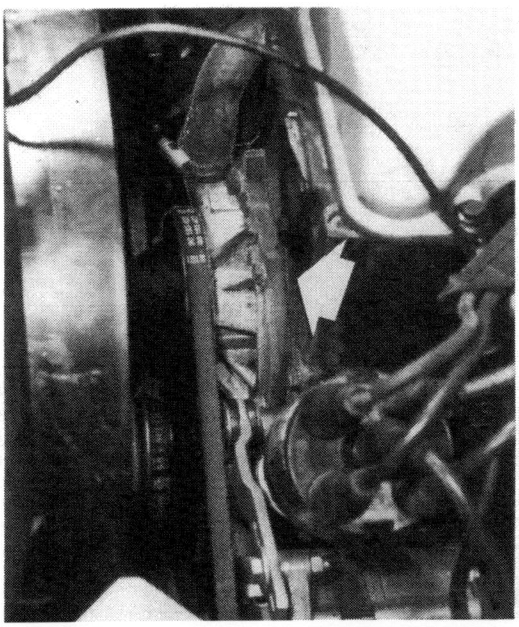

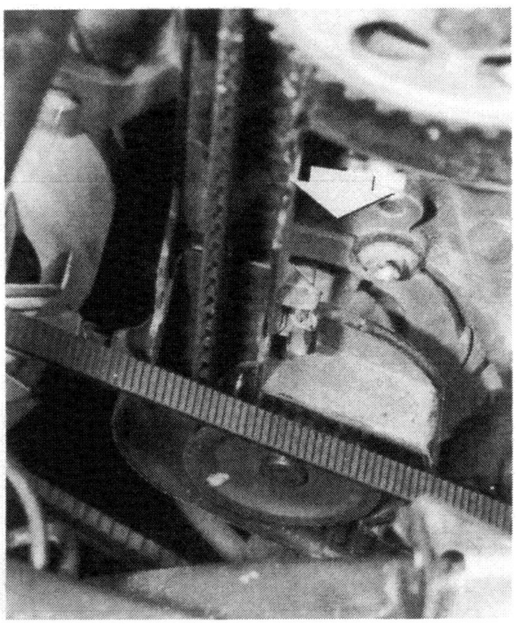

Links: Beim 2,4-Liter-Omega ist die Wasserpumpe (Pfeil) an der Stirnseite des Motors angeflanscht. Zum Ausbau muß der Visco-Lüfter abmontiert werden. Rechts: Beim 1,8- und 2,0-Liter-Omega sitzt die Wasserpumpe hinter der Zahnriemenabdeckung. Zum Ausbauen müssen Zahnriemenabdeckung und Zahnriemen abgenommen werden.

Silikonöl in den Arbeitsraum der Viscokupplung einfließen läßt. Das Öl schafft den Kraftschluß zwischen Keilriemenscheibe und Lüfter – der Ventilator fördert Kühlluft.
Unter 60°C fließt das Silikonöl vom Arbeitsraum in den Vorratsraum zurück – der Ventilator läuft mit langsamer Drehzahl mit, ohne Kraft zu verbrauchen.

Störungen

Die Viscokupplung muß ersetzt werden, wenn
- ○ der Ventilator sich bei stehendem Motor nicht mehr leicht durchdrehen läßt,
- ○ der Ventilator starkes Axial- und Radialspiel hat (leichtes Spiel ist zulässig).
- ○ Silkonöl aus der Viscokupplung tritt.

Kühlerventilator ausbauen

- ● Fahrzeuge mit Vergasermotor: Warmluft-Ansaugschlauch ausbauen.
- ● **Alle Motoren:** Kabelbaum von der Lüfterabdeckung abnehmen und über den Motor legen.
- ● Halteklammern der Lüfterabdeckung mit einer Zange abziehen und Abdeckung abnehmen.
- ● Befestigungsschraube der Viscokupplung lösen. Mit Gabelschlüssel Welle hinter der Kupplung gegenhalten. Achtung: Linksgewinde!
- ● Viscokupplung mit Lüfterrad abnehmen.
- ● Ggf. Lüfterrad von der Viscokupplung abschrauben.
- ● Beim Einbau Viscokupplung mit 50 Nm festschrauben.

Störungsbeistand

Kühlsystem

Die Störung	– ihre Ursache	– ihre Abhilfe
A Temperatur-Anzeigenadel steht im roten Bereich	1 Nur 2,4-Liter-Motor: Wasserpumpen-Keilriemen zu schwach gespannt oder gerissen	Keilriemenspannung kontrollieren oder Riemen ersetzen
	2 Zu wenig Flüssigkeit im Kühlsystem	Auffüllen, notfalls aus der Scheibenwaschanlage
	3 Kabel zur Temperaturanzeige hat Massekontakt	Kabel am Temperaturfühler abziehen, Zeiger muß zurückgehen, sonst Masseschluß; Kabelverlauf kontrollieren
	4 Thermostat öffnet den Kaltwasserzufluß aus dem Kühler nicht (Kühler kalt)	Thermostat ausbauen und ohne ihn weiterfahren oder Wagen abschleppen lassen
	5 Viscokupplung des Kühlerventilators defekt. Ventilator hat keinen Kraftschluß	Viscokupplung ersetzen
	6 Überdruckventil im Verschlußdeckel defekt	Deckel prüfen (lassen), ggf. austauschen
	7 Spannungs-Konstanter defekt (nur wenn die Tankanzeige ebenfalls falsche Werte anzeigt)	Austauschen
	8 Anzeigeinstrument defekt	Überprüfen, siehe Seite 222
	9 Temperaturfühler hat Kurzschluß	Austauschen
B Temperaturanzeige spricht sehr langsam an, schwache Heizleistung	Thermostat schließt nicht völlig, aufgeheiztes Kühlwasser strömt zu früh durch den Kühler	Thermostat säubern, ggf. ersetzen

Die Abbildung zeigt den Kühlerventilator bei abgenommener Lüfterabdeckung. In der Mitte des Lüfterrades befindet sich die Viscokupplung. Die Kupplung reagiert temperaturabhängig und veranlaßt, daß sich das Lüfterrad entweder nur lose oder kraftschlüssig mitdreht.

Flüssige Nahrung

Kraftstoff und Verbrauch sind ein beliebtes Thema. Manchmal fehlt es jedoch den Gesprächsteilnehmern am richtigen Grundwissen. Deshalb hier einige Informationen.

Normal- oder Superbenzin?

Die Bezeichnungen »Normal« und »Super« stimmen eigentlich nicht, denn diese Kraftstoffarten sind z.B. im Reinheitsgrad und im Verdampfungsverhalten gleich. Das wesentliche Unterscheidungsmerkmal ist die Klopffestigkeit. Sie wird durch die Oktanzahl gekennzeichnet und liegt bei Super höher als bei Normalbenzin. Superkraftstoff kann höhere Kompressionsdrücke aushalten, ohne sich selbst zu entzünden, was sonst zu Motorklopfen führt. Beim Verdichten erwärmt sich jedes Gas, auch das Kraftstoff/Luft-Gemisch. Sie kennen das vielleicht von der Fahrrad-Luftpumpe beim Aufpumpen eines Reifens. Mit höherem Kompressionsverhältnis kann es also um so leichter zu Selbstentzündungen im Verbrennungsraum kommen, wenn der Kraftstoff nicht klopffest genug ist.
Unsere Omega-Modelle werden alle mit Superkraftstoff betrieben. In Ausnahmefällen kann aber auch Kraftstoff mit einer niedrigeren Oktanzahl getankt werden. Dazu muß die Kraftstoff-Kodierung geändert werden.

Die Klopffestigkeit

Zur Kennzeichnung der Klopffestigkeit dient die Oktanzahl. Das ist eine Vergleichsgröße, die in einem speziellen Prüfmotor mit bestimmten Meßkraftstoffen ermittelt wird. Häufig genannt ist die »**R**esearch-**O**ktan-**Z**ahl«, kurz ROZ. Seltener findet man dagegen die aussagekräftigere »**M**otor-**O**ktan-**Z**ahl« oder MOZ. Die hierzulande geforderten Mindest-Oktanwerte für Kraftstoff wurden früher vom **D**eutschen **I**nstitut für **N**ormung nach DIN 51600 bzw. 51607 festgelegt. Heute gilt die **E**uro-**N**orm EN 228.

Verbleiter Kraftstoff Super		Unverbleiter Kraftstoff Normal		Euro-Super		Super Plus	
ROZ 98	MOZ 88	ROZ 91	MOZ 82,5	ROZ 95	MOZ 85	ROZ 98	MOZ 88

Hohe Klopffestigkeit erreichte man in früheren Jahren durch die Zumischung des hochgiftigen Blei-Tetraäthyls. Solcher bleihaltiger Kraftstoff darf im mit Katalysator ausgerüsteten Opel Omega nicht verwendet werden, da sonst der Katalysator »vergiftet« wird, siehe Kapitel »Abgas-Entgiftung«. Im bleifreien Kraftstoff werden nur ungefährliche Zusätze verwendet.
Nachdem auch in unseren europäischen Nachbarländern der Anteil an Katalysatorfahrzeugen laufend zunimmt, ist die Versorgung mit bleifreiem Kraftstoff kein Problem mehr.

Klingeln und Klopfen

Bei hierzulande verkauften Kraftstoffen ohne DIN-Bezeichnung oder im Ausland kann sich Motorklingeln oder -klopfen bemerkbar machen. Normalerweise verbrennt das Kraftstoff/Luft-Gemisch im Zylinder auf »Befehl« des Zündkerzenfunkens. Ein »klingelfreudiger« Kraftstoff kann es aber nicht erwarten, bis ihn der Zündfunke restlos entflammt hat. Er detoniert von selbst durch den hohen Druck und die große Hitze zum Teil schon in einer Ecke des Verbrennungsraums. Dabei knallt er der von der Zündkerze auf ihn zueilenden Flammenfront entgegen. Das gibt einen gewaltigen Druckanstieg im Zylinder. Der Kolben erhält einen Schlag auf den Boden und leitet ihn über sein Pleuel an die Lager der Kurbelwelle weiter.
Tritt dieser Effekt bei hohen Motordrehzahlen auf, werden die harten Verbrennungsgeräusche von den Fahrgeräuschen übertönt. Das ist für den Motor ausgesprochen gefährlich. Dieses Hochdrehzahlklopfen bewirkt eine erhebliche Motorüberhitzung.

Motorklopfen: Die Verbrennung beginnt wie gewünscht, doch im entscheidenden Augenblick (Abwärtsbewegung des Kolbens) entsteht eine unkontrollierte Detonation.

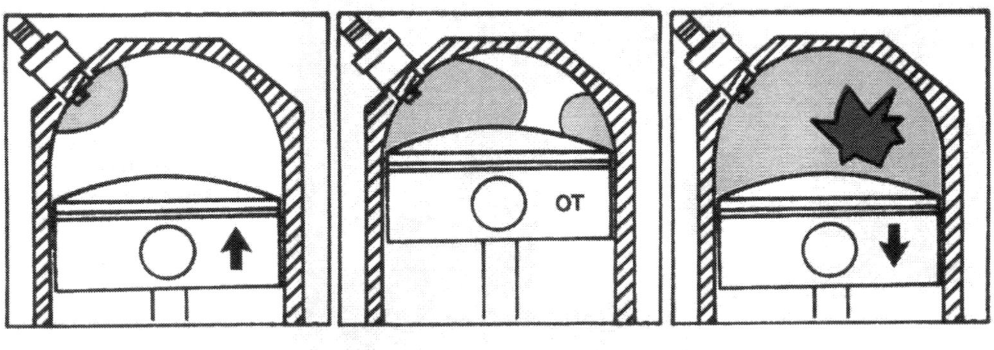

Bis aber die Kühlmittelanzeige anspricht, ist es meist zu spät, und ein oder mehrere Kolbenböden sind bereits geschmolzen.
Bekannter, weil besser zu hören, ist das Beschleunigungsklingeln. Es macht sich bemerkbar, wenn Sie mit nicht genügend klopffestem Kraftstoff aus niedrigen Drehzahlen heraus voll beschleunigen.

Kraftstoff-Kodierung

Alle Omega-Modelle haben rechts im Motorraum einen Kodierstecker. Entsprechend der auf dem Stecker stehenden Oktanzahl wird ein für diesen Kraftstoff progammiertes Zündkennfeld im Steuergerät angewählt. Je nach Motortyp hat Opel seine Omega-Motoren für den Betrieb mit 95- oder 98-ROZ-Superkraftstoff kodiert. Die spezielle Kodierung sorgt für maximale Leistung, günstigsten Verbrauch und niedrigste Schadstoffemissionen. Der Kodierstecker ist als Wechselstecker ausgeführt und muß beim Tanken eines Kraftstoffes mit niedrigerer Oktanzahl abgezogen und um 180° gedreht wieder aufgesteckt werden. Die nun oben auf dem Stecker lesbare Zahl gibt an, welche Oktanzahl der Kraftstoff mindestens haben muß.

Kraftstoff-Kodierung prüfen

Wartung Nr. 6

Bei jeder Jahresinspektion prüft die Opel-Werkstatt auch die für Ihren Wagen vorgeschriebene Kraftstoff-Kodierung. Diesen Wartungspunkt brauchen Sie aber normalerweise nicht zu berücksichtigen. Es sei denn, Sie mußten in zurückliegender Zeit den Kodierstecker umstecken, z. B. weil Sie anläßlich einer Fahrt ins Ausland niederoktanigen Kraftstoff getankt hatten. Dann sollten Sie sicherheitshalber nachsehen, ob hinterher mit Tanken des vorgeschriebenen Kraftstoffes der Kodierstecker auch wirklich wieder gedreht wurde. Beachten Sie, daß der Kodierstecker nur bei ausgeschalteter Zündung umgesteckt werden darf.

Welchen Kraftstoff tanken

Unsere Omega-Modelle können mit folgenden Kraftstoffarten betankt werden:

Motor	bleifrei Normal 91 ROZ	verbleit[1] Normal 91 ROZ	bleifrei Euro-Super 95 ROZ	bleifrei Super-Plus 98 ROZ	verbleit Super 98 ROZ
18 NV	+[2]	–	+	+[3]	–
E 18 NVR	+[2]	+[2][3]	+	+[3]	+[3]
18 SV	–	–	+[2]	+	+[3]
18 SEH	–	–	+[2]	+	+[3]
C 20 NE	+[2]	–	+	+[3]	–
20 SE	–	–	+[2]	+	+[3]
C 24 NE	+[2]	–	+	+[3]	–

[1] Falls im Ausland noch verfügbar
[2] Kodierstecker im Motorraum um 180° drehen
[3] Auf Grund der Motorauslegung nicht erforderlich

Rechts hinten im Motorraum sitzt der Kraftstoff-Kodierstecker (Pfeil). Die Zahl auf dem Stecker zeigt die Oktanzahl an, die der Kraftstoff bei dieser Kodierung mindestens haben muß.

Lebensmitteltransport

Im folgenden Kapitel verfolgen wir, welchen Weg der Kraftstoff durch den Omega nimmt. Zwar sind hierbei Unterbrechungen und Störungen recht selten, doch andererseits schadet es nicht, über die Kraftstoffanlage Bescheid zu wissen. Mögliche Pannen sind leicht zu beheben.

Der Tank

Der Kraftstofftank der Omega-Limousine faßt 75 Liter (Caravan-Version 70 Liter). Er ist nach guter alter Sitte aus Blech gefertigt. Obwohl er auf der Innenseite nicht lackiert ist, muß keineswegs befürchtet werden, daß er eines Tages durch Rost undicht wird. Denn moderne Kraftstoffe »saugen« eine bestimmte Menge Kondenswasser in sich auf. So wird das Metall erst gar nicht angegriffen.

Fingerzeig: Bevor Sie irgendwelche Arbeiten an der Kraftstoffanlage in Angriff nehmen, sollten Sie unbedingt das Batterie-Massekabel abnehmen. Unbeabsichtigte elektrische Verbindungen können zu gefährlicher Funkenbildung führen.

Wozu Tankentlüftung?

Wichtig für den einwandfreien Kraftstoffnachschub ist die Belüftung des Tanks: In dem Maß wie Kraftstoff verbraucht wird, muß Luft nachströmen können, sonst würde sich im Tank ein Vakuum bilden, und der Kraftstofffluß würde stocken. Ferner muß der Tank belüftet werden, um dem Inhalt Gelegenheit zum Ausdehnen bei Erwärmung zu geben. Auch muß beim Betanken genug Luft aus dem Tank austreten können, damit der hineingeschüttete Kraftstoff nicht wieder zum Einfüllstutzen heraussprudelt.

Die Tankentlüftung am Omega

An der Tankoberseite sind mehrere Schlauchleitungen angeschlossen. Sie führen zum Tankeinfüllstutzen. Durch diese Leitungen entweicht Luft, wenn der Tank mit Benzin gefüllt wird. Das ist die sogenannte Schnellentlüftung. Zwischen den Leitungen sitzt bei der Omega-Limousine noch ein Ausdehnungsbehälter, der für einwandfreien Abzug der verdrängten Luft erforderlich ist.
Oben am Einfüllstutzen sitzt eine weitere Be- und Entlüftungsleitung. Über diese Leitung werden die sich ständig bildenden Kraftstoffdämpfe abgeleitet. Außerdem strömt während der Fahrt durch diese Leitung entsprechend der verbrauchten Kraftstoffmenge Luft in den Tank hinein, so daß sich kein Unterdruck bilden kann.

Aktivkohlefilter

Bei Fahrzeugen mit Kat führt die Be- und Entlüftungsleitung nicht einfach ins Freie, sondern mündet in einen Aktivkohlebehälter hinten rechts im Motorraum. Zweck der Sache ist es, die durch diese Leitung austretenden umweltschädlichen Kraftstoffdämpfe (entstanden durch Erwärmung des Tankinhalts) aufzufangen. Bei laufendem Motor werden die Gase bei bestimmter Motorlast wieder aus dem Aktivkohlebehälter herausgesaugt.

Der Aktivkohlefilter ist hinten rechts im Motorraum befestigt. Es bedeuten:
1 – Aktivkohlefilter;
2 – Anschlußleitung zum Tankentlüftungsventil;
3 – Entlüftungsleitung vom Tank.

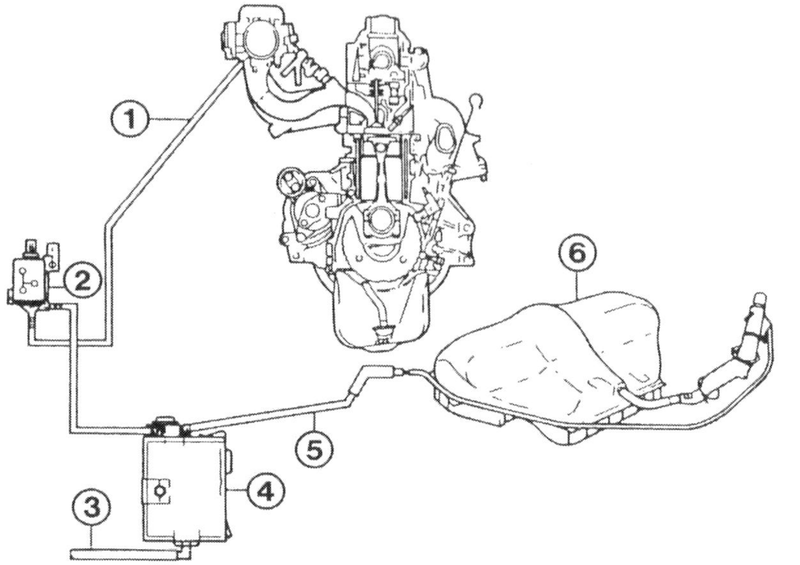

Das Kraftstoff-Verdampfungskontrollsystem der Kat-Fahrzeuge. In Abhängigkeit vom Betriebszustand des Motors wird vom Motronic-Steuergerät das elektromagnetisch betätigte Tankentlüftungsventil angesteuert, das die Spülleitung zum Motor freigibt. Durch die am Boden des Aktivkohlebehälters befindliche Entlüftungsleitung wird die Kohlefüllung gereinigt.
1 – Spülleitung;
2 – Tankentlüftungsventil;
3 – Be- und Entlüftungsleitung;
4 – Aktivkohlebehälter;
5 – Tankentlüftung;
6 – Tank.

Wann das geschehen muß, bestimmt ein elektromagnetisch betätigtes Tankentlüftungsventil, angesteuert vom Motronic-Steuergerät.

Auslaufsicherung

Im Einfüllstutzen befindet sich eine Auslaufsicherung. Die Sicherung besteht aus einem Schwerkraftventil. Es verschließt die Leitung, sobald der Wagen sich um mehr als 45° zur Seite neigt. Bei einem Unfall soll so ein Austreten von Kraftstoff über die Be- und Entlüftungsanlage vermieden werden.

Auslaufsicherung prüfen

- **Fahrzeuge ohne Katalysator:** Be- und Entlüftungsschlauch rechts am Tank abnehmen.
- **Fahrzeuge mit Katalysator:** Be- und Entlüftungsschlauch vom Aktivkohlefilter abziehen.
- **Alle Modelle:** Wenn Sie jetzt bei waagrecht stehendem Wagen durch den Schlauch blasen, muß das leicht gehen.

Kraftstoff ablassen

Muß zu Arbeiten an der Kraftstoffanlage das Benzin abgelassen werden, sollten Sie zuvor den Tank möglichst weit leerfahren. Der Rest im Tank kann dann wie folgt abgesaugt weden:

- Genügend großes Gefäß für den auslaufenden Kraftstoff bereithalten.
- Durch den Einfüllstutzen einen Schlauch möglichst tief in den Tank schieben.
- Obere Schlauchöffnung mit dem Finger dicht verschließen. Schlauch wieder ein Stück herausziehen und so tief wie möglich in das Gefäß halten.
- Wenn der Schlauch weit genug in das Benzin reichte, fließt das Benzin jetzt durch das Gefälle heraus.
- Ansaugen des Benzins mit dem Mund ist gesundheitsgefährdend.

Tank ausbauen

- Zuerst die Wagenunterseite gründlich sauberspritzen, damit bei der Montage kein Schmutz in die Kraftstoffanlage gelangen kann.
- Kraftstoff ablassen.
- Bei Fahrzeugen mit Einspritzmotor Batterie abklemmen.

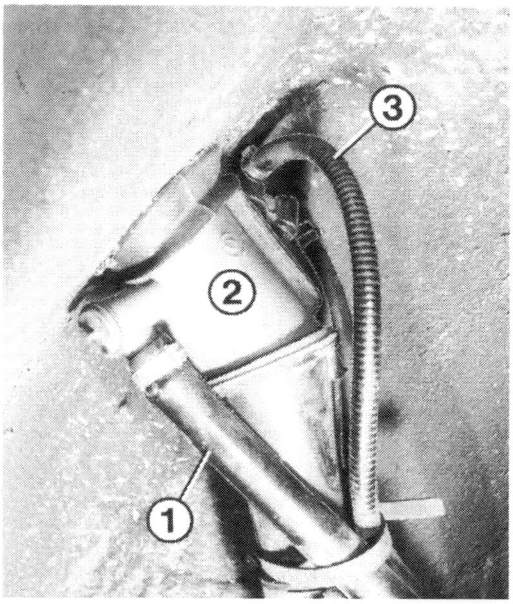

Links: Das ist die oben beschriebene Auslaufsicherung. Es bedeuten:
1 – Schlauch der Schnellentlüftung;
2 – im Einfüllrohr integrierter Behälter der Auslaufsicherung;
3 – Leitung zum Tank.
Rechts: Das Tankentlüftungsventil (Pfeil) sitzt bei den 2,0- und 2,4-Liter-Modellen oberhalb der Ansaugrohre. Dieses Ventil läßt bei bestimmten Motorlastzuständen zu, daß die im Aktivkohlebehälter gesammelten Kraftstoffdämpfe in den Motor abgesaugt werden.

Bis Modelljahr '88 ist der Tankgeber bei Fahrzeugen mit Einspritzmotor am Tank festgeschraubt. Zum Ausbauen des Gebers müssen insgesamt 5 Schrauben (Pfeile) gelöst werden.

- Kabelstecker vom Tankgeber bzw. von der elektrischen Kraftstoffpumpe (Einspritzer) abziehen.
- Kraftstoffvor- und Rücklaufleitung markieren und vom Tankgeber bzw. von der Kraftstoffpumpe (Einspritzer) abbauen.
- **Einspritzmotoren:** Be- und Entlüftungsleitung rechts am Tank trennen.
- Bei Fahrzeugen mit Niveauregulierung Pneumatik-Leitungen aus den Halteklammern am Kraftstofftank aushängen.
- Tank von Hilfsperson festhalten lassen oder mit Wagenheber und einem genügend großen Brett unterbauen.
- Linkes Halteband des Kraftstofftanks abschrauben.
- Rechtes Halteband hinten lösen und nach rechts schwenken.
- Kraftstofftank langsam ablassen, dabei Kraftstoff-Einfüllrohr aus der Gummimanschette in der Seitenwand herausziehen.
- Gummimanschette ausbauen.
- Einbau: Kraftstofftank vorsichtig anheben und Einfüllrohr in die Seitenwand einbauen.
- Achten Sie darauf, daß nirgends Leitungen eingeklemmt werden.
- Haltebänder festschrauben.
- Gummimanschette mit der Markierung »U« nach unten in die Seitenwand einbauen.
- Kraftstoffleitungen und Kabel an Tankgeber bzw. Kraftstoffpumpe montieren.

Geber für die Tankanzeige

Der Tankgeber ist in der Mitte des Kraftstoffbehälters eingesetzt. Er meldet die Flüssigkeitsmenge im Vorratsbehälter an das Anzeigeinstrument.
Die Tankanzeige wird nur selten ganz exakt den Kraftstoffstand angeben. Einen falsch anzeigenden Tankgeber kann man durch Nachbiegen des Schwimmerarms korrigieren.

Tankgeber ausbauen

Bis Modelljahr '88 besitzen Fahrzeuge mit Einspritzmotor einen Tankgeber, der mit Schrauben am Tank festgeschraubt ist. Alle anderen Modelle besitzen einen Tankgeber mit Renkverschluß. Er läßt sich mit einem

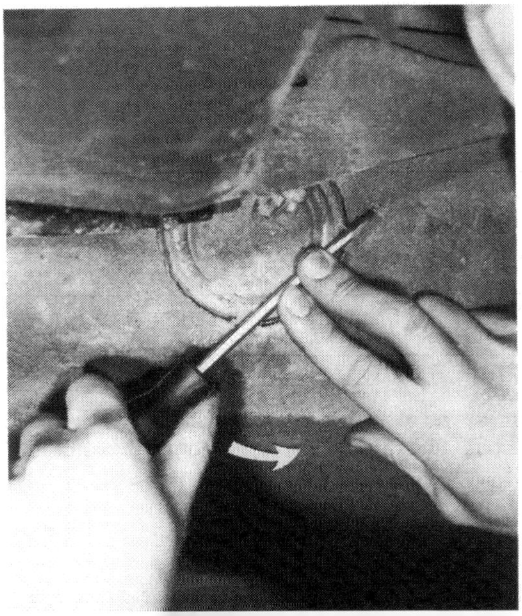

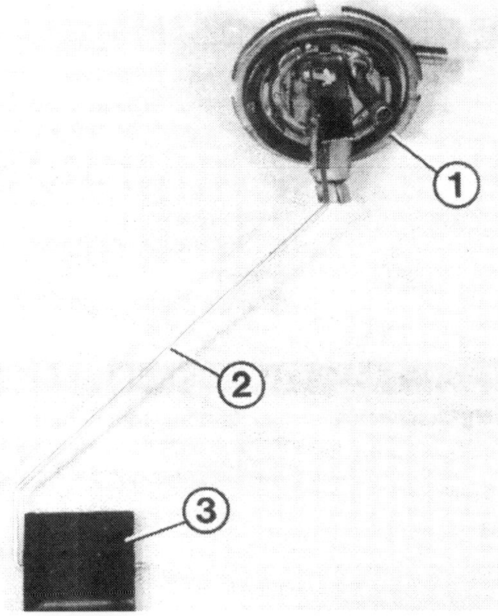

Links: So wird der Schraubendreher an den Tankgeber mit Renkverschluß angesetzt, um diesen in Pfeilrichtung loszudrehen. Ideal ist ein Schraubendreher mit Sechskantschaft.
Rechts: Der ausgebaute Tankgeber:
1 – Deckelplatte mit veränderlichem Widerstand;
2 – Verbindungsstange;
3 – Schwimmer.

Sechskantschaft-Schraubendreher oder einem anderen geeigneten Hilfsmittel lösen. Die Werkstatt hat dafür den Opel-Ringschlüssel KM 332-B.

- Tank möglichst weit leerfahren. Ggf. Kraftstoff ablassen.
- Fahrzeug aufbocken.
- Kabelstecker vom Tankgeber abziehen.
- Wo vorhanden, Kraftstoffvor- und Rücklaufleitung markieren und vom Tankgeber abbauen. Auslaufenden Kraftstoff auffangen.
- Einbaulage des Tankgebers kennzeichnen.
- Geschraubten Tankgeber vom Tank losschrauben.
- Tankgeber mit Renkverschluß: Schraubendreher oder ähnliches Werkzeug quer in die Aussparungen am Geber einsetzen und Geber linksdrehend lösen.
- Tankgeber zusammen mit dem Gummidichtring aus dem Tank herausnehmen.
- Beim Einbau neuen Gummidichtring mit Mehrzweckfett bestreichen und in die Nut an der Dichtfläche des Gebers einlegen.
- Tankgeber in den Tank einsetzen und festschrauben. Achten Sie darauf, daß beim Festschrauben der Gummidichtring nicht verrutscht.
- Kabel und, wo vorhanden, Schläuche am Tankgeber montieren.

Die Kraftstoffleitungen

○ Bei den Vergasermotoren wird der Kraftstoff in einfachen Schläuchen vom Tank nach vorn gepumpt. Damit der Druck auf das Schwimmernadelventil im Vergaser nicht zu groß wird, gelangt zuviel geförderter Kraftstoff durch eine Rücklaufleitung in den Tank zurück.

○ Beim Einspritzmotor müssen die Schläuche und Leitungen einem Druck von mehr als 2,5 bar widerstehen. Die Schläuche bestehen daher aus besonders druckfestem Werkstoff. Zudem sind sie an allen Verbindungsstellen mit Klemm- oder Schraubschellen gesichert.

Kraftstoffleitungen und -schläuche ausbauen

- Sauberkeit ist oberstes Gebot bei Arbeiten an der Kraftstoffanlage. Besonders bei der Benzineinspritzung sollten Sie zumindest den Bereich, in dem gearbeitet wird, vorher reinigen, damit kein Schmutz in die offenen Leitungen gelangen kann.
- Bei Fahrzeugen mit Einspritzmotor ist weiterhin zu beachten, daß das Kraftstoffsystem auch längere Zeit nach Abschalten des Motors noch unter Druck steht. Beim Lösen einer Benzinleitung einen Lappen bereithalten, damit kein Kraftstoff in die Augen spritzen kann.
- Teilweise werden zur Befestigung der Leitungen **Klemmschellen** benutzt.
- Um sie zu lösen, muß mit einer Zange die Blechschlaufe an ihrem Umfang plattgedrückt werden. Dadurch weitet sich die Klemmschelle, und der Kraftstoffschlauch kann unter Drehen abgezogen werden.
- Andere Möglichkeit: Blechschlaufe mit einem schmalen Schraubendreher weiten.
- Ist dies nicht möglich, kleinen Gabelschlüssel am Schlauchende ansetzen und damit abdrücken.
- Beim Einbau sollten Sie statt der Klemmschellen solche zum Schrauben verwenden.
- **Schraubschellen** (Schlauchbänder) können natürlich wiederverwendet werden. Beim Anziehen nicht zuviel Kraft anwenden, sonst rutscht die Verzahnung durch, und die Schraubschelle kann nicht mehr verwendet werden.
- **Geschraubte Leitungsanschlüsse** mit Hohlschrauben nicht mit aller Gewalt anziehen. Dichtringe prüfen und evtl. erneuern.

Kraftstoffanlage auf Dichtheit prüfen

Wartung Nr. 14

Riecht es am Abstellplatz des Wagens nach Benzin, tritt dies irgendwo aus einer Leitung oder einem Bauteil der Kraftstoffanlage aus. Zur Suche einer Undichtigkeit sollte der Wagen über Nacht an einem trockenen, sauberen Platz gestanden haben.

- Flecken unter dem Wagenboden?
- Wenn nicht, Motor starten und einige Minuten laufen lassen.
- Nach dem Abstellen erneute Kontrolle auf dem Boden.
- Falls immer noch nichts sichtbar ist, sämtliche Leitungen und Teile der Kraftstoffanlage verfolgen und auf den charakteristischen Benzingeruch achten.

Die mechanische Kraftstoffpumpe

Vergasermotoren

Der Omega mit Vergasermotor ist mit einer mechanisch angetriebenen Kraftstoffpumpe ausgestattet. Die Pumpe sitzt nahe der Lichtmaschine und ist am Nockenwellengehäuse befestigt. Zuständig für den Antrieb ist ein Exzenter auf der schon im Motorkapitel erwähnten Nockenwelle.

Funktion

Im Oberteil der Pumpe ist das Saug- und das Druckventil eingebaut, im Unterteil sitzt der Antriebsmechanismus. Die Membrane zwischen Ober- und Unterteil dient gleichzeitig als Dichtung. Eine Feder am Pumpenstößel zieht diesen und damit die darin befestigte Membrane nach unten, das Saugventil öffnet, und aus dem Tank wird Benzin abgesaugt. Der Exzenter auf der Nockenwelle drückt den Pumpenstößel mit der Membrane zurück, das Druckventil öffnet, und Kraftstoff wird in den Vergaser gefördert.
Diese Pumpe ist voll gekapselt und kann nicht zerlegt werden. Bei einem Defekt hilft nur der Austausch.

Störungen an der mechanischen Benzinpumpe

Kommt bei einer Motorstörung ein Fehler im Bereich Kraftstoffversorgung in Betracht, gehen Sie so vor:

- Benzinschlauch am Vergaser abziehen und in einen kleinen Behälter (Kappe der Warndreieck-Hülle) halten.
- Von Helfer mit dem Anlasser den Motor durchdrehen lassen.
- Spritzt Benzin aus der Leitung? Wenn ja, ist die Kraftstoffzufuhr in Ordnung.
- Kommt kein Benzin, prüfen Sie die Pumpe.
- Beide Benzinschläuche abziehen und Ersatzbenzinschlauch aufstecken: Am Tankanschluß der Pumpe muß Durchblasen mit dem Mund möglich sein, jedoch kein Ansaugen.
- Am Vergaseranschluß ist es umgekehrt. Ansaugen muß möglich sein, Durchblasen nicht. Sonst ist die Benzinpumpe defekt.
- Wer's ganz genau wissen will, läßt in der Werkstatt den Benzinpumpendruck messen:
- Bei einer Motordrehzahl von 2000/min müssen im Schlauch von der Pumpe zum Vergaser **0,25–0,33 bar Überdruck** zu messen sein.

Mechanische Benzinpumpe ausbauen

- Massekabel der Batterie abklemmen.
- Schläuche an der Pumpe losschrauben und abziehen.
- Vom Tank kommenden Schlauch durch Hineindrehen einer kleinen Schraube verschließen.
- Befestigungsmuttern der Pumpe losdrehen.
- Dichtung entfernen und die Flanschfläche reinigen. Beim Einbau neue Dichtung verwenden.
- Muttern mit 18 Nm anziehen.

Kraftstoffilter reinigen

Vergasermotoren
Wartung Nr. 42

Beim Omega mit Vergasermotor sind zwei Kraftstoffilter zu reinigen: Zum einen der Benzinfilter unter dem Kraftstoffpumpendeckel und zum anderen der kleine Filter im Vergaserstutzen des Kraftstoffzulaufs.

- Luftfilter abbauen (Seite 68).
- Benzin-Zulaufschlauch vom Vergaser abnehmen.
- M-3-Schraube ca. 5 mm weit in den Filter hineindrehen.
- Schraube mit Filter aus dem Zulaufstutzen herausziehen.
- Halteschraube des Kraftstoffpumpendeckels losdrehen. Deckel und Filtersieb abnehmen.
- Beide Kraftstoffilter mit Benzin auswaschen und dann ausblasen.
- Kleinen Filter bis zum Einrasten in den Zulaufstutzen einschieben.
- Zweites Filtersieb in die Kraftstoffpumpe einbauen.

Die elektrische Benzinpumpe

Einspritzmotor

Bei der **Limousine bis Modelljahr '88 und beim Caravan** tut eine Rollenzellenpumpe ihren Dienst. Sie befindet sich unter dem Wagenboden in Höhe des Kraftstoffbehälters.

Die Kraftstoffpumpe (1) am 1,8-Liter-Vergasermotor. Die Position »2« zeigt den Zulaufschlauch, Position »3« den Schlauch zum Vergaser.

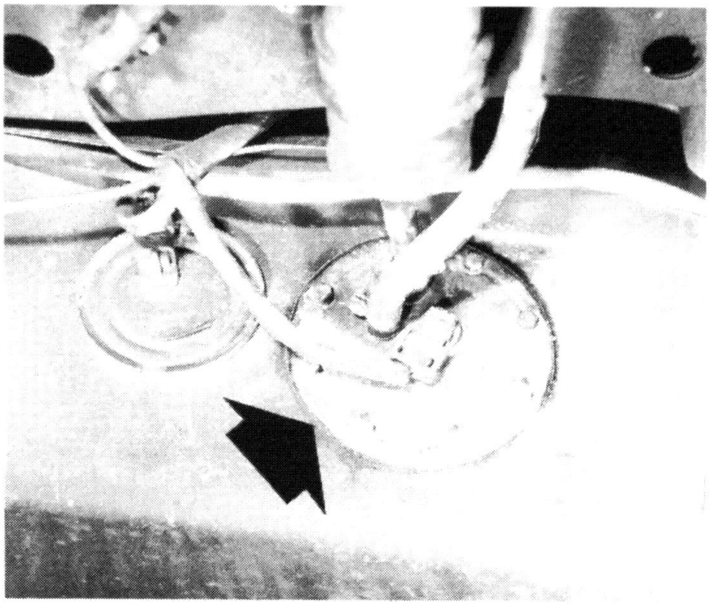

Ab Modelljahr '89 besitzt die Omega-Limousine eine sogenannte Zweiturbinenpumpe (Pfeil), die direkt in den Tank eingebaut ist.

Plusstrom erhält die Pumpe über das Kraftstoffpumpenrelais, das seinen Platz im Relaiskasten links im Motorraum hat. Mit Einschalten der Zündung baut die Pumpe einen Kraftstoffdruck von ca. 2,5 bar auf. Sie wird nach zwei Sekunden abgeschaltet, wenn der Motor nicht gestartet wird – das heißt, wenn keine Drehzahlsignale vom Impulsgeber an das Steuergerät der Einspritzung gemeldet werden. Diese Sicherheitsschaltung verhindert nach Unfällen ein Weiterlaufen der Pumpe (Brandgefahr).

Die **Omega-Limousine ab Modelljahr '89** besitzt eine sogenannte Zweiturbinenpumpe. Sie ist direkt in den Tank eingesetzt.

Die Pumpe besteht aus einem Elektromotor und zwei Turbinenrädern, die sich in einem gemeinsamen Gehäuse befinden. Vom umgebenden Benzin wird die Pumpe gekühlt; so können sich auch bei hohen Betriebstemperaturen keine Dampfblasen bilden, die Motor-Aussetzer verursachen würden.

Geschaltet wird die Pumpe vom Steuergerät über das Kraftstoffpumpenrelais (siehe Seite 231). Wie bei der Rollenzellenpumpe verfügt auch dieses Relais über eine Sicherheitsschaltung, die dafür sorgt, daß die Pumpe nur dann läuft, wenn der Motor dreht.

Der Membrandämpfer

Zwischen Benzinpumpe und Kraftstoffzulaufleitung ist bei Fahrzeugen mit Rollenzellenpumpe ein Membrandämpfer eingebaut. Der Membrandämpfer soll Pulsationsgeräusche der Kraftstoffpumpe unterdrücken, verursacht durch den Druckwechsel beim Öffnen und Schließen der Ventile.

Störungssuche an der elektrischen Kraftstoffpumpe

- Als erstes die Sicherung kontrollieren (siehe Seite 166).
- War diese intakt, geht die Suche weiter.
- Prüfen Sie, ob die Pumpe läuft: Von Helfer Anlasser betätigen lassen und Hand an das Pumpengehäuse halten. Wenn die Pumpe arbeitet, sind leichte Vibrationen spürbar.
- Tut sich nichts, muß kontrolliert werden, ob an der Pumpe überhaupt Strom ankommt.
- Mit Voltmeter oder Prüflampe kontrollieren, ob zwischen den beiden Anschlußkontakten der Pumpe ca. 12 Volt Spannung anliegen. Zur Messung muß der Anlasser von einem Helfer betätigt werden (Schalthebel im Leerlauf, Handbremse angezogen).

Das Foto zeigt die Teile der Kraftstoffversorgung, wie sie die Limousine bis Modelljahr '88 und der Caravan besitzen. Es bedeuten:
1 – elektrische Kraftstoffpumpe;
2 – Membrandämpfer;
3 – Kraftstoffilter.

- Läuft die Pumpe trotz richtiger Spannung nicht, ist sie defekt – ausbauen und wechseln.
- Fehlt es am Strom, gerät das Pumpenrelais im Relaiskasten in Verdacht. Prüfung: Fühlen Sie mit der Hand, ob es beim Betätigen des Anlassers klickt. Wenn nicht, ist es defekt.
- An weiteren Fehlerquellen wären zu nennen: Kabelzuleitung zum Relais oder zur Pumpe defekt, Kraftstoffleitung verstopft oder geknickt, Kraftstofffilter verstopft.

Rollenzellenpumpe ausbauen

- Fahrzeug aufbocken.
- Elektrische Leitungen mit Klebeband markieren und von der Pumpe abziehen.
- Schlauchschellen lösen und Kraftstoffschläuche von der Pumpe abziehen. Vorsicht, Spritzgefahr! Die Kraftstoffanlage kann unter Druck stehen. Vor dem Abziehen der Schläuche Lappen über den Schlauchanschluß legen.
- Befestigungsschraube der Halteschelle abschrauben und Kraftstoffpumpe seitlich aus der Halterung herausziehen.
- Beim Einbau Befestigungsschelle der Pumpe mit 4 Nm anziehen. Achten Sie darauf, daß beim Anziehen der Schelle die Gummimanschette bis zum Gehäuseabsatz reicht.
- Nach dem Einbau Motor starten und prüfen, ob die Pumpe anläuft und nirgends Kraftstoff austritt.

Zweiturbinenpumpe ausbauen

- Tank möglichst weit leerfahren. Ggf. Kraftstoff ablassen.
- Fahrzeug aufbocken.
- Kabelstecker von der Kraftstoffpumpe abziehen.
- Schlauchschellen lösen, Kraftstoffvor- und Rücklaufleitung markieren und abziehen. Vorsicht, Spritzgefahr!
- Pumpe vom Tank abschrauben und ein Stück weit herausziehen.
- Rücklaufleitung von der Pumpe abziehen und Pumpe aus dem Tank herausnehmen.
- Dichtflächen reinigen.
- Beim Einbau einen neuen Dichtring mit Mehrzweckfett bestreichen.
- Schraubengewinde mit kraftstoffbeständigem Dichtmittel bestreichen.
- Pumpe einsetzen und anschrauben. Achten Sie darauf, daß die Dichtung beim Festschrauben der Pumpe nicht verrutscht.
- Nach dem Einbau Motor starten und prüfen, ob die Pumpe anläuft und nirgends Kraftstoff austritt.

Kraftstofffilter wechseln

Einspritzmotoren

Wartung Nr. 42

Die Einspritzanlage reagiert empfindlich auf Verunreinigungen, deshalb durchläuft bei ihr der Kraftstoff einen speziellen Filter. Besonders aus dem gerade befüllten Erdtank einer Zapfstation können aufgewirbelte Schmutzpartikel in den Omega-Tank geraten, also an frisch belieferten Tankstellen möglichst nicht auftanken. Der Kraftstofffilter soll regelmäßig (alle 30 000 km) ausgewechselt werden, reinigen läßt er sich nicht.

- Fahrzeug aufbocken.
- Befestigungsschraube aus dem Halteband des Filters herausdrehen.
- Schlauchklemmen lösen und Kraftstoffschläuche abziehen. Vorsicht, Spritzgefahr! Vor dem Abziehen der Schläuche Lappen über die Anschlüsse legen.
- Sofort Schläuche auf den neuen Filter aufschieben. Achten Sie dabei auf die Pfeilmarkierung auf dem Filtergehäuse. Sie kennzeichnet die Durchflußrichtung zum Motor.
- Schläuche befestigen und Filter anschrauben.

Der Kraftstofffilter (Pfeil) befindet sich bei Fahrzeugen mit Intankpumpe rechts hinten unter dem Wagenboden.

Gesiebte Luft

Die Ansaugluft des Motors enthält Staub und Schmutzteilchen, die nicht in die Verbrennungsräume gelangen sollen. Sie wirken an den Zylinderwänden wie Schmirgel und würden frühzeitigen Verschleiß von Kolben und Zylinderlaufbahnen verursachen. Der Luftfilter sorgt deshalb für den notwendigen Schutz des Motors. Gleichzeitig dämpft er auch die Ansauggeräusche.

Luftfiltereinsatz ausbauen

Vergasermotor

- Drei große und eine etwas kleinere Kreuzschlitzschraube oben auf dem Luftfilterdeckel lösen.
- Spannklammern rund um das Filtergehäuse öffnen.
- Luftfilterdeckel abnehmen und Papiereinsatz herausnehmen.
- Beim Zusammenbau die Verschraubungen nicht zu fest anziehen.

Einspritzmotor

- Schraubschelle lösen und oberen Kühlmittelschlauch vom Ausgleichbehälter abziehen.
- Insgesamt vier Spannklammern vom Luftfilterdeckel abdrücken.
- Lassen sich die Spannklammern von Hand nicht lösen, kann auch ein großer Schraubendreher zu Hilfe genommen werden.
- Schraubendreher durch die Spannklammern schieben. Klammern vom Luftfilterdeckel abheben.
- Deckel abnehmen und Filtereinsatz herausheben.

Luftfiltereinsatz ausblasen

Wartung Nr. 10

Alle 15000 km bzw. jährlich empfehlen wir die Reinigung des Papierfiltereinsatzes von gröberer Verschmutzung. Bei einer Reise über extrem staubige Straßen kann dieses Intervall bis hin zur täglichen Reinigung verkürzt werden.

- Papierfiltereinsatz ausbauen.
- Filter auf harter Unterlage ausklopfen, damit sich die groben Schmutzteilchen lösen.
- Soll auch der feine Staub entfernt werden, muß mit Preßluft seitlich an den Filterlamellen vorbeigeblasen werden.
- Niemals den Preßluftschlauch direkt auf das Filterpapier richten! Sonst drückt sich ein Teil der Staubkörnchen fest in die Filterporen.
- Filtergehäuse mit sauberem Lappen auswischen.
- Filter wieder einbauen.

Luftfilter wechseln

Wartung Nr. 40

Opel ordnet den Wechsel des Filtereinsatzes alle 30000 km an. Das reicht unter normalen Fahrbedingungen längst aus, zumal der Einsatz zwischendurch gereinigt wird.
Andererseits muß bei Reisen über unbefestigte Straßen trotz häufiger Reinigung des Filters schon wesentlich früher an Ersatz gedacht werden. Aus- und Einbau siehe oben.

Luftfiltergehäuse ausbauen
Vergasermotor

- Luftfiltereinsatz ausbauen.
- Kurbelgehäuse-Entlüftungsschlauch vom Ventildeckel abmontieren.
- Unterdruckschläuche abziehen und Gehäuse vom Vergaser abnehmen.
- Wo nötig, Luftansaugschläuche abnehmen.
- Beim Einbau auf richtigen Sitz des Dichtrings achten.
- Schläuche gut auf ihre Stutzen drücken, vorhandene Befestigungsschellen montieren.

Luftfiltergehäuse ausbauen
Einspritzmotor

- Luftfiltereinsatz ausbauen.
- Kabelstecker vom Luftmengenmesser abziehen.
- Luftansaugschlauch vom Luftfilterdeckel abziehen und Deckel abnehmen.
- Beide Halteklammern des Luftfiltergehäuses mit einer Zange zusammendrücken und abnehmen.
- Luftfiltergehäuse zusammen mit dem Luftschlauch aus dem Motorraum herausnehmen.

Die Ansaugluft-Vorwärmung

Vergasermotoren

Die Vergasermotoren des Opel besitzen im Ansaugrohr des Luftfiltergehäuses eine automatische Vorwärmung. Sie hat die Aufgabe, die Luft, die der Motor über den Vergaser ansaugt, auf günstiger Temperatur zu halten. Das hat zwei Gründe:

○ Bei kühlem Wetter vergast das Gemisch besser, wenn die Ansaugluft vorgewärmt zugeführt wird. Allerdings

Ausbau des Luftfiltereinsatzes (3) beim Vergasermotor: Drei Schrauben (2) oben auf dem Luftfilterdeckel lösen; eine weitere am Gehäuserand (1). Jetzt die Spannklammern (Pfeile) rings um das Luftfiltergehäuse-Unterteil (4) abdrücken.

soll der Motor bei höheren Außentemperaturen keine vorgewärmte Luft erhalten: Dieselbe Menge warmer Luft besitzt ein größeres Volumen als kalte Luft.
Da der Motor nur eine bestimmte Luftmenge ansaugen kann, erhält er bei eingeschalteter Ansaugluft-Vorwärmung etwas weniger Luft – das Gemisch wird fetter, der Verbrauch steigt. Nur bei kühlen Temperaturen ist dies für gleichmäßigen Motorlauf notwendig.
○ Der Vergaservereisung soll vorgebeugt werden. Diese Vereisung entsteht durch den Druckabfall im Vergaser bei laufendem Motor, wobei ein Teil des Kraftstoffes verdunstet und sich dabei erheblich abkühlt. Davon wird auch das Vergasergehäuse abgekühlt, und bei Temperaturen zwischen +3 und +8°C (in Extremfällen auch darüber) und hoher Luftfeuchtigkeit kann sich im Vergaser eine dünne Eisschicht bilden, welche eine einwandfreie Gemischbildung verhindert.

Funktion

Die Ansaugluft-Vorwärmung wird von zwei verschiedenen Systemen geregelt:
○ Um Vergaservereisung bei Vollast zu vermeiden, ist die Klappe der Ansaugluft-Vorwärmung über einen Thermostat geregelt, der dafür sorgt, daß die Warmluftzufuhr bei −20°C voll geöffnet ist. Bei steigender Temperatur wird die Klappe langsam geschlossen, bis sie schließlich bei +5°C den Warmluftstrom voll verschließt.
○ Damit auch bei Teillast – also im Bereich von etwa 3500/min Motordrehzahl – keine Vergaservereisung auftritt, wird die Ansaugluft-Vorwärmung zusätzlich über Unterdruck gesteuert. Der Unterdruck wird dem Vergaser entnommen und wirkt auf eine Unterdruckdose, die wiederum die Warmluftklappe im Ansaugstutzen des Luftfilters öffnet.
Ein temperaturabhängiges Ventil im Luftfiltergehäuse ist in die Unterdruckleitung zur Warmluftklappe zwischengeschaltet und unterbricht den freien Durchgang in diesem Schlauch, wenn die Umgebungstemperatur an dieser Stelle +18 bis +23°C erreicht hat.
○ In der Praxis überlagern sich die beiden Steuersysteme und vermeiden so Vergaservereisung bei allen Drehzahlen und Temperaturen.

Links: Bei den Einspritzmotoren lassen sich die Spannklammern des Luftfiltergehäuses von Hand nur sehr schwer abdrücken. Mit einem Schraubendreher geht's leichter.
Rechts: Nach Lösen der Spannklammern (Pfeile) läßt sich der Deckel (1) des Luftfiltergehäuses vom Unterteil (3) abnehmen. Jetzt ist der Filtereinsatz (2) zugänglich.

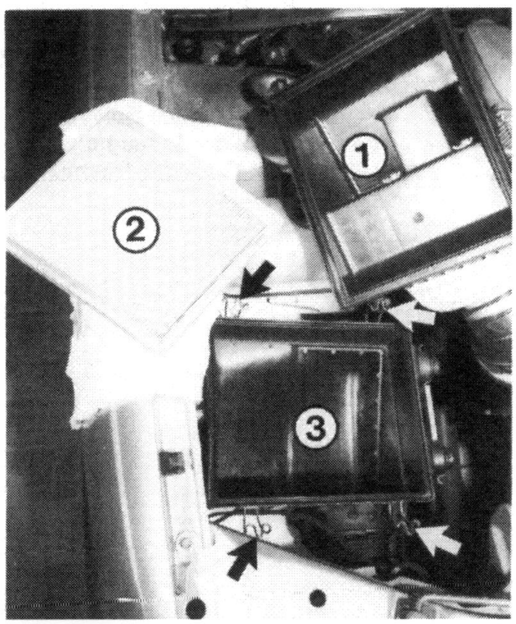

Störungen

Funktioniert die Ansaugluft-Vorwärmung nicht richtig, kann das zu Betriebsstörungen führen. **Winters:**

○ Schlechter Leerlauf nach dem Kaltstart in der sogenannten Warmlaufphase.

○ Schlechter Übergang, Motor neigt zum Stottern.

In der warmen Jahreszeit:

○ Mangelhafte Leistung, übliche Höchstgeschwindigkeit wird nicht erreicht.

○ Höherer Kraftstoffverbrauch.

Ansaugluft-Vorwärmung prüfen

● Im Luftfilter-Unterteil befindet sich das Thermoventil. Seine Schlauchanschlüsse sind von der Luftfilter-Unterseite her zugänglich.

● Schlauch vom Anschluß abziehen.

● Mit dem Mund kräftig am Schlauch saugen: Die Warmluftklappe muß hörbar öffnen bzw. zufallen.

● Falls nicht: Klappe auf Leichtgängigkeit prüfen, Schlauch und Unterdruckdose auf Dichtheit prüfen.

● Als nächstes Thermoventil prüfen. Dazu muß die Lufttemperatur niedriger als +20°C sein.

● Luftfiltergehäuse ausbauen und neben den Wagen legen.

● Den Schlauchanschluß »Vergaser« mittels langem Schlauch mit dem Unterdruckschlauch des Vergasers verbinden.

● Die Warmluftklappe muß aufgezogen werden.

● Schlauch am Vergaser abziehen: Die Klappe muß nach max. 20 Sekunden ihre Ausgangslage eingenommen haben.

● Sonst Thermoventil wechseln.

Keine Ansaugluft-Vorwärmung bei Einspritzmotoren

Fahrzeuge mit Benzineinspritzung besitzen keine Ansaugluft-Vorwärmung. Grund: Durch die Ansaugkanäle strömt bei unseren Einspritzmotoren nur reine Luft. Kraftstoff wird erst kurz vor dem Einlaßventil zugesetzt. Ein Verdunsten des Kraftstoffes (und die dadurch bedingte »Verdunstungskälte«) treten so nahe an den heißen Brennräumen nicht mehr in Erscheinung, d. h. ein Vereisen ist nicht möglich.

Ansaugrohr-Beheizung

Vom Vergaser gelangt das Kraftstoff/Luft-Gemisch durch den Ansaugkrümmer in die Zylinder. Ist das Ansaugrohr kalt, kondensiert ein beachtlicher Anteil des Gemisches an den Innenwänden des Rohrs und gelangt nicht mehr dampfförmig zu den Brennräumen. Es entstehen Verluste und damit erhöhter Kraftstoffverbrauch. Bei den Vergasermotoren wurde durch eine zweifache Ansaugrohr-Beheizung diesem Übel abgeholfen:

○ Bei kaltem Motor tritt die elektrische Ansaugrohr-Beheizung in Aktion. Sie besteht aus einem Heizelement, das unterhalb des Vergasers im Ansaugkrümmer eingeschraubt ist. Wirksam ist das Heizelement nur bis ca. 65°C Kühlmitteltemperatur. Dann schaltet ein Thermoschalter den Strom ab.

○ Bei höheren Temperaturen übernimmt das Kühlwasser die Ansaugrohr-Beheizung. Ein Abzweig des Kühlwasserstroms wird dazu durch einen Kanal im Ansaugkrümmer geleitet.

○ Der Ansaugkrümmer der Einspritzmotoren muß nicht beheizt werden. Wie im Vortext erwähnt, strömt durch die Kanäle des Ansaugrohrs reine Luft. Die Gemischbildung findet erst kurz vor dem Einlaßventil statt.

Ansaugrohr-Beheizung prüfen

● Zuerst die zuständige Sicherung kontrollieren.

● Ist die Sicherung in Ordnung, wird das stromzuführende Kabel zum Heizelement geprüft.

● Unten am Ansaugrohr die Steckverbindung zum Heizelement trennen.

● Voltmeter anschließen. Zündung einschalten. Die Spannung muß mindestens 11,5 Volt betragen.

● Liegt keine Spannung an, ist möglicherweise das Relais der Ansaugrohr-Beheizung defekt (siehe Seite 231). Oder der Thermoschalter streikt.

● Thermoschalter prüfen: Stecker des Thermoschalters (vorn rechts am Motor) trennen.

● Ohmmeter zwischen den Kontakten am Schalter anschließen.

● Unter ca. 55°C Kühlwassertemperatur müssen 0 Ω abgelesen werden. Über 65°C muß der Ohmmeter ∞ Ω anzeigen, sonst ist der Schalter defekt.

Vermischtes

In flüssiger Form entzündeter Kraftstoff gibt seine Energie nur schwach ab. Eine Benzinpfütze brennt zwar lange, aber ziemlich müde. Das liegt daran, daß nur an der Oberfläche der Pfütze Kontakt zwischen dem Kraftstoff und dem zur Verbrennung notwendigen Sauerstoff in der Luft besteht. Zur kraftvollen Entzündung muß also das Benzin gut mit Luft durchmischt werden – das besorgt der Vergaser. Er kann aber kein »Gas« herstellen, sondern vielmehr den Kraftstoff so fein zerstäuben, daß ein Benzin/Luft-Nebel in zündfähiger Zusammensetzung entsteht. Erst im beheizten Ansaugrohr oder in den heißen Zylindern gehen die feinen Kraftstofftröpfchen in gasförmigen Zustand über.

Die wichtigsten Teile des Vergasers

Austrittsrohr (auch Vorzerstäuber genannt): Der von den nachfolgend aufgezählten Düsen mit Luft vorgemischte Kraftstoff wird aus diesem Rohr abgesaugt. Seine Austrittsöffnung sitzt in der engsten Stelle des Lufttrichters.

Drosselklappe: Sie sitzt ganz unten im Vergaser und regelt die Menge des Kraftstoff/Luft-Gemisches, die der Motor ansaugen soll. Wie weit sie geöffnet ist, bestimmt der Fahrer beim Treten des Gaspedals. Pedal und Drosselklappe sind über den Gaszug direkt verbunden.

Hauptdüse: Sie ist in die Schwimmerkammer eingeschraubt. Mit ihrer genau bemessenen Bohrung sorgt sie für den Abfluß der richtigen Kraftstoffmenge aus der Schwimmerkammer.

Leerlaufdüse: Sie liefert dem Leerlaufsystem eine stets gleichbleibende Kraftstoffmenge zur Aufbereitung des Leerlaufgemisches.

Luftkorrekturdüse: Sie mischt den von der Hauptdüse kommenden Kraftstoff mit Luft vor.

Lufttrichter: Er sitzt im Saugkanal (Vergaserdurchlaß). Eine Einschnürung in seinem Innendurchmesser beschleunigt die durchströmende Luft. Das verstärkt den Unterdruck, und aus dem Austrittsrohr kann mehr Kraftstoff abgesaugt werden.

Mischrohr: Es nimmt Kraftstoff von der Hauptdüse und durch Bohrungen Luft von der Luftkorrekturdüse entgegen und führt beides vermischt in den Austrittsarm im Saugkanal weiter.
Bei höheren Drehzahlen wird das Gemisch durch freiwerdende Bohrungen zusätzlich mit Luft versorgt, um das sonst durch höheren Kraftstoffdurchsatz fetter werdende Mischungsverhältnis konstant zu halten.

Schwimmerkammer: Die Speicherung des Kraftstoffes wird in der Schwimmerkammer durch Schwimmer und Schwimmernadelventil geregelt. Hat das Benzin eine bestimmte Höhe erreicht, drückt der Schwimmer durch seinen Auftrieb über einen Hebel gegen das Kugelventil. Dessen Kugel sperrt dann den weiteren Zufluß ab.

Starterklappe: Sie sitzt ganz oben im Vergaser-Einlaß. Bei kaltem Motor muß sie geschlossen werden. So baut sich bei laufender Maschine im Vergaserdurchlaß ein stärkerer Unterdruck als im normalen Betrieb auf. Deshalb wird auch mehr Benzin aus den Vergaserdüsen gesaugt. Das Gemisch wird also kraftstoffreicher (fetter), und das mag der kalte Motor. Steigt die Betriebstemperatur, öffnet die Starterklappe.

Vergaser-Beschreibung

Der 2E3- und 2EE-Vergaser von Pierburg sind sogenannte Fallstrom-Vergaser. Die angesaugte Luft strömt darin senkrecht (»fällt«) nach unten und saugt dabei aus den verschiedenen Düsen den Kraftstoff. Wir haben einen Register- oder Stufen-Vergaser mit zwei Mischkammern vor uns. Er ermöglicht gute Gemischzuteilung für die einzelnen Zylinder. Charakteristisch ist die Betätigung der Drosselklappe für die II. Vergaserstufe: Erst wenn die Drosselklappe der I. Stufe den Vergaserdurchlaß mehr als zur Hälfte freigibt, öffnet bei entsprechenden Drehzahlen eine Unterdruckdose am Vergaser die Drosselklappe der II. Stufe.

Funktion des 2E3-Vergasers

Start

Zum **Einschalten der Startautomatik** muß der Fahrer vor dem Anlassen des kalten Motors das **Gaspedal** einmal (oder bei Frost) zweimal **durchtreten.** Dadurch wird in der I. Stufe des Vergasers über einen Starterhebel und eine Verbindungsstange die **Starterklappe** geschlossen. Gleichzeitig öffnet die **Drosselklappe von Stufe I** einen gewissen Spalt. Der Unterdruck – von den im Motor auf und ab laufenden Kolben erzeugt – kann nun die fette Startmischung ansaugen. Die Starterklappe bleibt jedoch nicht fest in Geschlossen-Stellung: Sie kann durch ihre außermittige Aufhängung von der angesaugten Verbrennungsluft zum Flattern gebracht werden. Das verhindert zu starke Gemischanreicherung.

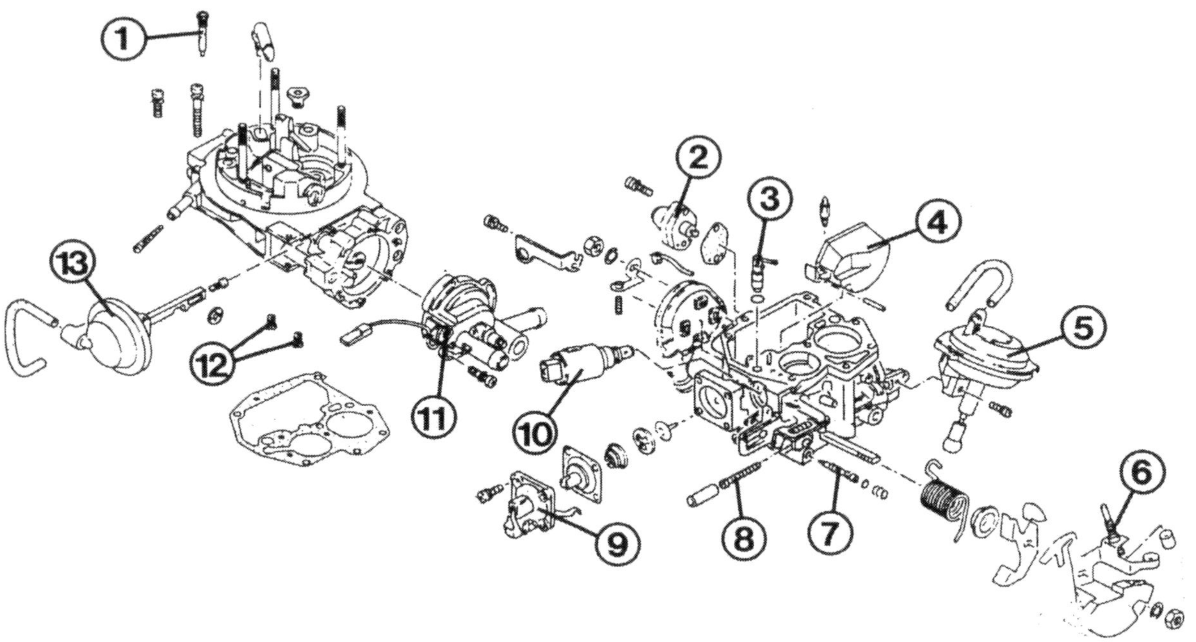

Der 2E3-Vergaser:
1 – Leerlaufdüse;
2 – Teillast-Anreicherungsventil;
3 – Einspritzrohr;
4 – Schwimmer mit Nadelventil;
5 – Unterdruckdose zur Bestätigung der II. Stufe;
6 – Einstellschraube für Kaltleerlauf;
7 – CO-Einstellschraube;
8 – Leerlaufdrehzahl-Einstellschraube;
9 – Beschleunigungspumpe;
10 – Abschaltventil;
11 – Starterdeckel;
12 – Hauptdüsen;
13 – Pulldowndose.

Gleich nach dem Anspringen dreht der Motor hoch auf die Kaltleerlaufdrehzahl. Das Gaspedal muß jetzt kurz angetippt werden, der Motor fällt auf die sogenannte Durchlaufdrehzahl ab. Zeitgleich zieht der **Starterklappen-Pulldown** die Klappe in eine festgelegte Öffnungsstellung für erhöhte Luftzufuhr.
Bei geringen Außentemperaturen setzt das Pulldownsystem etwas verzögert ein. Dazu dient das **Thermozeitventil** hinten am Vergaser. Das Ventil ist bei tiefen Temperaturen offen. So kann kein Unterdruck auf die Pulldowndose einwirken. Nach ca. 4–10 Sekunden schließt das Ventil. Der Unterdruck wirkt auf die Pulldownmembrane ein, und die Starterklappe wird ein Stück aufgezogen.
An die Starterklappenwelle ist ein Hebel montiert, in den eine Bimetallfeder eingehängt ist. Mit dem Einschalten der Zündung wird diese Feder der **Startautomatik** elektrisch beheizt. Außerdem fließt das während der Fahrt erhitzte Kühlwasser durch den Starterdeckel. Bei Aufheizung dehnt sich die Bimetallfeder aus. So öffnet sie die Starterklappe allmählich wieder.

Leerlauf

Das Leerlaufgemisch wird ausschließlich in Stufe I des Vergasers aufbereitet. Kraftstoff gelangt dazu aus der Hauptdüse zur Leerlaufkraftstoff/Luftdüse, wo er mit Luft vermengt wird. Vorbei am geöffneten Leerlauf-Abschaltventil, an der Bypassbeheizung und an der CO-Einstellschraube fließt das Gemisch aus der Leerlauf-Austrittsbohrung in den Vergaserdurchlaß. Luft wird zuvor noch am Übergangsschlitz beigemengt. Die elektrische Bypassbeheizung soll bis 65°C Kühlwassertemperatur Vergaservereisung bei ungünstiger Witterung vermeiden.

Übergang

Damit beim Übergang zwischen Leerlauf und Normalbetrieb kein »Loch« ensteht, ist oberhalb der Leerlauf-Austrittsbohrung der Übergangsschlitz angeordnet, der beim Öffnen der Drosselklappe einen Spalt freigibt, aus dem zusätzliches Kraftstoff/Luft-Gemisch ausströmen kann.

Normalbetrieb

In der I. Vergaserstufe kommt bei Öffnungsbeginn der Drosselklappe das Hauptdüsensystem zum Einsatz. Das Kraftstoff/Luft-Gemisch bereiten die Hauptdüse und die Luftkorrekturdüse. Das Gemisch gelangt über den Vorzerstäuber in Vergasermitte in die Ansaugkanäle. Zusätzlich fließt über die Leerlauf-Austrittsbohrung und den Übergangsschlitz Gemisch aus dem Leerlaufsystem in den Vergaser. Wird die Drosselklappe weiter geöffnet, gelangt über das unterdruckgesteuerte Anreicherungsventil zusätzlicher Kraftstoff ins Hauptdüsensystem. Die Gemischlieferung aus dem Leerlaufsystem nimmt dagegen ab bzw. hört auf.

Beschleunigen

Beim plötzlichen Gasgeben öffnet die Drosselklappe schlagartig. Es wird in diesem Moment mehr Luft angesaugt, als im Verhältnis Kraftstoff zur Verfügung steht. Das Gemisch würde abmagern, der Motor stehenbleiben, wenn nicht eine zusätzliche Kraftstoffmenge von der Beschleunigungspumpe in den Vergaser gespritzt würde.

Übergang zur II. Stufe

Ist die Drosselklappe der Stufe I mehr als zur Hälfte geöffnet, wird die Verriegelung der Drosselklappe von Stufe II aufgehoben. Über eine Unterdruckdose kann sich dann die Klappe von Stufe II unabhängig von der Gaspedalstellung und dem somit im Vergaser vorhandenen Unterdruck öffnen.
Damit die II. Stufe nicht ruckartig oder mit »Verschlucken« einsetzt, ist sie mit einem Übergangssystem versehen, das ähnlich wirkt wie der Übergangsschlitz der Stufe I.

Vollast

Bei voll geöffneter Drosselklappe und hohen Drehzahlen gelangt zusätzlicher Kraftstoff in den Saugkanal, damit der Motor auf seine volle Leistung kommt.

Links: Das Leerlauf-Abschaltventil (1) besitzt keinen Sechskant zum Ansetzen eines Schraubenschlüssels, sondern eine Erhebung (2), an der ein Spezialschlüssel (Hazet, Best.-Nr. 4511; 3) eingreift. Behelfsmäßig geht es zur Not mit einer Zange.
Im rechten Bild ist die Funktionsprüfung gezeigt. Das Abschaltventil wird mit angeschlossenem Kabel an das Vergasergehäuse (4) gedrückt. Zündung ein- und ausschalten – die Nadel muß sich bewegen.

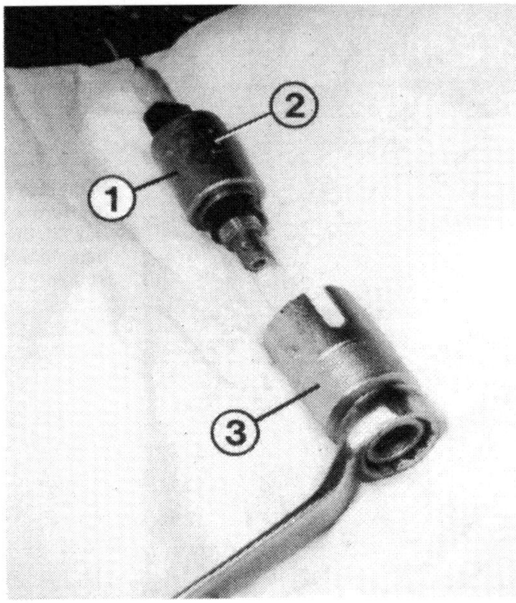

○ Das vom Unterdruck im Ansaugrohr gesteuerte und bereits bei Teillast wirksame Anreicherungsventil gibt den entsprechenden Kraftstoffkanal noch weiter frei.
○ Das Hauptdüsensystem der Stufe II läßt Gemisch am Vorzerstäuber der II. Stufe austreten.
○ Die Vollastanreicherung der Stufe II liefert durch die Sogwirkung zusätzlich Kraftstoff.
○ Auch das Übergangssystem der II. Stufe steuert noch eine geringe Gemischmenge bei.

Das Leerlauf-Abschaltventil

Bei der heutigen abgasarmen Einstellung neigt der Motor nach dem Abschalten dazu, noch einige Takte weiterzulaufen. Ursache ist nach dem Abstellen angesaugtes Gemisch, das sich an heißen Stellen im Brennraum entzünden kann. Da dieses Nachdieseln oder Nachlaufen dem Motor schadet, wird ihm mit Abschalten der Zündung die Gemischzufuhr abgeriegelt. Hierbei verschließt eine Nadel den Zugang des Leerlaufgemisches unterhalb der Drosselklappe.

Motor dieselt nach

Falls der Motor nach Abschalten der Zündung weiterläuft:
- Handbremse fest anziehen.
- 2. Gang einlegen.
- Kupplungspedal langsam loslassen – der Motor wird abgewürgt.

Abschaltventil prüfen

- Ohr in die Nähe des Abschaltventils halten.
- Beim Ein- und Ausschalten der Zündung (von einem Helfer) muß das Ventil deutlich hörbar klicken.
- Oder elektrische Leitung am Ventil abziehen.
- Abschaltventil losschrauben.
- Kabel wieder aufstecken, Ventil gegen blankes Metall halten.
- Von Helfer Zündung ein- und ausschalten lassen.
- Die Ventilnadel muß sich bewegen, sonst Abschaltventil austauschen.

Störungsbeistand

Abschaltventil

Die Störung	– ihre Ursache	– ihre Abhilfe
A Motor dieselt nach	1 Abschaltventil locker (Motor zieht »falsche Luft«)	Festschrauben
	2 Ventilnadel hängt	Prüfen, ggf. Ventil austauschen
B Motor geht im Leerlauf sofort aus	1 Sicherung 13 defekt	Kontrollieren, ggf. ersetzen
	2 Elektrische Leitung zum Ventil unterbrochen	Leitungsverlauf kontrollieren
	3 Siehe A 2	

Die Startautomatik

Der Starterdeckel wird beheizt, damit die Bimetallfeder die Starterklappe öffnen kann. Das geschieht beim 2E3-Vergaser auf zweierlei Weise:
○ Damit die Beheizung schnell wirkt, wird der Starterdeckel zunächst elektrisch beheizt. Das ermöglicht schnelles Öffnen der Starterklappe.
○ Sobald die Kühlflüssigkeit eine festgelegte Temperatur erreicht hat, kann sie die Beheizung des Starterdek-

Für die korrekte Einstellung der Startautomatik dient eine Kerbe am Vergasergehäuse (1). Am Starterdeckel (3) befinden sich mehrere Kerben (2). Die einzelne Kerbe am Gehäuse soll innerhalb des Toleranzbereiches am Deckel stehen.

kels übernehmen. Bei vorübergehendem Abstellen des Motors hält die Warmwasserheizung die Starterklappe offen. Das verhindert Überfettung beim Wiederstart.

Starterdeckel prüfen

Läuft der Motor nach dem Kaltstart in der Warmlaufphase unwillig und verlassen schwärzliche Abgase den Auspuff? Wenn dieser Effekt mit zunehmender Betriebstemperatur verschwindet, kann es an der Elektroheizung des Starterdeckels liegen.
Zur Prüfung muß der Motor kalt sein – Kühlmitteltemperatur unter 40°C.

- Steckverbindung zum Starterdeckel trennen.
- Diodenprüfer zwischen Steckkontakt im Deckel und Pluspol der Batterie anschließen.
- Der Diodenprüfer muß aufleuchten, sonst Deckel ersetzen.

Starterklappe prüfen

- Luftfilterdeckel bzw. Luftfilter abnehmen.
- Solange das Gaspedal bei kaltem Motor noch nicht getreten wurde, muß die Starterklappe senkrecht stehen.
- Gaspedal einmal durchtreten und langsam zurückkommen lassen.
- Die Starterklappe muß jetzt bis auf einen geringen Spalt geschlossen sein.
- Das exakte Starterklappen-Spaltmaß läßt sich nur dann prüfen, wenn ständig Unterdruck am Pulldownsystem anliegt. Da außerdem das Maß für die erste und zweite Öffnungsstufe hierbei kontrolliert wird, muß der Vergaser-Spezialist ran.
- Sie können auch folgendes prüfen: Drosselklappe an ihrem Betätigungshebel ein wenig öffnen und kontrollieren, ob die Starterklappe gut beweglich ist.
- Außerdem kontrollieren, ob die Kerbe am Starterdeckel in Mittelstellung zu den Kerben am Vergasergehäuse gegenübersteht (Grundeinstellung).

Pulldownsystem prüfen

- Luftfilter abnehmen und den Unterdruckschlauch vom Vergaser zum Temperaturregler der Ansaugluft-Vorwärmung verschließen.
- Motor starten und im Leerlauf drehen lassen.
- Luftklappe in Richtung »Geschlossen« drücken. Das muß bis auf einen Spalt von 3 mm leicht möglich sein, dann wird ein größerer Widerstand spürbar.
- Läßt sich die Starterklappe ohne Widerstand ganz schließen, ist entweder die Membran der Pulldowndose am Vergaser gerissen oder das Unterdrucksystem undicht.
- Zur Überprüfung der Pulldowndose verwendet die Werkstatt ein spezielles Meßgerät und eine Unterdruckpumpe.

Teillast-Anreicherungsventil ersetzen

Eine Prüfmöglichkeit für das Anreicherungsventil im Teillastbereich besteht leider nicht. Wenn eine der folgenden Störungen auftritt, gerät das Anreicherungsventil in Verdacht:

○ Leerlauf ungleichmäßig bzw. zu hoch oder zu niedrig
○ Leerlaufdrehzahl oder CO-Gehalt nicht einstellbar
○ Kraftstoffverbrauch zu hoch

- Zwei Schlitzschrauben am Deckel des Anreicherungsventils losdrehen.
- Deckel, Druckfeder und Ventil abnehmen.
- Kein gebrauchtes Ventil wieder einbauen.
- Beim Zusammenbau darauf achten, daß sich die Bohrungen am Vergasergehäuse und am Ventil gegenüberstehen.

Die Störung	– ihre Ursache	– ihre Abhilfe
A Kalter Motor springt nicht oder schlecht an	1 Kraftstoffweg im Vergaser nicht in Ordnung	Prüfung: Zuleitung am Vergaser abziehen, in ein Gefäß halten und Motor starten. Kommt kein Benzin, siehe unter Kraftstoffpumpe
	a) Schwimmernadelventil klemmt oder Schwimmer defekt	Gegen Schwimmerkammerdeckel klopfen, evtl. Vergaserdeckel abnehmen, Schwimmer und Nadelventil überprüfen
	b) Bohrungen, Düsen und Kanäle im Vergaser verstopft	Vergaser reinigen
	2 Leerlauf-Abschaltventil defekt	Siehe Seite 73
	3 Starterklappe schwergängig oder klemmt	Gängig machen
	4 Bimetallfeder der Startautomatik ausgehängt	Feder einhängen oder Starterdeckel ersetzen
	5 »Falsche Luft« tritt an Deckeldichtung oder Ansaugflansch ein bzw. an einem der Unterdruckschläuche	Kontrollieren, schadhafte Dichtungen bzw. Schläuche ersetzen
B Kalter Motor geht nach dem Start wieder aus	1 Siehe A 3 und 5	
	2 Starterklappenspalt falsch eingestellt	Einstellen lassen
	3 Starterdeckel falsch eingestellt	Einstellmarken gegenüberstellen
	4 Pulldown-Einrichtung gestört	Prüfen
	5 Thermozeitventil defekt	Prüfen
C Kalter Motor hat zu hohe oder zu niedrige Leerlauf-drehzahl	1 Siehe A 5	
	2 Ansaugrohr-Beheizung gestört	Siehe Seite 70
	3 Starterdeckel-Beheizung gestört	Siehe gegenüberliegende Seite
	4 Leerlauf falsch eingestellt	Einstellen (CO-Wert)
D Kalter Motor nimmt schlecht Gas an und ruckelt	1 Ansaugluft-Vorwärmung gestört	Siehe Seite 70
	2 Siehe A 3 und 5	
	3 Siehe B 2 und 4	
	4 Siehe C 2–4	
	5 Beschleunigungssystem arbeitet nicht	Prüfung: Luftfilterdeckel abnehmen. Wird Benzin eingespritzt, wenn Sie den Drossel-klappenhebel bewegen?
	a) Kanäle verstopft	Vergaser reinigen
	b) Membrane defekt	Auswechseln
	6 Beschleunigungs-Einspritzmenge falsch	Einstellen lassen
E Warmer Motor springt schlecht oder nicht an	1 Siehe A 2	
	2 Dampfblasen im Kraftstoffsystem	Mit durchgetretenem Gaspedal starten
	3 Schwimmernadelventil undicht	Ersetzen
	4 Schwimmer defekt	Prüfen, ggf. austauschen
	5 Schwimmerstand falsch	Dünnere oder dickere Dichtung unter Schwimmernadelventil einbauen
F Leerlauf ungleichmäßig bzw. zu hoch oder zu niedrig	1 Siehe A 5	
	2 Siehe C 4	
	3 Leerlauf-Kraftstoffdüse verschmutzt oder lose	Vergaser reinigen bzw. Düse festziehen
	4 CO-Einstellschraube beschädigt	Ersetzen
	5 Teillast-Anreicherungsventil defekt	Ersetzen
G Leerlaufdrehzahl oder CO-Gehalt nicht einstellbar	1 Siehe A 3–5	
	2 Siehe F 5	
H Schlechte Übergänge bei höheren Drehzahlen	Unterdruckdose der 2. Stufe undicht	Austauschen
J Auspuffknallen im Schiebebetrieb	1 Siehe A 5	
	2 Siehe C 4	
K Kraftstoffverbrauch zu hoch	1 Siehe A 3	
	2 Siehe C 2–4	
	3 Siehe D 1	

Pierburg 2EE

Der Omega mit 1,8-Liter-Euronorm-Motor (E18NVR) besitzt einen elektronisch beeinflußten Vergaser. Dieser ist im Grundaufbau mit dem 2E3 vergleichbar. Befehligt wird der 2EE-Vergaser von einem Steuergerät, das zusätzlich auch die Steuerung der Zündanlage übernimmt. Diesem System gab man den schönen Namen Ecotronic.

Der 2EE-Vergaser stellt derzeit die modernste Vergasertechnik dar. Auf Beschleunigungspumpe und Startautomatik wurde verzichtet. An deren Stelle und für weitere Funktionen tritt eine umfassende elektronische Regelung. Sie ermöglicht eine verbrauchsgünstigere Gemischaufbereitung und einen geringeren Schadstoffausstoß als bei herkömmlichen Vergasern.

Die wichtigsten Bauteile des 2EE-Vergasers

Ecotronic-Steuergerät

Das Ecotronic-Steuergerät verarbeitet Informationen über Motordrehzahl, Temperatur, Stellung von Drosselklappe und Vordrossel sowie die Öffnungsgeschwindigkeit der Drosselklappe (spontanes Gasgeben). So können alle vorkommenden Lastzustände erfaßt und damit die jeweils optimale Gemischzusammensetzung bereitgestellt werden.

Drosselklappen-Ansteller

Der Drosselklappen-Ansteller kann die Drosselklappe der I. Vergaserstufe in verschiedene Fixstellungen bringen für Betriebszustände wie Schubbetrieb, Motor aus, Start und Warmlauf. Darüber hinaus regelt er die Leerlaufdrehzahl durch leichtes Öffnen der Drosselklappe und sanftes Nachregeln, wenn der Motor abzusterben droht.

Zum Erreichen der einzelnen Stellungen wird Unterdruck aus dem Ansaugsystem auf die Membran der Drosselklappen-Anstellers geleitet. Mit Hilfe eines Be- und Entlüftungsventils variiert man den Unterdruck im Raum hinter der Membran, so daß diese sich – je nach Bedarf – mehr oder weniger stark nach hinten wölbt. Diese Bewegung macht der Stößel mit, der auf der einen Seite mit der Membran verbunden ist und auf der anderen Seite als Anschlag für die Drosselklappe dient. Da der Unterdruck immer nur in eine Richtung wirkt, ist für die Bewegung in Gegenrichtung eine Rückzugfeder zuständig.

Drosselklappen-Potentiometer

Er meldet die Bewegung der Drosselklappe und deren Stellung dem Steuergerät. So wird zum Beispiel plötzliches Gasgeben als Beschleunigungsvorgang erkannt. Der Potentiometer befindet sich im Gehäuse des Drosselklappen-Anstellers.

Variable Leerlaufluftdüse

Da im Bereich der Leerlaufdrehzahl eine geringfügige Lageveränderung der Luftklappe die Gemischzusammensetzung nicht beeinflußt, betätigt ein Hebel an der Vordrosselwelle gleichzeitig eine Nadel an der Leerlaufluftdüse. Weniger Luftdurchsatz bewirkt eine Gemischanfettung.

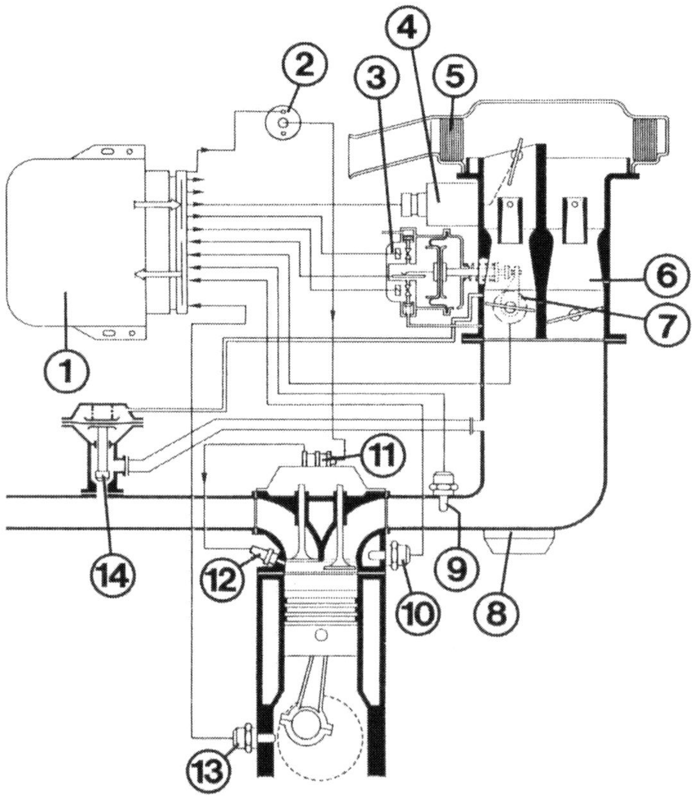

Der Systemüberblick der Zeichnung zeigt:
1 – Steuergerät;
2 – Zündspule;
3 – Drosselklappen-Ansteller;
4 – Vordrossel;
5 – Luftfilter;
6 – Vergaser;
7 – Drosselklappen-Potentiometer;
8 – Saugrohr-Beheizung;
9 – Temperaturfühler (Ansaugluft);
10 – Temperaturfühler (Kühlmittel);
11 – Verteiler;
12 – Zündkerzen;
13 – Drehzahlgeber;
14 – Abgasrückführungsventil.

Temperaturfühler

Die Temperatur der Ansaugluft ermittelt ein im Ansaugrohr eingeschraubter Geber. Ein weiterer Geber sitzt im Kühlmittelkreislauf unter dem Ansaugrohr im Motorblock. Beide Temperaturwerte werden zur Aufbereitung eines optimalen Gemisches vom Steuergerät ausgewertet.

Vordrossel

Sie wird bei den herkömmlichen Vergasern Starterklappe genannt, sitzt ganz oben im Vergaser-Durchlaß und wird vom Vordrosselsteller bewegt. Die Vordrossel ist für die Gemischzusammensetzung (fett oder mager) zuständig und regelt die Luftzufuhr. Ein fettes Gemisch benötigt der Motor während der Warmlaufphase und beim Beschleunigen. Ein mageres Gemisch hingegen wird nach Erreichen der Betriebstemperatur benötigt.

Vordrosselsteller

Die Vordrossel wird von einem sogenannten Drehmomentmotor bewegt. Er kann die Öffnungs- und Schließbefehle vom Steuergerät ohne Verzögerung in eine entsprechende Bewegung an der Vordrosselklappe umsetzen.

Funktion des 2E E-Vergasers

Start

Wie der Vergaser beim Startvorgang arbeitet, läßt sich am besten erkennen, wenn man den Startvorgang in drei Phasen aufteilt:

○ Ausgangsposition: Bei abgeschalteter Zündung ist die Vordrossel weit geöffnet (weil stromlos). Die Drosselklappe der ersten Vergaserstufe wurde vom Drosselklappen-Ansteller bereits in Startstellung gedrückt, das heißt, sie ist einen kleinen Spalt geöffnet.

○ Startbeginn: Sofort nach Einschalten der Zündung und Betätigen des Anlassers verarbeitet das Steuergerät die ankommenden Informationen über Motortemperatur, Klappenstellung und Drehzahl. Die Vordrossel wird bei kaltem Motor ganz geschlossen, bei höheren Temperaturen nur noch teilweise. Durch die geschlossene Vordrossel wird im Verhältnis zur Luft mehr Kraftstoff angesaugt, das Gemisch fettet dadurch an, was für den Kaltstart unerläßlich ist.

○ Das Anspringen des Motors erkennt das Steuergerät an der Motordrehzahl (unter ca. 300/min: Anlasserdrehzahl!). Die Vordrossel wird jetzt leicht geöffnet, damit das Gemisch wieder abmagert. Gleichzeitig tritt die Leerlauf-Regelung in Aktion: Der Drosselklappen-Ansteller öffnet die Drosselklappe nur noch so weit, wie es zum Erreichen der gewünschten Leerlaufdrehzahl nötig ist.

Warmlauf

Die Warmlaufphase dauert vom Motorstart bis zum Erreichen der Betriebstemperatur. Während dieser Zeit wird die Vordrossel mit steigender Motortemperatur immer weiter geöffnet – das Gemisch magert ab. Maßgeblich an der Gemischzusammensetzung beteiligt ist auch die erwähnte variable Leerlaufluftdüse. Sie ist direkt von der Vordrosselstellung abhängig und beeinflußt das Gemisch im Leerlauf und leerlaufnahen Bereich bei mittleren Motortemperaturen.

Leerlauf

Hierfür besitzt das Steuergerät sogenannte Kennfeld-Sollwerte abhängig von der Temperatur des Kühlmittels und der Saugrohrwand. Das Einregulieren des Kraftstoff/Luft-Gemisches übernimmt der Vordrosselsteller zusammen mit der Leerlaufdüse. Für die Drehzahl ist der Drosselklappen-Ansteller zuständig.

Beschleunigen

Bei plötzlichem Gasgeben öffnet die Drosselklappe schlagartig. Es wird also mehr Luft angesaugt, und der Vergaser kann so schnell nicht die nötige Kraftstoffmenge nachliefern, wie das für das richtige Gemisch nötig

Der 2E E-Vergaser aus verschiedenen Blickrichtungen:
1 – Drosselklappen-Ansteller;
2 – Vordrossel;
3 – Kraftstoffzulaufschlauch;
4 – Kraftstoffrücklaufschlauch;
5 – Gaszug;
6 – Unterdruckdose der II. Stufe;
7 – Vordrosselsteller.

wäre. Deshalb schwingt die Vordrossel in diesem Moment ein Stück in »Geschlossen«-Stellung. Der Unterdruck im Vergaser erhöht sich dadurch – es wird mehr Kraftstoff angesaugt.

Teillast und Vollast

Wird die Drosselklappe geöffnet, entsteht in der Mischkammer ein Unterdruck, der Kraftstoffgemisch aus dem Vorzerstäuber absaugt. Zur Aufbereitung dieses Gemisches wird Kraftstoff aus der Schwimmerkammer durch die Hauptdüse in das Mischrohr gesaugt und dort mit der Luft aus der Luftkorrekturdüse vermischt.
Entsteht bei höherer Drehzahl und Last ein höherer Unterdruck im Saugrohr, gibt das Steuergerät den Befehl, die Vordrossel ein wenig zu schließen – das Gemisch wird angefettet.
Die zweite Vergaserstufe öffnet in Abhängigkeit vom Öffnungswinkel der Drosselklappe der ersten Stufe sowie vom Luftdurchsatz einer Unterdruckdose. Diese Unterdruckdose ist über einen Schlauch mit der ersten Stufe verbunden. Ist dort der Unterdruck auf ein bestimmtes Maß angestiegen und ist damit genügend Unterdruck in der Membrandose vorhanden, kann diese die zweite Drosselklappe aufziehen. Zusätzlich wird das Gemisch beim Öffnen der zweiten Vergaserstufe durch leichtes Schließen der Vordrossel etwas angefettet.

Schubbetrieb

Bergab oder beim Ausrollen mit losgelassenem Gaspedal drückt der Drosselklappen-Ansteller die Drosselklappe zu. Das macht er immer dann, wenn das Steuergerät »Schubbetrieb« (Drosselklappe in Leerlaufstellung, Motordrehzahl über 1400/min) signalisiert. So kann kein Kraftstoff verbraucht werden.
Während des Schubbetriebs öffnet – gesteuert durch fehlenden Unterdruck im Vergaser – das sogenannte Schubventil und läßt Frischluft trotz geschlossener Drosselklappen in den Ansaugkanal strömen. So soll dort abgelagerter Rest-Kraftstoff abtransportiert werden, damit es nicht zu unkontrollierten Verbrennungen kommt.

Motorstop

Um ein Nachlaufen des warmen Motors (sogenanntes Nachdieseln) zu verhindern, geht die Drosselklappe nach Abstellen des Motors in »Geschlossen«-Stellung. Der Drosselklappen-Ansteller drückt die Drosselklappe übrigens nur einige Sekunden zu, bis der Motor sicher steht. Dann geht er wieder in »Start«-Stellung für den nächsten Motorstart.

Fingerzeig: Öffnet die Drosselklappe nach Schubbetrieb wieder, erhält der Motor erneut zündfähiges Gemisch. Dabei entsteht ein leichtes Einsatz-Rucken, das sich jedoch nicht vermeiden läßt. Die Drosselklappenbewegung ist übrigens auch im Gaspedal zu spüren: Es senkt sich etwas nach unten.

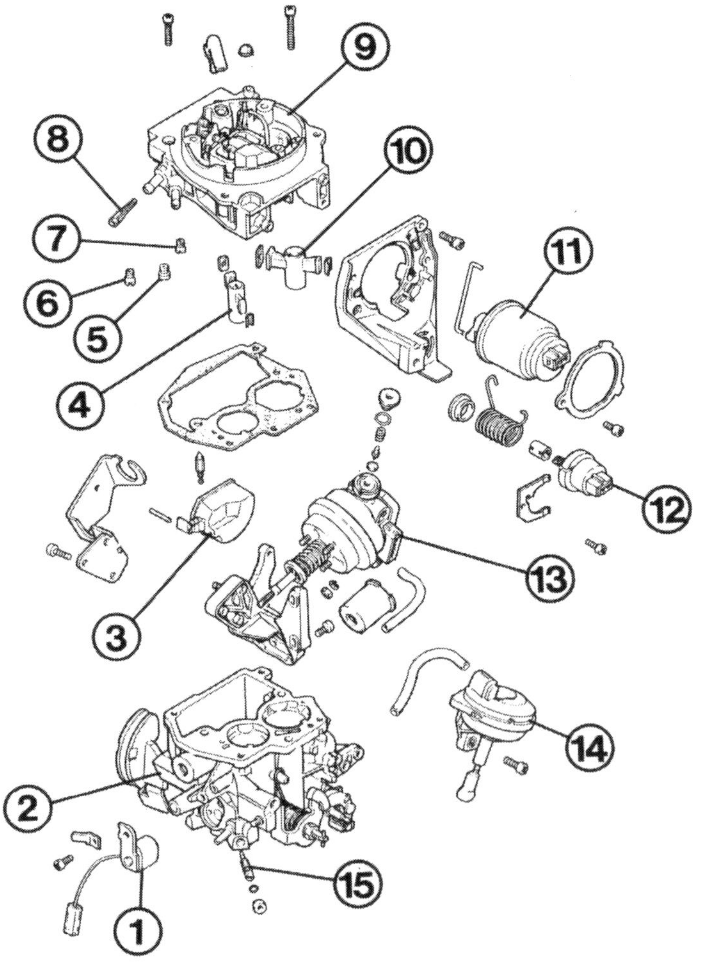

Die Explosionszeichnung zeigt die Einzelteile des 2EE-Vergasers:
1 – Bypassbeheizung;
2 – Vergasergehäuse;
3 – Schwimmer;
4 – Vorzerstäuber I. Stufe;
5 – Leerlaufkraftstoffdüse;
6 – Hauptdüse I. Stufe;
7 – Hauptdüse II. Stufe;
8 – Kraftstoffiltersieb;
9 – Vergaserdeckel;
10 – Vorzerstäuber II. Stufe;
11 – Vordrosselsteller;
12 – Drosselklappen-Potentiometer;
13 – Drosselklappen-Ansteller;
14 – Unterdruckdose für II. Stufe;
15 – Gemischregulierschraube.

Störungen und Eigendiagnose

Das Steuergerät des Ecotronic-Vergasers besitzt einen Programmspeicher, der Fehlermeldungen während des Motorbetriebs erkennen und »sich merken« kann. Wenn solch ein Fehler (oder mehrere) auftreten, läßt das Steuergerät eine Kontrollampe in der Instrumententafel aufleuchten. Das ist der Hinweis für den Fahrer, daß etwas mit der Gemischaufbereitung nicht stimmt. Über 20 Motorstarts hinweg bleibt der Fehler gespeichert. Sollte er in der Zwischenzeit nicht mehr aufgetaucht sein, was bei einem Wackelkontakt der Fall sein könnte, löscht das Steuergerät die Fehlermeldung wieder.
Zum Abfragen des Fehlerspeichers benutzt die Werkstatt einen Diagnoseschlüssel. Er wird in den Stecker rechts hinten im Motorraum eingesetzt, und dadurch wird die Diagnosereiz- sowie die Masseleitung kurzgeschlossen. Dies bewirkt Blinkimpulse der Kontrolleuchte. Für die unterschiedlichen Fehler sind verschiedene Blinkintervalle festgelegt. Deren Folge stellt einen Code dar und gibt Hinweise auf den Fehler.

Ecotronic besitzt Notlauffunktion

Ein umfangreiches Notlauf-Programm hält die Funktion des Vergasers und des Zündsystems aufrecht, wenn ein Sensor (Fühler) ausfällt, eine Kabelverbindung unterbrochen ist oder Massekontakt auftritt. Zugleich wird ein Fehler im elektronischen Speicher registriert. Bei Ausfall eines Bauteils bleibt die normale Steuerung beibehalten. Anstelle der ausgefallenen Informationen wird ein Ersatzwert zur Berechnung von Zündung und Kraftstoffzumessung herangezogen.
Beispiel: Bei einem Ausfall des Temperaturgebers rechnet das Steuergerät mit einem Ersatzwert von 80°C Kühlmitteltemperatur.

Fehlerspeicher abrufen

Auch ohne Diagnoseschlüssel kann der Ecotronic-Fehlerspeicher abgerufen werden. Als einfaches Hilfsmittel dient hierzu eine Büroklammer.

- Zündung einschalten, die Motorkontrolleuchte muß leuchten.
- Schutzstecker vom Diagnosestecker rechts hinten im Motorraum abziehen.
- Büroklammer so zurechtbiegen, daß sie in die Steckkontakte »A« und »B« paßt.
- Von Helfer Büroklammer einstecken lassen. Kontrolleuchte beobachten.
- Die Lampe blinkt zunächst einmal kurz auf, es folgt eine Pause, dann leuchtet sie wieder zweimal kurz. Dies ist der **Code 12,** der **dreimal wiederholt** wird. Er signalisiert den **Beginn der Fehlercode-Ausgabe.** Ist kein Fehlercode gespeichert, wiederholt sich Code 12 ständig.
- Liegt dagegen ein Fehler im System vor, wird dieser durch den jeweiligen Blinkcode angezeigt.
- Das funktioniert nach der gleichen Methode wie bei Code »12«: Zehnerstelle – Pause – Einerstelle.
- Beispiel Fehlercode 43: viermal kurzes Blinken, Pause, dreimal kurzes Blinken. Der Fehlercode wird dreimal wiederholt. Was ein angezeigter Blinkcode bedeutet, zeigt die folgende Tabelle.
- Sind mehrere Fehlercodes gespeichert, werden diese in numerischer Reihenfolge angezeigt. Fehlercodes werden so lange wiederholt, bis die Büroklammer aus den Steckkontakten gezogen wird.

Fehlerspeicher löschen

Ist ein Defekt an der Ecotronic beseitigt, muß der Fehler, den das Eigendiagnose-System gespeichert hat, gelöscht werden.

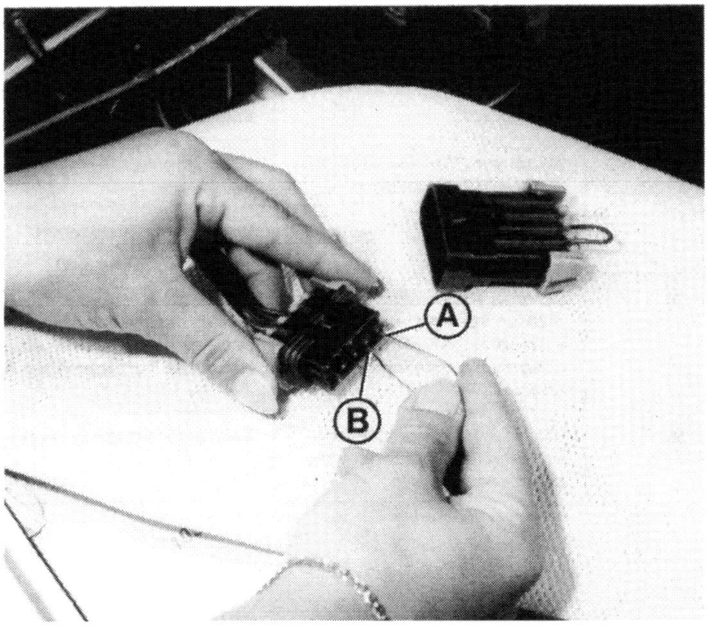

Zum Aktivieren des Fehlerspeichers müssen die Masse- und die Diagnosereizleitung (A und B) miteinander verbunden werden. Hierzu eignet sich am besten eine Büroklammer.

- Zündung ausschalten.
- Batterie-Massekabel für mindestens 10 Sekunden abklemmen.
- Das Eigendiagnose-System löscht einen Fehlercode auch automatisch. Dies geschieht, wenn ein Fehler nach 20 Motorstarts nicht mehr festgestellt wird.

Fehlertabelle

Ecotronic

Blinkcode	Die Störung	– ihre Ursache	– ihre Abhilfe
14	Signalspannung vom Kühlmittel-Temperaturfühler zu hoch	Leitungskurzschluß zur Masse	Leitungen prüfen
		Temperaturfühler defekt	Temperaturfühler prüfen, ggf. ersetzen
15	Kein Signal vom Kühlmittel-Temperaturfühler	Leitungsunterbrechung	Leitungen prüfen
		Temperaturfühler defekt	Temperaturfühler prüfen, ggf. ersetzen
22	Signalspannung vom Drosselklappen-Potentiometer zu niedrig oder zu hoch	Leitungsunterbrechung bzw. Kurzschluß zur Masse	Leitungen prüfen
		Drosselklappen-Potentiometer defekt	Drosselklappen-Potentiometer prüfen, ggf. ersetzen
41	Signalspannung vom Saugrohr-Temperaturfühler zu hoch	Leitungskurzschluß zur Masse	Leitungen prüfen
		Temperaturfühler defekt	Temperaturfühler prüfen, ggf. ersetzen
43	Signalspannung vom Saugrohr-Temperaturfühler zu niedrig	Leitungsunterbrechung	Leitungen prüfen
		Temperaturfühler defekt	Temperaturfühler prüfen, ggf. ersetzen
48	Batteriespannung zu niedrig	Batterie entladen	Batterie laden
		Batterie defekt	Batterie prüfen, ggf. ersetzen
		Korrodierte oder verschmutzte Kontakte	Batteriekontakte säubern
		Lichtmaschine hat Kurzschluß	Lichtmaschine prüfen, ggf. ersetzen
49	Batteriespannung zu hoch	Lichtmaschine defekt	Lichtmaschine prüfen, ggf. ersetzen
		Lichtmaschinenregler defekt	Regler prüfen, ggf. ersetzen
51	Fehlfunktion des Steuergeräts	Steuergerät defekt	Steuergerät ersetzen
53/54	Signal vom Drosselklappen-Ansteller/-Potentiometer zu niedrig oder zu hoch	Leitungsunterbrechung bzw. Kurzschluß zur Masse	Leitungen prüfen
		Drosselklappen-Ansteller bzw. Drosselklappen-Potentiometer defekt	Bauteil prüfen, ggf. ersetzen
56/57	Signal vom Vordrosselsteller zu niedrig oder zu hoch	Leitungsunterbrechung bzw. Kurzschluß zur Masse	Leitungen prüfen
		Vordrosselsteller defekt	Vordrosselsteller prüfen, ggf. ersetzen
58	Braunes Kabel hinter dem rechten Federbeindom hat Verbindung mit Masse (nur nötig zum Einstellen des Abgas-CO-Werts)	Stecker des braunen Kabels nach Einstellen des CO-Werts vergessen vom Massestecker zu trennen oder braunes Kabel hat Kurzschluß zur Masse	Steckverbindung trennen bzw. braunes Kabel auf Masseschluß prüfen
59	Stößel des Drosselklappen-Anstellers fährt nicht in vorgegebener Zeit aus	Belüftungsschlauch verstopft	Belüftungsschlauch reinigen, ggf. ersetzen

Blinkcode	Die Störung	– ihre Ursache	– ihre Abhilfe
59	Stößel des Drosselklappen-Anstellers fährt nicht in vorgegebener Zeit aus	Filter im Belüftungsanschluß des Drosselklappen-Anstellers verstopft	Filter reinigen, ggf. ersetzen
		Drosselklappen-Ansteller defekt	Drosselklappen-Ansteller prüfen, ggf. ersetzen
61	Stößel des Drosselklappen-Anstellers fährt nicht in vorgegebener Zeit ein	Drosselklappen-Ansteller defekt	Drosselklappen-Ansteller prüfen, ggf. ersetzen
62	Keine Funktion des belüftenden Ventils im Drosselklappen-Ansteller	Leitungsunterbrechung	Leitungen prüfen
		Drosselklappen-Ansteller defekt	Drosselklappen-Ansteller prüfen, ggf. ersetzen
63	Keine Funktion des entlüftenden Ventils im Drosselklappen-Ansteller	Leitungsunterbrechung	Leitungen prüfen
		Drosselklappen-Ansteller defekt	Drosselklappen-Ansteller prüfen, ggf. ersetzen

Störungen an der Ecotronic

In den folgenden Abschnitten finden Sie die Störungssuche an den Bauteilen des 2EE-Vergasers beschrieben. Tritt ein Defekt an der Ecotronic auf, muß der Fehlerspeicher abgerufen werden. Der aufleuchtende Blinkcode zeigt Ihnen, welches Bauteil geprüft werden muß. Die Aufschlüsselung der einzelnen Blinkcodes finden Sie in der vorstehenden Tabelle.

Fingerzeig: Die Ecotronic ist durch eine Sicherung gegen Überspannung geschützt. Die Sicherung befindet sich am Vergaserrelais im Relaiskasten links im Motorraum. Bei Störungen an der Vergaseranlage zuerst die Sicherung kontrollieren.

Vordrossel prüfen

- Motor warmfahren.
- Luftfilterdeckel abnehmen.
- Bei ausgeschalteter Zündung Vordrosselklappe hin- und herbewegen: Sie muß leichtgängig sein und von selbst zurückfedern. Die Luftdüsennadel, die vom Hebel seitlich an der Vordrossel betätigt wird, muß ebenfalls leichtgängig sein.
- Zündung einschalten: Die Vordrossel muß jetzt vibrieren, was hör- und fühlbar ist. Wenn nicht, ist entweder der Vordrosselsteller oder dessen Stromversorgung defekt. Um das zu klären:
- Vordrosselsteller abschrauben und prüfen, ob sich sein Verstellhebel leicht über den ganzen Winkelweg (320°) bewegen läßt.
- Elektrische Prüfung: Wicklungswiderstand zwischen den Anschlüssen mit Ohmmeter messen: Er muß 0,9–1,7 Ω betragen.
- Prüfen, ob die Isolation zwischen Wicklung und Gehäuse noch in Ordnung ist. Zwischen jedem der Kontakte und dem Metallgehäuse gemessen muß das Ohmmeter ∞ Ω anzeigen.
- Ist der Vordrosselsteller in Ordnung, muß der Fehler an Zuleitung oder am Steuergerät liegen. Prüfen lassen.
- Beim Einbau des Vordrosselstellers Verstellhebel in die Betätigungsstange einhängen. Die Kerbe am Gehäuse muß in den Stift am Vergaser eingreifen.

Drosselklappen-Ansteller prüfen

Der Drosselklappen-Ansteller besteht aus zahlreichen Einzelteilen, von denen jedes geprüft werden kann. Alle Prüfungen sind einfach zu bewerkstelligen. Wir brauchen ein Ohmmeter (Seite 160) und zwei Hilfskabel zur Batterie.

Um Beschädigungen zu vermeiden, ist unbedingt darauf zu achten, daß die Steckeranschlüsse 3, 4 und 5 nicht mit Batteriespannung in Berührung kommen.

- Klammer am Anschlußstecker abdrücken, Stecker und Unterdruckschläuche abziehen.
- **Unterdruckventile prüfen:** »+«-Kabel an Klemme 2 anschließen, mit »–«-Kabel Klemme 1 antippen. Das Entlüftungsventil muß hörbar schalten.
- Gleiche Prüfung am Belüftungsventil (Klemme 7 und 6).
- **Dichtheit prüfen:** Kurzes Schlauchstück auf den Unterdruckanschluß stecken und mit dem Mund am Schlauchende saugen. Es darf sich keine Luft ansaugen lassen. Entlüftungsventil öffnen, wie beschrieben (Stromversorgung an Klemme 2 und 1): Jetzt läßt sich Luft ansaugen. Gleichzeitig wandert der Stößel des Drosselklappen-Anstellers zurück.
- In dieser Position muß der Stößel bleiben, wenn Unterdruckraum und Ventile dicht sind.
- Wurde der Stößel so weit als möglich zurückgefahren, muß von Gehäuse bis Stößelende ein Abstand von 55,8–59,1 mm gemessen werden. Sonst Ansteller ersetzen.

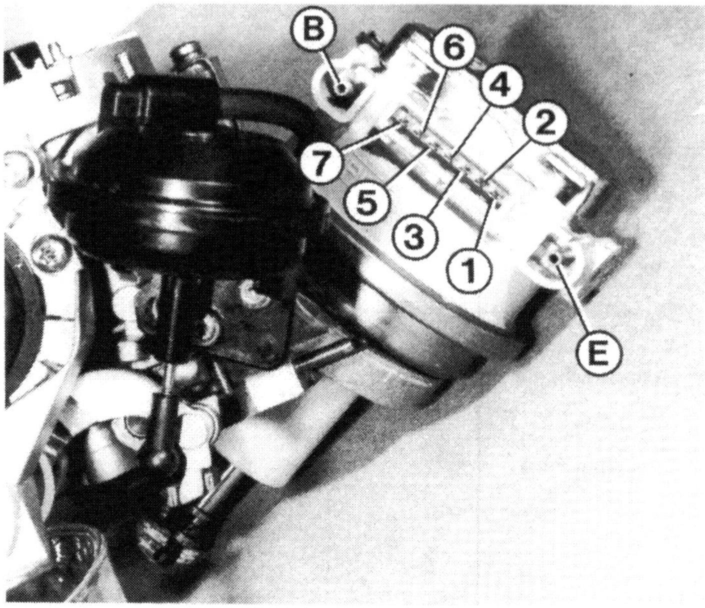

Belegung von Steckkontakten und Unterdruckanschlüssen am Drosselklappen-Ansteller. Die Bezeichnungen finden Sie im Text auf dieser Seite wieder.

- Anschließend Unterdruckraum belüften (Stromversorgung an Klemme 7 und 6).
- **Potentiometer kontrollieren:** Der veränderbare Widerstand im Drosselklappen-Ansteller wird zunächst insgesamt und anschließend in den einzelnen Stößelstellungen geprüft:
- Ohmmeter zwischen Klemme 3 und 4 anschließen (Stößelstellung egal): Der Sollwert liegt zwischen 1,4 und 2,6 kΩ.
- Ohmmeter jetzt zwischen 3 und 5 anschließen. Bei voll ausgefahrenem Stößel müssen 1,4–2,6 kΩ angezeigt werden.
- Stößel einfahren, wie beschrieben. Liegt der Stößel voll am hinteren Anschlag, sollen weniger als 400 Ω abzulesen sein.

Drosselklappen-Potentiometer prüfen

- TORX-Schraube am Halteblech lösen.
- Beim Abnehmen des Potentiometers darauf achten, daß die Kupplungshülse nicht herausfällt.
- Prüfen, ob sich die Potentiometerwelle leicht entgegen der Federkraft drehen läßt (ca. 90° Drehwinkel).
- Ohmmeter an den Klemmen »A« und »E« anschließen (siehe Bild rechts unten). Das Meßgerät muß 1,4–2,6 kΩ anzeigen.
- Ohmmeter am Anschluß »A« und »S« anschließen. Das Ohmmeter zeigt 0–270 Ω, wenn die Potentiometerwelle in Ruhestellung steht.
- Wird die Potentiometerwelle in Offenstellung gedreht, steigt der Widerstandswert auf 1,4–2,4 kΩ.
- Beim Einbau darauf achten, daß der Splint auf der Potentiometer- und der Drosselklappenwelle sauber in die Nut an der Kupplungshülse eingreift.
- Die Arretierungsschlitze an Vergaser- und Potentiometergehäuse müssen sich gegenüberstehen, damit die Zunge des Halteblechs eingreifen kann (siehe Abbildung rechts unten).

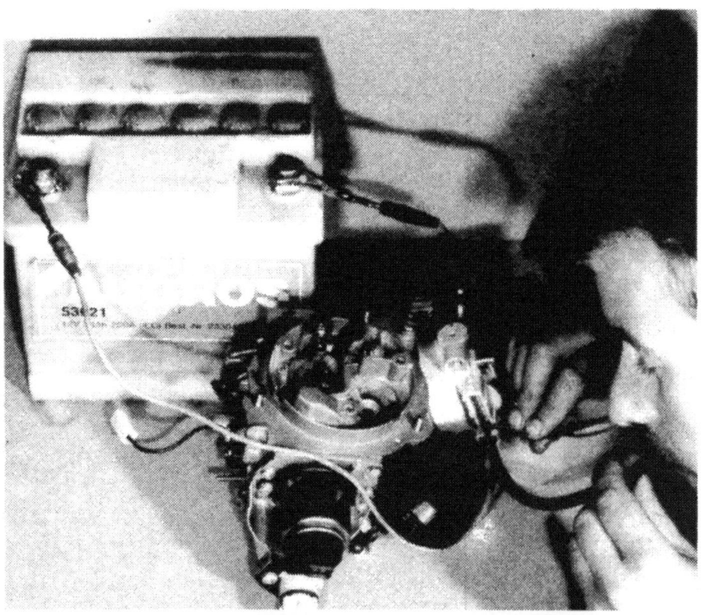

Dichtheitsprüfung des Drosselklappen-Anstellers, wie im Text beschrieben. Die Batterie liefert Strom an Pin »1« und »2« zum Öffnen des Entlüftungsventils.

Das Foto zeigt den Saugrohr-Temperaturfühler (Pfeil). Er übermittelt dem Steuergerät die momentane Temperatur der Ansaugluft für die Aufbereitung eines optimal angepaßten Kraftstoff/Luft-Gemisches.

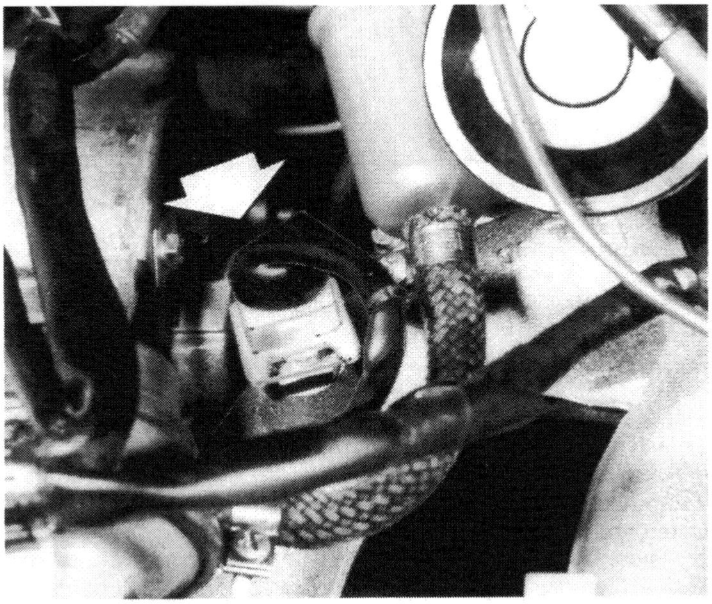

Unterdruckdose Stufe II prüfen

- Unterdruckschlauch an der Dose abziehen.
- Ersatzschlauch aufstecken.
- Drosselklappe von Hand in Vollgasstellung drehen.
- Mit dem Mund am Ende des Ersatzschlauches saugen.
- Der Stößel der Unterdruckdose muß nach oben fahren, und es darf keine Außenluft in den Unterdruckraum eindringen.

Kühlmittel- und Saugrohr-Temperaturfühler prüfen

Zur Prüfung benötigen Sie ein Einmachthermometer und einen Ohmmeter. Beide Temperaturfühler haben die gleichen Widerstandswerte und werden auf dieselbe Weise geprüft. Der Saugrohr-Temperaturfühler sitzt oben im Ansaugrohr des 1. Zylinders. Der Kühlmitteltemperaturfühler hat seinen Platz unter dem Ansaugrohr im Motorblock.

Wassertemperatur	20°C	80°C
Widerstandswert	2000–3000 Ω	280–360 Ω

- Kabelstecker vom Temperaturfühler abziehen und Fühler losschrauben.
- Wird der Kühlmittel-Temperaturfühler aus dem Motorblock herausgedreht, läuft Kühlmittel aus – auffangen.
- Fühler in einen Topf mit Wasser hängen, Wasser erhitzen und Ohmmeter an den Steckkontakten anschließen.
- Kontrollieren Sie bei den oben genannten Temperaturen die entsprechenden Widerstandswerte.
- Stimmen die Werte überein, ist der Temperaturfühler in Ordnung.

Bypaß-Beheizung prüfen

Leerlaufprobleme oder mangelhafter Übergang beim Gasgeben können durch ein defektes Heizelement verursacht werden.

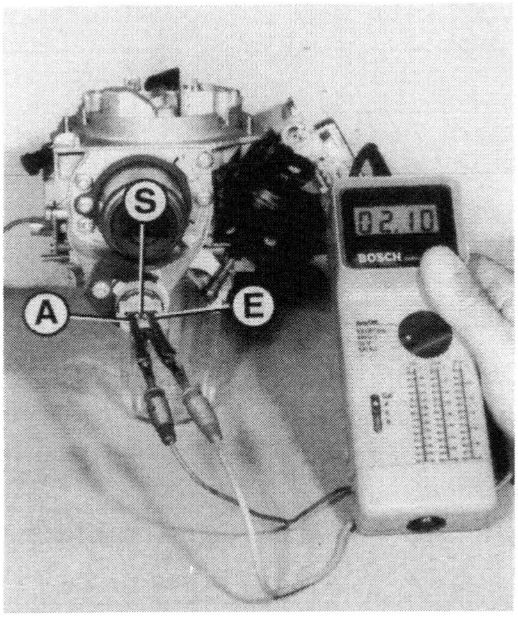

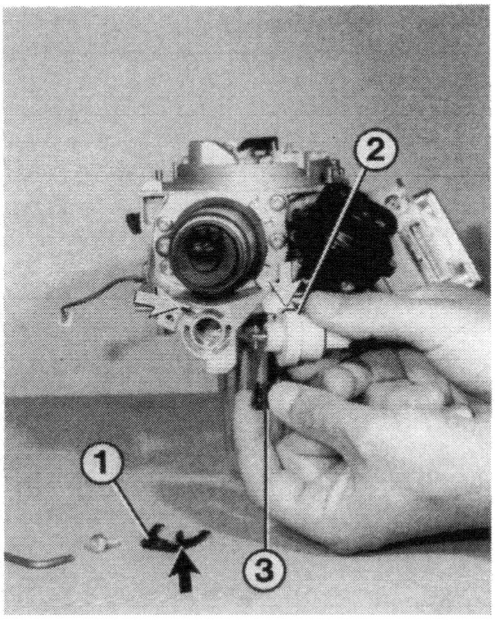

Links: Belegung der Steckkontakte zur Widerstandsprüfung am Drosselklappen-Potentiometer. Rechts: Drosselklappen-Potentiometer (2) ausbauen nach Lösen des Haltebleches (1). Beim Einbau muß die Zunge (schwarzer Pfeil) in die Schlitze an Vergaser und Poti (weiße Pfeile) eingreifen. Kupplungshülse (3) sorgfältig einsetzen.

- Kontrollieren, ob das Heizelement am Vergaser fest angeschraubt ist.
- Evtl. Anlageflächen säubern, damit eine gute Masseverbindung sichergestellt ist.
- Stecker beim Heizelement trennen.
- Am Pluspol der Batterie eine Prüflampe anschließen und mit der zum Heizelement führenden Leitung verbinden.
- Brennt die Prüflampe, ist das Heizelement in Ordnung, andernfalls austauschen.

Leerlauf prüfen und Abgastest

Wartung
Nr. 7 und 8

Dieser Wartungspunkt tritt bei modernen Autos zunehmend in den Hintergrund, weil es in diesem Bereich einfach nichts mehr zu warten gibt. Der 2EE-Vergaser stellt sich die Leerlaufdrehzahl selbsttätig ein. Daß sich der Abgas-CO-Wert verändert, ist praktisch nicht zu erwarten.
Veränderungen von Leerlauf und Abgas rühren meist von anderen Ursachen her, wie undichten Luft- bzw. Unterdruckschläuchen (es wird Nebenluft angesaugt), verdrecktem Luftfilter oder nachlassender Motorkompression. Deshalb zuerst diese Punkte prüfen, bevor am Vergaser gedreht wird.
Zum Prüfen des Abgaswerts fahren Sie am besten mit betriebwarmem Motor bei einer geeigneten Tankstelle oder Werkstatt vor, wenn nicht ohnehin bald eine ASU durchgeführt wird. Die Leerlaufdrehzahl können Sie selbst prüfen, sofern ein Motortester mit Drehzahlmesser zur Verfügung steht. Tester wegen der hohen Spannungen an der Zündanlage nur bei stehendem Motor anklemmen.

Vorbereitungen

○ Zur Einstellung muß der Motor betriebswarm sein. Das entspricht einer Öltemperatur von mindestens 70°C.
○ Elektrische Prüfgeräte anschließen. Das darf nur bei abgeschalteter Zündung geschehen.
○ Die Starterklappe beim 2E3 muß voll geöffnet sein. D. h. die Einstellschraube für den Kaltleerlauf darf nicht mehr auf der Stufenscheibe aufliegen.
○ Den Schlauch der Kurbelgehäuse-Entlüftung am Motor abziehen und Öffnung verschließen.
○ Alle elektrischen Verbraucher müssen abgeschaltet sein.
○ Falls die Einstellung länger als zwei Minuten dauert, staut sich CO-Gas im Auspuff und verfälscht den Abgas-Meßwert. In diesem Fall den Motor runde 20 Sekunden mit halber Gasstellung drehen lassen.
○ Bei Fahrzeugen mit ungeregeltem Katalysator wird der CO-Gehalt am Prüfanschluß des vorderen Abgasrohrs gemessen.

Einstellwerte

Motor	Leerlaufdrehzahl	CO-Gehalt	gemessen am
18 NV	825 ± 25/min	max. 1,0 Vol.%	Prüfanschluß am vorderen Abgasrohr
18 SV	875 ± 25/min	0,5–1,0 Vol.%	Auspuff-Endrohr
E 18 NVR	820 ± 50/min	0,2–0,3 Vol.%*	Auspuff-Endrohr

* bei aktivierter CO-Anhebung

2E3-Vergaser einstellen

Die Leerlaufdrehzahl wird an der **Drosselklappen-Anschlagschraube** eingestellt, zur Korrektur des CO-Gehalts dient die **CO-Einstellschraube**. Sie sitzt aufgrund einer gesetzlichen Vorschrift unter einem Stopfen.

Am Ecotronic-Vergaser läßt sich die Leerlaufdrehzahl mit einem Schraubendreher einstellen. Das Bild zeigt, wo sich die CO-Einstellschraube des Vergasers befindet.

Das soll unbefugtes Verdrehen verhindern. Wenn an dieser Einstellschraube gedreht werden muß, wird die Abdeckung der Schraube mit einer Nadel o. ä. herausgehebelt.

- Die Einstellung erfolgt durch wechselweises Verdrehen der Einstellschraube für Drehzahl bzw. CO-Wert.
- Bei noch laufendem Motor den Schlauch der Kurbelgehäuse-Entlüftung wieder aufstecken und Abgaswert beobachten.
- Steigt der CO-Wert, liegt das nicht an falscher Einstellung, sondern an Überfettung aus dem Kurbelgehäuse. Das Schmieröl enthält Kraftstoffkondensate durch überwiegenden Kurzstreckenverkehr.
- Hier hilft eine zügige Überlandfahrt über rund 100 km. Die Kraftstoffkondensate verdunsten.
- Anschließend sofort den Ölstand kontrollieren, der erheblich absinken kann.
- Oder den Ölwechsel vorverlegen.
- **Behelfsmäßige Einstellung:** Zuerst Motordrehzahl etwas erhöhen. Dazu die Drosselklappen-Anschlagschraube hineindrehen.
- Jetzt wird die CO-Einstellschraube etwas hineingedreht, bis die Drehzahl abfällt.
- CO-Einstellschraube wieder so weit herausdrehen, daß der Motor gleichmäßig dreht.
- Zum Absenken der Motordrehzahl auf den vorgeschriebenen Wert die Drosselklappen-Anschlagschraube herausdrehen.
- Evtl. die CO-Schraube nochmals verdrehen, wenn der Motor nicht sauber rund läuft.
- Diese Einstellung sollte alsbald mit einem CO-Tester überprüft werden.

2 E E-Vergaser einstellen

- Der Abgas-Tester wird am Auspuffendrohr angeschlossen.
- Geprüft und eingestellt wird bei aktivierter CO-Anhebung.
- Dazu Kabelstecker (schwarz/weißes Kabel und braunes Kabel) hinter dem rechten Federbeindom zusammenstecken. Drosselklappen-Ansteller und Vordrosselsteller nehmen Prüfstellung ein.
- Nach Entfernen der Abdeckkappe kann mit der Gemisch-Regulierschraube der Abgas-CO-Gehalt eingestellt werden.
- Hineindrehen bedeutet weniger CO, Herausdrehen mehr.
- Nach der Prüfung Kabelstecker am Federbeindom wieder trennen.

Kaltleerlaufdrehzahl einstellen

nur 2 E 3

Damit der kältestarre Motor nach dem Start richtig rund läuft, liegt die sogenannte Kaltleerlaufdrehzahl wesentlich höher als die übliche Leerlaufdrehzahl. Falls der Motor nach dem Start nicht richtig läuft, muß der Kaltleerlauf eingestellt werden.

- Motor warmfahren (mind. 60° C Öltemperatur).
- Drehzahlmesser anschließen.
- Motor starten und Drehzahl durch Drehen am Drosselklappenhebel auf 2500/min erhöhen.
- Stufenscheibe der Startautomatik (zwischen Vergaser- und Startautomatikgehäuse) nach unten bis zum Anschlag drücken.
- Drosselklappenhebel loslassen. Die Einstellschraube für den Kaltleerlauf muß nun auf der zweiten Stufe aufliegen.
- Drehzahl ablesen: Der Sollwert lautet 2100 ± 200/min.
- Ggf. Drehzahl an der Einstellschraube korrigieren.

Abgas-Untersuchung (AU)

In der Bundesrepublik ist für Fahrzeuge ohne bzw. mit ungeregeltem Katalysator eine jährliche Abgaskontrolle vorgeschrieben. Dazu gehört auch eine Überprüfung der Zündeinstellung und ggf. die Funktionskontrolle des Katalysators. Dies führen markengebundene und freie Werkstätten, Tankstellen, DEKRA und TÜV durch.
Wenn für den Omega eine »Fahrzeug-Hauptuntersuchung« beim DEKRA oder TÜV ansteht, muß zuerst die Abgas-Untersuchung erfolgen. Das geht nach unseren Erfahrungen am schnellsten in der Marken-Werkstatt. Zur Zeitersparnis kommt noch hinzu, daß in der Werkstatt immer die allerneuesten Einstelldaten vorliegen, die andere Werkstätten bzw. DEKRA oder TÜV erst mit einer gewissen Verzögerung erhalten.
Bei der AU muß die Auspuffanlage intakt sein, und am Vergaser bzw. am Ansaugrohr darf keine »Nebenluft« eintreten können. Stellen Sie außerdem sicher, daß der Luftfilter sauber ist sowie der Zündkerzen-Elektrodenabstand stimmt. Vorsichtshalber können Sie auch noch die Zündeinstellung kontrollieren. Nach monatelangem Kurzstreckenbetrieb ist außerdem ein Ölwechsel ratsam. Das ins Motoröl gelangte Kraftstoffkondensat verschlechtert nämlich die Abgaswerte.

Fingerzeige: Eine Undichtigkeit im Bereich des Ansaugsystems läßt sogenannte Nebenluft eintreten. Das vom Vergaser aufbereitete Gemisch wird nachträglich abgemagert. Am deutlichsten erkennt man die Störung im Leerlauf an schwankender Drehzahl.
Wenn Sie die Wartung des Omega immer in der Werkstatt durchführen lassen, gehört die Abgas-Untersuchung grundsätzlich zum Umfang der jährlich fälligen Wartung dazu.

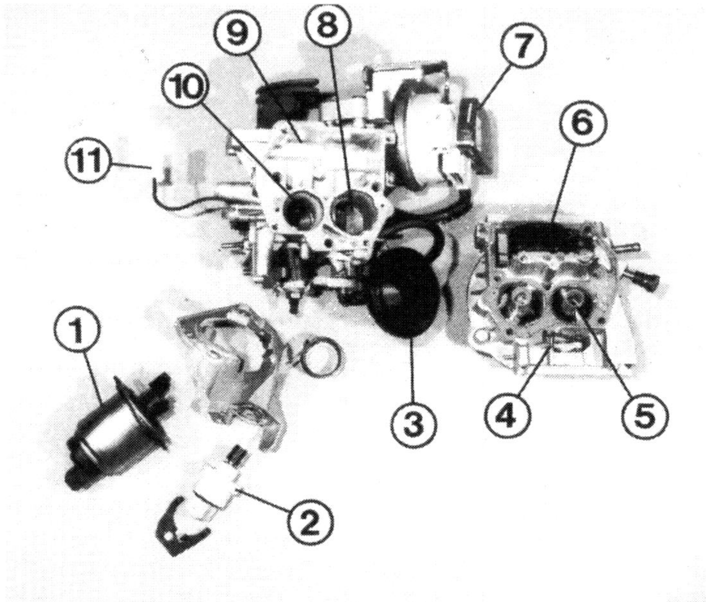

Zum Reinigen des Vergasers kann der Vergaserdeckel vom Unterteil abgebaut werden. Gezeigt ist der 2EE-Vergaser.
Es bedeuten hier:
1 – Vordrossel;
2 – Drosselklappen-Potentiometer;
3 – Unterdruckdose für II. Stufe;
4 – Betätigungsstange für Vordrossel;
5 – Vorzerstäuber bzw. Austrittsarm;
6 – Schwimmer;
7 – Drosselklappen-Ansteller;
8 – Drosselklappe der II. Stufe;
9 – Schwimmerkammer;
10 – Drosselklappe der I. Stufe;
11 – Anschlußkabel der Bypass-Beheizung.

Weist der Motor Mängel auf (ausgeschlagene Drosselklappe, Nebenluft, defekter Auspuff), gibt es keine Plakette. Erst muß der betreffende Fehler behoben werden.

Leerlaufschwankungen

Eine Undichtigkeit im Bereich des Ansaugsystems läßt sogenannte Nebenluft eintreten. Das vom Vergaser aufbereitete Gemisch wird nachträglich abgemagert. Am deutlichsten erkennt man die Störung im Leerlauf an schwankender Drehzahl. Es kann aber auch zu Klingelerscheinungen bei voll belastetem Motor kommen. Nebenluft und die verursachende undichte Stelle läßt sich recht einfach erkennen.

- Motor warmfahren und anschließend im Leerlauf drehen lassen, Haube öffnen.
- Mit einer Startkraftstoff-Spraydose (z. B. »Startpilot«) Vergaserfuß, Saugrohr und Leitungen zu den unterdruckgesteuerten Aggregaten (z. B. Bremskraftverstärker, Steuergerät) ansprühen.
- Dreht der Motor beim Besprühen einer bestimmten Stelle höher, liegt dort die Undichtigkeit vor. Recht häufig sind Undichtigkeiten an der Vergaserfußdichtung.

Vergaser ausbauen

Damit nichts in das Ansaugrohr fallen kann, sollten Sie sofort nach dem Abnehmen des Vergasers die Öffnung im Ansaugrohr abdecken.

- Luftfiltergehäuse auf dem Vergaser abschrauben.
- Benzin- und Unterdruckschläuche sowie elektrische Leitungen kennzeichnen und abziehen.
- Ggf. Wasserschläuche am Starterdeckel abziehen. Vorsicht, Verbrühungsgefahr bei warmem Motor! Erst den Verschlußdeckel des Kühlsystems losdrehen, damit der Überdruck entweichen kann.
- Gaszug am Vergaser aushängen.
- Oben die Sechskantmuttern von den Stehbolzen losschrauben. Vergaser hochziehen.
- Beim Einbau Muttern des Vergasers mit 13 Nm anziehen.
- Einstellung des Gaszuges kontrollieren.

Vergaserdeckel abnehmen

- Luftfilter ausbauen.
- Kraftstoffleitungen abmontieren und markieren.
- Beim 2EE-Vergaser Drosselklappen-Potentiometer und Vordrosselsteller zusammen mit der Grundplatte abbauen.
- Befestigungsschrauben von oben herausdrehen und Vergaserdeckel abnehmen.
- Beim Zusammenbau neue Vergaserdeckeldichtungen verwenden.

Der Gaszug

Der Gaszug wird in derselben Weise aus- und eingebaut, wie auf Seite 100 für die Motronic bzw. L3-Jetronic beschrieben. Einziger Unterschied: Der Gaszug bei 1,8-Liter-Motoren besitzt vorn keinen Kugelkopf, der vom Gasgestänge abgehebelt werden muß. Hier wird, bei abgebautem Luftfilter, der Drosselklappenhebel von Hand in Vollgasstellung gedrückt; Gaszug ein Stück weit nach unten ziehen und von der Seilzugscheibe abnehmen. Das Einstellen verläuft identisch wie bei Fahrzeugen mit Motronic.

Düsen-Zeitalter

Motoren mit Benzineinspritzung stehen im Ruf, leistungsstark und dennoch sparsam zu sein. Bei gleicher Kraftstoffqualität erlaubt die Einspritzung eine geringe Anhebung der Verdichtung. Außerdem kann der Kraftstoff genauer dosiert werden als bei einem Vergaser. Beides zusammen wirkt sich günstig auf Verbrauch, Leistung und Abgaszusammensetzung aus.

Verschiedene Einspritzungen

Je nach Motorversion sind im Omega verschiedene Einspritzungen eingebaut, die sich jedoch im Grundprinzip ähneln und allesamt aus dem Hause Bosch stammen.
○ Der Omega 1,8 i ist mit einer Bosch **L3-Jetronic-**Einspritzung versehen; das »L« in der Bezeichnung kommt von »luftmengengesteuert«.
Hirn der Anlage ist ein elektronisches Steuergerät, das je nach Motordrehzahl und Last die nötige Kraftstoffmenge aus den Einspritzventilen fließen läßt. Zuständig für die Kaltstartanreicherung ist ein Zusatzluftschieber.
○ Die 2,0-Liter-Motoren sind mit einer **Motronic 4.1** ausgestattet. Die Motronic ist ein aufwendiges Einspritzsystem, da das Steuergerät der Anlage auch die elektronische Zündung (siehe Kapitel »Die Zündanlage«) regelt. Für das Einspritz- und Zündungssystem benutzt die Motronic dieselben Geber. Dieses Zusammenlegen beider Systeme bietet ideale Voraussetzungen für die Lambda-Regelung bei Fahrzeugen mit Katalysator. Zusätzlich verfügt das Steuergerät der Motronic über einen Programmspeicher und ist zur Eigendiagnos fähig. Ein auftretender Fehler im System wird erfaßt und gespeichert. Anstelle der ausbleibenden oder fehlerhaften Information tritt ein Ersatzwert, der die Weiterfahrt zur Werkstatt ermöglicht (Notlaufprogramm).
Was den Kaltstart angeht, so besitzt die Motronic 4.1 statt des Zusatzluftschiebers einen Leerlaufdrehsteller, der unter anderem auch Zusatzfunktionen übernimmt (siehe Seite 90).
○ Der 2,4-Liter-Motor arbeitet mit einer **Motronic 1.5.** Einziger Unterschied zur Motronic 4.1 ist der am Drosselklappenstutzen sitzende Drosselklappen-Potentiometer. Bei der Motronic 4.1 als Schalter ausgeführt meldet er dem Steuergerät nur Vollast- und Leerlaufstellung der Drosselklappe. Der Potentiometer hingegen informiert das Steuergerät ständig über die jeweilige Stellung der Drosselklappe.

Die Teile der Einspritzung

Zum besseren Verständnis der Gesamtfunktion unserer Einspritzanlage sollen zuerst die wichtigsten Bauteile und Begriffe erklärt werden:

Steuergerät

Zwischen den Eingangsinformationen (durch die verschiedenen Geber) und den Einspritzventilen steht das Steuergerät. Dabei ist es gleichgültig, um welche Einspritzung es sich handelt. Die Funktion des Bereiches »Einspritzung« ist bei der Motronic praktisch gleich wie bei der L3-Jetronic.

Schemazeichnung Motronic:
1 – Steuergerät;
2 – Luftmengenmesser;
3 – Drosselklappenschalter;
4 – Leerlaufdrehsteller;
5 – Thermoschalter Kühlmittel;
6 – Druckregler;
7 – Kraftstoffpumpe;
8 – Einspritzventil;
9 – induktiver Impulsgeber;
10 – Zündverteiler;
11 – Kraftstoffilter;
12 – Zündspule;
13 – Lambda-Sonde;
14 – Katalysator;
15 – Hauptrelais;
16 – Tankentlüftungsventil.

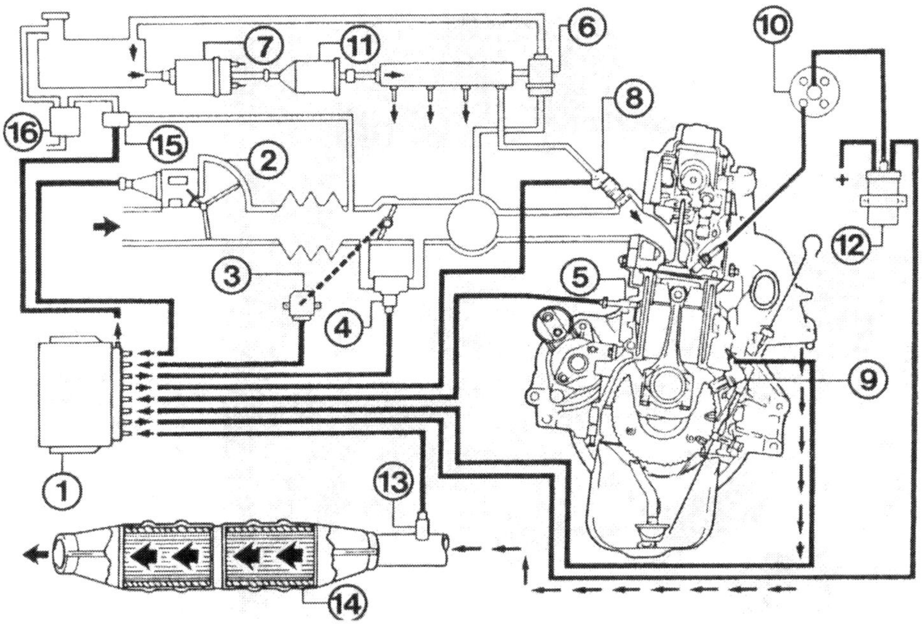

Das Steuergerät der Motronic-Einspritzanlage sitzt hinter einer Abdeckung rechts im Beifahrerfußraum.

Abhängig von den verschiedenen Last- und Temperaturbedingungen billigt das Steuergerät dem Motor eine ganz bestimmte Kraftstoffmenge zu. Dazu variiert das Steuergerät die Öffnungsdauer der elektrisch gesteuerten Einspritzventile. Da der Druck im Kraftstoffsystem stets gleich ist, kann die Einspritzmenge nur über die Einspritzzeit variiert werden.
Woher bezieht das Steuergerät die Informationen, nach denen es die Einspritzzeit festlegt?
Dafür sind verschiedene Geber zuständig:
○ Luftmengenmesser; er gibt Auskunft über die angesaugte Luftmenge.
○ Temperaturgeber im Luftmengenmesser; er signalisiert die Temperatur der Ansaugluft.
○ Kühlwasser-Temperaturgeber; er liefert eine Vergleichsgröße für die Motortemperatur.
○ Drosselklappenschalter (L3-Jetronic und Motronic 4.1); er hat Schaltkontakte für Leerlauf und Vollast.
○ Drosselklappen-Potentiometer (Motronic 1.5); er informiert über die momentane Stellung der Drosselklappe.
○ Induktiver Impulsgeber; er ist in erster Linie für die Zündung zuständig, übermittelt aber auch das Drehzahlsignal für die Einspritzung (Seite 194).
○ Das Startsignal kommt von der Zündschloß-(Anlasser-)Klemme 50.

Einspritzventile

Im Ansaugkanal eines jeden Motorzylinders sitzt ein Einspritzventil. Es mißt dem jeweiligen Zylinder die momentan benötigte Kraftstoffmenge zu und sorgt gleichzeitig für die Feinzerstäubung des Benzins.
Die Ventile werden mittels Elektromagnet betätigt. Dabei wird die Düsennadel ungefähr 0,1 mm von ihrem Sitz abgehoben – der Kraftstoff kann durchfließen. Interessant ist die schnelle Reaktionszeit des Ventils: Anzugs- und Abfallzeit liegen im Bereich von 2,2–2,9 Millisekunden.

Kraftstoff-Druckregler

Er sitzt zwischen Kraftstoff-Verteilerrohr und Zylinderkopf und muß – wie der Name schon sagt – den Druck im Verteilerrohr konstant halten. Das macht er, indem er mehr oder weniger Kraftstoff durch die Rücklaufleitung zum Tank zurückfließen läßt. Läuft mehr zurück, sinkt der Druck; bei geringerer Rücklaufmenge steigt er.
Durch einen Unterdruck-Anschluß weiß der Druckregler gleichzeitig über den Lastzustand des Motors

Die Teile der Motronic-Einspritzanlage am 2,0-Liter-Motor:
1 – Drosselklappenstutzen;
2 – Drosselklappenschalter;
3 – Sammelsaugrohr;
4 – Leerlaufdrehsteller;
5 – Tankentlüftungsventil (Fahrzeuge mit Kat);
6 – eines der Einspritzventile.

Die Motronic-Einspritzanlage des 2,4-Liter-Motors. Es bedeuten:
1 – Drosselklappenstutzen;
2 – Sammelsaugrohr;
3 – Kraftstoffvor- und Rücklaufleitung;
4 – Kraftstoffverteilerrohr;
5 – Kraftstoffdruckregler;
6 – Leerlaufdrehsteller.

Bescheid. Bei Vollast hebt er den Druck noch um etwa 0,5 bar an. Dadurch wird mehr Kraftstoff eingespritzt, was der Motor zum Erreichen der vollen Leistung dringend braucht.

Kraftstoff-Verteilerrohr

Es dient dazu, alle Einspritzventile gleichmäßig mit Kraftstoff zu versorgen. Außerdem ist das Verteilerrohr Kraftstoffspeicher und verhindert damit Druckschwankungen.

Kraftstoffpumpe und Relais

Mehr über die elektrische Kraftstoffpumpe und das Kraftstoffpumpenrelais erfahren Sie im Kapitel »Vom Tank zur Kraftstoffpumpe« ab Seite 61.

Luftmengen-messer

Nach Passieren des Luftfilters gelangt die vom Motor angesaugte Luft in den Luftmengenmesser und lenkt dort eine V-förmige Stauklappe aus. Passiert eine größere Luftmenge die Stauklappe, wird die Klappe stärker zur Seite gedrückt. Bei kleinerer Luftmenge bleibt die Bewegung der Klappe geringer. Ein mit der Stauklappe verbundener elektrischer Widerstand (Potentiometer) ändert je nach Klappenstellung seinen Widerstandswert und gibt so dem Steuergerät einen Vergleichswert für die angesaugte Luftmenge.

Drosselklappe

Weiter hinten im Ansaugluftstrom sitzt die Drosselklappe. Betätigt wird sie vom Gaspedal über den Gaszug. Sie öffnet oder verschließt den Luftweg zum Ansaugkrümmer und damit zu den Brennräumen des Motors.

Drosselklappen-schalter
L3-Jetronic, Motronic 4.1

Seitlich am Drosselklappenstutzen sitzt bei Fahrzeugen mit L3-Jetronic und Motronic 4.1 der Drosselklappenschalter. Im Drosselklappenschalter sitzen zwei Schaltkontakte. Der eine schaltet bei voll geöffneter Drosselklappe, der andere bei geschlossener Klappe. So wird dem Steuergerät das Signal »Vollast« bzw. »Leerlauf« oder »Schubbetrieb« übermittelt.

Drosselklappen-Potentiometer
Motronic 1.5

Der Drosselklappen-Potentiometer wird von der Drosselklappenwelle betätigt. Der Potentiometer erfaßt die momentane Stellung der Drosselklappe und meldet sie in Form elektrischer Spannung dem Steuergerät. Das

Der Kraftstoff-Druckregler (Pfeil) sitzt zwischen den Einspritzventilen. Er sorgt für gleichbleibenden Kraftstoffdruck.

Steuergerät benötigt diese Lastinformationen unter anderem zur Leerlaufregelung, Zündkennfeldauswahl und zur Einspritzzeitberechnung.

Zusatzluft-schieber
L3-Jetronic

Er hat seinen Platz über dem Kraftstoff-Verteilerrohr. Der Zusatzluftschieber verhilft dem Motor in der Warmlaufphase zu fetterem Kraftstoff/Luft-Gemisch. Dazu macht er einen Luft-Nebenkanal frei, der die Drosselklappe umgeht. Es wird mehr Luft angesaugt, die Stauklappe wird weiter ausgelenkt und somit auch mehr Kraftstoff eingespritzt – die Drehzahl erhöht sich. So kann der kalte, noch träge laufende Motor nicht absterben.

Leerlauf-drehsteller
Motronic

Gegenstück zum Zusatzluftschieber ist bei Wagen mit Motronic der Leerlaufdrehsteller. Der Leerlaufdrehsteller veranlaßt – wenn nötig – eine Mehrzufuhr an Kraftstoff/Luft-Gemisch. Auch dieses Teil öffnet oder schließt hierzu einen Luft-Nebenkanal unter Umgehung der Drosselklappe. Der Luftmengenmesser »glaubt« durch die Mehrmenge an Luft, man habe die Drosselklappe geöffnet und steuert die nötige Mehrmenge an Kraftstoff bei. Resultat: stabiler Leerlauf während der Warmlaufphase sowie gleichbleibende Leerlaufdrehzahl unabhängig von eingeschalteten Zusatzverbrauchern, wie etwa Servolenkung oder Kältekompressor der Klimaanlage. Angesteuert wird der Leerlaufdrehsteller vom Steuergerät.

Induktiver Impulsgeber

Der induktive Impulsgeber ist im Zündungskapitel auf den Seiten 194 und 197 mit Funktionsbeschreibung und Prüfung behandelt.

Die Funktion

Zusammenspiel der Einzelteile

Bei laufendem Motor saugen die in den Zylindern auf- und abwandernden Kolben Luft an. Treten wir das Gaspedal voll durch, saugt der Motor das größtmögliche Volumen an, denn die Drosselklappe ist dann voll geöffnet. Entsprechend geringer ist die Luftmenge, wenn die Drosselklappe geschlossen oder nur teilweise geöffnet ist.

Für sauberen Motorlauf muß der Ansaugluft im genau richtigen Verhältnis Kraftstoff beigemischt werden. Dazu muß natürlich die angesaugte Luftmenge bekannt sein. Die erfaßt der Luftmengenmesser. Die schon erwähnte Stauklappe wird je nach Geschwindigkeit des Ansaugluftstroms mehr oder weniger zur Seite gedrückt. Diese Bewegung überträgt sich auf einen veränderlichen elektrischen Widerstand – eine Meßgröße, die unser zentrales Steuergerät erfassen kann.

Dieses Steuergerät ist es auch, das die Impulse zum Öffnen und Schließen der Einspritzventile gibt. Längeres Öffnen ist angesagt, wenn viel Kraftstoff gebraucht wird – kurze Öffnungszeiten reichen aus, wenn die benötigte Kraftstoffmenge gering ist. Die »Sprühstärke« der Einspritzventile bleibt also konstant. Die Mengenreduzierung erfolgt über die Reduzierung der »Sprühzeit«. Interessant ist, daß die Einspritzventile nicht etwa einzeln beim Ansaugtakt des betreffenden Zylinders abspritzen. Sie sprühen vielmehr alle gleichzeitig je einmal pro Motorumdrehung – und zwar nur die Hälfte der benötigten Kraftstoffmenge. Nach zwei Umdrehungen (sprich: einem Arbeitstakt) ist dann die Gesamtmenge abgespritzt. Die Kraftstoffzuteilung für unsere Zylinder besteht also jeweils aus einer Vorratsration und einer Ration zum »gleich essen«.

Start

Zum Starten des kalten Motors wird ein fetteres – also kraftstoffreicheres – Gemisch benötigt, weil sich viele der Kraftstofftröpfchen schon auf dem Weg in die Brennräume an den Wänden der Ansaugkanäle absetzen und so für die Verbrennung nicht mehr zur Verfügung stehen. Das Gemisch muß also angefettet werden.

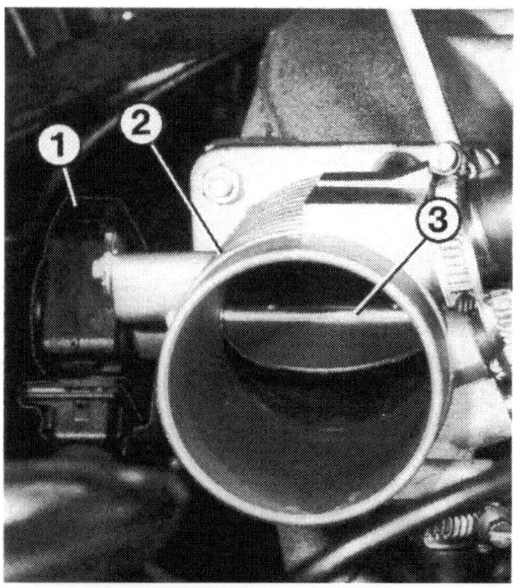

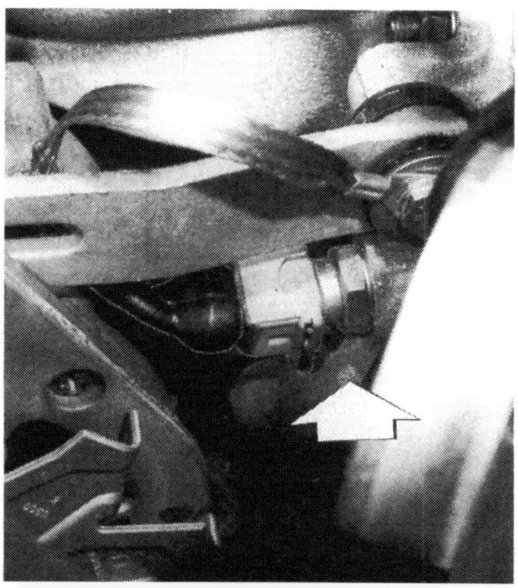

Links: Der Drosselklappenstutzen (2) bei abgenommenem Luftansaugschlauch. Gut zu sehen der Drosselklappenschalter (1) und die Drosselklappe (3). Rechts: Der Thermoschalter (Pfeil) rechts am Motor informiert das Steuergerät der Motronic über die momentane Kühlmitteltemperatur.

Aufbau eines Einspritzventils:
1 – Sieb;
2 – elektrischer Anschluß;
3 – Magnetwicklung;
4 – Magnetanker;
5 – Ventilnadel;
6 – Spritzzapfen;
7 – Verteilerrohr;
8 – oberer Dichtring;
9 – unterer Dichtring.

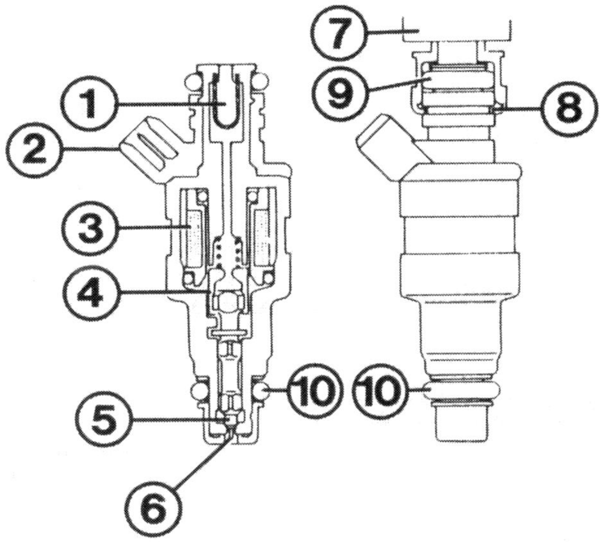

Hierfür sorgt ein Kaltstartprogramm, das im Steuergerät gespeichert ist. Während der Kaltstartsteuerung – dies sind eine bestimmte Anzahl an Zündungen – wird die Abspritzdauer der Einspritzventile erhöht. Faktoren wie Kühlmitteltemperatur und Motordrehzahl beeinflussen die Abspritzdauer der Einspritzventile. Nach einer bestimmten Anzahl Motorumdrehungen wird dann die Kaltstart-Kraftstoffmenge langsam an die Normalmenge angepaßt.

Warmlauf

Auch nach dem Start braucht der Motor noch eine gewisse Zeit fetteres Gemisch, denn immer noch kondensiert eine gewisse Kraftstoffmenge an den kalten Ansaugkanälen. Dafür gibt es die »Nachstartanhebung«. Es wird – temperaturabhängig – noch für eine gewisse Zeit mehr Kraftstoff zugeführt. Die nötige Information über die Motortemperatur erhält das Steuergerät vom Temperaturfühler.
Das bei kaltem Motor noch recht zähflüssige Motoröl verursacht eine höhere innere Reibung in der Maschine. Es wird mehr Kraft – sprich Gemisch – gebraucht, um den Motor auf Drehzahl zu halten. Für diese Gemisch-Mehrmenge sorgt bei der L3-Jetronic der Zusatzluftschieber bzw. bei der Motronic der Leerlaufdrehsteller. Wie das vonstatten geht, steht auf Seite 90.

Leerlauf

Bei geschlossener Drosselklappe (losgelassenes Gaspedal) wird eine geringe Menge Luft durch einen Bypass-Kanal um die Drosselklappe herumgeführt. Diese Luftmenge wird vom Luftmengenmesser erfaßt und deshalb mit der hierzu nötigen Menge Kraftstoff zum Leerlaufgemisch ergänzt.
Übrigens ist das Leerlaufgemisch etwas fetter als das Normalgemisch, damit der Motor schön rund läuft und keine Zündaussetzer bekommt. Bei Fahrzeugen mit Motronic wird der Leerlauf zusätzlich durch den Leerlauf-drehsteller stabilisiert.
Wann die Leerlauf-Anreicherung zu erfolgen hat, erfährt das Steuergerät bei Fahrzeugen mit L3-Jetronic vom Drosselklappenschalter, der jetzt seinen Leerlaufkontakt geschlossen hat. Bei der Motronic-Einspritzung hingegen wird das Steuergerät durch den Drosselklappen-Potentiometer informiert.

Teillast

Bei Teillast erhält der Motor die Normalmengen an Kraftstoff zugeteilt. Dabei wird auf möglichst geringen Verbrauch Wert gelegt.

Beschleunigen

Wird das Gaspedal zum Beschleunigen plötzlich niedergetreten, schwingt die Stauklappe des Luftmengenmessers weit aus. Das Überschwingen bewirkt zusätzliche Kraftstoffzufuhr, die beim Beschleunigen dringend gebraucht wird, damit sich der Motor nicht verschluckt.
Bei kaltem Motor wird zum Beschleunigen noch mehr Kraftstoff gebraucht. Das Steuergerät wertet deshalb den »Überschwing-Impuls« des Luftmengenmessers als Beschleunigungs-Signal aus und steuert zusätzlichen Kraftstoff bei.

Vollast

Der geschlossene Vollast-Drosselklappenschalter bzw. Drosselklappen-Potentiometer zeigt dem Steuergerät an, daß der Fahrer das Gaspedal voll durchgetreten hat. Zum Erreichen der Höchstleistung bekommt der Motor jetzt ein fetteres Gemisch vorgesetzt (Vollastanreicherung).

Schubbetrieb

Bergab mit losgelassenem Gaspedal braucht dem Motor kein Kraftstoff zugeführt zu werden. Der Wagen rollt durch Gewicht oder Schwung von selbst. An der hohen Drehzahl und dem geschlossenen Leerlauf-Drosselklappenschalter bzw. Drosselklappen-Potentiometer erkennt das Steuergerät, wann Schubbetrieb vorliegt und kann auf »Kraftstoff sparen« schalten.

Drehzahl-begrenzung

In unserem Omega erledigt das die Einspritzanlage. Sie vergleicht die Momentan- mit der Höchstdrehzahl und dreht bei Überschreiten einfach den Kraftstoffhahn zu. Diese Methode ist bei Wagen mit Katalysator ein Muß, denn bei Unterbrechen der Zündung käme unverbrannter Kraftstoff in den Kat. Und das nimmt er übel (siehe Seite 48).

Anti-Ruckel-Funktion

Für einen ruckfreien Fahrbetrieb im Teillastbereich und bei schnellen Lastwechseln sorgt ein elektronischer Filter im Steuergerät. Er erfaßt Drehzahlimpulse in kurzen Zeitabständen und errechnet den Mittelwert. Falls erforderlich, wird die Abspritzdauer der Einspritzventile erhöht – also das Gemisch angefettet. Ein aufkommendes Motorruckeln wird auf diese Weise wirksam unterdrückt.

Lambda-Regelung

Der Katalysator kann (bei entsprechend ausgestatteten Wagen) nur dann richtig arbeiten, wenn die Luftzahl λ (Lambda) dem Wert 1 möglichst nahekommt; davon war schon auf Seite 48 die Rede. Damit dies der Fall sein kann, ist die Motronic bei Wagen mit Katalysator mit einer sogenannten Lambda-Regelung versehen.
Dabei mißt die Lambda-Sonde den Sauerstoffgehalt im Abgas – eine Vergleichsgröße für die Zusammensetzung des Kraftstoff/Luft-Gemisches. Weicht die Messung vom Idealwert ab, regelt das Steuergerät nach. Die Regelung arbeitet im Bereich von $\lambda = 0{,}8$ bis $\lambda = 1{,}2$.
Die Lambda-Sonde gibt erst bei Temperaturen über 350°C ein verwertbares Signal ab. Damit diese Temperatur schnell erreicht wird, ist die Sonde elektrisch beheizt. Bis es soweit ist, bleibt die Anlage ungeregelt und richtet sich nach einem vorgegebenen mittleren λ-Wert.

Selbsthilfe

Viele Prüfungen an der Einspritzung sind dem Selbsthelfer in Ermangelung der nötigen Prüfgeräte leider unmöglich gemacht. Dennoch bleibt ein breites Betätigungsfeld.

Vorgehensweise

Das Steuergerät selbst kann mit Heimwerkermitteln nicht kontrolliert werden. In der Praxis ist hier auch nur sehr selten mit Fehlern zu rechnen. Geber, Schalter und Kabelverbindungen geben ungleich häufiger Anlaß zu Beanstandungen.
Damit bietet sich bei einem Defekt folgende Vorgehensweise an:

- ○ Sicherstellen, daß die Zündung in Ordnung ist.
- ○ Kraftstoffversorgung prüfen (Seite 65).
- ○ Sichtprüfung an den Teilen der Einspritzanlage durchführen (siehe folgenden Abschnitt).
- ○ Wurde durch genannte Prüfungen kein Fehler gefunden, kann der Fehlerspeicher abgerufen werden. Auf diese Weise die mögliche Fehlerquelle ermitteln. Verdächtiges Bauteil nach Prüfanleitung (folgende Seiten) kontrollieren.

Sichtprüfung

- Luftschläuche auf Dichtheit prüfen. Alle Schläuche – vom dicken Ansaugluftschlauch bis zu den kleinen Unterdruckschläuchen zum Tankentlüftungsventil (Motronic) bzw. Zündverstellgerät (L3-Jetronic) – müssen geprüft werden.
- Sind die Dichtungen an den Einspritzventilen in Ordnung; ebenso die Flanschdichtungen der Ansaugkanäle?
- Undichtigkeiten lassen »Nebenluft« ins Ansaugsystem eindringen – Luft also, die der Luftmengenmesser nicht erfassen kann und die deshalb die Gemischaufbereitung empfindlich stört. Das Gemisch magert unkontrolliert ab, Motorlaufstörungen, ungleichmäßiger oder »holpriger« Leerlauf sind die Folgen.
- Sind an den Kraftstoffleitungen Undichtkeiten zu erkennen?
- Wurden die Kabelstecker mehrfach auseinandergezogen und wieder verbunden? Korrosion oder ungeschicktes Reißen kann mangelnden Kontakt zur Folge haben.
- Sehen Sie sich die Stecker an den einzelnen Bauteilen der Einspritzung genau an. Mit einem schmalen Schraubendreher lassen sich die Zungen ein wenig nachbiegen.

Störungen und Eigendiagnose

Wie schon erwähnt, ist bei Fahrzeugen mit Motronic-Einspritzung das Steuergerät mit einem Fehlerspeicher ausgerüstet. D.h. Fehler, die beim Motorbetrieb auftreten, werden vom Steuergerät erkannt und gespeichert. Gleichzeitig läßt das Steuergerät eine Kontrolleuchte am Armaturenbrett aufleuchten, um den Fahrer auf den Fehler hinzuweisen.

Der Fehler bleibt über 20 Motorstarts hinweg gespeichert. Sollte er in der Zwischenzeit nicht mehr aufgetaucht sein (z. B. bei einem Wackelkontakt), löscht das Steuergerät die Fehlermeldung selbständig.
Zum Abfragen des Fehlerspeichers besitzt die Werkstatt einen Diagnoseschlüssel. Er wird in den Stecker links im Motorraum eingesetzt, wodurch die Diagnosereiz- und die Masseleitung kurzgeschlossen sind.
Auf diese Weise wird die Blinktätigkeit der Kontrolleuchte ausgelöst. Für die einzelnen Fehlermöglichkeiten sind unterschiedliche Blinkintervalle festgelegt. Die Leuchtfolge stellt einen Code dar und gibt Hinweise auf die Fehlerquelle.

Notlauffunktion der Motronic

Ein umfangreiches Notlauf-Programm hält die Funktion der Motronic aufrecht, wenn ein Sensor (Fühler) ausfällt, eine Kabelverbindung unterbrochen ist oder Massekontakt auftritt. Zugleich wird ein Fehler im elektronischen Speicher registriert. Bei Ausfall eines Bauteils bleibt die normale Steuerung beibehalten. Anstelle der ausgefallenen Informationen wird ein Ersatzwert zur Berechnung von Zündung und Kraftstoffzumessung herangezogen.
Beispiel: Bei Ausfall des Temperaturgebers rechnet das Steuergerät mit einem Ersatzwert von 80° C Kühlmitteltemperatur.

Fehlerspeicher abrufen

Auch ohne Diagnoseschlüssel kann der Motronic-Fehlerspeicher abgerufen werden. Als einfaches Hilfsmittel dient hierzu eine Büroklammer.

- Zündung einschalten.
- Rechts hinten im Motorraum Schutzstecker vom Diagnosestecker abziehen.
- Büroklammer so zurechtbiegen, das sie in die Steckkontakte »A« und »B« paßt (Bild unten).
- Von Helfer Büroklammer einstecken lassen. Kontrolleuchte beobachten.
- Die Lampe blinkt zunächst einmal kurz auf, es folgt eine Pause, dann leuchtet sie wieder zweimal kurz. Dies ist der **Code 12,** der **dreimal wiederholt** wird. Er signalisiert den **Beginn der Fehlercode-Ausgabe.** Ist kein Fehlercode gespeichert, wiederholt sich Code 12 ständig.
- Liegt dagegen ein Fehler im System vor, wird dieser durch den jeweiligen Blinkcode angezeigt.
- Das funktioniert nach der gleichen Methode wie bei Code »12«: Zehnerstelle – Pause – Einerstelle.
- Beispiel Fehlercode 73: siebenmal kurzes Blinken, Pause, dreimal kurzes Blinken. Der Fehlercode wird dreimal wiederholt. Was ein angezeigter Blinkcode bedeutet, zeigt die folgende Tabelle.
- Sind mehrere Fehlercodes gespeichert, werden diese in numerischer Reihenfolge angezeigt.
- Fehlercodes werden so lange wiederholt, bis die Büroklammer aus den Steckkontakten gezogen wird.

Fehlerspeicher löschen

Ist ein Defekt an der Motronic beseitigt, muß der Fehler, den das Eigendiagnose-System gespeichert hat, gelöscht werden.

- Zündung ausschalten.
- Batterie-Massekabel für mindestens 10 Sekunden abklemmen.
- Das Eigendiagnose-System löscht einen Fehlercode auch automatisch. Dies geschieht, wenn ein Fehler nach 20 Motorstarts nicht mehr auftrat.

Fingerzeig: Mit dem Abklemmen der Batterie löschen Sie nicht nur den Fehlerspeicher, sondern auch den Anti-Diebstahl-Code Ihres Radios – Code neu einspeichern.

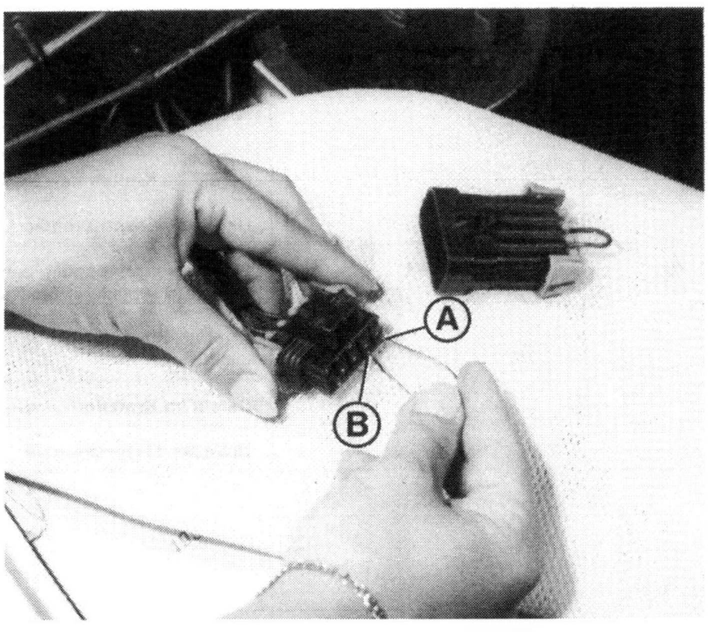

Zum Aktivieren des Fehlerspeichers müssen die Masse- und die Diagnosereizleitung (A und B) miteinander verbunden werden. Hierzu eignet sich am besten eine Büroklammer.

Fehlertabelle

Blinkcode	Die Störung	– ihre Ursache	– ihre Abhilfe
13	Lambda-Sonde gibt keine oder falsche Signale an das Steuergerät	Leitungsunterbrechung bzw. Kurzschluß zur Masse	Leitungen prüfen
		Lambda-Sonde defekt	Lambda-Sonde prüfen, ggf. ersetzen
		Steuergerät defekt	Steuergerät ersetzen
14	Signalspannung vom Temperaturfühler zu niedrig	Leitungsunterbrechung	Leitungen prüfen
		Temperaturfühler defekt	Temperaturfühler prüfen, ggf. ersetzen
15	Signalspannung vom Temperaturfühler zu hoch	Leitungskurzschluß zur Masse	Leitungen prüfen
		Temperaturfühler defekt	Temperaturfühler prüfen, ggf. ersetzen
		Steuergerät defekt	Steuergerät ersetzen
19	Falsches Drehzahlsignal	Leitungsunterbrechung zum induktiven Impulsgeber, zur Zündspule, zum Kraftstoffpumpenrelais oder zu den Einspritzventilen	Leitungen prüfen
		Zündspule defekt	Zündspule prüfen, ggf. ersetzen
		Steuergerät defekt	Steuergerät ersetzen
21	Signalspannung vom Drosselklappen-Potentiometer zu hoch	Leitungskurzschluß zur Masse	Leitungen prüfen
		Potentiometer defekt	Potentiometer prüfen, ggf. ersetzen
		Steuergerät defekt	Steuergerät ersetzen
22	Signalspannung vom Drosselklappen-Potentiometer zu niedrig	Leitungsunterbrechung	Leitungen prüfen
		Potentiometer defekt	Potentiometer prüfen, ggf. ersetzen
35	Leerlaufdrehsteller regelt Leerlaufdrehzahl nicht oder ungenügend	Leitungsunterbrechung bzw. Kurzschluß zur Masse	Leitungen prüfen
		Schläuche zum Leerlaufdrehsteller undicht	Schläuche prüfen
		Leerlaufdrehsteller defekt	Leerlaufdrehsteller prüfen, ggf. ersetzen
44	CO-Gehalt zu mager	Leitungsunterbrechung zur Lambda-Sonde bzw. Kurzschluß zur Masse	Leitungen prüfen
		Lambda-Sonde defekt	Lambda-Sonde prüfen, ggf. ersetzen
		Defekt im Kraftstoffsystem	Kraftstoffsystem überprüfen
		Undichte Einspritzventile	Einspritzventile prüfen
45	CO-Gehalt zu fett	Leitungsunterbrechung zur Lambda-Sonde bzw. Kurzschluß zur Masse	Leitungen prüfen
		Lambda-Sonde defekt	Lambda-Sonde prüfen, ggf. ersetzen
		Defekt im Kraftstoffsystem	Kraftstoffsystem überprüfen
		Undichte Einspritzventile	Einspritzventile prüfen

Blinkcode	Die Störung	– ihre Ursache	– ihre Abhilfe
48	Batteriespannung zu niedrig	Batterie entladen	Batterie laden
		Batteriekontakte korrodiert	Kontakte reinigen
		Lichtmaschine defekt	Lichtmaschine prüfen, ggf. ersetzen
		Lichtmaschinenregler defekt	Regler prüfen, ggf. ersetzen
		Steuergerät defekt	Steuergerät ersetzen
49	Batteriespannung zu hoch	Lichtmaschine defekt	Lichtmaschine prüfen, ggf. ersetzen
		Lichtmaschinenregler defekt	Regler prüfen, ggf. ersetzen
		Steuergerät defekt	Steuergerät ersetzen
51 und 55	Störung im Steuergerät	Bauteil im Steuergerät defekt	Steuergerät ersetzen
67	Kein Leerlaufsignal vom Drosselklappenschalter	Leitungsunterbrechung	Leitungen prüfen
		Drosselklappenschalter defekt	Drosselklappenschalter prüfen, ggf. ersetzen
69	Signalspannung der Ansauglufttemperatur zu niedrig	Leitungsunterbrechung zum Luftmengenmesser	Leitungen prüfen
		Temperaturfühler defekt	Temperaturfühler prüfen, ggf. ersetzen
		Steuergerät defekt	Steuergerät ersetzen
71	Signalspannung der Ansauglufttemperatur zu hoch	Leitungsunterbrechung zum Luftmengenmesser bzw. Kurzschluß zur Masse	Leitungen prüfen
		Temperaturfühler defekt	Temperaturfühler prüfen, ggf. ersetzen
		Steuergerät defekt	Steuergerät ersetzen
72	Kein Vollastsignal vom Drosselklappenschalter	Leitungsunterbrechung	Leitungen prüfen
		Drosselklappenschalter defekt	Drosselklappenschalter prüfen, ggf. ersetzen
73	Signalspannung vom Luftmengenmesser zu niedrig	Leitungsunterbrechung	Leitungen prüfen
		Luftmengenmesser defekt	Luftmengenmesser prüfen, ggf. ersetzen
		Steuergerät defekt	Steuergerät ersetzen
74	Signalspannung vom Luftmengenmesser zu hoch	Leitungskurzschluß zur Masse	Leitungen prüfen
		Luftmengenmesser defekt	Luftmengenmeseer prüfen, ggf. ersetzen
		Steuergerät defekt	Steuergerät ersetzen
75	Signalspannung der Drehmomentkontrolle zu niedrig (Fahrzeuge mit elektronisch gesteuertem Automatikgetriebe)	Leitungsunterbrechung vom Motronic-Steuergerät zum Getriebe-Steuergerät	Leitungen prüfen
		Motronic-Steuergerät defekt	Steuergerät ersetzen
		Getriebe-Steuergerät defekt	Steuergerät ersetzen

Prüfen der Bauteile

Die folgenden Abschnitte beschreiben Prüfungen an den Komponenten der Einspritzanlage, soweit sie mit Heimwerkermitteln möglich sind.

Einspritzventile prüfen

Besteht Verdacht, daß eines der Einspritzventile nicht funktioniert, können Sie zunächst versuchen, das brachliegende Ventil durch Fühlen mit der Hand ausfindig zu machen. Das nicht funktionierende Ventil vibriert nicht – im Gegensatz zu den anderen.

Weitergehende Kontrollen erfordern einen Spannungsprüfer mit Leuchtdioden (Seite 160) und einen genauen Ohmmeter:

● **Spannungsprüfung:** Ggf. Leerlaufdrehsteller abbauen.

● Stecker eines Einspritzventils abziehen, LED-Spannungsprüfer (keine Prüflampe) am Stecker anschließen.

● Motor starten: Die Leuchtdioden im Spannungsprüfer müssen flackern, sonst ist keine Spannungsversorgung da, oder das masseschaltende Steuergerät ist defekt. Mit einem Meßgerät klappt diese Kontrolle nicht.

● **Widerstandskontrolle:** Ggf. Leerlaufdrehsteller abbauen. Stecker am Einspritzventil abziehen.

● Ohmmeter an beiden Kontakten des Ventils anschließen. Bei kaltem Motor (Prüftemperatur ca. 20°C) muß das Meßgerät zwischen 15 und 17 Ω anzeigen.

● Liegt der Wert außerhalb der Toleranz, Ventil ersetzen (sofern genau gemessen wurde; Seite 163).

● **Dichtheit prüfen:** Kraftstoff-Verteilerrohr samt Einspritzventilen ausbauen (Seite 99), die Kraftstoffleitungen bleiben angeschlossen.

● Alle Stecker an den Einspritzventilen abziehen.

● Von Helfer Zündung einige Male ein- und ausschalten lassen, damit die Kraftstoffpumpe anläuft und Kraftstoffdruck aufbaut.

● Einspritzventile beobachten: Jedes einzelne darf höchstens zwei Kraftstofftropfen in der Minute verlieren. Sonst Ventil auswechseln.

● Unabhängig hiervon kann der Spritzstrahl und die Dichtheit des Ventils geprüft werden, falls es Motorlaufstörungen erforderlich machen.

● **Spritzstrahl prüfen:** Kraftstoff-Verteilerrohr mit Einspritzventilen ausbauen (Seite 99); die Kraftstoffleitungen angeschlossen lassen.

● Stecker von den Ventilen abziehen, die nicht geprüft werden sollen.

● Unter das zu prüfende Ventil ein Gefäß halten, Motor von Helfer mit dem Anlasser durchdrehen lassen: Am Ventil muß der Kraftstoff kegelförmig abgespritzt werden.

● Prüfung gegebenenfalls an den anderen Ventilen wiederholen.

Luftmengenmesser prüfen

● Luftmengenmesser ausbauen (Seite 99).

● Mit Finger oder Schraubendreher in den Luftdurchlaß des Luftmengenmessers fahren und prüfen, ob sich die Stauklappe leicht bewegen läßt. Sie muß sich ohne Hemmungen bis zum Anschlag drücken lassen.

● Falls die Klappe klemmt oder der Luftmengenmesser verölt ist, Verschmutzung mit Benzin reinigen.

Drosselklappenschalter prüfen
L3-Jetronic, Motronic 4.1

● Stecker am Drosselklappenschalter abziehen.

● **Leerlaufschalter prüfen:** Ohmmeter zwischen Massekontakt Klemme 18 und Klemme 2 am Drosselklappenschalter anschließen.

● Es müssen ca. 0 Ω angezeigt werden. Am Drosselklappenhebel etwas Gas geben. Der Schalter muß hörbar klicken, und der Widerstandswert muß sofort auf ∞ Ω ansteigen.

● Spricht der Schalter etwas zu spät an, kann er eingestellt werden:

● Beide Halteschrauben lockern und Schalter so verdrehen, daß er schon gleich bei geringfügigem Öffnen der Drosselklappe schaltet.

● Schrauben wieder festziehen.

● **Vollastschalter prüfen:** Ohmmeter zwischen

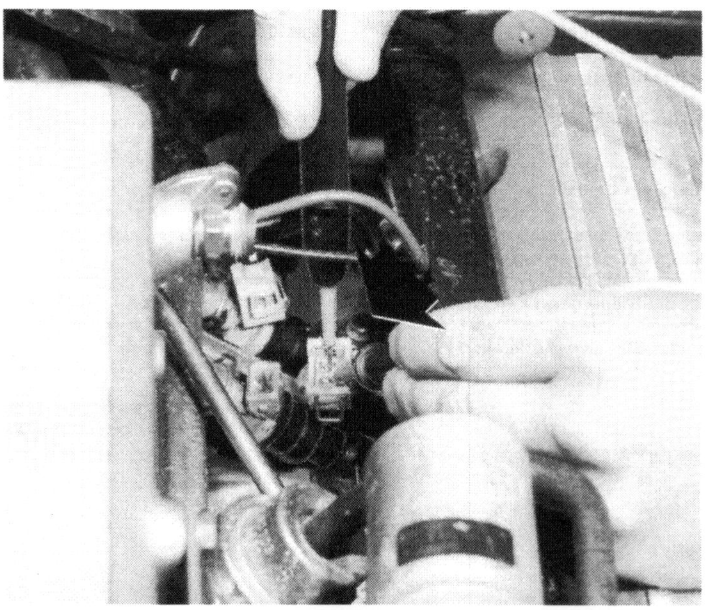

Nach Abziehen der Kabelstecker kann die Stromversorgung der Einspritzventile mit einem Leuchtdioden-Spannungsprüfer kontrolliert werden.

Das Foto zeigt den Luftmengenmesser (1). Er sitzt auf dem Luftfiltergehäuse-Oberteil (2) vorn rechts im Motorraum.

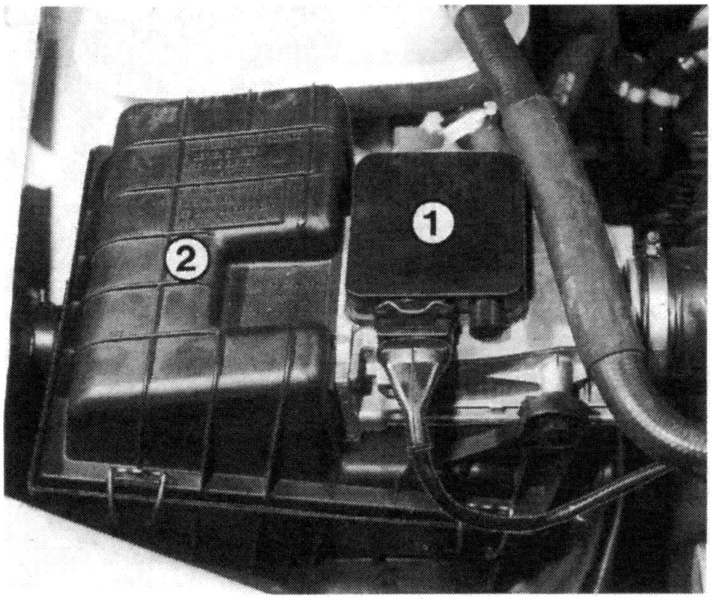

Massekontakt Klemme 18 und Klemme 3 anschließen.
- Es werden ∞ Ω angezeigt.
- Drosselklappe bis zum Anschlag öffnen: Nach Ansprechen des Schalters werden 0 Ω angezeigt.

Drosselklappenpotentiometer prüfen

Den Drosselklappen-Potentiometer können Sie folgendermaßen selbst prüfen:
- Stecker am Poti abziehen.
- Ohmmeter am Kontakt 1 und 3 anschließen (Polbezeichnung am Poti aufgedruckt).
- In Leerlaufstellung der Drosselklappe müssen 1,1 kΩ abzulesen sein (siehe Tabelle unten).
- Drosselklappe langsam öffnen: Der Widerstandswert steigt mit zunehmender Öffnung auf bis zu 2,0 kΩ an.
- Kurz vor vollem Öffnungswinkel wird ∞ Ω angezeigt.
- Übrige Kontakte durchmessen (siehe Tabelle).
- Werden die genannten Werte nicht erreicht, Poti auswechseln.

Kontaktklemme	Leerlauf-Stellung	Teillast-Stellung	Vollast-Stellung
1 und 3	ca. 1,1 kΩ	1,1–2,0 kΩ	∞ Ω
1 und 2	∞ Ω	∞ Ω	∞ Ω
2 und 3	∞ Ω	1,1–2,0 kΩ	ca 1,2 kΩ

Zusatzluftschieber prüfen

L3-Jetronic

- Zur Prüfung des Zusatzluftschiebers muß der Motor kalt sein (Prüftemperatur ca. 20°C).
- Kabelstecker vom Zusatzluftschieber abziehen.
- Spannungsprüfer an beide Kontakte anschließen.
- Motor starten. Das Meßgerät muß 12 V anzeigen. Wenn nicht, Leitungen prüfen.
- Stecker wieder aufschieben.
- Motor starten und im Leerlauf drehen lassen.

Rechts: Bei Fahrzeugen mit L3-Jetronic und Motronic 4.1 sitzt am Drosselklappenstutzen (2) der Drosselklappenschalter (1). Der Schalter ist einstellbar, er kann nach Lösen der Befestigungsschrauben entsprechend verdreht werden.
Links: Fahrzeuge mit Motronic 1.5 haben anstelle des Drosselklappenschalters einen Potentiometer, der nicht verdreht werden kann.

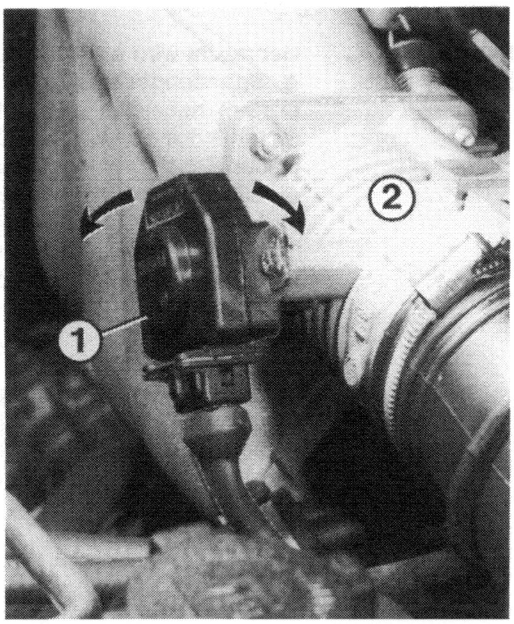

Zur Funktionsprüfung des Leerlaufdrehstellers (1) muß er ausgebaut werden. Hierzu Schläuche (2) vom Drehsteller abnehmen. Der Mehrfachstecker (3) bleibt aufgesteckt.

- Schlauch zum Zusatzluftschieber mit einer klebebandumwickelten Zange abklemmen, die Leerlaufdrehzahl muß abfallen.
- Motor warmlaufen lassen und Schlauch nochmals abklemmen. Dabei darf sich die Motordrehzahl nicht verändern. Andernfalls Zusatzluftschieber ersetzen.

Leerlaufdrehsteller prüfen
Motronic

- Bei betriebswarmen Motor müssen die Arbeitsschwingungen am Gehäuse des Leerlaufdrehstellers spürbar sein, sonst ist der Drehsteller, die Spannungsversorgung oder das Steuergerät defekt.
- Weitere Funktionsprüfung: Schläuche am Leerlaufdrehsteller abbauen.
- Drehkolben im Luftdurchlaß des Drehstellers in »Offen«- oder »Geschlossen«-Stellung bringen.
- Zündung einschalten und Drehkolben beobachten: Er muß sich etwa in Mittelstellung einpendeln.
- Leichtgängigkeit des Drehkolbens prüfen: Er muß sich durch ruckartiges Drehen des **ausgebauten** Drehstellers bewegen lassen.

Temperaturgeber prüfen

Mit einem Einmachthermometer können Sie selbst kontrollieren, ob der Temperaturgeber richtig funktioniert. Der Geber sitzt unterhalb der Einspritzanlage im Ansaugkrümmer.

Wassertemperatur Widerstandswert	20°C 3400 Ω	38°C 1800 Ω	70°C 450 Ω	100°C 185 Ω

- Kabelstecker vom Temperaturgeber abziehen und Geber vom Ansaugkrümmer losschrauben. Auslaufendes Kühlmittel auffangen.
- Geber in einen Topf mit Wasser hängen, Wasser erhitzen und Ohmmeter an den Steckkontakten anschließen.
- Kontrollieren Sie bei den oben genannten Temperaturen die entsprechenden Widerstandswerte.
- Stimmen die Werte überein, ist der Temperaturgeber in Ordnung.

Lambda-Regelung prüfen

Gebraucht wird ein Voltmeter mit geeignetem niedrigen Meßbereich, wie es Elektronik-Bastler besitzen.

- **Spannungsversorgung der Lambda-Sonde prüfen:** Kabelstecker der Lambda-Sonde trennen. Spannungsmeßgerät zwischen Signalleitung (braun/blaues Kabel) und Masse anschließen.
- Zündung einschalten. Das Meßgerät muß 0,4–0,5 Volt anzeigen. Zeigt das Gerät nichts an, Kabelverlauf zum Steuergerät prüfen.
- **Lambda-Sonde prüfen:** Kabelstecker wieder aufstecken.
- Motor warmfahren.
- In die Signalleitung der Sonde eine Nadel stekken. Meßgerät zwischen Nadel und Masse anschließen. Achten Sie darauf, daß die Nadel nicht an Masse gerät (Kurzschluß).
- Motor mit ca. 1500/min laufen lassen.
- Das Meßgerät muß kurze regelmäßige Spannungsschwankungen zwischen 0,1 und 0,9 V anzeigen.
- Sind nur langsame Spannungsschwankungen zu beobachten, ist die Beheizung der Lambda-Sonde defekt oder deren Stromzuleitung (siehe nachfolgenden Text).
- Keine Spannungsschwankungen: Lambda-Sonde defekt (auswechseln), Gemisch ständig zu mager oder zu fett (Einspritzung kontrollieren lassen) oder das Steuergerät ist schadhaft (prüfen lassen).
- **Sondenheizung prüfen:** Kabelstecker der Lambda-Sonde abziehen. Meßgerät zwischen Spannungsversorgung (weiß/schwarzes Kabel) und Masse (braunes Kabel) der Sondenheizung anschließen.

● Motor laufen lassen. Das Meßgerät muß 12 V anzeigen. Ist die Spannungsversorgung bzw. die Masseverbindung in Ordnung und können trotzdem nur langsame Spannungsschwankungen (siehe Vortext) beobachtet werden, bleibt als Defektmöglichkeit nur die Heizung der Sonde selbst.

● Keine Spannungsversorgung der Heizung: Stromversorgung ab Klemme 87B des Kraftstoffpumpenrelais prüfen.

<u>Fingerzeig:</u> Grundvoraussetzung für eine funktionierende Lambda-Regelung ist die richtige Leerlauf-Grundeinstellung, d.h. der CO-Gehalt muß stimmen, sonst liegt die Regelung stets an einem Ende des Regelbereichs. Gleiche Bedingungen bestehen, wenn das Gemisch durch Nebenluft (Seite 92) stark abgemagert ist.

Einzelteile ausbauen

Einspritzventile ausbauen

● Batterie-Massekabel abklemmen.
● 2,0-Liter: Kabel des Leerlaufdrehstellers abziehen. Beide Schlauchschellen lösen und Leerlaufdrehsteller ausbauen.
● 1,8- und 2,0-Liter: Unterdruckschlauch des Bremskraftverstärkers vom Ansaugrohr losschrauben.
● Alle Motoren: Kabelstecker von den Einspritzventilen abziehen.
● Vier Befestigungsschrauben des Verteilerrohrs losdrehen.
● 1,8- und 2,0-Liter: Halter der Kraftstoff-Vorlaufleitung lösen.
● Sicherungsklammer zwischen den Einspritzventilen und dem Verteilerrohr mit einem kleinen Schraubendreher nach vorn abdrücken. Einspritzventil aus dem Verteilerrohr herausziehen.
● 2,4-Liter: Kraftstoffleitungen am Verteilerrohr losschrauben. Vorsicht, Kraftstoff läuft aus!
● Verteilerrohr zusammen mit den Einspritzventilen vorsichtig aus dem Ansaugrohr herausziehen.
● Sicherungsklammer der Einspritzventile mit einem kleinen Schraubendreher abdrücken und Ventile aus den Verteilerrohr herausziehen.
● Alle Motoren: Gummi-Dichtring der Einspritzventile prüfen. Beschädigten oder gealterten Ring ersetzen.
● Zum leichteren und beschädigungsfreien Einsetzen des Ventils die Dichtringe mit Vaseline bestreichen. Nichts anderes verwenden!
● Einspritzventil mit Sicherungsklammer am Verteilerrohr befestigen.
● Verteilerrohr mit den Ventilen einbauen.

Luftmengenmesser ausbauen

● Schlauchschelle lösen und Luftschlauch zum Saugrohr abziehen.
● Mehrfachstecker vom Luftmengenmesser abziehen.
● Spannverschlüsse öffnen, Schrauben lösen und Luftfilteroberteil mit dem Luftmengenmesser abnehmen.
● Luftmengenmesser vom Luftfilteroberteil losschrauben.
● Beim Einbau Befestigungsschrauben des Luftmengenmessers mit Sicherungsmasse bestreichen und einschrauben.

Lambda-Sonde ersetzen

Das Gewinde der Sonde ist mit einem Spezialfett gegen Festfressen bestrichen. Es besteht aus flüssigem Graphit, das beim Heißwerden wegbrennt, und Glasperlen. Die Glasperlen verbleiben zwischen den Gewinde-

Das Foto zeigt die Einspritzventile am 2,0-Liter-Motor. Die Ventile sind unten mit einem Dichtring im Ansaugrohr eingesetzt und oben mit einer Sicherungsklammer am Verteilerrohr befestigt.

gängen und verhindern das Festfressen der Sonde. Eine neue Sonde ist mit diesem Spezialfett versehen, das Gewinde der alten Sonde muß damit (Opel-Nr. 1948602) bestrichen werden.

- Lambda-Sonde nur bei betriebswarmem Motor aus dem Auspuffrohr bzw. -krümmer herausschrauben.
- Im Motorraum Kabelstecker der Lambda-Sonde trennen.
- 2,0-Liter-Motor: Fahrzeug aufbocken.
- Wo vorhanden, Halteklammer des Sondenkabels vom Hitzeschutzschild abnehmen.
- Lambda-Sonde vom vorderen Auspuffrohr bzw. Auspuffkrümmer abschrauben. Hände gegen Verbrennungen schützen (Handschuhe, Lappen).
- Beim Einbau die Sonde mit 30 Nm festziehen.

Der Gaszug

Der Gaszug verbindet Gaspedal und Drosselklappe der Einspritzanlage. Sein größter Nachteil: Er ist sehr knickempfindlich, worauf wir beim Einbau besonders achten müssen.

Gaszug ausbauen

- Abdeckung links unter dem Armaturenbrett abbauen.
- Kunststoffnippel des Gaszugs am oberen Ende des Gaspedals herausziehen und Gaszug seitlich aushängen.
- Motorhaube öffnen. Kunststoff-Durchführung hinter dem Bremskraftverstärker von der Stirnwand abnehmen und Gaszug vollends herausziehen.
- Spange am Kugelkopf des vorderen Gaszugendes abdrücken und herausziehen.
- Gaszug vom Gasgestänge abhebeln.
- Beim Einbau des neuen Zuges Kugelkopf etwas fetten.

Gaszug einstellen

Grundsätzlich muß der Gaszug spannungsfrei – also mit etwas Spiel – eingebaut sein.

- Von Helfer das Gaspedal voll durchtreten lassen.
- Sicherungsklammer am Einstellstück herausziehen.
- Drosselklappe durch Straffziehen der Gaszughülle in Vollgasstellung bringen.
- Sicherungsklammer in die entsprechende Kerbe im Rastsegment am Ende der Gaszughülle stecken.
- **Kontrolle:** In Leerlaufstellung soll der Gaszug Spiel haben. Bei voll getretenem Gaspedal muß an der Einspritzanlage Vollgasstellung erreicht sein.
- Sollte der Gaspedalweg nicht ausreichen, kann er an der Schraube oben am Gaspedal entsprechend eingestellt werden.

Abgas-Untersuchung (AU)

Für Fahrzeuge mit geregeltem Katalysator ist in der Bundesrepublik erstmals drei Jahre nach Erstzulassungsdatum und darauf alle zwei Jahre eine Abgas-Untersuchung vorgeschrieben, bei der auch die Zündeinstellung und die Wirksamkeit des Katalysators geprüft wird. Wenn für den Omega eine »Fahrzeug-Hauptuntersuchung« beim DEKRA oder TÜV ansteht, muß zuerst die Abgas-Untersuchung erfolgen. Das geht nach unseren Erfahrungen am schnellsten in der Marken-Werkstatt. Zur Zeitersparnis kommt noch hinzu, daß in der Opel-Werkstatt immer die allerneuesten Einstelldaten vorliegen, die andere Werkstätten bzw. DEKRA oder TÜV erst mit einer gewissen Verzögerung erhalten.

Bei der AU muß die Auspuffanlage intakt sein, und am Ansaugrohr darf keine »Falschluft« eintreten können. Stellen Sie außerdem sicher, daß der Luftfilter sauber ist sowie der Zündkerzen-Elektrodenabstand stimmt. Vorsichtshalber können Sie auch noch die Zündeinstellung kontrollieren. Nach monatelangem Kurzstreckenbetrieb ist außerdem ein Ölwechsel ratsam. Das ins Motoröl gelangte Kraftstoffkondensat verschlechtert nämlich die Abgaswerte.

Für die Prüfung wird der Wagen an einen aufwendigen Werkstattester angeschlossen, dessen Drucker die erzielten Meßwerte zu einer Prüfbestätigung zusammenfaßt. Werden einzelne Vorgaben nicht erreicht, gibt's auch keine Prüfbestätigung. Bevor Sie bei nicht bestandener Abgas-Untersuchung ein teures Bauteil auswechseln (lassen), sollten Sie die Prüfung bei einer anderen Werkstatt wiederholen. Trotz aufwendiger Meßtechnik kommt es bei den Ergebnissen zu Streuungen. Manchmal genügt auch eine ausgedehnte Probefahrt, wobei Motor, Katalysator und Lambdasonde auf volle Betriebstemperatur kommen.

Fingerzeig: Wenn Sie die Wartung des Omega immer in der Werkstatt durchführen lassen, gehört die Abgas-Untersuchung grundsätzlich zum Umfang der Wartung dazu.

Das Foto zeigt Teile des Gaszugs (2).
1 – Befestigungsspange für Kugelpfanne;
3 – Sicherungsklammer zur Gaszugeinstellung.

Leerlauf prüfen und Abgastest

Wartung
Nr. 7 und 8

Diese Einstellarbeiten erübrigen sich bei Fahrzeugen mit Katalysator, denn hier gibt es nichts mehr einzustellen. Die Lambda-Sonde bzw. das Steuergerät übernimmt diese Aufgabe. Nur in Zweifelsfällen wird die Leerlaufdrehzahl (beim 2,0-Liter-Motor 720–880/min, beim 2,4-Liter-Motor 820–880/min) bzw. der CO-Gehalt (max. 0,4 Vol.%) nachgeprüft. Bei Nichterreichen der Sollwerte Unterdruckschläuche und Kraftstoffverdampfungskontrollsystem prüfen, Fehlerspeicher abfragen.
Die Leerlaufdrehzahl braucht bei Fahrzeugen mit Motronic-Einspritzung ohne Kat ebenfalls nicht korrigiert zu werden – die Motronic besitzt eine automatische Leerlaufregelung (siehe Seite 91). Das Einstellen des Leerlauf-Grundwerts (von dem die Regelung ausgeht) ist wie bei Fahrzeugen mit Kat nur in Ausnahmefällen nötig. Zuvor muß sichergestellt sein, daß die Drehzahlveränderung nicht von Störungen außerhalb der Einspritzanlage verursacht wurde.
Der Abgas-CO-Gehalt muß jedoch bei allen Versionen ohne Kat kontrolliert, was aber zwangsläufig bei der AU geschieht und mangels Gerät auch keine Arbeit für den Heimwerker ist.
Opel fordert bestimmte Voraussetzungen zum Einstellen von Leerlauf und Abgas:
○ Motor betriebswarm (mind. 80°C Öltemperatur)
○ Luftfiltereinsatz einwandfrei sauber
○ Elektrische Verbraucher ausgeschaltet
○ Zur Abgasmessung darf keine Absauganlage am Auspuff angeschlossen sein.

Leerlauf einstellen
L3-Jetronic

● Leerlaufdrehzahl an der Umluftschraube im Drosselklappenstutzen einstellen.
● **880/min** soll die Leerlaufdrehzahl beim 1,8-Liter-Einspritzer betragen; ± 30/min Abweichung vom Sollwert wird toleriert.

CO-Gehalt einstellen
L3-Jetronic,
Motronic ohne Kat

● Der Abgas-CO-Gehalt darf nicht mehr als **1,0 Vol.%** betragen.
● Die Abgas-Einstellschraube befindet sich am Luftmengenmesser unter einer Sicherungskappe.
● Zum Einstellen Sicherungskappe aus dem Luftmengenmesser heraushebeln.

<u>Fingerzeig:</u> Das Abklemmen der Batterie löscht bei Fahrzeugen mit Motronic den Drehzahl-Korrekturfaktor. Das System muß sich erst wieder langsam an den richtigen Drehzahlwert herantasten, was einige Minuten dauern kann. Also nicht gleich in Panik verfallen, wenn nach Austausch der Batterie der Wagen plötzlich nicht mehr richtig läuft, sondern erst einige Zeit fahren, bis die Einregulierung abgeschlossen ist.

Trennender Tritt

In einem Wagen mit Schaltgetriebe wird die Kupplung für zweierlei gebraucht: Zum einen muß sich mit ihr die Verbindung Motor/Getriebe beim Schalten trennen lassen, denn nur ein nicht belastetes Getriebe läßt den Gangwechsel zu. Zum zweiten kann die Kupplung beim Anfahren den laufenden Motor sanft, wenn auch schleifend, mit den zunächst noch stehenden Teilen des Antriebs »verbinden«.

Funktion der Kupplung

Die Kraftübertragung zwischen Motor und Getriebe erfolgt durch die Kupplung. Die arbeitet ausschließlich mit Reibung, und das kann man sich so vorstellen: Zwei Anlageflächen nehmen eine dritte in die Zange und halten sie so stark fest, daß sie sich mit den beiden anderen mitdrehen muß. Trick der Sache ist der, daß diese Verbindung jederzeit gelöst werden kann, denn sonst könnten beide Teile genauso gut miteinander verschraubt werden. Um die Teile beim Namen zu nennen: Fest mit dem Motor verbunden sind die **Schwungscheibe** und die federbelastete **Druckplatte.** Dazwischen eingeklemmt ist die **Mitnehmerscheibe,** die mit der Getriebewelle fest verzahnt ist.

Eine weitere wichtige Funktion hat das **Ausrücklager** zu erfüllen: Beim Niedertreten des Kupplungspedals wird es mittels des Kupplungsseilzugs gegen die Druckplatte gepreßt und übernimmt nun gewissermaßen die Federkraft der Druckplatte. Die Mitnehmerscheibe ist dadurch aus ihrer Zwangslage befreit und kann sich zwischen Druckplatte und Schwungscheibe frei drehen. Motor und Getriebe sind kraftmäßig getrennt.

Wird das Kupplungspedal wieder losgelassen, quetscht die Tellerfeder die Mitnehmerscheibe wieder an die Schwungscheibe und aus ist's mit der Freiheit. Alle drei Teile stellen wieder eine feste, kraftschlüssige Verbindung dar. Die Motorkraft kann auf den Antrieb übertragen werden.

Lebensdauer der Kupplung

Jedes Einkuppeln bewirkt, daß die Beläge der Mitnehmerscheibe an ihren Gegenreibflächen schleifen und dabei heiß werden. Besonders verschleißfördernd hierbei ist das Anfahren mit hoher Motordrehzahl – Kavalierstart genannt –, Anfahren im 2. Gang, »Herummogeln« an Kreuzungen im 2. oder 3. Gang mit teilweise getretenem Kupplungspedal oder das »In-der-Waage-halten« an einer Steigung mit Kupplungs- und Gaspedal.

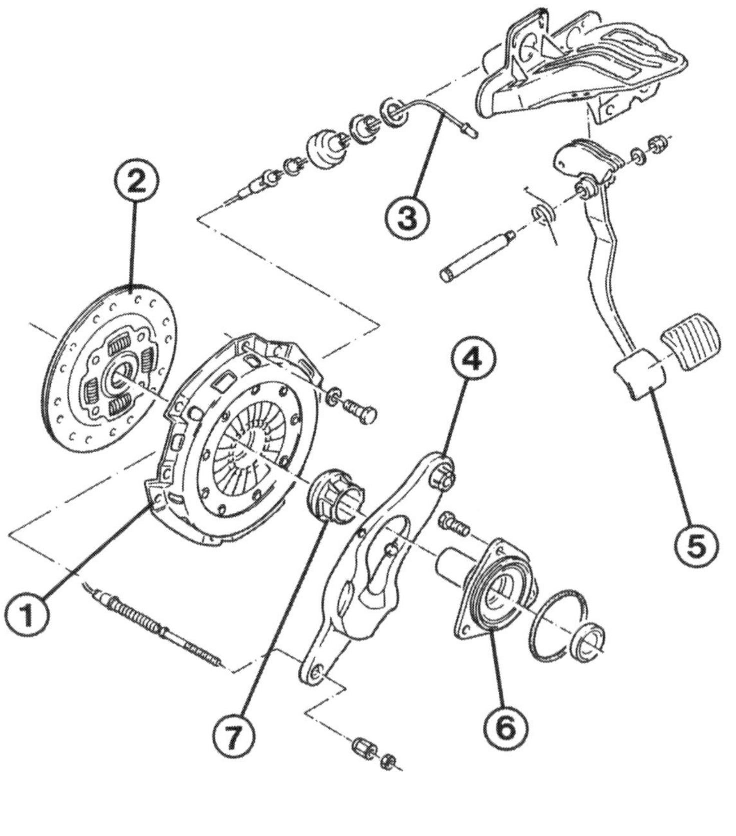

Zur Kupplung gehören die hier gezeigten Teile:
1 – Druckplatte;
2 – Kupplungsscheibe;
3 – Kupplungsseilzug;
4 – Ausrückhebel;
5 – Kupplungspedal;
6 – Drucklagerführung;
7 – Drucklager (Ausrücklager).

Auskuppeln beim Halt an der Kreuzung?

Recht verbreitet ist die Angewohnheit, mit eingelegtem 1. Gang und durchgetretener Kupplung an der roten Ampel zu warten. Mancher fürchtet, den Gang nicht gleich einlegen zu können, wenn das grüne Licht den Weg freigibt.
Wenn auch kein direkter oder sofort meßbarer Schaden entsteht, so beansprucht das Auskuppeln doch das Ausrücklager und bewirkt so wieder Verschleiß. Je öfter und länger das vor den vielen Ampeln geschieht, desto früher ist dieses Lager abgenutzt.

Kupplung prüfen

Der Sinn der vorbeugenden Kupplungsprüfung bleibt fraglich, denn die Mitnehmerscheibe wird wohl kaum vor dem endgültigen Verschleiß gewechselt werden.
Das erste Anzeichen für einen Defekt ist, wenn die Kupplung durchrutscht. Eine schleifende Kupplung bemerken Sie beim Fahren zuerst im höchsten Gang unter Last. Der Motor dreht hoch, ohne daß die Fahrgeschwindigkeit in gleichem Maß zunimmt. Einen gewissen Aufschluß kann folgende Methode geben, die Sie aber nur gelegentlich anwenden sollten:

Schleift die Kupplung?

- Handbremse anziehen, Motor starten.
- 3. Gang einlegen, langsam einkuppeln und Gas geben.
- Bei einwandfreier Handbremse müßte der Motor abgewürgt werden.
- Dreht er durch, muß die Kupplungseinstellung kontrolliert und ggf. eingestellt werden.
- Prüfung wiederholen. Dreht der Motor weiterhin durch, wird ein Kupplungstausch fällig.

Trennt die Kupplung richtig?

Läßt sich das Getriebe auch bei warmen Motor nur schwer durchschalten oder wird der Schaltvorgang sogar von kratzenden oder krachenden Geräuschen »untermalt«, trennt wahrscheinlich die Kupplung nicht mehr richtig. **Nur selten ist dieser Effekt auf ein schadhaftes Getriebe zurückzuführen.** Um sicherzugehen, machen wir die Probe mit dem 1. oder dem Rückwärtsgang:

- Motor im Leerlauf drehen lassen.
- Kupplungpedal voll durchtreten, etwa drei Sekunden warten, dann den Rückwärtsgang einlegen.
- Läßt sich der Gang nur sehr schwer einlegen, oder ist sogar ein Kratzen hörbar, trennt die Kupplung nicht mehr sauber. Die Mitnehmerscheibe läuft also nicht ganz frei.
- Kupplungseinstellung kontrollieren, eventuell berichtigen.
- Prüfung nochmals durchführen. Kratzt es immer noch, sollten Sie unseren Störungsbeistand am Ende des Kapitels zu Hilfe nehmen.

Kupplungseinstellung kontrollieren

Wartung Nr. 31

Die Opel-Kupplung arbeitet ohne Spiel. Mit fortschreitender Abnutzung der Kupplungsbeläge wandert das Kupplungspedal aus der einmal eingestellten Grundstellung weiter nach oben in Richtung Fahrer. Eigentlich handelt es sich also um die Einstellung des Kupplungspedals. Sie erfolgt am Ende des Kupplungsseils, an der Verbindungsstelle zum Ausrückhebel.

○ Vor allen Arbeiten an der Kupplung das Einstellmaß (siehe nächsten Abschnitt) messen, wenn dabei die Kupplungsbeläge oder der Seilzug nicht ersetzt werden. Dieser gemessene Wert muß später wieder eingestellt werden.

○ Bei Ersatz von Kupplungsscheibe oder Seilzug muß eine neue Einstellung vorgenommen werden.

Kupplungspedalhöhe einstellen

- Zur Messung der Kupplungspedalhöhe benötigen Sie ein Maßband oder einen Meterstab.
- Meterstab am Kupplungspedal anlegen und den Abstand bis zur Fahrersitz-Vorderkante messen. Pedal dabei nicht durchtreten. Maß »1« notieren.
- Kupplungspedal nun voll durchtreten und in dieser Position den Abstand wieder messen und Maß »2« notieren.
- Die **Differenz** beider Meßwerte muß **155 mm** betragen. Zulässig sind bis zu 162 mm.
- Falls der Differenzwert vom Sollwert abweicht, ist eine Einstellung vorzunehmen:
- Fahrzeug aufbocken.
- Kontermutter am Ende des Kupplungszugs lösen. Einstellmutter entsprechend verdrehen, bis das vorgeschriebene Maß erreicht ist.
- Kontermutter wieder festschrauben.
- Bei richtiger Einstellung muß das Kupplungspedal immer etwas höher als das Bremspedal stehen. Eine Parallelstellung beider Pedale hat Kupplungs- und Schaltschwierigkeiten zur Folge.

Kupplungsseilzug ersetzen

- Fahrzeug aufbocken.
- Am Ende des Seilzugs die überstehende Gewindelänge bis zur Kontermutter messen und dieses Maß notieren.
- Kontermutter und Einstellmutter vom Seilzug abschrauben.
- Abdeckung unter dem Armaturenbrett im Fahrerfußraum abnehmen.
- Seilzug aus dem Kupplungspedal aushängen und aus der Kurvenscheibe herausnehmen.
- Im Motorraum den Kupplungsseilzug aus der Stirnwand unter dem Bremskraftverstärker herausziehen.
- Zum besseren Ausbau, wenn nötig, Relaiskasten hinter dem Federbeindom abschrauben und zur Seite legen.
- Kupplungsseilzug aus dem Motorraum herausnehmen.
- Neues Kupplungsseil von der Motorraumseite her in die Stirnwand einschieben.
- Seilzug in die Kurvenscheibe einlegen und am Pedal einhängen.
- Kupplungsseilzug in den Ausrückhebel am Getriebe einbauen.
- Einstellmutter auf den vorher ermittelten Wert aufschrauben. Mutter kontern.
- Einstellung des Kupplungspedals kontrollieren und berichtigen.

Fahren mit gerissenem Kupplungszug

Sollte der Kupplungszug unterwegs reißen, muß das noch nicht das Ende der Fahrt bedeuten. Zumindest ein nahes Ziel oder die nächste Werkstatt kann man auch ohne Kupplungsbetätigung erreichen. Bei feinfühligem Umgang mit Gaspedal und Schalthebel können Sie sogar hoch- bzw. herunterschalten.
Gang herausnehmen: Gas wegnehmen und Schalthebel in Richtung Leerlauf drücken. Bei schiebendem Wagen evtl. ein klein wenig Gas geben, falls der Gang »klemmt«.
Anfahren: Motor ausschalten, 1. Gang einlegen und Anlasser betätigen. Der Omega ruckelt los und setzt sich mit anspringendem Motor in Bewegung. Wer während der Fahrt nicht schalten will, fährt auf diese Weise in der Ebene im 2. Gang an.
Hochschalten: Im 1. Gang mit dem Anlasser anfahren. 1. Gang nur knapp über Leerlaufdrehzahl hinausdrehen (ca. 1000/min). Gas etwas zurücknehmen, Schalthebel in Leerlaufstellung ziehen. Gaspedal loslassen und den Schalthebel mit leichter Hand in Richtung des 2. Gangs drücken. Bei richtiger Motor- und Getriebedrehzahl rutscht der Gang fast von selbst hinein. Wenn Sie zu lange gewartet haben, müssen Sie ein klein wenig Gas geben, damit sich die Fahrstufe ohne Zähneknirschen einlegen läßt. Hat es nicht geklappt, halten Sie nochmals an und versuchen das Ganze von neuem. In die weiteren Gänge wird auf die gleiche Weise hochgeschaltet. Am leichtesten geht es in sehr niedrigen Geschwindigkeiten: In den 2. Gang bei höchstens 20 km/h, in den 3. bei 25 km/h, in den 4. bei 35 km/h und in den 5. bei 45 km/h.
Herunterschalten: Hierbei muß die Motordrehzahl angehoben werden, damit sich der nächstniedrige Gang einlegen läßt. Fuß leicht vom Gas, Gang herausnehmen, behutsam Gas zugeben und gleichzeitig den Schalthebel in Richtung des neuen Gangs drücken. Bei richtiger Motordrehzahl rutscht der Gang fast ohne

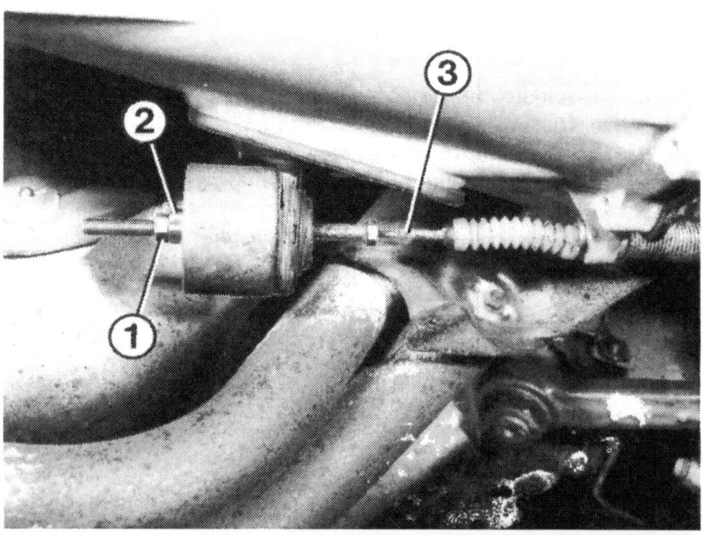

Zur Einstellung der Kupplungspedalhöhe Kontermutter (1) am Ende des Kupplungszugs (3) lösen und Einstellmutter (2) entsprechend verdrehen. Nach der Einstellung Kontermutter wieder festschrauben.

Nachdruck hinein. Auch das Herunterschalten geschieht wieder am besten bei niedrigen Drehzahlen und Geschwindigkeiten.

Kupplung ausbauen

An speziellen Werkzeugen wird für diese Arbeit ein Zentrierdorn für die Mitnehmerscheibe gebraucht (zum Beispiel Hazet Nr. 2173–1). Dieser Dorn ist nichts anderes als das Ende einer Getriebe-Antriebswelle.
Zur Not läßt sich die Kupplungsscheibe jedoch auch mit einem anderen passenden Dorn (Stahlbolzen, runder Holzstab etc.) behelfsmäßig zentrieren.

- Getriebe ausbauen (Seite 108).
- 6 Halteschrauben der Druckplatte zunächst nur eine Umdrehung lösen, damit sich die Druckplatte entspannt.
- Dreht sich die Schwungscheibe beim Lösen der Schraube mit, Schraubendreher als Arretierung in die Verzahnung der Schwungscheibe stecken.
- Schrauben vollends herausdrehen, Druckplatte und Mitnehmerscheibe abnehmen.
- Schwungscheibe mit einem benzingetränkten Lappen abwischen.
- Verschleiß an der Mitnehmerscheibe beurteilen:
- Ist noch genug Belagmaterial vorhanden oder stehen die Messingnieten (meist zuerst an der Druckplatten-Seite) schon bedrohlich weit vor? Opel gibt kein exaktes Verschleißmaß an, man muß sich also aufs Gefühl verlassen.
- Einseitige Abnutzung dürfen die Beläge ebensowenig aufweisen wie Risse.
- Ferner den festen Sitz der Schraubenfedern und der Belagnieten prüfen.
- Verschleiß der Druckplatte beurteilen:
- Zeigen die Spitzen der Tellerfeder Einlaufspuren tiefer als 0,3 mm?
- Stehen die Tellerfederspitzen alle schön parallel zur übrigen Druckplatte oder bilden sie an einer Stelle ein Tal?
- Sind alle Nieten noch fest?
- Sind die Blattfedern unter dem Anlagering in Ordnung?
- Ist der Anlagering selbst frei von Rissen und Riefen?
- Außerdem darf der Ring zur Mitte hin nicht stärker als 0,3 mm durchgebogen sein (Metallineal auflegen). Sonst Druckplatte auswechseln.
- Kleines Nadellager hinten in der Mitte der Kurbelwelle und das Ausrücklager auf Leichtgängigkeit prüfen.

Kupplung einbauen

Der Ausbau der Kupplung ist eine aufwendige Arbeit. Jedes der verschleißempfindlichen Teile, wie Mitnehmerscheibe, Druckplatte und Ausrücklager, sollte deshalb schon beim kleinsten Zweifel an seiner Funktionstüchtigkeit ausgetauscht werden. Sonst besteht die Gefahr, daß dieselbe Arbeit bald wieder ins Haus steht. Noch besser: Kompletten Kupplungssatz einbauen, wie ihn auch der Zubehörhandel anbietet.
Auch austretendes Motor- oder Getriebeöl kann die neue Kupplung schon bald wieder lahmlegen. Deshalb auf Ölspuren im Kupplungsbereich achten, und die Dichtringe der Kurbelwelle bzw. Getriebe-Eingangswelle gegebenenfalls gleich ersetzen.

- Getriebe-Eingangswelle mit Molykote Longterm 2 im Bereich der Verzahnung einfetten.
- An der neuen Druckplatte das Korrosionsschutzwachs vollständig entfernen.
- Mitnehmerscheibe so auf das Schwungrad auflegen, daß die Aufschrift »Getriebeseite« sichtbar ist.
- Druckplatte auf das Schwungrad setzen und Schrauben lose eindrehen.
- Halteschrauben handfest eindrehen und Mitnehmerscheibe zentrieren. Sie muß genau mittig auf der Schwungscheibe sitzen, damit anschließend die Getriebewelle eingeführt werden kann. Dazu den Zentrierdorn oder Behelfswerkzeug verwenden.
- Schrauben – in mindestens zwei Durchgängen – nacheinander bis auf 22 Nm anziehen.
- Ausrücklager prüfen, Lagerungen und Führungen des Ausrücklagers fetten (siehe »Ausrücklager ausbauen«).

Fingerzeig: Neue Kupplungsbeläge liegen wegen ihrer rauhen Oberfläche nicht gleich auf der gesamten Reibfläche an. Sie müssen deshalb eingefahren werden, um sich ihren Gegenreibflächen anzupassen. Das soll durch sanftes und nicht etwa hartes Einkuppeln oder gar Schleifenlassen geschehen.

Das Ausrücklager

Das Ausrücklager wird beim Durchdrücken des Kupplungspedals vom Ausrückhebel auf die Tellerfederspitzen der Kupplungs-Druckplatte gepreßt. Die Kupplung wird dadurch entlastet. Dieses Drucklager ist wartungsfrei. Ist es defekt, macht es sich durch Mahlgeräusche bei getretener Kupplung bemerkbar. Deswegen muß es jedoch nicht sofort ausgewechselt werden. Man kann die Arbeit bis zum nächsten Kupplungswechsel aufschieben.

Ausrücklager ausbauen

- Getriebe ausbauen (Seite 108).
- Ausrückhebel mit Drucklager und Faltenbalg vom Getriebegehäuse abnehmen. Dazu Ausrückhebel vom Kugelbolzen abhebeln.
- Drucklager vom Ausrückhebel abnehmen.
- Vor dem Einbau des neuen Lagers Drucklagerführung mit Molykote Longterm 2 fetten.
- Kugelbolzen beim Ausrückhebel mit Federklammer ebenfalls mit Molykote-Fett bestreichen.
- Kugelbolzen beim Ausrückhebel mit Kunststoffbuchse werden mit Silikonfett bestrichen.

Störungsbeistand

Kupplung

Die Störung	– ihre Ursache	– ihre Abhilfe
A Kupplung rutscht	1 Kupplungsspiel zu klein	Nachstellen
	2 Kupplungsbeläge abgenutzt	Mitnehmerscheibe ersetzen
	3 Anpreßdruck der Kupplung zu gering	Kupplungsdruckplatte ersetzen
	4 Kupplungszug geht nicht zurück	Gängig machen oder Zug austauschen, Rückzugfeder ersetzen
	5 Belag verölt	Mitnehmerscheibe und defekte Getriebe- oder Kurbelwellendichtung ersetzen
	6 Kupplung wurde überhitzt	Defekte Teile ersetzen
B Kupplung trennt nicht	1 Zu großes Kupplungsspiel	Nachstellen
	2 Mitnehmerscheibe hat Schlag	Mitnehmerscheibe ersetzen
	3 Mitnehmerscheibe verzogen oder Belag gebrochen	Mitnehmerscheibe ersetzen
	4 Mitnehmerscheibe klemmt auf Getriebewelle	Getriebe ausbauen. Kerbverzahnung mit Drahtbürste gründlich reinigen. Anschließend mit Moly-Paste oder -Spray schmieren
	5 Belag nach sehr langer Standzeit an Schwungscheibe festgerostet	Mit eingelegtem 1. Gang starten. Kupplung dauernd durchtreten. Gaspedal ruckartig durchtreten und loslassen, um die Kupplung loszubrechen. Andernfalls ausbauen
	6 Tangential-Blattfeder der Druckplatte gebrochen	Druckplatte ersetzen
C Kupplung trennt nicht und rutscht gleichzeitig durch	Kupplungsdruckplatte defekt	Druckplatte auswechseln
D Kupplung rupft	1 Siehe A 3	
	2 Falsche Beläge	Mitnehmerscheibe ersetzen
	3 Druckplatte drückt schief	Kupplungsdruckplatte ersetzen
	4 Motor oder Getriebeaufhängung defekt	Motor- oder Getriebelager ersetzen
E Kupplungsgeräusche	1 Unwucht der Kupplungsdruckplatte bzw. Mitnehmerscheibe	Kupplungsdruckplatte bzw. Mitnehmerscheibe ersetzen
	2 Torsions-Dämpferfeder defekt	Mitnehmerscheibe ersetzen
	3 Ausrücklager defekt	Ausrücklager ersetzen
	4 Nietverbindungen in der Kupplung locker	Kupplungsdruckplatte ersetzen
	5 Nadellager hinten in der Kurbelwelle defekt	Nadellager ersetzen

Direktübertragung

Der Motor liefert nur in einem bestimmten Drehzahlbereich seine beste Leistung. Das Schaltgetriebe macht es möglich, diese Drehzahl einzuhalten, auch wenn sich die Fahrgeschwindigkeit oder die Belastung ändern. Dazu müssen bei einem Fahrzeug mit Schaltgetriebe vier oder wie beim Omega fünf Vorwärtsgänge von Hand sortiert werden.

Funktion des Schaltgetriebes

Die Motorleistung wird über die Kupplung auf die Eingangswelle des Schaltgetriebes geleitet. Auf dieser Eingangs- oder Antriebswelle sitzen 6 Zahnräder (einschließlich Rückwärtsgang), die mit 6 dazu passenden Zahnrädern auf der sogenannten Antriebswelle ständig im Eingriff stehen. Diese Zahnräder können frei umlaufen, bis eines von ihnen beim Schalten eines bestimmten Gangs mit seinem entsprechenden Gegenrad auf der Antriebswelle gekuppelt wird.

Das Verhältnis der Zähnezahlen des jeweiligen Zahnradpaars ergibt die betreffende Übersetzungsstufe. Alle Gänge – auch der Rückwärtsgang – sind bei unserem Omega »vollsynchronisiert«. Die Zahnräder auf der Antriebs- und Abtriebswelle sind auf »Nadeln« (stiftartige Rollen) gelagert. Es besteht also keine starre Verbindung zwischen Wellen und Rädern. Die Zahnräder bleiben, wie schon erwähnt, immer im Eingriff.

Beim Gangwechsel wird nicht etwa eine Verbindung zwischen den Zahnrädern, sondern zwischen Zahnrad und Welle hergestellt. Um die Drehzahlen von Welle und Zahnrad einander anzugleichen, läßt man einen Teil der Welle gegen einen Teil der anderen Welle über Reibelemente schleifen. Durch die Reibung wird die schnellere Welle abgebremst, bis bei Gleichlauf eine kraftübertragene Verbindung hergestellt werden kann. Da die Synchronisation für diese Drehzahlanpassung einen Sekundenbruchteil braucht, soll man besonders bei kaltem Motor und noch steifem Getriebeöl den Schalthebel nicht gewaltsam »durchreißen«.

Schaltung prüfen

- Motor im Stand laufen lassen.
- Kupplung durchtreten und alle Gänge nacheinander einlegen.
- Spüren Sie beim Betätigen des Schalthebels eine Schwergängigkeit oder einen Widerstand (»Hakeln«), dann muß die Schalteinstellung überprüft werden.

Schaltung einstellen

Zum Einstellen der Schaltung besitzt die Opel-Werkstatt das Spezialwerkzeug KM 631. Mit diesem Werkzeug wird der Schalthebel während des Einstellvorgangs in der Leerlaufstellung fixiert. Mit einem Helfer kann die Schaltung behelfsmäßig eingestellt werden.

- Kunstlederbalg des Schalthebels etwas zusammendrücken, von der Mittelkonsole abclipsen und nach oben schieben.
- Inneren Faltenbalg vom Getriebetunnel abziehen und nach oben umschlagen.
- Fahrzeug aufbocken und sichern.
- Einstellehre in Leerlaufstellung von oben in das Schalthebelgehäuse einsetzen. Oder Schalthebel von Helfer in Leerlaufstellung nach rechts drücken lassen. Schalthebel in dieser Stellung halten.
- Nahe dem Schalthebel an der Wagenunterseite Klemmschraube der Schaltstange lösen.
- Schaltstange von Hand oder mit einem Gabelschlüssel im Uhrzeigersinn (in Fahrtrichtung gesehen) bis zum Anschlag verdrehen.
- Klemmschraube festziehen.
- Wo vorhanden, Einstellehre aus dem Schalthebelgehäuse herausnehmen.
- Gänge bei laufenden Motor durchschalten. Bei Schwergängigkeit Einstellung wiederholen.
- Faltenbälge einbauen.
- Nach dem Zusammenbau Probefahrt durchführen und nochmals Leichtgängigkeit der Schaltung prüfen.

Schaltgetriebe auf Dichtheit prüfen

Undichte Stellen am Getriebe lassen sich lokalisieren, nachdem es mit Motorreiniger oder ähnlichen Mitteln gesäubert wurde. An folgenden Bauteilen kann im Laufe der Zeit die Abdichtung durchlässig werden:

- ○ Dichtring für das getriebene Tachometerschraubenrad
- ○ Trennstelle zwischen Motorblock und Getriebe
- ○ Dichtung zwischen Getriebegehäuse und Getriebedeckel
- ○ Dichtung Kardanwellenflansch
- ○ Getriebeöl-Ablaßschraube

Schaltgetriebe ausbauen

Der Wagen muß so aufgebockt werden, daß Sie an der Wagenunterseite bequem und sicher arbeiten können. Bei Wagen mit OHC-Motor ist die Kardanwelle mit sogenannten TORX-Schrauben – der Schraubenkopf sieht aus wie ein Stern – am Getriebeflansch befestigt. Dann benötigen Sie an zusätzlichem Werkzeug den dazugehörigen TORX-Steckschlüsseleinsatz für den Rätschenkasten in der Größe E 12.

- Bei Fahrzeugen mit Vergasermotor Luftfiltergehäuse abbauen.
- Omega aufbocken.
- Fahrzeuge mit Katalysator: Kleines und großes Hitzeschutzblech vom Wagenboden losschrauben und abnehmen.
- Alle: Befestigungsmutter des Schiebestücks am Kardanwellen-Mittellager mit dem Spezialwerkzeug KM 624 eine Umdrehung lösen. Ohne Sonderwerkzeug Mutter mit einer Rohrzange lockern.
- Drei Befestigungsmuttern lösen und Auspuffrohr vom vorderen Auspufftopf trennen.
- Auspuffhalter vom Getriebe-Querträger und vom Auspuffrohr abschrauben.
- Kardanwelle vom Getriebewellenflansch abschrauben. Zum Lösen der Schrauben bei Fahrzeugen mit OHC-Motor TORX-Steckschlüsseleinsatz verwenden.
- Wo vorhanden, Schwingungstilger 60° drehen und an die Gummikupplung der Kardanwelle anlegen.
- Flansch der Kardanwelle so weit vom Getriebeflansch abdrücken, bis die Kardanwelle zur Seite gelegt werden kann. Kardanwelle ggf. mit einem Montiereisen zurückschieben.
- Überwurfmutter lösen und Tachometerwelle vom Getriebe abnehmen.
- Bei Fahrzeugen mit Motronic stattdessen Kabelstecker vom Wegstrecken-Frequenzgeber abziehen.
- Kabelstecker vom Rückfahrlichtschalter über dem Tachometerwellenantrieb abziehen.
- Kupplungsseilzug am Ausrückhebel abschrauben, zuvor Einstellung am Gewindestück messen und notieren.
- Abdeckblech am Getriebegehäuse losschrauben und abnehmen.
- Beide vorderen Getriebe-Befestigungsschrauben am Motorblock abschrauben.
- Schaltgestänge am Schalthebel aushängen. Dazu Sicherung vom Bolzen abziehen und Bolzen aus dem Schaltgestänge und dem Schalthebel herausziehen.
- Befestigungsschrauben des Schaltstangenhalters (Ausleger) hinten am Getriebe losschrauben.
- Ausleger am Unterboden mit einem Montiereisen aushängen.
- Getriebe mit einem Hydraulikwagenheber abstützen.
- Getriebe-Querträger komplett abbauen und Getriebe ca. 5 cm absenken.
- Getriebe-Befestigungsschrauben vom Motorblock herausdrehen.
- Getriebe vom Motor abziehen und auf den Boden absenken.

Schaltgetriebe einbauen

Beim Wiedereinbau des Getriebes sollten Sie folgende Punkte beachten:

- Vor dem Einbau Kupplung prüfen (Seite 105).
- Getriebe-Antriebswelle vor der Montage reinigen und dünn mit Gleitfett Molykote Longterm 2 bestreichen.
- Beliebigen Gang einlegen.
- Getriebe anheben und waagrecht in die Kupplung einschieben.
- Falls beim Einschieben die Getriebe-Antriebswelle nicht in die Verzahnung der Kupplungsscheibe einrastet, Antriebswelle hinten hin- und herdrehen.
- Getriebe anschrauben. Die kürzere Getriebe-Befestigungsschraube am Anlasser eindrehen.
- Kardanwelle anflanschen.
- Bei der Version mit TORX-Schrauben unbedingt Unterlegscheiben unter den Schrauben verwenden.
- Nach dem Zusammenbau Kupplungseinstellung überprüfen, siehe Seite 103.
- Getriebeölstand kontrollieren (Seite 21).
- Wo nötig, Schaltung einstellen, siehe vorangegangene Seite.

Anzugs-Drehmomente

Bauteile		Nm
Getriebe an Motorblock		75
Getriebe-Querträger an Unterbau		45
Gummi-Dämpfungsblock an Querträger		20
Ausleger an Getriebe		22
Abdeckblech an Getriebe		20
Kardanwelle an Getriebeflansch	TORX-Schrauben	50+45° bis 60°
	Sechskantschrauben M 12×1,5	100
Befestigungsmutter an Schiebestück		40

Getriebegeräusche

Im Lauf der Zeit kann das Getriebe durch Geräuschentwicklung auf sich aufmerksam machen.

○ Zuerst sollten Sie nach dem Ölstand im Getriebe sehen.

○ Tritt ein heulendes Geräusch in einem Gang auf und verändert sich der Ton beim Gasgeben und Gaswegnehmen, dürfte die Verzahnung des betreffenden Gangradpaares verschlissen sein.

○ Bei Geräuschen in allen Gängen liegt es an den Getriebe-Wellenlagern.

○ Rauhe, mahlende Geräusche, die erst bei warmem Getriebe hörbar werden, weisen auf schlagende Sychronringe hin. Bei dünnflüssiger werdendem Öl wird dieses immer an derselben Stelle vom Synchronring weggedrückt.

Fingerzeig: Werkstätten wagen sich nur selten an die Reparatur oder Überholung eines Getriebes, sondern raten lieber zu einem Austauschaggregat. Preiswerter ist in den meisten Fällen der Einbau einer gebrauchten Schaltbox von der Autoverwertung.

Automatisches Getriebe

Kernstück aller Automatikgetriebe sind die sogenannten Planetensätze. Sie bestehen aus einem Zahnrad, um das drei weitere Zahnräder umlaufen. Über diese Anordnung ist ein Ringrad mit Innenverzahnung gestülpt. Jeweils zwei dieser Baugruppen sind zu einem Radsatz zusammengefaßt und bilden ein eigenes kleines Zweiganggetriebe.

Das Geniale an diesen Getrieben ist die Art, sie zu schalten. Dazu werden nämlich keine Zahnräder getrennt und zugeschaltet, sondern die Übersetzungsänderung erfolgt lediglich durch Festhalten oder Loslassen von Teilen des Planetensatzes. Das Schalten geschieht also ohne Unterbrechen des Kraftflusses. Das Halten und Lösen besorgen in der Praxis hydraulisch gesteuerte Bremsen bzw. Kupplungen.

Wann das Schalten zu erfolgen hat, bestimmt – je nach Ausführung – die hydraulische oder elektronische Getriebesteuerung nach den Kriterien Fahrgeschwindigkeit, Motorbelastung, Kickdown und Wählhebelstellung. Um ein mehrstufiges Getriebe zu erhalten, werden zwei oder drei Planetensätze hintereinandergeschaltet. So entsteht ein Drei- oder (wie im Omega) ein Vierganggetriebe mit Rückwärtsgang. Die Koordination der Radsätze erledigt die Getriebesteuerung.

Der Drehmomentwandler

Zwischen Motor und Automatikgetriebe sitzt keine herkömmliche Reibkupplung, wie wir sie vom Schaltgetriebe her kennen. Vielmehr wurde ein hydraulischer Drehmomentwandler verwendet, in dem das Drehmoment des Motors auf Schaufelräder übertragen wird. Bei laufendem Motor versetzt das mit ihm gekuppelte Pumpenrad die Wandlerflüssigkeit (ATF) in eine Drehbewegung und schleudert sie nach außen gegen das Wandlergehäuse. Dabei trifft die Flüssigkeit auf das sogenannte Leitrad, das den ATF-Strom in die vorgesehene Richtung lenkt. Dabei wird auch das mit dem Getriebe verbundene Turbinenrad in Drehung versetzt. Weil die Zahnräder des Planetengetriebes dauernd im Eingriff stehen und die Wandlerflüssigkeit bei laufendem Motor immer versucht – durch den Motor in Drehung versetzt – das Getriebe und damit auch die Antriebsräder zu bewegen, »kriecht« der Omega im Leerlauf, muß also mit der Fuß- oder Handbremse gehalten werden.

Verschiedene Getriebeversionen

Je nach Bauzeit und Motorisierung sind unsere Omega-Modelle mit zwei unterschiedlichen Automatikgetriebe-Versionen ausgestattet.

So wurde im 1,8-Liter-Omega und in der 2,0-Liter-Version bis Herbst '89 ein hydraulisch gesteuertes 4-Gang-

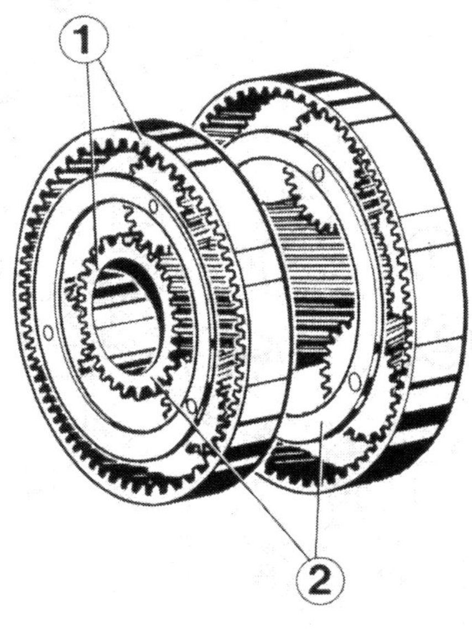

Bei einem Planetengetriebe sind alle Zahnräder ständig im Eingriff. Die verschiedenen Übersetzungsstufen werden ohne Zugkraftunterbrechung durch Antreiben oder Festhalten des Sonnenrades, der Planetenräder oder des Ringrades erreicht.
1 – angetriebene Teile; 2 – festgehaltene Teile.

Automatikgetriebe eingebaut. Im 2,4-Liter-Omega und im 2,0-Liter-Modell ab Herbst '89 hingegen kommt ein elektronisch-hydraulisches 4-Gang-Automatikgetriebe zum Einsatz.
Mit dem **hydraulisch gesteuertem Automatik-Getriebe** haben wir es schon mit einem recht aufwendigen Aggregat zu tun. Denn zur Vermeidung von Schlupf (was Verlust bedeutet) besitzt der Drehmomentwandler dieses Automatikgetriebes eine Überbrückungskupplung, die bei einer Getriebeöltemperatur von mehr als 20°C und einer Geschwindigkeit von über 80 km/h im 4. Gang wirksam wird. Getriebe und Motor sind dann starr miteinander verbunden. Zusätzlich kann man das Getriebe durch Tastendruck im Wählhebel vom 4. in den 3. Gang herunterschalten.
Vom Feinsten ist das **elektronisch-hydraulische 4-Gang-Automatikgetriebe.** Die Getriebesteuerung erfolgt durch eine Elektronikeinheit hinten rechts im Motorraum. Dieses Steuergerät verarbeitet Informationen von der Motronic, vom Getriebe und von einem Geschwindigkeits-Geber.
Nach Bedarf kann der Fahrer drei verschiedene Programme abrufen:
Sportliches Fahren oder energiesparendes Fahren sowie die Anfahrhilfe zum Anfahren auf schnee- oder eisbedeckten Fahrbahnen. Wird die Anfahrhilfe aktiviert, fährt das Fahrzeug im dritten Gang an. Dieses Programm schaltet sich bei Geschwindigkeiten über 80 km/h automatisch ab, sofern das manuelle Abschalten vergessen wurde. Motronic und elektronische Getriebesteuerung korrespondieren übrigens wechselseitig: Zum Beispiel wird nach Schaltvorgängen das Drehmoment des Motors durch automatisches Verstellen des Zündzeitpunkts kurzzeitig reduziert. Der Gangwechsel erfolgt dadurch ruckfrei und komfortabel.
Notlaufeigenschaften und Eigendiagnose wurden nicht vergessen. Bei gestörter Elektronik bleibt der Wagen fahrfähig. Das Eigendiagnosesystem speichert den Fehler, gleichzeitig zeigt es dem Fahrer durch Aufblinken der Sport-Kontrolleuchte in der Instrumententafel an, daß ein Defekt vorliegt. Die Werkstatt verfügt über einen Diagnoseschlüssel, der in den Stecker rechts im Motorraum eingesteckt wird. Auf diese Weise wird der gespeicherte Fehler über einen Blinkcode angezeigt.
Natürlich besitzt auch dieses Getriebe eine Wandler-Überbrückungskupplung. Sie wird im 3. Gang über 80 km/h und im 4. Gang über 100 km/h wirksam.

Fingerzeig: Sollte der Automatik-Opel einmal nicht anspringen, hilft Anschieben oder Abschleppen nicht. Der hydraulische Drehmomentwandler kann bei stehendem Motor keine Verbindung zwischen Triebwerk und Getriebe herstellen. Es geht nur mit Starthilfekabeln.

Automatikgetriebe prüfen

Für den Selbsthelfer bietet das Automatikgetriebe kaum Möglichkeiten zur Eigeniniative. Gezielte Prüfungen helfen jedoch, den Fehler einzukreisen, was nicht zuletzt beim Gebrauchtwagenkauf interessant ist:
○ Der ATF-Stand im Getriebe ist bei Störungen als erstes zu prüfen (Seite 22).
○ Riecht die ATF am Peilstab verbrannt, liegt ein schwerer Getriebeschaden vor. Die Bremsbänder bzw. Kupplungslamellen sind dann defekt.
○ Auf einer Probefahrt können die Schaltpunkte überprüft werden.
○ Beurteilen der Schaltvorgänge gehört dazu.
○ Die Einstellung des Gaskabelzugs zwischen Getriebe und Einspritzung bzw. Vergaser (hydraulisch gesteuertes Getriebe) ist eine wichtige Voraussetzung für fehlerfreie Arbeitsweise.
○ Gleiches gilt für die Einstellung des Wählhebels.

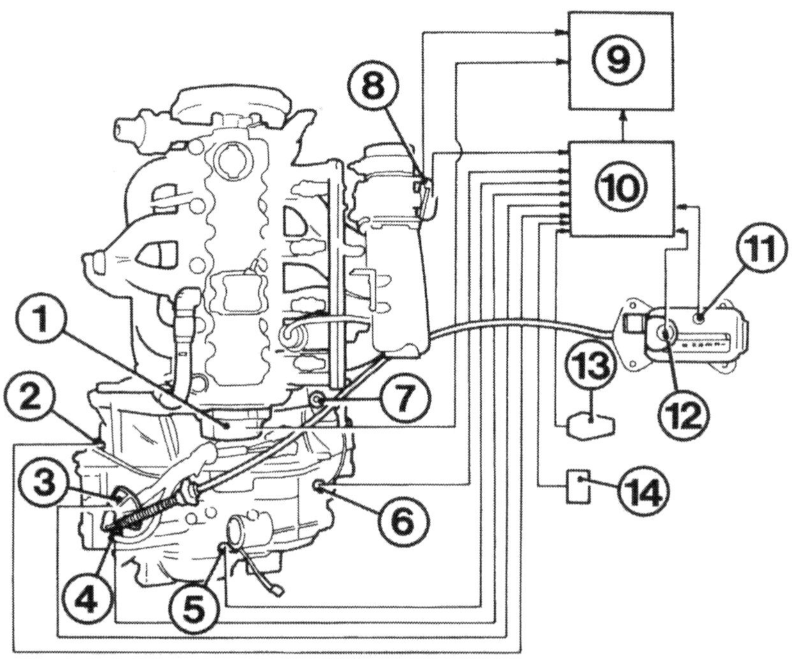

Das elektronisch-hydraulische Automatikgetriebe mit seinen dazugehörigen bzw. steuernden Teilen:
1 – Zündverteiler;
2 – Getriebeöl-Temperaturfühler;
3 – Wählhebel-Positionsschalter;
4 – Steckverbindung der Magnetventile;
5 – Impulsgeber für Getriebe-Eingangsdrehzahl;
6 – Impulsgeber für Abtriebsdrehzahl;
7 – Anschluß für Tachowelle;
8 – Drosselklappen-Potentiometer;
9 – Steuergerät Motronic;
10 – Steuergerät automatisches Getriebe;
11 – Druckschalter »Winterprogramm«;
12 – Druckschalter im Wählhebel »Economy/Sport«;
13 – Kickdownschalter;
14 – Bremslichtschalter.

Schaltpunkte prüfen

Bei folgenden Fahrgeschwindigkeiten soll das automatische Getriebe schalten:

Motor	Gaspedalstellung	Hochschalten (km/h)			Zurückschalten (km/h)		
		1.–2. Gang	2.–3. Gang	3.–4. Gang	4.–3. Gang	3.–2. Gang	2.–1. Gang
E 18 NVR/18 SV	Kickdown berührt Kickdown durchgetreten	50–59 57–66	90–99 99–109	115–133 147–163	93–110 133–157	54–66 91–103	9–18 43–55
18 SEH	Kickdown berührt Kickdown durchgetreten	49–57 57–66	89–97 99–109	113–131 144–159	91–109 131–154	53–65 91–103	9–18 43–55
20 NE	Kickdown berührt Kickdown durchgetreten	51–61 59–68	93–103 102–113	119–137 163–180	96–114 149–175	56–68 94–107	10–19 45–57
C 20 NE	Kickdown berührt Kickdown durchgetreten	51–61 59–68	93–103 102–113	121–140 163–180	98–116 149–175	56–68 94–107	10–19 44–57
C 24 NE	Kickdown berührt Kickdown durchgetreten	48 64	87 87	145 174	130 166	70 102	18 55

Beurteilen der Schaltvorgänge

Bei einer Probefahrt können Sie Ihre Aufmerksamkeit auf die Schaltvorgänge richten:

○ **Hochschalten:** Bei Teilgas ist der Gangwechsel kaum wahrnehmbar; bei Vollgas oder Kickdown werden die Übergänge etwas deutlicher, doch stets muß der höhere Gang geschmeidig fassen. Kurzes Hochdrehen beim Gangwechsel deutet auf Fehler hin, die genauer untersucht werden müssen.

○ **Herunterschalten:** Ohne Gas (beim Ausrollenlassen) kaum spürbar bei sehr niedrigen Geschwindigkeiten. Ein Stoß ist beim Rückschalten mit Teil- oder Vollgas normal. Das Zurückschalten ohne Gas mit dem Wählhebel dauert 1 bis 2 Sekunden. Wird beim zwangsweisen Zurückschalten mit dem Wählhebel Gas gegeben, erfolgt der Gangwechsel ohne Verzögerung.

Störungsbeistand

Automatikgetriebe

Die Beanstandung	– ihre Ursache
A Ruckartige Schaltübergänge beim Einlegen der Fahrstufen »D« oder »R« aus der Leerlaufstellung »N« heraus	1 ATF-Stand zu niedrig 2 Leerlaufdrehzahl zu hoch
B Starkes Kriechen im Leerlauf bei eingelegtem Fahrbereich	Siehe A 2
C Fahrzeug setzt sich bei eingelegtem Fahrbereich nicht in Bewegung, kein Antrieb in allen Fahrstufen	Siehe A 1
D Langgezogene, schleifende Schaltübergänge	Siehe A 1
E Verzögerter Antrieb nach längerer Standzeit	Siehe A 1
F Unregelmäßiger Antrieb in allen Fahrstufen	Siehe A 1
G Kickdown arbeitet nicht	Kickdownschalter defekt (elektronisch gesteuertes Getriebe) bzw. Kickdown-Seilzug oder Gaszug falsch eingestellt (hydraulisch gesteuertes Getriebe)
H Getriebe schaltet bei mittleren Geschwindigkeiten zu spät hoch	Siehe G
J Schlechte Beschleunigung, Höchstgeschwindigkeit wird nicht erreicht	1 Siehe A 1 2 Schlechte Motorleistung durch falsche Einstellung oder Verschleiß

Fingerzeig: Fahrzeuge mit Automatikgetriebe dürfen nicht weiter als 40 bis 50 km geschleppt werden, sonst reicht die Getriebeschmierung nicht aus. Aus dem gleichen Grund gilt eine Höchstgeschwindigkeit von 50 km/h.

Die Kardanwelle

Die Kardan- oder Gelenkwelle überträgt die Motorkraft vom Getriebe zur Hinterachse – genauer gesagt zum

Hinterachsgetriebe. Die Welle verläuft in Fahrzeugmitte im sogenannten Kardantunnel. Sie ist zweiteilig und besitzt an der Verbindung beider Hälften eine zusätzliche Lagerung, das Mittellager. Vorn und hinten ist die Welle über eine Gelenkscheibe aus Gummi mit dem Getriebe bzw. dem Hinterachsgetriebe verbunden. In der Mitte der Kardanwelle finden wir ein Kreuzgelenk.
Als Besonderheit besitzt die Kardanwelle am vorderen Gelenkwellenrohr eine Schiebeverzahnung. Wird sie gelöst, kann das vordere Gelenkwellenrohr nach hinten geschoben werden. Somit erspart man sich zum Aus- und Einbau des Getriebes den zusätzlichen Ausbau der Kardanwelle.

Störungssuche

Kardanwelle

○ **Vibrationen und Brummgeräusche** deuten auf Störungen im Rundlauf der Welle: Fehlende Wuchtbleche lassen darauf schließen, daß die Wuchtung nicht mehr stimmt.
Beide Wellenhälften werden zusammen gewuchtet. Trennen der Teile ohne Kennzeichnung der Einbaulage der Teile zueinander macht die Wuchtung unwirksam. Weitere Möglichkeiten für Brummgeräusche: Defektes Gummigelenk, ausgeschlagenes Mittellager, verschlissenes Kreuzgelenk. Betreffende Teile ersetzen bzw. neue Kardanwelle einbauen.

○ **Pfeifgeräusche** können von einem defekten Mittellager herrühren.

○ **Rassel- und Schabgeräusche** haben meist ihre Ursache in zu großem Spiel am Schiebestück (Verbindung der Wellenhälften).

Kardanwelle ausbauen

- Wagen stabil aufbocken, damit an der Unterseite gearbeitet werden kann.
- Bei Fahrzeugen mit Katalysator kleines und großes Abschirmblech vom Unterbau losschrauben und abnehmen.
- Alle Fahrzeuge: Befestigungsmutter des Schiebestücks am Kardanwellen-Mittellager mit dem Spezialwerkzeug KM 624 eine Umdrehung lösen. Ohne Sonderwerkzeug Mutter mit einer Rohrzange lockern.
- Kardanwelle vom Getriebewellenflansch abschrauben.
- Zum Lösen der Schrauben bei Fahrzeugen mit OHC-Motor TORX-Schlüsseleinsatz E 12 verwenden.
- Wo vorhanden und nötig, Schwingungstilger nach Lösen der Schrauben um 60° drehen und an die Gummi-Gelenkscheibe anlegen. Der Schwingungstilger wird später zusammen mit der Welle abgenommen.
- Gummi-Gelenkscheibe vom Flansch des Hinterachsgetriebes abschrauben.
- Halter des Kardanwellen-Mittellagers vom Fahrzeug-Unterbau losschrauben.
- Vorderes Gelenkwellenrohr am Schiebestück so weit zurückdrücken, bis die Welle zur Seite gelegt werden kann. Kardanwelle ggf. mit einem Montiereisen zurückschieben.
- Gelenkwelle aus dem Kardantunnel herausziehen und ablegen.
- Die beiden Wellenhälften **nicht** voneinander **trennen** (siehe folgenden Fingerzeig).

Fingerzeig: Sollen hinteres und vorderes Teil der Kardanwelle getrennt werden, muß die Stellung der Teile zueinander zuvor mit Körner oder Farbpunkten markiert sein. Sonst stimmt beim anschließenden Zusammenbau die Wuchtung nicht mehr.

Kardanwelle einbauen

- Halter der Befestigung am Unterbau abschrauben, dabei auf die Ausgleichscheiben achten.
- Wird eine neue Kardanwelle eingebaut, zuvor Befestigungsmutter des Schiebestücks etwas lösen.
- Generell neue selbstsichernde Muttern verwenden.
- Halter mit den vorher abgenommenen Ausgleichscheiben montieren und mit 22 Nm anziehen.
- Gummi-Gelenkscheiben vorn und hinten an der Kardanwelle auf die Zapfen von Getriebe- und Hinterachsgetriebeflansch aufsetzen und Schrauben lose eindrehen.
- Achten Sie darauf, daß die vordere Gelenkwelle mit Schiebestück vor der Mittellager-Befestigung sitzt.
- Bei Fahrzeugen mit Schwingungstilger darauf achten, daß der Schwingungstilger zwischen Getriebeflansch und Getriebeendstück montiert wird.
- Mittellager mit 20 Nm anschrauben.
- Schrauben der Gummi-Gelenkscheiben am Getriebeflansch bzw. am Hinterachsgetriebeflansch anziehen. TORX-Schrauben 50 Nm + 45° bis 60°; Sechskantschrauben M 12 × 1,5 100 Nm.
- Befestigungsmutter des Schiebestücks mit 40 Nm festziehen.
- Abschirmbleche montieren.

Das Hinterachsgetriebe

Das Hinterachsgetriebe lenkt die Antriebskraft über Kegel- und Tellerzahnrad gewissermaßen rechtwinklig um die Ecke und über zwei Antriebswellen zu den Hinterrädern. Es paßt durch seine Übersetzung die Drehzahl der Kardanwelle der erforderlichen Raddrehzahl an und gleicht bei Kurvenfahrt die unterschiedlichen Radwege des inneren und äußeren Rads durch sein Kegelradgetriebe (Differential) aus.

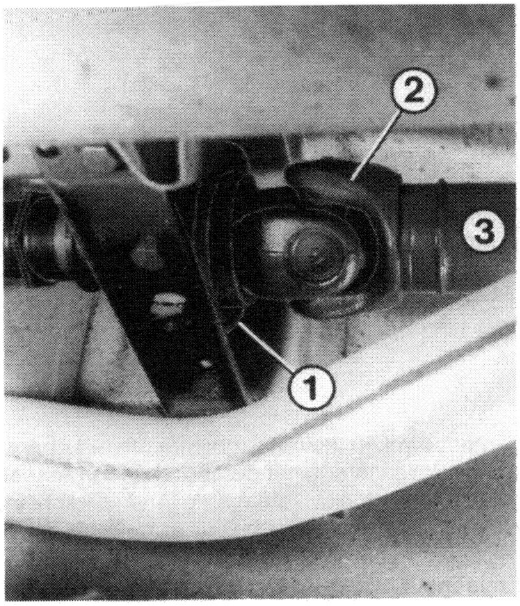

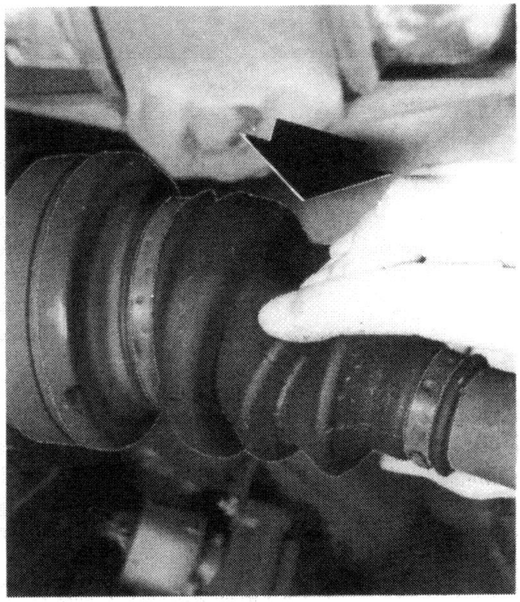

Links: Das Foto zeigt das Mittellager (1) und das Kreuzgelenk (2) der Kardanwelle (3).
Rechts: Die Manschetten (Pfeil) an den Enden der Antriebswellen schützen die Gelenke vor Feuchtigkeit und Schmutz. Eine regelmäßige Kontrolle der Manschetten und ihrer Schlauchbinder ist dringend anzuraten, denn eindringender Schmutz und Feuchtigkeit lassen ein Gelenk schnell ausschlagen.

Hinterachsgetriebe ausbauen

- Antriebswellen ausbauen.
- Bei einem Fahrzeug mit Katalysator kleines Hitzeschutzblech vom Wagenboden abschrauben.
- An der Kardanwelle Befestigungsmutter des Schiebestücks eine Umdrehung lösen, siehe auch »Kardanwelle ausbauen«.
- Haltegummis der Auspuffanlage am Querträger und am Fahrzeug-Unterbau abbauen.
- Auspuffanlage ca. 30 cm ablassen und mit Draht festbinden.
- Kardanwellen-Mittellager vom Unterbau losschrauben. Achten Sie dabei auf die Ausgleichscheiben.
- Gelenk am Hinterachsgetriebe abschrauben.
- Gummi-Gelenkscheibe mit Kardanwelle zurückschieben. Wenn nötig, Kardanwelle mit einem Montiereisen abhebeln.
- Hinterachsgetriebe mit einem Hydraulikwagenheber abstützen.
- Befestigungsschrauben des Dämpfungsblocks hinten am Hinterachsgetriebe lösen.
- Bei einem Fahrzeug mit ABS beide Halteböcke der Drehzahlfühler abschrauben.
- An beiden Schräglenkern Bremsschläuche aus den Halterungen nehmen.
- Hinterachsgetriebe mit dem Wagenheber so weit ablassen, daß die Halteschelle der Stabilisatorbefestigung auf dem Querträger abgebaut werden kann.
- Stabilisator nach oben verdrehen.
- Beide vorderen Befestigungsschrauben des Hinterachsgetriebes vom Querträger abschrauben.
- Hintere Halteschrauben am Querträger losschrauben.
- Hinterachsgetriebe ablassen.
- Beim Einbau Befestigungsschrauben des Hinterachsgetriebes mit 110 Nm anziehen. Anschließend Schrauben um 30° bis 45° weiterdrehen.
- Stabilisatorhalter mit 22 Nm anschrauben.
- Hinterachsgetriebe an Dämpfungsblock anschrauben (80 Nm).

Fingerzeige: Häufig wird übersehen, daß auch Getriebe und Hinterachse »eingefahren« werden müssen. Hier wird eine Schonzeit von mindestens 1000 km gefordert, in der bevorzugt mit wechselnden Geschwindigkeiten, jedoch nicht schneller als ⅔ der Höchstgeschwindigkeit gefahren werden soll. Gerade am empfindlichen Hinterachsgetriebe können sonst Schäden (Fresser) entstehen, die zu Laufgeräuschen, Überhitzung und Ölaustritt führen.

Die Antriebswellen

Zum Hinterachsantrieb gehören die Antriebswellen. Sie übertragen die Antriebskraft auf die Räder. Die Gelenke dieser Welle müssen dazu in der Lage sein, die Kraft bei allen Hinterachs-Federbewegungen gleichmäßig zu übertragen.
Diese Anforderung erfüllen sogenannte homokinetische Gelenke (Gleichlaufgelenke). Ihre Funktion beruht auf sechs Kugeln, die in speziell geschliffenen Laufbahnen beim Knicken des Gelenks hin und her laufen. So wird bei jedem im Fahrzeug möglichen Beugewinkel der Antriebswelle absolut gleichmäßige Kraftübertragung gewährleistet.

Manschetten der Antriebswellen prüfen

Wartung Nr. 20

Die Gelenke der Antriebswellen sind durch Gummimanschetten vor Feuchtigkeit und Schmutz geschützt. Deshalb sollten Sie diese Manschetten regelmäßig unter die Lupe nehmen, ob sie nicht durch Risse undicht geworden sind.

- Jeweils ein Antriebsrad hochbocken, Wagen absichern.
- Betreffende Achswelle langsam durchdrehen und beide Manschetten der Welle auf feine Risse und spröde Stellen kontrollieren.
- Sitzen die Haltebänder für die Manschetten fest?
- Fettspuren an der Manschette sind ein Alarmsignal, denn fehlendes Schmiermittel oder eindringender Schmutz bzw. Feuchtigkeit zerstören die Gelenkoberflächen sehr schnell.
- Beschädigte Staubmanschetten sofort ersetzen. Dazu muß die Achswelle ausgebaut und zerlegt werden.

Störungssuche

Antriebswellen

Gewöhnlich gibt es mit den Antriebswellen keine Probleme. Ihre Lebensdauer hängt natürlich von der Fahrweise ab. So führen z. B. häufige Vollgasstarts mit durchdrehenden Antriebsrädern zu frühzeitigem Defekt.

○ Die Gelenke der Antriebswellen zeigen meist schlagartig Ausfallerscheinungen, die aber zwischendurch wieder völlig verschwinden können. Die »ruhige Phase« kann sich über mehrere Tage und Kilometer erstrecken.

○ Charakteristisch sind **rhythmische Schlag- oder Knack-Knack-Geräusche** beim Gasgeben und im Schiebebetrieb.

○ Einfachste, aber teuerste Reparaturmöglichkeit ist der Einbau kompletter Austausch-Antriebswellen (evtl. vom Zubehörhandel).

○ Billigere Methode: ein einzelnes Gelenk auswechseln. Schwierig ist allerdings, das defekte Gelenk zu lokalisieren. Am besten erkennen Sie den Übeltäter durch konzentriertes Horchen während der Fahrt.

○ Bei ausgebauter Welle sind schadhafte Gelenke leichter zu erkennen: Sie lassen sich nur schwer und ruckartig durchdrehen. Nach dem Zerlegen und Auswaschen der Gelenke zeigen sich die Schäden an den Kugel-Laufflächen am Außenring.

Antriebswelle ausbauen

- Handbremse anziehen.
- Wagen aufbocken und sichern.
- 6 Innensechskantschrauben lösen und Achswelle vom Radzapfenflansch abdrücken. Wo nötig, Montiereisen zum Abdrücken benützen.
- Antriebswelle nach oben legen.
- Antriebswelle mit dem Opel-Werkzeug KM 617 oder zwei Flachmeißeln aus dem Sitz im Hinterachsgetriebe heraustreiben.
- Achswelle abnehmen.
- Beim Einbau Sicherungsring am Achswellengelenk erneuern.
- Antriebswellenverzahnung mit Öl fetten.
- Antriebswelle in das Hinterachsgetriebe einsetzen und so weit einschieben, bis der Sicherungsring einrastet.
- Antriebswelle am Radzapfenflansch mit 50 Nm anschrauben. Anschließend Schrauben 45° bis 60° weiter anziehen.

Antriebswelle zerlegen

Opel bietet als Ersatzteil nur das Antriebswellen-Außengelenk nebst einem Reparatursatz für die Gummimanschette. Das Innengelenk gibt es nur komplett mit der Welle.

Dementsprechend ist die einzige Zerlegarbeit der Ausbau des Außengelenks; eine Arbeit, die auch zum Austauschen der Gummimanschetten nötig wird.

- Antriebswelle ausbauen.
- Blech-Schutzkappe mit Durchschlag und Hammer vorsichtig vom Außengelenk herunterklopfen. Dabei den Durchschlag an mehreren Stellen rund um das Gelenk ansetzen.
- Spannband der Gummimanschette mit einem Seitenschneider aufschneiden.
- Am Außengelenk den Sicherungsring, der das Gelenk auf der Antriebswelle hält, mit zwei schmalen Schraubendrehern und etwas Geduld aus der Nut »popeln« und abnehmen. Wenn Seegerring verbaut, Seegerringzange benutzen.
- Außengelenk jetzt von der Welle abziehen; notfalls mit dem Hammer etwas nachhelfen.
- Will sich das Gelenk nicht lösen, muß es in der Werkstatt unter einer Reparaturpresse von der Welle gedrückt werden.
- Sollen die Gummimanschetten gewechselt werden, Spannbänder der alten Manschetten mit Seitenschneider durchschneiden.
- Manschetten von der Welle abziehen.
- Neue Manschetten montieren und mit MoS_2-Schmierfett füllen.
- Gereinigte Gelenke ebenfalls mit Fett bestreichen.
- Außengelenk bis zum Anschlag auf die Welle schieben und Sicherungsring einsetzen.
- Blech-Schutzkappe montieren und Antriebswelle einbauen.

Vierfüßler

Die Karosserie steht mit der nachgiebigen Radaufhängung sozusagen auf allen Vieren. Dazu gehört auch die Lenkung. Alles zusammen bildet das sogenannte Fahrwerk, von dem der oberflächliche Betrachter nichts sieht. Dabei gibt es über die Beine des Autos allerlei Interessantes zu berichten.

Die Vorderradaufhängung

Eine Vorderachse im landläufigen Sinn gibt es im modernen Automobilbau schon längst nicht mehr. Vielmehr sind die beiden Vorderräder – jedes für sich – »einzeln« an der Karosserie und am stabilen Vorderachsträger aufgehängt.
Kern der Vorderradaufhängung ist das sogenannte Federbein (siehe unten), an dem das Rad direkt befestigt ist und das sich gleichzeitig für Federung und Stoßdämpfung zuständig fühlt. Ein elastisch aufgehängtes Lager verbindet das Federbein an der Oberkante mit der Karosserie. Unten ist es über den sogenannten Querlenker gelenkig mit dem Vorderachsträger und der Karosserie verbunden. Mit der Lenkung haben die Querlenker übrigens nichts zu schaffen – ihren Namen bekamen sie vielmehr, weil an ihnen die Federbeine angelenkt (sprich: gelenkig aufgehängt) sind und weil sie quer zur Fahrtrichtung stehen.
An den Federbeinen ist ferner noch ein mehrfach gebogener Rundstab aus Federstahl befestigt – der sogenannte Stabilisator. Der bewirkt folgendes: Wenn bei Kurvenfahrten das kurveninnere Rad ausfedert, wird der Stabilisator in sich verwunden. Mit der so entstehenden Federkraft wird nun die kurvenäußere Radaufhängung unterstützt und somit deren Feder gewissermaßen verstärkt. Erfolg: Der Wagen neigt sich beim Kurvenfahren wesentlich schwächer. Federt der Wagen – etwa beim Bremsen – vorn gleichmäßig ein, bleibt der Stabilisator wirkungslos.

Der negative Lenkrollradius

Erwähnt sei noch eine konstruktive Besonderheit der Vorderradaufhängung: Die richtungsstabilisierende Lenkkinematik. Sie bringt beispielsweise Sicherheit beim Bremsen auf unterschiedlicher Straßenoberfläche zwischen rechtem und linkem Vorderrad.
Erreicht wird das durch den sogenannten Lenkrollradius, der beim Omega »negativ« ist. Das kann man sich so vorstellen: Wir verbinden den oberen und den unteren Lagerpunkt des Federbeins mit einer gedachten Linie und schauen, wo diese (verlängert nach unten) auf den Boden auftrifft. Beim Omega ist der Auftreffpunkt außerhalb der Reifenmitte.
Damit wird eine Umkehr der Kräfte erzielt, die auf das Fahrwerk wirken. Ist beispielsweise die Bremse am linken Vorderrad defekt, würde der Wagen beim Bremsen nach rechts ziehen. Nicht so beim Omega. Die am Rad ansetzende Kraft wirkt gewissermaßen entgegengesetzt auf das Fahrwerk, und die Tendenz zum Ausbrechen des Wagens wird ausgeglichen.

Die Radeinstellung

Die Vorderräder müssen für ein sicheres Fahrverhalten in Längs- und Seitenrichtung in bestimmten Winkelstellungen stehen. Damit Sie sich unter der Bezeichnung »Lenkgeometrie« etwas vorstellen können, haben wir hier die Begriffe mit einer entsprechenden Erläuterung zusammengestellt:
○ **Vorspur:** Bei Geradeausfahrt stehen die Räder vorn geringfügig enger zusammen als hinten. Sie rollen gewissermaßen aufeinander zu. Man sagt, die Spur ist »positiv« oder der Wagen hat »Vorspur«. Genau parallelstehende Räder haben nämlich das Bestreben, auseinanderzulaufen. Die Reibung zwischen Rad und

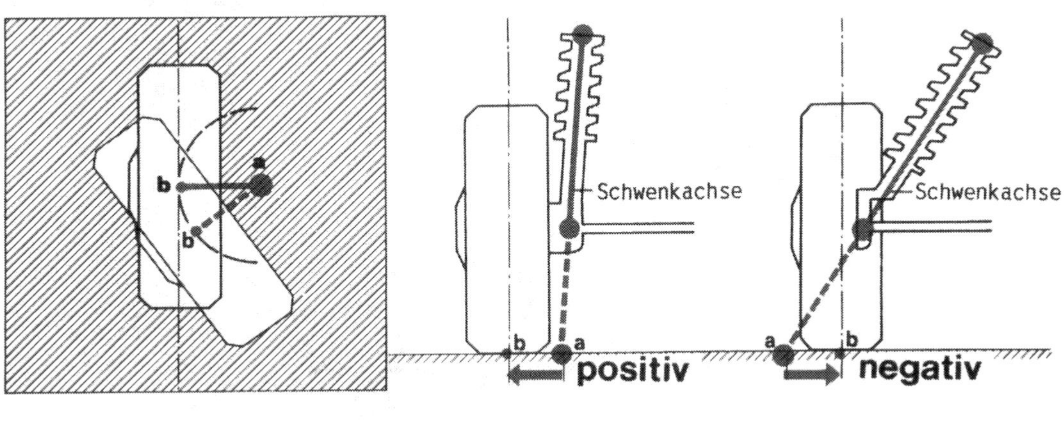

Trifft die (gedachte) Verlängerung der Schwenkachse außerhalb der Radmitte auf dem Boden auf, ist der Lenkrollradius negativ. Trifft sie innerhalb auf, ist er positiv. Unter der Schwenkachse versteht man die Linie, um die das Rad beim Lenken schwenkt.

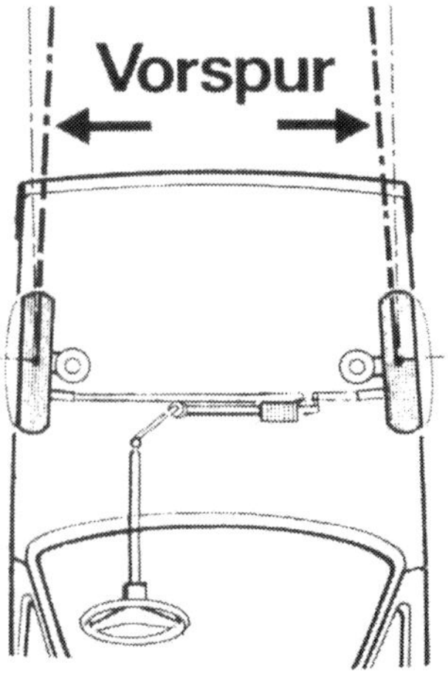

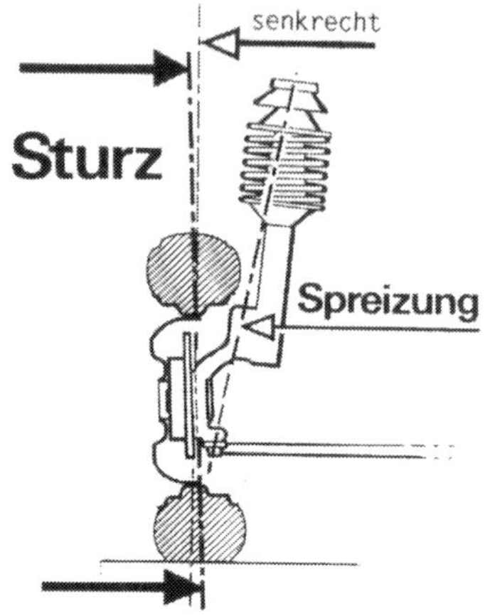

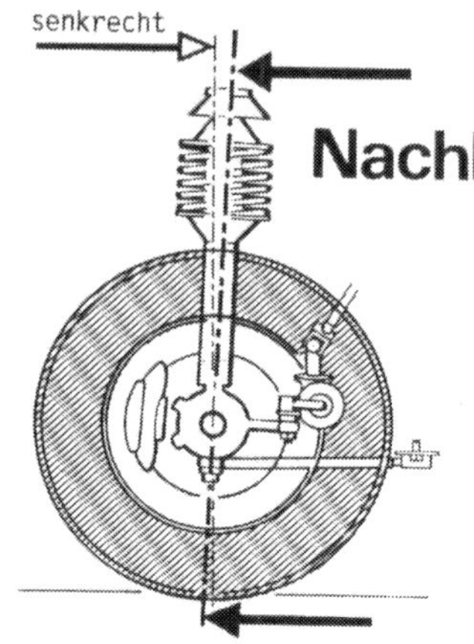

Damit Sie sich die Begriffe auf diesen Seiten besser vorstellen können, haben wir sie hier zeichnerisch deutlich gemacht.

Straße möchte das linke Rad nach links weg und das rechte Rad nach rechts drücken. Das führt zum Radieren der Reifen und Räderflattern. Durch die Vorspur laufen die Räder wunschgemäß parallel ohne das Bestreben, seitlich wegzuziehen.

Beim Hineinlenken des Wagens in die Kurve geht die Vorspur durch die trapezförmige Anordnung des Lenkgestänges in »Nachspur« über. Das kurveninnere Rad schwenkt stärker herum als das kurvenäußere. Dies ist auch notwendig, weil ja in einer Kurve die inneren Räder einen engeren Kreis fahren müssen als die äußeren. Das ergibt automatisch eine Unterstützung der Lenkbewegung und der Lenkkräfte.

○ **Sturz:** So nennt man die leichte Auswärtsneigung der Vorderräder – oben im Radkasten haben sie beim Omega einen engeren Abstand voneinander als unten am Boden. Das heißt in der Fachsprache »negativer« Sturz. Das Rad stemmt sich gewissermaßen gegen die Kurvenaußenseite.

○ **Spreizung:** Sie gehört zum Sturz. Spreizung ist die geringfügige Neigung der Schwenkachse, um die beim Lenken die ganze Geschichte schwenkt. Beide Schwenkachsen haben oben einen kleineren Abstand voneinander als unten. Sturz und Spreizung verhindern zusätzlich das Flattern der Räder. Ferner erleichtern sie das Einschlagen der Räder.

○ **Nachlauf:** Darunter versteht man die Schrägstellung der Schwenkachse in Fahrzeuglängsrichtung, wobei die Räder sozusagen gezogen werden. Das hilft, den Geradeauslauf zu stabilisieren und Flattern der Vorderräder zu verhindern. Außerdem bewirkt er eine Rückstellung der Lenkung nach Kurven.

Die Federbeine

Unter dem Begriff Federbein versteht man die Zusammenfassung von Feder und Stoßdämpfer in einer Einheit. Der Dämpfer ist in die Schraubenfeder hineingesteckt. Feder und Stoßdämpfer arbeiten genau in derselben Bewegungsrichtung, was gleichmäßige, für die Fahrzeuginsassen angenehme Federbewegungen ergibt. Solche Federbeine hat der Omega an der Vorderachse. Für die Vorderradfederung wurde ein Patent des Amerikaners Earl S. McPherson verwendet. Das nach ihm benannte Federbein stellt eine komplette Radaufhängung dar.

Der obere Befestigungspunkt an der Karosserie ist drehbar gelagert, so daß Lenkbewegungen überhaupt möglich sind. Das untere Ende der Federungseinheit steht auf dem Achsschenkel, durch den der Radzapfen für das Vorderrad läuft.

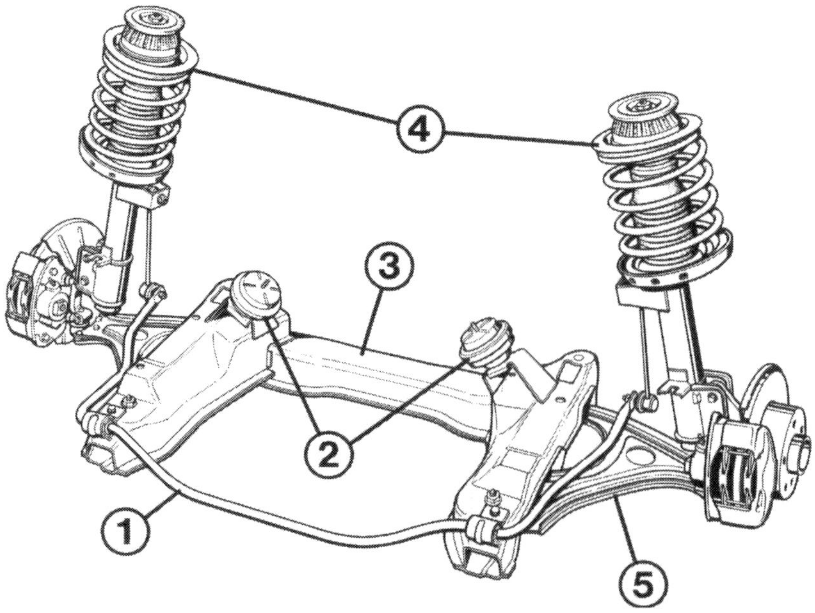

Die Vorderradaufhängung des Omega. Bezeichnet ist:
1 – Stabilisator;
2 – elastische Motoraufhängung;
3 – Vorderachsträger;
4 – McPherson-Federbeine;
5 – Querlenker.

Die Stoßdämpfer

Die Stöße der Fahrbahn schlucken Reifen und Federn. Die Stoßdämpfer indessen sollen die Schwingungen der Achsen und der Karosserie unterdrücken bzw. zum Abklingen bringen. Richtiger wäre daher die Bezeichnung »Schwingungsdämpfer«.
Serienmäßig sind sogenannte Zweirohrdämpfer eingebaut. Sie bestehen aus einem Arbeitszylinder, in dem ein mit einer Kolbenstange verbundener Arbeitskolben auf und ab gleiten kann. Der Arbeitszylinder ist von einem zweiten Zylinder umgeben, der als Vorratsbehälter für das Stoßdämpfer-Hydrauliköl dient. Bei Federbewegungen eines Rades verschiebt sich der Kolben im Zylinder. Das in Bewegung versetzte Spezialöl wird durch Ventile hindurchgepreßt, was die Kolbenbewegung verlangsamt und damit die Schwingungen des jeweiligen Rades dämpft.

Die Hinterachse

Als Hinterachse dient bei unserem Omega eine Schräglenker-Hinterachse. Die beiden Schräglenker – also die eigentliche Radaufhängung – sind gelenkig mit dem quer zur Fahrtrichtung eingebauten Achsträger verbunden. Im Gegensatz zur Vorderachse finden wir hinten Federn und Stoßdämpfer getrennt eingebaut. Als Feder wurde eine sogenannte Miniblock- oder Tonnenfeder verwendet, die bei geringer Bauhöhe einen großen Federweg erlaubt (die einzelnen Federwindungen legen sich beim Einfedern schneckenförmig ineinander).
Die Schräglenker-Hinterachse ist für ein fahraktives Auto wie den Omega wie geschaffen. Die Hinterräder werden sehr exakt geführt und erhalten – was die Seitenführung in Kurven verbessert – beim Einfedern einen stärkeren negativen Sturz. Beim Ausfedern verändert sich der Sturz dagegen nur geringfügig. Ferner besitzt die Hinterachse des Omega einen Stabilisator. Er hemmt die Seitenneigung des Hecks bei Kurvenfahrten.

Die Lenkung

Außer den LS-Caravan-Modellen mit 1,8- und 2,0-Liter-Motor sind alle Omega-Versionen mit einer sogenannten Kugelmutter-Hydrolenkung ausgestattet. Hinter diesem Doppelbegriff verbirgt sich folgendes:
Das Lenkgetriebe besteht im wesentlichen aus einer Spindel (verbunden mit dem Lenkrad) und einer darauf aufgeschraubten Mutter (verbunden mit dem Lenkgestänge). Durch diese Anordnung läßt sich eine Drehbewegung am Lenkrad in eine Hin- und Herbewegung an den Rädern umsetzen.
Durch das Gleiten der Mutter auf der Spindel würden diese Teile trotz Ölfüllung schnell verschleißen. Also muß eine Möglichkeit gefunden werden, die Reibung zu vermindern, und das geschieht mit Kugellager-Kugeln. Diese werden in den ausreichend bemessenen Zwischenraum in die Gewindegänge zwischen Mutter und Spindel eingefüllt. Erfolg: Jetzt haben wir an dieser Stelle statt Gleit-Reibung verschleißmindernde Roll-Reibung.
Damit nun das Lenken zur Spielerei wird, besitzen die Omega-Modelle in entsprechender Ausführung eine hydraulische Lenkkraftunterstützung – daher Hydrolenkung. Die unterstützende Hilfkraft ist dabei das unter hohem Druck stehende Hydrauliköl, das auf Arbeitszylinder geleitet wird, die sich ebenfalls im Lenkungsgehäuse befinden. In welche Richtung dabei das Öl gepumpt werden soll, bestimmen Sie beim Drehen des Lenkrads. Diese Drehung wird auf ein Ventilsystem (ebenfalls im Lenkungsgehäuse) übertragen, das Richtung und Menge des Flüssigkeitsstroms regelt. Den Druck im hydraulischem System erzeugt eine Flügelpumpe, die der Motor über einen Keilriemen antreibt.

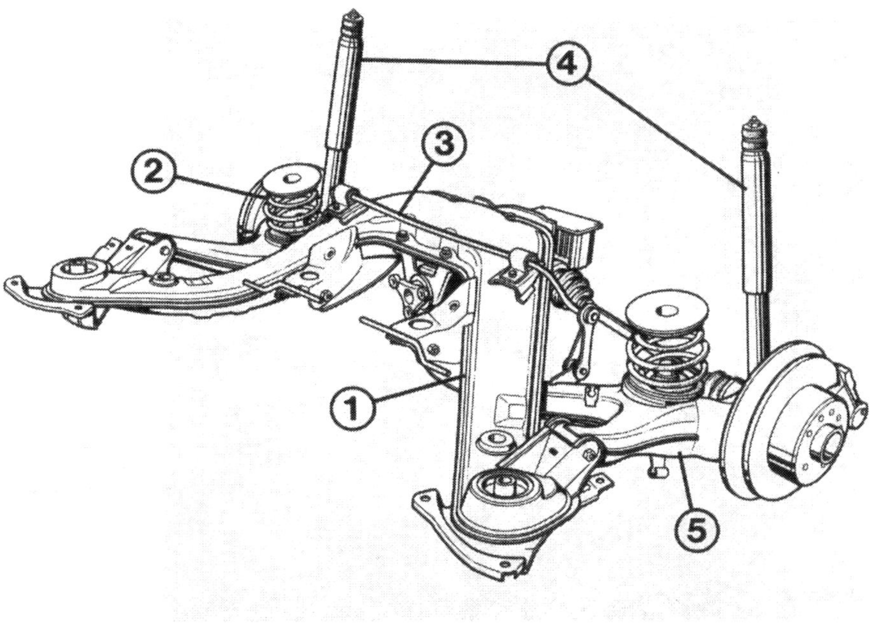

Die Zeichnung zeigt die Schräglenker-Hinterachse des Omega. Es bedeuten:
1 – Hinterachsträger;
2 – Miniblockfeder;
3 – Stabilisator;
4 – Stoßdämpfer;
5 – Schräglenker.

Lenkgetriebe der Servolenkung auf Dichtheit prüfen

Wartung Nr. 33

Im Lenkgetriebe der Servolenkung befindet sich als Hydraulikflüssigkeit die vom Automatikgetriebe her bekannte ATF (siehe auch Seite 22). Die Flüssigkeit wird von der Flügelpumpe unter hohen Druck gesetzt, weshalb schon bei kleinen Undichtigkeiten mit viel Flüssigkeitsverlust zu rechnen ist. Aus Sicherheitsgründen – schließlich wird die Lenkung ohne Servounterstützung schlagartig extrem schwergängig – sollte daher die Dichtheit des Systems geprüft werden. Um es nochmals zu sagen: Der Wagen läßt sich auch ohne Lenkkraft-Unterstützung steuern – allerdings bedeutend schwerer. Hier die Kontrolle:

● Die Überprüfung findet gewissermaßen mit der Kontrolle des Flüssigkeitsstands im Vorratsbehälter statt. Denn fehlt keine Flüssigkeit, kann sie auch nirgends ausgetreten sein. Wenn doch:

● Lenkrad bei laufenden Motor einmal nach rechts und nach links zum Anschlag drehen. So baut sich der größtmögliche Leitungsdruck in der Servolenkung auf, und Undichtigkeiten werden am ehesten sichtbar.

● Lenkrad an einem Anschlag festhalten und an folgenden Stellen nach Undichtigkeiten suchen:

● Am Drehkolbenventil: Es sitzt etwa dort, wo die Lenksäule ins Lenkgetriebe mündet.

● An den Abdichtungen der Lenkhebelwelle unten am Lenkgetriebe.

● An der Flügelpumpe der Servolenkung: Zum Feststellen von Undichtigkeiten muß evtl. vorher eine Motorwäsche durchgeführt werden.

● An den Leitungsanschlüssen: Alle Anschlüsse einzeln prüfen und evtl. nachziehen (42 Nm).

Staubkappen und Spiel der Spurstangenköpfe prüfen

Wartung Nr. 18

Die gelenkigen Spurstangenköpfe am äußeren Ende der Spurstangen bestehen aus Stahl-Kugelköpfen, die mit etwas Fett wartungsfrei in eine Kunststoffschale eingebettet sind. Schutz vor Staub und Feuchtigkeit erhalten die Gelenke durch Gummimanschetten, deren Zustand öfters kontrolliert werden soll.

● Kontrollieren Sie die Staubschutzmanschetten rundum auf Risse.

● Spurstangenköpfe mit gerissenen Manschetten sind generell als defekt anzusehen – austauschen.

● Ob die Gelenke Spiel aufweisen, können Sie bei aufgebocktem Wagen durch Hin- und Herschwenken des Rades um seine Vertikalachse oder durch Rütteln an der Spurstange feststellen.

● Andere Möglichkeit: Von Helfer das Lenkrad hin- und herdrehen lassen und bei auf dem Boden stehendem Wagen mit der Hand am Gelenk fühlen, ob Spiel vorhanden ist!

● Spurstangenköpfe mit Spiel sofort ersetzen!

● Auf die gleiche Weise wird geprüft, ob die Spurstangengelenke am Lenkgetriebe und am Lenkzwischenhebel spielfrei sind.

● Unter dem Wagen liegend wird gleich geprüft, ob sich Verschraubungen am Lenkgetriebe oder an der Lenksäule gelockert haben.

Staubkappen der Achsgelenke kontrollieren

Wartung Nr. 19

Die Gelenke an der Vorderachse zwischen Querlenker und Achsschenkel sind wartungsfrei. Die stählernen Kugelköpfe der Achsgelenke sitzen in einer Fett-Dauerfüllung und zusätzlich in Kunststoffschalen.
Als Schutz vor Nässe und Schmutz dienen Staubkappen aus Gummi. Eindringender Schmutz wirkt wie Schmirgelsand im Gelenk; Feuchtigkeit läßt es mit der Zeit festrosten.

In regelmäßigen Abständen sollen die Staubschutzmanschetten (Pfeile) der Spurstangenköpfe auf Schäden kontrolliert werden.

Wenn die Staubkappe eines Achsgelenks beschädigt ist, muß das Achsgelenk ersetzt werden. Das Gelenk ist mit dem Querlenker vernietet und muß zum Ausbau vom Querlenker abgebohrt werden.

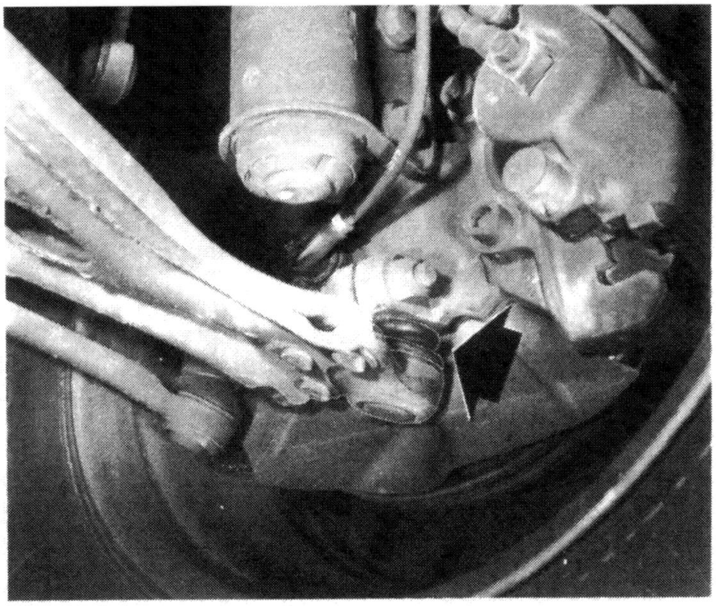

● Lenkung nach einer Seite voll einschlagen.
● Kappen der Achsgelenke rechts und links auf Beschädigungen kontrollieren.
● Eine beschädigte Staubkappe kann nicht einzeln ersetzt werden; man muß das komplette Gelenk austauschen. Was auch sinnvoll ist, denn sicher ist bereits Schmutz und Wasser durch den Riß eingedrungen.
● Damit gilt das Gelenk als defekt, noch bevor sich Spiel oder Quietschgeräusche bemerkbar machen.
● Gelenk austauschen, siehe Seite 124.

Radeinstellung messen

Nur nach einer harten Bordsteinberührung, einem Unfall, bestimmten Reparaturarbeiten an der Vorderachsaufhängung oder ganz einfach im Verdachtsfall wird die Radeinstellung vermessen. Das geht jedoch nur auf einem optischen Achsmeßstand.
Zur Messung dürfen die Teile der Radaufhängung und Lenkung kein zu großes Spiel aufweisen. Ferner beachten:
○ Reifendruck so einstellen, wie er für das Fahrzeug mit voller Belastung vorgeschrieben ist.
○ Schräg abgefahrene Reifen vor der Messung austauschen.
○ Unbelastet heißt einfach: ohne Fahrer. Die Einstellwerte für die Vorspur sind nur Richtwerte für die Inspektion.
○ Das Fahrzeug ist belastet: 2 x 70 kg auf den Vordersitzen, der Tank ist gefüllt.
○ Fahrzeug vor der Messung einige Male kräftig durchfedern.

Sollwerte für Fahrzeugvermessung	**Vorderachse**	
	Limousine	**Caravan**
Radsturz (nicht einstellbar) **Abweichung vom linken zum rechten Rad**	**–1°45′ bis –0°15′** **max. 1°**	**–1°45′ bis –0°15′** **max. 1°**
Nachlauf (nicht einstellbar) **Servolenkung** **Manuelle Lenkung** **Abweichung vom linken zum rechten Rad**	 **+4°30′ bis +6°30′** **+2° bis +4°** **max. 1°**	 **+4° bis +6°** **+1°30′ bis +3°30′** **max. 1°**
Vorspur (bezogen auf beide Räder)	**0° bis 0°20′ = 0,5 bis 2,5 mm**	**0° bis 0°20′ = 0,5 bis 2,5 mm**
Spurdifferenzwinkel bei 20° Innenradeinschlagwinkel (Vorspur = 0) **Servolenkung** **Manuelle Lenkung** **Abweichung vom linken zum rechten Rad**	 **–1°0′ ± 45′** **–1°30′ ± 45′** **max. 40′**	 **–1°0′ ± 45′** **–1°30′ ± 45′** **max. 40′**
	Hinterachse	
Radsturz (nicht einstellbar) **Abweichung vom linken zum rechten Rad**	**–2°20′ bis –1°0′** **max. 45′**	**–2°5′ bis –0°45′** **max. 45′**
Vor- bzw. Nachspur (bezogen auf beide Räder; nicht einstellbar) **Abweichung vom linken zum rechten Rad**	**0°5′ Nachspur bis 0°45′ Vorspur** **= 0,5 mm Nachspur bis 5,0 mm Vorspur** **max. 25′**	**0° bis 0°50′ Vorspur** **= 0 mm bis 6,0 mm Vorspur** **max. 25′**

Erkennungsmerkmale für falsche Radeinstellung

Wenn Sie fehlerhafter Lenkgeometrie beim Fahren auf die Schliche kommen wollen, müssen Sie zuerst sicherstellen, daß beide Vorderreifen dieselbe Reifensorte, Profiltiefe und den vorgeschriebenen Luftdruck (siehe Seite 154) aufweisen.

○ Stehen die **Lenkradspeichen bei Geradeausfahrt symmetrisch?** Ein schiefsitzendes Lenkrad ist oft das Zeichen für falsche Spureinstellung.

○ **Unruhiger Geradeauslauf;** er ist besonders gut auf schnee- oder eisglattem Untergrund zu erkennen. Überbreite Reifen können den Geradeauslauf trotz richtiger Radeinstellung ebenfalls verschlechtern.

○ **Zieht der Omega zur Seite** auf völlig ebener Fahrbahn und bei losgelassenem Lenkrad?

○ **Stellt sich die Lenkung** nach Kurven wieder **von selbst in Geradeausstellung?**

○ Schauen Sie sich die **Vorderräder** aus fünf bis zehn Meter Entfernung an – stehen sie in **Geradeausstellung symmetrisch zueinander?**

○ Ist das **Reifenprofil einseitig abgenutzt?** Bei scharfer Fahrweise ist es allerdings nicht ungewöhnlich, daß an beiden Vorderreifen die Außenkanten stärkere Verschleißspuren zeigen als innen.

○ Eine **verbeulte Felge** deutet auf eine harte Bordsteinberührung, wodurch die Geometrie der Federbein-Vorderradaufhängung leicht aus dem Winkel gerät.

○ **Weitere Ursachen** für fehlerhafte Stellung der Räder können verschlissene Gelenke bzw. Gummilager sein oder unsachgemäße Unfallreparaturen.

Lenkungsspiel prüfen

Wartung Nr. 34

● Linkes Seitenfenster herunterkurbeln. Stellen Sie sich neben den Wagen.

● Durchs Fenster greifen und Lenkrad kurz hin und her drehen. Bei einem Fahrzeug mit Servolenkung soll der Motor hierzu nicht laufen.

● Bewegt sich das linke Vorderrad aus der Geradeausstellung sofort mit? Achten Sie auf die Felge, denn der elastische Reifen kann einen Teil des Einschlags »schlucken«, ehe er sich bewegt.

Ursachen für Lenkungsspiel

○ Verschleiß im Lenkgetriebe. Das Lenkgetriebe kann nachgestellt werden (Seite 126)

○ Ausgeschlagene Spurstangengelenke; vor allem bei der mittleren Spurstange

○ Ausgeschlagene Lenkzwischenhebel (rechts anstelle des Lenkgetriebes angebracht)

○ Defektes Kreuzgelenk der Lenksäule

○ Verschlissene Gummi-Gelenkscheibe in der Lenksäule

Funktion der Servolenkung kontrollieren

Wartung Nr. 32

Auch bei ausgefallener Servounterstützung bleibt der Omega lenkfähig. Die Lenkung ist dann eben erheblich schwerer zu bedienen. Das eigentliche Gefahrenmoment ist jedoch der Schreck, wenn die Lenkunterstützung während der Fahrt plötzlich ausfällt.

● Die Servounterstützung funktioniert einwandfrei, wenn sich das Lenkrad bei laufendem Motor erheblich leichter drehen läßt als bei stehendem.

● Außerdem muß sich das Lenkrad von Anschlag zu Anschlag ruckfrei durchdrehen lassen.

● Und es muß sich nach Kurvenfahrten selbsttätig wieder in Mittelstellung drehen.

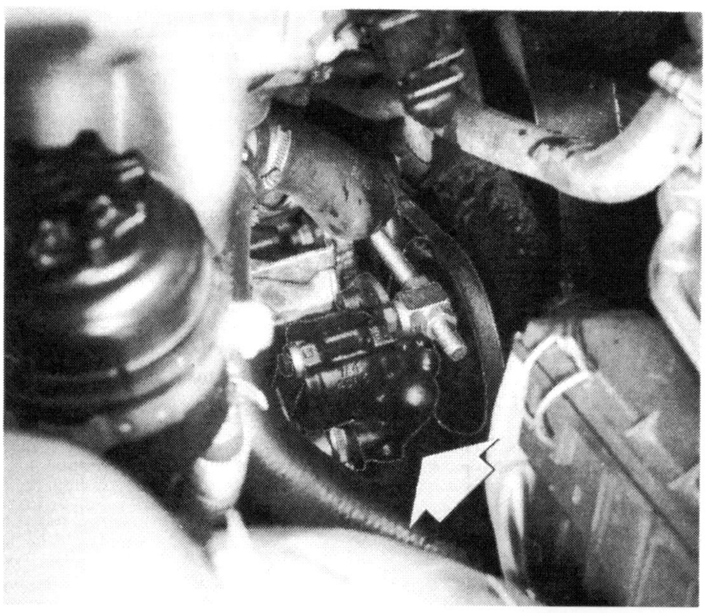

Die Flügelpumpe der Servolenkung: Beim 2,4-Liter-Omega sitzt die Pumpe (Pfeil) rechts am Motor, bei den 1,8- und 2,0-Liter-Modellen sitzt die Servopumpe unten links am Motor.

Keilriemen prüfen

Wie schon erwähnt, wird die Flügelpumpe der Servolenkung über einen Keilriemen vom Motor aus angetrieben. Mehr über das Prüfen des Riemens erfahren Sie auf Seite 187.

Flüssigkeitsstand prüfen

Was zum Prüfen des Ölstands im Vorratsbehälter der Servolenkung zu sagen ist, finden Sie im Schmierkapitel auf Seite 23 beschrieben.

Radlagerspiel prüfen

Wartung Nr. 35

Die Räder laufen vorn und hinten auf zweireihigen Kugellagern, die – mit Dauerfett montiert – für weitaus mehr als 100000 km gut sind. Defekte Lager machen durch Laufgeräusche auf sich aufmerksam: Wird das Geräusch in Rechtskurven lauter, ist meist eines der linken Radlager defekt. Auch Radlagerspiel ist eine Verschleißerscheinung. Das prüft man so:

- Fassen Sie nacheinander die fest am Boden stehenden Räder oben und versuchen Sie, diese quer zum Wagen zu bewegen.
- Bei einwandfreien Lagern darf praktisch keine »Luft« vorhanden sein.
- Ist Spiel spürbar, von Helfer kräftig die Fußbremse treten lassen und nochmals am Rad rütteln: Ist kein Spiel mehr vorhanden, lag es nur am Radlager. Trotzdem noch Spiel: Die Radaufhängung muß kontrolliert werden.
- Bei hochgebocktem Wagen können Sie noch prüfen, ob sich die Räder leicht drehen lassen (keine Schleif- oder Mahlgeräusche?).
- Defekte Radlager müssen ausgetauscht werden. Eine Nachstellmöglichkeit der Lager gibt es nicht.

Stoßdämpfer prüfen

Stoßdämpfer fallen gewöhnlich nicht schlagartig aus, sondern ihre Wirkung läßt allmählich nach, woran man sich unbemerkt gewöhnt. Faustregel: Nach zwei verschlissenen Reifensätzen besitzen die Stoßdämpfer nur noch 50 % ihrer ursprünglichen Wirkung und sind somit zur Erneuerung reif.
Keine genaue Diagnose erhält man durch die bekannte »Schaukelmethode« im Stand, bei der man den Wagen am betreffenden Kotflügel anschaukelt und plözlich losläßt. Die Federbewegung müßte sofort gedämpft werden. So läßt sich aber nur ein total ausgefallener Stoßdämpfer feststellen.
Ein genaueres Bild über den Stoßdämpferzustand liefert ein spezieller Prüfstand. Anhand des Diagramms hat man einen Anhaltspunkt über die Funktionsfähigkeit der Stoßdämpfer. Solche Prüfstände haben Autoclubs im »Wandereinsatz« sowie manche Werkstätten und TÜV-Stellen.

Störungsbeistand

Stoßdämpfer

Es gibt einige untrügliche Anzeichen für nachlassende Stoßdämpferwirkung:
○ **Flatternde Lenkung,** weil die Räder keinen ständigen Fahrbahnkontakt haben.
○ Nach Unebenheiten **schwingt die Karosserie nach.**
○ **»Schwammiges« Fahrverhalten** in Kurven, wobei die kurveninneren Räder nicht stark genug auf den Boden gedrückt und die äußeren nicht genügend entlastet werden.
○ **Vielfach unterbrochene Bremsspur** bei Vollbremsung (nicht bei ABS).
○ **Ungleichmäßige Abnützung der Reifen** und erhöhter Reifenverschleiß.
○ **Erhebliche Ölspuren** außen am Stoßdämpfer bis unter den Federteller des Federbeins. Geringe Leckverluste sind dagegen normal.

Eigenarbeiten an Fahrwerk und Lenkung

Vorsichtsmaßnahmen

Fahrwerk und Lenkung sind für die Verkehrssicherheit von entscheidender Bedeutung. Eigenarbeiten an diesen Teilen sollte wirklich nur derjenige vornehmen, der sich seiner Sache völlig sicher ist. Andere sind mit derartigen Instandsetzungsarbeiten in einer Fachwerkstatt am besten aufgehoben.
Wer jedoch unbedingt an diesen Teilen schrauben will, sollte wenigstens nicht blindlings drauflosschlossern, sondern nach fachkundiger Anleitung arbeiten. So sind auch die Arbeitsbeschreibungen dieses Kapitels zu verstehen.

Vorderradaufhängung zerlegen

An den Teilen der vorderen Radaufhängung läßt sich manches selbst aus- und einbauen. Für bestimmte

Arbeiten sind allerdings Werkstattgeräte erforderlich. Beschädigte Teile der Radaufhängung dürfen nicht gerichtet oder gar geschweißt, sondern müssen grundsätzlich erneuert werden.

Vorderen Stabilisator ausbauen

- Fahrzeug aufbocken und sichern.
- Gelenkstangen links und rechts vom Stabilisatorende losschrauben. Dazu Kugelbolzen der Gelenkstange mit einem Gabelschlüssel gegenhalten.
- Stabilisator-Lagerbügel beiderseits vom Vorderachsträger abschrauben.
- Stabilisator vom Vorderachsträger abnehmen.
- Wo nötig, Gelenkstangen von den Federbeinen losschrauben.
- Verschlissene Stabilisator-Gummilager ersetzen. Neue Gummilager mit Silikonspray einsprühen.
- Beim Einbau Gummilager so um den Stabilisator legen, daß der Schlitz nach vorn (in Fahrtrichtung) zeigt.
- Lagerbügel mit 40 Nm festschrauben. Gelenkstangen-Verschraubung mit 65 Nm anziehen. Neue selbstsichernde Muttern verwenden.

Federbein vorn komplett ausbauen

- Vorderrad abbauen.
- Bremssattel abschrauben (Seite 137) und mit angeschlossenem Schlauch an der Karosserie aufhängen.
- Fahrzeug mit ABS: Drehzahlfühler vom Achsschenkel losschrauben.
- Gelenkstange vom Stabilisator abbauen. Dabei Gelenk-Kugelbolzen mit einem Gabelschlüssel gegenhalten.
- Mutter vom äußeren Spurstangengelenk abschrauben. Gelenk mit einem handelsüblichen Abzieher vom Achsschenkel abdrücken.
- Verschraubung des Achsgelenks lösen und Gelenk von Hand aus dem Achsschenkel ziehen.
- Federbein unten abstützen, damit es nach Lösen der oberen Befestigung nicht herunterfallen kann.
- Fahrzeuge mit elektronisch geregeltem Fahrwerk: Schutzkappe vom Stoßdämpfer oben am Federbeindom abnehmen und Kabelstecker von der Kolbenstange abziehen.
- Am Federbeindom im Motorraum Befestigungsmutter abschrauben. Dabei Kolbenstange mit Innenvielzahnschlüssel M 12 gegenhalten.
- Federbein nach unten herausnehmen.
- Zum Einbau Federbein von unten in den Federbeindom einsetzen.
- Federbein oben festschrauben (55 Nm).
- Gelenkstange am Stabilisator mit neuer selbstsichernder Mutter auf 65 Nm anziehen.
- Achsgelenk in den Achsschenkel einsetzen. Neue Mutter mit 100 Nm festziehen.
- Spurstangengelenk in den Achsschenkel einsetzen und mit neuer selbstsichernder Mutter festschrauben (60 Nm).
- Bremssattel einbauen.
- Wo vorhanden, Drehzahlfühler wieder anschrauben bzw. Kabelstecker auf den Anschluß der elektronisch geregelten Fahrwerksdämpfung aufstecken.
- Bei dieser Ausbaumethode verändert sich die Radeinstellung beim Wiedereinbau desselben Federbeins nicht.

Stoßdämpfer vorn ausbauen

Zu dieser Arbeit ist eine Federspannvorrichtung unbedingt erforderlich. Zwei Federspanner werden mindestens gebraucht; besser sind drei. Ohne Verwendung der Federspannvorrichtung darf die Befestigungsmutter oben an der Stoßdämpfer-Kolbenstange nicht gelöst werden, denn die Feder steht unter hoher Vorspannung. Die Federbeinteile würden explosionsartig auseinanderfliegen – **Unfallgefahr!** Außerdem läßt sich die entspannte Feder so nicht mehr einbauen. Federspanner führt der Zubehörhandel.

- Federbein ausbauen (siehe vorhergehenden Abschnitt).
- Federbein ganz unten am Achsschenkel in einen Schraubstock einspannen.

Das Foto zeigt die beiden Befestigungsmuttern (Pfeile), mit denen der Stoßdämpfer am Achsschenkel angeschraubt ist.

- Federspanner an den Federwindungen ansetzen und Feder zusammenspannen.
- Damit die Federspanner nicht abrutschen, die betreffenden Federwindungen evtl. mit Klebeband umkleben.
- Mutter oben am Federbein mit einem gekröpften Ringschlüssel lösen. Dabei Stoßdämpfer-Kolbenstange gegenhalten.
- Stützlager mit beiden Anschlagscheiben von der Kolbenstange abnehmen.
- Federteller mit Dämpfungsring von der Feder abnehmen.
- Feder zusammen mit den Federspannern abnehmen.
- Soll der Stoßdämpfer ersetzt werden, Achsschenkel vom Stützrohr abschrauben.
- Als Ersatzteil wird der Stoßdämpfer nur zusammen mit dem Stützrohr geliefert.
- Einbau: Wurde der Stoßdämpfer erneuert, Achsschenkel an den neuen Stoßdämpfer anschrauben. Hierzu können Sie die alten Schrauben und Muttern verwenden. Aus Sicherheitsgründen müssen Sie diese aber bei der nachfolgenden Radeinstellung durch neue ersetzen.
- Feder auf den unteren Federteller aufsetzen.
- Dämpfungsring so auf die Feder legen, daß die Aussparung am Ring am Federende liegt.
- Alten Anschlagpuffer aus dem Federteller herausdrücken. Neuen Anschlagpuffer mit Seifenwasser anfeuchten und samt Schutzbalg in den Federteller einpressen.
- Federteller so auf den Dämpfungsring auflegen, daß das Stanzloch gegenüber der unteren Federbeinbefestigung steht.
- Neues Kugellager in das Stützlager einsetzen. Der gelb eingefärbte Kugellager-Außenring muß nach dem Einbau unten im Federteller liegen.
- Stützlager zusammen mit den Anschlagscheiben auf die Kolbenstange schieben. Kontrollieren Sie, ob das Kugellager genau zwischen Stützlager und Federteller liegt.
- Neue selbstsichernde Mutter für die Stützlagerbefestigung mit 70 Nm anziehen.
- Feder entspannen und Federbein einbauen.
- Falls der Stoßdämpfer vom Achsschenkel getrennt wurde, Radeinstellung sofort kontrollieren lassen. Hierbei die alten Befestigungsschrauben und -muttern zur Sturzeinstellung durch neue ersetzen.

Querlenker ausbauen

- Fahrzeug aufbocken und Vorderrad abmontieren.
- Verschraubung des Achsgelenks lösen und Gelenk von Hand aus dem Achsschenkel ziehen.
- Beide Gelenkstangen von den Stabilisatorenden abbauen. Hierbei Gelenk-Kugelbolzen mit einem Gabelschlüssel gegenhalten.
- Stabilisator hochschwenken.
- Beide Befestigungsmuttern des Querlenkers lösen, Schrauben herausziehen und Lenker vom Vorderachsträger abnehmen.
- Einbau: Querlenker mit neuen Schrauben und Muttern am Vorderachsträger lose anschrauben.
- Vor dem Festziehen der Muttern Querlenker bis zur Waagrechten anheben.
- Vordere Befestigungsmutter des Querlenkers mit 120 Nm anziehen. Anschließend Mutter 30° bis 45° weiterdrehen.
- Achsgelenk am Achsschenkel festschrauben. Hierzu Schraube von hinten nach vorn (in Fahrtrichtung gesehen) einsetzen und mit neuer selbstsichernder Mutter festschrauben (100 Nm).

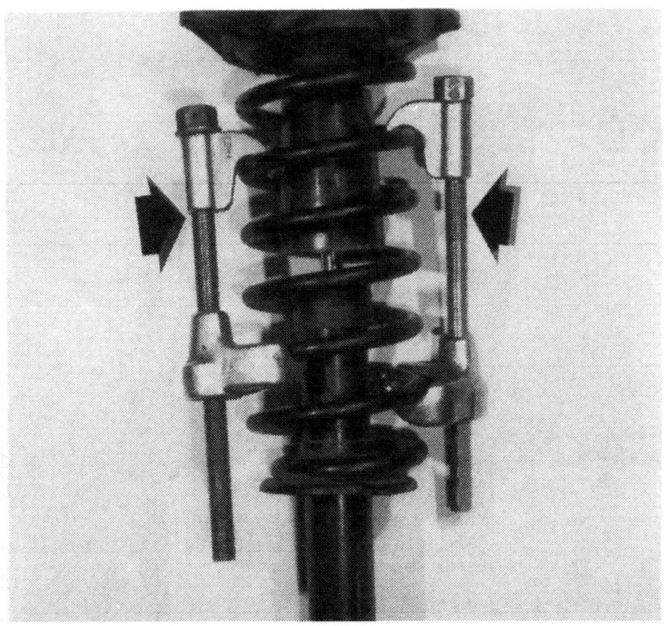

Federspannklammern (schwarze Pfeile) werden gebraucht, um bei ausgebautem Federbein die Feder vom Stoßdämpfer zu trennen.

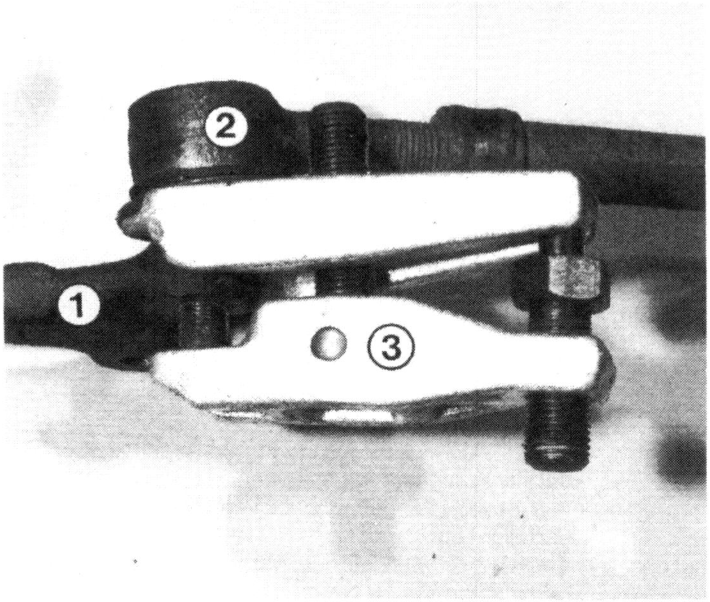

Mit einem Klauenabzieher (3) läßt sich ein Spurstangenkopf (2) leicht vom Lenkhebel (1) trennen.

Achsgelenk ausbauen

- Querlenker ausbauen.
- Das Achsgelenk ist mit dem Querlenker vernietet. Mit einem 12-mm-Bohrer die zentrierten Nietköpfe abbohren.
- Nietreste mit einem Durchschlag austreiben.
- Zum Einbau des neuen Achsgelenks Spezialschrauben und -muttern von Opel verwenden. Anzugsdrehmoment: 35 Nm.
- Querlenker einbauen.

Arbeiten an der Lenkung

Spurstangen auswechseln

Gebraucht wird ein Spurstangenabzieher bzw. ein kleiner Klauenabzieher. Denn der Spurstangenkopf kann nach Lösen der Mutter nicht einfach aus dem entsprechenden Gegenstück – also dem Lenkhebel oder der mittleren Spurstange – herausgezogen werden; er ist mit einem sogenannten Haftkegel eingesetzt. Die kegeligen Ausformungen an Spurstangenkopf und Lenkhebel passen »saugend« ineinander und können dann nicht mehr ohne Hilfsmittel getrennt werden.

Für jedes Spurstangengelenk benötigen Sie ferner eine neue selbstsichernde Mutter.

Mit einem Abzieher (der sich schon beim ersten Einsatz armortisiert) geht die Arbeit am Beispiel einer äußeren Spurstange so:

- Rad abnehmen.
- Selbstsichernde Mutter am Spurstangenkopf losdrehen.
- Spurstangenkopf mit dem Abzieher nach unten aus dem Lenkhebel am Achsschenkel herausdrücken.
- Gleichen Vorgang am inneren Spurstangengelenk wiederholen; Spurstange abnehmen.
- Einbau: Kugelbolzen des Spurstangenkopfes in den Lenkhebel hineindrücken, ggf. vorsichtig hineinklopfen. Beide Teile müssen frei von Fett sein.
- Neue selbstsichernde Mutter mit 60 Nm anziehen.
- Wurde eine neue Spurstange eingebaut oder die Einstellung der alten verändert, Vorspur neu einstellen lassen.

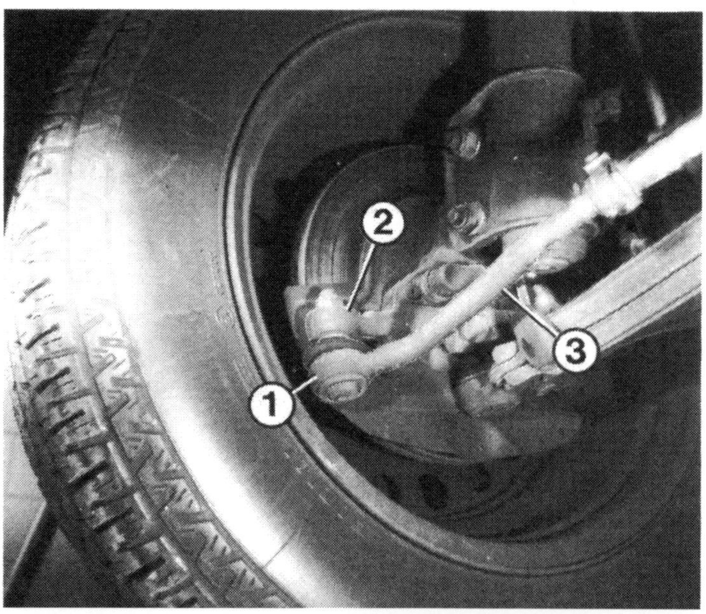

Das äußere Kugelgelenk (1) der Spurstange (3) sitzt in einem sogenannten Haftkegel im Achsschenkel (2).

Die Lenkkräfte werden über den Lenkstockhebel (2) auf die mittlere Spurstange (3) übertragen. An beiden Enden der mittleren Spurstange sind die äußeren Spurstangen befestigt. »1« kennzeichnet die linke Spurstange.

Fingerzeig: In ähnlicher Weise, wie hier für die äußeren Spurstangen beschrieben, wird auch die mittlere eingebaut. Leider sind die Spurstangengelenke etwas schlechter zugänglich. Da das linke Gelenk der mittleren Spurstange Lenkkräfte zu den beiden Rädern übertragen muß, ist es oft schneller verschlissen als die anderen Gelenke.

Spurstangenkopf einzeln auswechseln

- Spurstange außen ausbauen.
- Verschraubung an der Klemmschelle lösen.
- Lage der Spurstangenverschraubung am Einstellbolzen kennzeichnen, dann stimmt die Spur nach dem Zusammenbau wieder einigermaßen.
- Spurstangenkopf abschrauben.
- Markierung auf den neuen Spurstangenkopf übertragen und neuen wieder bis zur Markierung eindrehen.
- Verschraubung an der Klemmschelle mit 10 Nm anziehen.
- Spur kontrollieren lassen.

Pumpe der Servolenkung ausbauen

Soll die Pumpe lediglich wegen Montagearbeiten im Motorraum ausgebaut werden, bleiben ihre Schlauchleitungen angeschlossen, damit kein Schmutz in die Hydraulik gelangt. Falls die Schläuche an der Pumpe abgenommen werden müssen, ist äußerste Sorgfalt vonnöten. Selbst kleinste Schmutzpartikel in der Hydraulikflüssigkeit können Funktionsstörungen verursachen.

- Keilriemen ausbauen, siehe Seite 187.
- Ggf. Schellen lösen, Druck- und Rücklaufschlauch von der Pumpe abziehen. Vorsicht Öl läuft aus! Öffnungen verschließen.
- Servopumpe vom Haltebock und von der Spannschraube abschrauben.
- Beim Einbau Pumpe am Haltebock mit 25 Nm anschrauben.
- Spannschraube mit 40 Nm festziehen.
- Keilriemen spannen.
- Anlage ggf. befüllen und entlüften.

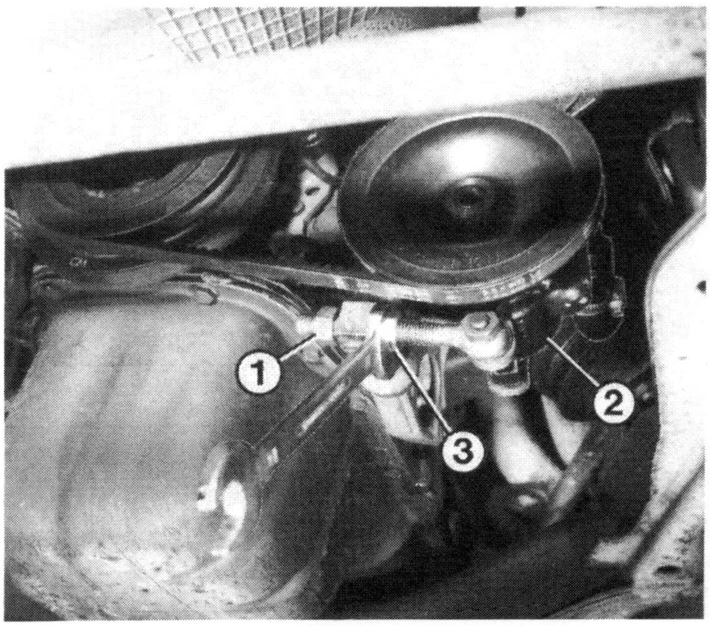

Das Foto zeigt die Servopumpe (2) eines 1,8- bzw. 2,0-Liter-Omega. Zum Ausbau der Pumpe muß der Keilriemen abgenommen werden. Hierzu Kontermutter (1) etwas lösen und Verstellmutter (3) so weit zurückdrehen, bis der Keilriemen abgenommen werden kann.

Druckpunkt der Lenkung einstellen

Die Werkstatt erledigt diese Arbeit mit dem Reibwertmesser MKM 536, der zusammen mit dem Werkzeug KM 318 auf das Lenkrad montiert wird. Voraussetzung für die Einstellung ist ein einwandfreies und nicht verschlissenes Lenkgetriebe.

- Lenkrad in Geradeausstellung stellen.
- Spurstange vom Hebel des Lenkgetriebes abbauen.
- Reibwertmesser auf das Lenkrad montieren.
- Lenkrad mit dem Reibwertmesser aus der Mittelstellung heraus eine Umdrehung links oder rechts drehen, dabei den Reibwert ablesen.
- Sollwert bei Fahrzeugen ohne Servolenkung: 0,5–0,6 Nm.
- Sollwert bei Fahrzeugen mit Servolenkung: 1,2–1,6 Nm.
- Stimmt der Reibwert nicht, Kontermutter der Einstellschraube am Lenkgetriebe lösen und Einstellschraube verdrehen (Hineindrehen ergibt höheren Reibwert bzw. geringeres Lenkungsspiel).
- Reibwert-Prüfung wiederholen, bis der Sollwert erreicht ist.
- Kontermutter mit 30–40 Nm anziehen.
- Spurstange wieder befestigen.

Lenkung behelfsmäßig einstellen

Geringfügiger Verschleiß im Lenkgetriebe läßt sich noch durch Nachstellen auffangen. Ideal ist hierzu das genaue Einstellen des Druckpunkts in der Werkstatt (siehe vorangegangenen Abschnitt). Behelfsmäßig stellt man so nach:

- Beide Vorderräder aufbocken oder mittlere Spurstange vom Hebel des Lenkgetriebes abbauen (siehe Text auf der Vorseite).
- Lenkung in Geradeaus-Stellung bringen.
- Kontermutter der Einstellschraube lösen, Einstellschraube etwa 20° rechtsdrehen.
- Jetzt über den ganzen Lenkungsweg prüfen, ob sich das Spiel verändert hat. Dabei darf die Lenkung an keinem Punkt schwergängig sein oder klemmen.
- Diesen Vorgang wiederholen, bis das geringstmögliche Spiel bei noch freigängiger Lenkung erreicht ist.
- Zum Schluß Kontermutter anziehen, dabei die Einstellschraube festhalten.

Servolenkung befüllen und entlüften

Befüllt und entlüftet werden muß das Lenksystem, wenn Einzelteile des Hydrauliksystems ausgetauscht wurden und deshalb die Hydraulikflüssigkeit abgelassen werden mußte.

Die einmal abgelassene Flüssigkeit darf nicht mehr verwendet werden. Eingefüllt wird ATF, siehe Seite 22.

- ATF bei stehendem Motor bis zum Behälterrand einfüllen.
- Motor mehrmals kurz anlassen und sofort wieder abstellen. Nach jedem Abstellen sofort ATF bis zur unteren Meßstabmarkierung nachfüllen. **Die Hydraulikpumpe darf nicht trockenlaufen.**
- Nun bei laufendem Motor Lenkrad zwei- bis dreimal langsam um 45° nach beiden Seiten drehen, anschließend zweimal von Anschlag zu Anschlag.
- Flüssigkeitsstand nochmals korrigieren.
- Richtiger Flüssigkeitsstand siehe Seite 23.

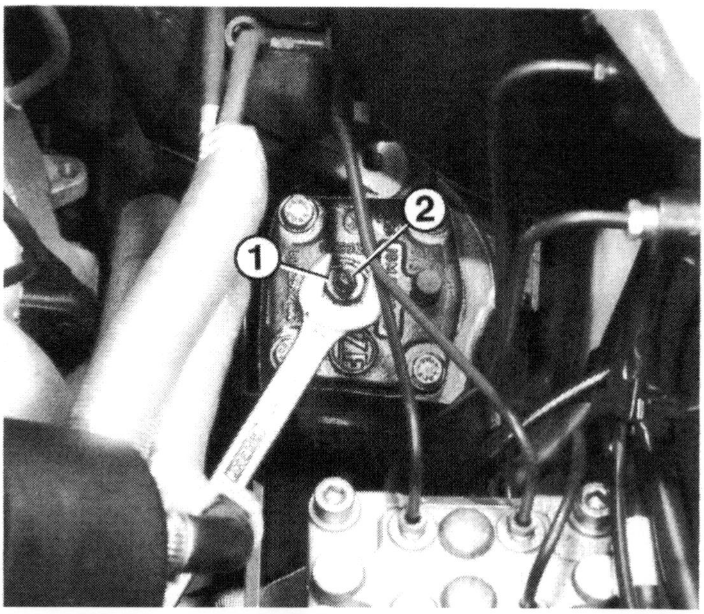

Zu großes Spiel im Lenkgetriebe kann behelfsmäßig nachgestellt werden. Hierzu Kontermutter (1) der Einstellschraube (2) etwas lösen und Einstellschraube wie im Text oben beschrieben rechtsdrehen.

Servolenkung auf Dichtheit prüfen

Wurde im Vorratsbehälter ein abgesunkener Flüssigkeitsstand festgestellt, muß umgehend die gesamte Lenkanlage überprüft werden. Sonst könnte während der Fahrt plötzlich die Lenkunterstützung ausfallan. Auf welche Teile Sie Ihr Augenmerk richten müssen, steht im Störungsbeistand.

Der Keilriemen

Mehr über den Keilriemen der Servolenkungs-Flügelpumpe erfahren Sie im Lichtmaschinenkapitel auf der Seite 187.

Störungsbeistand

Servolenkung

Die Störung	– ihre Ursache	– ihre Abhilfe
A ATF-Stand im Behälter zu niedrig	1 Eingeschlossene Luft im Hydrauliksystem hat sich selbst ausgeschieden	ATF bis »MAX«-Marke auffüllen
	2 Undichtigkeiten im Hydrauliksystem	Leitungsanschlüsse nachziehen; neue Dichtungen einsetzen. Hydraulikpumpe bzw. Lenkgetriebe ausbauen und abdichten lassen
B Lenkung ist schwergängig	1 Förderdruck der Pumpe ist zu gering	Druck prüfen lassen. Ggf. Überdruckventil der Pumpe oder komplette Pumpe ersetzen
	2 Lenkgetriebe defekt	Ersetzen lassen
C Lenkgeräusche	1 Flüssigkeit mit Luftbläschen durchsetzt	ATF auffüllen, Lenkgetriebe entlüften
	2 Saugseitige Verschraubung der Pumpe undicht	Dichtungen ersetzen, Verschraubungen nachziehen
	3 Keilriemen lose	Nachspannen

Lenkrad ausbauen

Bei manchen Fahrzeugen kann es vorkommen, daß das Lenkrad sehr fest auf der Verzahnung der Lenksäule sitzt. Für solche Fälle hat die Opel-Werkstatt das Spezialwerkzeug KM-210-A. Mit diesem Abzieher wird das Lenkrad von der Lenksäule abgedrückt. Normalerweise geht der Ausbau so:

- Hupplatte vorsichtig vom Lenkrad abziehen.
- Kabelstecker von der Hupplatte abziehen.
- Vorderräder in Geradeausstellung bringen, so daß die Lenkradspeichen symmetrisch stehen.
- Einbaustellung des Lenkrades zur Lenksäulenverkleidung mit Farb- oder Kreidestrich kennzeichnen.
- Sicherungsblech der Lenksäulenmutter zurückbiegen und Mutter abschrauben.
- Lenkrad mit ruckelnden Bewegungen von der Verzahnung der Lenksäule abziehen.
- Löst es sich nicht, ziehen Sie kräftig am Lenkrad, während ein Helfer der Lenksäule mit einem Bolzen einen »trockenen« Hammerschlag versetzt.
- Funktioniert auch dies nicht, muß das Lenkrad mit dem erwähnten Abzieher von der Lenksäule abgedrückt werden. **Beachten Sie, daß weitere Versuche die Lenksäule beschädigen können.**
- Beim Einbau auf die symmetrische Ausrichtung der Speichen achten, die zuvor angebrachten Markierungen müssen übereinstimmen.
- Lenksäulenmutter mit 25 Nm festziehen und Sicherungsblech umschlagen.

Nach Abhebeln der Hupplatte ist die Lenksäulenmutter zum Abschrauben des Lenkrads zugänglich.

Arbeiten an der Hinterachse

Stoßdämpfer ausbauen

- Wagen hinten aufbocken.
- Schräglenker (Radaufhängung) unterbauen und Wagen einige Zentimeter ablassen.
- Limousine: Im Kofferraum die Schutzkappe vom Stoßdämpferdom abnehmen.
- Caravan: Laderaum-Abdeckung hochheben. Vier Befestigungsschrauben vom Verschlußdeckel am Radhaus abschrauben und Deckel abnehmen.
- Befestigungsmutter des Dämpfers losdrehen. Bei Fahrzeugen mit elektronischer Fahrwerkregulierung zuvor Kabelstecker vom Anschluß in der Kolbenstange nach oben abziehen.
- Teile und Gummipuffer abnehmen.
- Niveauregulierung: Haltefeder der Druckleitung zusammendrücken und Leitung vom Stoßdämpfer abziehen.
- Stoßdämpfer vom Schräglenker losschrauben und abnehmen.
- Neuen Stoßdämpfer am Schräglenker lose montieren. Bei Fahrzeugen mit Niveauregulierung Dämpfer zuvor etwas aufblasen. Druckleitung montieren.
- Stoßdämpfer oben einsetzen.
- Dämpfer am Schräglenker auf 110 Nm festziehen.
- Fahrzeug ablassen. Gummipuffer und Teller montieren.
- Neue Sechskantmutter bei der Limousine mit 20 Nm festschrauben.
- Beim Caravan wird die Mutter 14,5 ± 0,5 mm tief auf die Kolbenstange des Dämpfers aufgeschraubt. Bei den Caravan-Modellen mit Niveauregulierung 9,5 ± 0,5 mm und mit elektronischer Fahrwerksregulierung 12,5 ± 0,5 mm.

Schraubenfedern ausbauen

- Wagen hinten aufbocken.
- An den Schräglenkern die Sicherungsbleche der Bremsschläuche abnehmen.
- Bremsschläuche aus den Halteblechen nehmen.
- Schräglenker unterbauen und Wagen einige Zentimeter ablassen.
- Stoßdämpfer vom Schräglenker abschrauben.
- Wagen wieder anheben.
- Auspuffanlage am Fahrzeug-Unterbau aushängen. Sicherungen der Auspuffgummis entfernen und Gummis selbst von der Halterung abnehmen.
- Hintere Auspuffbefestigung aushängen und Auspuff ca. 30 cm ablassen. Ggf. Auspuff mit Draht am Unterbau befestigen.
- Bei Fahrzeugen mit ABS beide Drehzahlfühler aus den Halteclips am Unterbau aushängen.
- Bei Fahrzeugen mit automatischer Niveauregulierung Verbindungsstange für den Sensor vom Schräglenker abnehmen.
- Hinterachsgetriebe mit dem Wagenheber abstützen und Dämpfungsblock vom Unterbau abschrauben.
- Hinterachsgetriebe so weit ablassen, bis die Hinterfedern und die Dämpfungsgummis herausgenommen werden können.
- Beim Einbau darauf achten, daß der Dämpfungsgummi mit der längeren Führungsnase oben auf die Feder aufgesetzt wird.
- Schräglenker etwas nach unten drücken und Feder zusammen mit den Dämpfergummis einsetzen.
- Hinterachsgetriebe anheben und mit 30 Nm anschrauben. Anschließend Schrauben 30° bis 45° weiterdrehen.
- Stoßdämpfer mit 110 Nm festschrauben.

Die manuelle Niveauregulierung

Bei beladenem Fahrzeug und bei Anhängerbetrieb bietet diese Niveauregulierung ein verbessertes Fahrverhalten.

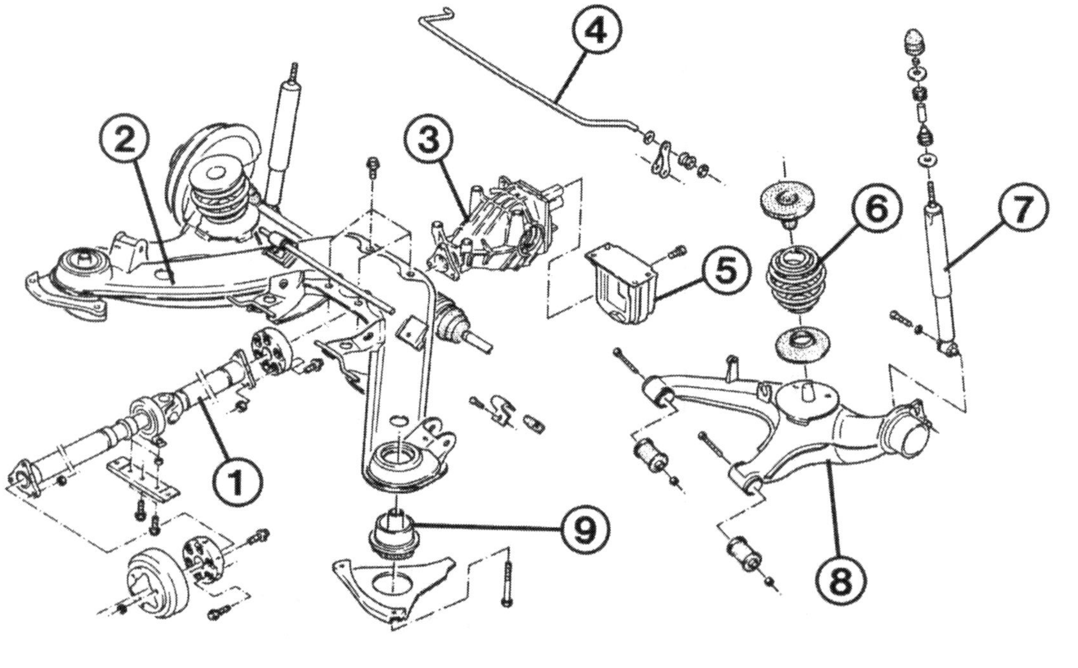

Die Explosionszeichnung der Schräglenker-Hinterachse (2) zeigt:
1 – Kardanwelle;
3 – Hinterachsgetriebe;
4 – Stabilisator;
5 – Dämpfungsblock;
6 – Schraubenfeder;
7 – Stoßdämpfer;
8 – Schräglenker;
9 – Dämpfungsbuchse.

Links: Der obere Befestigungspunkt der hinteren Stoßdämpfer:
1 – Tellerscheibe;
2 – Abdeckkappe;
3 – Mutter auf der Stoßdämpfer-Kolbenstange;
4 – Gummipuffer.
Rechts: Unten sind die Stoßdämpfer am Schräglenker befestigt.

Die Anlage besteht aus zwei Stoßdämpfern, deren Wirkung durch eingepumpten Luftdruck verstärkt werden kann. Zu den Stoßdämpfern führen Druckleitungen, die mit dem Füllventil rechts im Lade- bzw. Kofferraumboden verbunden sind. Außerdem sind Hinterfedern für höhere Beanspruchung eingebaut.
Das Füllventil entspricht einem Reifenventil, somit läßt sich die Anlage beispielsweise an der Tankstelle aufpumpen.

○ Die Niveauregulierung soll **bei unbeladenem Fahrzeug** mit einem Druck von **0,8 bar** befüllt sein. Dieser Grundwert darf nicht unterschritten werden.

○ **Bei voll beladenem Wagen** ist die Anlage mit **wenigstens 3 bar** zu befüllen, **5 bar sollen nicht überschritten werden.**

○ Mit erhöhtem Druck aus Sicherheitsgründen nicht im Leerzustand fahren.

Zu genauen Befüllung:

● Vor dem Beladen den mit 0,8 bar befüllten Wagen auf ebenen Boden stellen.

● Abstand zwischen Boden und hinterem Stoßfänger messen. Von diesem Wert 5 cm abziehen und das errechnete Maß merken.

● Wagen beladen. Senkt sich dabei das Heck und das gemerkte Maß wird unterschritten, den Druck erhöhen, bis dieses Maß wieder erreicht wird.

Störungen an der manuellen Niveauregulierung

Wenn der aufgepumpte Druck mit der Zeit auffällig nachläßt:

● Zuerst das Füllventil prüfen und eventuell neuen Ventileinsatz einschrauben.

● Anschlüsse der Druckleitungen am Füllventil und an den Stoßdämpfern auf Dichtheit prüfen. Dazu Wasser oder Glyzerin an den Anschlüssen aufbringen und Blasenbildung abwarten. Auf mögliche Zischgeräusche achten.

● Lockere Anschlüsse etwas fester anziehen, besser mit neuen Dichtungen versehen.

● Stoßdämpfer in der Werkstatt prüfen lassen.

Nach Abschrauben des Stoßdämpfers und Ablassen der Hinterachse kann die Schraubenfeder aus ihrem Sitz herausgehoben werden.

Hopp und Stopp

Die Bewegungsenergie des fahrenden Autos wird beim Bremsen nur scheinbar vernichtet – sie wird durch Reibung in den Bremsen in Wärme umgesetzt. Weil Reibung aber gleichzeitig Verschleiß bedeutet, müssen die Bremsen regelmäßig kontrolliert werden. Grund genug, sich mit dem Notanker im Auto intensiv zu befassen.

Eigenarbeiten an der Bremse

Bei einer so wichtigen Einrichtung wie den Bremsen kann keine Kontrolle zu viel sein! Wenn Sie also in diesem Bereich zwischendurch mal nach dem Rechten sehen, haben Sie Ihre Wartungsaufgaben sicher besser erfüllt als derjenige, der seinen Wagen nur in den vorgeschriebenen Intervallen zur Wartung bringt. Denn gerade vor einer Urlaubsfahrt oder bei schon älteren Fahrzeugen sind verstärkte Kontrollen ratsam.
Andererseits erfordern Reparaturen im Bereich Bremsen ein erhöhtes Verantwortungsbewußtsein. Mit unserem Bremsenkapitel haben wir dem Selbstpfleger die Möglichkeit gegeben, z. B. auch Arbeiten an der Bremshydraulik durchzuführen. In solchen Fällen muß jeder Bastler für sich entscheiden, ob sein Kenntnisstand für eine verantwortungsvolle Ausführung dieser Arbeiten ausreicht.

So funktioniert die Bremse

○ Wenn Sie auf das Bremspedal treten, preßt eine mit dem Pedal verbundene Druckstange zwei hintereinanderliegende Kolben in den Hauptbremszylinder (hinten links im Motorraum).
○ Die Kolben verdrängen die im Zylinder eingeschlossene Bremsflüssigkeit. Der so entstandene hydraulische Druck in der Bremsanlage wird über Rohr- und Schlauchleitungen zu den Bremssätteln an alle vier Räder weitergeleitet.
○ In den Sätteln drücken Kolben die Bremsklötze gegen die Bremsscheiben. Alle Omega-Modelle besitzen vorn und hinten Scheibenbremsen.
○ Den Flüssigkeitsdruck übertragen zwei voneinander unabhängige Leitungssysteme (Bremskreise), und zwar für die Vorderräder und die Hinterräder getrennt. Fällt ein Bremskreis aus, so hat das keine Wirkung auf den anderen Bremskreis.
○ Fällt der hintere Bremskreis aus, ist der Bremspedalweg länger, und Sie müssen wesentlich stärker aufs Bremspedal treten. Mit den vorderen Bremsen, die ohnehin die meiste Energie vernichten, bringen Sie den Wagen jedoch sicher zum Stehen. Einen längeren Bremsweg müssen Sie einkalkulieren.
○ Fällt der vordere Bremskreis aus, wird auch hier der Pedalweg länger, doch die Bremswirkung ist miserabel. Zudem müssen Sie sehr vorsichtig bremsen, denn die hinteren Bremsen blockieren sehr schnell, der Wagen wird dann nahezu unbeherrschbar, weil er hinten sofort ausbricht. Der Bremsweg verlängert sich um das Dreifache, also äußerste Vorsicht!
○ Die Handbremse wirkt über Seilzüge auf die Hinterräder. Hierzu sind in die hinteren Bremsscheiben kleine Trommelbremsen eingearbeitet. Mit Anziehen der Handbremse werden die Bremsbacken gegen die Bremsfläche der Trommel gepreßt.

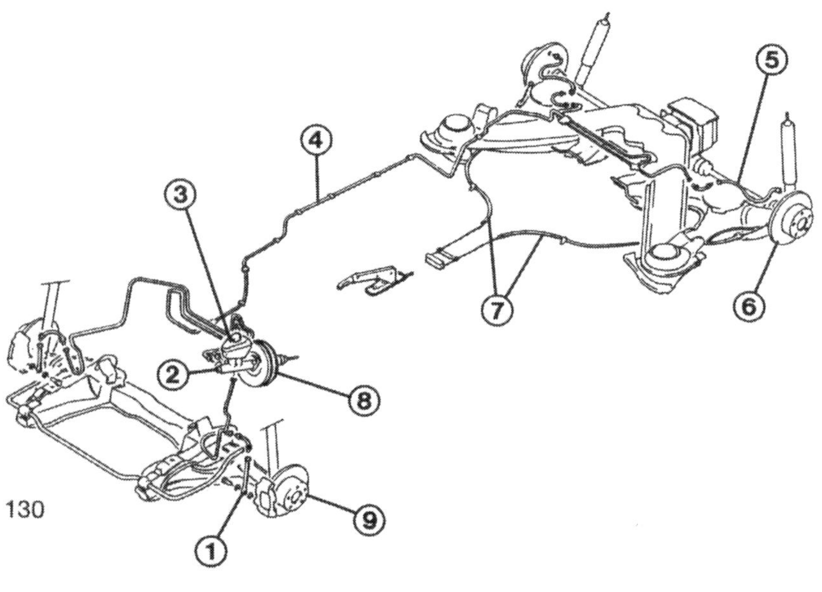

Die gesamte Bremsanlage ist hier in einem Blick zu übersehen. Bezeichnet sind:
1 – vorderer Bremsschlauch;
2 – Hauptbremszylinder;
3 – Bremsflüssigkeitsbehälter;
4 – Bremsleitung nach hinten;
5 – hinterer Bremsschlauch;
6 – hintere Bremsscheibe;
7 – Handbremsseil;
8 – Bremskraftverstärker;
9 – vordere Bremsscheibe.

○ Auf Sonderwunsch kann der Omega mit einem Antiblockiersystem (Bosch ABS) ausgestattet sein; die CD-Ausführung besitzt ABS serienmäßig. Mehr darüber auf Seite 149.

Automatische Nachstellung

Konstruktionsbedingt sind die Scheibenbremsen im Kraftfahrzeug immer selbstnachstellend: Der Bremskolben wandert mit dem verschleißenden Bremsbelag einfach weiter aus dem Bremssattelgehäuse heraus und sorgt dafür, daß die Beläge stets knapp an der Bremsscheibe stehen. Durch die nachfließende Bremsflüssigkeit kann ohnehin kein »Spiel« entstehen.

Bremsen prüfen

Ständige Kontrolle

- Zuerst eine Vollbremsung bei Schrittgeschwindigkeit.
- Am Gummiabrieb auf der Straße sehen Sie bei gleich langen Spuren, daß die Bremsen gleichmäßig ziehen. Das gilt auch für Wagen mit Antiblockiersystem, denn ABS regelt unter ca. 5 km/h nicht.
- Gleiche Prüfung mit der Handbremse.
- Für die Bremsenprüfung bei höheren Geschwindigkeiten brauchen Sie eine ebene Strecke.
- Nun aus etwa 50 km/h bei losgelassenem Lenkrad, aber mit griffbereiten Händen zuerst sanft und dann scharf bis zum Stillstand abbremsen.
- Bei vollem Pedaldruck spüren Sie die harten Regelschwingungen des ABS-Systems – das ist normal (siehe auch folgendes Kapitel).
- Zieht der Wagen beim Bremsen nach links, ist eine der rechten Radbremsen nicht in Ordnung. Das Auto zieht in Richtung des stärker gebremsten Rades. Ursachen siehe Störungsbeistand am Ende des Kapitels.
- Lassen Sie den Omega ein schwaches Gefälle hinunterrollen, um festzustellen, ob die Räder leichtgängig sind.
- Nach der Probefahrt machen Sie Handprobe:
- Ist eine Felge auf der einen Wagenseite wärmer als auf der anderen Seite?
- Ursachen können sein ein verklemmter Bremssattel oder schwergängige Feststellbremsen.
- Bei aufgebocktem Wagen prüfen, welches Rad schwergängig ist.

Die Bremsflüssigkeit

Die Flüssigkeit in den Bremsleitungen und Bremszylindern ist eine Mischung aus Glykol, Polyglykoläther und ein paar weiteren Bestandteilen. Diese gelbliche – übrigens giftige und gegen Autolack aggressive – Flüssigkeit greift die Metall- und Gummiteile nicht an. Sie bleibt selbst bei −40° C noch ausreichend dünnflüssig, und sie hat trotz ihrer Dünnflüssigkeit den extremen hohen Siedepunkt von ca. 260° C.
Aber die Bremsflüssigkeit hat auch eine sehr unangenehme Eigenschaft: Sie nimmt gern Wasser auf, sie ist »hygroskopisch«. Und das Wasser kann tatsächlich – z. B. über die Luftfeuchtigkeit – in die Bremsflüssigkeit gelangen: Über den Ausgleichbehälter sowie durch mikroskopische Undichtigkeiten an den Bremsschläuchen und Gummimanschetten. Solche Wasseraufnahme führt nicht nur zu Korrosion an den Metallteilen der Anlage, sondern bewirkt auch ein rapides Absinken des Siedepunkts. Bei nur 2,5 % Wassergehalt liegt der Siedepunkt nur noch bei 150° C.
Das ist bei starker Belastung der Bremsen gefährlich, weil sie sich dann sehr stark aufheizen. In der Nähe der erhitzten Bremsen können sich Dampfblasen in der Hydraulikflüssigkeit bilden. Die lassen sich zusammenpressen – das Bremspedal kann tief durchgetreten werden; manchmal tritt man sogar ins Leere! In diesem Fall kann bisweilen noch schnelles Pumpen mit dem Bremspedal helfen. Besonders gefährlich ist dieser Effekt nach dem Abstellen des Wagens nach starker Bremsbeanspruchung. Mangels Fahrtwind heizt sich die Bremsenumgebung noch stärker auf; die höchste Temperatur herrscht nach etwa 15 Minuten Standzeit. Erst nach etwa einer halben Stunde ist wieder die normale Bremsflüssigkeitstemperatur erreicht.
Vorbeugend schreibt der Wartungsplan daher den Wechsel der Bremsflüssigkeit jährlich vor. Bremsflüssigkeit muß der US-Sicherheitsnorm **FMVSS § 571.116 DOT 4/DOT 3** und der SAE-Spezifikation **J 1703** entsprechen. Alle so bezeichneten Flüssigkeiten können gefahrlos gemischt werden. Opel verwendet Bremsflüssigkeit von ATE und Lockheed.

Bremsflüssigkeitsstand prüfen

Ständige Kontrolle

- Links hinten im Motorraum, direkt auf dem Hauptbremszylinder, sitzt der Bremsflüssigkeitsbehälter (siehe Seite 133).
- Im weißlich durchscheinenden Behälter soll die Bremsflüssigkeit zwischen den Markierungen »MIN« und »MAX« stehen.
- Ist der Flüssigkeitsstand auffallend gesunken – was beim Omega mit Sonderausstattung zusätzlich durch eine Warnleuchte im Armaturenbrett angezeigt wird –, muß die Bremsanlage auf undichte Stellen kontrolliert werden, siehe folgende Seite.

Bremsflüssigkeitsstand zu niedrig

Sind die Scheibenbremsbeläge schon etwas abgenutzt, tendiert der Flüssigkeitsspiegel eher zur unteren Markierung; sind sie neu, steht er weiter oben. Das ist völlig normal, denn die bei abgenutzten Belägen schon etwas weiter herausgetretenen Kolben der Scheibenbremse hinterlassen in den Zylindern der Bremssättel ein größeres Volumen, das sich mit Bremsflüssigkeit füllt. Kritisch wird dagegen, wenn die Bremsflüssigkeit in einem Behälterteil unter »MIN« abgesunken ist. Da sie nicht verdunstet oder verbraucht wird, muß sie durch ein Leck ausgetreten sein. Also schleunigst nach der Ursache suchen (siehe folgenden Text), bevor Sie irgendwann ins Leere treten. Nachfüllen ist Augenwischerei!

Fingerzeig: Obwohl nur ein Bremsflüssigkeitsbehälter vorhanden ist, kann bei einem undichten Bremskreis nicht die gesamte Bremsflüssigkeit auslaufen, denn der Behälter ist durch eine Zwischenwand in zwei Kammern geteilt.

Bremsanlage auf Undichtigkeiten und Beschädigungen kontrollieren

Wartung Nr. 13

Zur Kontrolle muß die Wagenunterseite trocken sein, damit Sie undichte Stellen erkennen können. Bremsflüssigkeit kriecht auch unter Schmutz. Feuchtdunkle Stellen oder schwarzer Schmutz lassen eine Undichtigkeit vermuten.

- Kontrollieren Sie sämtliche Anschluß- und Verbindungsstellen; auch die Bremssättel.
- Die Bremsschläuche dürfen weder feucht noch aufgequollen oder angescheuert sein. Sonst auswechseln, siehe Seite 146.
- Die Bremsleitungen sind zum Schutz gegen Rost mit einer Kunststoffschicht überzogen. Wird diese Schutzschicht beschädigt, kann es zu Rostansatz kommen. Deshalb die Leitungen nie mit Schraubendreher, Schmirgelleinen oder Drahtbürste säubern, sondern Kaltreiniger nehmen.
- Ist die Schutzschicht beschädigt, soll Rostschutzgrundierung dünn aufgestrichen werden.
- Leitungen mit Rostnarben und solche, die plattgedrückt sind, müssen ersetzt werden.
- Sind Schutzkappen auf allen Entlüftungsventilen an den Bremssätteln?
- Die Bremsdruckprobe können Sie provisorisch selbst machen:
- Treten Sie mit voller Kraft aufs Bremspedal.
- Es darf auch nach einigen Minuten der vollen Belastung nicht nachgeben, sonst ist eine Manschette im Hauptbremszylinder defekt.
- Durch die undichte Manschette sinkt der Flüssigkeitsstand im Behälter nicht, sondern die unter Druck gesetzte Flüssigkeit mogelt sich an einem Kolben des Hauptbremszylinders vorbei auf die drucklose Seite.
- Undichte Stellen an den Kolbenmanschetten der Bremssättel erkennen Sie an dunklen Flecken rund um die Manschetten.

Bremsflüssigkeit wechseln

Wartung Nr. 39

Nicht nur die schon erwähnte Gefahr von Dampfblasen macht den Bremsflüssigkeitswechsel erforderlich, sondern auch die vom aufgenommenen Wasser verursachte Korrosionsgefahr in den Bremszylindern und -leitungen. Beim Flüssigkeitswechsel geht man wie beim Entlüften (Seite 147) vor. Gebraucht werden 2 Liter frische Bremsflüssigkeit.

Die Opel-Vorschrift zum jährlichen Bremsflüssigkeitswechsel ist auf hohe Beanspruchung des Wagens ausgerichtet. Wer wenig fährt, braucht nach unseren Erfahrungen die Bremsflüssigkeit nur alle zwei Jahre zu wechseln.

- Wenn möglich, Vorratsbehälter der Bremsflüssigkeit mit einer alten Injektionsspritze entleeren und gleich neu befüllen.
- So lange Bremsflüssigkeit durchpumpen, bis frische Flüssigkeit am Entlüftungsventil austritt.
- Dazu durch jedes Entlüftungsventil 500 cm^3 Bremsflüssigkeit pumpen. Dann ist garantiert jeder Tropfen ausgewechselt.
- Vorgeschriebene Reihenfolge: Hinten rechts, hinten links, vorn rechts und zuletzt vorn links.

Fingerzeig: Bremsflüssigkeit ist giftig. Deshalb gebrauchte Flüssigkeit nicht in die Kanalisation schütten. Sie soll auch nicht in den Altölkanister gefüllt werden, denn Altöl, vermischt mit Bremsflüssigkeit kann nicht wieder verarbeitet werden. Am besten gibt man sie getrennt zur Sondermüll-Beseitigung. (Adresse der Sammelstelle bei der Gemeindeverwaltung erfragen.)

Die Scheibenbremsen

Zusammen mit dem Rad dreht sich eine Stahlscheibe frei im Luftstrom. Sogenannte Bremssättel umfassen

Der Stand der Bremsflüssigkeit muß sich immer zwischen den beiden Markierungen (2) am Bremsflüssigkeitsbehälter (1) abzeichnen. Zu hohe Befüllung ist falsch, da der Behälter bei rückströmender Bremsflüssigkeit (bei heißen Bremsen möglich) überläuft.

sattelförmig die Scheiben. Beim Tritt auf das Bremspedal drücken die Kolben die Bremsbeläge gegen die Scheiben – es wird gebremst.
Durch den Fahrtwind werden die Scheibenbremsen ständig gekühlt. Zusätzlich sind die vorderen Bremsscheiben bei unseren 2,0- und 2,4-Liter-Modellen innenbelüftet: Im Umfang sitzen große Aussparungen, die die Luft wegschaufeln, um so die Kühlung noch zu verbessern. Dadurch sind die Bremsen sehr standfest – bei mehrmaligen Vollbremsungen läßt die Bremswirkung nur wenig nach (kaum »Fading«, wie der Fachmann sagt). Belagabrieb wird gleich weggeblasen, und ohne besondere Mechanik stellen sich die Scheibenbremsen selbst nach.

Schwimm- und Faustsattelbremse vorn

Wie bereits erwähnt, besitzt der Omega je nach Motorisierung massive oder innenbelüftete Bremsscheiben. Entsprechend unterschiedlich sind auch die Bremssättel ausgeführt. So besitzen Fahrzeuge mit massiven Bremsscheiben sogenannte Schwimmsättel vom Hersteller GMF. Die Bezeichnung Schwimmsattel sagt aus, daß er sattelförmig um die Bremsscheibe greift und beweglich (»schwimmend«) gelagert ist.
Der Bremskolben im Zylindergehäuse drückt den inneren Belag gegen die Bremsscheibe, wodurch das Zylindergehäuse in seiner Führung herübergezogen und der Bremsklotz auf der anderen Seite ebenfalls gegen die Scheibe gepreßt wird.
Fahrzeuge mit innenbelüfteten Bremsscheiben hingegen haben Faustsattelbremsen. Der ebenfalls bewegliche Ate-Bremssattel sieht wie eine geballte Faust aus. Die Funktionsweise ist dieselbe wie bei den Schwimmsattelbremsen.

Die Scheibenbremse bei Nässe

Bei Dauerregen wird die offen liegende Bremsscheibe kräftig geduscht, weshalb die Bremswirkung einen Sekundenbruchteil verspätet einsetzt. Die Feuchtigkeit zwischen Bremsscheiben und -klötzen muß erst zum Verdampfen gebracht werden. In streusalzreichen Wintern tritt diese Erscheinung verstärkt auf, wenn die auf Bremsbelägen und -scheiben sitzende Salzschicht beim Bremsen erst abgeschliffen werden muß. Nach Fahrten im Regen oder bei winterlicher Streusalznässe sollten Sie vor mehrtägigem Abstellen des Wagens die Bremsen trockenfahren, um starken Rostansatz auf den Bremsscheiben bzw. das Festkleben der Beläge zu vermeiden. Es genügt, die letzten hundert Meter Wegstrecke mit dauernd getretenem Bremspedal zu fahren.

Bremspedalweg prüfen

Wartung Nr. 28

Wird der Pedalweg mit der Zeit länger, ist ein Fehler an der Bremsanlage zu vermuten:

- Drücken Sie bei laufendem Motor das Bremspedal von Hand nieder.
- Der Leerweg soll **höchstens** ⅓ des insgesamt möglichen **Pedalwegs** betragen.
- Wenn nicht, können die Scheibenbremsbeläge auf das Mindestmaß abgefahren sein.
- Oder der zu lange Pedalweg kann auch durch verklemmte Bremsbeläge oder einen festgerosteten Bremssattel verursacht werden.
- Eventuell ist Luft in die Bremsanlage gelangt (siehe Seite 147).

Scheibenbremsbeläge vorn messen

Wartung Nr. 2

Den verschleißenden Bremsbelag schiebt der Kolben jeweils so weit nach, daß er nur Bruchteile von Millimetern von der Bremsscheibe entfernt ist. Der Bremspedalweg ist deshalb keine Richtschnur für die Abnutzung der

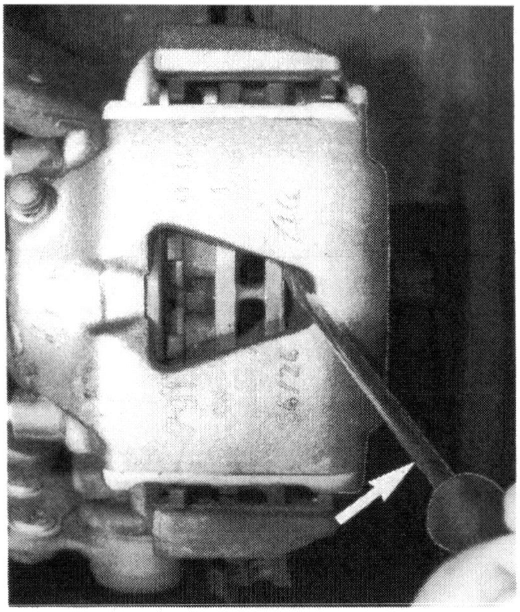

Links: Zur Kontrolle des äußeren Bremsbelags muß bei den 2,0- und 2,4-Liter-Modellen der Bremssattel – wie hier im Bild gezeigt – nach außen gedrückt werden.
Rechts: Bei allen Omega-Modellen gilt als Mindeststärke der Bremsbeläge 7 mm einschließlich Trägerplatte. Das Foto zeigt den Bremssattel eines 1,8-Liter-Omega.

vorderen Bremsbeläge. Auch bei Fahrzeugen mit Check-Control, die die Bremsbelagstärke überwacht, sollten Sie die zusätzliche Sichtprüfung nicht vergessen und das nicht nur, wenn eine Urlaubsreise ansteht.

● Die **Mindestbelagstärke** beträgt **7 mm einschließlich Trägerplatte.** Die Trägerplatte selbst – also das Metallstück, auf das der Belag geklebt ist – hat eine Stärke von ca. 5 mm.

● Kontrolliert wird bei abgenommenen Rädern.

● Beim 2,0- und 2,4-Liter-Omega muß zur Kontrolle des äußeren Belags der Bremssattel nach außen gedrückt werden, siehe oben.

● Bei den 1,8-Liter-Modellen gibt der Blick in den Schacht ebenfalls keinen genauen Aufschluß über die tatsächliche Stärke der Bremsbeläge.

● Deshalb den oberen Haltestift für die Bremsbeläge von innen nach außen mit einem passenden Dorn herausschlagen.

● Beide Spreizfedern abnehmen. Nun kann die Stärke der Beläge abgeschätzt oder zur genaueren Kontrolle mit einem Meterstab gemessen werden.

Zustand der Bremsscheiben kontrollieren

Wartung Nr. 16

Wenn die Räder zur Belagkontrolle abgenommen sind, prüft man auch den Zustand der Bremsscheiben.

● Die Scheiben dürfen keine tiefen Rillen (durch Schmutz oder zu stark abgefahrene Beläge) aufweisen. Die Riefen graben sich in neue Bremsbeläge tief ein, was deren Lebensdauer wesentlich verkürzt und überdies die Bremswirkung herabsetzt.

● Riefige Bremsscheiben können auf einer Drehmaschine nachgearbeitet werden, wenn sie nicht durch lange Laufzeit auf das zulässige Mindestmaß (siehe Tabelle) »abgemagert« sind.

● Zu dünne Scheiben müssen paarweise ausgetauscht werden.

● Eine bläuliche Verfärbung der Bremsscheibe ist ohne Bedeutung.

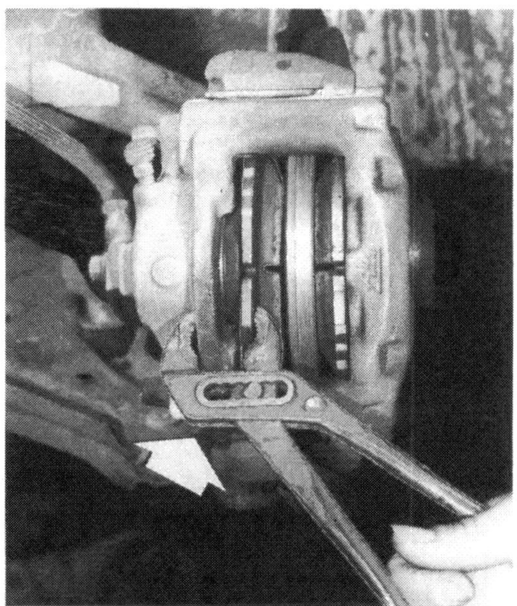

Links: Die Haltestifte der Bremsbeläge werden am 1,8-Liter-Omega von innen nach außen herausgeschlagen.
Rechts: Um die Bremsbeläge besser aus den Schächten herausziehen zu können, Bremskolben mit einer an Bremsbelag und Bremssattel angesetzten Rohrzange zurückdrücken.

Ausgebaut sind hier die Bremsbeläge (1), die Spannfedern (2) und die Haltestifte (3) eines 1,8-Liter-Omega.

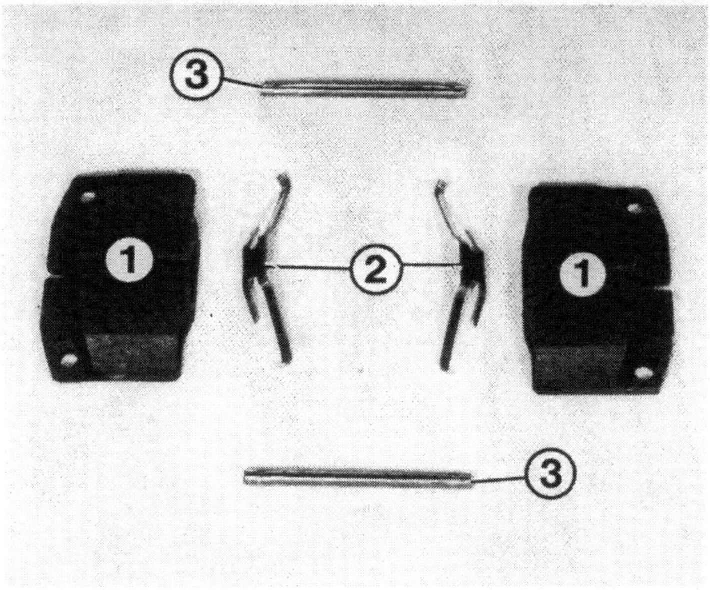

Bremsscheiben-Maße

Bremsscheiben	vorn unbelüftet	vorn innenbelüftet	hinten
Stärke neu	12,7 mm	24,0 mm	10,0 mm
Stärke mindestens	9,7 mm	21,0 mm	7,0 mm

Scheibenbremsbeläge vorn erneuern

Grundsätzlich müssen rechts und links beide Beläge ausgetauscht werden. Nur Beläge mit ABE verwenden. Weil die Kolben in den Bremssätteln mit zunehmendem Verschleiß der Beläge weiter herauswandern, müssen sie vor dem Einsetzen neuer, dicker Beläge zurückgedrückt werden. Hierbei wird die Bremsflüssigkeit durch die Leitungen in den Vorratsbehälter gepreßt. Wurde in der Zwischenzeit unnötigerweise Bremsflüssigkeit nachgefüllt, muß das Zuviel jetzt mit einer sauberen Pipette oder Spritze abgesaugt werden. Andernfalls greift die am Vorratsbehälter austretende Bremsflüssigkeit umliegende lackierte Teile im Motorraum an.
Bei Fahrzeugen mit Check-Control sollen mit dem Bremsbelagwechsel auch die Kabel für die Bremsbelag-Verschleißanzeige ausgewechselt werden. Die Verbindungsstecker sitzen bis Mai '89 im Motorraum, ab Mai '89 im Radkasten.

- Rad abnehmen.
- Lenkung einschlagen, damit die Beläge gut zugänglich sind.
- **GMF-Bremssattel:** Oberen und unteren Haltestift der Bremsbeläge mit einem passenden Durchschlag von innen nach außen herausschlagen.
- Freiwerdende Spreizfedern abnehmen.
- Bei Wagen mit Check-Control das Sensorkabel vom inneren Belag abnehmen.
- Äußeren Bremsbelag herausziehen, dazu Schraubendreher abwechselnd durch die Ösen des äußeren Belagträgers stecken und Belag heraushebeln.
- Oder mit einer Rohrzange abwechselnd an der oberen und unteren Belagträgeröse ziehen.
- Beweglichen Schwimmsattel nach innen drücken. Ein Schlag mit der flachen Hand reicht meist schon.
- Inneren Bremsbelag auf dieselbe Weise wie den äußeren ausbauen.

Hier ist das Zurückdrücken des Bremskolbens gezeigt. Alten, abgefahrenen Belag nochmals einsetzen und Schraubendreher in Pfeilrichtung drücken.

Das Sensorkabel (1) der Check-Control ist lediglich am inneren Bremsbelag (2) eingeclipst.

- Bremsbelag-Führungsschächte mit Spiritus (keinesfalls mit Benzin) und Lappen, evtl. mit Flaschenbürste von Belagabrieb reinigen.
- Festgebackene Belagkrusten und Rost mit Schraubendreher wegkratzen. Vorsicht, daß hierbei die Kolbenmanschette nicht beschädigt wird.
- Zum Zurückdrücken des Kolbens einen alten, abgefahrenen Bremsbelag nochmals einsetzen.
- Mit einem zwischen Bremsscheibe und Bremssattel angesetzten breiten Schraubendreher den Kolben zurückdrücken.
- Schwimmsattel nach innen drücken, inneren Belag mit Zwischenblech einsetzen.
- Schwimmsattel zurückdrücken und äußeren Belag mit Zwischenblech einsetzen.
- Einen Haltestift von außen ansetzen und mit einem Hammer vorsichtig eintreiben.
- Bei einem Fahrzeug mit Check-Control neues Sensorkabel in den Schlitz des Belags drücken.
- Spreizfeder einsetzen und zweiten Haltestift hineintreiben.
- **Ate-Bremssattel:** Bei einem Fahrzeug mit Check-Control Kabel für Bremsbelag-Verschleißanzeige mit einem Schraubendreher aus der Aussparung des inneren Belags heraushebeln.
- Ggf. Haltespange an der Außenseite des Bremssattels mit einem Schraubendreher abhebeln.
- An der Innenseite des Sattels die Abdeckkappen von den Führungsbolzen abnehmen.
- Beide Führungsbolzen mit einem Innensechskantschlüssel (7 mm) herausdrehen.
- Bremssattelgehäuse mit einem Schraubendreher abheben.
- Damit das Bremssattelgehäuse nicht an seinem Bremsschlauch zerrt, wird es mit einer Schnur oder mit Draht an geeigneter Stelle aufgehängt.
- Bremsbeläge aus den Führungen nehmen bzw. je nach Ausführung inneren Belag vom Bremskolben abziehen.
- Bremsbelag-Führungen am Bremssattel mit Spiritus und Lappen reinigen.
- Neue Bremsbeläge einsetzen.
- Kolben im Bremssattel mit einer Schraubzwinge zurückdrücken, wie im Bild rechts unten gezeigt.
- Bremssattelgehäuse montieren.
- Führungsbolzen mit 30 Nm anziehen und Abdeckkappen wieder aufsetzen.
- Bei einem Fahrzeug mit Check-Control neues Sensorkabel in die Aussparung des inneren Belags drücken.

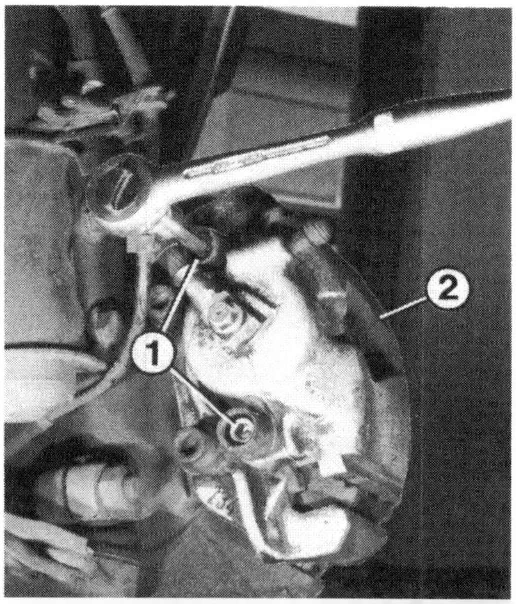

Links: An den Bremssätteln der 2,0- und 2,4-Liter-Modellen wird die Haltespange des Sattels mit einem Schraubendreher abgehebelt.
Rechts: Nach Lösen der Führungsbolzen (1) kann das Bremssattelgehäuse (2) abgenommen werden.

● **Alle Modelle:** Nach dem Zusammenbau das **Bremspedal mehrmals durchtreten,** bis die Beläge an der Bremsscheibe anliegen. Sonst ist keine Bremswirkung vorhanden!

● Mit neuen Bremsbelägen – wenn möglich – die ersten 200 km nur behutsam bremsen.

Fingerzeig: Falls gebrauchte Bremsbeläge weiterhin benutzt und wieder eingebaut werden, müssen sie wieder an der bisherigen Stelle montiert werden. Der Wechsel von der Außen- zur Innenseite oder umgekehrt oder von einem Rad zum anderen kann ungleichmäßige Bremswirkung zur Folge haben.

Bremssattel vorn ausbauen

● Bremsbeläge ausbauen.
● Wo vorhanden, Schutzkappen der Bremssattel-Befestigungsschrauben mit Schraubendreher oder Meißel vom Sitz abhebeln.
● Halteschrauben des Bremssattels losdrehen.
● Bremssattel bzw. Bremssattelgehäuse mit angeschraubtem Bremsschlauch so aufhängen, daß der Schlauch nicht unter Spannung steht.
● Oder Bremsschlauch abschrauben (Seite 146).
● Bremspedal niederdrücken und halten, um Auslaufen von Bremsflüssigkeit zu verhindern (siehe Seite 142).
● Beim Einbau beide Befestigungsschrauben mit Sicherungsmasse bestreichen und auf 95 Nm anziehen. Anschließend Schrauben 30–45° weiterdrehen.
● Bremsschlauch wieder festschrauben.
● Bremsanlage entlüften, falls der Bremsschlauch abgeschraubt war (Seite 147).
● **Bremspedal** vor der ersten Fahrt **mehrmals durchtreten,** bis sich normales Pedalspiel einstellt.

Bremskolbenmanschette vorn wechseln

Wurde die Bremskolbenmanschette im Bremssattel beschädigt, müssen Sie baldigst für Ersatz sorgen, sonst klemmt bald der Bremskolben aufgrund von Schmutz und Korrosion. Die Manschette gibt's leider nur zusammen mit dem Bremskolben-Dichtring (der bei der Reparatur dann übrigbleibt) zu kaufen.

● **1,8-Liter:** Bremsbeläge ausbauen.
● Beide Befestigungsschrauben herausdrehen und Halterahmen vom Bremssattel abnehmen.
● Bremsscheibe abbauen.
● **2,0- und 2,4-Liter:** Bremssattelgehäuse losschrauben.
● **Alle Modelle:** Bremskolbenmanschette mit einem flachen Schraubendreher oder Meißel vom Gehäuse abhebeln.
● Zum Einbau der neuen Manschette muß der Bremskolben ein Stück weit über das Bremssattelgehäuse herausragen.
● Falls erforderlich, hierzu Bremspedal von Helfer ein Stück weit niedertreten lassen, bis der Kolben ca. 10 mm übersteht.
● Neue Manschette in den Nut am Bremskolben einsetzen und über die Wulst am Bremssattel ziehen. Wenn nötig, Staubmanschette mit einem Kunststoffkeil eindrücken.
● Kontrolle: Die Manschette muß jetzt rundum gleichmäßig im Bremssattel sitzen. In der Nut des Bremskolbens muß sie einwandfrei anliegen.

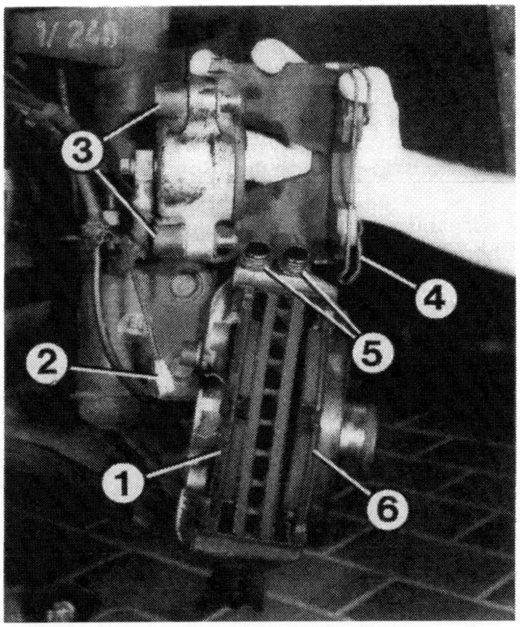

Links: Das abgenommen Bremssattelgehäuse der 2,0- und 2,4-Liter-Modelle. Gekennzeichnet sind:
1 – innerer Bremsbelag;
2 – Sensorkabel der Check-Control;
3 – Führungsbolzen;
4 – Haltespange;
5 – Abdeckkappen;
6 – äußerer Bremsbelag.
Rechts: Hier wird der Kolben im Bremssattel mit einer Schraubzwinge zurückgedrückt, damit die neuen Bremsbeläge eingebaut werden können. Zum Schutz haben wir den inneren Bremsbelag zwischengelegt.

Das Foto zeigt die Befestigungsschraube der vorderen Bremsscheibe. Nach Lösen der Schraube kann die Bremsscheibe von der Radnabe abgenommen werden.

Bremsscheibe vorn ausbauen

Bremsscheiben müssen grundsätzlich beidseitig erneuert werden. Einseitiger Wechsel kann ungleiche Bremswirkung zur Folge haben.

- Wo vorhanden, Sicherungsblech des Bremsschlauches abnehmen und Bremsschlauch aus der Halterung nehmen.
- Bremsbeläge ausbauen.
- Bremssattel abbauen.
- Bremssattel bzw. Bremssattelgehäuse mit Draht an der Karosserie befestigen; die Hydraulikleitung bleibt angeschlossen.
- Befestigungsschraube (zwischen den Radschraubenbohrungen) herausdrehen.
- Die Bremsscheibe kann nun von Hand von der Radnabe gezogen werden.
- Ist sie festgerostet, mit kräftigen Hammerschlägen nachhelfen – aber nur, wenn die Scheibe ohnehin gewechselt wird.
- Vor dem Ansetzen der neuen Scheibe die Anlagefläche an der Radnabe säubern.
- Korrosionsschutzwachs von der neuen Scheibe mit Verdünnung entfernen.
- Die Halteschraube wird mit Sicherungsmasse bestrichen und auf 4 Nm angezogen.

Scheibenbremsen hinten

Im Gegensatz zu den Vorderrädern, an denen Schwimm- bzw. Faustsattelbremsen wirken, handelt es sich an den Hinterrädern um Festsattelbremsen.
Der Bremssattel ist feststehend und besitzt kein bewegliches Zylindergehäuse wie die Schwimm- oder Faustsättel. Stattdessen besitzt die Festsattelbremse zwei Bremskolben. Sie drücken beim Tritt auf das Bremspedal von rechts und links auf je einen Bremsklotz.

Scheibenbremsbeläge hinten messen

Wartung Nr. 3

An den hinteren Scheibenbremsen erfolgt die Kontrolle des Belagverschleißes gleich wie an der vorderen (Seite 133). Es gelten hier ebenfalls **7 mm** als Verschleißmaß – gemessen **mit Belagträgerplatte.**
Gleichzeitig mit der Belagkontrolle wird der Zustand der Bremsscheiben geprüft. Verschleißmaß und Arbeitsreihenfolge beschreibt der Text auf Seite 134.

Scheibenbremsbeläge hinten erneuern

Grundsätzlich müssen rechts und links beide Beläge und Spreizklammern ausgetauscht werden. Nur Beläge mit ABE verwenden.

- Haltestifte der Bremsbeläge von außen nach innen mit einem passenden Dorn herausschlagen.
- Freiwerdende Spreizklammer abnehmen.
- Rohrzange zwischen Bremsbelag-Trägerplatte und Bremssattel ansetzen und Klotz zurückdrücken.
- Schraubendreher zwischen Belag und Bremsscheibe schieben und Belag ganz zur Außenkante des Bremssattelschachts drücken.
- Kontrollieren Sie den Bremsflüssigkeitsstand im Vorratsbehälter. Er steigt beim Zurückdrücken der Kolben. Evtl. mit einer Injektionsspritze Bremsflüssigkeit absaugen.
- Auf dieselbe Weise den anderen Belag zurückdrücken.
- Lassen Sie dabei den gegenüberliegenden Belag noch eingesetzt. Sonst könnte beim Zurückdrücken des Kolbens der andere aus seiner Führung herausgeschoben werden.
- Beide Beläge herausnehmen.
- Sitz der Beläge im Schacht mit Spiritus (keines-

falls Benzin) und Lappen von Belagabrieb säubern.
- Festgebackene Belagkrusten und Rost mit einem flachen Schraubendreher wegkratzen. Vorsicht, daß hierbei die Kolbenmanschetten nicht beschädigt werden.
- Zum Vermeiden von Bremsen-Quietschgeräuschen die Beläge an den Bremskolben-Anpreßstellen mit »Plastilube«-Bremspaste (Zubehörhandel) einfetten.
- Neue Beläge zusammen mit den Zwischenblechen einsetzen.
- Spreizfeder anlegen und Haltestifte von innen nach außen eintreiben.
- **Bremspedal mehrmals treten,** bis die Beläge an den Bremsscheiben anliegen.
- Wurde Bremsflüssigkeit abgesaugt, Flüssigkeitsstand kontrollieren.

Bremssattel hinten ausbauen

- Wagen hochbocken, Hinterrad abnehmen.
- Bremsleitung abbauen, sofern der Bremssattel gewechselt werden soll. dazu Entlüftungsventil öffnen, Bremspedal einmal niedertreten und in dieser Stellung fixieren (siehe Arbeitstips Seite 133).
- Befestigungsschrauben des Bremssattels herausdrehen.
- Bremssattel hin- und herdrücken, damit die Bremskolben etwas zurückgeschoben werden.
- Bremssattel abnehmen.
- Zum Einbau Halteschrauben mit 65 Nm anziehen. Bremsleitung mit 16 Nm anschrauben.
- Bremsanlage entlüften, falls die Bremsleitung abgeschraubt wurde.
- **Bremspedal** vor den ersten Metern Fahrt **mehrmals durchtreten,** bis sich normales Pedalspiel einstellt.

Bremskolbenmanschette hinten wechseln

- Bremsbeläge ausbauen.
- Bremssattel abbauen, die Bremsleitung bleibt angeschlossen.
- Der Bremskolben muß zum Wechseln der Manschette ein Stück weit über das Bremssattelgehäuse herausragen. Ist das nicht der Fall, Bremspedal von Helfer ein Stück niedertreten lassen, bis der Kolben ca. 10 mm übersteht.
- Federring an der Bremskolbenmanschette mit schmalen Schraubendreher abhebeln.
- Alte Manschette abziehen.
- Neue Manschette in die Nut am Bremskolben einsetzen, über die Wulst am Bremssattel ziehen und mit Federring befestigen.
- Kontrolle: Die Manschette muß jetzt rundum gleichmäßig im Bremssattel sitzen. In der Nut des Bremskolbens muß sie einwandfrei anliegen.

Bremsscheibe hinten ausbauen

- Bremssattel hinten ausbauen. Die Bremsleitung bleibt angeschlossen. Bremssattel mit Draht an der Karosserie anbinden.
- Halteschraube vorn an der Bremsscheibe lösen.
- Bremsscheibe jetzt abziehen. Geht das nicht, Nachstellrädchen der Handbremsbeläge etwas zurückdrehen (siehe »Handbremse einstellen« auf der folgenden Seite).
- Anlagefläche der Bremsscheibe an der Radnabe reinigen und neue Bremsscheibe montieren. Halteschraube mit 4 Nm anziehen.
- Handbremsbacken einstellen.

Links: Die Haltestifte der hinteren Scheibenbremsbeläge von außen nach innen herausgeschlagen. Rechts: Inneren und äußeren Bremskolben mit einer Rohrzange zurückdrücken. So lassen sich anschließend die Beläge leichter aus den Schächten herausziehen.

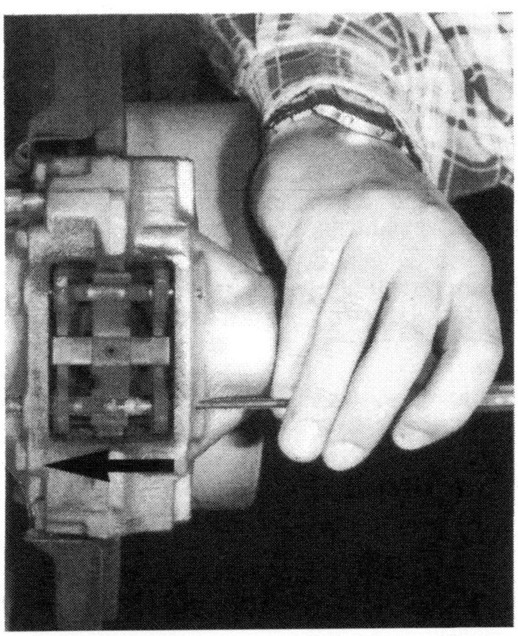

Zum Nachstellen der Bremsbacken Schraubendreher durch die Bohrung stecken und unter hebelnden Bewegungen in Pfeilrichtung Einstellritzel verdrehen, bis die Bremsbacken anliegen und die Bremsscheibe sich nicht mehr drehen läßt.
Anschließend Einstellritzel so weit zurückdrehen, bis sich die Bremsscheibe gerade eben frei drehen läßt.

Die Handbremse

In den hinteren Bremsscheiben sind kleine Bremstrommeln eingearbeitet, auf deren Beläge die Handbremse wirkt:
Wenn Sie den Handbremshebel ziehen, spannen sich die Bremsseile zu den Hinterrädern. Dort preßt das Spreizschloß, in dem die Seilenden eingehängt sind, die halbrunden Bremsbacken gegen die Trommel – das Rad wird blockiert.

Handbremse prüfen

Wartung Nr. 30

Wird die Feststellbremse nahezu bei jedem Parken kräftig angezogen, längen sich die Bremsseile im Laufe der Zeit. Wer andererseits die Handbremse nur selten benutzt, kann eines Tages mit Überraschung erleben, daß sie einseitig zieht – ein häufig aufretender Mangel beim TÜV. Deshalb:

- Funktionsprüfung durchführen, wie auf Seite 131 beschrieben.
- Zieht die Handbremse schief oder ist die Wirkung unzureichend, müssen die Beläge bzw. die Bremstrommel-Reibflächen »eingebremst« werden (siehe folgenden Abschnitt).
- Leerweg des Handbremshebels prüfen: Läßt er sich um mehr als 6 Rasten hochziehen, muß die Handbremse eingestellt werden.

Handbremse »einbremsen«

Bei Wagen mit Scheibenbremsen hinten verschleißen die Beläge der Handbremse so gut wie nicht, denn sie wird ja normalerweise erst bei stehendem Wagen angezogen. Es kommt also fast nie zu der sonst üblichen Reibung zwischen Belägen und Trommeln. Dadurch kann sich der Reibwert der Handbremsbeläge verändern. Die Feststellbremse verliert an Wirkung. Abhilfe: Den Wagen bei leicht angezogener Handbremse etwa 500 Meter weit fahren. »Eingebremst« werden muß auch, wenn neue Handbremsbeläge eingebaut wurden, wenn die Handbremse eingestellt werden soll oder wenn Sie ein Nachlassen der Handbremswirkung spüren.
Von Zeit zu Zeit sollten Sie den Wagen die letzten Meter bis zum Stillstand mit der Handbremse abbremsen. So bleiben die Reibflächen an Trommel und an Bremsbelägen der Handbremse intakt und können keinen Rost ansetzen. Achten Sie darauf, daß kein Wagen hinter Ihnen fährt, denn beim Ziehen der Handbremse leuchten die Bremslichter nicht auf.

Handbremse einstellen

Voraussetzungen: Bevor die Handbremse eingestellt wird, muß sichergestellt sein, daß die Seilzüge der Bremse leichtgängig sind, sonst nützt alles Einstellen nichts. Ebenso müssen Sie zuvor die Bremsbeläge der Handbremse nachstellen – erst dann können die Seilzüge nachgespannt werden (sofern dann überhaupt noch nötig).

- **Handbremsbacken nachstellen:** Handbremshebel auf die zweite Raste ziehen.
- Wagen hinten aufbocken:
- Hinterräder abschrauben.
- Zwischen den Radschraubenlöchern befindet sich eine Bohrung. Bremsscheibe so drehen, daß die Bohrung oben steht.
- Genau an dieser Stelle befindet sich das Einstellritzel der Handbremsbacken. Zur Kontrolle mit der Taschenlampe durch das Schraubenloch leuchten.
- Schraubendreher durch die Bohrung stecken und Einstellritzel unter hebelnden Bewegungen drehen (siehe oben), bis die Bremsbacken anliegen und sich die Bremsscheibe nicht mehr bewegen läßt. Zum Nachstellen wird der Schraubendreher nach unten gehebelt.

Bei abgenommener Bremsscheibe erkennt man gut das Einstellritzel (1), mit dem die Bremsbacken (2) eingestellt werden können.

- Einstellritzel so weit zurückdrehen, bis sich die Bremsscheibe gerade eben frei drehen läßt.
- Bremsseile einstellen: Wagen hinten aufbocken; beide Hinterräder müssen frei sein.
- Im Wagen den Handbremshebel bis zur zweiten Raste anziehen.
- In dieser Stellung beide Hinterräder mit der Hand drehen, die Bremswirkung muß gerade einsetzen.
- Wenn die Räder frei drehen, ist die Einstellmutter am Bremsseilausgleich entsprechend weiterzuschrauben.
- Hierzu muß bei Fahrzeugen mit Katalysator das kleine Abschirmblech hinter dem Katalysator durch Lösen der Befestigungsschraube abgenommen werden.
- Handbremshebel lösen und kontrollieren, ob sich die Räder ohne Widerstand frei drehen lassen.

Handbremsbeläge kontrollieren

Wartung Nr. 43

Die Beläge der Handbremse sind – außer beim Einbremsen – keinerlei Verschleiß unterworfen, weil sie ja erst bei stehendem Wagen in Aktion treten. Die Kontrolle bei schlechter oder einseitiger Handbremswirkung gilt also mehr der Belag-Oberfläche und der Reibfläche der Bremstrommel.

- Zum Kontrollieren Bremssattel und Bremsscheibe abbauen (weiter vorn im Buch beschrieben).
- Der Belag (ohne Bremsbacken) sollte mindestens 1,5 mm dick sein.
- Die Belag-Oberfläche soll glatt, aber nicht »verglast« also verhärtet sein, was vorkommen kann, wenn lange mit angezogener Handbremse gefahren wurde.
- Test: Mit Schraubendreher über die Reibfläche kratzen. »Splittert« das Belagmaterial ab, Beläge erneuern.
- Prüfen Sie bei dieser Gelegenheit, ob Spreizschloß und Bremsseilhebel, in dem die Bremsseile eingehängt sind, noch leichtgängig sind.
- Zuletzt die Reibfläche der kleinen Bremstrommel prüfen: Leichter Rostbefall kann durch Einbremsen entfernt werden. Tiefe Rostnarben oder Einlaufspuren erfordern eine neue Bremsscheibe (Opel gibt kein Maß fürs Nacharbeiten an).

Handbremsseil ersetzen

- Fahrzeug aufbocken und sichern.
- Fahrzeuge mit Katalysator: Beide Abschirmbleche am Katalysator abschrauben.
- Abschirmblech über dem Mittelschalldämpfer losschrauben.
- Schalldämpfer oben an den Dämpfungsringen aushängen und Abschirmblech seitlich herausziehen.
- Alle Versionen: Selbstsichernde Einstellmutter von der Handbrems-Zugstange abschrauben. Handbremsausgleich von der Zugstange abnehmen.
- An beiden Hinterrädern Rückzugfeder am Bremsankerblech mit einer Zange aushängen und abnehmen.
- Handbremsseil von den beiden Bremsseilhebeln aushängen.
- Handbremsseil links und rechts aus den Führungen am Schräglenker ziehen und aus der dahinterliegenden Halterung drücken. Falls nötig, Halterung etwas aufbiegen.
- Handbremsseil aus den Führungen am Unterbau herausziehen und abnehmen.
- Achten Sie beim Einbau auf die schwarze Seilzug-

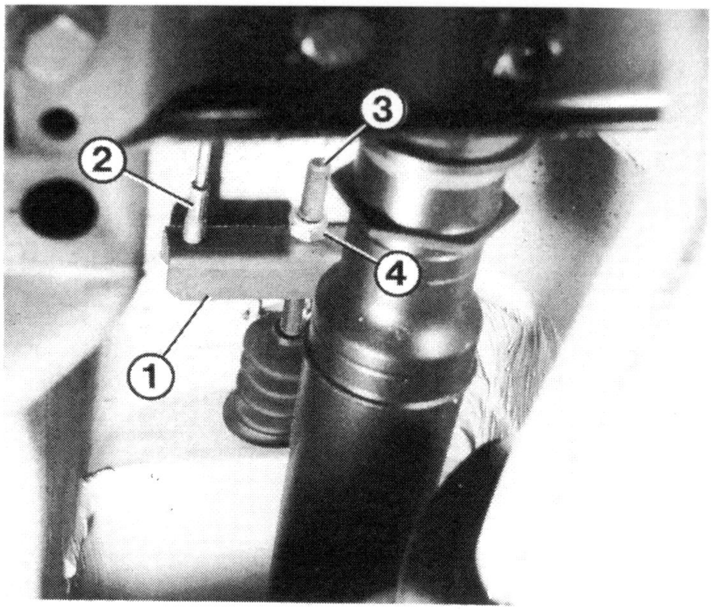

Zum Einstellen des Handbremsseils (2) Einstellmutter (4) auf der Zugstange (3) entsprechend verdrehen.
1 – Ausgleichstück.

ummantelung. Sie bezeichnet die kürzere Seilzugseite. Die kürzere Seilzugseite wird zum rechten Hinterrad hin eingebaut.

- Handbremsseil in den Führungen einsetzen und in die beiden Halterungen drücken. Wo nötig, Halterungen wieder zusammendrücken.
- Handbremsseil und Rückzugfedern an beiden Bremsseilhebeln einhängen.
- Handbremsausgleich auf die Zugstange schieben und neue selbstsichernde Mutter anschrauben.
- Handbremsseil im Bereich der Kunststoffführung am Unterbau mit MoS_2-Paste bestreichen.
- Nach dem Einbau Handbremse einstellen.

Hydraulik und Betätigung

Nachdem wir und bisher mit der mechanischen Seite der Bremsen beschäftigt haben, wenden wir uns jetzt der Bremsbetätigung mit ihren Hydraulik-Bauteilen und dem Bremskraftverstärker zu.

Arbeiten an der Bremshydraulik

Arbeitstips

○ Bremsflüssigkeit ist giftig. Nicht mit dem Mund in Berührung bringen.
○ Bremsflüssigkeit greift den Fahrzeuglack an. Deshalb keine bremsflüssigkeitsgetränkten Lappen oder -verschmierten Werkzeuge auf die Lackierung legen.
○ Beim Lösen eines Bremsschlauches oder einer Bremsleitung läuft der Bremsflüssigkeits-Vorratsbehälter leer. Das verhindern Sie so: Vor dem Lösen der Verschraubung eine Entlüftungsschraube im betreffenden Bremskreis lösen. Entlüftungsschlauch aufstecken und in ein Gefäß leiten. Nun das Bremspedal ganz durchtreten und mittels einer passenden Holzlatte in dieser Stellung halten. Die Zulaufbohrungen im Hauptbremszylinder sind damit verschlossen – es tritt keine Bremsflüssigkeit mehr aus.
○ Zum Lösen der Bremsleitungen sollten Sie sich einen Bremsleitungsschlüssel besorgen.

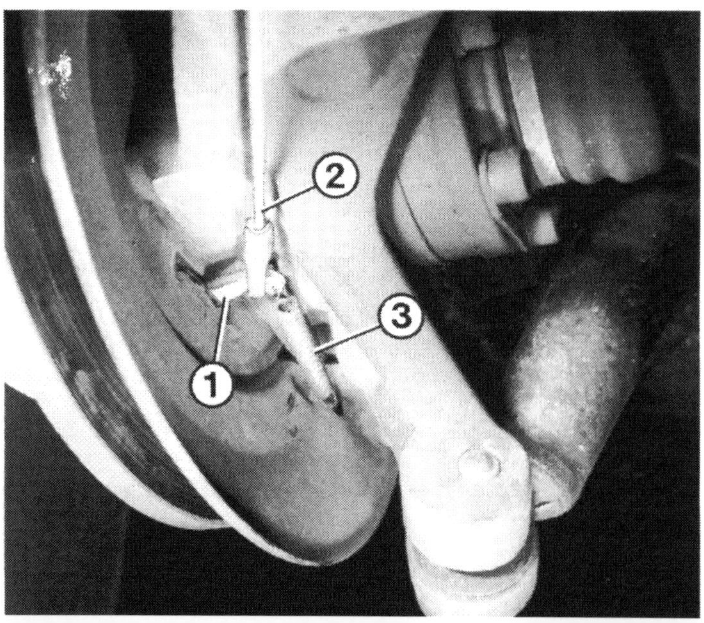

Bevor das Handbremsseil (2) vom Bremsseilhebel (1) abgenommen werden kann, muß die Rückzugfeder (3) am Bremsankerblech ausgehängt werden.

Bremskraftverstärker (1) und Hauptbremszylinder (2) haben ihren Platz hinten links im Motorraum.

○ Nach Arbeiten an der Bremshydraulik muß grundsätzlich entlüftet werden. Oft genügt es, nur den Bremskreis, an dem gearbeitet wurde, zu entlüften.

Der Hauptbremszylinder

Der Hauptbremszylinder ist gewissermaßen das Oberhaupt im Bremssystem. Er sitzt hinten links im Motorraum und gibt den Bremssätteln den Befehl, wann sie zu bremsen haben.

Hauptbremszylinder ausbauen

- Bremsflüssigkeit aus dem Vorratsbehälter absaugen.
- Wo vorhanden, Kabelstecker vom Deckel abziehen.
- Halterung vom Hauptbremszylinder und vom Federbeindom losschrauben.
- Sämtliche Bremsleitungen am Hauptbremszylinder abschrauben.
- Verschraubung der Verbindung Hauptbremszylinder/Bremskraftverstärker losdrehen, Zylinder abnehmen.
- Bei Ersatz des Hauptbremszylinders den Flüssigkeitsbehälter nach oben abziehen.
- Beim Einbau neuen Dichtring am Hauptbremszylinder verwenden.
- Anzugsdrehmomente: Hauptbremszylinder an Bremskraftverstärker 22 Nm, Halterung an Hauptbremszylinder und Federbeindom 20 Nm, Bremsleitungen an Hauptbremszylinder 16 Nm.
- Bremsanlage entlüften, montierte Anschlüsse auf Dichtheit prüfen.

Der Bremskraftverstärker

Scheibenbremsen wirken nicht, wie Trommelbremsen, selbstverstärkend; es ist eine wesentlich höhere Pedalkraft vonnöten. Deshalb besitzt der Omega einen pneumatisch arbeitenden Bremskraftverstärker, der ca. 60% der Bremskraft aufbringt.

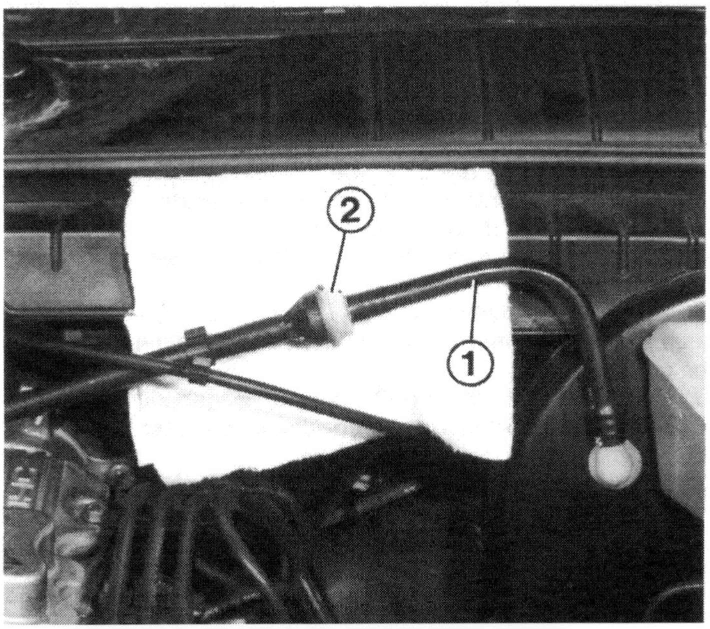

Die Abbildung zeigt den Unterdruckschlauch (1) vom Bremskraftverstärker zum Ansaugrohr. In die Schlauchleitung ist das Rückschlagventil (2) eingesetzt.

Diese Hilfseinrichtung sitzt links im Motorraum hinter dem Hauptbremszylinder. Das Bremspedal ist jedoch trotzdem direkt mit den Bremskolben im Hauptzylinder verbunden, so daß man auch bei ausgefallenem Hilfsgerät noch bremsen kann. Der notwendige Pedaldruck muß dann allerdings vervielfacht werden!
Die Hilfskraft liefert der Unterdruck aus dem Ansaugrohr. Der Bremskraftverstärker ist über einen Schlauch mit dem Saugrohr verbunden. Beim Bremsen verschiebt der Druckunterschied zwischen dem äußeren Luftdruck und dem Unterdruck im Ansaugrohr eine große elastische Membrane und drückt zusätzlich auf die Kolben im Hauptbremszylinder.
Wenn der Motor nicht läuft, liefert der Servo keine (zusätzliche) Bremskraft. Deswegen müssen Sie stärker aufs Pedal treten, wenn z. B. Ihr Wagen abgeschleppt wird. Bleibt der Motor unterwegs plötzlich stehen, haben Sie durch den Unterdruckspeicher noch eine Reserve für einige kurze Bremsungen – erst dann werden die Wadenmuskeln voll beansprucht.

Bremskraftverstärker prüfen

Wartung Nr. 29

- Der Motor muß abgestellt sein.
- Bremspedal **10 Mal** durchtreten.
- Pedal jetzt voll durchgetreten halten und Motor starten.
- Bei intaktem Bremskraftverstärker muß das Pedal jetzt ein Stück nachgeben. Senkt sich das Pedal nicht, ist die Bremskraftverstärkung defekt.
- Ein Fehler im Unterdrucksystem ist am wahrscheinlichsten: Unterdruckschlauch vom Ansaugkrümmer zum Bremskraftverstärker undicht, Rückschlagventil im Unterdruckschlauch, Gummiring zwischen Hauptbremszylinder und Servogerät oder Membrane des Bremskraftverstärkers defekt.
- Zur Kontrolle des Rückschlagventils den Unterdruckschlauch zum Bremsservo am Verteilerstück beim Ansaugkrümmer bzw. Saugrohr abbauen – Durchblasen darf nicht, Ansaugen muß möglich sein.
- Beim Einbau eines neuen Ventils muß der Pfeil auf dessen Gehäuse in Richtung Ansaugkrümmer zeigen.
- Zum Austausch eines schadhaften Gummirings zwischen Hauptbremszylinder und Verstärker muß der Zylinder abgebaut werden.
- Bleibt zuletzt noch der Defekt des Bremskraftverstärkers selbst. Eine Reparatur ist hier nicht möglich – austauschen.

Bremskraftverstärker ausbauen

- Unterdruckschlauch vom Bremskraftverstärker abmontieren.
- Kabelstecker vom Deckel des Bremsflüssigkeitsbehälter abziehen.
- Halterung vorn am Hauptbremszylinder vom Federbeindom losschrauben.
- Bei einem Fahrzeug mit Servolenkung Vorratsbehälter der Hilfskraftlenkung zusammen mit dem Halter abbauen. Behälter zur Seite legen.
- Hauptbremszylinder vom Bremskraftverstärker losschrauben und mit den angeschlossenen Bremsleitungen vorsichtig nach vorn ziehen.
- Vom Kabelstrang am Federbeindom zwei Kabelbinder abnehmen.
- Im Fahrerfußraum Verkleidung unter dem Armaturenbrett ausbauen.
- Rückzugfeder für das Bremspedal aushängen.
- Sicherungsklammer vom Bolzen der Kolbenstange abnehmen und Bolzen herausziehen.
- Beide Befestigungsmuttern des Bremskraftverstärkers losdrehen.
- Bremskraftverstärker im Motorraum etwas verkanten und zusammen mit dem Haltebock nach oben herausziehen.
- Wird ein neuer Bremskraftverstärker eingebaut, Haltebock, Kontermutter und Gabelstück vom alten abmontieren.
- Sechskantmutter und Gabelstück lose auf die Kolbenstange des neuen Bremskraftverstärkers schrauben.
- Kolbenstangenlänge einstellen: Der Abstand zwischen Bohrungsmitte Gabelstück bis zur Anlagefläche mit den vier Stehbolzen muß 211 + 1 mm betragen. Sechskantmutter kontern (18 Nm).
- Haltebock mit neuen Dichtungen so an den Bremskraftverstärker schrauben, daß die Aussparung am Flansch im eingebauten Zustand nach oben zeigt.
- Bremskraftverstärker vom Motorraum aus in die Stirnwand einsetzen. Befestigungsmuttern mit 20 Nm anziehen.
- Gelenkbolzen vor dem Einbau leicht einfetten.
- Neuen Dichtring zwischen Bremskraftverstärker und Hauptbremszylinder einbauen.
- Nach dem Einbau Funktion des Bremskraftverstärkers prüfen.

Der Bremskraftregler (Pfeil) sitzt links unten am Fahrzeugboden über der Hinterachse. Der Bremskraftregler regelt verzögerungsabhängig die Bremskraft an den Hinterrädern.

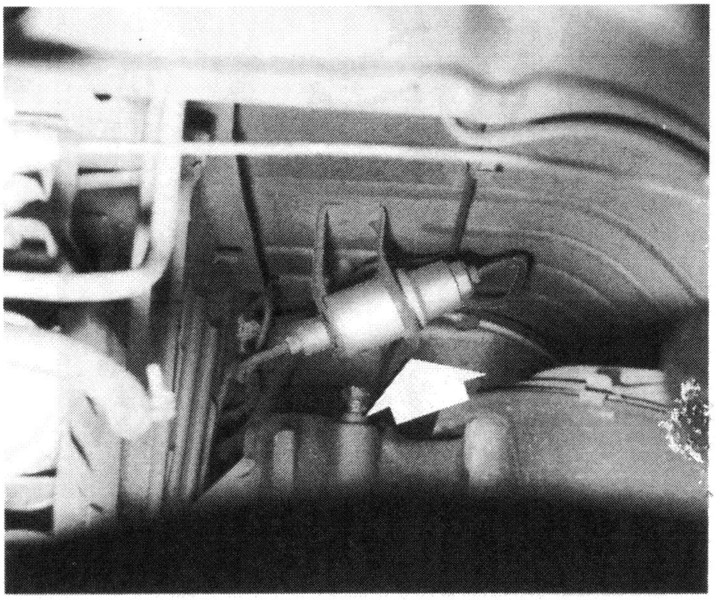

Der Bremskraftregler

Alle Caravan-Modelle des Omega besitzen einen Bremskraftregler. Der Bremskraftregler ist in die Bremsleitung zu den Hinterrädern zwischengeschaltet. Seinen Platz hat er links am Fahrzeugunterboden über der Hinterachse. Wie sein Name schon sagt, regelt er die Bremskraft und zwar abhängig vom jeweiligen Beladungszustand. So soll vermieden werden, daß bei einer scharfen Bremsung – die Hinterachse wird dabei stark entlastet – die Hinterräder blockieren und der Wagen ins Schlingern gerät.
Die Wirkungsweise des im Omega Caravan eingebauten Bremskraftreglers ist verzögerungsabhängig. Wird der Wagen nur leicht abgebremst, gibt der Regler den Weg für den Flüssigkeitsdruck zu den Hinterrädern voll frei. Erfolgt jedoch eine scharfe Bremsung, schiebt sich eine Kugel im Innern des Bremskraftreglers nach vorn und verschließt den Hauptkanal zu den Hinterradbremsen. Der Druck wirkt dann nur noch – etwas abgeschwächt – über einen Umweg im Regler.

Bremsleitungen ersetzen

- Überwurfmutter der Bremsleitung losdrehen. Hierzu Gegenverschraubung – z.B. an einem Bremsschlauch – festhalten.
- Ist die Mutter auf der Leitung angerostet, wodurch sich diese mitdreht, muß die Leitung in jedem Fall erneuert werden. Die dünnwandigen Rohre knicken schnell ab.
- Zum Lösen der Leitungsanschlüsse kann folgender Trick weiterhelfen, wenn das betreffende Leitungsstück ohnehin ausgewechselt werden soll:
- Bremsleitung nahe der Verschraubung absägen, Überwurfmutter mit einer Sechskantnuß losdrehen.
- Muß eine neue Leitung noch etwas zurechtgebogen werden, darf dies nur in einem großen Radius geschehen. Andernfalls knickt das dünne Rohr ab.
- Innenseite des Bogens beim Biegen mit dem Daumen unterstützen. So können Sie sich langsam dem Radius entlang arbeiten.
- Evtl. vorhandene Schutzschläuche der Leitungen nicht vergessen.
- Bremsleitungen in ihren Abstandshaltern verlegen.
- Auszugsdrehmoment 16 Nm.
- Bremsanlage entlüften.

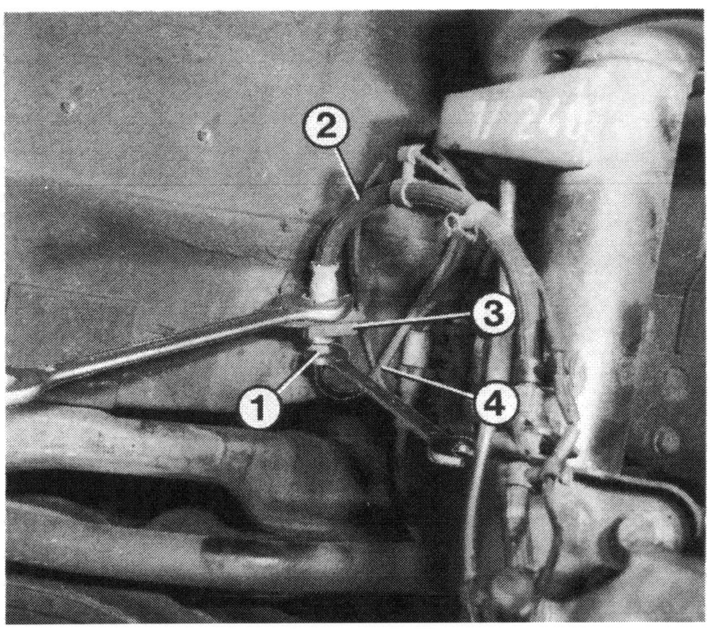

Mit einer Überwurfmutter (1) wird die Bremsleitung (4) am Bremsschlauch (2) befestigt. Der Bremsschlauch wiederum ist mit einer Sicherungsklammer (3) an der Bremsschlauchhalterung befestigt.

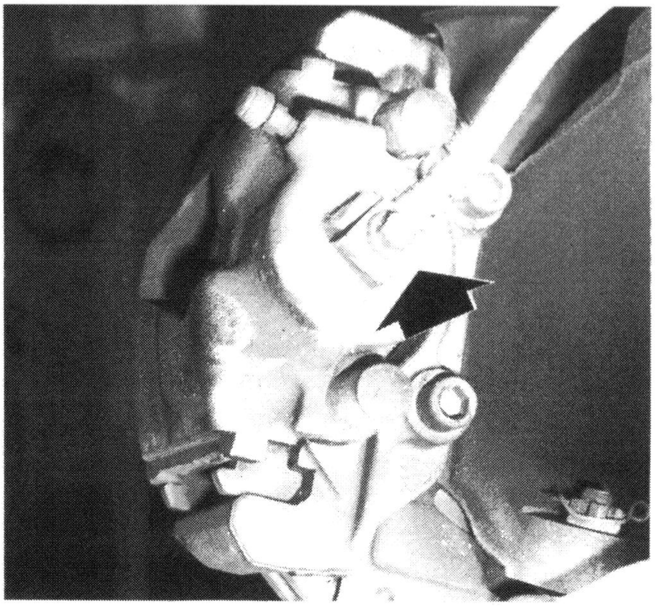

Vorn ist der Bremsschlauch mit einer Hohlschraube am Bremssattel befestigt. Die Hohlschraube darf nur mit 40 Nm angezogen werden.

Bremsschläuche ausbauen

- **Bremsschlauch vorn:** Überwurfmutter der betreffenden Bremsleitung losdrehen, dabei das Anschlußstück gegenhalten.
- Sicherungsbleche mit einer Zange von den Haltern abziehen.
- Hohlschraube aus dem Bremssattel herausdrehen. Bremsschlauch abnehmen. Beim Einbau neue Dichtungen verwenden.
- **Bremsschlauch hinten:** Beide Überwurfmuttern der Bremsleitungen losschrauben, Anschlußstück gegenhalten.
- Sicherungsbleche mit einer Zange abziehen und Bremsschlauch aus den Haltern nehmen.
- **Einbau:** Bremsschläuche nicht in sich verdreht einbauen. Zur Kontrolle dienen die Längsstreifen entlang der Schläuche.
- Anzugsdrehmomente: Bremsschlauch an Bremssattel 40 Nm, Bremsschlauch an Bremsleitung 16 Nm.
- Bremsanlage entlüften.
- Sofort nach der Reparatur kontrollieren, ob die Schläuche irgendwo scheuern können.
- Die Kontrolle nach einer längeren Fahrt wiederholen.

Fingerzeig: Bei älteren (ca. 10 Jahre) oder fehlerhaften Bremsschläuchen kann es vorkommen, daß diese quellen und so den Leitungsquerschnitt im Innern verkleinern oder ganz verschließen. Äußerlich ist diesen Schläuchen nichts anzusehen. Sie bemerken besagte Querschnittsverengung, wenn eine Radbremse erst mit Verzögerung anspricht (Bremsen ziehen erst schief, dann aber völlig gerade). Bisweilen löst die betreffende Bremse dann auch erst mit einer kleinen Verspätung, weil sich der Bremsdruck durch die verengte Leitung nicht sofort wieder abbauen kann. Bremsschlauch (am besten alle) auswechseln.

Bremsschläuche (Pfeil) stellen die Verbindung von der Karosserie zu den beweglichen Teilen des Fahrwerks her.

Bremsen entlüften: Das Entlüftungsventil (1) wird mit einem Schlüssel SW 9 geöffnet. Der Kunststoffschlauch (2) ist auf das Ventil gesteckt und leitet die herausgepumpte Flüssigkeit in das vorbereitete Gefäß (3).

Bremsanlage entlüften

Entlüftet werden muß nach Reparaturen an der Bremshydraulik, wenn Luft in Bremszylinder und -leitungen eingedrungen ist:

● Bremsflüssigkeit-Vorratsbehälter ganz mit frischer Bremsflüssigkeit auffüllen und auch während des Entlüftens immer dafür sorgen, daß er rechtzeitig vor Absinken des Spiegels mit frischer Flüssigkeit aufgefüllt wird. Sonst wird wieder Luft angesaugt.

● Staubkappe vom Entlüftungsventil nehmen (Arbeitsreihenfolge: hinten rechts; hinten links; vorn rechts; vorn links) und das Entlüftungsventil (SW 9) um ½ bis 1 Umdrehung öffnen.

● Durchsichtigen Schlauch über das saubergeriebene Ventil schieben und das freie Schlauchende in ein teilweise mit Bremsflüssigkeit gefülltes Gefäß stecken.

● Von Helfer das Bremspedal so lange langsam niedertreten und wieder zurückkommen lassen, bis im Schlauch keine Luftbläschen mehr sichtbar sind. (Bei stark entleerter Hydraulik zwei Entlüftungsdurchgänge machen.) So wird Bremsflüssigkeit – und natürlich auch Luft – durch das Ventil gepumpt.

● Kommen keine Luftbläschen mehr, muß der Helfer das Bremspedal in der tiefsten Stellung halten, während Sie das Entlüftungsventil schließen. Mit Gefühl anziehen, sonst reißt das Ventil ab.

● An den übrigen Radbremsen auf gleiche Weise entlüften.

Störungsbeistand

Bremsen

Die Störung	– ihre Ursache	– ihre Abhilfe
A Bremsen ziehen einseitig	1 Reifendruck ungleichmäßig	Korrigieren bei kalten Reifen
	2 Reifenprofil ungleich abgefahren	Reifen so untereinander auswechseln, daß auf jede Achse gleichmäßig abgenutzte Reifen kommen
	3 Beläge verschmiert, verglast oder ungleichmäßig abgenutzt	Beläge erneuern
	4 Schächte im Bremssattel verschmutzt oder verrostet	Reinigen
	5 Führungsbolzen im Bremssattel verschmutzt oder verrostet	Reinigen
	6 Kolben im Bremssattel festgerostet	Gängig machen oder erneuern
	7 Bremsscheiben stark riefig oder zu dünn	Bremsscheiben ersetzen
	8 Bremsschläuche gequollen	Schläuche ersetzen
B Bremsen quietschen oder rattern	1 Staub und Schmutz an den Bremsen	Beläge ausbauen, Staub und Schmutz mit Druckluft abblasen

Die Störung	– ihre Ursache	– ihre Abhilfe
B Bremsen quietschen oder rattern (Fortsetzung)	2 Falsche Beläge	Original-Beläge einbauen
	3 Bremsscheibe hat Schlag	Erneuern
	4 Neue Bremsbeläge liegen nicht plan an	Außenkanten der Beläge mit einer Feile brechen
	5 Siehe A 4–7	
C Bremsen rattern und blockieren	1 Siehe A 6 und 8	
	2 Siehe B 3	
	3 Bremsscheibe stark riefig	Erneuern
D Eine oder alle Radbremsen werden sehr heiß	1 Ausgleichbohrung im Hauptbremszylinder verstopft	Säubern lassen
	2 Kein Spiel zwischen Bremspedal (Druckstange) und Hauptbremszylinderkolben	Einstellen
	3 Gummiteile gequollen durch Verwendung falscher Bremsflüssigkeit	Bremsflüssigkeit wechseln und schadhafte Teile erneuern
	4 Belüftungslöcher im Deckel des Vorratsbehälters verstopft	Reinigen
	5 Verrostete Bremssättel	Überholen lassen bzw. austauschen
	6 Handbremse löst nicht vollständig	Bremsseile und Hinterradbremse kontrollieren
E Pedalweg zu groß, Pedal läßt sich weich und federnd durchtreten	1 Luft im Bremssystem	Bremsanlage entlüften
	2 Bremssystem undicht	Dichtheitsprüfung durchführen
	3 Hauptbremszylinder defekt	Austauschen
	4 Bei starker Bremsbelastung Dampfblasenbildung in zu alter Bremsflüssigkeit	Bremsflüssigkeit austauschen
	5 Siehe A 5	
F Schlechte Bremswirkung bei hohem Pedaldruck	1 Pedalweg normal: Beläge verölt oder verglast	Erneuern
	2 Pedalweg kurz: Bremskraftverstärker defekt	Kontrollieren, siehe Seite 144
	3 Pedalweg lang: Ein Bremskreis ausgefallen durch Undichtigkeit	Kontrollieren, schadhafte Teile auswechseln
G Handbremse wirkt einseitig oder nur schwach	1 Korrosion in den Handbrems-Bremstrommeln	Gängig machen
	2 Bremsseil eingerostet	Erneuern
	3 Beläge verschmiert oder verglast	Beläge abschmirgeln oder erneuern

Stotterbremse

Die ersten Patentanmeldungen zu Antiblockiersystemen stammen aus den zwanziger Jahren. Versuche mit mechanischen Systemen wurden dann später durchgeführt – sie scheiterten jedoch daran, daß die Signalübertragung zu langsam und zu ungenau war, um die Erfordernisse einer Bremsregelung zu erfüllen.
Heutige Systeme hingegen arbeiten dank der Mikroelektronik zuverlässig, exakt und schnell und leisten somit einen bedeutenden Beitrag zur Fahrsicherheit.

ABS kann nicht alles!

ABS kann keine Bremswunder vollbringen, wie häufig angenommen wird; der Bremsweg wird sich also nicht unter allen Bedingungen wesentlich verkürzen.
Vielmehr hilft ABS, die Lenkfähigkeit des Wagens während einer starken Bremsung zu erhalten. Doch bedarf es dazu eines weit größeren Lenkeinschlags als normal. Das ist nur einer der Punkte, die anders sind als bei einer normalen Bremsanlage:

- Üben Sie deshalb auf einem abgelegenen Parkplatz Vollbremsungen unter Lenkeinschlag.
- Treten Sie dabei voll aufs Bremspedal. Das Dosieren der Bremskraft übernimmt das ABS für Sie.
- Das gilt für Bremsungen bei Geradeausfahrt wie auch bei eingeschlagener Lenkung.
- Wundern Sie sich nicht über das pulsierende Bremspedal. Wenn das ABS regelt, sind diese Pedalschwingungen normal.
- In Extremfällen werden Sie auch bei ABS das Bremspedal loslassen müssen, um heikle Situationen in der Kurve noch zu retten.

Was ABS macht

ABS sorgt immer für eine optimale »Stotterbremsung«, so daß eine reine Blockierbremsung nicht mehr möglich ist.
Die Räder drehen sich selbst bei einer Vollbremsung auf Glatteis noch etwas, damit sie das Fahrzeug in der Spur halten können.

Funktion der Einzelteile

Die Hydraulikeinheit

Sie hat ihren Platz links im Motorraum (Abbildung folgende Seite): Die Einheit ist zwischen den Bremsleitungen vom Hauptbremszylinder und den Bremsleitungen zu den Radbremsen eingebaut. Entsprechend den Befehlen vom elektronischen Steuergerät wird der Druck zu den Radbremsen entweder konstant gehalten, verringert

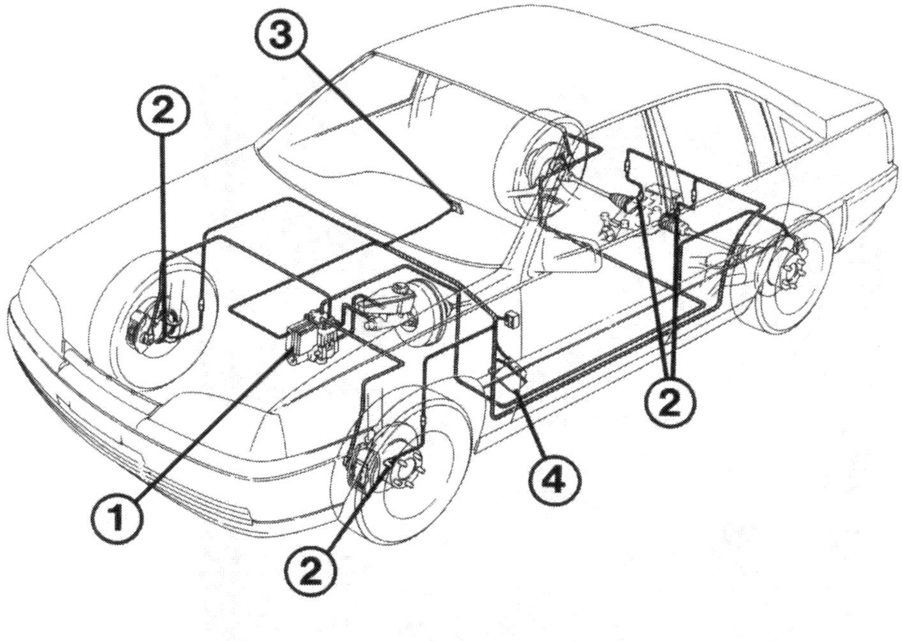

Die Zeichnung zeigt die Anordnung der ABS-Bauteile sowie den Kabelsatz und die Bremsleitungsverlegung:
1 – Hydraulikeinheit;
2 – Drehzahlfühler;
3 – ABS-Kontrolleuchte;
4 – Steuergerät.

Die Hydraulikeinheit (1) des Antiblockiersystems hat ihren Platz links im Motorraum. Bei abgenommenem Schutzdeckel sind ferner zu sehen das Relais der Magnetventile (2) und das Relais der Rückförderpumpe (3).

oder wieder aufgebaut. Höher als der Druck, den Sie über das Bremspedal im Hauptbremszylinder erzeugen, kann der Druck aber nicht werden. Für die Druckregelung sind vier schnell schaltende Magnetventile zuständig – also je eines pro Rad.
Sind die Magnetventile stromlos, wird der Druck erhöht. Fließt der Maximalstrom, erfolgt eine Druckreduzierung, und bei mittlerer Stromstärke wird der Druck gehalten. Besonders interessant ist die Druckabbauphase: Weil man die Bremsflüssigkeit, welche vom Hauptbremszylinder herausgedrückt wird, zum Druckabbau nicht einfach irgendwohin entweichen lassen kann (das Bremspedal würde sich als Folge ganz durchtreten lassen), pumpt man die Bremsflüssigkeit mit einer kräftigen Rückförderpumpe zum Hauptbremszylinder zurück. Sie merken dies am Bremspedal, das leicht zu pulsieren beginnt, wenn die Rückförderpumpe läuft, das ABS also in Aktion tritt.
Bei genauem Hinhören vernehmen Sie auch das Pumpgeräusch. Durch Geräuschdämpfer in der Hydraulikeinheit wird das Geräusch etwas unterdrückt.
Oben an der Hydraulikeinheit finden Sie neben der Steckverbindung noch zwei Relais. Das größere schaltet den Strom zur Rückförderpumpe; über das kleine Relais werden die Magnetventile angesteuert.

Die Drehzahlfühler

Insgesamt vier Drehzahlfühler erfassen die Drehzahlen jedes einzelnen Rades und leiten diese Information zur Steuerelektronik weiter. Damit kann das Schaltgerät seinerseits die Hydraulikeinheit ansteuern.
Die Drehzahlfühler selbst bestehen aus einem Magnetkern und einer Spule und sind in geringem Abstand zu einer Zahnscheibe – dem Rotor – montiert. Der Rotor – sein Name sagt es schon – dreht sich mit dem Rad und läßt damit die zahnförmigen Erhebungen an seinem Umfang je nach Geschwindigkeit schneller oder langsamer am Fühler vorbeilaufen. Jeder Zahn, der unter dem Fühler vorbeiwandert, induziert im Fühler einen kurzen Spannungsanstieg. Auf diese Weise wird im Fühler eine Wechselspannung erzeugt, die entsprechend der Raddrehzahl ihre Frequenz ändert. Das so entstandene Signal wird vom Schaltgerät als Drehzahlinformation verarbeitet.
Die Rotoren sitzen bei unserem Omega vorn am Achsschenkel und hinten am Differential.

Vorn sind die Drehzahlfühler der ABS-Anlage an den Achsschenkeln angeschraubt.

Hinten befinden sich die Drehzahlfühler (2) des Antiblockiersystems am Hinterachsgetriebe (1). Die Fühler, links und rechts am Hinterachsgetriebe angeschraubt, tasten an beiden Antriebswellen eine Zahnscheibe (3) ab. Die entstehende Spannung ist Meßgröße für die Drehzahl.

Das elektronische Steuergerät

Das Steuergerät sitzt an der linken Seite im Fahrerfußraum bzw. ab Modell '89 unter dem Fahrersitz. Es verarbeitet die Informationen von den Drehzahlfühlern. Gleichzeitig steuert es die Hydraulikeinheit so an, daß die Räder nicht blockieren. Neben der komplizierten Signalaufarbeitung und dem nachfolgenden Logikteil enthält das Steuergerät noch eine Sicherheitsschaltung. Damit kann sich das Gerät selbst überprüfen, Fehler außerhalb erkennen und die Betriebsspannung überwachen. Werden Fehler festgestellt, schaltet sich das ABS aus, und die Kontrollampe im Armaturenbrett leuchtet auf.

Die Relais

Drei Relais tragen zur Funktion des ABS bei:
○ Das Relais für die Magnetventile sitzt unter der Abdeckhaube auf der Hydraulikeinheit.
○ Das Relais für die Rückförderpumpe sitzt ebenfalls unter der Abdeckhaube der Hydraulikeinheit.
○ Das Überspannungs-Schutzrelais. Es hat seinen Platz im Relaiskasten, der sich links neben dem Bremskraftverstärker befindet.

Störungen am ABS-System

Die ABS-Kontrolleuchte im Armaturenbrett leuchtet mit dem Einschalten der Zündung auf. Sie muß verlöschen, wenn der Motor läuft oder spätestens, wenn schneller als 5 km/h gefahren wird. Fällt die Bordspannung unter 10 Volt, leuchtet die Kontrolle ebenfalls. Sie kann weiterhin aufleuchten, wenn ein Rad länger als 20 Sekunden durchdreht. Dann die Zündung wieder ausschalten und erneut starten.
Leuchtet die Kontrolle ständig, ist das ABS nicht betriebsbereit. Eine entsprechend ausgerüstete Opel- oder Bosch-Werkstatt muß nach der Ursache suchen. Nicht jede Werkstatt kann das, denn es ist hierzu zusätzliches Werkzeug und fortlaufende Mitarbeiterschulung erforderlich – also vorher nachfragen.
Als Laie können Sie allenfalls die Steckverbindungen zum Steuergerät, zu den Drehzahlfühlern oder zur Hydraulikeinheit kontrollieren.
Nachfolgend noch einige Hinweise zu unseren bisherigen Erfahrungen mit ABS-Störungen:
○ Bei hoher Geschwindigkeit (ab ca. 160 km/h) kann es vorkommen, daß die ABS-Kontrolleuchte aufleuchtet. Schuld daran sind verschiedene Raddrehzahlen an Vorder- und Hinterachse, hervorgerufen durch ungünstige Reifenkombinationen. Bei serienmäßiger Bereifung tritt dieser Effekt nicht auf.
○ Drehen z. B. auf Eisglätte die Hinterräder mehr als ca. 20 Sekunden durch, leuchtet die ABS-Kontrolleuchte wegen der Raddrehzahlunterschiede auf.
○ Arbeitet das ABS, spürt man dies am pulsierenden Bremspedal. Pulsiert es schon bei leichtem Abbremsen bei guten Straßenverhältnissen (ABS-Kontrolleuchte brennt nicht), deutet dies auf einen Fehler hin.

Fingerzeig: Auch wenn die ABS-Kontrolle ständig leuchtet, das ABS also abgeschaltet oder defekt ist, kann der Wagen ohne Einschränkungen gefahren werden. Die Bremse funktioniert dann eben wie bei einem Wagen ohne ABS.

Hier geht's rund

Der Omega ist mit allerlei Rundungen versehen, die in der Mehrzahl der Aerodynamik oder dem guten Aussehen dienen. Vier weitere Rundungen unten am Wagen sind für gutes Fahrverhalten zuständig.

Welche Reifen sind montiert?

Die zugelassenen Reifengrößen für Ihr Fahrzeug sind in den Kfz-Papieren vermerkt. Andere als die dort aufgeführten dürfen nur dann montiert werden, wenn sie von einem Sachverständigen begutachtet und anschließend in die Fahrzeugpapiere eingetragen wurden.
Folgende Reifengrößen wurden je nach Baujahr und Ausstattung serienmäßig auf den Omega montiert:

Modell	Reifengröße	Felge	Einpreßtiefe
1,8-Liter	175 R 14 - 88 T 185/70 R 14 - 88 H	5½ J × 14 5½ J × 14	39 mm 39 mm
2,0- und 2,4-Liter	185/70 R 14 - 88 H 195/65 R 15 - 91 V	5½ J × 14 6 J × 15	39 mm 39 mm

Die Reifenbezeichnungen

Nach international gültigen Vereinbarungen wird die Reifengröße in Millimeter oder, wie in unserem Fall, gemischt in Millimeter und Zoll angegeben. Die Bezeichnungen der Reifen 175 R 14 - 88 T, 185/70 R 14 - 88 H oder 195/65 R 15 - 91 V besagen z. B. folgendes:
175, 185 oder 195: Reifenbreite in unbelasteten Zustand in mm
70 bzw. 65: Verhältnis von Reifenhöhe zu Reifenbreite = 70:100 bzw. 65:100. Standard-Gürtelreifen, wie sie am Omega noch zur Anwendung kommen, haben ein Höhen/Breiten-Verhältnis von 80:100. Entsprechend niedriger ist das Höhen/Breiten-Verhältnis bei unseren 70er- und 65er-Reifen
R: Kennzeichnung der Bauart als Radial- bzw. Gürtelreifen
14, 15: Innendurchmesser des Reifens in Zoll (″)
88, 91: Kennzahl der Mindesttragfähigkeit
Q: zulässige Höchstgeschwindigkeit bis 160 km/h – Geschwindigkeitsklasse für herkömmliche M+S-Reifen
S: bis 180 km/h
T: bis 190 km/h
H: bis 210 km/h
V: bis 240 km/h
W: bis 270 km/h
Z: über 270 km/h

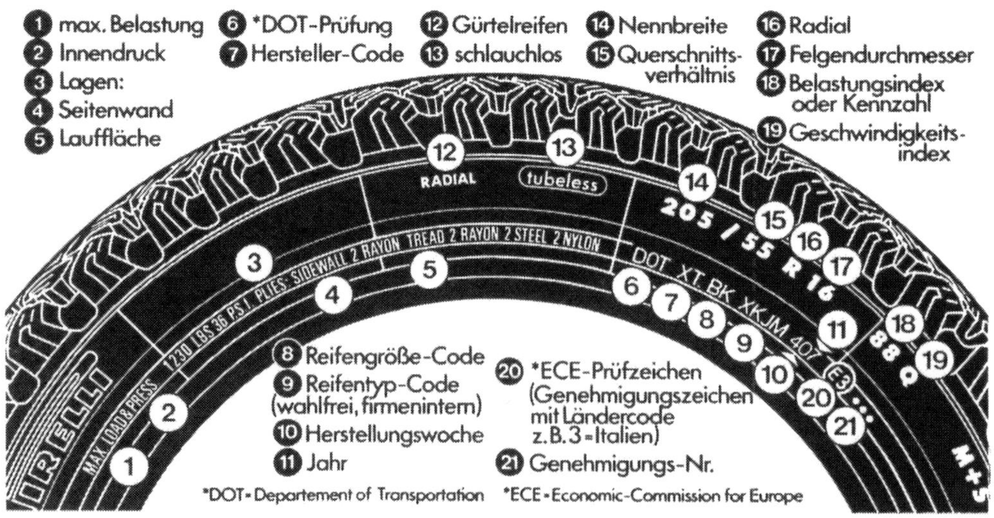

Was die verschiedenen Bezeichnungen auf der Reifenflanke bedeuten, finden Sie hier komplett zusammengestellt.

Ein wichtiges Felgenmaß stellt die Einpreßtiefe »d« dar. Damit bezeichnet man den Abstand zwischen der Felgenmitte und der Anlagefläche der Felge an die Radnabe.

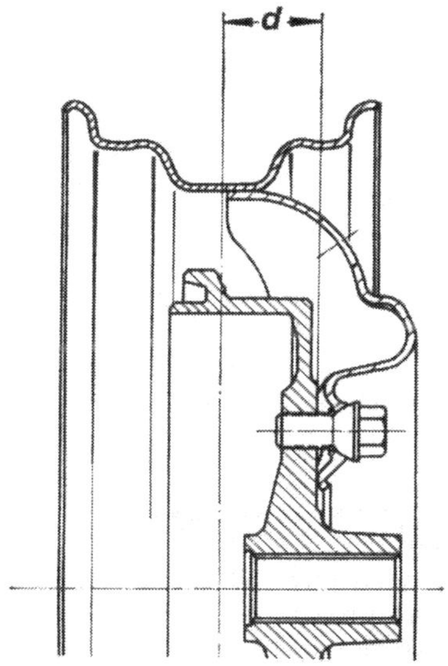

Die Felgen

Am Omega sind serienmäßig Felgen mit folgender Bezeichnung montiert: 5½ J x 14 ET 39 oder 6 J x 15 ET 39. Bisweilen findet sich noch die Zusatzbezeichnung »H 2« auf der Felge. Die Zahlen und Buchstaben bedeuten folgendes:

5½, 6: Felgenmaulweite in Zoll, an der Felgenhornbasis quer zur Laufrichtung des Rades gemessen
J: Kennzeichnung der Felgenhorn-Höhe
x: Zeichen für Tiefbettfelge
14, 15: Felgendurchmesser in Zoll, von Wulst zu Wulst gemessen
ET 39: Einpreßtiefe 39 mm. Dieses Maß erläutert die Zeichnung oben näher
H 2: Zeichen für Doppel-Hump-Felge. Zwei höckerartige Erhebungen innen im Felgenbett verhindern, daß die Reifenwülste bei seitlicher Beanspruchung (scharfe Kurvenfahrt mit niedrigem Luftdruck) vom Felgenhorn abgleiten können.

Diese Normbezeichnungen geben nur die Hauptabmessungen der Felgen an, aber nicht die fahrzeugspezifischen Daten, wie Anzahl der Radbefestigungslöcher oder Lochkreisdurchmesser.

Welche Felgen verwenden?

Wie bei den Reifen kann auch bei den Felgen nicht jede beliebige Größe montiert werden. Die für Ihren speziellen Wagen zulässigen Felgenbezeichnungen stehen oben.

Anbau von Sonderfelgen

Sonderfelgen heißen auf Amtsdeutsch solche Räder, die in Form oder Material nicht der serienmäßigen Ausstattung entsprechen. Da es wegen nachträglich montierten Rädern und Reifen immer wieder Schwierigkeiten bei Polizeikontrollen oder der Hauptuntersuchung bei DEKRA oder TÜV gibt, hier einige Punkte, die Sie beachten müssen.

○ Felgen- und Reifengröße stimmen mit den Angaben in den Fahrzeugpapieren überein und die Felgen sind Original-Opel-Teile: Keine Eintragung in die Fahrzeugpapiere erforderlich.

○ Felgen- und Reifengröße stimmen mit den Angaben in den Fahrzeugpapieren überein, für das Sonderrad liegt eine ABE vor: Die Zulassungsstelle muß lediglich die ABE-Nr. in die Fahrzeugpapiere eintragen.

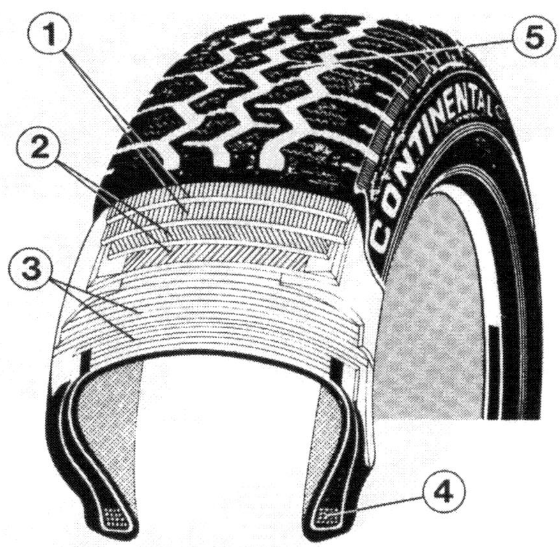

Der Aufbau eines Gürtelreifens:
1 – doppelte Bandage;
2 – Gürtel;
3 – Karkasse (Unterbau);
4 – Wulst;
5 – Lauffläche.

○ Felgen- und Reifengröße werden gegenüber den Angaben in den Kfz-Papieren verändert und/oder für die Felgen liegt lediglich ein TÜV-Bericht vor: Hier ist ein Gutachten nach § 19 (2) StVZO (Teilgutachten) und die anschließende Berichtigung der Fahrzeugpapiere durch die Zulassungsstelle notwendig.
○ Beim Kauf neuer Sonderfelgen muß diesen eine Rad-ABE oder ein TÜV-Bericht beigefügt sein.
○ Vor dem Kauf gebrauchter, nicht originaler Felgen ohne entsprechende Papiere sollten Sie anhand der genauen Hersteller- und Typenbezeichnung sowie des Herstellungsdatums (es ist in der Felge eingeschlagen oder eingegossen) aus dem Räderkatalog des TÜV heraussuchen lassen, ob hierfür eine Rad-ABE oder ein TÜV-Bericht vorliegt.
○ Räder ohne ABE oder TÜV-Bericht dürfen in der Bundesrepublik nicht montiert werden.

Reifendruck prüfen

Ständige Kontrolle

Fahren mit zu wenig Luftdruck bewirkt, daß der Reifen vermehrt durchgewalkt (verformt) und dabei zu heiß wird. Das kann zu einem Totalausfall führen, wenn sich die äußere Gummierung vom Gewebe ablöst. Unter die genannten Werte (in bar Überdruck) sollte der Reifendruck keinesfalls absinken:

	Limousine				Caravan					
	halbe Zuladung		volle Zuladung		geringe Zuladung		halbe Zuladung		volle Zuladung	
	vorn	hinten	vorn	hinten	vorn	hinten	vorn	hinten	vorn	hinten
1,8-Liter Vergasermotor	2,0	2,0	2,3	2,6	2,0	2,2	2,3	2,9	2,6	3,2
1,8-Liter Einspritzmotor 2,0 und 2,4-Liter	2,2	2,2	2,5	2,9	2,0	2,2	2,3	2,9	(2,4) 2,6	3,2

Die Druckangabe in Klammer gilt nur für die Reifen 195/65 R 15 H bzw. 195/65 R 15 V

Wer Wert auf Fahrkomfort legt, beläßt es bei den genannten Drücken. Sind Sie dagegen bereit, zugunsten feinfühliger Lenkung, etwas längerer Reifenhaltbarkeit und minimal geringerem Kraftstoffverbrauch einen verminderten Federungskomfort in Kauf zu nehmen, erhöhen Sie die Druckwerte für die Sommerreifen um rund 0,2 bar. **Winterreifen** sollen generell um **0,2 bar härter** gepumpt werden, als es hier in der Tabelle für Sommerreifen angegeben ist.

Fingerzeig: Damit der Reifendruck ohne Abnehmen der Radblende gemessen werden kann, besitzen Wagen mit Stahlfelgen eine Ventilverlängerung.

Luftdruck bei kalten Reifen messen

Bereits wenige Kilometer zügiger Fahrt lassen den Reifendruck um 0,2–0,4 bar ansteigen. Diese Druckerhöhung durch Erwärmung ist bei den Luftdruckempfehlungen bereits berücksichtigt worden und darf deshalb nicht abgelassen werden. Am günstigsten ist ein eigener Luftdruckprüfer, womit der Reifendruck vor Antritt der Fahrt bei kalten Reifen gemessen werden kann.

Reifenzustand kontrollieren

Wartung Nr. 22

Die Kontrolle geht am besten bei aufgebocktem Wagen, etwa beim Ölwechsel an der Tankstelle.

- Drehen Sie jedes Rad einmal komplett durch.
- Fremdkörper, wie kleine Steinchen, bohren Sie

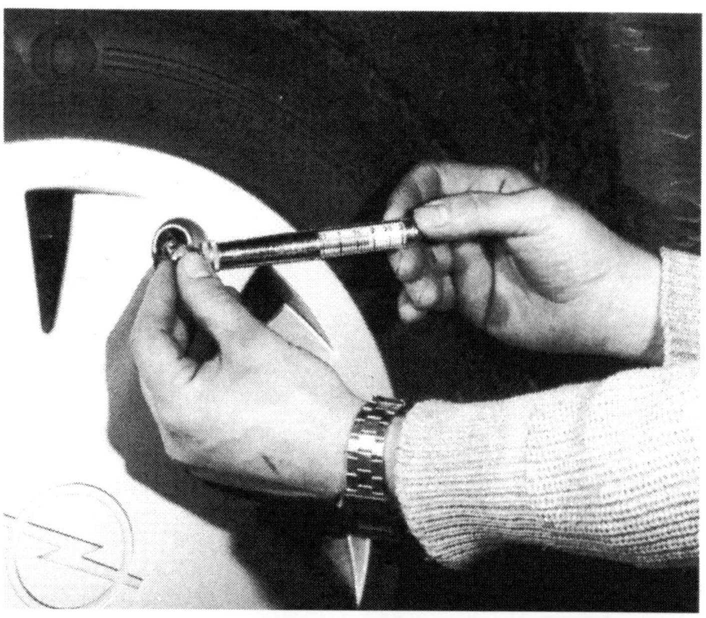

Der Reifendruck muß regelmäßig überprüft werden. Das geht am besten mit einem eigenen Druckprüfer. Üben Sie das zischfreie Ansetzen, sonst geht Luftdruck verloren. Dann muß schnellstens nachgepumpt werden.

mit einem schmalen Schraubendreher aus den Profillamellen, ohne den Reifen dabei zu beschädigen.

● Das Reifenprofil muß laut Gesetz über die gesamte Profilbreite **mindestens 1,6 mm** tief sein.

● Aus Sicherheitsgründen sollten Sie jedoch die Reifen schon bei Erreichen der 3-mm-Profilgrenze wechseln lassen. Noch früherer Reifentausch ist bei den breiten 60er- und 55er-Reifen anzuraten, die bei geringer Profiltiefe auf nasser Straße wesentlich stärker »aufschwimmen« als 70er-Reifen.

● Zur Verschleißkontrolle dienen in regelmäßigen Abständen quer zur Lauffläche verlaufende Erhebungen in den Profilrillen. Sie sind an der Reifenflanke durch die Buchstaben »TWI« (**T**read **W**ear **I**ndicator = Profilabnutzungsanzeiger) gekennzeichnet.

● Wenn diese Erhebungen mit den Profilrippen in gleicher Höhe stehen (= 1,6 mm Restprofiltiefe), ist der Reifentausch zwingend erforderlich.

● Aus der Art der Profilabnutzung können Sie einiges herauslesen, wie im übernächsten Abschnitt beschrieben.

Fingerzeig: Vollbremsungen sind Reifenkiller! Quietschende Reifen und der damit verbundene Qualm von verbranntem Gummi ist bekannt. Weniger bekannt mag jedoch sein, daß dabei Gummi von der Lauffläche regelrecht weggebrannt wird. Der Gummi fehlt an dieser Stelle, und entsprechend läuft der Reifen nicht mehr rund. Je nach Abschmirgelung – sie hängt vor allem von der Dauer der Vollbremsung ab – muß ein solcher Reifen anschließend von einem Reifenfachmann begutachtet werden. Vor allem dann, wenn Sie nach einer solchen Bremsung in der Lenkung eine Laufunruhe spüren.

Das Reifenlaufbild

○ **An der Außenseite abgefahrene Vorderreifen** deuten auf sehr flotte Fahrweise in Kurven hin. Entweder die Reifen auf den Felgen drehen lassen oder die vorderen regelmäßig gegen die Hinterräder austauschen.

○ **Einseitig abgefahrenes Profil** kann auch auf falsche Radeinstellung hinweisen; vor allem dann, wenn lediglich ein Reifen schräg abgelaufen ist.

○ **Starke Abnutzung in der Profilmitte** deutet auf wesentlich zu hohen Luftdruck. Dieser Effekt tritt besonders deutlich an den Hinterrädern auf. Oder es wird häufig mit hoher Geschwindigkeit gefahren, wobei sich die Lauffläche durch die Fliehkraft ausbaucht.

○ Sind **beide Außenschultern** eines Reifens **stärker abgefahren als die Profilmitte,** wurde lange Zeit mit zu niedrigem Luftdruck gefahren.

○ **Gleichmäßige Auswaschungen** im Profil deuten auf einen defekten Stoßdämpfer.

○ Tritt die **ungleiche Abnutzung nur an bestimmten Stellen** auf, ist das Rad unwuchtig, oder der Reifen-Unterbau ist beschädigt.

○ Eine **einzelne Stelle im Profil mit starker Abnutzung** stammt von einer Bremsung mit blockiertem Rad – eine sogenannte Bremsplatte, siehe Fingerzeig oben.

Räder tauschen

Die Reifen von Vorder- und Hinterachse nutzen sich verschieden schnell ab. Damit Sie bei Ersatz der abgefahrenen Reifen gleich vier einer Marke kaufen können, müssen Sie auf das gleichmäßige Abnutzen des Reifenprofils achten. Tauschen Sie daher die Vorder- gegen die Hinterräder rechtzeitig aus. Die Räder jedoch

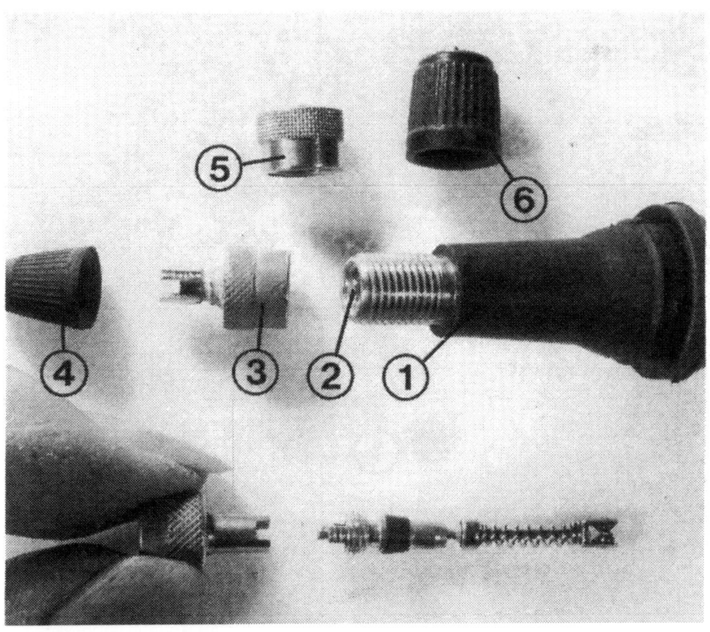

Die Reifenventile (1) müssen immer mit Schutzkappen (3, 5 oder 6) verschlossen sein, sonst dringt Schmutz ein und läßt die Ventilnadel (2) klemmen, die dann nicht mehr dicht schließt. Praktisch sind die Ventilkappen (3), die gleichzeitig zum Herausdrehen eines Ventileinsatzes verwendet können, wie unten im Bild gezeigt. Sie müssen allerdings wegen der scharfen Kanten durch ein Gummikäppchen (4) geschützt sein.

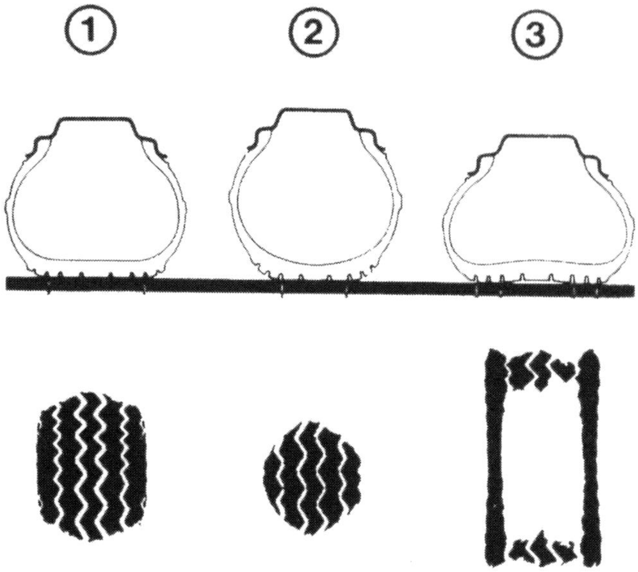

Der Reifendruck bestimmt die Größe der Reifenaufstandsfläche und beeinflußt das Fahrverhalten des Wagens wie auch die Lebensdauer der Reifen.
1 – bei richtigem Luftdruck liegt die gesamte Breite der Reifenlauffläche auf der Fahrbahn auf.
2 – durch zu hohen Luftdruck kommt nur die Mitte der Lauffläche in Kontakt mit der Fahrbahn.
3 – bei zu niedrigem Luftdruck trägt der Reifen vorwiegend auf seinen Schultern.

nicht über Kreuz wechseln, sondern nur von vorn nach hinten. Es ist für die Reifen besser, wenn sie ihre bisherige Drehrichtung beibehalten.

Der Radwechsel

Unterwegs ist der Radwechsel nicht ganz problemlos. Die Radschrauben können festgerostet sein oder sie wurden beim letzten Radwechsel in der Werkstatt mit einem Schlagschrauber »angeknallt« (statt mit den vorgeschriebenen 90 Nm festgezogen). Dann hilft das Bordwerkzeug nicht mehr weiter, sondern nur ein kräftiger Radschraubenschlüssel oder ein Radkreuz mit aufgestecktem Rohrstück zur Verlängerung der Hebelkraft.

- Handbremse anziehen und 1. oder Rückwärtsgang einlegen.
- Unterwegs Warnblinkanlage einschalten und Warndreieck aufstellen.
- Räder der anderen Wagenseite gegen Wegrollen sichern, z. B. mit Steinen oder Holzstücken.
- Mit den Fingern in die Löcher der Rad-Vollblende fassen und Blende abziehen.
- Bei Leichtmetallfelgen Schutzkappen vorsichtig mit einem Schraubendreher abhebeln.
- So vorhanden, Radschraubenschloß mit Schlüssel öffnen.
- Radschrauben jeweils knapp eine Umdrehung lockern.
- Bordwagenheber schräg nach außen stehend an der gekennzeichneten Stelle der Karosserie-Unterkante ansetzen (siehe Bild Seite 15). Je nach Ausstattung muß zuvor eine Kunststoffklappe abgehebelt werden. Zum Abnehmen der Klappe eignet sich am besten ein breiter Schlitzschraubendreher.
- Bei weichem Untergrund Brettchen unter den Wagenheberfuß legen.
- Wagen hochkurbeln.
- Radschrauben vollends herausdrehen.
- Rad abnehmen, Reserverad aufstecken.
- Schrauben über Kreuz gleichmäßig anziehen. Dabei das Rad hin- und herdrehen, damit es sich einwandfrei auf der Radnabe zentriert.
- Wagen ablassen, Schrauben nachziehen (90 Nm).

Soll ein intaktes, am Wagen gewuchtetes Rad etwa nach Kontrollen an der Bremse wieder montiert werden, muß es in gleicher Stellung wie zuvor an der Radnabe festgeschraubt werden. Dazu die Einbaulage an Felge (1) und Nabe (2) kennzeichnen, wie hier gezeigt.

● Radblende bzw. Schutzkappen aufdrücken. Bei der Radblende auf den Ausschnitt für das Reifenventil achten.

● Festen Sitz der Schrauben nach kurzer Fahrtstrecke prüfen.

Einbaustellung der Räder

Jedes Rad bildet mit Bremsscheibe und Radnabe insofern eine Einheit, als diese Teile in zusammengebautem Zustand beim Drehen eine gemeinsame Unwucht haben können. Allerdings besitzen Rad und Reifen eine eigene Unwucht, siehe unten.
Um allen Folgen einer Unwucht aus dem Wege zu gehen, ist folgendes zu beachten:

○ Vor Abmontieren eines Rades immer die Einbaustellung des Rades zur Radnabe markieren.

○ Beim Ansetzen des gleichen Rades müssen die Markierungen übereinstimmen, dann erst die Schrauben einsetzen und festschrauben.

Festen Sitz der Radschrauben kontrollieren

Wartung Nr. 21

In regelmäßigen Abständen soll kontrolliert werden, ob die Radschrauben richtig angezogen sind. Das muß auch nach jeder Radmontage geschehen, wenn einige Kilometer Fahrtstrecke zurückgelegt worden sind.

● Als Anzugsdrehmoment sind 90 Nm vorgeschrieben, also nicht mit einem zusätzlich verlängerten Radschlüssel die Schrauben »anknallen«.

● Zu starkes oder ungleichmäßiges Festschrauben kann dazu führen, daß sich die Bremsscheiben verziehen.

● Das ergibt ungleichmäßige Bremswirkung, Bremsschütteln und punkt- oder flächenförmigen Reifenverschleiß.

Rad-Unwuchten

Unwuchtige Räder spürt man durch Vibrationen im Lenkrad oder Schütteln am Vorderwagen. Beides tritt bei bestimmten Geschwindigkeiten besonders stark auf. Die Ursache liegt an ungleichmäßiger Gewichtsverteilung am Rad (siehe Zeichnung unten).

Räder auswuchten

Die Räder müssen statisch und dynamisch ausgewuchtet werden. Dazu gibt es zwei Methoden:

○ Das Rad wird am Wagen ab- und an einer Auswuchtmaschine angeschraubt. Dort läuft es zur Probe, Unwuchten werden dabei angezeigt und können durch Anbringen von Bleigewichten ausgeglichen werden.

○ Zum Ausschalten letzter Unwuchten ist Feinwuchten erforderlich. Dabei werden auch Unwuchten von Radnabe und Bremsscheibe ausgeglichen. Die am Wagen anmontierten Räder werden mit Motorkraft (hinten) bzw. durch einen Elektromotor mit Reibrad (vorn) in die notwendige schnelle Drehung versetzt und die Restunwucht angezeigt. Das gleicht man wieder durch Bleigewichte aus.

Neue Reifen kaufen

Steht die Anschaffung von neuen Reifen an, ist das eine gute Gelegenheit, auf eine andere Reifendimension zurückzugreifen, die evtl. den eigenen Anforderungen besser als die seitherige entspricht. Deshalb hier in Kürze die Eigenschaften und Besonderheiten der Reifengrößen, die am Omega montiert werden können.
Welche Reifen davon für Ihren Wagen in Frage kommen, entnehmen Sie Ihren Fahrzeugpapieren.

○ Wer billige Reifen sucht, keinen Wert auf Optik legt und einen eher gemächlichen Fahrstil pflegt, der ist mit

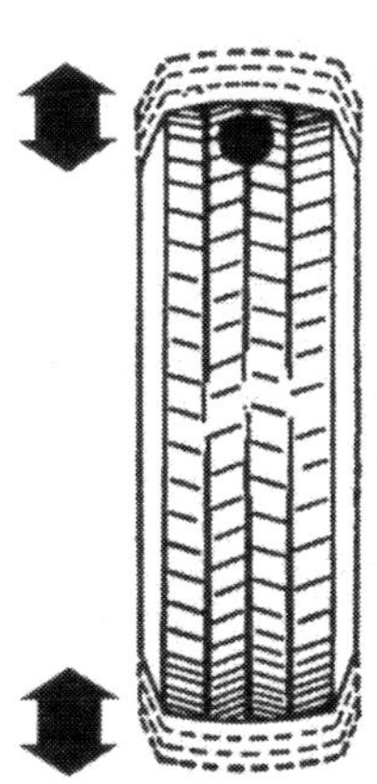

Unsere Skizze erläutert die Auswirkungen der Unwucht:

Die **statische** Unwucht erkennt man, wenn ein freihängendes, drehendes Rad immer mit der gleichen Stelle zu Boden sinkt und sich allmählich auspendelt. Folge: Das Rad hüpft während der Fahrt.

Die **dynamische** Unwucht ist durch Auspendeln des Rades nicht zu erkennen, denn sie liegt irgendwie schräg zur Radachse, so daß das schnellaufende Rad flattert und wackelt. Unausgewuchtete Räder führen zu schnellem Reifenverschleiß, unruhiger Lenkung und vorzeitiger Abnutzung der Radlager.

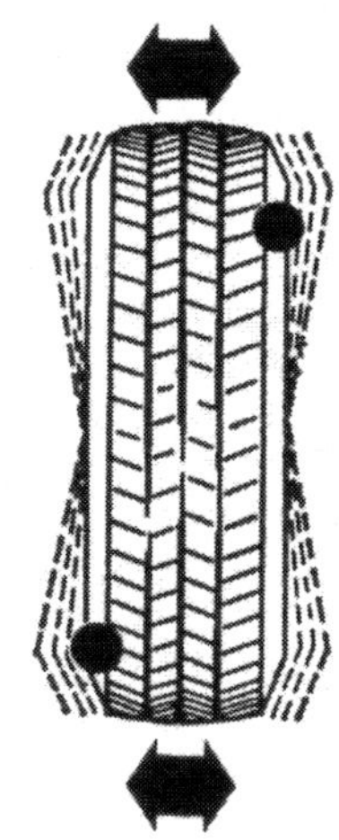

den schmalen 175 R 14 gut bedient. Zu beachten ist jedoch, daß diese Pneus nicht auf allen Omega-Modellen als Sommerreifen zugelassen sind.

○ Die Serienbereifung 185/70 R 14 der älteren Modelle ist sicher die wirtschaftlichste Bereifung für den Omega. Die Reifen sind noch relativ günstig in der Anschaffung und im Fahrverhalten völlig ausreichend für normalen Fahrstil. Auch im Wintereinsatz ist dieser Reifen unter Umständen selbst in Sommerprofilierung noch brauchbar.

○ Die Größe 195/65 R 15 (Ausstattung der 2,0- und 2,4-Liter-Modelle) steht auch den schwächeren Modellen gut – nicht zuletzt wegen der Optik. Die nachträgliche Umrüstung ist für denjenigen interessant, der seinen Omega eher zügig bewegt. Die breitere Lauffläche dieses Pneus schafft zusätzliche Sicherheit in schnell gefahrenen Kurven und sorgt für etwas längere Reifen-Lebensdauer. Dieser Ersparnis steht allerdings höherer Kaufpreis entgegen. Außerdem wird für diese Reifen ein Satz neue Felgen notwendig.

○ Bei der Bereifung 205/65 R 15 besticht in erster Linie das Aussehen. Wirklichen Nutzen bringt sie nur den sehr »sportlichen« Fahrern. Der in der Anschaffung erheblich teurere Reifen hat gegenüber der schmäleren Bereifung kaum längere Lebensdauer, da er schon bei 3 mm Profiltiefe gewechselt werden sollte. Die Aquaplaninggefahr auf regennasser Straße würde sonst zu groß. Außerdem sind je nach Ausstattung neue Felgen notwendig, und ein Eintrag in die Fahrzeugpapiere wird ebenfalls erforderlich.

Winterbereifung

○ Ist Ihr Wagen mit der »schmalen« Reifendimension 175 R 14 ausgerüstet, können Sie möglicherweise – je nach Einsatzgebiet – bei ausreichender Profiltiefe auch mit Sommerreifen durch den Winter kommen.

○ Schlechter sieht es bei den breiteren 70er-Reifen aus; zumal bei höherer Motorleistung. Diese neigen – nicht zuletzt wegen der »härteren« H-Ausführung – auf Schnee und Eis schneller zum Durchdrehen. Die Anschaffung spezieller Winterreifen ist dann kaum zu umgehen.

○ Untauglich sind die 195/65 R 15-Reifen, die überdies meist auf teureren Leichtmetallfelgen sitzen. Unbedingt umrüsten auf Winterräder.

○ Bei Winterreifen haben Sie die Wahl zwischen den herkömmlichen M+S-Reifen, die lediglich 160 km/h schnell gefahren werden dürfen, und den teuren Hochgeschwindigkeitsreifen für 190 km/h Höchsttempo.

○ Was die Reifengröße anbetrifft, würden wir – wo immer das laut Kraftfahrzeugschein möglich ist – auf die Winterreifengröße 175 R 14 zurückgreifen. Breitere Winterreifen als die Größe 185/70 R 14 würden wir jedoch keinesfalls montieren.

○ Bei Wagen, die schneller laufen können, als es die bauartbedingte Höchstgeschwindigkeit des Winterreifens zuläßt (siehe Seite 152), muß ein Hinweisschild mit der Reifen-Höchstgeschwindigkeit am Armaturenbrett angebracht werden (gibt's beim Reifenhändler oder in der Werkstatt). Die Höchstgeschwindigkeit Ihres Wagens entnehmen Sie bitte dem Kfz-Schein.

○ Ein M+S-Reifen mit weniger als 4 mm Profiltiefe taugt nichts mehr im Winter. Wenn etwa im Gebirge Winterreifen vorgeschrieben sind, werden M+S-Reifen nur dann als solche anerkannt, wenn ihr Profil noch mindestens 4 mm tief ist.

Felgen für die Winterbereifung

Leichtmetallfelgen können unter Streusalzeinwirkung bis zur Verkehrsunsicherheit korrodieren. Schäden im Felgen-Decklack müssen deshalb möglichst bald ausgebessert werden. Noch besser ist die Anschaffung eines zweiten Reifensatzes auf den weniger empfindlichen Stahlfelgen. Reifenfachgeschäfte bieten oft Komplettsätze zu günstigen Preisen an.

Vom Preis her bieten sich für die Winterbereifung die schmalen 5½"-Felgen an. Oder man besorgt sich gebrauchte Felgen.

Reifenpreise

Für Autoreifen gelten, wie überall üblich. »empfohlene Richtpreise«, an die sich aber niemand halten muß. So gibt ein Händler vielleicht 10% Rabatt auf den empfohlenen Richtpreis, und außerdem sind Montage, Auswuchten und die Beseitigung der alten Reifen im Preis inbegriffen. Ein anderer Händler offeriert dagegen 30% Rabatt, dafür muß man aber Montage und Auswuchten extra bezahlen. Lassen Sie sich von hohen Rabatt-Prozenten nicht täuschen, das billigste Angebot kann hinterher teurer als gedacht ausfallen. Es lohnt sich in jedem Fall, erst einige Angebote einzuholen, ehe man Reifen kauft.

Runderneuerte Reifen

Neu besohlte Reifen stehen bei vielen Autofahrern in schlechtem Ansehen, obwohl sie den Beweis ihrer Tauglichkeit in verschiedenen Tests erbracht haben. Reifen mit »RAL-Gütesiegel« erfüllen eine Reihe von Qualitäts- und Ausführungskriterien. Außerdem haben sie Schnellauftests bestanden.

Dennoch eignen sie sich nach unseren Erfahrungen eher für geruhsamere Fahrweise. Immer noch treten Defekte an neu gummierten Reifen meist bei höherer Geschwindigkeit bzw. voller Beladung auf – vor allem, wenn der Reifendruck nicht stimmt.

Dem günstigeren Kaufpreis stehen gegenüber: Kürzere Lebensdauer, größere Unwuchten, bisweilen mangelhafter Rundlauf bei höherer Laufleistung sowie unterschiedliches Fahrverhalten im Vergleich zum Neureifen mit gleichem Profil.

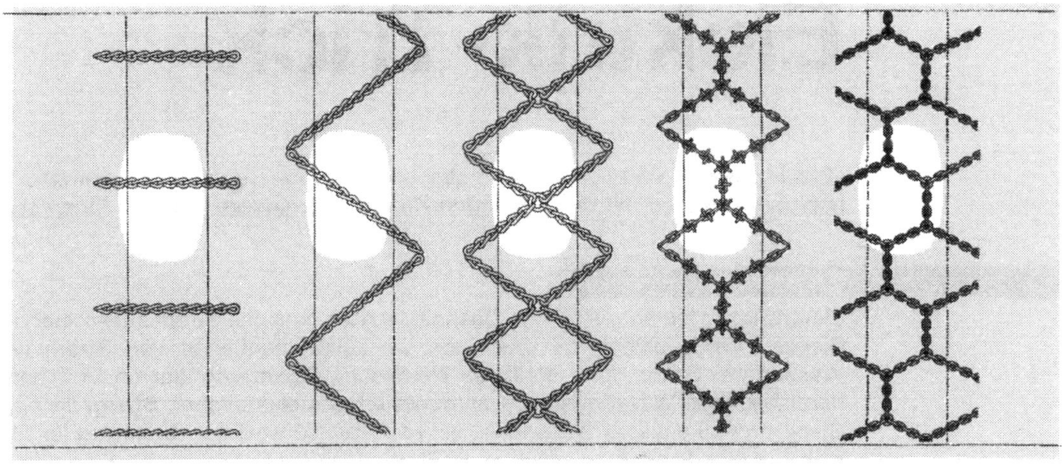

Die weißen Ausschnitte zeigen, wo der Reifen den Boden berührt. Je mehr »Kette« dort auf der Straße liegt, desto besser. Von links nach rechts sehen Sie: Leiterkette, Zickzackkette, Kreuzkette, Spurkreuzkette, Kantenspurkette.

Gleitschutzketten

Wenn auch die griffigsten Winterreifen versagen, helfen gegen Schnee und Eis Gleitschutz- oder Schneeketten. Sie sind eine gute Anschaffung für Gegenden mit entsprechender Winterwetterlage , aber man muß auch einiges Geld dafür berappen.
Als höchstzulässige Geschwindigkeit mit aufgelegten Ketten gelten in der Bundesrepublik 50 km/h. Wer das Kettenauflegen vor dem ersten Schnee zu Hause geübt hat, fürchtet sich kaum vor der Montage und dem Abnehmen. Da die Ketten auf freier Strecke wesentlich höherem Verschleiß ausgesetzt sind, sollte man sie nie unnötig lange montiert lassen.

- ○ Gleitschutzketten sind beim Omega nur an den Hinterrädern erlaubt.
- ○ Nur feingliedrige Schneeketten montieren, die auf der Reifenlauffläche und in der Reifeninnenseite nicht mehr als 15 mm überstehen.
- ○ Auf der Reifengröße 205/65 R 15 dürfen keine Gleitschutzketten montiert werden.

Fingerzeig: Schneeketten werden nach dem Gebrauch mit möglichst kräftigem Wasserstrahl abgespritzt, saubergebürstet und anschließend in einem Eimer Wasser mit Waschkonservierer gespült. Dann gibt es keine Rost- und Korrosionsspuren.

Altreifenbeseitigung

Altreifen dürfen nicht einfach auf den Müll geworfen werden; auch die Müllabfuhr nimmt sie nicht mehr mit. Denn je nach Methode werden abgefahrene Reifen entweder zerschnitten, weiterverwertet oder in speziellen Anlagen verbrannt. Aber wie wird man Altreifen nun los?
Da gibt es verschiedene Möglichkeiten: Je nach Gemeinde fungiert der städtische Bauhof oder der Müllplatz als Annahmestelle. In jedem Fall nimmt jedoch der Reifenhändler die alten Pneus ab. Eine geringe Gebühr für das Loswerden der Reifen müssen Sie jedoch überall entrichten.

Elektrik-Trick

»Elektrizität und Verzweiflung sind gleichbedeutende Begriffe« soll einmal ein geplagter Autofahrer ausgerufen haben. Wir wollen mit den folgenden Kapiteln verhindern, daß bei Ihnen solche Verzweiflung aufkommt.

So einfach ist Elektrik

Elektrizität ist leider unsichtbar. Deshalb ist alles, was mit Strom zusammenhängt, für viele ein Buch mit sieben Siegeln. Verdeutlichen wir uns doch die Zusammenhänge von Strom und Spannung am Beispiel eines Wasserfalls: Seine Höhe stellt die elektrische **Spannung** dar (in Volt gemessen), seine Breite – also die herabfließende Wassermenge – symbolisiert den elektrischen **Strom** (in Ampere gemessen).
Steht am Fuß unseres Wasserfalls ein Mühlrad, so wird dort **Leistung** (in Watt) erzeugt. Und zwar soviel, wie sich aus dem Produkt von Höhe und Breite des Wasserfalls ergibt. Klar also, daß es egal ist, ob der Wasserfall hoch und schmal oder niedrig und dafür breiter ist. Denn erst das Ergebnis der Rechnung »Höhe mal Breite« (oder »Spannung mal Strom«) entscheidet über die abgegebene Leistung. Einleuchtendes Beispiel: Die 40-Watt-Birne zu Hause brennt genau gleich hell wie die 40-Watt-Birne am Auto, obwohl das Bordnetz statt 220 Volt nur 12 Volt aufzuweisen hat.
Bleibt noch der **Widerstand** zu erklären: Er ist mit einer Verengung in der Wasserleitung vergleichbar, durch den der Wasser(Strom-)fluß reduziert werden kann.

Grundbegriffe der Elektronik

Schon dem Wort nach basiert die Elektronik auf den Elektronen – jenen immens kleinen Bausteinen, aus denen das ohnehin schon kleine Atom zum Teil besteht. Die Elektronen sorgen in allen elektrisch leitenden Werkstoffen (Leiter) dafür, daß Strom überhaupt fließen kann. Die Elektronen wandern dabei im Leiter von Atom zu Atom.
Nichtleitende Werkstoffe besitzen zwar auch Elektronen, doch sind diese sehr stark an den Atomkern gebunden. Sie können also auch nicht weiterwandern, und somit fließt auch kein Strom.
Die dritte Werkstoffgruppe stellen die sogenannten Halbleiter dar. Das sind Kristalle (meist Germanium oder Silizium), die so nachbehandelt wurden, daß in ihrem Atomaufbau Elektronen fehlen oder überschüssige Elektronen vorhanden sind. Dadurch ergibt sich der durchaus erwünschte Effekt, daß durch die Kristallplättchen nur unter bestimmten Bedingungen Strom fließen kann. Werden diese Bedingungen nicht erfüllt, baut sich eine

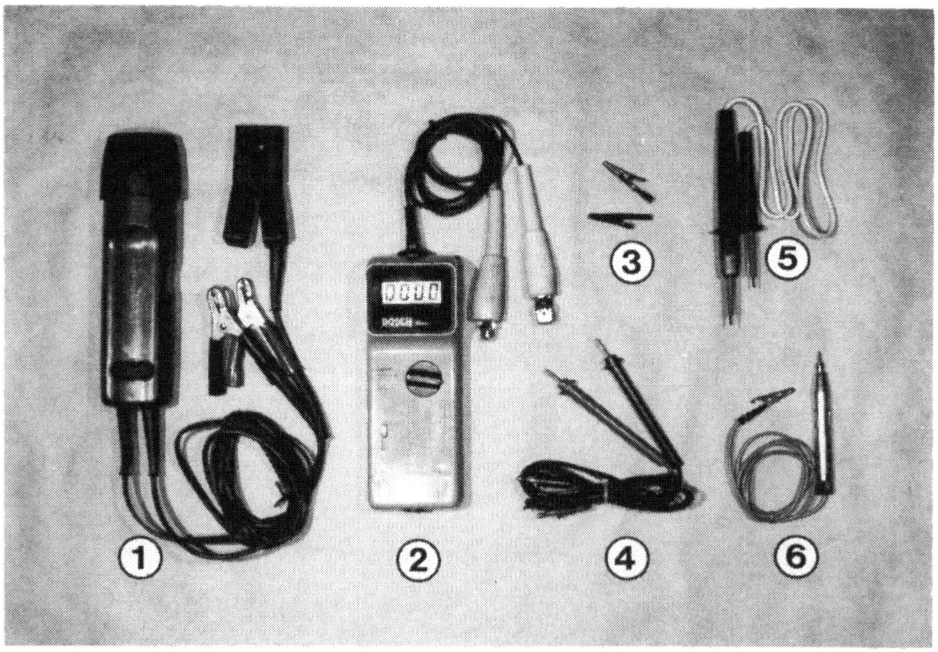

Meßgeräte für die Fahrzeug- und Motorelektrik: 1 – Stroboskoplampe zur Zündeinstellung; 2 – Präzisions-Motortester mit Digitalanzeige, dazu Krokodilklemmen (3) und Meßspitzen (4); 5 – Leuchtdioden-Spannungsprüfer (auch für Elektronik-Bauteile geeignet); 6 – herkömmlicher Spannungsprüfer mit Glühlampe.

Sperrschicht auf, und der Stromfluß wird gehemmt. Halbleiter-Bauelemente findet man natürlich nicht nur einzeln in der Fahrzeugelektrik verwendet. Meist sind sie in größerer Stückzahl zu kompletten Schaltungen zusammengefaßt, wie zum Beispiel im Steuergerät der Einspritzanlage oder im Blinkrelais.

Halbleiter

Transistor: Er läßt nur dann Strom durchfließen, wenn an seinem dritten Anschluß eine Spannung anliegt. Ist diese Spannung hoch, fließt viel Strom durch; bei geringer Spannung entsprechend weniger. Vergleichbar ist das mit einem Wasserhahn. Je weiter das Ventil aufgedreht wird, desto mehr Wasser fließt durch.
Diode: Sie ist nur in einer Richtung für den elektrischen Strom leitend. Kommt der Strom aus der Gegenrichtung, sperrt sie den Durchgang. Das ist wie beim Reifenventil: Luft kann durchgepumpt werden, aber sie kommt nicht mehr heraus.

Weitere Bauelemente

In nahezu allen elektronischen Schaltungen kommen Bauteile vor, die nicht zur Sparte der Halbleiter gehören, ohne die aber die Elektronik nicht denkbar wäre. Häufigste Vertreter sind:
Widerstand: Seine Aufgabe ist es, den Stromfluß zu hemmen, wie bereits beschrieben.
Kondensator: Er wirkt wie eine kleine Batterie und kann elektrische Energie für eine gewisse Zeit speichern. Er wird zur Glättung von Spannungsschwankungen und zum Dämpfen von Spannungsspitzen verwendet. Wenn eine Zeitverzögerung in einer Schaltung erwünscht ist (z.B. im Blinkrelais), wird ein Kondensator mit einem Widerstand zu einem »Zeitglied« zusammengeschaltet.

Elektronische Schaltungen

Integrierte Schaltkreise (IC): Eine Vielzahl von elektronischen Bauteilen ist im kleinen Gehäuse eines IC untergebracht. Die meist schwarzen »Käfer« mit 14 und mehr Anschlußfüßen gibt es mit vielen Funktionen.
Mikroprozessoren: Sie spielen eine wachsende Rolle in der Technik. Es sind weiterentwickelte ICs, aber wesentlich »intelligenter«. Je nach Art des elektrischen Eingangssignals können sie vorher programmierte Schaltungsvorgänge auslösen.

Elektrische Messungen

Beim Prüfen und Reparieren der Fahrzeugelektrik und -elektronik gibt es verschiedene elektrische Größen zu messen. Was im Einzelfall zu tun ist, beschreiben die verschiedenen Kapitel hier im Buch.
Damit der Meßwert richtig abgelesen werden kann, bedarf es zunächst eines genauen Meßgeräts. Welche Geräte sich eignen, sehen Sie auf der gegenüberliegenden Seite.
Wie man das Meßgerät richtig anschließt und was bei den einzelnen Messungen zu beachten ist, finden Sie in den folgenden Abschnitten erklärt.

Fingerzeig: Schalten Sie vor Abziehen eines Steckers im Bereich der Fahrzeugelektronik immer die Zündung aus. Noch besser ist das Abklemmen der Batterie. Denn beim Trennen eines Steckkontakts können Spannungsspitzen entstehen, die nahegelegenen empfindlichen Elektronikgeräten (z.B. Bordcomputer) nicht gut bekommen.

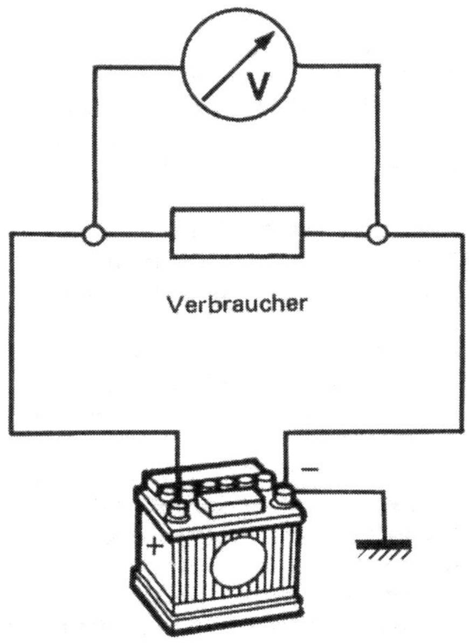

Die Spannung wird parallel zum Verbraucher gemessen. Die Zuleitungen zum Verbraucher können montiert bleiben. Die Meßkabel des Meßgeräts müssen richtig gepolt sein (rot nach Plus).

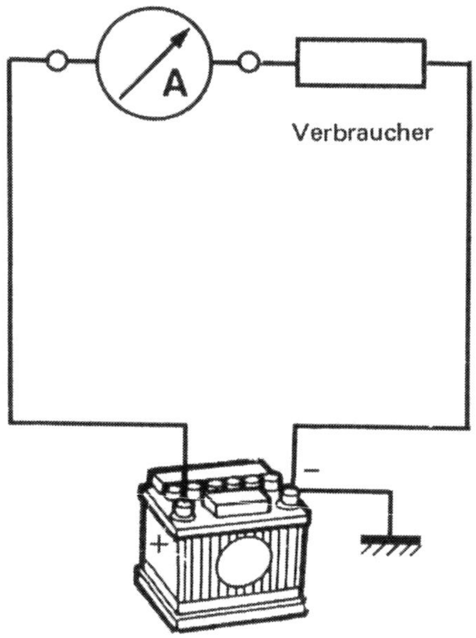

Zur Strommessung wird das Meßgerät in eine Leitung zum Verbraucher geschaltet. Hierzu muß die Leitung aufgetrennt werden, was nicht immer ganz einfach ist, wenn beispielsweise mehrere Leitungen in einem Mehrfachstecker zusammengefaßt sind. Auch hier auf die Polung des Meßgeräts achten.

Spannung messen mit Prüflampe

Praktisch ist eine Prüflampe mit Nadelkontakt (siehe Seite 160), mit deren Nadel einfach die Isolierung des zu prüfenden Kabels durchstochen werden kann. Die Klemme am Kabel der Lampe wird irgendwo an blankem Fahrzeugmetall, der sogenannten Masse, angeclipst.
Die Lampe gibt in erster Linie Auskunft darüber, ob überhaupt Spannung anliegt. An ihrer Helligkeit kann man in etwa die Höhe der Spannung abschätzen.

Spannung messen mit Diodenprüfer

An elektronischen Bauteilen darf mit einer herkömmlichen Prüflampe nicht gemessen werden. Sie nimmt zu viel Leistung auf und kann so Bauteile der Elektronik beschädigen. Wer in diesem Bereich Messungen vornehmen will, sollte sich einen Spannungsprüfer mit Leuchtdioden anschaffen.

Spannung messen mit Voltmeter

Exakter ist die Spannungsmessung mit dem Volt-Meßbereich eines Zeiger- oder Digitalmeßgeräts. Durch den sehr geringen Stromverbrauch des Instruments droht auch Elektronikteilen keine Gefahr.
○ Zum Messen der Batteriespannung (als Beispiel) wird das mit »–« gekennzeichnete Meßkabel an den Minuspol der Batterie angeschlossen. Das »+«-Kabel kommt an den Pluspol:
○ Zeigt das Instrument beispielsweise nur 10,4 Volt an, hat eine der Batteriezellen Kurzschluß. Interessant kann es auch sein, die Batteriespannung zu messen, während der Anlasser betätigt wird. Sind dann nur noch 6 Volt abzulesen, steht es mit der Batterie sicher nicht zum besten.
○ Weitere Methoden, das Volt-Meßgerät einzusetzen:
○ Messen einer Spannung »gegen Masse«: »+«-Kabel des Meßgeräts an einer Klemme anschließen, an der Spannung anliegt, »–«-Kabel an ein blankes Teil der Karosserie oder des Motors anklemmen. Beide sind durch dicke Kabel mit dem Minuspol der Batterie verbunden, wodurch eine exakte Messung möglich ist.
○ Häufig wird die Spannung zwischen zwei bestimmten Kontakten (etwa an einem Steuergerät) gemessen. Wie das Meßgerät anzuschließen ist und welche Spannung anliegen soll, ist in einem solchen Fall Bestandteil der Prüfvorschriften.
○ Mit dem Volt-Meßbereich kann auch geprüft werden, ob ein Massekabel in Ordnung ist: »+«-Kabel des Meßgeräts am Pluspol der Batterie anschließen, »–«-Kabel des Geräts am Ende des Massekabels anklemmen. Ist die Masseversorgung intakt, muß volle Batteriespannung angezeigt werden.

Strom messen

Ob Strom zu einem Verbraucher hin fließt, wird mit dem Amperemeter bzw. dem entsprechenden Meßbereich des Vielfachinstruments gemessen.
○ Dazu muß der Stromkreis aufgetrennt und das Meßgerät zwischen die jetzt freien Pole zwischengeschaltet werden.
○ In der Praxis sieht das so aus: Einen Steckkontakt in der Leitung zu einem Verbraucher abziehen und Meßgerät zwischen Stecker und Kontaktzunge zwischenschalten.
○ Strom wird beispielsweise gemessen, wenn der Verdacht besteht, daß ein heimlicher Stromverbraucher irgendwo im Bordnetz sitzt, der über Nacht die Batterie leersaugt. Um diese Leckstelle festzustellen, nehmen Sie das Batterie-Massekabel ab und klemmen zwischen Batteriepol und -kabel das Amperemeter. Zeigt das Instrument Stromfluß an, wird der Stromkreis ermittelt: Eine Sicherung nach der anderen herausnehmen und

Zur Widerstandsmessung eines Verbrauchers werden am besten beide Zuleitungen direkt am Gerät ausgesteckt. Dann zwischen den Anschlüssen messen.

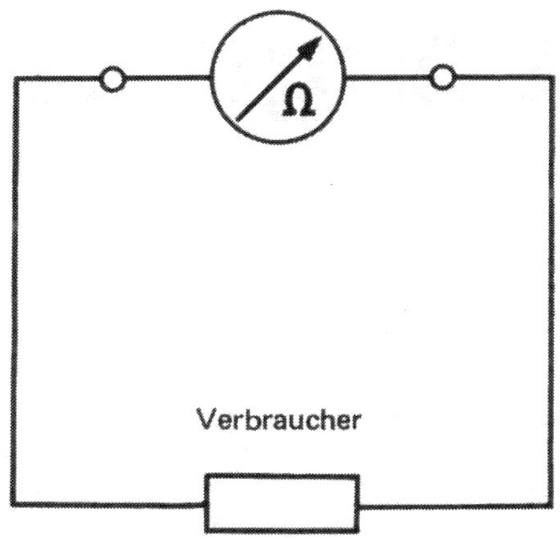

statt deren das Amperemeter an den Kontaktzungen im Sicherungskasten anklemmen. So können Sie erkennen, in welchem Stromkreis Verluste entstehen. Anhand der Sicherungstabelle auf Seite 166 vergleichen Sie dann, welche Verbraucher in den Stromkreis eingeschaltet sind und kontrollieren diese der Reihe nach durch.

Fingerzeig: Niemals das Meßgerät zwischen Hauptkabel und Batterie anklemmen, um etwa den Stromverbrauch des Anlassers zu messen! Die dabei auftretenden Stromstärken (150 A und mehr) sind für jedes normale Meßgerät viel zu hoch. Wer an dieser Stelle messen muß, braucht einen Meßwiderstand (Shunt), der zur Messung in die Leitung eingeschaltet wird.

Widerstand messen

Die exakte Widerstandsmessung an einem Bauteil hat nur dann einen Sinn, wenn man ein genau anzeigendes Gerät besitzt. Sonst bleiben letztlich Zweifel an der Messung.
○ Mit dem Widerstandsmeßbereich läßt sich beispielsweise erkennen, welchen Innenwiderstand ein bestimmtes Bauteil hat. Die Angaben finden Sie – wenn nötig – hier im Buch.
○ Die Kabel des Meßgeräts (Polung ist dabei gleichgültig) werden dazu an zwei Anschlüssen des Bauteils angeklemmt.
○ Oder es wird der Widerstand »gegen Masse« gemessen: Ein Kabel am Bauteil, das zweite am Motorblock oder Karosserie anklemmen.
○ Ferner läßt sich mit dem Widerstands-Meßbereich eines Meßinstruments prüfen, ob eine Leitung oder ein Schalter »Durchgang« hat (der Meßwert ist dann 0) oder ob der Stromweg irgendwo unterbrochen ist (dann erhalten Sie den Meßwert unendlich = ∞).

Lange Leitung?

Nur keine Angst vor der Vielzahl an Leitungen, Steckern und Sicherungen im Omega! Unter Zuhilfenahme der Sicherungstabelle und der verschiedenen Stromlaufpläne in diesem und im folgenden Kapitel werden Sie sich bald zurechtfinden.

Minus an Masse

Die Stromzuführung zum Verbraucher erfolgt durch ein Kabel, das sich auf mehr oder weniger komplizierte Art immer zur Batterie zurückverfolgen läßt, wie das auch das Kapitel »Stromlaufpläne« zeigt.
Die Rückleitung besorgen die elektrisch leitenden Metallteile von Karosserie oder Motor. Auf diese Weise wird eine Menge teures Kupferkabel gespart. In manchen Fällen ist jedoch trotzdem ein kurzes Stück Kabel für die Rückleitung unumgänglich – nämlich dann, wenn der Stromverbraucher nicht direkt auf Metall sitzt.
Auch der Minuspol der Batterie ist natürlich mit der Karosserie – der »Masse«, wie der Autoelektriker sagt – verbunden. Da das bei allen anderen elektrischen Einrichtungen im Wagen genau so ist, lautet der Merksatz »**M**inus an **M**asse«.

Orientierungshilfen in der Autoelektrik

Normklemmen-Bezeichnungen

Das bunte Kabelgewirr im Auto ist eigentlich ganz gut geordnet, denn viele Einzelheiten der Kraftfahrzeug-Elektrik sind genormt. Die Zahlen an verschiedenen Bauteilen und Kabelanschlüssen sowie in den Stromlaufplänen haben in allen deutschen und in manchen ausländischen Fahrzeugen dieselbe Bedeutung:
Klemme 15 erhält nur bei eingeschalteter Zündung Strom ab Zündschloß, wobei außer der Zündspule jene Stromverbraucher versorgt werden, die nur bei Betrieb des Wagens Strom erhalten sollen. Die Kabel an den Normklemmen 15 besitzen vielfach eine schwarze Ummantelung, bisweilen auch mit farbigen Zusatzstreifen.
Klemme 30 erhält dauernd Strom vom Pluspol der Batterie bzw. bei laufendem Motor von der Lichtmaschine. Das kann bei unvorsichtigem Umgang mit Werkzeug zu Kurzschlüssen und Funkenregen führen, wenn das Minuskabel der Batterie nicht abgenommen wurde. Diese stets stromführenden Kabel haben meist eine rote Umhüllung, ggf. mit zusätzlichen Farbstreifen.
Klemme 49 ist für die Blink- und Warnblinkanlage zuständig.
Klemme 53 versorgt die Scheibenwischeranlage.
Klemme 56 ist für die Stromzufuhr des Abblendlichts mit gelben sowie des Fernlichts mit weißen Leitungen zuständig.
Klemme 58 gehört zum Standlicht vorn sowie zu den Schluß- und Kennzeichenleuchten. Die Grundfarbe der Kabelumhüllung ist grau, jeweils mit zusätzlichen Farbstreifen.
Klemme 31 ist die Masse-Klemme, mit der ein Stromverbraucher zur Fahrzeugmasse verbunden sein muß, damit der Stromkreis geschlossen ist. Die entsprechenden Kabel sind braun umhüllt.

Die Leitungen

Von den einzelnen, farbigen Kabeln sehen Sie meistens nur die Enden, denn oft laufen sie gebündelt in Isolierschläuchen.
Wichtig bei eventuellen eigenhändigen Einbauten ist, daß der Querschnitt eines Kabels je nach Leistung (Stromanspruch) des betreffenden Verbrauchers ausgewählt wird. Ein Kontrollämpchen kommt mit 0,5 mm^2 Kabelstärke aus, zwischen Batterie und Anlasser dagegen wird eine 16-mm^2-Leitung gebraucht. Ein zu dünnes Kabel heizt sich auf, und die Spannung fällt ab. Dann kommen statt der verlangten 12 Volt am Scheinwerfer nur 10 oder 9,5 Volt an – das Licht ist trübe.

Der Sicherungskasten

Sämtliche Leitungen im Omega sind in verschiedenen Kabelsträngen zusammengefaßt. Eine Vielzahl der Stränge führen zum Sicherungskasten links unterhalb der Lenksäule. Dort ist auch Platz für 29 Sicherungen und eine ganze Reihe Relais.

Sicherungskasten ersetzen

- Massekabel von der Batterie abklemmen.
- Klappe öffnen.
- Sicherungskasten losschrauben und nach hinten herausnehmen.

Der Sicherungskasten links unten im Armaturenbrett. Es bedeuten:
A – Warnsummer;
B – Blinkrelais;
C – Wischintervallrelais;
D – Hupenrelais;
E – Steckplatz für Nebelscheinwerfer;
F – Steckplatz für Zusatzscheinwerfer;
Die Zahlen deuten auf die Sicherungen 1, 11 und 21. Abgezogen werden die Sicherungen mit der kleinen Kunststoffzange (Pfeil).

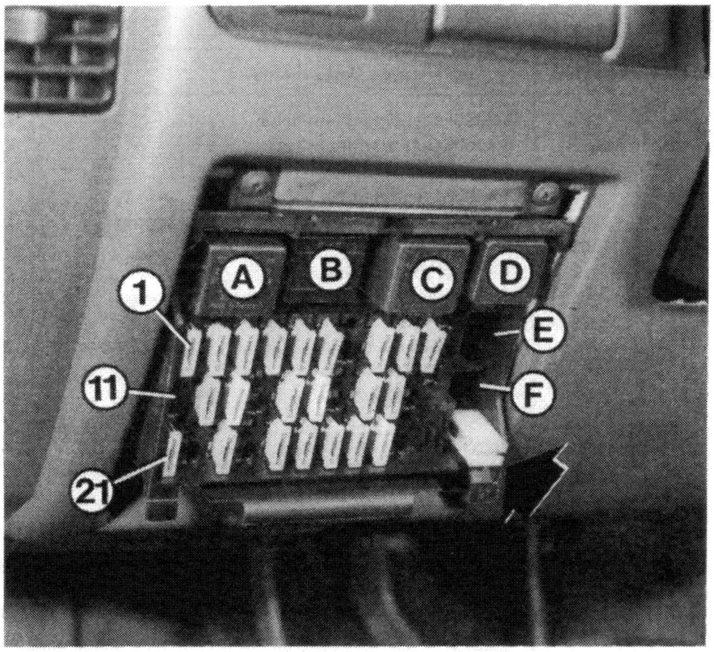

- Alle Relais, Relaissockel und Sicherungen abziehen und auf den neuen Sicherungskasten aufstecken.
- Seitliche Rastnasen an den Steckhülsen von vorn mit einem schmalen Schraubendreher eindrücken.
- Steckhülsen und Halter aus dem Sicherungskasten herausziehen. Steckhülsen wieder aufbiegen und in den neuen Sicherungskasten einstecken.
- Um eine Verwechslung der Anschlußkabel zu vermeiden, Kabel nacheinander vom alten auf den neuen Sicherungskasten umstecken.

Die Sicherungen

Wenn an einem vorhandenen Stromkreis Verbraucher angeschlossen werden oder durch einen Defekt ein Kurzschluß entsteht (der nichts anderes ist als ein abnorm ansteigender Stromdurchfluß), würde der Stromkreis überlastet. Die Leitung würde warm oder zu glühen beginnen, ebenso die Wicklungen der Lichtmaschine, die Batterieflüssigkeit könnte ins Sieden geraten – waren da nicht die elektrischen Sicherungen zwischengeschaltet. Die sind sehr kurz angebunden: Wenn der Strom ein gewisses, zuträgliches Maß übersteigt, unterbrechen sie ihn einfach.
Damit der Omega bei einem Defekt nicht gleich völlig ohne Strom dasteht, sind die Sicherungen auf verschiedene Stromkreise verteilt. Allerdings sind die Schaltungen zwischen Anlasser, Batterie, Lichtmaschine und Zündschloß nicht von Sicherungen überwacht. Bei einer Störung dieser Teile nützt der Blick in den Sicherungskasten also nichts. Dagegen haben alle übrigen elektrischen Aggregate eine eigene Absicherung.
Im Omega werden sogenannte Flachstecksicherungen verwendet. In ein eingefärbtes Kunststoffteil sind zwei Flachstecker eingebettet, die durch den Schmelzfaden verbunden sind. Mit diesen Sicherungen gibt es keine Korrosionsprobleme mehr, da sie wesentlich größere Kontaktflächen besitzen als die früheren Keramiksicherungen.

Sicherung auswechseln

- Soll eine der Stecksicherungen ausgewechselt werden, können Sie sich dazu der kleinen Kunststoffzange, die rechts unten im Sicherungskasten befestigt ist, bedienen.
- Brennt die neue Flachstecksicherung sofort wieder durch, klären, ob eine zu schwache Sicherung eingesetzt wurde (siehe Sicherungstabelle auf der folgenden Seite).
- War das nicht der Fall, anhand der Sicherungstabelle die angeschlossenen Verbraucher ermitteln und einzeln prüfen. Dabei hilft auch der zuständige Stromlaufplan (folgendes Kapitel).
- Im Zweifelsfall alle Verbraucher ausstecken und nacheinander wieder anschließen. Derjenige Verbraucher, bei dem die Sicherung durchbrennt, war defekt.

Sicherungstabelle

Nr.	Klemme	angeschlossene Verbraucher	erhält Strom von	A
1	58L	Schluß- und Standlicht links	Lichtschalter	10
2	58R	Schluß- und Standlicht rechts	Lichtschalter	10
3	56A	Fernlicht links	Lichtschalter über Abblendschalter	10
4	56A	Fernlicht rechts	Lichtschalter über Abblendschalter	10
5	56B	Abblendlicht links, Leuchtweitenregulierung	Lichtschalter über Abblendschalter	10
6	56B	Abblendlicht rechts	Lichtschalter über Abblendschalter	10
7	15	Tagesfahrlicht (Schweden)	Zündschloß	10
8	15	Blink- und Bremsleuchten, Warnblinkanlage, ABS, Geschwindigkeitsregler	Zündschloß	15
9	15	Scheibenwischeranlage, Signalhorn, elektrische Niveauregulierung	Zündschloß	30
10	56	Nebelschlußleuchte	Lichtschalter	10
11	–	frei		–
12	15A	Heizungsgebläse	Zündschloß	30
13	15	Zigarettenanzünder, heizbare Vordersitze, heizbare Heckscheibe, Spiegelbeheizung, Check-Control, Bordcomputer, Radio, Handschuhkastenleuchte, elektronische Fahrwerksregelung	Zündschloß	20
14	30	Klemme 30: Anhängerdauerstrom, elektrische Niveauregulierung	Batterie-+	20
15	30	Warnblinkanlage, Innenleuchten, Check-Control, Bordcomputer, LCD-Instrument, Radio	Batterie-+	15
16	30	Elektrische Kraftstoffpumpe	Kraftstoffpumpen- bzw. Einspritzungsrelais	20
17	30	Nebelscheinwerfer über Nebelscheinwerferrelais	Batterie-+	20
18	30	Heizbare Heckscheibe über Relais für heizbare Heckscheibe, Spiegelheizung	Batterie-+	30
19	30	Elektrische Fensterheber vorn	Batterie-+	30
20	30	Elektrische Fensterheber hinten	Batterie-+	30
21	58K	Instrumenten-, Kennzeichen- Motorraumbeleuchtung, Nebelscheinwerfer, Nebelschlußleuchte, Scheinwerfer-Einschaltkontrolle, Tagesfahrlicht (Schweden)	Lichtschalter	10
22	30	Klimaanlage, Kühlgebläse	Batterie-+	30
23	30	Zentralverriegelung, heizbare Hintersitze	Batterie-+	30
24	30	Fernscheinwerfer	Batterie-+	20
25	15	Elektrisches Schiebedach	Zündschloß	20
26	15	Rückfahrleuchten, Scheinwerfer-Waschanlage	Zündschloß	10
27	15	ABS, automatisches Getriebe	Zündschloß	10
28	15	Kontrolleuchten, Zentralverriegelung, elektrische Fensterheber, elektrisch verstellbare Außenspiegel, Klimaanlage, heizbare Hintersitze	Zündschloß	10
29	30	Radio	Batterie-+	20

Abweichungen ab Modelljahr '92

Nr.	Klemme	angeschlossene Verbraucher	erhält Strom von	A
9	15	Frontscheibenwischer, Heckscheibenwischer	Zündschloß	30
25	15	Elektrisches Schiebedach, elektrische Fensterheber	Zündschloß	20
28	15	Instrumente	Zündschloß	10
29	15	Signalhorn	Zündschloß	10

Alles geplant

Die Stromlaufpläne auf den folgenden Seiten zeigen die einzelnen Stromkreise der elektrischen Anlage nebeneinander aufgezeichnet, so daß der funktionelle Zusammenhang besser zu erfassen ist.
Die Lage der Kabel im Auto kann jedoch aus dieser Darstellung nicht hervorgehen.

Aufbau der Stromlaufpläne

Strompfade: An der Fußleiste unten sind die Stromlaufpläne durchnumeriert. Für jedes Bauteil ist mindestens ein eigener Strompfad vorhanden. In den Stromlaufplan-Erläuterungen sind die Strompfade zum jeweiligen Bauteil angegeben und können so leicht aufgesucht werden. Bei Strompfaden mit sonst unvermeidbaren Kreuzungen ist durch eine viereckig umrahmte Nummer zum betreffenden Strompfad verwiesen.
Schalter: Bei Schaltern, die mehrere Funktionen vereinen (z.B. Lichtschalter), ist der jeweilige Schalterteil getrennt dargestellt. Seine Zugehörigkeit zu einem Schalterzusammenbau ist ebenfalls numerisch gekennzeichnet (z.B. S2.1, S2.2 usw.).
Sicherungskasten: Die Sicherungen sind im oberen Teil des Stromlaufplans angeordnet. Bei Anschluß mehrerer Bauteile oder Schaltungseinheiten an einer Sicherung ist jeweils die gleiche Sicherung eingezeichnet.
Masse: Sie ist dargestellt durch die Fußleiste im Stromlaufplan.
Baugruppen: Sie sind nach den Kennbuchstaben der folgenden Tabelle geordnet:

Kenn-buchstabe	Benennung	Beispiel
E	Verschiedenes	Beleuchtungseinrichtungen
F	Schutzeinrichtungen	Sicherungen, Schutzrelais, Sperren
G	Stromversorgung	Generator, Batterie usw.
H	Meldeeinrichtungen	Optische und akustische Meldegeräte
K	Schütze	Relais, Zeitrelais, Blinkrelais
L	Induktivitäten	Zündspule, Drosselspulen
M	Motoren	Wischer, Fensterheber usw.
P	Meßgeräte	Drehzahl, Uhren, Voltmeter usw.
R	Widerstände	Gebläse, Vorwiderstand usw.
S	Schalter	Wischer, Signal, Schlußleuchte usw.
X	Klemmen, Stecker	Steckdose, Zubehörklemme
Y	Elektrisch betätigte mechanische Einrichtungen	Kompressor, Magnetventil, Hubmagnet usw.

Kabelfarben: Sie sind abgekürzt angegeben. Es bedeuten: BL – blau; BR – braun; GE – gelb; GN – grün; GR – grau; HLB – hellblau; LI – lila; RT – rot; SW – schwarz; VI – violett; WS – weiß.
Leitungsquerschnitt: Hinter der Kabelfarbe kennzeichnen die Zahlen in den Leitungen den Kabelquerschnitt in mm^2.
Normklemmen: Ein- bis zweistellige Ziffern, teils mit Zusatzbuchstaben, sowie einige Buchstaben in Großschreibung kennzeichnen genormte Klemmen an elektrischen Bauteilen.

Für welche Modelle?

Der Stromlaufplan ist aus mehreren Teilplänen zusammengesetzt und gilt für die gesamte Omega-Modellreihe. Es sind alle in der Produktion möglicherweise eingebauten Verbraucher und Schaltkreise enthalten.

F 13 – Sicherung im Sicherungskasten
G 1 – Batterie
G 2 – Drehstromgenerator
H 30 – Kontrolleuchte Motor
K 3 – Relais Diebstahlwarnanlage
K 20 – Schaltgerät Zündung an der Zündspule
K 84 – Steuergerät Elektronische Zündung (EZ Plus)
L 1 – Zündspule
M 1 – Anlasser
P 23 – Unterdruckgeber Saugrohr
P 24 – Temperaturgeber Motoröl
P 35 – Impulsgeber auf der Kurbelwelle
S 1 – Zünd/Anlaßschalter
S 10 – Schalter Automatikgetriebe
S 10.1 – Startblockierschalter Automatikgetriebe
U 11 – Vergaser
U 11.1 – Thermozeitventil Vergaser
U 11.2 – Gemischkanal-Beheizung Vergaser
Y 33 – Zündverteiler
X 5 – Steckverbindung Armaturentafel/Motor 14/7polig
X 13 – Diagnose-Stecker
X 15 – Kraftstoff-Kodierstecker
X 18 – Steckverbindung Instrumententafel 16polig
X 31 – Steckverbindung Armaturentafel/Schalter Getriebeautomatik 2polig
K 20 – Schaltgerät Zündung an der Zündspule
K 53 – Steuergerät Elektronische Zündung (EZ 61)
L 1 – Zündspule
P 24 – Temperaturgeber Motoröl
P 35 – Impulsgeber auf der Kurbelwelle
S 61 – Druckschalter Servolenkung
Y 25 – Magnetventil Drehzahlanhebung
Y 33 – Zündverteiler
X 5 – Steckverbindung Armaturentafel/Motor 14polig
X 15 – Kraftstoff-Kodierstecker
X 19 – Steckverbindung Motor/Einspritzung 8polig

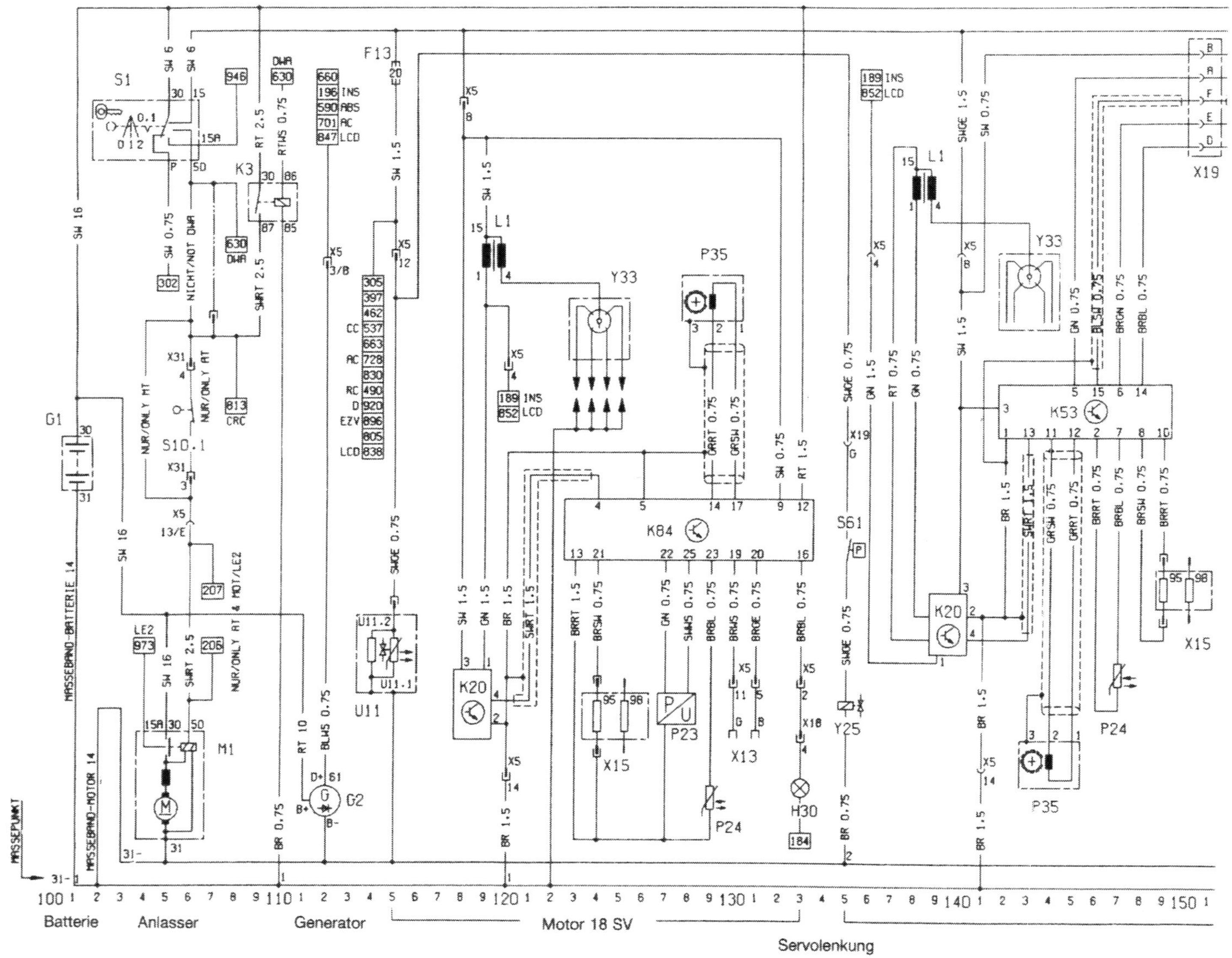

F 16 – Sicherung im Sicherungskasten
K 68 – Relais Einspritzanlage
M 21 – Motor elektrische Kraftstoffpumpe
Y 6 – Zusatzluftschieber
X 6 – Steckverbindung Armaturentafel/Karosserie 51polig
X 15C – Steckverbindung Armaturentafel/Einspritzung 5polig
K 15 – Steuergerät Benzineinspritzung
P 12 – Temperaturgeber Kühlmittel
S 44 – Drosselklappenschalter
Y 7 – Einspritzventile
X 19 – Steckverbindung Motor/Einspritzung 8polig

H 42 – Kontrolleuchte »Sport« bei Getriebeautomatik
K 92 – Steuergerät Getriebeautomatik
S 104 – Schalter Kickdown
S 105 – Schalter Anfahrhilfe
S 106 – Schalter Fahrprogramm
S 118 – Schalter Getriebeautomatik
U 13 – Wandlerkupplung Getriebeautomatik
U 14 – Adapterkasten
X 6 – Steckverbindung Armaturentafel/Karosserie 51polig
X 13 – Diagnose-Stecker
X 16 – Steckverbindung Armaturentafel/Einspritzung 26polig

X 18 – Steckverbindung Instrumententafel 16polig
X 30 – Steckverbindung Schalter Getriebeautomatik/Einspritzung 26polig
X 38 – Steckverbindung Getriebeautomatik 5polig
X 39 – Steckverbindung Getriebeautomatik 4polig
X 40 – Steckverbindung Getriebeautomatik/Karosserie 8polig
X 50 – Steckverbindung Getriebeautomatik/Einspritzung 10polig (nicht C 24 NE)
X 72 – Steckverbindung Einspritzung/Getriebeautomatik 2polig
X 73 – Steckverbindung Armaturentafel/Kickdownschalter 2polig (nicht C 24 NE)
X 80 – Steckverbindung Motor/Einspritzung 2polig

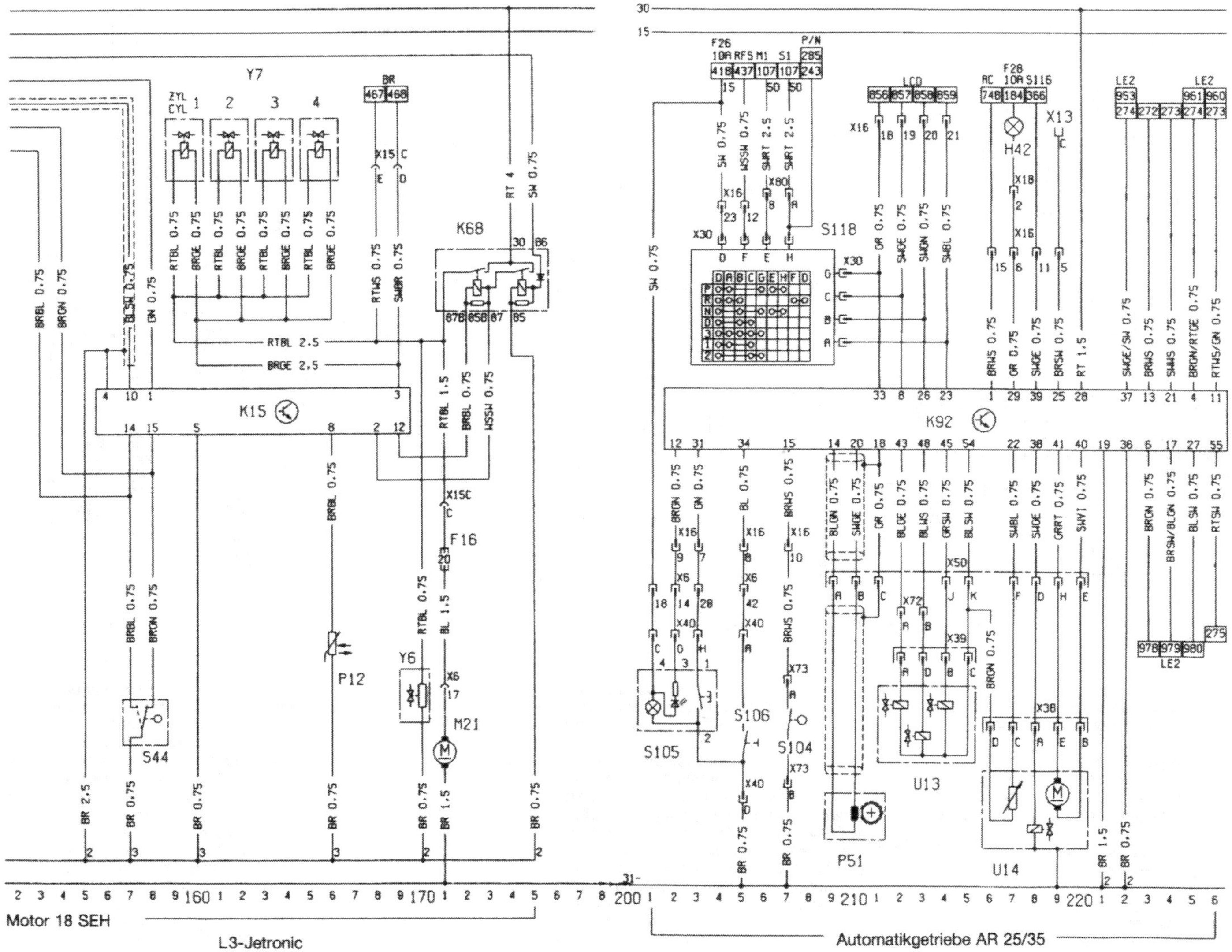

- F 28 – Sicherung im Sicherungskasten
- F 35 – Spannungskonstanter
- H 4 – Kontrolleuchte Öldruck
- H 5 – Kontrolleuchte Bremsflüssigkeit
- H 7 – Kontrolleuchte Generator
- H 15 – Kontrolleuchte Kraftstoff
- H 21 – Kontrolleuchte Handbremse
- P 1 – Tankanzeige
- P 2 – Temperaturanzeige
- P 4 – Geber für Tankanzeige
- P 5 – Geber für Temperaturanzeige
- P 7 – Drehzahlmesser
- P 21 – Wegstreckengeber
- S 11 – Kontrollschalter Bremsflüssigkeit
- S 12 – Kontrollschalter Kupplung

- S 13 – Kontaktschalter Handbremse
- S 14 – Öldruckschalter
- V 1 – Prüfdiode für Glühlampe Bremsflüssigkeit
- X 1 – Steckverbindung Einspritzung/Motor
- X 5 – Steckverbindung Armaturentafel/Motor 14polig
- X 6 – Steckverbindung Armaturentafel/Karosserie 51polig
- X 16 – Steckverbindung Armaturentafel/Einspritzung 2polig
- X 17 – Steckverbindung Steuergerät Instrumententafel 14polig
- F 16 – Sicherung im Sicherungskasten
- H 30 – Kontrolleuchte Motor
- K 68 – Relais Einspritzanlage
- K 91 – Steuergerät Motronic M 1.5
- L 1 – Zündspule
- M 21 – Motor elektrische Kraftstoffpumpe
- M 33 – Leerlaufdrehsteller

- P 11 – Luftmengenmesser
- P 12 – Temperaturgeber Kühlmittel
- P 32 – Lambda-Sonde mit Beheizung
- P 34 – Geber Droselklappenstellung
- P 35 – Impulsgeber auf der Kurbelwelle
- Y 7 – Einspritzventile
- Y 33 – Zündverteiler
- Y 34 – Tankentlüftungsventil
- X 6 – Steckverbindung Armaturentafel/Karosserie 51polig
- X 13 – Diagnose-Stecker
- X 15 – Kraftstoff-Kodierstecker
- X 16 – Steckverbindung Armaturentafel/Einspritzung 26polig
- X 18 – Steckverbindung Instrument 16polig
- X 67 – Steckverbindung Armaturentafel/Einspritzung 5polig

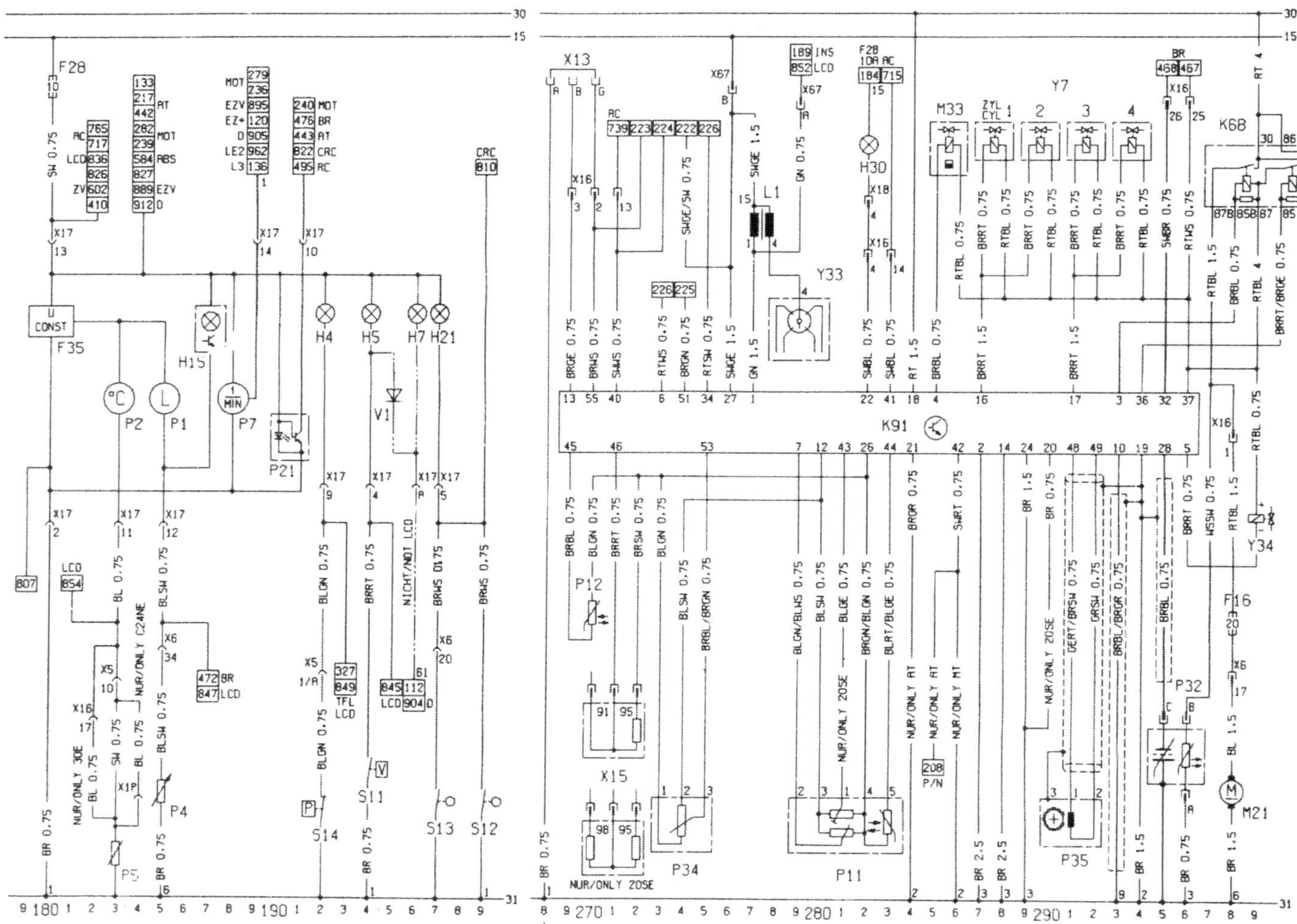

Instrument

Motor C 24 NE, C 20 NE, 20 SE

Motronic 1.5

E 1 – Standlicht links
E 2 – Schlußlicht links
E 3 – Kennzeichenleuchte
E 4 – Standlicht rechts
E 5 – Schlußlicht rechts
E 6 – Motorraumleuchte
E 11 – Leuchten Instrumententafel
E 12 – Leuchte Wählhebel
E 61 – Kennzeichenleuchte links
E 62 – Kennzeichenleuchte rechts
F 1, 2, 21 – Sicherungen im Sicherungskasten
H 41 – Kontrolleuchte Licht (nur bei LCD)
S 2, S 2.1 – Lichtschalter
S 2.3 – Regler Instrumentenbeleuchtung
S 5 – Blinkerschalter
S 5.4 – Parklichtschalter
X 1P – Steckverbindung Heckklappe/Kennzeichenleuchte
X 1 – Anhänger-Steckdose

X 6 – Steckverbindung Armaturentafel/Karosserie 51polig
X 17 – Steckverbindung Instrument 14polig
X 18 – Steckverbindung Instrument 14polig
X 25 – Steckverbindung Karosserie/Kofferraumdeckel 5polig
X 26 – Steckverbindung Karosserie/Heckklappe 3polig
X 40 – Steckverbindung Karosserie/Automatikgetriebe, Konsole 8polig
X 49 – Steckverbindung Karosserie/Anhänger-Steckdose 7polig
E 7 – Fernlicht links
E 8 – Fernlicht rechts
E 9 – Abblendlicht links
E 10 – Abblendlicht rechts
E 20 – Nebelscheinwerfer links
E 21 – Nebelscheinwerfer rechts
E 24 – Nebelschlußleuchte links
E 39 – Nebelschlußleuchte rechts
F 3, 4, 5, 6, 8, 10, 14, 17, 24 – Sicherungen im Sicherungskasten

H 8 – Kontrolleuchte Fernlicht
H 9 – Bremslicht links
H 10 – Bremslicht rechts
K 4 – Relais Fernscheinwerfer
K 5 – Relais Nebelscheinwerfer
S 5 – Hebelschalter
S 5.2 – Lichtumschalter
S 8 – Bremslichtschalter
S 21 – Schalter Nebelscheinwerfer
S 22 – Schalter Nebelschlußleuchte
S 116 – Bremslichtschalter 2polig
X 1 – Anhänger-Steckdose
X 6 – Steckverbindung Armaturentafel/Karosserie 51polig
X 17 – Steckverbindung Instrumententafel 14polig
X 49 – Steckverbindung Karosserie/Anhänger-Steckdose 7polig

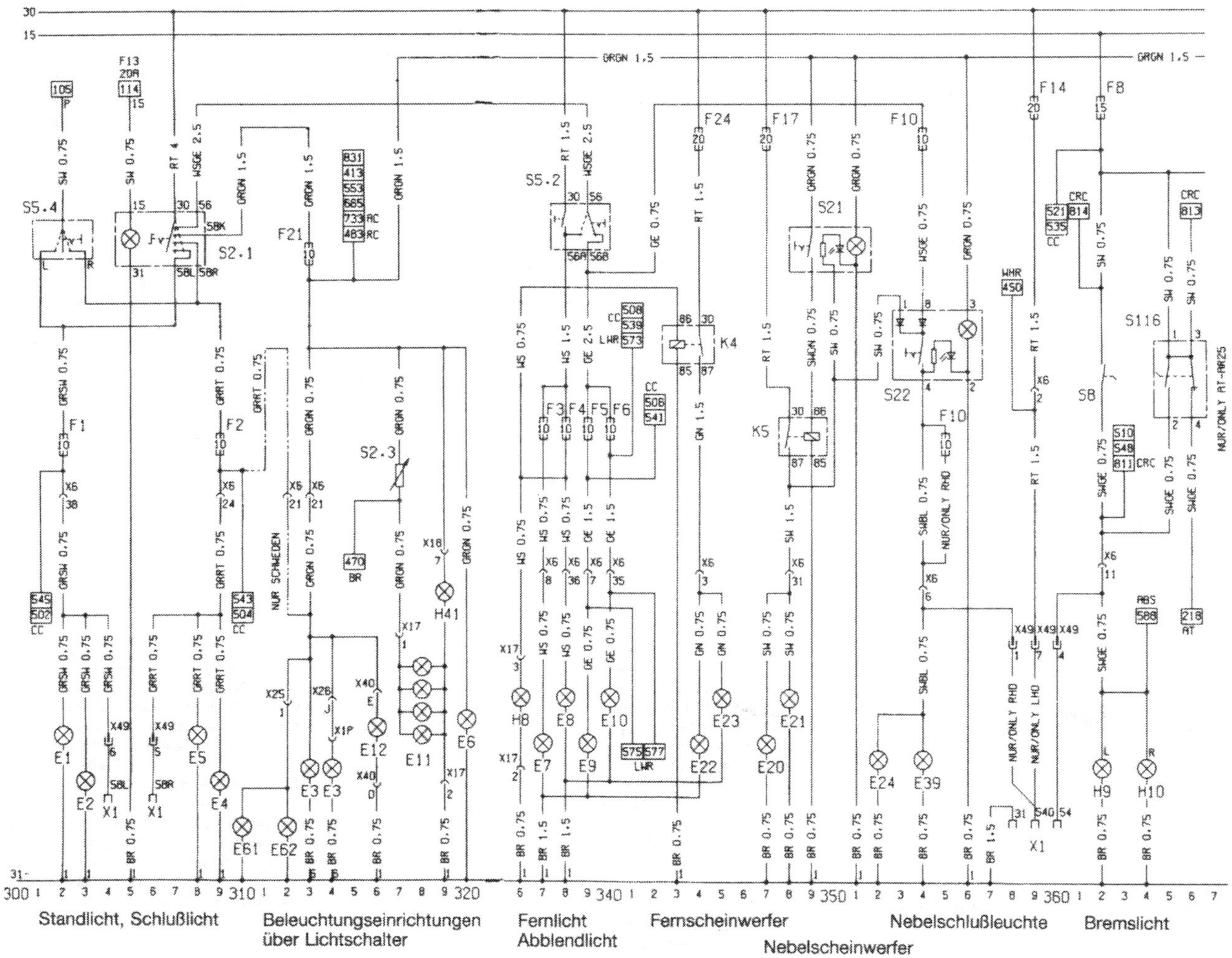

F 9, 26 – Sicherungen im Sicherungskasten
K 8 – Relais Wischintervall
K 9 – Relais Scheinwerferwaschanlage
M 2 – Motor Kühlerventilator
M 5 – Motor Scheibenwascherpumpe Frontscheibe
M 6 – Wischermotor Scheinwerfer links
M 7 – Wischermotor Scheinwerfer rechts
R 13 – Wascherdüsenheizung links
R 14 – Wascherdüsenheizung rechts
S 5 – Hebelschalter
S 9 – Scheibenwischerschalter
S 9.2 – Wischerschalter Frontscheibe
Y 4 – Magnetventil Scheinwerferwaschanlage
X 6 – Steckverbindung Armaturentafel/Karosserie 51polig
X 29 – Steckverbindung Armaturentafel/Wascherdüsenheizung 2polig
E 13 – Leuchte Gepäckraum
E 32 – Beleuchtung Zeituhr
E 37 – Leuchte Make-up-Spiegel
E 41 – Leuchte Innenraum mit Abschaltverzögerung
F 15 – Sicherung im Sicherungskasten
H 3 – Kontrolleuchte Blinklicht
H 6 – Kontrolleuchte Warnblinkanlage
H 11 – Blinklicht vorn links
H 12 – Blinklicht hinten links
H 13 – Blinklicht vorn rechts
H 14 – Blinklicht hinten rechts
H 17 – Kontrolleuchte Anhängerblinklicht
H 19 – Warnsummer Scheinwerferkontrolle
H 33 – Zusatzblinklicht links
H 34 – Zusatzblinklicht rechts
K 2 – Blinkrelais
P 3 – Zeituhr
S 2 – Lichtschalter
S 2.2 – Schalter Innenleuchte
S 5 – Hebelschalter
S 5.3 – Blinkerschalter
S 15 – Schalter Gepäckraumleuchte
S 17 – Türkontaktschalter vorn rechts
S 31 – Türkontaktschalter hinten links
S 32 – Türkontaktschalter hinten rechts
S 47 – Türkontaktschalter vorn links und Schalter für Lichtwarnsummer
S 52 – Warnblinkschalter
X 1 – Anhänger-Steckdose
X 6 – Steckverbindung Armaturentafel/Karosserie 51polig
X 17 – Steckverbindung Instrumententafel 14polig
X 18 – Steckverbindung Instrumententafel 16polig
X 49 – Steckverbindung Karosserie/Anhänger-Steckdose 7polig

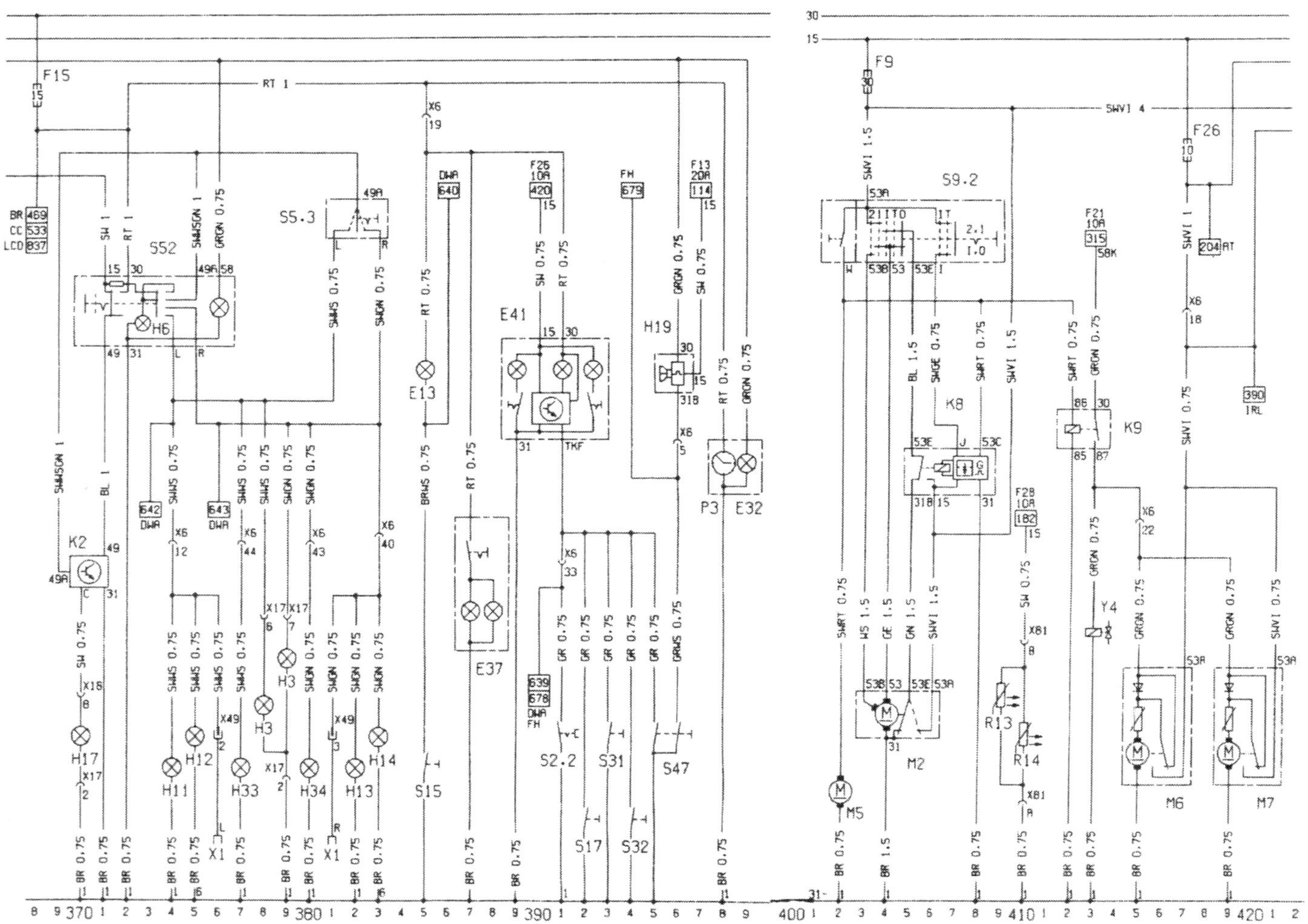

Blink- und Warnblinklicht — Make-up-Spiegel — Warnsummer Uhr — Frontscheibenwischer — Scheinwerfer-Waschanlage

Leuchte Gepäckraum — Innenleuchte — Wascherdüse

E 15 – Leuchte Handschuhkasten
E 16 – Leuchte Anzünder
E 17 – Rückfahrlicht links
E 18 – Rückfahrlicht rechts
E 33 – Beleuchtung Ascher
H 29 – Kontrolleuchte 4-Gang-Automatik
K 19 – Relais Niveauregulierung
K 21 – Geber Niveauregulierung
K 56 – Steuergerät Rückschaltsperre
M 22 – Motor Kompressor Niveauregulierung
R 3 – Anzünder
S 7 – Schalter Rückfahrleuchten
S 10 – Schalter Automatikgetriebe
S 10.4 – Schalter Wählhebelstellung
S 18 – Schalter Handschuhkastenleuchte
S 87 – Schalter 4-Gang-Automatik
U 10 – 4-Gang-Automatikgetriebe
U 10.1 – Druckschalter 4-Gang-Automatikgetriebe
U 10.2 – Magnetventil 4-Gang-Automatikgetriebe
Y 9 – Magnetventil Niveauregulierung
X 6 – Steckverbindung Armaturentafel/Karosserie 51polig
X 18 – Steckverbindung Instrument 16polig
X 27 – Steckverbindung Karosserie/Niveauregulierung 3polig
X 28 – Steckverbindung Karosserie/Niveauregulierung 6polig
X 29 – Steckverbindung Niveauregulierung/Höhengeber 5polig
X 31 – Steckverbindung Armaturentafel/Schalter Automatikgetriebe 5polig
X 48 – Steckverbindung Armaturentafel/Schalter Automatikgetriebe 5polig
H 2 – Signalhorn
H 18 – Fanfare
K 30 – Relais Wischintervall Heckscheibe
K 63 – Relais Fanfare
M 8 – Motor Scheibenwischer Heckscheibe
M 9 – Motor Pumpe Scheibenwascher Heckscheibe
M 57 – Motor Kühlmittelpumpe (nur Skandinavien)
S 5 – Hebelschalter
S 5.5 – Hupenschalter
S 9 – Scheibenwischerschalter
S 9.3 – Schalter Intervall Heckscheibe
X 6 – Steckverbindung Armaturentafel/Karosserie 51polig
X 26 – Steckverbindung Karosserie/Heckklappe 3polig
E 38 – Leuchte Bordcomputer
P 13 – Geber Außentemperatur
S 63 – Schalter Bordcomputer
S 63.1 – Schalter Funktionslöschung
S 63.2 – Schalter Zeituhrkorrektur Stunden
S 63.3 – Schalter Funktionswahl
S 63.5 – Schalter Zeituhrkorrektur Minuten
U 2 – Bordcomputer
X 6A – Steckverbindung Armaturentafel/Karosserie 6polig
X 13 – Diagnose-Stecker
X 16 – Steckverbindung Armaturentafel/Einspritzung 26polig

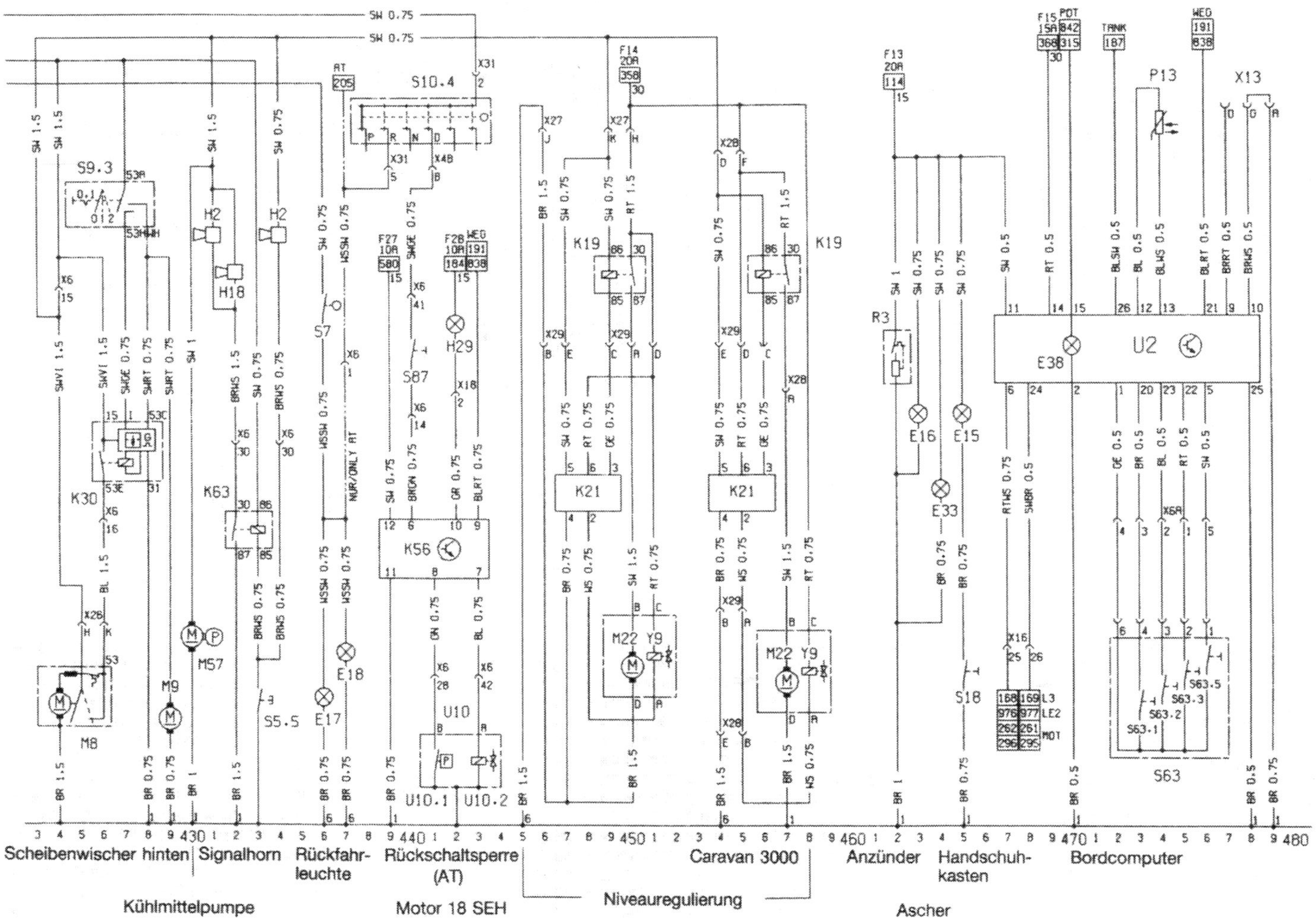

K 71 – Steuergerät Fahrwerkabstimmung
M 43 – Stellmotor Stoßdämpfer vorn rechts
M 44 – Stellmotor Stoßdämpfer hinten links
M 45 – Stellmotor Stoßdämpfer hinten rechts
M 46 – Stellmotor ZV Tankklappe
S 110 – Schalter Fahrwerkabstimmung
X 6B – Steckverbindung Armaturentafel/Fahrwerkabstimmung hinten 8polig
X 13 – Diagnose-Stecker
E 2 – Schlußlicht links
E 5 – Schlußlicht rechts
E 9 – Abblendlicht links
E 10 – Abblendlicht rechts
H 9 – Bremslicht links
H 10 – Bremslicht rechts

P 25 – Geber Glühlampenkontrolle
P 27 – Geber am Bremsbelag vorn links
P 28 – Geber am Bremsbelag vorn rechts
S 82 – Kontrollschalter Scheibenwaschwasser
S 93 – Kontrollschalter Kühlmittelstand
S 95 – Kontrollschalter Ölstand
U 5 – Anzeigegerät Check Control
U 5.1 – Kontrolleuchte Abblendlicht/Schlußlicht
U 5.2 – Kontrolleuchte Bremslicht
U 5.3 – Kontrolleuchte Ölstand
U 5.5 – Kontrolleuchte Bremsbelag vorn
U 5.6 – Kontrolleuchte Scheibenwaschwasser
X 5 – Steckverbindung Armaturentafel/Motor 14/7polig
X 6 – Steckverbindung Armaturentafel/Karosserie 51polig
X 54 – Steckverbindung Instrumententafel 8polig

E 2 – Schlußlicht links
E 5 – Schlußlicht rechts
E 9 – Abblendlicht links
E 10 – Abblendlicht rechts
H 9 – Bremslicht links
H 10 – Bremslicht rechts
K 86 – Steuergerät Check Control
P 39 – Geber Glühlampenkontrolle für Kontrolleuchte Anhängerblinklicht
X 1 – Anhänger-Steckdose
X 6 – Steckverbindung Armaturentafel/Karosserie 51polig
X 49 – Steckverbindung Karosserie/Anhänger-Steckdose 7polig
X 51 – Steckverbindung Check Control 16polig
X 52 – Steckverbindung Check Control 26polig

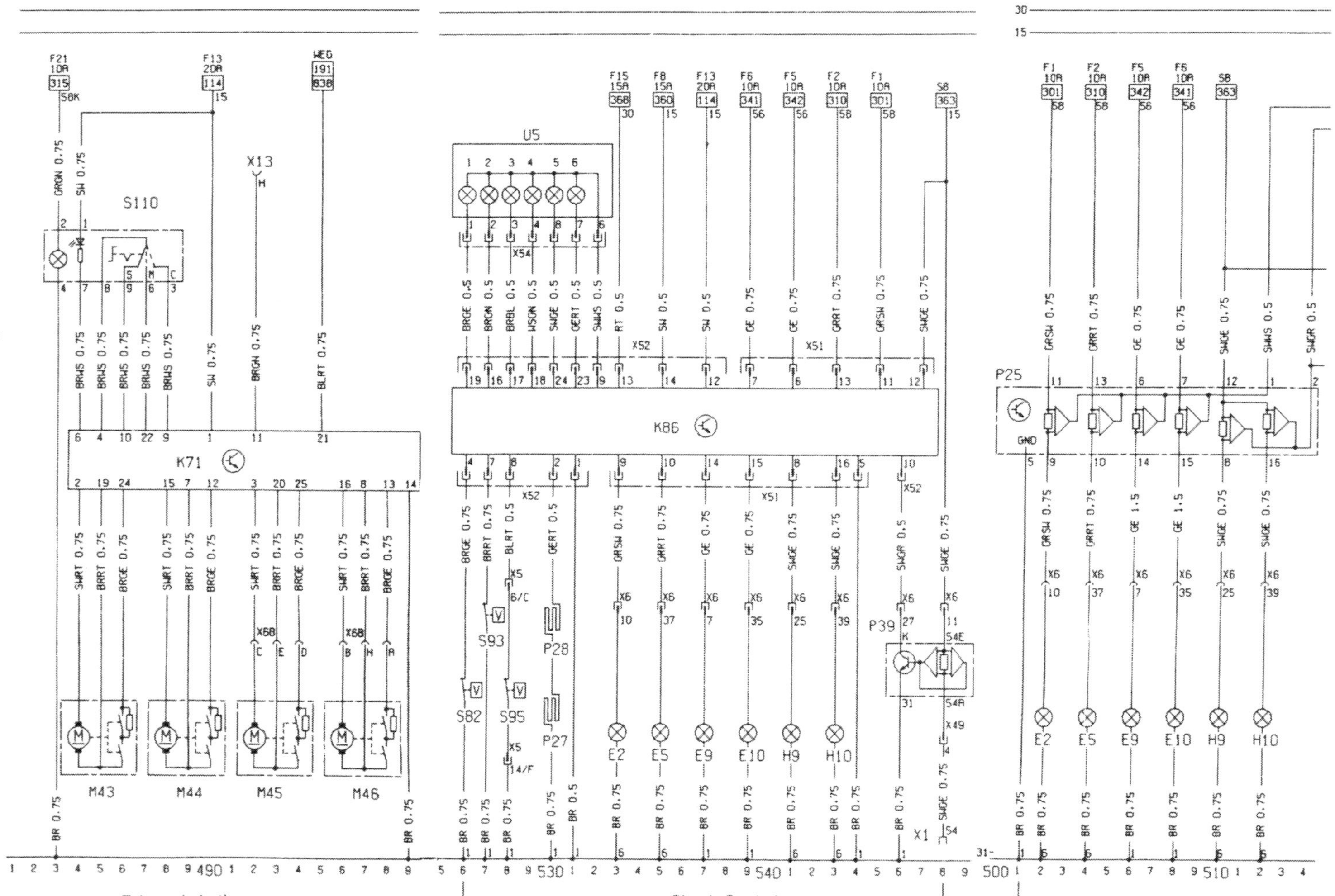

- F 27 – Sicherung im Sicherungskasten
- H 26 – Kontrolleuchte ABS
- K 47 – Relais Überspannungsschutz
- K 50 – Steuergerät ABS
- M 39 – Motor Leuchtweitenregulierung links
- M 40 – Motor Leuchtweitenregulierung rechts
- P 17 – Drehzahlgeber vorn links
- P 18 – Drehzahlgeber vorn rechts
- P 19 – Drehzahlgeber hinten links
- P 20 – Drehzahlgeber hinten rechts
- S 98 – Schalter Leuchtweitenregulierung
- U 4 – Hydraulikeinheit ABS
- U 4.1 – Relais Pumpe ABS
- U 4.2 – Relais Magnetventile ABS
- U 4.3 – Hydraulikpumpe ABS
- U 4.4 – Diode ABS
- U 4.5 – Magnetventil ABS vorn links
- U 4.6 – Magnetventil ABS vorn rechts
- U 4.7 – Magnetventil ABS hinten links
- X 6 – Steckverbindung Armaturentafel/Karosserie 51polig
- X 18 – Steckverbindung Instrumententafel 16polig
- E 25 – Sitzheizung vorn links
- E 30 – Sitzheizung vorn rechts
- E 47 – Sitzheizung hinten links
- E 48 – Sitzheizung hinten rechts
- F 23 – Sicherung im Sicherungskasten
- K 65 – Relais Sitzheizung links
- K 66 – Relais Sitzheizung rechts
- S 30 – Schalter Sitzheizung vorn links
- S 55 – Schalter Sitzheizung vorn rechts
- S 96 – Schalter Sitzheizung hinten links
- S 97 – Schalter Sitzheizung hinten rechts
- X 6 – Steckverbindung Armaturentafel/Karosserie 51polig
- P 27 – Geber am Bremsbelag vorn links
- P 28 – Geber am Bremsbelag vorn rechts
- P 39 – Geber Glühlampenkontrolle für Kontrolleuchte Anhängerblinklicht
- S 82 – Kontrollschalter Scheibenwaschwasser
- S 93 – Kontrollschalter Kühlmittelstand
- S 95 – Kontrollschalter Ölstand
- U 6 – LCD-Instrument
- U 6.30 – Kontrolleuchte Scheibenwaschwasser
- U 6.31 – Kontrolleuchte Ölstand
- U 6.32 – Kontrolleuchte Kühlmittelstand
- U 6.33 – Kontrolleuchte Abblendlicht/Schlußlicht
- U 6.34 – Kontrolleuchte Bremslicht
- U 6.35 – Kontrolleuchte Bremsbelag vorn
- X 1 – Anhänger-Steckdose
- X 5 – Steckverbindung Armaturentafel/Motor 14/7polig
- X 6 – Steckverbindung Armaturentafel/Karosserie 51polig
- X 9 – Steckverbindung LCD-Instrument 26polig
- X 49 – Steckverbindung Karosserie/Anhänger-Steckdose 7polig

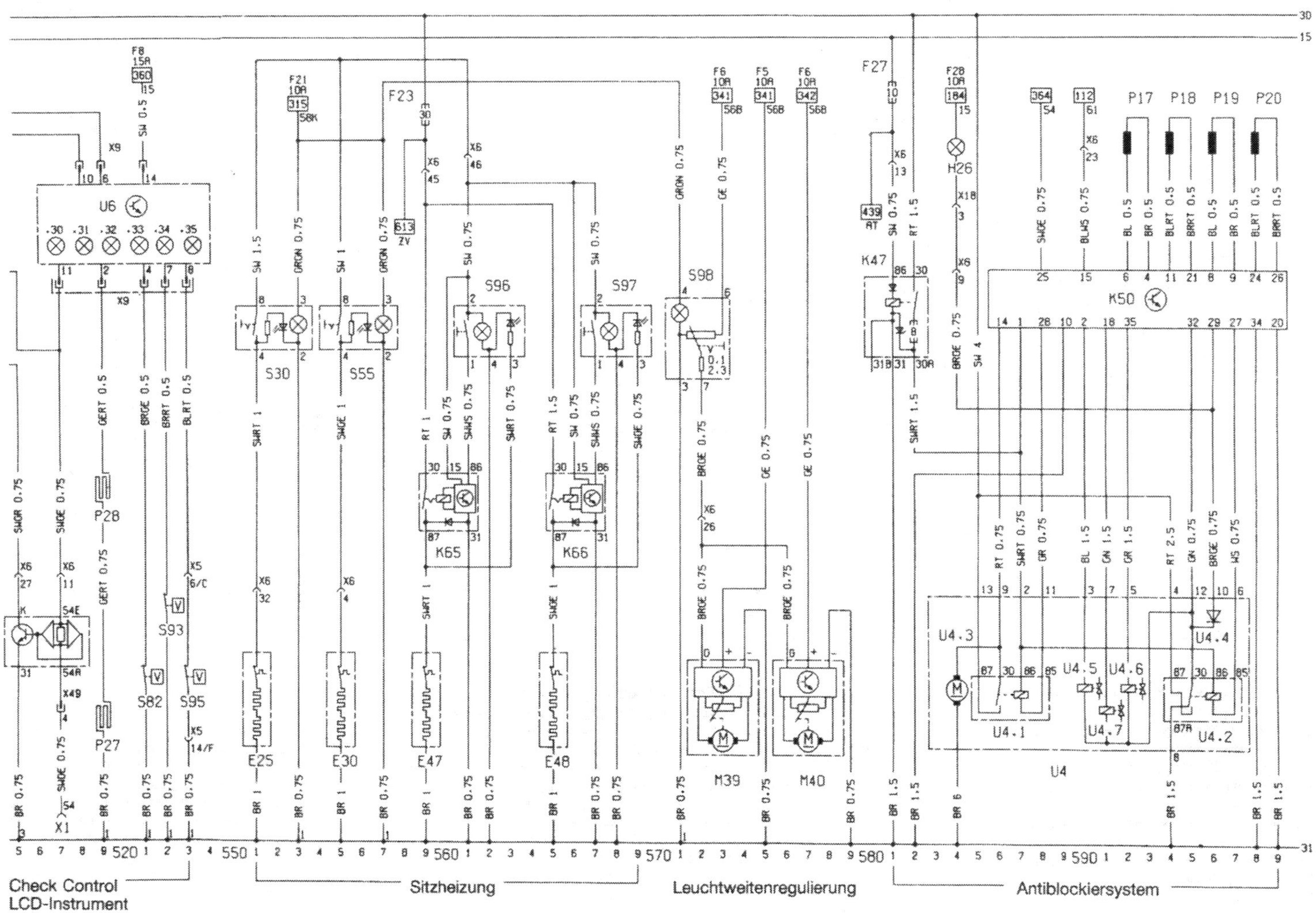

F 38 – Sicherung
H 47 – Signalhorn Diebstahlwarnanlage
M 30 – Außenspiegel links einstell- und heizbar
P 53 – Geber Diebstahlwarnanlage links
P 54 – Geber Diebstahlwarnanlage rechts
S 68 – Schalter Außenspiegel
S 68.1 – Schalter Spiegeleinstellung
S 68.3 – Umschalter Spiegeleinstellung
X 6A – Steckverbindung Armaturentafel/Karosserie 6polig
X 20 – Steckverbindung Tür/Fahrertür 21polig
X 68 – Steckverbindung Armaturentafel/Tür 9polig
X 70 – Steckverbindung Tür/Geber Diebstahlwarnanlage links 4polig
X 71 – Steckverbindung Tür/Geber Diebstahlwarnanlage rechts 4polig
H 1 – Radio
K 37 – Steuergerät Zentralverriegelung
K 94 – Steuergerät Diebstahlwarnanlage
M 18 – Stellmotor ZV Tür vorn links
M 19 – Stellmotor ZV Tür hinten links
M 20 – Stellmotor ZV Tür hinten rechts
M 32 – Stellmotor ZV Tür vorn rechts
M 37 – Stellmotor ZV Kofferraum-/Heckklappe
M 41 – Stellmotor ZV Tankklappe
S 41 – Schalter Diebstahlsicherung Tür vorn links
S 42 – Schalter Diebstahlsicherung Tür vorn rechts
S 120 – Schalter Motorhaube
X 6 – Steckverbindung Armaturentafel/Karosserie 51polig
X 6C – Steckverbindung Armaturentafel/Tür 3polig
X 6D – Steckverbindung Karosserie/Tür 6polig
X 13 – Diagnose-Stecker
X 20 – Steckverbindung Tür/Tür vorn links 21polig
X 21 – Steckverbindung Tür/Tür vorn rechts 21polig
X 22 – Steckverbindung Tür/Tür hinten links 9polig
X 23 – Steckverbindung Tür/Tür hinten rechts 9polig
X 25 – Steckverbindung Karosserie Kofferraumdeckel 5polig
X 41 – Steckverbindung Armaturentafel/Radio 6polig
X 68 – Steckverbindung Karosserie/Tür 9polig
X 69 – Steckverbindung Radio 16polig

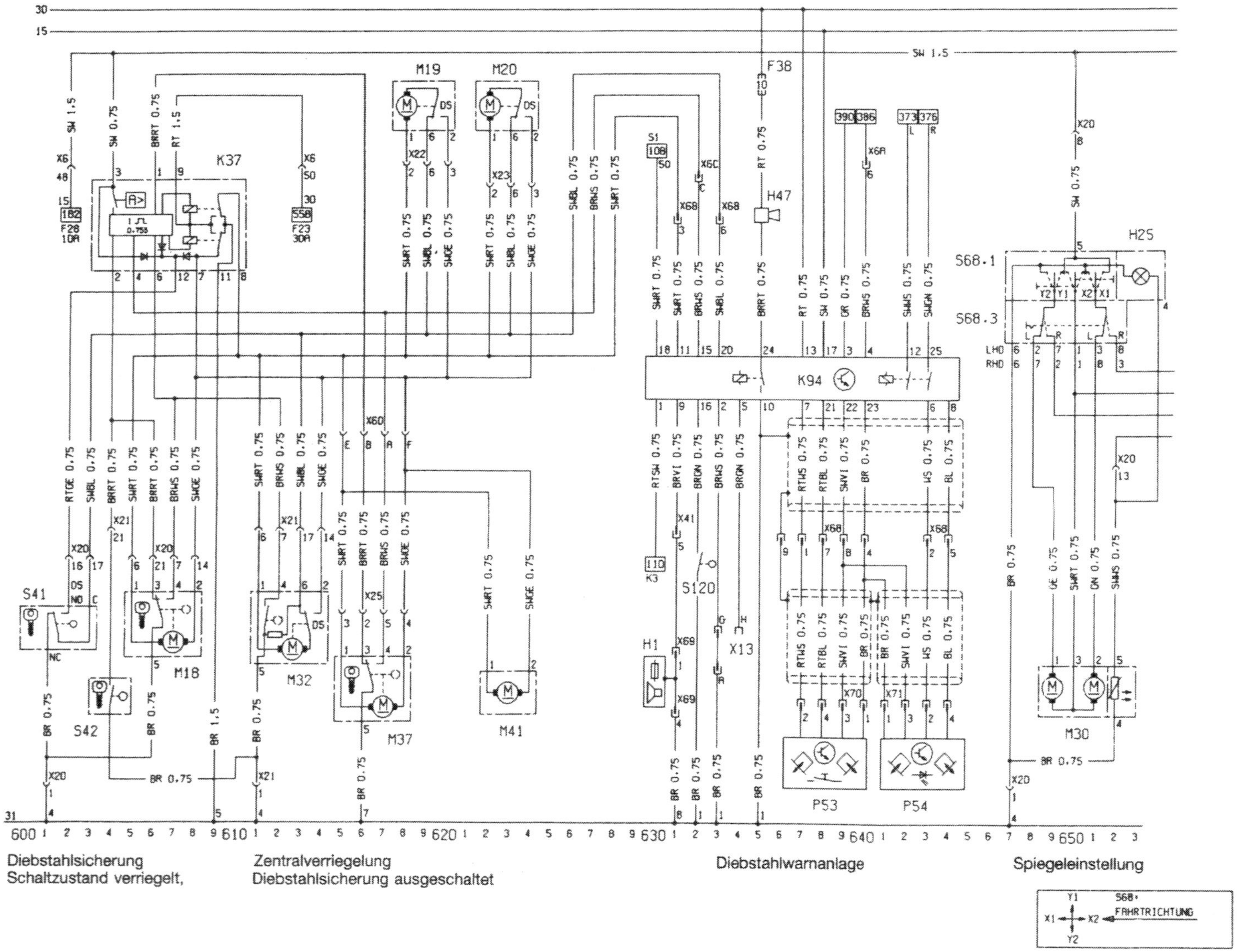

F 19, 20 – Sicherungen im Sicherungskasten
M 47 – Motor Fensterheber vorn links
M 48 – Motor Fensterheber vorn rechts
M 49 – Motor Fensterheber hinten links
M 50 – Motor Fensterheber hinten rechts
S 37 – Schalterkombination Fensterheber
S 37.1 – Schalter Fensterheber vorn links
S 37.2 – Schalter Fensterheber vorn rechts
S 37.3 – Schalter Fensterheber hinten links
S 37.4 – Schalter Fensterheber hinten rechts
S 37.5 – Sicherheitsschalter
S 37.6 – Schalter Einklemmschutz aus
S 37.7 – Steuerung Fensterheberautomatik
S 39 – Schalter Fensterheber Tür hinten links
S 40 – Schalter Fensterheber Tür hinten rechts

S 99 – Schalter Fensterheber Tür vorn links bei ZV
S 100 – Schalter Fensterheber Tür vorn rechts bei ZV
X 6 – Steckverbindung Armaturentafel/Karosserie 51polig
X 6D – Steckverbindung Karosserie/Tür 6polig
X 20 – Steckverbindung Tür/Tür vorn links 21polig
X 21 – Steckverbindung Tür/Tür vorn rechts 21polig
X 22 – Steckverbindung Tür/Tür hinten links 9polig
X 22A – Steckverbindung Tür/Tür hinten links 2polig
X 23 – Steckverbindung Tür/Tür hinten rechts 9polig
X 23A – Steckverbindung Tür/Tür hinten rechts 2polig
E 19 – heizbare Heckscheibe
F 18 – Sicherung im Sicherungskasten
K 35 – Zeitrelais heizbare Heckscheibe und Außenspiegel
M 31 – Außenspiegel rechts einstell- und heizbar
S 4 – Schalter heizbare Heckscheibe

S 68 – Schalter Außenspiegel
X 6 – Steckverbindung Armaturentafel/Karosserie 51polig
X 6C – Steckverbindung Armaturentafel/Tür 3polig
X 20 – Steckverbindung Tür/Tür vorn links 21polig
X 21 – Steckverbindung Tür/Tür vorn rechts 21polig
X 22 – Steckverbindung Tür/Tür hinten links 9polig
X 78 – Steckverbindung Karosserie/Heckklappe 2polig

F 12 – Sicherung im Sicherungskasten
K 6 – Relais Klimaanlage
K 7 – Relais Klimaanlagengebläse
K 64 – Relais Klimaanlagengebläse
M 10 – Motor Klimaanlagengebläse
S 24 – Schalter Klimaanlagengebläse

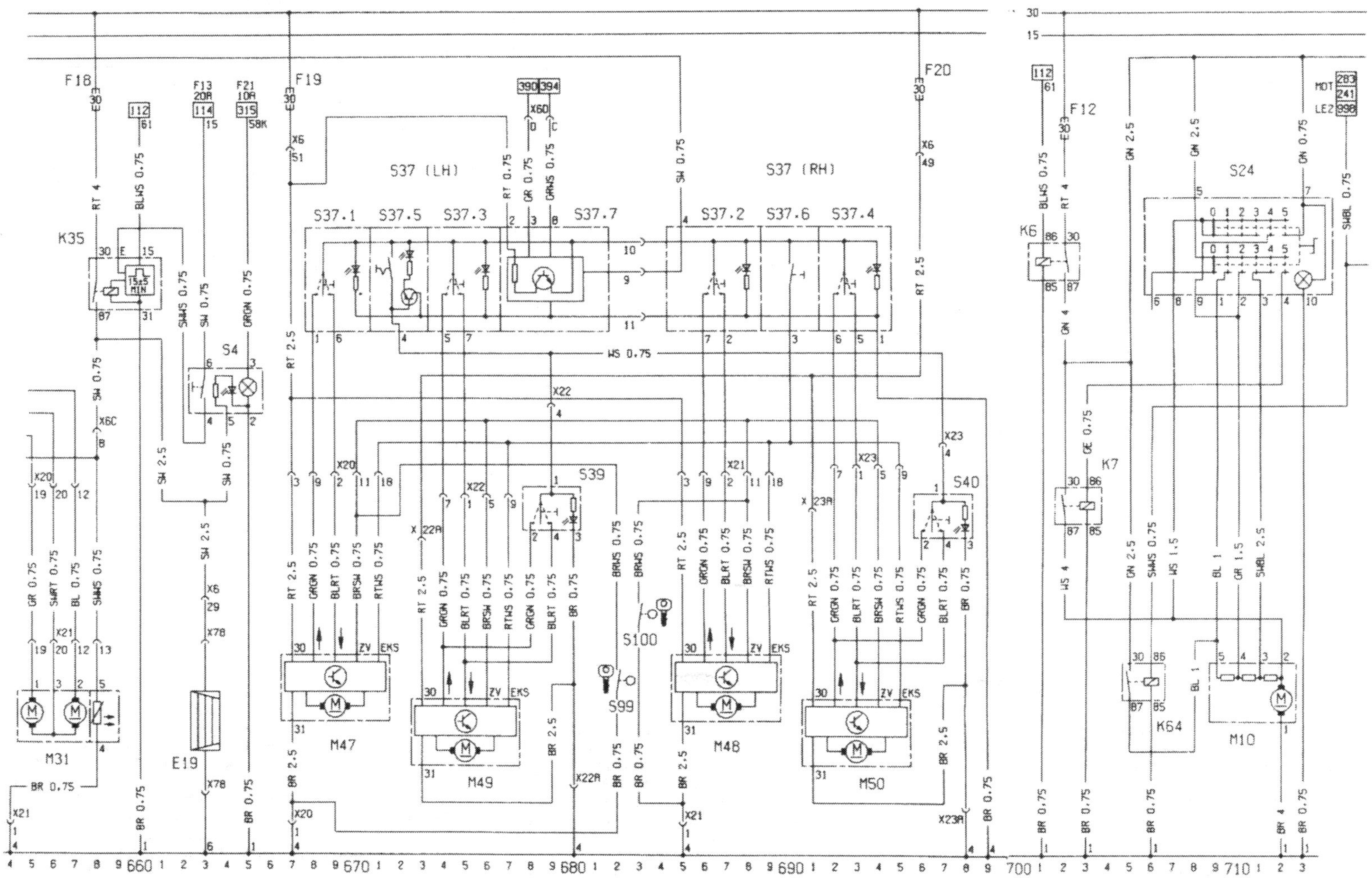

F 25 – Sicherung im Sicherungskasten
M 13 – Motor Schiebedach
S 35, 36 – Mikroschalter Steuergehäuse Schiebedach
S 57 – Schalter Schiebedach
X 6 – Steckverbindung Armaturentafel/Karosserie 51polig
F 22 – Sicherung im Sicherungskasten
K 51 – Relais Kühlerventilator
K 67 – Relais Kühlerventilator
M 11 – Motor Zusatz-Kühlerventilator
M 35 – Motor Zusatz-Kühlerventilator
M 42 – Stellmotor Klimagerät

S 29 – Thermoschalter für Kühlerventilator
S 76 – Schalter Kompressor Hochdruck
S 102 – Schalter Umluft
U 7 – Bedienungseinheit Klimaanlage
U 7.1 – Potentiometer Temperaturwähler
U 7.2 – Endschalter Entfrosterhebel
U 7.3 – Steuergerät Klimaanlage
Y 35 – Umluftventil
X 7 – Steckverbindung Armaturentafel/Klimaanlage 7polig/8polig bei Aut.

X 33 – Steckverbindung Kühlerventilator 3polig
K 90 – Relais Kompressor (Getriebeautomatik)
S 27 – Schalter Kompressor Niederdruck
S 28 – Schalter Kompressor Hochdruck
S 101 – Schalter Kompressor
S 109 – Schalter Kompressor (Motronic)
V 8 – Diode Kompressor Klimaanlage
Y 1 – Magnetkupplung Kompressor Klimaanlage
X 7 – Steckverbindung Armaturentafel/Klimaanlage 7polig/8polig bei Aut.

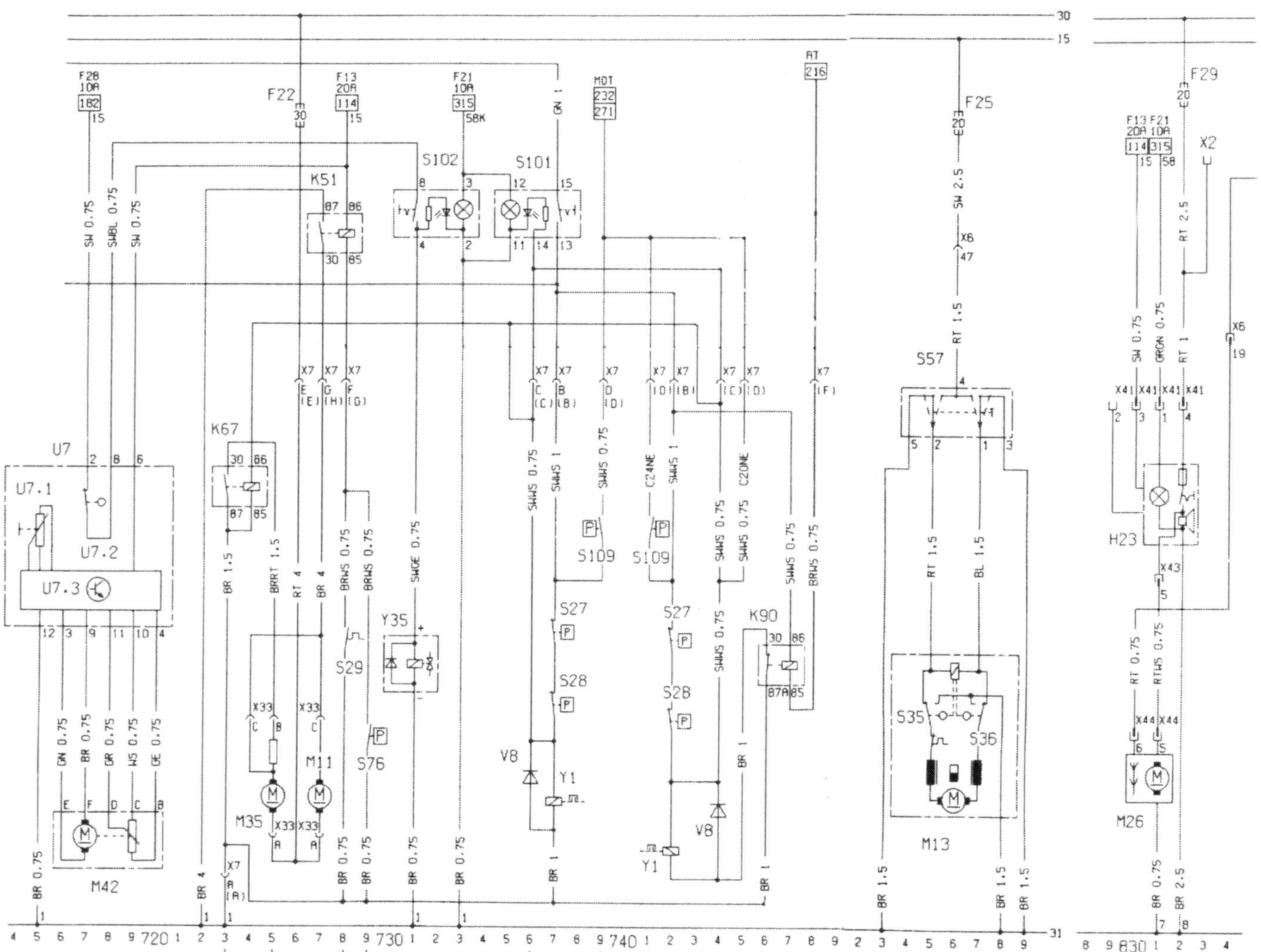

F 12 – Sicherung im Sicherungskasten
M 3 – Motor Heizgebläse
S 3 – Schalter Heizgebläse
F 32 – Sicherung Ansaugrohr-Beheizung
F 33 – Sicherung 2 EE-Vergaser
H 44 – Kontrolleuchte 2 EE-Vergaser
K 45 – Relais Ansaugrohr-Beheizung
K 54 – Steuergerät 2 EE-Vergaser
K 55 – Relais 2 EE-Vergaser
L 1 – Zündspule
P 30 – Temperaturgeber Kühlmittel
P 31 – Drosselklappen-Potentiometer
P 35 – Impulsgeber auf der Kurbelwelle
R 2 – Vergaser-Beheizung
R 7 – Ansaugrohr-Beheizung

Y 26 – Drosselklappen-Ansteller
Y 27 – Vordrossel
Y 33 – Zündverteiler
X 1P – Steckverbindung CO-Einstellung
X 5 – Steckverbindung Armaturentafel/Motor 14polig
X 13 – Diagnose-Stecker
X 15 – Kraftstoff-Kodierstecker
X 16 – Steckverbindung Armaturentafel/2 EE-Vergaser 26polig
X 77 – Steckverbindung Motor/2 EE-Vergaser 2polig
P 10 – Geber Öldruck
P 14 – Geber Wegstrecke
S 2 – Lichtschalter
S 2.3 – Regler Instrumentenbeleuchtung
U 6 – LCD-Instrument

U 6.1 – Ladekontrolle
U 6.2 – Voltmeter
U 6.3 – Tankanzeige
U 6.4 – Kontrolleuchte Öldruck
U 6.5 – Öldruckmesser
U 6.6 – Temperaturanzeige
U 6.8 – Tachometer
U 6.14 – Drehzahlmesser
U 6.22 – Leuchten Display
U 6.26 – Anzeige Wählhebelstellung
V 1 – Prüfdiode für Glühlampe Bremsflüssigkeit
X 5 – Steckverbindung Armaturentafel/Motor 14/7polig
X 8 – Steckverbindung LCD-Instrument 26polig
X 13 – Diagnose-Stecker

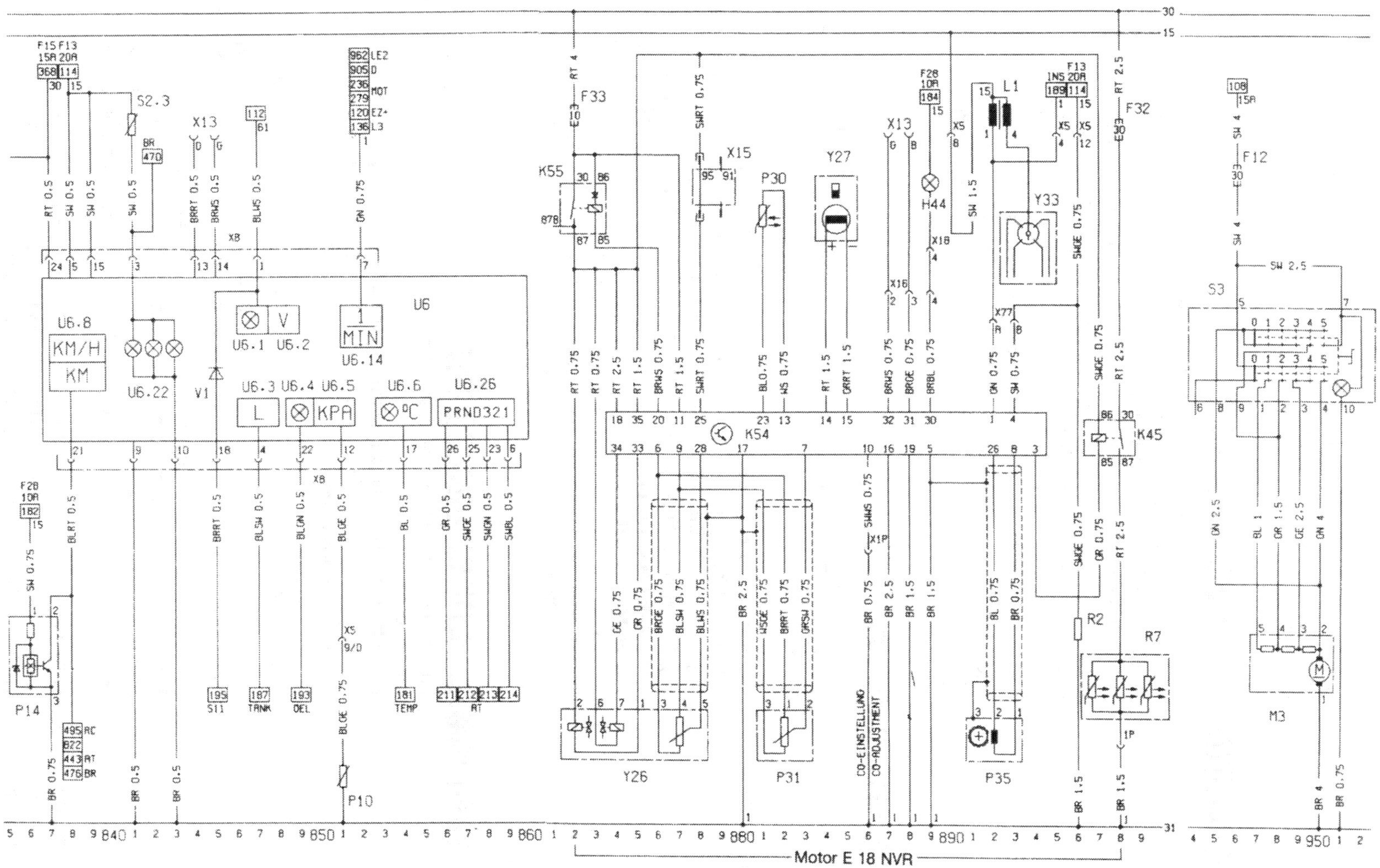

Mit Saft und Kraft

Die Batterie ist der Mittelpunkt der Bordelektrik im Omega. Ihr Energievorrat wird von den verschiedenen Stromverbrauchern in Anspruch genommen – wieder aufgeladen wird sie von der Lichtmaschine, die auch Generator genannt wird.

So funktioniert die Batterie

Eine Bleiplatte als Elektrode, die mit verdünnter Schwefelsäure (dem Elektrolyt) in Verbindung kommt, gibt unter dem Einfluß des Lösungsdrucks positive Ionen, also elektrisch geladene Teilchen an den Elektrolyt ab. Dadurch wird zwischen der Bleiplatte und dem Elektrolyten eine elektrische Spannung aufgebaut.
In der Praxis verläßt man sich jedoch nicht auf diesen freiwilligen Übertritt geladener Teilchen, sondern zwingt der Batterie eine Ladespannung auf. Das hat den Effekt, daß sich das Bleisulfat der Platten einer entladenen Batterie an der positiven Elektrode in Bleidioxid und an der negativen Elektrode in Bleischwamm umwandelt. Gleichzeitig wird im Elektrolyten wieder Schwefelsäure gebildet, und als äußeres Zeichen für den fast abgeschlossenen Ladevorgang steigen Gasbläschen auf.
Beim Entladen dreht sich der Vorgang um. Das Bleidioxid der positiven Platte und der Bleischwamm der negativen werden wieder zu Bleisulfat, wobei sich die Schwefelsäure verbraucht und Wasser gebildet wird. Mit der Entladung sinkt deshalb die Säuredichte ab.

Die richtige Batterie

Unser Omega hat seine Batterie vorn links im Motorraum sitzen. Sie trägt je nach Ausstattung die Bezeichnung **12 V/44 Ah, Typ-Nummer 54434** oder **12 V/55 Ah, Typ-Nummer 55530** oder **12 V/66 Ah, Typ-Nummer 56637**.

Batterie-Daten

Spannung und Kapazität: In der Angabe 12 V/44 Ah gibt die vorangestellte 12 V natürlich die Spannung an. Hinter dem Schrägstrich ist die Stromstärke in ihrer »zeitlich lieferbaren Menge« vermerkt – »Ah« steht für Amperestunden. Das ist die Nenn-Batteriekapazität, die nach Normbedingungen gemessen wird. In der Praxis rechnet man allerdings nur mit ⅔ der angegebenen Kapazität; bei einer älteren Batterie lediglich mit der Hälfte.
Kälteprüfstrom: Die Zahl 210 A bzw. 255 A nennt die Stromstärke, welche die Batterie bei –18°C liefern kann.
Typ-Nummer: Eine fünfstellige Zahl dient bei allen deutschen Batterie-Herstellern zur Kennzeichnung der Batterie. Beim Omega lauten die entsprechenden Kennzahlen 54434 bzw. 55530. Die erste Zahl (5) steht für die Batteriespannung von 12 Volt. Die darauf folgenden Zahlen geben die Batterie-Kapazität an. Die beiden letzten Ziffern kennzeichnen Konstruktionsmerkmale, wie Bauform, Pollage, Schlauch zur Entgasung und Bodenleiste.

Wie lange reichen die Reserven?

Wie lange ein Stromverbraucher mit dem Stromvorrat aus der Batterie funktionieren kann, errechnen wir aus folgender Formel:
Betriebszeit = Batteriekapazität × Bordnetzspannung : Leistung des Verbrauchers. In der Praxis sollten Sie aber nie mit der vollen Batteriekapazität, sondern nur mit ½ bis ⅔ der Nennkapazität rechnen. Es ergeben sich dann beispielsweise die folgenden Betriebszeiten:

Batterie	Parklicht	Standlicht	Warnblinkanlage
44 Ah	ca. 26 Stunden	ca. 9 Stunden	ca. 3½ Stunden
55 Ah	ca. 30 Stunden	ca. 11 Stunden	ca. 4 Stunden

Am ärgsten wird die Batterie natürlich vom Anlasser gestreßt. Mit einer Leistung von 1400 W setzt er der Batterie vor allem in dem Moment zu, in dem der Motor vom Stillstand in eine Drehbewegung versetzt wird. Der Stromverbrauch steigt dann bis auf ein Vielfaches der normalen Werte an. Auch braucht der Anlasser natürlich weit weniger Strom, um den warmen Motor durchzudrehen als den kalten.

Temperatureinfluß auf die Batterie

Batterien haben die Eigenart, um so unwilliger auf Kälte zu reagieren, je weniger Strom sie gespeichert haben. Völlig leere Akkus sind so empfindlich, daß sie bei Frost einfrieren und platzen können. Ist die Batterie dagegen randvoll geladen, verträgt sie die Kälte verhältnismäßig gut.

Wartungsfreie Batterien

Die Batterieflüssigkeit besteht aus Schwefelsäure, verdünnt mit destilliertem Wasser. Ein Teil dieses Wassers kann verdunsten oder wird beim Ladevorgang in Wasserstoff und Sauerstoff zersetzt. Deshalb muß bei herkömmlichen Autobatterien der Flüssigkeitsstand regelmäßig ergänzt werden.
Die serienmäßig im Omega eingebaute »Freedom«-Batterie ist völlig verschlossen, hat also keine Batteriestopfen. Antimonfreie Batterieplatten und ein Separator im Gehäusedeckel, der die Flüssigkeit sammelt und zurückleitet, verhindern den sonst üblichen Wasserverlust. Die Lebensdauer wird durch einen stabilen Säurespiegel verlängert. Dieser Batterietyp ist völlig wartungsfrei.

Lebensdauer der Batterie

Wenn der Akku im Auto alt werden soll, muß er absolut fest eingebaut sein (Rütteln verursacht Schäden an den Bleiplatten), der Säurestand darf nicht so weit absinken, daß die Platten oben im Trockenen stehen, und die Batterie sollte immer gut geladen sein, aber nicht überladen werden. Als Mittelwert gilt ein Batterieleben von drei bis vier Jahren.

Batteriesäurestand kontrolieren

Wartung Nr. 5

Nur wenn Sie in Ihren Omega als Ersatz einen Akku mit Verschlußstopfen eingebaut haben, kann nach dem Flüssigkeitsstand gesehen werden.

- Die Batterieflüssigkeit muß mindestens bis zur unteren der beiden am Gehäuse befindlichen Markierungen reichen, zumindest aber die Plattenoberkanten gut bedecken.
- Bei abgesunkenem Flüssigkeitspegel Verschlußstopfen herausdrehen. Manche »Wartungsfreien nach DIN« haben spezielle Stopfen:
- Schraubendreher an der Unterseite des Deckels ansetzen und »Kopf« des Stopfens hochhebeln. Unteren Teil mit einer Zange herausdrehen.
- Bei einer normal geladenen Batterie bis zum oberen Strich (»MAX«) bzw. 15 mm über die Plattenoberkanten **destilliertes Wasser** auffüllen.
- In eine stark entladene Batterie nur so viel Wasser einfüllen, daß die Platten oben bedeckt sind. Beim Wiederaufladen steigt der Flüssigkeitsstand nämlich erheblich.
- Erst nach dem Laden bis zur oberen Marke nachfüllen.
- Die Wassermenge aus der Einfüllflasche muß gut dosierbar sein, sonst wird der Akku überfüllt.
- Eine überfüllte Batterie »kocht über«, die Säure tritt an den Verschlußstopfen aus und verursacht Korrosion und Säurekristalle an Batterieoberfläche und -standplatz.

Destilliertes Wasser verwenden!

In den Akku darf niemals Batteriesäure gefüllt werden, sondern nur entsalztes (ionengetauschtes) Wasser, landläufig destilliertes Wasser genannt. Leitungswasser, Regenwasser und auch abgekochtes Wasser enthält leitfähige Salze und andere mineralische Stoffe, die der Batterie schaden.
Wenn Sie Batteriewasser nicht kostenlos an Ihrer Stammtankstelle bekommen, kaufen Sie es am billigsten in der Drogerie oder Apotheke. Abgepacktes destilliertes Wasser an der Tankstelle ist meist wesentlich teurer.

Batterie ausbauen

Grundsätzlich muß an der Batterie zuerst das Minuskabel abgenommen werden, damit beim weiteren Hantieren kein Kurzschluß auftreten kann.

- Mutter an der Klemme des Minuskabels lösen, Klemme vom Batteriepol abheben.
- Pluskabel-Klemme lösen und abnehmen.
- Schraube der Halteleiste am Batteriefuß losdrehen, Schraube und Leiste abnehmen.
- Batterie herausheben.
- Beim Einbau zuerst das Pluskabel anschließen, dann die Minusklemme.
- Ein Vertauschen der Kabelklemmen ist nur mit Gewalt möglich, denn der Plus-Polkopf ist dicker als der Minus-Polkopf.
- Bei Radio mit Anti-Diebstahl-Codierung die Code-Nummer wieder eingeben (Stromversorgung war unterbrochen).

Kontaktpflege an der Batterie

- Ein verschmutztes Batteriegehäuse mit Kaltreiniger, Wasser und einer kräftigen Bürste säubern.
- Oxidkristalle an den Batterieklemmen mit warmem Sodawasser abwaschen oder mit »Neutralon« von Varta behandeln.
- Vorsicht, daß kein Wasser, Schmutz oder Reinigungsmittel durch die Entlüftungsbohrungen der Verschlußstopfen in die Batterieflüssigkeit gelangt.
- An den abgeschraubten Stopfen kontrollieren, ob ihre Entlüftungsbohrungen frei sind, sonst säubern.

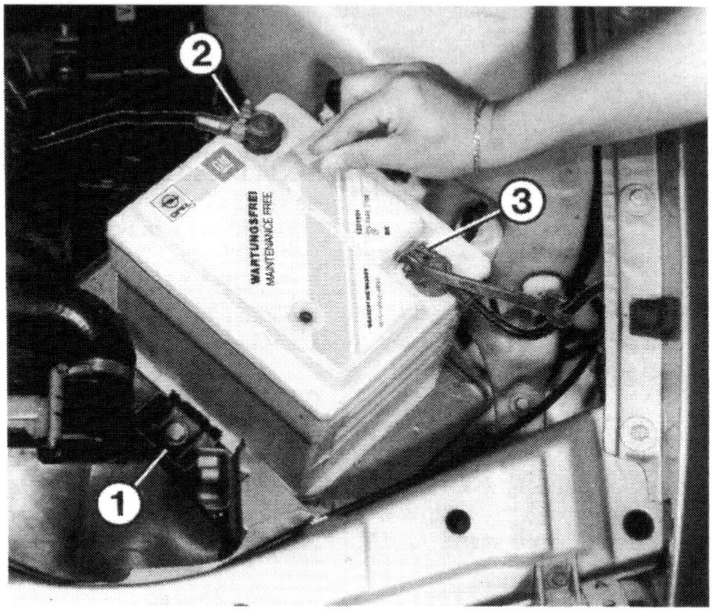

Die Batterie ist vorn links im Motorraum untergebracht. Ausbau: Massekabel (2) lösen, Pluspol-Abdeckung anheben und Pluskabel (3) abschrauben. Die Batterie selbst ist mit einem Halteblech (1) und einer Sechskantschraube befestigt.

- Batteriepolköpfe und Kabelklemmen mit Säureschutzfett (Bosch »Ft 40 v 1«) einstreichen.
- Kein Fett erhalten die Polkopfseiten und die Innenseiten der Klemmen, sonst kann es Kontaktschwierigkeiten geben.

Ladezustand der Batterie prüfen

Erscheint der Akku trotz richtigem Säurestand kraftlos, muß der Ladezustand kontrolliert werden. Auskunft darüber gibt das spezifische Gewicht der Batteriesäure. Bei der Opel-»Freedom«-Batterie genügt ein Blick ins Sichtfenster des Akkus. Bei einem Akku mit Verschlußstopfen brauchen Sie für die Kontrolle einen speziellen Hebe-Säuremesser (Aräometer), den Sie sich bei der Tankstelle ausleihen können.

- Batterie-Verschlußstopfen herausdrehen.
- So viel Batteriesäure ansaugen, daß die Meßspindel frei schwimmt.
- Säuregewicht ablesen. Es bedeuten: 1,28 kg/l = Batterie voll geladen; 1,20 kg/l = halb geladen; 1,12 kg/l = entladen.

Fingerzeig: Bei gleichmäßig niedriger Säuredichte kann Nachladen der Batterie genügen. Ist eine einzelne Zelle entladen, ist die Batterie vermutlich defekt – in einer Autoelektrik-Werkstatt kontrollieren lassen.

Batterie laden

Auch wenn die Batterie nichts zu leisten hat, muß sie gelegentlich geladen werden. Sie hat nämlich die Untugend, sich mit der Zeit selbst zu entladen. Deshalb ausgebaute Batterien und Batterien in vorübergehend stillgelegten Fahrzeugen mindestens einmal im Monat nachladen.

Ladegerät anschließen

- Pluskabel an Batterie-Pluspol, Minuskabel an Minuspol anklemmen.
- Die Batteriekabel brauchen bei einem gewöhnlichen Ladegerät nicht abgenommen zu werden.
- Die Batteriestopfen können eingeschraubt bleiben. Das sich beim Laden bildende Gas kann durch die Entlüftungsbohrungen in den Stopfen entweichen.
- Der Ladestrom soll anfangs etwa 10 % der Batteriekapazität betragen (z. B. 4,4 A beim 44-Ah-Akku) und sich während der Ladung automatisch verringern.
- Die Batterie ist voll geladen, wenn ihre Säuredichte innerhalb von zwei Stunden nicht mehr ansteigt.
- Beim Batterieladen wird das destillierte Wasser teilweise zersetzt. Es bilden sich Gasblasen aus Wasserstoff und Sauerstoff – das hochexplosive Knallgas.
- Wenn mit hohem Strom geladen wird, für gute Durchlüftung des Raumes sorgen.
- Beim Laden der Batterie in deren Nähe nicht rauchen und kein offenes Feuer verwenden.
- Auch Funken beim Ab- und Anklemmen des Laders bzw. der Batteriekabel können das Knallgas entzünden.

Start mit leerer Batterie

Starthilfekabel

- Hilfsfahrzeug so dicht an den Omega heranfahren lassen, daß sich die Batterien beider Wagen so nahe

wie möglich zueinander befinden. Die Fahrzeuge dürfen sich aber nicht berühren.
● Mit dem ersten Kabel die Pluspole beider Batterien verbinden.
● Anderes Starthilfekabel zuerst am Minuspol der geladenen Fremdbatterie und dann im Motorraum des stromlosen Wagens an blanker Masse anschließen (z.B. direkt am Motor).
● Motor des Hilfswagens starten und mit erhöhter Drehzahl laufen lassen, damit die Lichtmaschine kräftig Spannung liefert.
● Falls der Motor nicht gleich anspringt, zwischendurch eine Abkühlungspause für den Anlasser einlegen. Hilfsmotor weiterlaufen lassen, wodurch die leere Batterie bereits etwas nachgeladen wird.
● Beim Abklemmen der Starthilfekabel zuerst die Klemme von Minuspol der geladenen Fremdbatterie abnehmen.

Wagen anschieben

Den Omega mit Schaltgetriebe kann man anschieben oder anschleppen. Bei gutem Motorzustand ist das mit zwei Helfern zu schaffen:
● Zündung einschalten.
● 1. Gang einlegen. In höheren Gängen wird die Lichtmaschine für kräftige Stromlieferung zu langsam durchgedreht.
● Kupplung durchtreten, Wagen anschieben lassen, bis er in Schwung ist.
● Kupplung schnell kommen lassen. Der Motor wird abrupt durchgedreht und müßte anspringen.
● Sofort Kupplung treten und Gas geben.

Wagen anschleppen

Suchen Sie sich zum Anschleppen einen schlepperfahrenden Helfer aus, damit nicht durch Ungeschick größerer Schaden entsteht. Und denken Sie daran: Bei stehendem Motor arbeiten weder der Bremskraftverstärker noch die Servolenkung!
● Zündung einschalten, 2. Gang einlegen und Kupplung treten.
● Der Zugwagen muß langsam anfahren.
● Bei etwa 15 km/h die Kupplung langsam kommen lassen, dabei die rechte Hand an den Handbremshebel legen.
● Ist der Motor angesprungen, Kupplung treten und Gas geben.
● Handbremse sanft ziehen, damit Sie dem Vordermann nicht ins Heck rollen.
● Schleppfahrer Hupsignal geben.
● Gang herausnehmen, Kupplung loslassen.
● Mit der Handbremse zusammen mit dem Schleppwagen sanft abbremsen.

<u>Fingerzeig:</u> Bei Fahrzeugen mit Katalysator wird oft vor dem Anrollenlassen, Anschieben oder Anschleppen gewarnt. Falls der Motor lediglich wegen einer leeren Batterie nicht anspringt, ist das aber ungefährlich. Anders bei einem Defekt an der Zündanlage: Da können unverbrannte Gemischanteile nachgezündet werden und die Temperatur im Katalysator auf gefährliche Höhen treiben (siehe Seite 48).

**Das Sichtfenster (Pfeil) der wartungsfreien Freedom-Batterie offenbart den Ladezustand:
1 – grüner Punkt im Zentrum des Säuredichteprüfers: Die Kugel liegt im Käfig direkt vor dem Kunststoffstab, die Batterie ist zu mindestens 65 % geladen.
2 – dunkles Zentrum: Die Kugel liegt nicht vor dem Kunststoffstab, die Ladung beträgt weniger als 65 %.
3 – helles oder hellgelbes Zentrum: Der Batteriesäurespiegel ist unter den Kunststoffstab abgesunken. Bei Startschwierigkeiten Batterie ersetzen.**

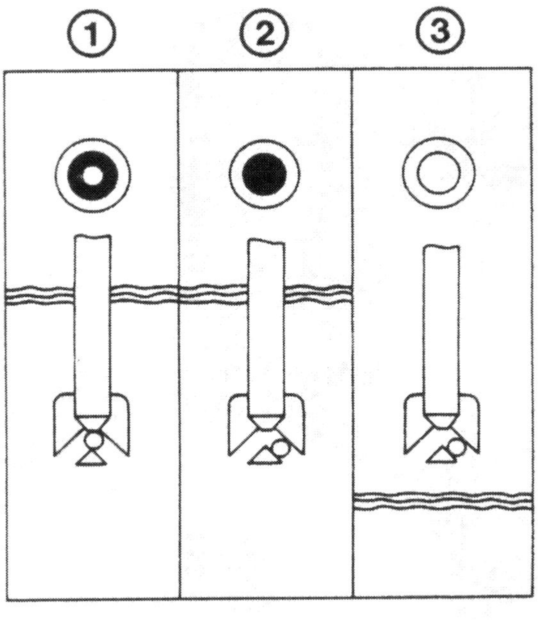

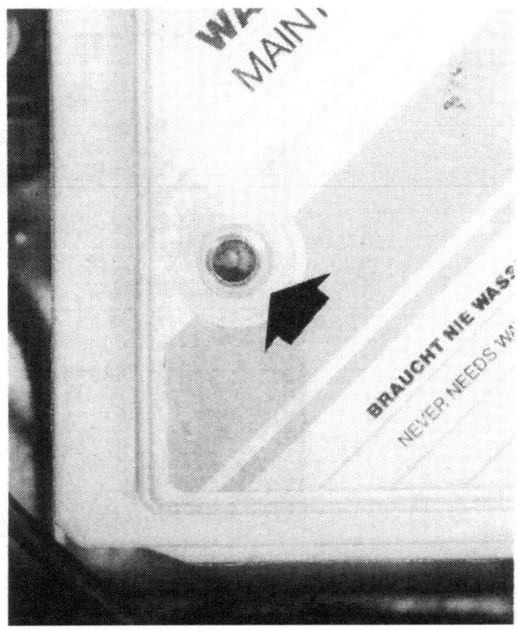

Kraftwerk für unterwegs

Die Reise mit Ihrem Omega wäre nur von kurzer Dauer, wenn die Stromversorgung allein von der Batterie abhinge. Die vielen Stromverbraucher hätten diesen Speicher schnell entleert, und Sie müßten eine frisch geladene Batterie einbauen.
Damit der Batterie nicht ständig der »Saft« ausgeht, wird sie durch den vom Motor angetriebenen Generator aufgeladen.

Der Drehstromgenerator

Zwei Generator-Fabrikate

Opel baut Lichtmaschinen von Bosch und von Delco Remy ein. Sie unterscheiden sich nur in ihrem Aufbau. Ihre Befestigung am Motor ist gleich.

Leistung

Je nach Ausführung sind im Omega Lichtmaschinen von **55, 70** oder **90 Ampere** eingebaut. Um die Leistung der Generatoren zu ermitteln, muß der angegebene Höchststrom mit der Nennspannung von 14 Volt multipliziert werden. Macht **770, 980** bzw. **1260 Watt.**
Sie haben es schon bemerkt: Die Lichtmaschine liefert wirklich 14 Volt im 12-Volt-Bordnetz. Denn nur durch diesen kleinen Spannungsunterschied kann Strom zur Batterie fließen, damit diese aufgeladen wird.
Die Übersetzung von Kurbelwellen-Keilriemenscheibe zu Lichtmaschinen-Keilriemenscheibe ist übrigens so gewählt, daß schon bei Leerlaufdrehzahl etwa ⅔ der Lichtmaschinenleistung erzeugt werden können.

Umgang und Vorsichtsmaßnahmen

Die Drehstrom-Lichtmaschine hat neben ihrer insgesamt recht hohen Leistung einen entscheidenden Vorzug: Sie liefert schon bei Leerlaufdrehzahl des Motors Strom. Ferner halten ihre Schleifkohlen weit über 80000 km. Getreu ihres Namens erzeugt sie jedoch Drehstrom, den wir im Auto überhaupt nicht gebrauchen können, denn die Batterie kann natürlich nur Gleichstrom speichern. Deshalb sind im Generator drei Gleichrichter-Dioden eingebaut, die den Drehstrom in einen pulsierenden Gleichstrom umwandeln. Diese Dioden sind allerdings gegen hohe Spannungen empfindlich, und deshalb sollten Sie folgende Punkte beachten:

- Bei laufendem Generator darf kein Kabel zwischen Akku und Lichtmaschine gelöst bzw. angeschlossen werden. Dadurch kann die Spannung schlagartig ansteigen (Spannungsspitzen) und eine Diode »verheizt« werden.
- Ohne richtig angeschlossene, intakte Batterie darf die Drehstrom-Lichtmaschine nicht laufen. Denn der Akku dient gewissermaßen als Puffer gegen Überspannungen.
- Sämtliche Kabelanschlüsse zwischen der Drehstrom-Lichtmaschine, der Batterie und dem Karosserieblech oder dem Triebwerkblock (Masse) müssen ganz fest sitzen. Schon ein Wackelkontakt kann zu gefährlichen Spannungsspitzen führen.
- Beim Schnelladen der Batterie (nicht zum Aufladen mit dem Heimlader) und beim elektrischen Schweißen an der Karosserie müssen beide Kabel vom Akku abgeklemmt werden, damit die Lichtmaschinen-Dioden keinen Schaden erleiden.

Die Lichtmaschine sitzt bei den 1,8- und 2,0-Liter-Motoren rechts im Motorraum. Bei den 2,4-Liter-Modellen sitzt die Lichtmaschine links vom Motor. Die Abbildung zeigt einen Generator des Herstellers Bosch im Motorraum eines 2,0-Liter-Omega.

Die Ladekontrolle

○ Die Kontrolleuchte in der Instrumententafel hat zwei Plus-Anschlüsse, und zwar einerseits von der Klemme D+ des Generators (blau/weißes Kabel) und andererseits von Klemme 15 über die Leiterfolie hinten an der Instrumententafel, vom Zündschloß kommend.
○ Mit Einschalten der Zündung führt Klemme 15 Spannung. Die Lichtmaschine steht aber noch, so daß der spannungslose D+-Kontakt als »Minus« wirkt. Die Kontrollampe leuchtet auf, denn zwischen dem von der Batterie versorgten Bordnetz und dem noch stehenden Generator herrscht eine Spannungsdifferenz.
○ Wird der Motor gestartet und hat die Lichtmaschine ihre Ladedrehzahl erreicht, verbindet der Spannungsregler den Stromerzeuger mit der Bordelektrik. Nun kommt Plusstrom von Klemme 15 und zusätzlich von Klemme D+. Damit besteht keine Spannungsdifferenz mehr, die Ladekontrolle verlöscht.
○ Beim Einschalten der Zündung muß die brennende Ladekontrolle die Drehstrom-Lichtmaschine »vorerregen«. Nur so kann diese schon aus niedrigen Drehzahlen heraus Strom liefern. Allerdings ist die Vorerregung nur beim ersten Anlaufen des Generators erforderlich.

Nicht immer wird geladen

Ob die Batterie von der Lichtmaschine geladen wird, beweist das Verlöschen der Kontrollampe nicht. Es besagt nur, daß zwischen Batterie und Generator keine Spannungsdifferenz mehr besteht. Wenn im Motorleerlauf beispielsweise sämtliche Stromverbraucher eingeschaltet sind, leuchtet die Ladekontrolle nicht auf, obwohl mehr Strom der Batterie entnommen wird, als eine der leistungsschwächeren Lichtmaschinen liefern kann: Es besteht dennoch keine Spannungsdifferenz zur Batterie.

Fingerzeig: Vielleicht haben Sie beobachtet, daß manchmal die Ladekontrolle brennen bleibt, wenn Sie den warmgefahrenen Motor ohne Gas starten und er in niedriger Leerlaufdrehzahl weiterläuft. Hierbei ist die Vorerregung der Drehstrom-Lichtmaschine zu schwach, sie liefert noch keinen Strom. Sobald Sie auf das Gaspedal tippen, verlöscht das rote Licht. Das ist normal und deutet keinen Schaden an.

Der Spannungsregler

Die Lichtmaschine kann man mit einem Fahrraddynamo vergleichen: Je schneller sie dreht, um so höher steigt die Spannung und somit auch der gelieferte Strom. Ein derartiges Auf und Ab würden die Stromverbraucher im Auto nicht lange ertragen, deshalb muß ein besonderer Regler die Lichtmaschinenspannung begrenzen und ein Überladen der Batterie verhindern. Dieser Regler – ein elektronischer Feldregler – ist bei der Bosch-Lichtmaschine außen angeschraubt (siehe Zeichnung unten). Bei der Delco-Remy-Lichtmaschine befindet sich der Regler im Gehäuseinnern.

Selbsthilfe an Generator und Regler

Wartungsarbeiten an der Drehstrom-Lichtmaschine fallen nicht an, wenn man einmal vom wirklich seltenen Schleifkohlenwechsel absieht. Tiefergehende Schäden sind mit Heimwerkermitteln nicht zu beheben.

Ladespannung prüfen

● Voltmeter zwischen dem Anschluß des dicken roten Kabels an der Lichtmaschine und Masse anklemmen.
● Motor mit mittlerer Drehzahl laufen lassen.
● Bei intaktem Regler sind jetzt etwa **13,7–14,5 Volt** abzulesen.

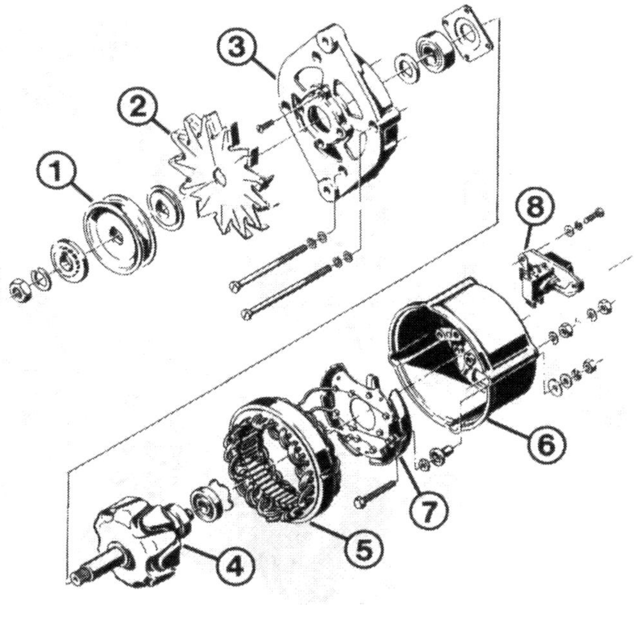

Die wesentlichen Teile der Bosch-Lichtmaschine:
1 – Riemenscheibe;
2 – Lüfter;
3 – Lagerschild;
4 – Klauenpolläufer;
5 – Ständerwicklung;
6 – Gehäuse;
7 – Diodenhalter;
8 – Bürstenhalter.

● Ist das nicht der Fall, Schleifkohlen kontrollieren bzw. Regler austauschen.

● Ansonsten ist die Lichtmaschine selbst defekt.

Schleifkohlen kontrollieren
Bosch-Lichtmaschine

● Regler von der Lichtmaschine abbauen. Dazu zwei Schlitzschrauben lösen.
● Regler gewissermaßen herausklappen, damit die Kohlebürsten nicht hängen bleiben.
● Überstand der Schleifkohlen messen:
● Neue Schleifkohlen sind **13 mm** lang; Verschleißmaß **5 mm**.

Schleifkohlen auswechseln
Bosch-Lichtmaschine

Zu dieser Arbeit wird ein Lötkolben, Elektrolot und außerdem Kenntnis im Löten gebraucht.
● Regler aus der Lichtmaschine ausbauen, wie vorstehend beschrieben.
● Anschlußlitzen auslöten, Kohlen herausziehen.
● Druckfedern von den alten Kohlen abziehen und auf die neuen stecken.
● Anschlußlitzen anlöten.
● Dabei wenig Lötzinn verwenden und schnell arbeiten, damit sich die Anschlußlitzen nicht mit Zinn vollsaugen. Sonst werden sie starr.

Schleifkohlen kontrollieren
Delco-Remy-Lichtmaschine

● Lichtmaschine ausbauen.
● Drei Gehäuseschrauben am Lagerdeckel herausdrehen.
● Läufer mit Antriebslager und Riemenscheibe aus dem Ständer herausziehen.
● Enden der Ständerwicklung vom Diodenträger abschrauben, Ständer vom Schleifringlager abnehmen.
● Dioden ausbauen (drei Muttern, eine Schraube).
● Beide Schrauben des Schleifkohlenhalters herausdrehen, Isolierscheibe abnehmen.
● Anschlußzungen der Schleifkohlen vom Halter abnehmen, Kohlen aus der Führung ziehen und ihre Länge messen.
● Bei einer Gesamtlänge von weniger als **11 mm** sind sie zu ersetzen.

Schleifkohlen auswechseln
Delco-Remy-Lichtmaschine

● Die Federn der Schleifkohlen sind durch einen hakenförmigen Draht am Halter gesichert.
● Nach Einsetzen der neuen Kohlen diesen Draht nicht vergessen.
● Beim Zusammenbau der Lichtmaschine wird das lange Drahtende durch die Öffnung im Schleifringlager gesteckt.

Regler wechseln
Delco-Remy-Lichtmaschine

● Lichtmaschine auseinanderbauen, wie unter »Kontrolle der Schleifkohlen« beschrieben.
● Stecker abziehen.
● Halteschraube des Reglers herausdrehen und den Regler abnehmen.

Fingerzeig: Bei ausgebauten Schleifkohlen können Sie die Kupfer-Schleifringe des Lichtmaschinenankers (auf ihnen laufen die Kohlen) gleich mit prüfen. Haben sie schon tiefe Einlaufspuren, kann man sie in der Autoelektrik-Werkstatt überdrehen lassen.

Lichtmaschine ausbauen

● Batterie-Massekabel abklemmen.
● 1,8- und 2,0-Liter-Einspritzmotoren: Luftansaugschlauch abnehmen.
● Vergasermotoren: Warmluft-Ansaugschlauch abbauen.
● Alle Motoren: Sämtliche Anschlußkabel von der Lichtmaschine abziehen bzw. abschrauben.
● Klemmutter am Lichtmaschinen-Spannbügel herausdrehen. Schraube und, wo vorhanden, Massekabel abnehmen.

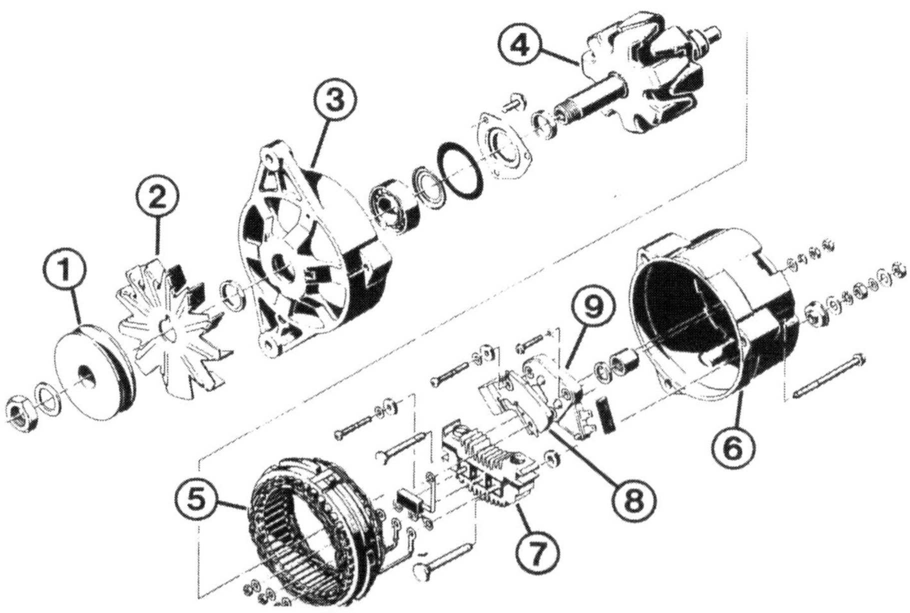

Bei der Lichtmaschine von Delco Remy sind die Bauteile so angeordnet:
1 – Riemenscheibe;
2 – Lüfter;
3 – Lagerschild;
4 – Klauenpolläufer;
5 – Ständerwicklung;
6 – Gehäuse;
7 – Diodenhalter;
8 – Bürstenhalter;
9 – Regler.

- Keilriemen entspannen und abnehmen.
- Mutter vom Gelenkbolzen losschrauben.
- Gelenkbolzen herausziehen.
- Lichtmaschine aus dem Motorraum herausnehmen.

Keilriemenzustand prüfen

Wartung Nr. 11

- Drehen Sie zur Kontrolle des Riemens den Motor einige Male ganz durch.
- Nur so können Sie wirklich alle Flächen des Keilriemens sehen. Oft hat der Riemen nämlich nur einen einzigen, aber tiefen Riß, der bei der Kontrolle möglicherweise genau auf einer Riemenscheibe zu liegen kommt.
- Einen angerissenen oder ausgefransten Riemen umgehend ersetzen.

Keilriemenspannung prüfen

Wartung Nr. 12

Ein zu straff gespannter Riemen wird zu stark auf Dehnung beansprucht, was seine Gewebeeinlage zerstört. Zu schwach gespannt ist der Schlupf auf der Riemenscheibe zu hoch, so daß der Riemen sich zu stark erhitzt. Bei mäßigem Daumendruck auf den Keilriemen soll er sich zwischen zwei Riemenscheiben ca. 5 mm durchdrücken lassen. Wurde ein neuer Keilriemen montiert, sollten Sie die Riemenspannung nach etwa 100 km kontrollieren und gegebenenfalls nachspannen; neue Riemen längen sich anfangs stärker.

Keilriemen spannen

Lichtmaschinen-Keilriemen

- Wo nötig, Luftansaugschlauch abbauen.
- Befestigungsmutter am Spannbügel oberhalb der Lichtmaschine lockern.
- Bolzen am Gelenklager unter der Lichtmaschine ebenfalls lockern.
- Lichtmaschine vom Motor wegdrücken.
- Zugleich die obere Befestigungsschraube anziehen.
- Wenn dabei die Schraube in der Aussparung des Bügels gehemmt wird, auch den Haltebolzen des Bügels am Motor lockern.
- Nach dem Keilriemenspannen den Motor kurz laufen lassen und die Spannung kontrollieren, ggf. nochmals spannen.
- Falls der Haltebolzen gelockert wurde, diesen zuletzt wieder anziehen.

Keilriemen der Servopumpe

- **1,8- und 2,0-Liter:** Fahrzeug aufbocken.
- **Alle Motoren:** Kontermutter am Spannbolzen der Servopumpe lockern.
- Ebenfalls die beiden Schwenkbolzen der Servopumpe etwas lösen.
- Gegenmutter auf dem Spannbolzen zum Riemenspannen rechtsdrehen.
- Kontermutter und Befestigungsmutter der Servopumpe wieder anziehen.

Lichtmaschinen-Keilriemen gerissen

Leuchtet plötzlich während der Fahrt die rote Ladekontrolle auf und haben Sie vielleicht gehört, daß im Motorraum kurz etwas gegen das Blech schlug, ist sicher der Keilriemen gerissen. Anhalten und nachsehen! Falls ja, herrschen unterschiedliche Alarmstufen.

Spannen des Keilriemens: Befestigungsmutter (2) am Spannbügel (3) lockern; ebenfalls den Bolzen am Gelenklager (1). Durch Wegdrücken der Lichtmaschine vom Motor spannt sich der Riemen.

○ **Mit dem 2,4-Liter-Omega dürfen Sie auf keinen Fall weiterfahren!** Durch die nun nicht mehr angetriebene Wasserpumpe ist der Kühlmittelkreislauf unterbrochen, siehe Seite 56. Deshalb sofort neuen Keilriemen montieren oder Wagen abschleppen lassen.

○ **Mit dem 1,8-Liter- oder 2,0-Liter-Omega** können Sie weiterfahren, wenn die Batterie ausreichend geladen ist. Die Wasserpumpe wird weiterhin angetrieben (vom Zahnriemen, siehe Seite 56).

Die richtige Keilriemenlänge

Modell	Keilriemen zu	Bezeichnung
1,8- und 2,0-Liter 2,0-Liter mit 90-A-Generator 2,4-Liter	Lichtmaschine	9,5 × 1000 9,5 × 1025 9,5 × 888
1,8- und 2,0-Liter 2,0-Liter ohne Kat von Fg.-Nr. H 155667 bis Fg.-Nr. J 1002164 2,4-Liter 2,4-Liter mit Klimaanlage	Pumpe der Servolenkung	9,5 × 800 9,5 × 825 9,5 × 813 9,5 × 960
2,0-Liter 2,4-Liter	Kompressor der Klimaanlage	9,5 × 788 9,5 × 888

Keilriemen montieren

● Der neue Keilriemen darf keinesfalls mit dem Schraubendreher über die Riemenscheiben »gewürgt« werden, denn die so entstehenden Bruchstellen würden den nächsten Riemenschaden schon vorprogrammieren.

● Deshalb den alten Keilriemen zum Auswechseln erst entspannen.

● Jetzt kann er leicht von den Riemenscheiben genommen werden, und auch der neue Riemen läßt sich bequem wieder auflegen.

● Anschließend Riemen spannen (siehe auch unter »Keilriemenspannung prüfen«), etwa 100 km fahren und dann ggf. nachspannen.

Störungsbeistand

Batterie und Lichtmaschine

Die Störung	– ihre Ursache	– ihre Abhilfe
A Rote Ladekontrolle brennt nicht beim Einschalten der Zündung	1 Batterie leer	Mit Starthilfekabeln starten oder Wagen anschleppen
	2 Batteriekabel gebrochen, Kabelklemmen lose oder oxidiert	Batteriekabel und -klemmen kontrollieren
	3 Kontrollampe defekt	Ersetzen
	4 Kabelweg zwischen Zündschloß, Kontrollampe und Lichtmaschine unterbrochen	Stromweg mit Prüflampe kontrollieren
	5 Massekabel zwischen Lichtmaschine und Motorblock gebrochen	Kabel kontrollieren
	6 Schleifkohlen abgenutzt	Schleifkohlen erneuern
	7 Spannungsregler defekt	Regler austauschen
	8 Lichtmaschine schadhaft	Lichtmaschine instand setzen lassen
	9 Nach zu heftiger Motorwäsche: Eingedrungene Feuchtigkeit hat einen isolierenden Schmierfilm zwischen den Schleifringen und Kohlen gebildet	Lichtmaschine mit Druckluft ausblasen oder Schleifringe und Kohlen sauberreiben
B Ladekontrolle brennt oder glimmt bei laufendem Motor	1 Keilriemen lose	Riemen spannen
	2 Mangelnder Kontakt an Kabelanschlüssen oder unterbrochene Kabel	Kabelanschlüsse und Kabel prüfen
	3 Siehe A 6–8	
C Batterieoberfläche feucht	1 Batterie überfüllt	Zuviel eingefülltes destilliertes Wasser durch Überladen herausgasen. Keine Säure absaugen
	2 Batterieverschlüsse verstopft	Entlüftungslöcher säubern
	3 Siehe A 7	
D Batterie gast stark	Siehe A 7	

Schwerathlet

Wenn Sie einmal ein Fahrzeug zum Anlassen angeschoben haben, wissen Sie ungefähr, was der kleine Elektromotor namens »Anlasser« zu leisten imstande ist.
In Zusammenarbeit mit der Zündanlage und einer gut geladenen Batterie verhilft er dem Motor ohne Mühe zu einem guten Start.

Die Bauart

Möchten Sie mal ein komisches Wort hören? Hier ist es: »Schub-Schraubtrieb-Starter«. Der ist im Omega eingebaut und funktioniert so:

○ Beim Zündschlüsseldreh in Stellung »Start« gelangt Spannung (vom Zündschloß kommend) an die Klemme 50 des oben auf dem Anlasser sitzenden Magnetschalters.
○ Dadurch schiebt ein Einrückhebel das Zahnritzel des Anlassers auf einem Steilgewinde in den Zahnkranz des Motor-Schwungrades.
○ Beim Eingreifen des Ritzels schaltet der Magnetschalter den vollen, von Klemme 30 kommenden Batteriestrom ein, so daß der Anlasser den Motor erst nach dem Einspuren des Ritzels kräftig durchdreht.
○ Ist der Motor angesprungen, wird das Ritzel aus dem Schwungrad wieder ausgespurt.

Die Anlasser-Typen

Der 2,4-Liter-Omega besitzt einen Anlasser von Bosch. Die 1,8- und 2,0-Liter-Motoren sind wahlweise mit Bosch- oder Delco-Remy-Anlassern bestückt. Im Aufbau weichen diese Starter voneinander ab. Beide Anlasser haben eine Leistung von 1,4 kW.

Anlasser ausbauen

● Massekabel an der Batterie abnehmen, sonst Kurzschlußgefahr.
● Batterie-Pluskabel und Kabel der Klemme 50 vom Magnetschalter abschrauben.
● **1,8- und 2,0-Liter:** Obere Befestigungsschraube des Anlassers losschrauben.
● Falls vorhanden, Anlasserstütze abschrauben.
● Fahrzeug aufbocken und sichern.
● Untere Befestigungsschraube losdrehen.
● **2,4-Liter:** Befestigungsschrauben des Anlassers herausdrehen.
● **Alle Modelle:** Anlasser aus dem Motorblock herausziehen.
● Beim Einbau Befestigungsschrauben des Anlassers mit 45 Nm (1,8- und 2,0-Liter) bzw. 75 Nm (2,4-Liter) anziehen.
● Anlasserstütze mit 25 Nm anziehen.

Bosch-Anlasser-Schleifkohlen auswechseln

● Stütze vom Anlasser losschrauben.
● Lagerkappe vom Kollektorlager abschrauben.
● Ankerhaltescheibe und Ausgleichscheibe(n) von der Ankerwelle abnehmen. Achten Sie dabei auf den Gummiring.
● Beide Polgehäuseschrauben herausdrehen.

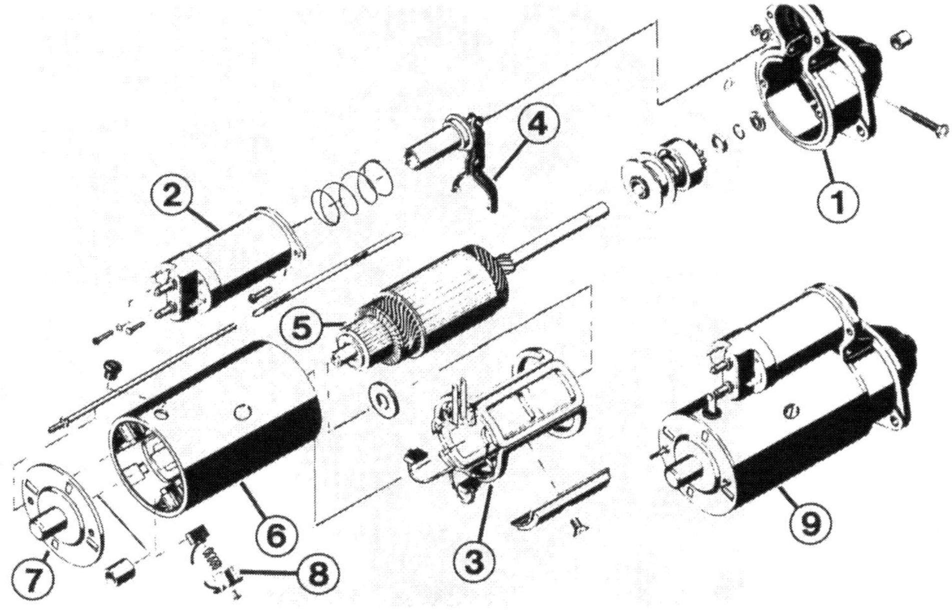

Der Anlasser (9) von Delco Remy besteht aus folgenden Hauptteilen:
1 – Lagerdeckel der Ritzelseite;
2 – Magnetschalter;
3 – Feldwicklung;
4 – Einspurhebel;
5 – Kollektor;
6 – Gehäuse;
7 – Lagerdeckel der Kollektorseite;
8 – Schleifkohle mit Halter.

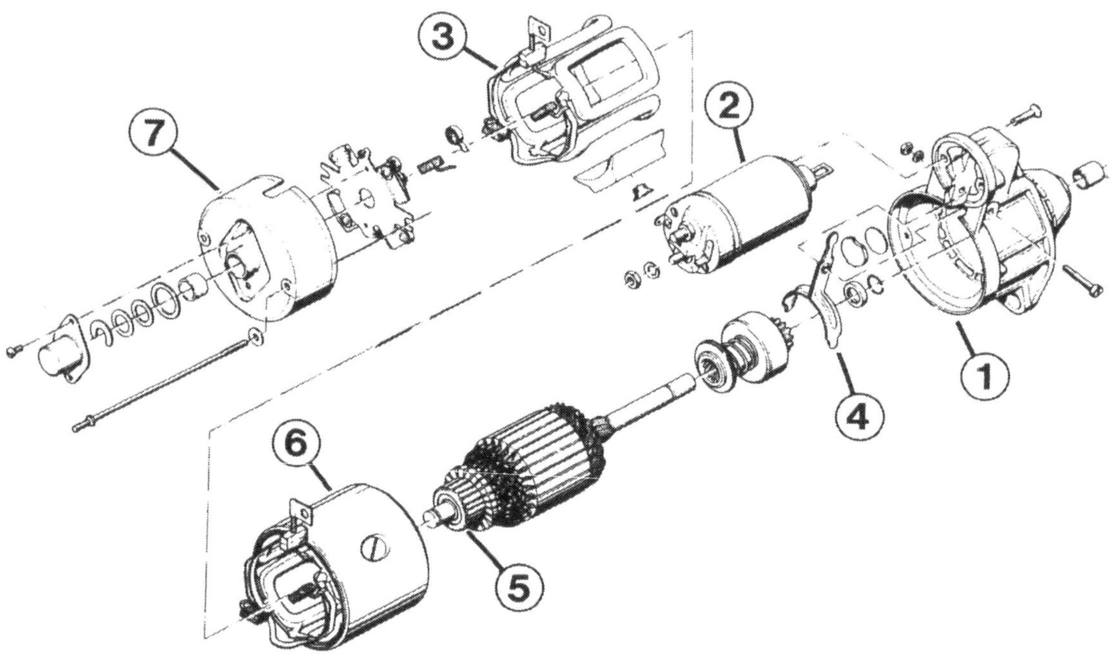

Die Einzelteile des Bosch-Anlassers:
1 – Lagerdeckel der Ritzelseite;
2 – Magnetschalter;
3 – Feldwicklung;
4 – Einspurhebel;
5 – Kollektor;
6 – Gehäuse;
7 – Lagerdeckel der Kollektorseite.

● Kollektorlager vom Gehäuse abnehmen.
● Schleifkohlen aus dem Halter ziehen und ihre Länge messen. Die Mindestlänge beträgt **13 mm.**
● Kupferlitze der verbrauchten Kohlebürsten ablöten.
● Beim Anlöten die Litze der neuen Kohle mit einer Flachzange fassen, um Hochsteigen des Lötzinns in die Litze zu verhindern.

Delco-Remy-Anlasser-Schleifkohlen auswechseln

● Stütze hinten am Anlasser losschrauben.
● Befestigungsschrauben des Kollektorlagers lösen.
● Haltemuttern des Polgehäuses herausdrehen. Polgehäuse abnehmen.
● Bürstenträgerplatte vom Kollektor abziehen. Achten Sie dabei auf die Bürstenfedern.
● Länge der Schleifkohlen messen, Mindestlänge: **4 mm.**
● Kupferlitze der alten Kohlebürsten ablöten. Beim Anlöten die Litze der neuen Kohle mit einer Flachzange fassen, um Hochsteigen des Lötzinns zu verhindern.

Magnetschalter ausbauen

● Anlasser ausbauen.
● Kabel zum Anlasser losschrauben.
● Befestigungsschrauben am Halteflansch des Magnetschalters losschrauben.

Das Foto zeigt den Anlasser (5) eines 2,4-Liter-Motors. Es bedeuten:
1 – Kabel vom Magnetschalter zum Anlasser;
2 – Klemme-30-Kabel (von der Batterie);
3 – Magnetschalter;
4 – Klemme-50-Kabel (vom Zündschloß).

● Bosch-Anlasser: Magnetschalter ein Stück zurückziehen, und die Öse aus dem Einrückhebel des Anlassers aushängen.

● Delco-Remy-Anlasser: Magnetschalter mit einer Drehbewegung zusammen mit der Druckfeder vom Anlasser abnehmen.

Störungsbeistand

Anlasser

Die Störung	– ihre Ursache	– ihre Abhilfe
A Beim Drehen des Zündschlüssels in Startstellung dreht der Anlasser zu langsam oder gar nicht	1 Kontrollampen brennen schwach oder verlöschen	
	a) Batterie entladen	Mit Starthilfekabeln starten
	b) Kabelanschlüsse lose oder oxidiert	Kabelanschlüsse kontrollieren
	c) Anlasser hat Masseschluß	Anlasser überholen lassen
	2 Kontrollampen brennen hell, Klicken aus Richtung Anlasser	Kurz auf den Magnetschalter klopfen. Dreht der Anlasser weiterhin nicht:
	a) Kohlebürsten bzw. deren Anschlüsse im Anlasser gelöst	Kohlebürsten überprüfen
	b) Kontakte im Magnetschalter verschmort	Magnetschalter ersetzen
	c) Anlasserwicklung schadhaft	Anlasser überholen lassen
	3 Kontrollampen brennen hell, keinerlei Geräusche	
	a) Anschluß der Klemme 50 am Magnetschalter lose	Steckanschluß überprüfen
	b) Klemme-50-Leitung vom Zündschloß zum Magnetschalter unterbrochen	Leitung mit Prüflampe kontrollieren
B Anlasser läuft, ohne den Motor durchzudrehen	1 Einrückvorrichtung klemmt	Anlasser überholen lassen
	2 Verzahnung des Ritzels oder des Motorschwungrads beschädigt	Wagen bei eingelegtem Gang ein Stück vorschieben. Erneut starten. Beschädigte Teile ersetzen lassen
C Magnetschalter schaltet in schneller Folge ein und aus, Anlasser läuft nicht an	Batterie stark entladen, beim Einschalten des Magnetschalters fällt die Spannung ab und er schaltet wieder ab	Batterie laden
D Anlasser läuft weiter, obwohl Zündschlüssel losgelassen wurde	1 Magnetschalter hängt und schaltet nicht ab	Zündung sofort abschalten, notfalls Batterie abklemmen. Magnetschalter ersetzen
	2 Zünd-/Anlaßschalter defekt	Zünd-/Anlaßschalter ersetzen
E Ritzel spurt nach Anspringen des Motors nicht aus	1 Rückstellfeder des Einrückhebels lahm oder gebrochen	Zündung sofort abschalten. Reparieren lassen
	2 Verzahnung des Ritzels bzw. des Motorschwungrads verschmutzt oder beschädigt	Reinigen bzw. schadhafte Teile ersetzen lassen

Funkenschleuder

Ein kräftiger Funke muß in jedem Zylinder das Kraftstoff/Luft-Gemisch entzünden, und zwar im richtigen Moment sowie unter allen Betriebsbedingungen. Bei dem so entstehenden Verbrennungsablauf wird jeder Kolben mit neuer Kraft nach unten befördert, wodurch der Motor seine Arbeit leisten kann.

Was die Zündung leistet

Die Zündanlage sorgt durch gezielt abgefeuerte Zündfunken für den richtigen Verbrennungsablauf im Motor. Und das geht Knall auf Fall, denn bei gemütlichen 3000 Motorumdrehungen fordert jeder Motorzylinder 25 Funken pro Sekunde. Macht bei unserem Vierzylinder 100 in der Sekunde, 6000 in der Minute, 360000 in der Stunde usw.
Damit an der Zündkerze im Verbrennungsraum überhaupt ein Funke überspringen kann, muß zwischen den Zündkerzenelektroden eine Spannung von mindestens 30000 Volt vorhanden sein. Die Batterie liefert aber nur 12 Volt. Die Batteriespannung muß also gewaltig hochtransformiert werden.
Ferner geht es beim Funkenüberschlag nicht um Zehntel- oder Hundertstel-, sondern um Tausendstelsekunden. Nur ein Minimales zu spät oder zu früh, und die Zündung und damit die Leistung des Motors ist mangelhaft.

Wann wird gezündet?

Der Funke muß im richtigen Augenblick überspringen. Am wirkungsvollsten ist die Verbrennung, wenn das Kraftstoff/Luft-Gemisch in dem Moment entzündet wird, da dieses auf engstem Raum zusammengepreßt ist. Die höchste Verdichtung herrscht beim Viertaktmotor in jenem Augenblick, in dem der Kolben bei Beendigung des Kompressionshubs (2. Takt) von der Aufwärtsbewegung in die Abwärtsbewegung des (3.) Arbeitstakts übergehen will.
Bevor sich die Bewegungsrichtung des Kolbens umkehrt, steht er einen winzigen Sekundenbruchteil lang im höchsten Punkt in seiner Bewegungsbahn still. Diesen Punkt nennt man den »Oberen Totpunkt« (OT). Das entsprechende Gegenstück dazu – der untere Umkehrpunkt – ist der »Untere Totpunkt« (UT), der uns jedoch hier nicht interessiert.
Zurück zum richtigen Zeitpunkt für den Zündfunken: Idealer Zündzeitpunkt ist also der Moment, in dem der Kolben gerade seine Abwärtsbewegung beginnt. Die Verdichtung ist am höchsten, und der Kolben kann mit Kraft und Schwung zum Motorblock hinuntergedrückt werden.
Trotzdem wäre es falsch, den Zündzeitpunkt genau auf den OT zu legen. Denn das Kraftstoff/Luft-Gemisch braucht eine gewisse Zeit (rund 1/3000 s), bis es sich entzündet hat und den vollen Verbrennungsdruck entwickelt. Also wird der Zündzeitpunkt vorverlegt. Wir haben »Frühzündung«. Der Startschuß für den Funken erfolgt deshalb noch während der Aufwärtsbewegung des Kolbens, der Verbrennungsdruck setzt jedoch erst knapp nach dem OT ein.

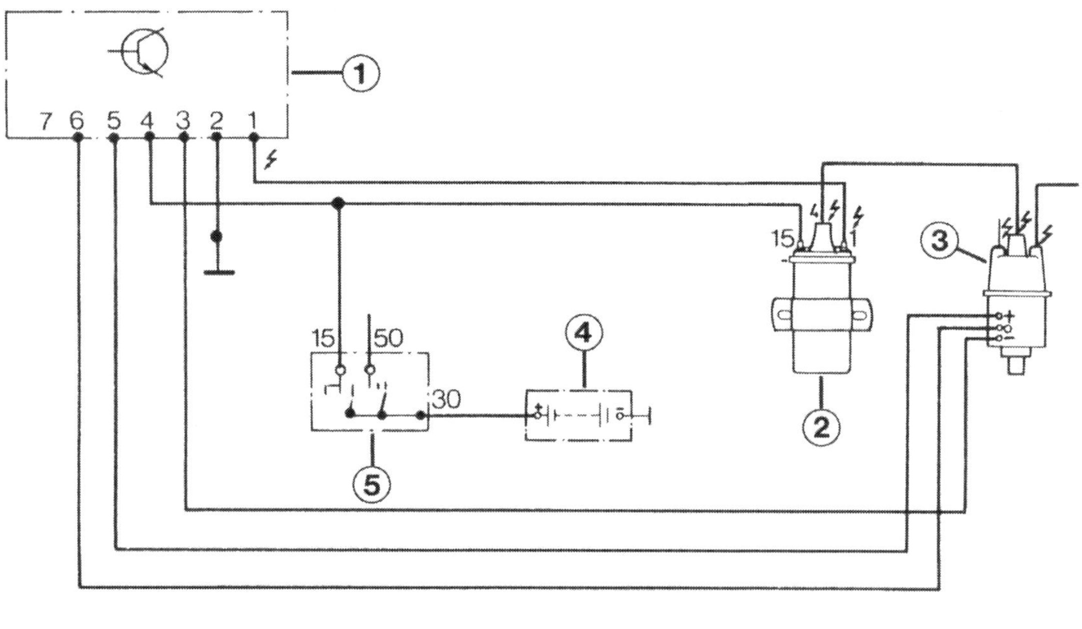

Das Schaltbild der elektronischen Zündanlage zeigt:
1 – Steuergerät;
2 – Zündspule;
3 – Zündverteiler;
4 – Batterie;
5 – Zündschloß.
Die Blitz-Symbole bezeichnen Teile der Anlage mit gefährlichen Stromstärken.

Oberer (1) und unterer Umkehrpunkt (3) des Kolbens auf der Kolbenlaufbahn (OT und UT) werden in dieser Zeichnung verdeutlicht. Der Kolbenhub (2) bezeichnet die Strecke dazwischen.

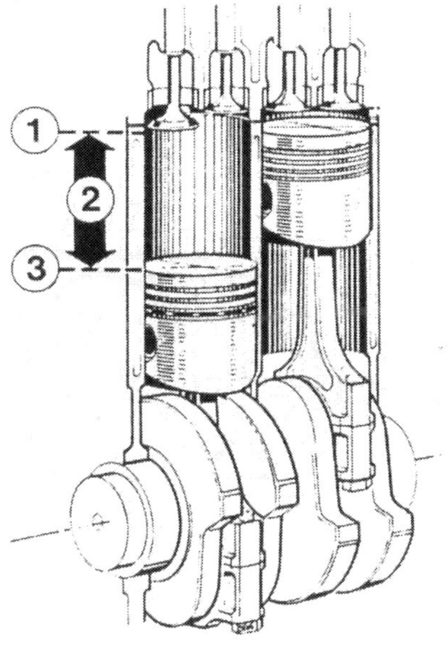

Oberer Totpunkt und Frühzündung

Mit steigender Motordrehzahl muß der Zündfunke immer früher überspringen, denn – wir haben das im letzten Abschnitt schon angesprochen – das Kraftstoff/Luft-Gemisch braucht ja immer die gleiche Zeit zur Entzündung. Nur so erfolgt die Verbrennung wieder genau zur richtigen Zeit, nämlich dann, wenn der Kolben gerade wieder beginnt abwärts zu laufen.
Das Verbrennen des Kraftstoff/Luft-Gemisches hängt aber auch von dessen Zusammensetzung ab. Bei nur gering durchgetretenem Gaspedal (bei »Teillast«) ist das Gemisch in den Brennräumen weniger zündfähig; es verbrennt daher langsamer. Auch hier muß früher gezündet werden.

Zündverstellung in Richtung »spät«

Andere Situationen erfordern es, den Zündzeitpunkt in Richtung »spät« zu verschieben. Die Zündung erfolgt dann erst, wenn der Kolben den OT längst passiert hat. Es wird also fast in den Aufpufftakt hinein gezündet, was die Abgaszusammensetzung verbessert, die Motorleistung aber verschlechtert. Demzufolge ist Spätzündung genau richtig, wenn der Motor ohne Last im Schiebebetrieb (z.B. bergab ohne Gas) läuft.

Verschiedene Zündsysteme

Im Opel Omega kommen drei verschiedene Zündsysteme zum Einsatz:
○ Die vollelektronische Zündung EZ 61. Sie arbeitet in den Motoren 18 NV, 18 SV und 18 SEH. Das Zündsystem besitzt ein eigenes Steuergerät für die Zündverstellung und ein an der Zündspule angebautes Schaltgerät.
○ In Verbindung mit dem E 18 NVR-Motor wird eine Motorsteuerung namens Ecotronic eingebaut. Die Ecotronic hat ein einziges Steuergerät – zuständig für Zündung und Gemischaufbereitung.
○ Die 2,0-Liter- und 2,4-Liter-Motoren besitzen die sogenannte Motronic. Auch hier sind das Zündungs-Steuergerät und das Einspritzungs-Steuergerät in einem Gehäuse untergebracht.
So unterschiedlich die Zündanlagen erscheinen mögen, sie haben doch viele Gemeinsamkeiten. So ist beispielsweise der Hochspannungsteil – dort wird der Zündfunke erzeugt – bei allen Anlagen nahezu identisch.

So entsteht der Zündfunke

Funktion der Zündspule

Zur Zündanlage gehört die Zündspule, die für die notwendige Hochspannung sorgt, und der Verteiler, der diese Hochspannung reihum auf die Zündkerzen verteilt.
○ Das Grundprinzip der Zündung besteht darin, daß zunächst der Batteriestrom durch die Primärwicklung der Zündspule fließt.
○ Diese Wicklung besteht aus wenigen Windungen eines dicken Drahtes. Unter der Wirkung des Stromes baut sich um den Eisenkern in der Zündspule ein kräftiges Magnetfeld auf – unsere Zündenergie.
○ Nähert sich der Kolben in seinem Zylinder dem Punkt, da die angesaugte und verdichtete Ladung gezündet werden soll – dem Zündzeitpunkt –, wird der Strom zur Zündspule unterbrochen. Das geschieht im Zündungs-Schaltgerät bzw. im Steuergerät.
○ Mit dem Ausschalten des Stromes bricht das Magnetfeld in der Zündspule zusammen. Dabei passiert folgendes: In der Sekundärwicklung aus sehr vielen Windungen eines dünnen Drahtes entsteht ein Hochspannungs-Stromstoß von einigen zigtausend Volt.
○ Diese Zündspannung wird über den Verteiler derjenigen Zündkerze zugeleitet, die in der Zündfolge des Motors gerade an der Reihe ist. Das Gemisch wird entzündet, der Motor dreht weiter. Der Stromkreis wird wieder geschlossen, und das Spiel läuft von neuem ab.

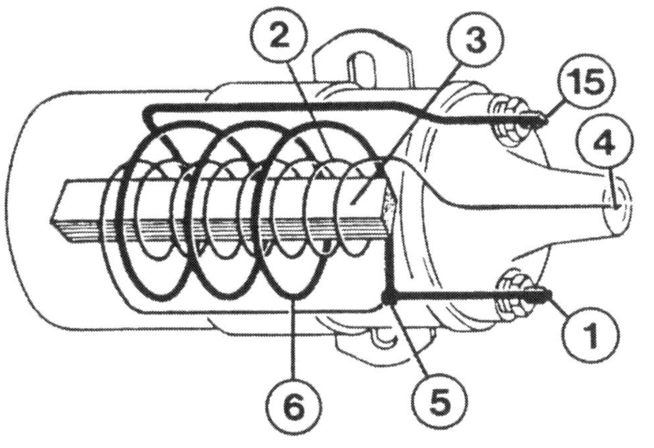

Diese schematische Darstellung der Zündanlage zeigt deren Verbindung zum Zündschloß über Klemme 15, den Kontakt zum Zündverteiler über Klemme 1, den Hochspannungsanschluß Klemme 4 sowie außerdem:
2 – Sekundärwicklung;
3 – lamellierter Eisenkern;
5 – gemeinsamer Wicklungsanschluß;
6 – Primärwicklung.

Funktion der Zündung

○ Damit der Zündfunke entstehen kann, muß der Stromfluß zur Zündspule eingeschaltet bzw. unterbrochen werden (siehe Funktion der Zündspule). Diese Aufgabe erledigt das Zündungs-Schaltgerät. Dies ist, wie schon erwähnt, bei Fahrzeugen mit vollelektronischer Zündung an der Zündspule angebracht. Bei Fahrzeugen mit Ecotronic oder Motronic ist das Schaltteil im Steuergerät integriert.
○ Um den Strom rechtzeitig an- und auszuschalten, wird außerdem ein Impulsgeber benötigt, der den Schaltbefehl in Abhängigkeit der Kurbelwellenstellung gibt. Diese Aufgabe übernimmt ein induktiver Impulsgeber an der Vorderseite des Motors (Arbeitsweise siehe unten).
○ Die automatische Zündverstellung wird vom Steuergerät geregelt und dies in Abhängigkeit von der Motordrehzahl und Motorbelastung.

Was geschieht im Steuergerät?

Der Kopf der Zündanlage

Das Steuergerät ist es, das den jeweils richtigen Moment des Zündzeitpunkts bestimmt. Dies geschieht nach vorprogrammierten Werten, die im Steuergerät als sogenanntes Zündungskennfeld gespeichert sind. Damit fallen dem Steuergerät folgende Funktionen zu:
○ Die Zündverstellung, die wir schon angesprochen haben: Gespeist mit Informationen über Drehzahl und Last errechnet der Mikrocomputer anhand des Zündkennfeldes die nötigen Verstellwerte, die das Schaltgerät in die Tat umsetzt.
○ Dazu stehen noch einige Korrekturprogramme zur Verfügung, die zur Berechnung des Zündzeitpunkts herangezogen werden. Dies geschieht unter verschiedenen Motorzuständen, wie z. B. Motorstart, Kaltlauf, Leerlauf, Schubbetrieb und einiges mehr.
○ Nicht zuletzt findet ein Datenaustausch mit der Einspritzung bzw. mit der elektronischen Vergasersteuerung (Ecotronic, L3-Jetronic, Motronic) statt. Auch deshalb, weil einige Geber am Motor doppelt genutzt werden.

Der induktive Impulsgeber

Der Impulsgeber sitzt beim 1,8- und 2,0-Liter vorn links im Motorblock, gleich hinter der Kurbelwellen-Riemenscheibe. Beim 2,4-Liter-Omega sitzt der Geber unten am Ölpumpengehäuse.
Im Geber ist eine Spule und ein Magnet untergebracht. Das Gegenstück bildet eine mit Metallzähnen besetzte Geberscheibe. Jedesmal, wenn ein Zahn der Scheibe unter dem Impulsgeber vorbeiläuft, ändert sich das Magnetfeld des Dauermagneten, und in der Spule wird Spannung erzeugt. In ähnlicher Weise funktioniert auch ein Fahrraddynamo. Über die Anzahl der Spannungsimpulse errechnet das Steuergerät die Drehzahl der Kurbelwelle.
Zur Bestimmung des Zündzeitpunkts benötigt das Steuergerät die Information über die Stellung der Kurbelwelle. Hierzu wurden am Umfang der Geberscheibe 2 Zähne ausgelassen. Durchläuft die »Zahnlücke« auf der Scheibe den Meßbereich des Impulsgebers, liefert dieser für einen kurzen Moment keine Spannungsimpulse. Mit dem kurzen Ausbleiben der Spannungsimpulse ist das Steuergerät über die Position der Kurbelwelle informiert.

Vorsicht beim Umgang mit der Zündung

Im Motorraum des Opel warnt ein Aufkleber vor den **hohen Spannungen** der Zündanlage, und das nicht ohne

In der linken Zeichnung ist das Zündkennfeld einer herkömmlichen Transistor-Zündanlage dargestellt. Rechts erkennen Sie, daß das Kennfeld wesentlich stärker ausgeformt ist (Motronic). D.h. der Zündzeitpunkt ist viel genauer auf den jeweiligen Betriebszustand angepaßt.

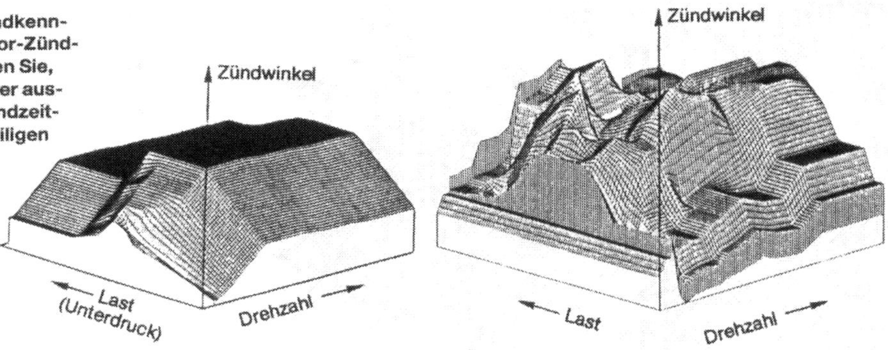

Grund: Schon in der dünnen Steuerleitung zur Zündspule können Spannungen bis zu 100 Volt mit hoher Stromstärke auftreten, ganz zu schweigen von der Zündspannung, die mit über 30000 Volt (aber geringer Stromstärke) gefährlich hoch ist.

Zwar hört man glücklicherweise nichts davon, daß Autobesitzer von ihrer Zündung ermordet wurden, doch kann das Berühren blanker Kontakte unter ungünstigen Umständen vor allem für Herzkranke und Träger eines Herzschrittmachers sehr gefährlich werden. Deshalb:

○ Sämtliche elektrische Leitungen – auch Anschlüsse von Prüfgeräten – nur bei **ausgeschalteter Zündung** berühren oder ab- bzw. anklemmen.

○ Soll der Motor vom Anlasser lediglich durchgedreht werden ohne anzuspringen, muß die Zündung lahmgelegt werden (siehe folgenden Abschnitt).

○ Zur Motorwäsche muß die Zündung ausgeschaltet sein.

○ Zur Starthilfe bei leerer Batterie mit einem Schnellader darf dieser höchstens eine Minute lang angeschlossen sein und die Spannung nicht mehr als 16,5 V betragen.

○ An Klemme 1/– der Zündspule keinen Entstörkondensator anschließen.

○ Ebenso darf Klemme 1/– etwa beim nachträglichen Einbau einer Alarmanlage – nicht mit stromführenden oder Massekabeln verbunden werden.

○ Zündverteilerläufer nicht gegen einen beliebigen austauschen, er muß einen Widerstand von 1 Ω haben. Zur Entstörung keinen 5 Ω-Läufer verwenden!

○ In jeder Zündleitung muß der Entstörwiderstand mindestens 4 Ω betragen. Der Verteilerläufer mit 1 Ω ist mit eingerechnet.

○ Zum elektrischen Schweißen am Fahrzeug müssen die Kabel an der Batterie abgeklemmt werden.

Arbeiten an der Zündanlage

Zündung lahmlegen

Ist ein Zündkabel oder gar das Hauptzündkabel abgezogen, darf der Motor keinesfalls mit dem Anlasser durchgedreht werden. Denn so kann die Zündenergie nicht abgeleitet werden, und das Steuergerät bzw. das Schaltgerät sowie die Zündspule können Schaden nehmen. Deshalb bei **ausgeschalteter Zündung:**

Hier gut zu sehen: Der induktive Impulsgeber (1) und die Geberscheibe (2) eines 2,4-Liter-Motors.

Zündung lahmlegen zu bestimmten Arbeiten am Motor: Das Hauptzündkabel ist vom Verteiler abgezogen und mittels Starthilfekabel leitend mit Masse (hier die Befestigungsschraube des Ventildeckels) verbunden.

- Hauptzündkabel aus dem Verteiler herausziehen.
- An der Klemme des Hauptzündkabels die Polzange eines Starthilfekabels anklemmen.
- Andere Polzange des Starthilfekabels fest am Motorblock (»Masse«) anklemmen.

Störungssuche an der Zündung

Wer einem Fehler in der Zündung auf die Spur kommen will, muß ganz systematisch vorgehen:

○ Ob überhaupt ein Zündfunke erzeugt wird, klärt man mit einer einfachen Zündspannungs-Prüfung (siehe folgenden Abschnitt).

○ Eine genaue Sichtprüfung der Zündanlage deckt die häufigsten Fehlerursachen (Kabel, Stecker, Spannungsüberschläge) auf.

○ Erst jetzt Bauteile der Zündanlage durchprüfen.

Ist Zündspannung vorhanden?

Gleich zu Anfang prüfen wir, ob die Zündanlage überhaupt Zündfunken zustandebringt:

- Eines der Zündkabel an der Zündkerze abziehen, Kerze herausschrauben.
- Zündkabel wieder auf die Kerze stecken und diese so auf dem Motorblock befestigen, daß sie sicheren Massekontakt hat und von der Motorbewegung nicht abgeschüttelt werden kann. Das erreicht man z. B., wenn man das Gewindeteil der Kerze mittels der Klemme eines Starthilfekabels leitend mit dem Motor verbindet.
- Motor von Helfer mit dem Anlasser durchdrehen lassen.
- Springen kräftige Funken an der Kerzenelektrode über, ist Zündstrom vorhanden und damit die Zündanlage aller Wahrscheinlichkeit nach in Ordnung. Dennoch können Fehler vorhanden sein, die auf diese Weise nicht zu erkennen sind: ein defekter Geber oder falsches Ausrechnen des Zündzeitpunkts durch das Steuergerät.
- Funkt nichts, versuchen Sie es mit der Kerze eines anderen Zylinders. Springen immer noch keine Funken über, muß nach folgender Anleitung weiter geprüft werden.

Sichtprüfung der Zündanlage

○ Sitzen alle Kabelanschlüsse und Steckkontakte an Zündspule, Steuer- bzw. Schaltgerät und am Verteiler fest?

○ Ist in dem Mehrfachstecker am Steuer- bzw. Schaltgerät eventuell ein einzelner Steckkontakt zurückgerutscht?

○ Ist an der Zündspule Vergußmasse herausgedrückt worden? Dann ist sie wahrscheinlich defekt (Prüfen siehe Text auf der gegenüberliegenden Seite).

○ Zeigen sich am Zündspulengehäuse Risse oder Brandspuren von überschlagenden Funken?

○ Kontrollieren Sie zusätzlich die Haupt- oder Zündkerzenkabel auf festen Sitz und Schäden an der Isolation. Die modernen Zündanlagen sind durch ihre hohen Zündspannungen besonders empfindlich gegen Funkenüberschläge und Kriechströme.

○ Zeigt die Verteilerkappe Schäden (Seite 199)? Vor allem die Innenseite beachten!

○ Sind alle Teile der Zündanlage sauber und trocken? Feuchter Schmutz begünstigt Spannungsüberschläge.

Fingerzeig: Beachten Sie bei den folgenden Messungen, daß Meß- und Prüfgeräte nur bei ausgeschalteter Zündung an- und abgeklemmt werden dürfen.

Stromversorgung der Zündanlage in Ordnung?

Neben einem Totalausfall der Zündanlage durch fehlende Spannung kann auch zu geringe Versorgungsspannung erhebliche Störungen bewirken! Deshalb sollten Sie mit einem Voltmeter prüfen.

- Voraussetzung ist eine geladene Batterie.
- Meßgerät zwischen Klemme 15 der Zündspule und Masse anschließen.
- Zündung einschalten.
- 11,5 Volt müssen dort mindestens abzulesen sein.
- Messen Sie gar keine Spannung oder eine zu geringe, liegt der Fehler im Kabelweg zum Zündschloß (Seite 230).

Fehlerquellen

○ Zündschloß defekt.

○ Unterbrechung in der Zuleitung Zündschloß/Zündspule bzw. Steuer- oder Schaltgerät. Kabelverlauf und Stecker anhand der Stromlaufpläne kontrollieren.

Zündspule defekt

- Die **Sichtprüfung** an der Zündspule wurde bereits durchgeführt.
- Zur **Widerstandsprüfung** alle Leitungen an der Zündspule bei ausgeschalteter Zündung abnehmen.
- Wir messen die Primär- und Sekundärwicklung der Zündspule.
- Mit einem genauen Ohmmeter zwischen den Spulenklemmen 1/– und 15/+ messen.
- Sollwert bei allen Fahrzeugen: **0,7 Ω**. Geringe Abweichungen von 0,1 Ω werden toleriert.
- Nächste Messung zwischen den Klemmen 1/– und 4 (Steckerbuchse des dicken Hauptzündkabel): Hier müssen **7,7 kΩ** abzulesen sein. Mehr als ±0,7 kΩ sollte Ihr gemessener Wert nicht abweichen. Sonst Zündspule ersetzen.
- Mit diesen Messungen läßt sich ein Kurzschluß zwischen den Wicklungen nicht erkennen. Fällt also der Verdacht trotz guter Meßergebnisse auf die Zündspule, sollten Sie die ausgebaute Spule bei einer Autoelektrik-Werkstatt durchprüfen lassen.

Impulsgeber prüfen

Der Impulsgeber sitzt beim 2,4-Liter-Omega unten am Ölpumpengehäuse.

Bei allen übrigen Motoren befindet sich der Geber links im Motorblock hinter der Kurbelwellen-Riemenscheibe. Seine Kabelsteckverbindung ist zur Seite nach oben geführt, so daß eine Widerstandsmessung nicht unter dem Wagen vorgenommen werden muß.

- Verlegung des Kabels vom Geber zum Kabelbaum verfolgen, Steckverbindungen und Kabel prüfen.
- Wicklungswiderstand im Impulsgeber messen: Kabelstecker im Motorraum je nach Ausführung am Heizungsschlauch bzw. am Zylinderkopf trennen.
- Meßgerät am Kabel zum Geber anschließen.
- Das Meßgerät soll **0,5–0,8 kΩ** anzeigen.
- Wird der Sollwert nicht erreicht, Impulsgeber ersetzen.
- Ist der Widerstandswert in Ordnung, Impulsgeber vom Motorblock bzw. vom Ölpumpengehäuse losschrauben.
- Stirnseite des Impulsgebers reinigen. Schmutz oder Fett an dieser Stelle stört die Funktion.

Die Zündspule (2) vom Hersteller Bosch. Die weiteren Bezeichnungen bedeuten:
1 – Anschluß Klemme 1;
3 – Hauptzündkabel Klemme 4;
4 – Anschluß Klemme 15.

● Luftspalt zwischen Geber/Zahnkranz mit einem Tiefenmaß kontrollieren.
● Der Abstand soll **0,2–1,3 mm** betragen.
● Die Werkstatt hat zusätzlich noch die Möglichkeit, den Spannungsverlauf des Gebers an einem Bildschirm zu betrachten.

Steuergerät selbst prüfen?

Beim Prüfen des Steuergeräts endet die Kunst des Selbsthelfers. Die Gefahr, beim Messen am Anschlußstekker durch eine Verwechslung Schaden anzurichten, ist zu groß. Und ein neues Steuergerät ist nicht eben billig. Die Wahrscheinlichkeit, daß bei Versagen der Zündung das Steuergerät defekt ist, kann ohnehin als gering eingestuft werden.
Meist liegt der Fehler an anderen Teilen der Zündung. Schäden an Kabeln oder lose Stecker lassen sich bei einer Sichtprüfung finden. Bliebe also noch die Kontrolle der Zündspule, des induktiven Impulsgebers oder des Hochspannungsteils. Läßt sich da nach den beschriebenen Prüfungen nichts finden, ist der Wagen in der Opel- oder Bosch-Werkstatt am besten aufgehoben.
Fehler an der Zündanlage werden dort mit geeignetem Werkstattgerät wesentlich schneller gefunden, als es dem Heimwerker möglich ist.

Der Zündverteiler

Unser Omega besitzt einen Hochspannungsverteiler, der keinerlei Zusatzfunktionen hat, wie z. B. die Zündverstellung bei einer herkömmlichen Transistorzündung. Einzige Aufgabe des Verteilers ist es, die Zündfunken in der richtigen Reihenfolge zu verteilen.
Bei den 1,8- und 2,0-Liter-Motoren sitzt der Verteiler hinten an der Stirnseite des Motors. Der Verteilerfinger ist in Verlängerung direkt auf die Nockenwelle aufgeschraubt.
Beim 2,4-Liter-Motor befindet sich der Verteiler vorn links am Motor. Die Verteilerwelle wird über eine Wellenverlängerung von einem an der Kurbelwelle angeschraubten Zahnrad angetrieben.

Verteiler öffnen

● **1,8- und 2,0-Liter:** Wo nötig, Kunststoffabdekkung von der Spritzwand abziehen.
● Zündkabel aus der hinteren Halterung am Ventildeckel ziehen.
● TORX-Schrauben lösen und Verteilerdeckel abnehmen.
● Staubschutzdeckel abnehmen und Verteilerfinger losschrauben.
● **2,4-Liter:** Beide Blechhalteklammern des Deckels abdrücken.
● Verteilerdeckel abnehmen, die Zündkabel bleiben aufgesteckt.
● Verteilerfinger abziehen, darunterliegenden Staubschutzdeckel abnehmen.
● Beim Einbau den Staubschutzdeckel so auflegen, daß seine Haltenase in die Aussparung im Verteilergehäuserand zu liegen kommt.
● Der Verteilerfinger besitzt eine angegossene Erhebung, die in die Aussparung in der Verteilerwelle einrastet.
● Auch der Verteilerdeckel besitzt als Verdrehsicherung eine angegossene Nase, die in den Einschnitt im Verteilergehäuse einrasten muß.

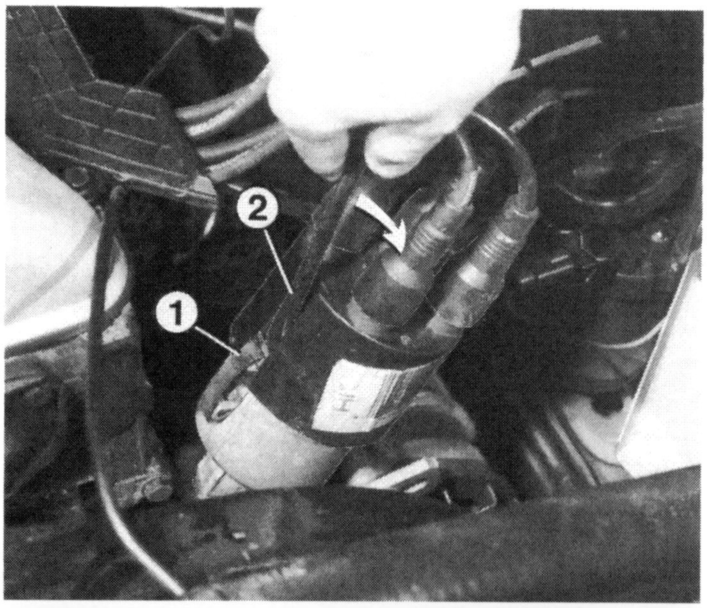

Am 2,4-Liter-Motor: Mit einem Schraubendreher (2) wird hier eine der beiden Haltespangen (1) des Verteilerdeckels abgedrückt.

Verteiler des 2,4-Liter-Motors: Der Zündfolge nach werden die Zündkabel des Verteilers mit den Zündkerzen verbunden. Die Zahlen zeigen, zu welchem Zylinder das betreffende Kabel geführt werden muß (Zählweise vorn am Motor beginnend).

Zündverteiler kontrollieren

- Verteilerkappe abnehmen. Sie muß innen und außen sauber sein, damit keine Strombrücke über Schmutz, Abrieb oder Feuchtigkeit den Zündstrom ableitet.
- Abbrand an den Kontaktstiften des Verteilerdeckels und an der Kontaktplatte am Verteilerfinger abkratzen, sonst kann es zu Startschwierigkeiten kommen.
- Sind die Kontaktflächen schon stark verschmort, Verteilerdeckel und -finger ersetzen.
- Die Kontaktkohle in der Mitte muß glatt und glänzend sein, sich leicht einfedern lassen und ohne zu klemmen wieder zurückfedern.
- Bleistiftartige Striche im Verteilerdeckel sind Brandspuren von Kriechströmen, die sich über Schmutz oder Feuchtigkeit einen Weg gebahnt und eingebrannt haben.
- Behelfsmäßige Abhilfe schafft hier Auskratzen mit einem Schraubendreher oder Messer und Überstreichen mit Alleskleber, Nagellack oder im Notfall auch Lippenstift.

Zündverteiler ausbauen

nur 2,4-Liter

- Verteilerdeckel abnehmen.
- Verteilerfinger und Staubschutzdeckel ausbauen. Verteilerfinger wieder aufstecken.
- Kurbelwelle auf OT Zündzeitpunkt Zylinder 1 stellen (Seite 34).
- Befestigungsschraube der Halteklammer unten am Verteilerfuß herausdrehen, Klammer abnehmen.
- Verteiler aus dem Steuergehäuse herausziehen.
- Vor dem Einbau Verteilerfinger von der Pfeilmarkierung am Gehäuserand ausgehend ca. 30° entgegen der Betriebsdrehrichtung verdrehen.
- Verteiler in der genannten Stellung in das Steuergehäuse einsetzen. Beim Einschieben leicht am Ver-

Der geöffnete Verteiler. Es bedeuten:
1 – Verteilerfinger;
2 – Verteilerdeckel;
3 – Staubschutzdeckel.

Vor dem Einbau des Verteilers Verteilerwelle so verdrehen, daß die Kontaktzunge des Verteilerfingers von der Kerbmarkierung (Pfeil) ausgehend ca. 30° entgegen der Betriebsdrehrichtung steht. Verteiler nun, wie im Foto gezeigt, in das Steuergehäuse einsetzen.

teilerfinger hin- und herwackeln, damit die Welle besser in die Verzahnung rutscht.

● Ist der Verteiler bis zum Anschlag eingesetzt, muß sich der Verteilerfinger so weit gedreht haben, daß seine Kontaktzunge der Kerbmarkierung am Verteilergehäuserand gegenübersteht.

● Stimmt die Stellung des Verteilerfingers nicht, Einbau wiederholen und Finger entsprechend drehen.

● Halteklammer handfest anschrauben.

● Staubschutzdeckel und Verteilerdeckel montieren.

Zündzeitpunkt kontrollieren

Die Kontrolle des Zündzeitpunkts ist bei modernen Zündanlagen, wie sie im Omega eingebaut sind, zu einem überflüssigen Wartungspunkt geworden.

○ Die Zündanlage des 2,4-Liter-Omega hat an Verschleißteilen lediglich den Verteilerantrieb vorzuweisen. Dort geht jedoch die Abnutzung so langsam vor sich, daß sie in der Praxis kaum ins Gewicht fällt.

○ An den Zündanlagen der 1,8- und 2,0-Liter-Motoren kann sich beim besten Willen nichts verstellen. Der Verteiler wird direkt von der Nockenwelle angetrieben und läßt sich auch nicht verdrehen. Der Impulsgeber sitzt wie auch beim 2,4-Liter-Omega rüttelsicher in der Aufnahme am Motor, und am Zackenrad hinter der Kurbelwellen-Riemenscheibe kann sich ebenfalls nichts verändern.

○ Fazit: Der Zündzeitpunkt braucht nur bei Störungen (von der Werkstatt) geprüft zu werden, denn verstellen läßt sich ohnehin nichts.

Hochspannungsteil

Zur Hochspannungsseite der Zündanlage gehören neben Zündspule und Verteiler – von ihnen war bereits die Rede – die Kerzenstecker, Zündkabel und natürlich die Zündkerzen.

Die Zündkabel

Die Verbindungskabel vom Verteiler zu den Zündkerzen bereiten normalerweise keine Probleme. Sie müssen mit ihrem Entstörstecker (zur Radio-Entstörung) fest in die Buchsen des Verteilerdeckels eingesteckt sein.

Zündkabel prüfen

● Kontrollieren Sie, ob die Kabel fest in die Buchsen des Verteilerdeckels eingesteckt sind. Sie können sich durch Erwärmung der eingeschlossenen Luft etwas herausheben und so Motorstottern verursachen.

● Die Messingklemmen dürfen nicht oxidiert sein, und sie müssen guten Kontakt zu den Kerzensteckern haben.

● Wenn der Zündfunke schon vor der Zündkerze zur Masse überspringt, hören Sie das an Knack- oder Knattergeräuschen im Motorraum.

● Nachts sehen Sie die Funken deutlich springen. Ursache kann eine Streusalzschicht auf den Kabeln sein, oder das Kabel ist irgendwo durchgescheuert.

● Zündkabel mit Scheuer- oder Schmorstellen sollten Sie umgehend ersetzen.

● Achten Sie auch darauf, daß die Schutzrohre auf den Zündkabeln einwandfrei sitzen und die Kabel nicht am Rohrende scheuern.

Zündkabel auswechseln

- Kaufen Sie Kupferlitzen-Zündkabel als Meterware im Autozubehörgeschäft.
- Auf die Kabelenden zum Verteiler hin müssen Messingklemmen in die Kupferlitze eingedreht werden.
- Die Entstör- und Kerzenstecker müssen auf gleiche Weise eingedreht werden.

Die Zündfolge

Für ausgewogenen Motorlauf werden die Zylinder nicht etwa in der Folge 1–2–3–4 gezündet, sondern gewissermaßen durcheinander. Entsprechend der Zündfolge sind die Zündkabel im Verteilerdeckel eingesteckt.

○ Wenn beim 2,4-Liter-Motor der Verteilerfinger bei abgenommenem Verteilerdeckel auf die Kerbe am Gehäuserand zeigt (Bild unten), steht Zylinder 1 (der vorn am Steuerkettenrad) auf Zündzeitpunkt. Die Zündfolge lautet 1–3–4–2, der Verteilerfinger ist durch die Umlenkung des Verteilerantriebs (Zahnräderpaar) rechtsdrehend.

○ Bei den 1,8- und 2,0-Liter-Motoren ist die Zündfolge ebenfalls 1–3–4–2. Bei Reparaturarbeiten sind keine Verwechslungen beim Einstecken der Zündkabel möglich. Es wird stur nach der Numerierung auf dem Verteilerdeckel vorgegangen. Die Zahlen stehen für die Zylinder (Zählweise von vorn nach hinten), zu denen die Kabel führen. Keine Bezeichnung hat das Kabel zur Zündspule.
Durch den direkten Antrieb des Verteilers über die Nockenwelle ist der Verteilerfinger linksdrehend.

Zündkerzen kontrollieren

Wartung Nr. 41

Opel schreibt alle 30000 km eine Zustandskontrolle der Zündkerzen vor. Sie selbst können je nach Aussehen der Kerzen über deren Schicksal entscheiden: Wenn sie nach einer Überlandfahrt die richtige Färbung aufweisen (nach einer kurzen Stadtfahrt sind die Kerzen meist etwas rußig) und wenn die Elektroden noch nicht rundgebrannt sind, besteht kein Grund, sie auszuwechseln. Lesen Sie im übernächsten Abschnitt, wie das »Kerzengesicht« aussehen muß. Von Hand sollten Sie die Zündkerzen möglichst nicht reinigen. Das schadet der Isolierschicht der Zündkerzen-Mittelelektrode (Speckstein).
Nur eine wirklich sinnvolle Tätigkeit können Sie an der Kerze ausüben: Das Einstellen des Elektrodenabstands.

Zündkerzen ausbauen

- Zündkerzenstecker fassen und von den Stiften der Kerzen ziehen. Nicht an den Zündkabeln zerren.
- Zündkerzen mit dem Kerzenschlüssel herausdrehen und in der Reihenfolge der Zylinder ablegen.
- Sitzen die Kerzen sehr fest, keine Gewalt anwenden, sonst kann das Kerzengewinde im Leichtmetallkopf ausreißen.
- Motor heißfahren und jetzt die Kerzen herausdrehen. Vorsicht, daß Sie sich die Hände nirgends verbrennen.
- Beim Einbau keine kalten Kerzen in den warmen Motor fest eindrehen, sie sitzen später wie eingenietet fest.
- Zündkerzen sollen mit 20 Nm festgezogen werden. Wenn kein Drehmomentschlüssel zur Hand ist:
- Kerze eindrehen, bis der Dichtring anliegt – sie läßt sich dann von Hand oder mit dem Kerzenschlüssel ohne Kraftanstrengung nicht mehr weiterdrehen.
- Eine **neue Kerze** jetzt mit dem Kerzenschlüssel **eine knappe Viertelumdrehung** (= 90°) weiter anziehen, das genügt.
- Eine **gebrauchte Kerze**, deren Dichtring bereits plattgedrückt ist, darf nur um **etwa 15°** angedreht werden.

Wenn beim 2,4-Liter-Motor die Kontaktzunge des Verteilerfingers auf die Kerbmarkierung am Gehäuserand des Verteilers zeigt, steht Zylinder 1 (der vordere) auf Zündzeitpunkt.

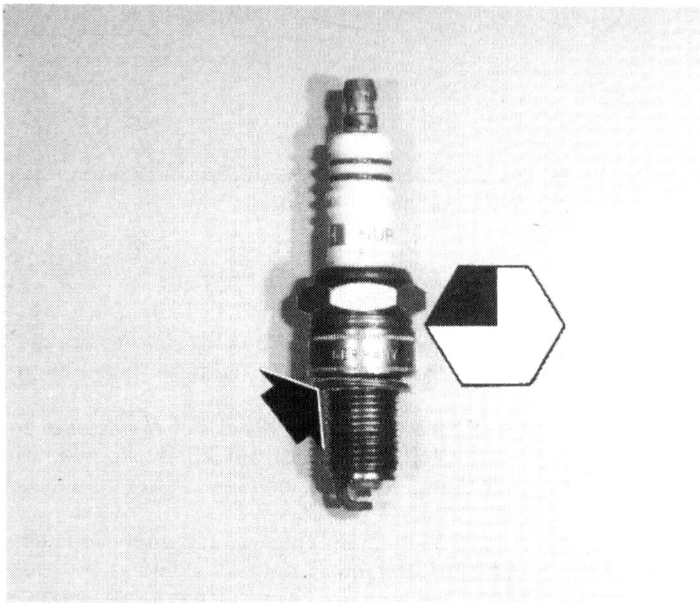

Zündkerzen sollen mit 20 Nm festgezogen werden. Wenn kein Drehmomentschlüssel zur Hand ist: Kerze eindrehen, bis der Dichtring anliegt – sie läßt sich dann von Hand oder mit dem Kerzenschlüssel ohne Kraftanstrengung nicht mehr weiterdrehen. Jetzt mit dem Kerzenschlüssel bei neuen Kerzen eine knappe Vierteldrehung weiter anziehen. Bei gebrauchten Kerzen wird der Kerzenschlüssel nur etwa 15° weitergedreht, das genügt.

Fingerzeig: Zum Gangbarmachen der Zündkerzengewinde können Sie etwas Graphit von einem weichen Bleistift auf die Gewindegänge schaben oder das auf Seite 264 erwähnte Kupferfett sparsam aufstreichen. Öl oder normales Fett läßt die Zündkerze im Gewinde des Zylinderkopfes festbacken. Ein defektes Kerzengewinde ist noch längst kein Beinbruch! Die Werkstatt setzt in diesem Fall eine spezielle Gewindebüchse (z.B. einen Heli-Coil-Einsatz) ein.

Das »Zündkerzengesicht«

Die Zündkerzen sind gewissermaßen Augenzeugen der Verbrennung im Motor. Das Aussehen der Kerzenspitze (das »Kerzengesicht«) läßt erkennen, ob der Motor optimal arbeitet. Vorher sollte der Omega auf der Landstraße oder Autobahn gründlich warmgefahren worden sein. Die Kontrolle nach Kurzstreckenverkehr kann zu Fehlschlüssen führen. Sehen Sie sich die Isolatorspitze mit der Mittelelektrode und die Seitenelektrode(n) an:

○ **Isolatorspitze hellgrau bis bräunlich gefärbt:** Gute Einstellung von Vergaser bzw. Einspritzanlage, der Motor läuft wirtschaftlich.

○ **Starke Ablagerungen:** Ursachen können Zusätze im Motoröl oder Kraftstoff sein oder erhöhter Ölverbrauch. Evtl. Öl- bzw. Kraftstoffmarke wechseln.

○ **Schwarze rußartige Ablagerungen:** Zündkerze erreicht durch häufigen Kurzstreckenverkehr ihre Selbstreinigungs-Temperatur nicht, falscher Wärmewert, CO-Gehalt zu hoch.

○ **Isolatorspitze weißlich gefärbt:** Zündzeitpunkt zu stark in Richtung »früh« eingestellt, Zündzeitpunktverstellung funktioniert nicht, CO- Gehalt zu niedrig.

○ **Schmelzerscheinungen an Mittel- und Seitenelektrode:** Glühzündungen durch Ablagerungen im Verbrennungsraum, überhitzte Ventile, falschen Zündzeitpunkt, defekte Zündzeitpunktverstellung oder Hitzestau durch mangelhafte Kühlung.

○ **Bruch der Isolatorspitze,** im Anfangsstadium als Haarrisse erkennbar: Klopfende Verbrennung durch minderwertigen Kraftstoff, falsche Zündeinstellung, schadhafte Zündzeitpunktverstellung, ungenügende Motorkühlung oder Gemischabmagerung durch Nebenluft.

○ **Gelblich glänzende Schicht auf der Isolatorspitze:** Benzin- und Motorölzusätze haben Ablagerungen gebildet, die sich bei abrupter voller Belastung des Motors verflüssigt haben und elektrisch leitfähig wurden – als Folge Zündaussetzer. Nach wochenlangem Kurzstreckenverkehr sollten Sie den Motor nicht sofort voll belasten.

○ **Ölschicht über Elektroden und Innenraum der Kerze:** Kolbenringe, Ventilführungen oder Ventilschaftabdichtungen schadhaft.

○ Zeigt das Zündkerzengesicht keine Besonderheiten, aber leidet der Motor unter Startunwilligkeit oder Ruckeln, kann es dennoch an den Kerzen liegen.

Unsichtbare Risse im Keramikisolator können beim Kaltstart durch kondensierenden Kraftstoff gefüllt werden, wodurch der Zündfunke abgeleitet wird. Auch unter Druck können Kerzen versagen, obwohl der Funke in ausgebautem Zustand überspringt.

Der Elektrodenabstand

Das Kraftstoff/Luft-Gemisch bzw. das verbrannte Altgas wirkt korrosiv auf die metallischen Zündkerzenelektroden. Und die hohe elektrische Spannung beim Funkenüberschlag sprengt kleine Metallpartikel ab, wodurch der Funkenspalt mit zunehmender Laufzeit der Zündkerzen vergrößert wird.

Bei zu großem Abstand wird eine höhere Zündspannung benötigt, und es kann zu Zündaussetzern kommen. Evtl. springt der Motor überhaupt nicht an. Deshalb sollten Sie den Elektrodenabstand rechtzeitig korrigieren. Zum Messen des Elektrodenabstands wird eine Fühlerblattlehre oder Zündkerzenlehre verwendet. Er soll

0,7–0,8 mm betragen. Wenn der Abstand nicht stimmt, biegt oder klopft man vorsichtig die Masse-Elektrode entsprechend zurecht.

Neue Zündkerzen kaufen

Wärmewert

Je nach Verdichtung und Leistungsausbeute entwickeln Benzinmotoren recht unterschiedliche Temperaturen in ihren Verbrennungsräumen. Darauf müssen die Zündkerzen abgestimmt sein. Diese Eigenschaft wird durch den sogenannten Wärmewert angegeben. Dessen Kennzahl (z.B. 6, 7 oder 8) besagt, wieviel Hitze die Zündkerze ertragen, d.h. ableiten kann, ohne selbst zu heiß zu werden. Leitet die Kerze zu viel Wärme ab, erreicht sie nicht ihre Selbstreinigungs-Temperatur. Die besagt, daß sich die heißen Zündkerzenelektroden selbst von Rußansatz freibrennen können.

Elektrodenform

Opel hat sich bei seinen Zündkerzenerprobungen für Kerzen mit »vorgezogener Stirnelektrode« entschieden. Die Mittelelektrode ragt aus dem Zündkerzenkörper heraus und wird außerdem noch von der Außenelektrode nach vorne überdeckt.

Zündkerzengewinde

Das Einschraubgewinde muß 19 mm lang sein, das ist die größte handelsübliche Gewindelänge, der Gewindedurchmesser beträgt 14 mm.
Die Brennräume im Motor sind so geformt, daß die Entzündung des Gemisches richtig eingeleitet wird. Sitz und Einschraubtiefe der Zündkerzen spielen dabei eine wichtige Rolle. Deshalb dürfen die Kerzen auch nicht etwa mit zwei Dichtringen eingesetzt werden.

Zündkerzen für den Omega

Motor	Zündkerzen		
	Bosch	Beru	AC
18 NV, 18 SV, 18 SEH, E 18 NVR, 20 SE	WR 6 DC	14 R–6 DU	CR 42 CXLS
C 20 NE	WR 7 DC WR 8 DC	14 R–7 DU 14 R–8 DU	–
C 24 NE	WR 7 BC	14 R–7 BU	–

Helle Nächte

Im Auto haben die Glühlampen eine wesentlich kürzere Lebensdauer als etwa im Haushalt. Daran sind nicht nur die ständigen Erschütterungen schuld, sondern auch die hohen Temperaturen in den kleinen Glaskolben. Diese große Hitze läßt das Glühwendelmaterial verdampfen. Der Metallnebel schlägt sich dann bei den herkömmlichen Glühbirnen innen auf dem Glas nieder. Bei Halogenlampen ist das anders: Durch die spezielle Gasfüllung dieser Birne kehren die verdampften Metallteilchen zur Glühwendel zurück und setzen sich in kristalliner Form nieder. Gealterte Halogenglühlampen erkennt man daher an einem gewissen Glitzereffekt am Glühfaden. Die Wendel wird hierdurch spröder und bricht besonders leicht ab, aber sie brennt bis zur letzten Leuchtstunde mit voller Kraft.

Beleuchtung kontrollieren

Ständige Kontrolle

Bei Fahrzeugen mit Check-Control wird das Brems-, Abblend-, und Rücklicht automatisch geprüft. Ein Großteil der Leuchten ist damit ständig überwacht. Trotzdem sollte man sich von Zeit zu Zeit vergewissern, ob auch wirklich die gesamte Außenbeleuchtung intakt ist:

- Zündung einschalten, Leuchten nacheinander einschalten und Funktion kontrollieren:
- Standlicht, Abblendlicht, evtl. eingebaute Nebelscheinwerfer, Fernlicht und Zusatzfernscheinwerfer.
- Blinker vorn rechts und links sowie Warnbllinker.
- Rücklichter und Kennzeichenleuchte und Nebelschlußleuchte.
- Blinker hinten rechts und links, Warnblinker, Rückfahrleuchten.
- Von Helfer Bremspedal treten lassen zur Kontrolle der Bremsleuchten.

Fingerzeig: Aufmerksame Fahrer kontrollieren die Beleuchtungsanlage praktisch bei jeder Nachtfahrt. Eine ausgefallene Scheinwerferglühlampe bemerkt man an dem schmalen »Lichtfinger« vor dem Wagen.
In einer Kolonne reflektiert die Stoßstange oder Lackierung des Vorderwagens oft das Licht der Scheinwerfer und Blinker. Vor einer hellen Wand oder in der Garage können Sie ebenfalls im Sitzen prüfen, ob jeweils zwei Lichtpunkte zu sehen sind und ob es beim Blinken orangefarben aufleuchtet. Zur Kontrolle der hinteren Leuchten beobachten Sie deren Reflexionen in einem anderen Wagen oder wieder an der hellen Wand.

Ersatzlampen

Ein schlecht beleuchtetes Auto kann teuer werden. Dabei brauchen Sie noch nicht einmal gleich an das Schlimmste, einen Unfall, denken. Unzulängliche Beleuchtung allein kann den Fahrer schon ein Verwarnungs- oder Bußgeld kosten.

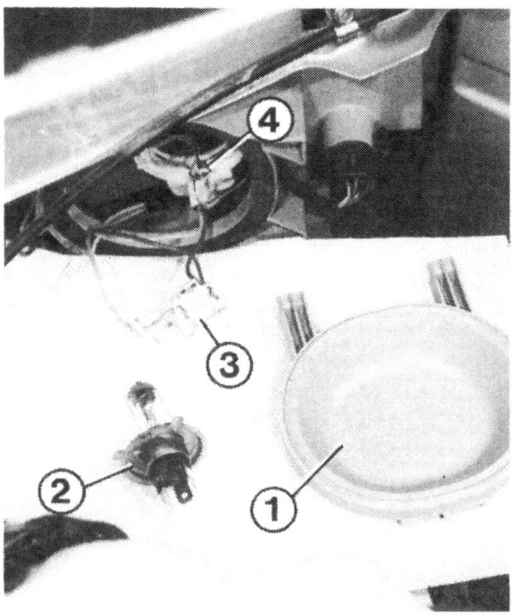

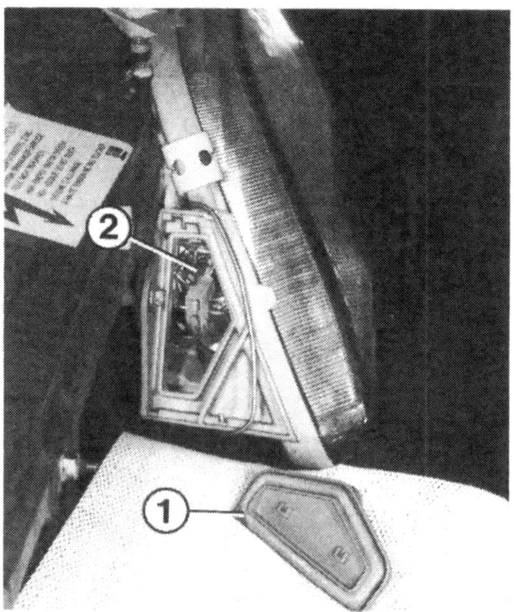

Links: Lampenwechsel am Hauptscheinwerfer. Es bedeuten:
1 – Scheinwerfer-Abdeckkappe;
2 – H4-Lampe.
3 – Anschlußstecker;
4 – Federbügel.
Rechts: Bei Fahrzeugen mit Zusatzscheinwerfern muß zum Lampenwechsel der Kühlergrill ausgebaut weden. Abdeckung (1) abnehmen, Federbügel aushaken und Glühlampe (2) herausnehmen.

Ein kleiner Vorrat der wichtigsten Ersatzlampen gibt Ihnen unterwegs die Möglichkeit, einen Lampendefekt sofort »ambulant« zu behandeln. Folgende Ersatzlampen passen für den Omega:

- ○ Halogen-Zweifadenlampe H4, 60/55 Watt, DIN-Form H4 (Hauptscheinwerfer)
- ○ Halogen-Einfadenlampe H3, 55 Watt, DIN-Form H3 (Nebelscheinwerfer)
- ○ Glassockellampe 5 Watt, DIN-Form W 10/5 (Standlicht)
- ○ Einfadenlampe (Tropfenform) 21 Watt, DIN-Form P 25/1 (Blinker vorn und hinten, Bremsleuchten, Rückfahrleuchten, Nebelschlußleuchte nur für Limousine)
- ○ Zweifaden-Kugellampe, 21/5 Watt, DIN-Form P 25/2 (Nebel- und Schlußlicht nur für Caravan)
- ○ Einfadenlampe (Kugelform) 10 Watt, DIN-Form R 19/10 (Schlußlicht und Kennzeichenleuchte nur für Limousine)
- ○ Einfadenlampe (Kugelform) 5 Watt, DIN-Form R 19/5 (Kennzeichenleuchte nur für Caravan)

Fingerzeig: Bevor Sie eine unwillige Glühbirne in den Mülleimer werfen, sollten Sie sie einmal genau ansehen. Vielleicht ist sie noch in Ordnung, kann aber mangels Stromversorgung (Steckkontakt, Kabel, Sicherung oder Lampenfassung lose oder oxidiert) nicht brennen.

Scheinwerferlampe auswechseln

Hauptscheinwerfer

Die Glühlampen in den Scheinwerfern werden vom Motorraum her ausgebaut. Zum Auswechseln einer Lampe sicherstellen, daß der betreffende Lichtschalter ausgeschaltet ist. Den Glaskolben der Glühbirne nicht mit der bloßen Hand berühren, sondern nur mit einem sauberen Lappen oder einem Papiertaschentuch anfassen.

- ● Drahtbügel der Scheinwerfer-Abdeckkappe umlegen und Kappe abnehmen.
- ● Dreifachstecker mit Kabel vom Lampensockel mit hebelnden Bewegungen abziehen.
- ● Federbügel der Lampenhalterung zusammendrücken und nach hinten klappen.
- ● Scheinwerferlampe aus dem Gehäuse herausnehmen.
- ● Neue Glühlampe so einsetzen, daß der Sockel genau in die Aussparung an der Lampenfassung paßt. Die Stecker-Kontaktzungen müssen ein nach unten offenes »U« bilden.
- ● Scheinwerfer-Abdeckkappe seitlich einhängen und Drahtbügel wieder umlegen.

Scheinwerfer ausbauen

- ● Kühlergrill ausbauen (Seite 246).
- ● Blinkleuchte ausbauen (Seite 209).
- ● Mehrfachstecker hinten am Scheinwerfergehäuse entriegeln und abziehen.
- ● Bei Fahrzeugen mit Leuchtweitenregulierung zusätzlichen Mehrfachstecker abziehen.
- ● Bei Fahrzeugen mit Scheinwerfer-Reinigungsanlage Stoßfänger auf der Seite des zu wechselnden Scheinwerfers lösen und ein Stück weit vorziehen.
- ● Vorn am Scheinwerfer die Befestigungsschrauben herausdrehen.
- ● Scheinwerfer unten aus dem Luftleitblech abziehen und herausnehmen.
- ● Wo vorhanden, Wischermotor vom Scheinwerfer losschrauben.

Scheinwerfer zerlegen

Wenn ein Scheinwerferglas beschädigt oder der Reflektor matt geworden ist, braucht nicht gleich der komplette Scheinwerfer ersetzt zu werden. Beide Teile können unter Angabe des Herstellers als Ersatzteil gekauft werden. Zum Einbau müssen Sie den ausgebauten Scheinwerfer zerlegen.

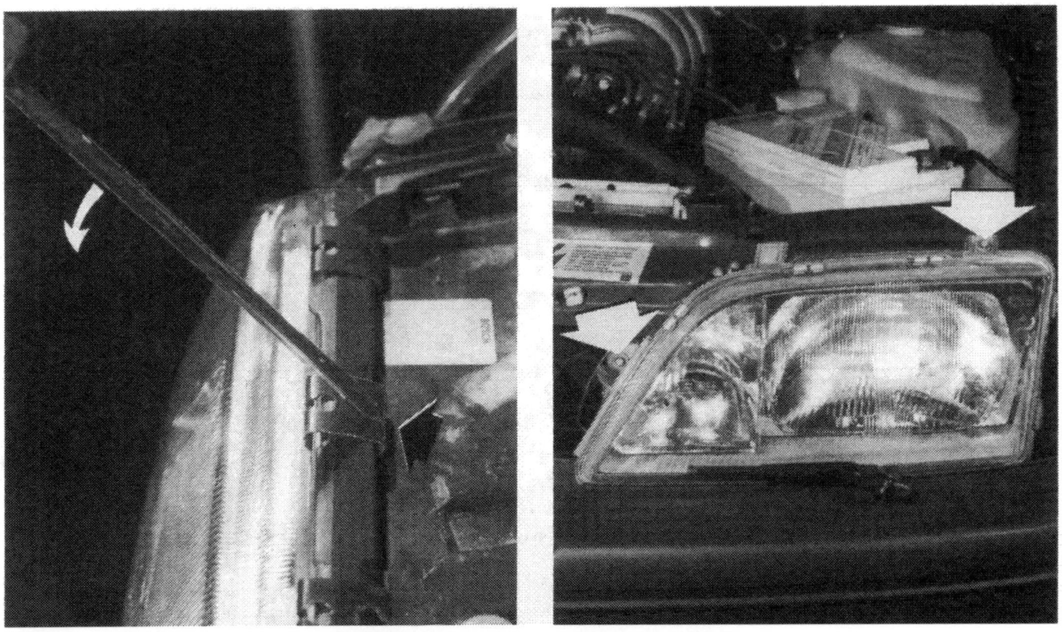

Links: Scheinwerfer zerlegen: Mit einem Schraubendreher bei ausgebautem Scheinwerfergehäuse rundum die Halteklammern loshebeln.
Rechts: Nach Abmontieren von Kühlergrill und Blinker kann das Scheinwerfergehäuse vom Frontblech losgeschraubt werden.

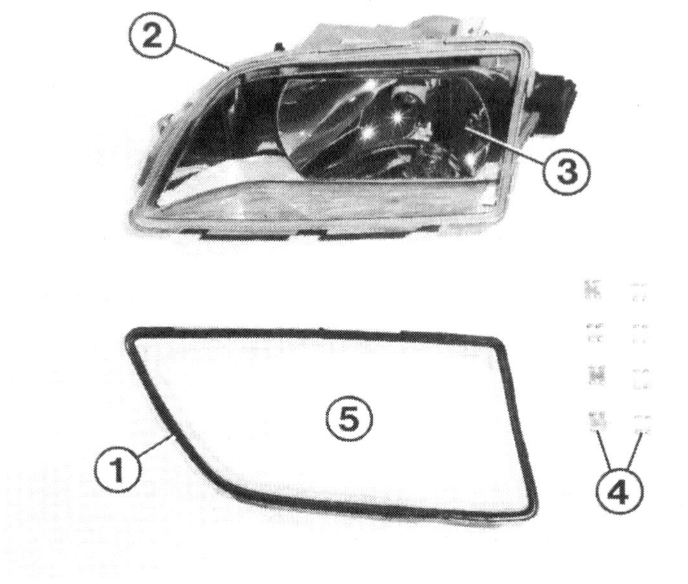

Die Teile des Scheinwerfers:
1 – Dichtung;
2 – Scheinwerfergehäuse;
3 – Reflektor;
4 – Halteklammern;
5 – Streuscheibe.

● Scheinwerfer auf ein Tuch legen.
● Mit einem schmalen Schraubendreher rundum die Halteklammern vorsichtig abhebeln.
● Scheinwerferglas – genauer »Streuscheibe«, denn sie streut die Lichtstrahlen fahrgerecht – und Dichtring abnehmen.
● Reflektor vorsichtig von den Gelenkstücken im Gehäuse abhebeln.
● Beim Zusammenbau auf richtigen Sitz der Dichtung achten, damit keine Feuchtigkeit in den Scheinwerfer eindringen kann.
● Scheinwerfer einbauen und einstellen lassen.

Fingerzeige: Wurde das Streuscheiben-Glas eines Haupt- oder Nebelscheinwerfers beschädigt, sollten Sie den betreffenden Scheinwerfer möglichst sofort ausbauen oder ihn zumindest mit Plastikfolie und Klebeband wasserdicht verpacken. Sonst wird der Reflektor matt und muß ebenfalls ersetzt werden. Wer den Schaden rechtzeitig bemerkt, kann so die Streuscheibe einzeln ersetzen.
Streuscheiben vom Hersteller Bosch brauchen nicht unbedingt im Opel-Ersatzteillager gekauft zu werden. Auch der Zubehörhandel hat sie im Angebot.

Standlichtlampe

● Drahtbügel der Scheinwerfer-Abdeckkappe in Richtung Blinker ausrasten.
● Abdeckkappe schwenken und abnehmen.
● Fassung der Standlichtlampe, sie sitzt unterhalb der Hauptscheinwerferlampe, nach hinten aus dem Reflektor ziehen.
● Lämpchen aus der Fassung herausziehen.
● Neues Lämpchen in die Fassung einsetzen und Fassung bis zum Anschlag in den Reflektor schieben.
● Scheinwerfer-Abdeckkappe seitlich einhängen und Drahtbügel einrasten.

Fingerzeig: Neue oder intakte Glühlampen nicht mit den Fingern am Glaskolben anfassen. Der Abdruck vom Handschweiß bleibt unvermeidbar. Dieser verdampft auf der brennenden Birne und trübt den Reflektor. Deshalb beim Einsetzen ein sauberes Tuch verwenden.

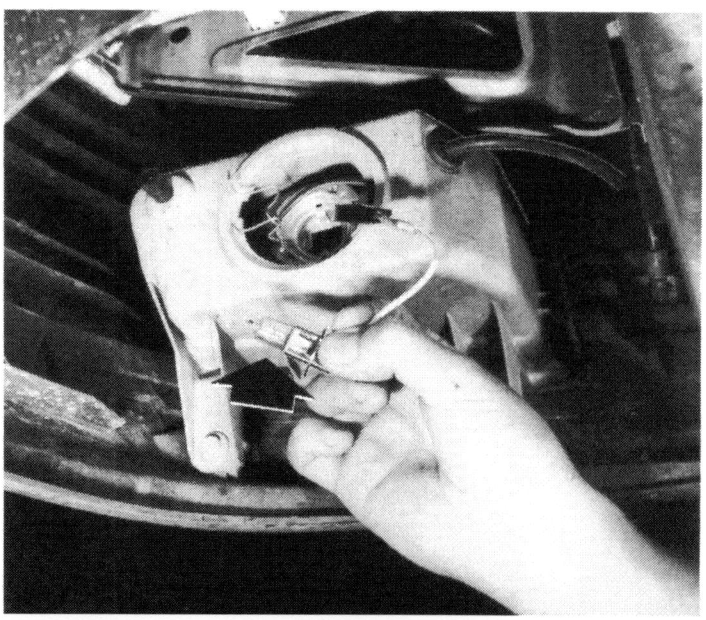

Die Glühlampe (Pfeil) des Nebelscheinwerfers muß von der Wagenunterseite her gewechselt werden.

Nebelscheinwerfer

Lampenwechsel

- Fahrzeug aufbocken.
- Kunststoffdeckel vom Gehäuse des Nebelscheinwerfers losschrauben.
- Federdrahtbügel der Lampenhalterung zusammendrücken und nach hinten klappen.
- Lampe herausziehen und Stecker abziehen.
- Beim Einsetzen der neuen Glühbirne muß der Lampensockel genau in die Aussparung im Reflektor passen.

Fingerzeig: Die tiefliegenden Nebelscheinwerfer sind relativ stark steinschlaggefährdet. Beschädigungen des Scheinwerferglases verschlechtern die Lichtausbeute. Es kann daher sinnvoll sein, in der nebellosen Zeit die Glasscheiben mit passenden Kappen abzudecken.

Nebelleuchten nachträglich einbauen

Zubehör-Nebelscheinwerfer sehen an der glattflächigen Karosserie des Omega nicht sehr gut aus und lassen sich auch kaum an sinnvoller Stelle anbringen. Man muß also auf die Original-Nebelleuchten zurückgreifen, was zur Folge hat, daß unten rechts und links am Stoßfänger entsprechende Ausschnitte ausgesägt werden müssen. Zusätzlich benötigen Sie vier Preßloch-Klemmuttern zum Befestigen der Nebelleuchten, zwei auf die Farbe des Stoßfängers abgestimmte Kunststoffblenden, das Nebelscheinwerfer-Relais und den Original-Schalter fürs Armaturenbrett.
Bei der Mehrzahl der Omega-Modelle ist die Verkabelung der Nebelscheinwerfer schon vorhanden. Aus Platzgründen können wir nur diese Version behandeln.

- Kühlergrill ausbauen (Seite 246).
- Vorderen Stoßfänger ausbauen.
- Löcher für die Nebelscheinwerfer aus dem Stoßfänger an beiden Enden der Querrillen aussägen. Zweckmäßigerweise an den vier Ecken der Aussparung zuerst Löcher bohren.
- Nebelscheinwerfer durch Ausfeilen der Ausschnitte einpassen – Kanten mit einer Feile entgraten.
- Für die unteren Befestigungen je zwei Preßloch-Klemmuttern einsetzen.
- An beiden Nebelscheinwerfern an der zur Fahrzeugmitte liegenden Seite die Kunststoffblenden aufclipsen.
- Nebelscheinwerfer in den Stoßfänger einsetzen und festschrauben.
- Stoßfänger und Kühlergrill einbauen.
- Batterie-Massekabel abklemmen.
- Nebelscheinwerfer anschließen.
- Blindstopfen im Armaturenbrett heraushebeln.
- Nebelscheinwerfer-Schalter einsetzen.
- Im Sicherungskasten Nebelscheinwerfer-Relais unterhalb des Heckscheibenheizungs-Relais bzw. Fanfaren-Relais (Seite 231) einsetzen.
- 20-A-Sicherung in den Steckplatz 17 einstecken.
- Batterie-Massekabel anklemmen.
- Bei eingeschalteter Zündung und Beleuchtung müssen die Nebelscheinwerfer bei gedrücktem Schalter brennen. Beim Umschalten auf Fernlicht verlöschen die Nebelscheinwerfer nicht, was einer EG-Richtlinie entspricht.
- Lichtstrahl der Nebelscheinwerfer einstellen.

Scheinwerfereinstellung kontrollieren

Wartung Nr. 36

Von selbst wird sich ein Scheinwerfer kaum verstellen. Wenn jedoch der Reflektor oder gleich der ganze Scheinwerfer ausgewechselt wurde, muß die Einstellung des Scheinwerferstrahls kontrolliert werden. In

Die Einstellschrauben der Hauptscheinwerfer sind oben bzw. von der Motorraumseite her zugänglich. Es bedeuten:
H – Höheneinstellschraube;
S – Seiteneinstellschraube.

manchen Fällen kann sogar schon das Auswechseln der Glühlampe die Einstellung durcheinanderbringen. Unbedingt erforderlich ist ein Justieren natürlich auch, wenn bei einem Unfall die Wagenfront in Mitleidenschaft gezogen wurde oder nach dem Einsetzen neuer Federungsteile. Eingestellt wird bei Fahrzeugen mit Leuchtweitenregulierung in Schalterstellung »0«.

- Wurde ein Scheinwerfer beschädigt oder ausgewechselt, genügt es fürs erste, wenn Sie in einigem Abstand vor eine helle Wand fahren, das Licht einschalten und dann die Höhe des Lichtstrahls am neu bestückten Scheinwerfer dem Strahl des unveränderten Scheinwerfers angleichen.
- Wurden die Scheinwerfer gerade mit einem Werkstattgerät neu eingestellt, können Sie die Höhe der Lichtpunkte beispielsweise an der Garagenwand markieren. Wichtig ist natürlich auch der Abstand, in dem der Omega zur Wand steht. Also anzeichnen. Mit Hilfe dieser Markierung kann dann, wann immer nötig, die Scheinwerfereinstellung am Omega in Eigenregie kontrolliert werden.
- Die genaueste Methode, die Scheinwerfer einzustellen, ist nach wie vor die Justierung mit einem Einstellgerät, wie es Tankstellen, Bosch-Dienste und Werkstätten besitzen.
- Die Einstellung des **Fernlichts** des Omega stimmt automatisch, wenn das Abblendlicht richtig eingestellt ist.
- **Zusatzfernscheinwerfer** werden mit eigens dafür vorgesehenen Einstellschrauben eingestellt.
- Lichtstrahl der **Nebelscheinwerfer** einstellen:
- Bei fünf Meter Abstand vor der Einstellwand müssen die breit gestreuten Scheinwerferstrahlen 100 mm unterhalb des jeweiligen Scheinwerfermittelpunkts liegen.

Wo sitzen die Einstellschrauben?

- Bei geöffneter Motorhaube sind die Einstellschrauben für die Seiteneinstellung der Hauptscheinwerfer von oben durch Bohrungen im Frontblech zu erreichen.
- Zum Verdrehen der Schrauben benötigen Sie einen Kreuzschlitzschraubendreher.
- Zur Höheneinstellung befinden sich hinten an den Scheinwerfern Rändelschrauben, die von Hand verdreht werden können.
- Die Seiten- und Höheneinstellung von Zusatz-Fernscheinwerfern erfolgt durch die beiden kleinen Einstellschrauben oberhalb der Scheinwerfer.
- Die werksseitig eingebauten Nebelscheinwerfer sind nur in der Höhe einstellbar.
- Die außermittig sitzenden Einstellschrauben hinten an den Nebelscheinwerfern können von Hand verdreht werden.

Leuchtweitenregulierung

Bei Fahrzeugen mit Leuchtweitenregulierung wirkt je ein Elektromotor mittels Gewindestange auf die Höheneinstellschraube der Hauptscheinwerfer. Über ein Rändelrad unterhalb des Lichtschalters kann je nach Beladungszustand diejenige Position gewählt werden, die der Elektromotor anfahren soll.

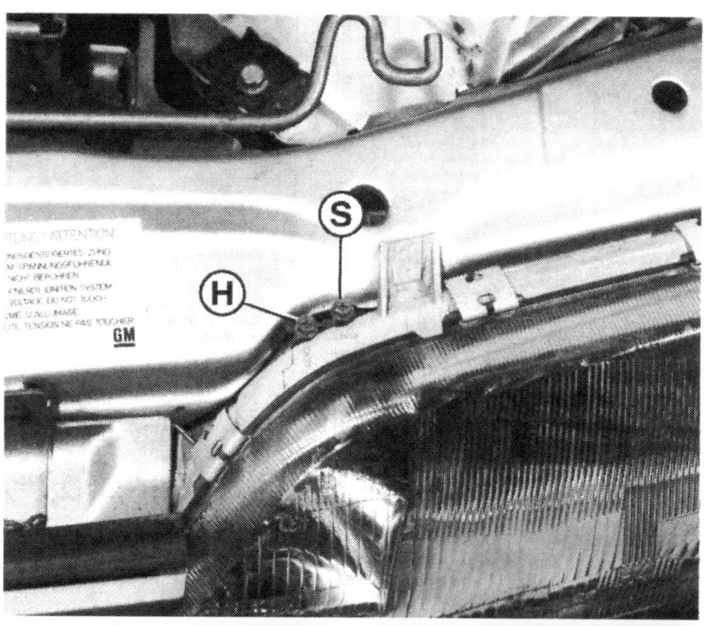

Zum Einstellen der Zusatzscheinwerfer dienen die beiden Schrauben oben am Scheinwerfergehäuse. Es bedeuten:
H – Höheneinstellschraube;
S – Seiteneinstellschraube.

Die werksseitig montierten Nebelscheinwerfer sind nur in der Höhe einstellbar. Das Foto zeigt die Höheneinstellschraube (H) des linken Nebelscheinwerfers hinter dem Stoßfänger.

Blinkleuchten vorn

Lampenwechsel

- Motorhaube öffnen.
- Zum Lampenwechsel sind gelenkige Hände Voraussetzung für diese Arbeit. An der linken Fahrzeugseite behindert die Batterie, rechts beim Einspritzer das Luftfiltergehäuse.
- Lampenfassung der Blinkleuchte etwas linksdrehen und nach hinten aus dem Reflektor herausziehen.
- Glühlampe erst ein wenig in die Fassung hineindrücken, dann nach links drehen und herausnehmen.
- Einbau: Neue Lampe in umgekehrter Reihenfolge einsetzen.
- Fassung in das Blinkergehäuse drücken und bis zum Anschlag rechtsdrehen.

Lampengehäuse ausbauen

- Lampenfassung zuerst linksdrehen und dann abnehmen.
- Das Blinklichtgehäuse ist mit einem Drahtbügel am Scheinwerfergehäuse befestigt.
- Am Drahtbügel ziehen und Bügel vom Scheinwerfergehäuse aushängen.
- Blinkleuchte vom Scheinwerfergehäuse abnehmen.
- Beim Einbau Blinkergehäuse in die Haltenasen am Scheinwerfergehäuse einsetzen.
- Drahtbügel ziehen und am Scheinwerfergehäuse einhängen.
- Lampenfassung einsetzen und rechtsdrehen.

Heckleuchten

Lampenwechsel

- Kunststoffabdeckung von der Rückwandverkleidung abnehmen.
- Haltelasche(n) zur Mitte des Lampenträgers drücken.

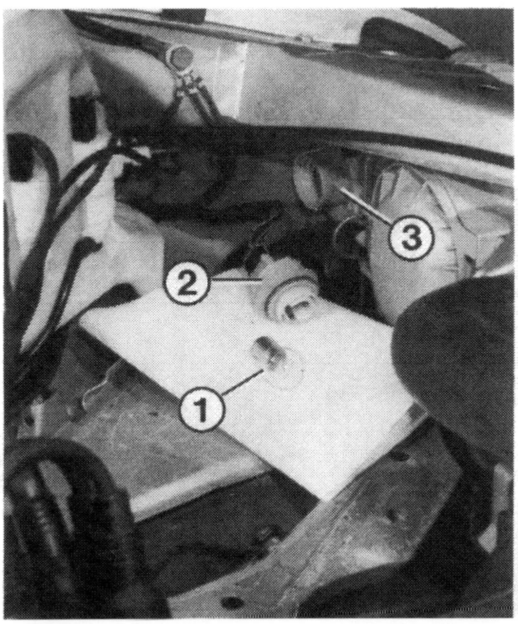

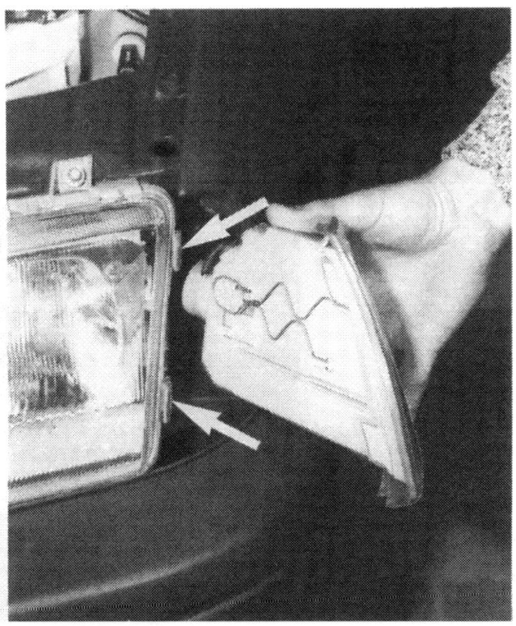

Links: Zum Ausbau der Blinkleuchte (1) Lampenfassung (2) linksdrehen und aus dem Blinkergehäuse (3) herausziehen. Rechts: Das ausgebaute Blinkergehäuse. Achten Sie beim Einbau auf die Haltenasen (Pfeile) am Scheinwerfergehäuse an denen der Blinker eingehängt wird.

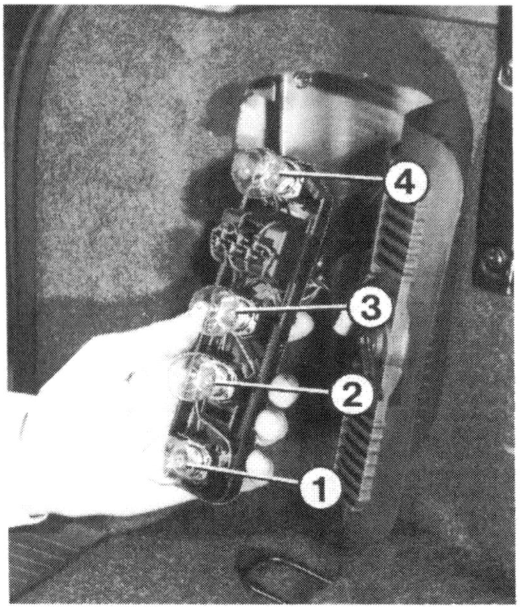

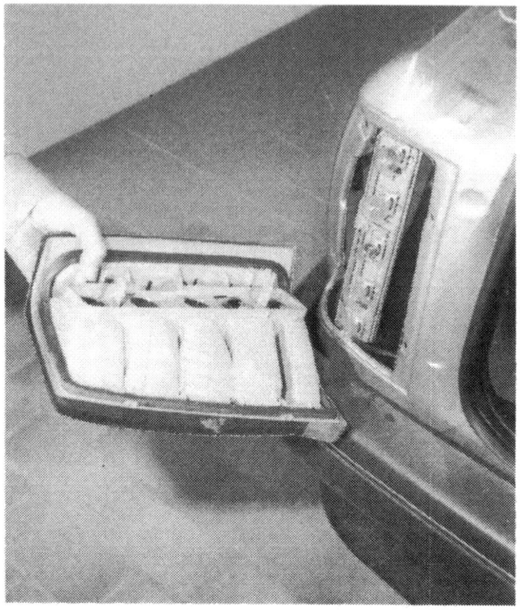

Links: Auf dem Lampenträger der Rückleuchte (hier der abgenommene Träger des Caravan) sitzen die Glühbirnen für Schlußlicht/ Nebelschlußlicht (1), Rückfahrleuchte (2), Blinkleuchte (3) und Bremslicht (4).
Rechts: Das Foto zeigt das abgenommene Leuchtengehäuse der Omega-Limousine.

- Lampenträger ausrasten und abnehmen.
- Das Auswechseln der Glühbirnen geschieht in allen Fällen gleich – Lampe ein wenig in ihre Fassung drücken, nach links drehen und herausziehen.
- Beim Einsetzen der Zweifadenlampe für die Schluß-/Nebelschlußleuchte beachten, daß deren seitliche Haltezapfen unterschiedlich hoch angesetzt sind. Dadurch kann die Lampe nur in einer bestimmten Stellung ohne Gewalt eingesetzt werden.

Ausbau

- Lampenträger ausbauen (siehe Lampenwechsel).
- Befestigungsschrauben des Gehäuses vom Koffer- bzw. Laderaum her losdrehen.
- Leuchtengehäuse von außen abziehen.
- Klebt das Gehäuse aufgrund der zwischengelegten Dichtung an der Karosserie, kann es mit einem lappenumwickelten Schraubendreher vorsichtig vom Blech abgehebelt werden.

Rückfahrlicht-schalter

Das Aufleuchten der Rückfahrleuchten veranlaßt der Schalter am Getriebe (siehe Abbildung unten), wenn er beim Einlegen des Rückwärtsgangs von der entsprechenden Schaltschiene berührt wird.

- Bleibt es bei eingelegtem Rückwärtsgang hinten dunkel, kontrollieren Sie zuerst die Sicherung 26.
- Ist die intakt, Stecker am Rückfahrlichtschalter abziehen und mit einem Drahtstück überbrücken.
- Leuchtet es jetzt, ist der Schalter defekt.
- Bleibt es jedoch dunkel in den Rückfahrleuchten, ist die Leitung nach hinten unterbrochen (intakte Glühbirnen vorausgesetzt).

Kennzeichenleuchte

Limousine

- Durch die Öffnung in der Leuchtenabdeckung Schraubendreher einschieben und Haltelasche der Kennzeichenleuchte ausrasten.
- Leuchte abnehmen. Seitliche Haltelasche des Deckglases andrücken und Deckglas von der Fassung abnehmen.
- Glühlampe durch leichten Druck und Linksdrehung abnehmen.

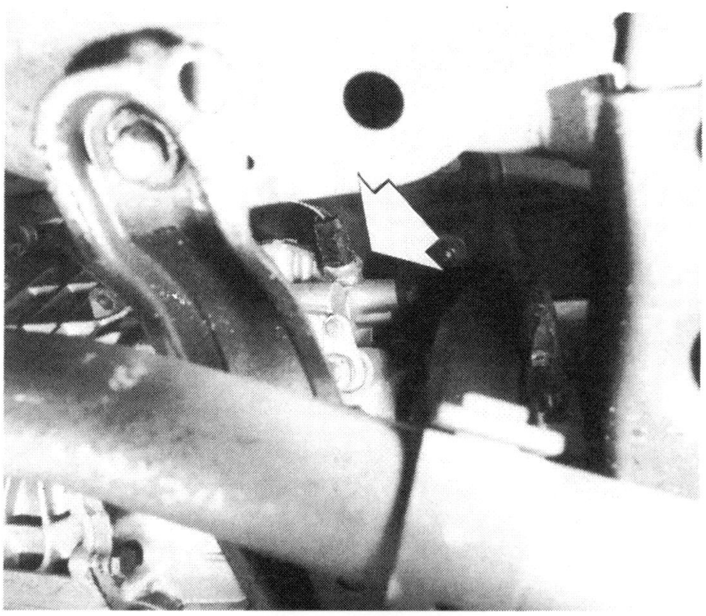

Die Rückfahrleuchten werden von einem Schalter (Pfeil) links oben am Getriebe aus- und eingeschaltet.

Mit einem Schraubendreher die Haltelasche (Pfeil) ausrasten. Rechts: Die Fassung (2) der Kennzeichenleuchte (1) wird nach Eindrücken der Haltelasche (Pfeil) vom Deckglas (3) getrennt.

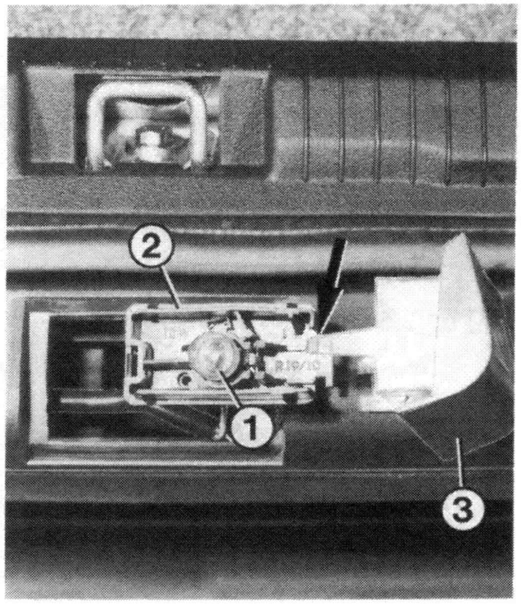

Caravan

● Unter dem Griff der Laderaumklappe beide Kreuzschlitzschrauben des Deckglases herausdrehen.
● Deckglas vorsichtig vom Griff abnehmen, damit die Dichtung nicht beschädigt wird.
● Glühlampe aus der Fassung herausnehmen und neue einsetzen.
● Deckglas wieder anschrauben. Schrauben nicht allzu fest anziehen, sonst reißt der Kunststoff.

Sonstige Leuchten

Innenleuchte

Die Soffittenlampe (10 Watt, 41 mm lang, DIN-Form K) muß bei geöffneten Türen und entsprechender Schalterstellung brennen. Sie erhält dauernd Strom.
● Massekabel der Batterie abklemmen oder Sicherung der Innenleuchte herausnehmen, sonst Kurzschlußgefahr.
● Lampengehäuse aus dem Dachausschnitt hebeln. Dazu brauchen Sie kräftige Fingernägel, einen Schraubendreher oder einen flachen Löffelstiel.
● Soffittenlampe aus ihren Haltezungen aushängen.
● Vor dem Einsetzen der neuen Lampe die Haltezungen etwas gegeneinanderdrücken.

Innenleuchte mit Abschaltverzögerung

Bei dieser Ausstattung wird das Innenlicht durch ein Steuergerät am Lampengehäuse beeinflußt. Nach Schließen der Tür brennt die Leuchte noch etwa 15 Sekunden. Es sei denn, zuvor wurde die Zündung eingeschaltet.
● Deckglas mit Messer oder schmalem Werkzeug vorsichtig vom Lampengehäuse abhebeln.
● Soffittenlampe (10 Watt, 41 mm lang, DIN-Form K) aus den Haltezungen aushängen.
● Neue Lampe zwischen den Haltezungen einhängen.
● Deckglas in den Ausschnitt eindrücken.

Links und rechts unter dem Griff der Laderaumklappe sitzen die Kennzeichenleuchten des Caravan. Zum Ausbau Kreuzschlitzschrauben lösen und Deckglas abnehmen.

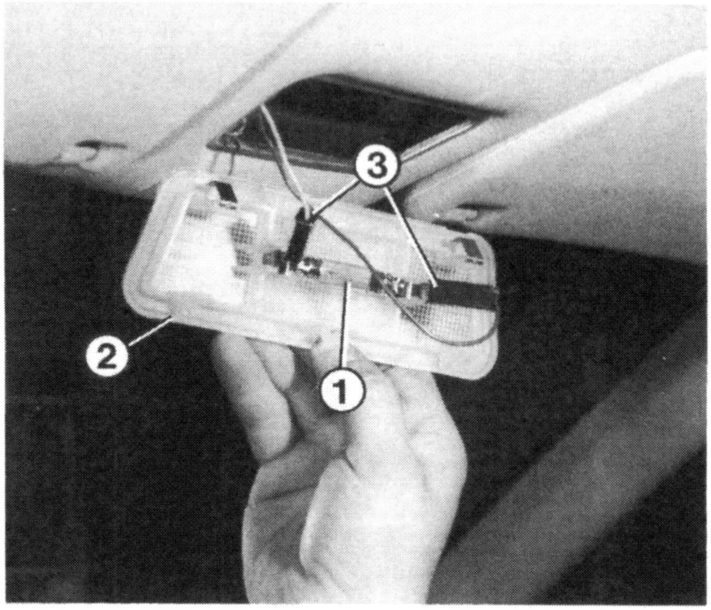

Bei abgenommener Innenraumleuchte (2) werden sichtbar:
1 – Soffittenlampe;
2 – Anschlußstecker.

Türkontaktschalter der Innenleuchte

Die Innenleuchte muß bei geöffneter Tür brennen. Bei geschlossenen Türen leuchtet sie, wenn der Lichtschalter gezogen wird. Brennt die Innenleuchte nicht, gerät der Türkontaktschalter in Verdacht. Er stellt die Masseverbindung zu der ständig unter Strom stehenden Innenleuchte her und schließt damit den Stromkreis – die Lampe kann brennen. Störungen am Schalter können sich ergeben, wenn

○ der Druckstift des Schalters in der Führung klemmt oder verbogen ist. Schalter ersetzen;

○ ein Kabelstecker vom Schalter abgefallen ist. Stecker zum besseren Halt etwas zusammenbiegen und wieder aufstecken.

Der Türkontaktschalter selbst ist nur mit einer Kreuzschlitzschraube an den Türpfosten angeschraubt. Zum Ausbau Schraube herausdrehen und Schalter herausziehen.

Leseleuchten

● Komplettes Lampengehäuse mit den Fingernägeln oder einem schmalen Schraubendreher aus dem Dachausschnitt heraushebeln.

● Zum Wechseln einer Leseleuchte wird das Glassockellämpchen (5 Watt, DIN-Form W 10/5) mit der Fassung aus dem Gehäuse herausgezogen.

● Lämpchen aus der Fassung ziehen und neues einsetzen.

● Fassung einsetzen und Lampengehäuse einbauen.

Kofferraum- bzw. Laderaumleuchte

Die Kofferraum- bzw. Laderaumleuchte (Soffittenlampe 10 Watt, 41 mm lang, DIN-Form K) sitzt bei der Limousine im Kofferraumdeckel und beim Caravan im Dachhimmel. Ihre Masseverbindung erhält die Leuchte über einen Kontaktschalter im Kofferraumdeckel bzw. am Schließbügel der Ladeklappe.

● Kofferraumdeckel bzw. Ladeklappe öffnen.

● Einen Schlitzschraubendreher in die Aussparung seitlich am Lampengehäuse stecken und die Leuchte vorsichtig heraushebeln.

● Nach dem Auswechseln der Glühlampe das Lampengehäuse – die Kabelseite zuerst – wieder einsetzen.

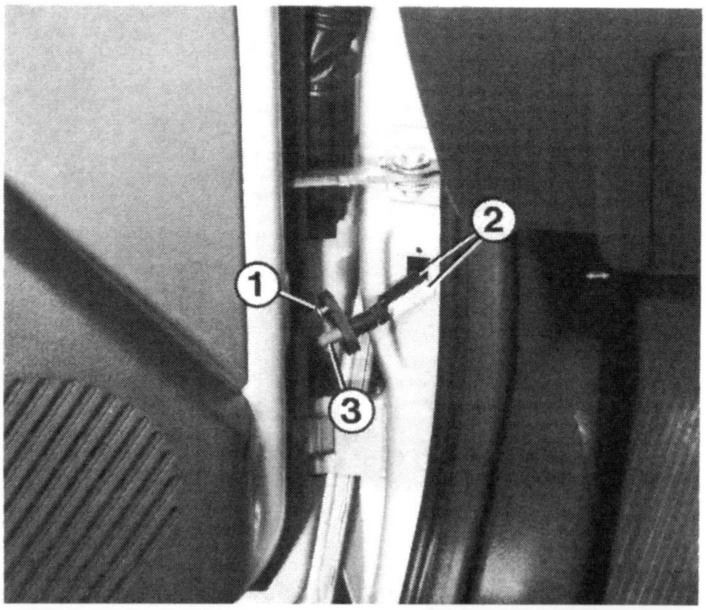

Der linke Türkontaktschalter ausgebaut. Es bedeuten:
1 – Halteschraube;
2 – Anschlußstecker;
3 – Kontaktstift.

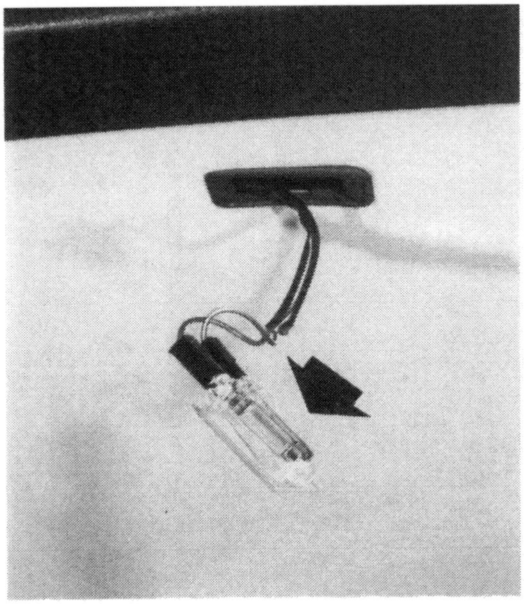

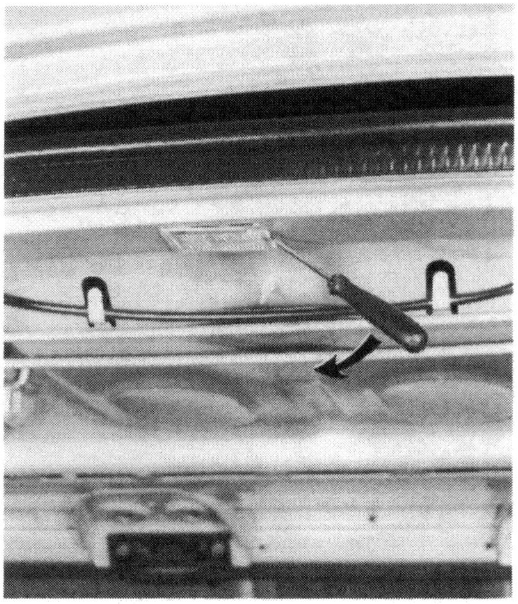

Das linke Foto zeigt die ausgebaute Laderaumleuchte des Caravan. Ausgebaut wird die Leuchte mit einem Schlitzschraubendreher, wie es rechts am Beispiel der Kofferraumleuchte zu sehen ist.

Make-up-Spiegel-Beleuchtung

- Spiegelabdeckung hochklappen.
- Mit einer Messerklinge oder ähnlichem Werkzeug Make-up-Spiegel aus der Einfassung in der Sonnenblende heraushebeln.
- Dazu das Messer an der kurzen Seite, also rechts oder links vom Spiegel ansetzen.
- Soffittenlampe (1,2 Watt, 36 mm lang) aus den Haltezungen nehmen und neue einsetzen.

Ascherbeleuchtung

- Aschereinsatz herausnehmen.
- Zwei Befestigungsschrauben des Aschers herausdrehen.
- Messerklinge oben zwischen Ascher und Konsole einschieben.
- Mit der Messerklinge Konsole etwas anheben und Ascher aus dem Ausschnitt herausziehen.
- Lampenfassung vom Ascher abziehen.
- Glassockellämpchen aus der Fassung ziehen und neues Lämpchen einsetzen.

Anzünderbeleuchtung

- Bei ausgebautem Ascher durch den Ausschnitt greifen.
- Lampenfassung von hinten herausziehen.
- Glassockellämpchen abziehen und ersetzen.

Motorraumleuchte

Die Motorraumleuchte (Soffittenlampe 10 Watt, 41 mm lang, DIN-Form K) brennt nur bei eingeschaltetem Stand- oder Fahrlicht. Der Ausbau des Lämpchens erfolgt wie unter »Kofferraumleuchte« beschrieben.

Leuchten am Armaturenbrett

Instrumentenbeleuchtung

An dieser Stelle ist lediglich die Beleuchtung der Anzeigeinstrumente behandelt. Die ebenfalls in der Instrumententafel sitzenden Kontrolleuchten finden Sie auf Seite 218 beschrieben.

- Instrumententafel ausbauen (Seite 221).
- Hinten an der Instrumententafel insgesamt vier

Das Lämpchen der Ascherbeleuchtung (Pfeil) ist mit der Fassung hinten im Ascher eingesetzt. Ist das Lämpchen defekt, Ascher ausbauen, Fassung herausziehen und Lämpchen ersetzen.

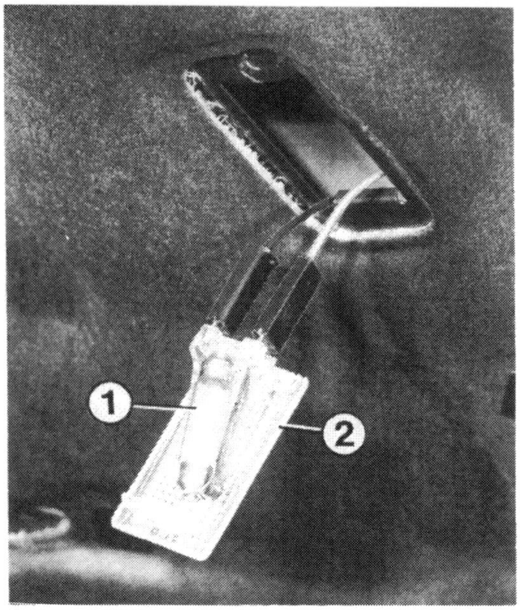

Links: Zu sehen ist das Lämpchen (1) und das Lampengehäuse (2) der Motorraumbeleuchtung.
Rechts: Zum Ausbau der Handschuhfachleuchte Lampengehäuse mit einem Schraubendreher am Ausschnitt heraushebeln.

weiße Lampenfassungen linksdrehen und herausnehmen.

- Die eingesteckten Glassockellämpchen (2 Watt) aus der Fassung herausziehen.
- Neues Lämpchen einsetzen, Fassung in die Instrumententafel setzen und bis zum Anschlag rechtsdrehen.

Zeituhrbeleuchtung

- Zeituhr mit einer Messerklinge oder einem schmalen Schraubendreher aus dem Armaturenbrett heraushebeln.
- Die Lampenfassung ist an der Rückseite der Uhr eingesteckt – einfach herausziehen.
- Glassockellämpchen (2 Watt) aus der Fassung herausziehen und neues Lämpchen einsetzen.

Heizregulierungsbeleuchtung

Zur Beleuchtung der Heizungs/-Lüftungsregler dient eine einzige Glassockellampe. An die verschiedenen Punkte gelangt das Licht mittels eines sogenannten Lichtleiters.

- Heizhebeleinheit ausbauen (Seite 244).
- Zum Wechseln des Lämpchens kann der Mehrfachstecker des Drehschalters und die Bowdenzüge angeschlossen bleiben.
- Leuchtenhalter links am Gebläseschalter nach unten abziehen.
- Lampe (1,2 Watt, DIN-Form W 5/1,2) aus der Fassung ziehen und austauschen.

Handschuhfachleuchte

Beim Öffnen des Handschuhfachs wird die Handschuhfachleuchte durch einen Kontaktschalter eingeschaltet. Strom erhält die Leuchte nur bei eingeschalteter Zündung.

- Zum Auswechseln des Lämpchens Handschuhfach öffnen.
- Deckglas mit einem kleinen Schraubendreher aus dem Ausschnitt heraushebeln.
- Soffittenlampe (10 Watt, 41 mm lang, DIN-Form K) aus der Fassung herausnehmen.
- Neues Lämpchen einsetzen und Deckglas wieder in den Ausschnitt eindrücken.

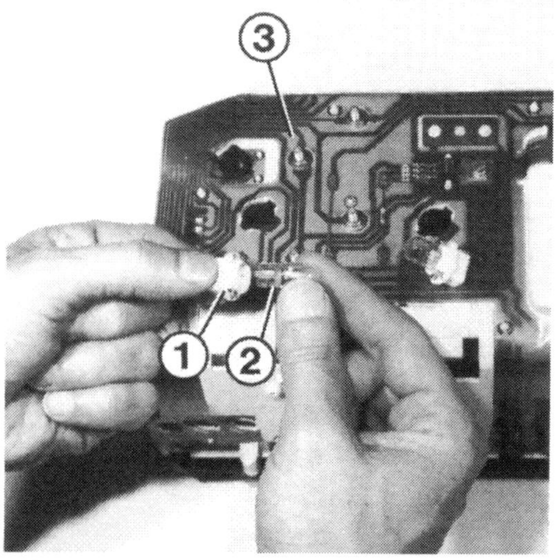

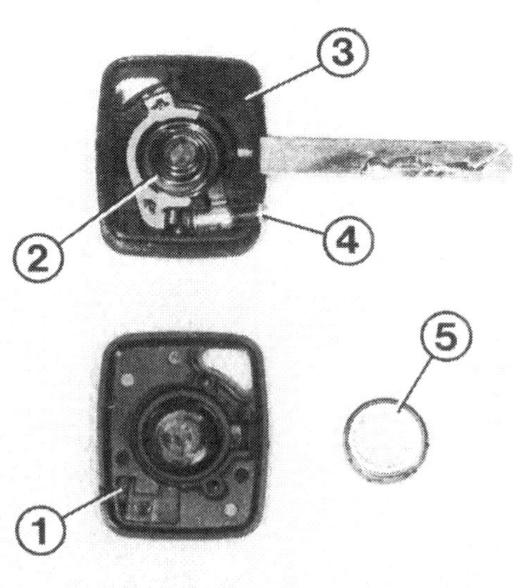

Links: Die Instrumententafel (3) wird mit vier Lämpchen beleuchtet. Zum Austausch Lämpchen (2) aus der weißen Fassung herausziehen und neues einsetzen.
Rechts: Mit einem schmalen Schraubendreher lassen sich die beiden Gehäusehälften (1 und 3) der Schlüsselbeleuchtung trennen. So kann die Kontaktfeder (2) gereinigt oder Batterie (5) bzw. Lämpchen (4) ausgewechselt werden. Damit hat man alle Störungen an der Schlüsselbeleuchtung im Griff.

Gruß an alle

Mit Gesten oder Zurufen wird es Ihnen kaum gelingen, Ihre Absichten den anderen Autofahrern kundzutun. Wahrscheinlich würden Sie nur Unverständnis oder Heiterkeit hervorrufen. Sie müssen sich also auf eine Art und Weise verständlich machen, die den anderen gleichfalls bekannt ist. Alle Fahrzeuge verfügen deshalb über die gleiche Art von Signaleinrichtungen, mit deren Instandhaltung bzw. Reparatur sich das folgende Kapitel befaßt.

Blink- und Warnblinkanlage prüfen

Ständige Kontrolle

Die Warnblinkanlage muß ständig funktionieren, deshalb wird ihr Schalter direkt von Batterie-Plus über eine Sicherung versorgt. Die Richtungsblinker erhalten dagegen nur bei eingeschalteter Zündung Strom von Klemme 15.

● Drücken Sie bei ausgeschalteter Zündung den unterhalb der mittleren Lüftungsdüsen sitzenden Warnblinkschalter:

● Alle vier Blinkleuchten, die Warnblink-Kontrollleuchte und beide Kontrolleuchten der Richtungsblinker leuchten im gleichen Rhythmus auf.

● Warnblinker ausschalten, Zündung einschalten.

● Bei gedrücktem Blinkerhebel müssen eine Blinkerseite sowie die jeweils zuständige grüne Kontrollleuchte regelmäßig aufleuchten.

Blinkerstörungen

○ Blitzt bei eingeschalteten Richtungsblinkern die grüne Kontrolleuchte nur kurz auf, ist die Glühlampe ausgefallen. Beim Warnblinken macht sich der Lampenausfall im Blinker-Rhythmus nicht bemerkbar. Lampenwechsel siehe Seite 209.

○ Brennen bei eingeschalteten Richtungs- oder Warnblinkern die Leuchten dauernd, ist das Blinkrelais defekt, siehe Seite 231.

○ Leuchtet nur die Kontrollampe, aber bleiben die orangefarbenen Leuchten am Wagen dunkel, liegt es ebenfalls am Blinkrelais.

○ Leuchten die Blinker mal in langsamer Folge, mal schnell (z. B. beim Ein- und Ausschalten leistungsstarker Verbraucher, wie heizbare Heckscheibe oder Scheibenwischer), zunächst die Leitungen, die sich in unmittelbarer Nähe des Relais befinden, hiervon wegdrücken. Hilft das nicht und sind alle Steckverbindungen einschließlich der Massekabel der Leuchten in Ordnung, muß das Relais erneuert werden.

○ Funktioniert nur Warnblinken ohne Richtungsblinken oder umgekehrt, fehlt es an der Spannungsversorgung durch die betreffende Sicherung (siehe Seite 166), oder es liegt am Schalter (Ausbau Seite 228).

Behelf bei defektem Blinkrelais

Mit einem ausgefallenen Blinkrelais ist die Weiterfahrt nicht ganz ungefährlich, denn im dichten Verkehr und vor allem bei Dunkelheit wird Ihre Abbiegeabsicht den anderen Autofahrern nicht ersichtlich.

● Blinkrelais (in der Abbildung Seite 165) leicht ruckelnd aus dem Sicherungskasten herausziehen.

● Kurzschlußbrücke zwischen den Klemmen 49 und 49A (am Relais markiert) herstellen, dazu eine Büroklammer oder ein kurzes Drahtstück einstecken.

● Blinkrelais wieder ein Stück weit einsetzen.

● Bei gedrücktem Blinkerhebel leuchtet jetzt eine Blinkerseite dauernd.

● Durch Ein- und Ausschalten mit dem Blinkerhebel erhalten Sie einen Blinker-Rhythmus.

Bremsleuchten prüfen

Ständige Kontrolle

Es macht keine Probleme, die Bremslichter zu kontrollieren, und zu Ihrer eigenen Sicherheit sollten Sie es auch täglich tun.

● Die Garagenwand hinter dem Wagen muß rechts und links hell rot aufleuchten, wenn Sie auf das Bremspedal treten.

● Oder in einer Kolonne prüfen Sie mit dem Rückspiegel, ob sich in den Scheinwerfer-Reflektoren oder in der Lackierung Ihres Hintermannes beide Bremslichter spiegeln.

Der Bremslichtschalter

Der Bremslichtschalter sitzt in einer Platte über dem Bremspedal. Wird das Pedal niedergedrückt, wandert der Schalterstift heraus und schließt den Kontakt zu den Bremsleuchten.

Bremslichtschalter ausbauen

- Im Fahrerfußraum die Abdeckung unter dem Armaturenbrett ausbauen.
- Kabelstecker vom Bremslichtschalter abziehen.
- Bremslichtschalter vom Pedalbock abschrauben.
- Eine Einstellung des Schalters beim Einbau erfolgt nicht. Bremslichtschalter bis zum Anschlag einschrauben. Kabelstecker aufdrücken.

Bremslichtschalter überprüfen

Sind beide Bremslichter ausgefallen, kontrolliert man, ob es am Bremslichtschalter liegt:

- Kabelstecker abziehen.
- Kabelanschlüsse im Stecker mit einer Büroklammer oder einem Drahtstück überbrücken.
- Brennen jetzt die Bremslichter, ist der Bremslichtschalter defekt.

Störungsbeistand

Bremsleuchten

Die Störung	– ihre Ursache	– ihre Abhilfe
A Eine Bremsleuchte brennt nicht	1 Glühbirne durchgebrannt	Austauschen
	2 Spannungszuleitung unterbrochen. Brennen alle übrigen Glühbirnen in derselben Heckleuchte? Falls nicht	Kabel kontrollieren
	3 Unterbrechung der Masseverbindung	Masseanschluß überprüfen
B Beide Bremslichter brennen nicht	1 Sicherung defekt	Ersetzen
	2 Bremslichtschalter defekt	Überprüfen, ggf. ersetzen
	3 Siehe A 1 und 3	
C Bremslicht brennt dauernd	1 Siehe B 2	
	2 Kabel zum Bremslichtschalter haben direkten Kontakt	Kabel kontrollieren

Hupe prüfen

Ständige Kontrolle

Bei eingeschalteter Zündung und beim Druck auf den Hupkontakt im Lenkrad muß das Horn ertönen bzw. bei »besserer« Ausstattung die Zweiklanghörner. Bei Modellen mit Zweiklanghörnern ist zur Schonung der Hupkontakte ein Relais zwischengeschaltet. Bei beiden Versionen liegt bei eingeschalteter Zündung am Signalhorn bzw. den Hörnern ständig Spannung von Klemme 15 an. Damit es hupt, wird die Verbindung zur Masse über den Hupkontakt ggf. das Relais geschlossen.

Hupe defekt

- Kühlergrill abbauen, Kabelstecker abnehmen.
- Hupe vom Luftleitblech losschrauben.
- An jedem Steckanschluß ein Hilfskabel aufstekken und diese mit dem Plus- bzw. Minuspol der Batterie verbinden.
- Bleibt es ruhig, ist das Signalhorn defekt.
- Ein krächzendes oder völlig stummes Horn läßt sich bisweilen durch Drehen der Einstellschraube an der Hupenrückseite wieder stimmen oder zu neuem Leben erwecken.
- Schraube unter der Vergußmasse freilegen.
- Nach dem Einstellen die Schraube mit Karosseriedichtmasse wieder feuchtigkeitssicher verschließen.

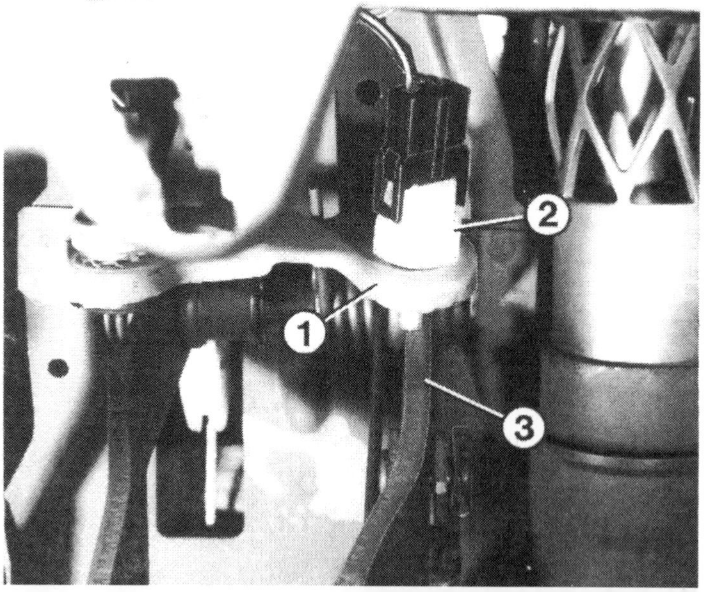

Nach Ausbau der Abdeckung links unter dem Armaturenbrett ist der Bremslichtschalter (2) zugänglich. Er sitzt in einem Halter (1) oberhalb des Bremspedals (3).

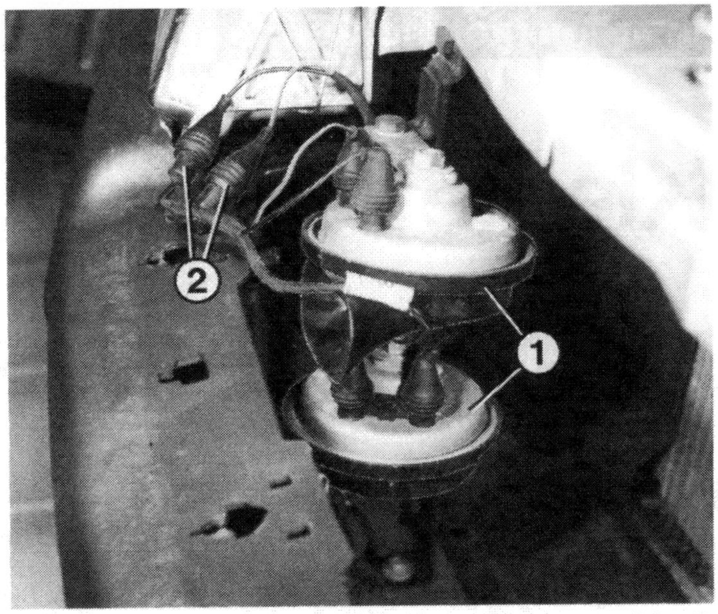

Die Zweiklanghörner (1). Nach Abschrauben von den Halterungen und Lösen der Anschlußkabel (2) sind die Einstellschrauben (unter Vergußmasse) zugänglich.

Fingerzeig: Zusätzliche Fanfaren oder Starktonhörner brauchen ein Schaltrelais. Andernfalls werden die Hupkontakte überbeansprucht, und die Hupen können nicht die volle Lautstärke abgeben. Kaufen Sie den Hupensatz gleich mit Relais. Dazu gehört auch eine Einbauanleitung mit Schaltplan.

Störungsbeistand

Hupe

Die Störung	– ihre Ursache	– ihre Abhilfe
A Einzelhupe tönt nicht	1 Sicherung defekt	Ersetzen
	2 Spannungszuleitung zur Hupe (schwarzes Kabel) unterbrochen	Kabelverlauf kontrollieren, Steckkontakte an der Hupe blank kratzen
	3 Hupe defekt	Prüfen, ggf. austauschen
	4 Leitung zwischen Hupenkontakt und Hupe unterbrochen	Kabelverlauf kontrollieren
B Einzelhupe tönt dauernd bei eingeschalteter Zündung	1 Kabel vom Hupkontakt zur Hupe hat Kurzschluß zur Masse	Braun/weißes Kabel abziehen. Hupt es nicht mehr, Kabelverlauf kontrollieren. Unterwegs: Kabel abgezogen lassen
	2 Hupe hat inneren Kurzschluß	Hupe ersetzen. Unterwegs: Stromzuführendes schwarzes Kabel abziehen und isolieren
C Eine Hupe der Zweiklanghörner tönt nicht	Siehe A 2–4	
D Beide Hupen der Zweiklanghörner tönen nicht	1 Siehe A 1, 2 und 4	
	2 Hupenrelais defekt	Prüfen, siehe Seite 231, ggf. austauschen

Die Lichthupe

Gleichgültig, ob die Zündung oder die Scheinwerfer eingeschaltet sind oder nicht, die Fernlicht-Glühfäden und die Fernlichtkontrolle leuchten immer auf, wenn Sie den Blinkerhebel zum Lenkrad hin ziehen. Falls die Lichthupe nicht funktioniert, obwohl die Scheinwerfer bei eingeschalteter Beleuchtung brennen:

- Lenksäulenverkleidung abbauen (Seite 257).
- Mit Prüflampe kontrollieren, ob am roten Klemme-30-Kabel zum Hebelschalter-Element Spannung anliegt.
- Falls ja, dürfte der Lichthupen-Kontakt defekt sein. Komplettes Schalter-Element auswechseln.

Kleine Helfer

Im Omega tummelt sich ein Zwergenstaat voller diensteifriger Geister: Anzeige-Instrumente mit Kontrolleuchten informieren über Fahrzeug- und Motorzustände, Scheibenwischer und heizbare Heckscheibe sorgen für gute Sicht, die Zentralverriegelung hilft beim Verschließen des Wagens. Von diesen und weiteren kleinen Helfern handelt das folgende Kapitel.

Kontrollinstrumente und -leuchten prüfen

Wartung Nr. 27

Setzen Sie sich hinter das Lenkrad und kontrollieren Sie nacheinander:

- Läuft die Zeiger- bzw. Digitaluhr?
- Zündung einschalten. Es müssen aufleuchten: Ladekontrolle, Öldruckkontrolle, Motorkontrolle und bei angezogener Handbremse die Handbrems-Kontrollleuchte.
- Bei Fahrzeugen mit Antiblockiersystem (ABS) leuchtet die Kontrollampe unten im Leuchtenfeld der Instrumententafel. Bei laufendem Motor verlöscht sie.
- Bei Fahrzeugen mit Check-Control leuchten zur Funktionskontrolle für ca. 4 Sekunden zusätzlich folgende Kontrolleuchten im linken Leuchtenfeld der Instrumententafel: Bremsflüssigkeitsstand zu niedrig, Flüssigkeitsstand der Scheibenwaschanlage zu niedrig, Motorölstand zu niedrig, Lampenausfall Abblendlicht oder Schlußlicht, Lampenausfall Bremslicht, Bremsbeläge vorn auf Mindestmaß.
- Mit etwas Verzögerung wandert der Zeiger der Tankuhr über die Skala, und die Kontrolleuchte mit dem Symbol »Zapfsäule« verlöscht.
- Linken Hebelschalter betätigen – leuchten die grünen Blinkerkontrolleuchten bzw. die blaue Fernlichtkontrolle?
- Brennen bei gedrücktem Schalter die Kontrollleuchten von Warnblinker, heizbarer Heckscheibe und bei eingeschaltetem Abblendlicht Nebelscheinwerfer und Nebelschlußleuchte.
- Motor starten – arbeitet der Drehzahlmesser?
- Bei einer Probefahrt überprüfen Sie die Funktion von Tachometer, Kühlmittel-Temperaturanzeige und Schaltanzeige für sportliches Fahrprogramm bzw. Anfahrhilfe (Fahrzeuge mit Automatikgetriebe).

Instrumententafel ausbauen

Die Instrumententafel läßt sich ohne Ausbau des Lenkrads aus dem Armaturenbrett herausnehmen.

- Batterie-Massekabel abklemmen.
- Lenksäulenverkleidung losschrauben (siehe Seite 257).
- Beide Hebelschalter ausbauen (Seite 228).
- Mit einem Schraubendreher Schalter der Leuchtweitenregulierung aus dem Ausschnitt heraushebeln.
- Blende unter der Leuchtweitenregulierung abhebeln.
- Lichtschalter ausbauen, siehe Seite 228.
- Mit einer Messerklinge Abdeckung vom Zigarettenanzünder abhebeln.

Auf dem linken Foto deuten die Pfeile auf die acht Befestigungsschrauben der Instrumentenabdeckung.
Die Pfeile auf dem rechten Foto deuten auf die Befestigungsschrauben der Instrumententafel.

Die Rückseite der Instrumententafel. Bezeichnet sind:
1 – Steckeranschluß der Check-Control;
2 – Tachowellenanschluß;
3 und 4 – Anschlüsse für die beiden Mehrfachstecker.

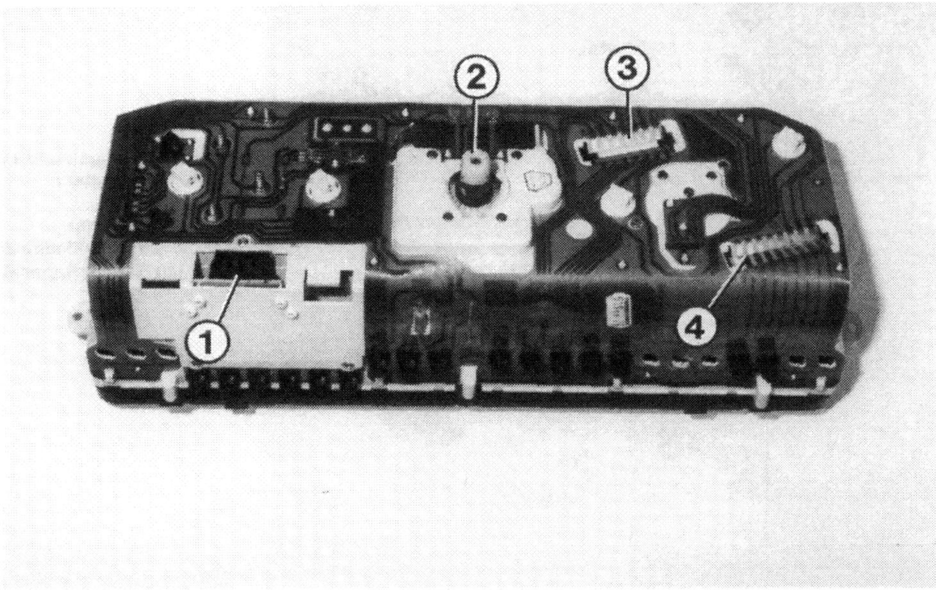

● Darunterliegende Befestigungsschrauben der Heizhebeleinheit losschrauben.
● Linken Hebel für die Heizregulierung nach oben schieben.
● Heizhebeleinheit ein Stück weit aus dem Armaturenbrett herausziehen.
● Falls vorhanden, Schalter der Sitzheizung ausbauen. Bei Fahrzeugen ohne Sitzheizung Blindschalter mit einem schmalen Schraubendreher heraushebeln.
● Beide Kunststoffkäppchen der Instrumentenabdeckung links und rechts an der Lenksäule mit einer Messerklinge von den Befestigungsschrauben abhebeln.
● Insgesamt acht Kreuzschlitzschrauben herausdrehen und Instrumentenabdeckung vom Armaturenbrett abheben. Mehrfachstecker von der Abdeckung ausclipsen.
● Drei Befestigungsschrauben der Instrumententafel lösen.
● Instrument ein Stück weit aus dem Ausschnitt herausziehen. Tachometerwelle ausclipsen. Dazu mit den Fingern die Haltefeder hinten am Instrument niederdrücken. Gleichzeitig Welle vom Instrument abziehen.
● Zwei Mehrfachstecker von der Instrumententafel abziehen.
● Bei Fahrzeugen mit Check-Control zusätzlichen Mehrfachstecker von der Check-Control-Einheit abziehen.
● Instrumententafel aus dem Ausschnitt herausheben.
● Beim Einbau Tachometerwelle bis zum hörbaren Einrasten aufschieben.

Instrumententafel zerlegen

Wir behandeln im folgenden den Ausbau der einzelnen Instrumente. Die Funktionsbeschreibung finden Sie auf den folgenden Seiten.

Nach dem Ausbau des Instrumentengehäuses kann die Glasfront abgenommen werden. Hierzu unten an der Instrumententafel drei Kreuzschlitzschrauben (1) herausdrehen und beide Clips (2) oben anheben. Glasfront vom Gehäuse abheben.

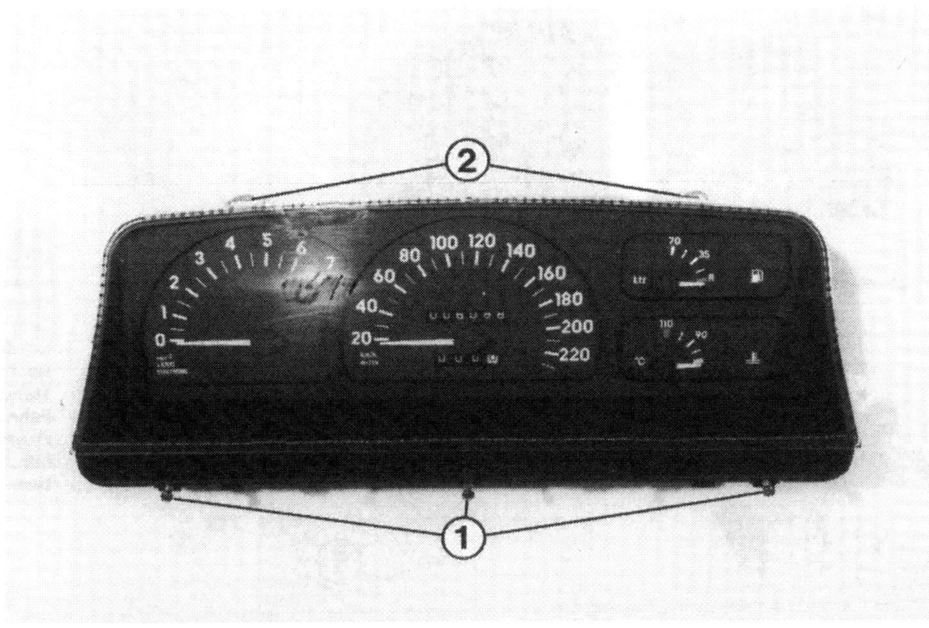

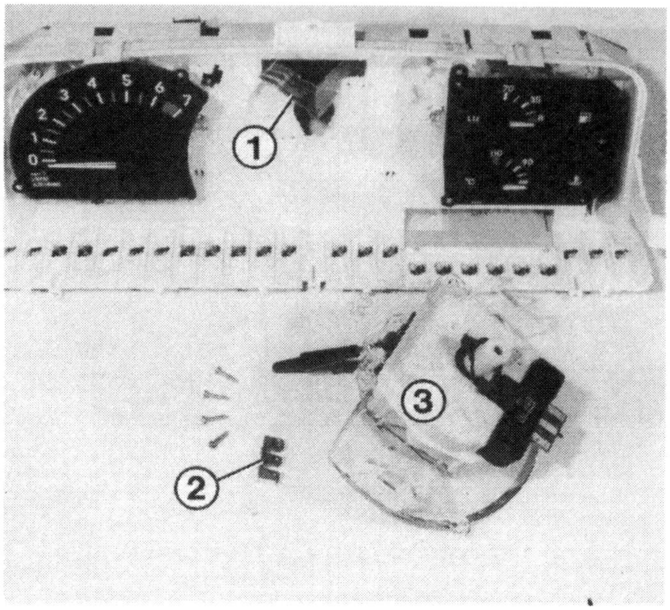

Hier ist der ausgebaute Tachometer (3) abgebildet. Es bedeuten:
1 – Leiterfolie;
2 – Spannklammer.
Achten Sie beim Einbau des Tachos auf den richtigen Sitz der Spannklammer.

Glasfront

● Zum Ausbau der Instrumente muß die Glasfront abgenommen werden.
● Unten an der Instrumententafel drei Kreuzschlitzschrauben herausdrehen.
● Oben ist die Glasfront eingeclipst.
● Clips anheben und Glasfront vom Gehäuse abheben.

Tachometer

● Spannklammer, mit der die Leiterfolie am Tachometeranschluß befestigt ist, abhebeln. Am besten eignet sich hierzu ein kleiner Schraubendreher.
● Leiterfolie von den zwei Kunststoffstiften an der Rückseite des Tachos abnehmen.
● Vier Befestigungsschrauben lösen und Tachometer aus dem Gehäuse herausnehmen.
● Beim Einbau auf richtigen Sitz der Spannklammer achten.

Drehzahlmesser

● Leiterfolie von den zwei Kunststoffstiften am Drehzahlmesser abnehmen.
● Zwei Befestigungsschrauben des Drehzahlmessers losdrehen.
● Drehzahlmesser vorsichtig aus dem Instrumentengehäuse herausdrücken.
● Beim Einbau Drehzahlmesser ins Gehäuse einlegen und Steckkontakt der Leiterfolie hinten in den Anschluß des Drehzahlmessers eindrücken.

Kühlmittel-temperatur- und Tankanzeige

● **Fahrzeuge mit Drehzahlmesser:** Bei dieser Ausführung können die Anzeige-Instrumente nur zusammen ausgebaut werden.
● Vier Befestigungsmuttern der Anzeige-Instrumente losdrehen.
● Kühlmittel-Temperatur- und Tankanzeige aus dem Gehäuse herausnehmen.
● **Fahrzeuge ohne Drehzahlmesser:** Hier sind die Instrumente getrennt voneinander links und rechts vom Tachometer eingebaut.
● Betreffendes Anzeige-Instrument durch Lösen der zwei Befestigungsmuttern aus dem Gehäuse herausnehmen.

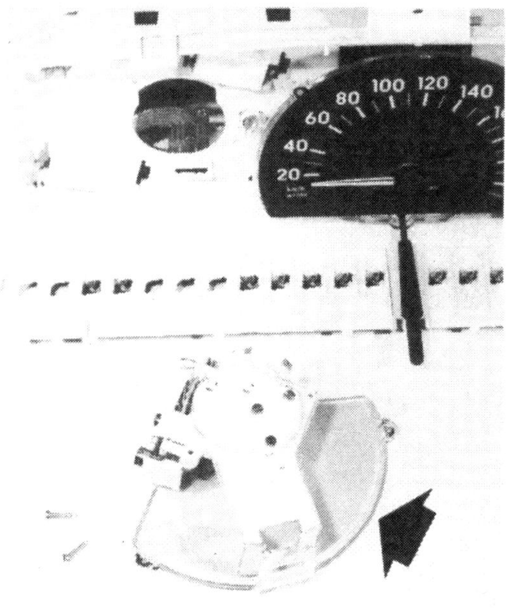

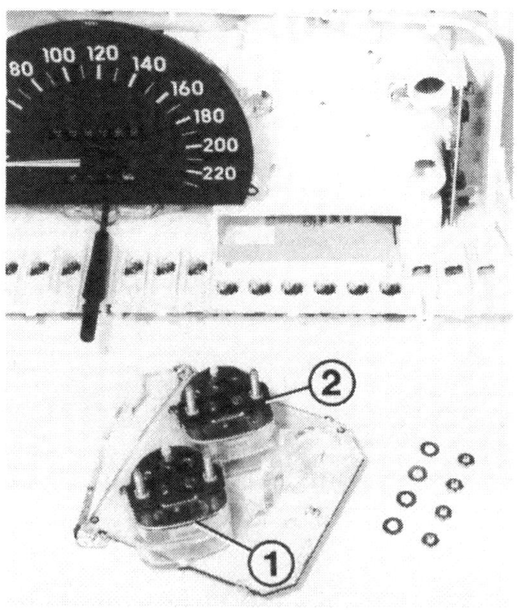

Links: Bei Fahrzeugen mit Drehzahlmesser kann dieser durch Lösen von zwei Kreuzschlitzschrauben aus dem Instrumentengehäuse herausgedrückt werden.
Rechts: Tankanzeige (1) und Temperaturanzeige (2) sind bei Fahrzeugen mit Drehzahlmesser zu einem Bauteil zusammengefaßt. Zum Ausbau die Instrumententafel losdrehen.

Links: Nach Lösen der drei Befestigungsschrauben kann das Gehäuse der Check-Control von der Instrumententafel abgenommen werden.
Rechts: Soll eine Kontrollampe (Pfeil) in der Instrumententafel ausgebaut werden, Lampenfassung ¼ Umdrehung linksdrehen und abnehmen.

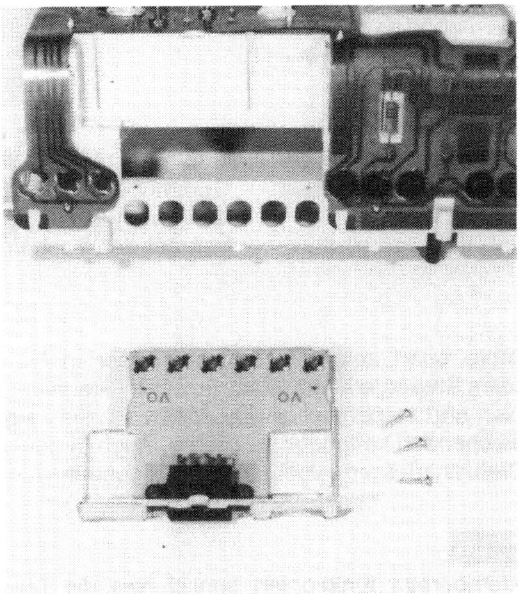

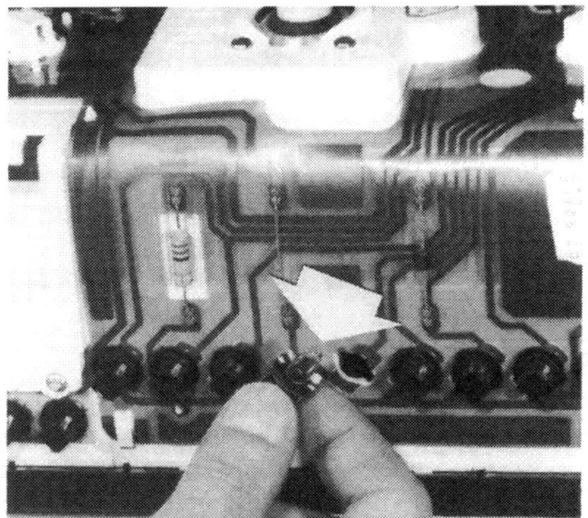

Check-Control

● Das Gehäuse der Check-Control ist lediglich mit 3 Schrauben an der Instrumententafel angeschraubt.

● Befestigungsschrauben lösen und Check-Control-Einheit von der Instrumententafel abnehmen.

Kontrollampen

Beim Omega sind die Kontrollampen in der Instrumententafel fest mit ihren Fassungen verlötet und auch nur komplett als Ersatzteil erhältlich. Zum Ausbau die Lampenfassung eine Viertelumdrehung linksdrehen und herausziehen.

Der Tachometer

Dieser Geschwindigkeitsmesser zeigt das Fahrtempo gewissermaßen auf elektrischem Weg an, nämlich durch Erzeugung von Wirbelströmen, die eine Aluminiumtrommel rund um die Zeigerachse gegen den Widerstand einer Spiralfeder verdrehen.
Der Tachometer kann nicht die genaue Entfernung oder Geschwindigkeit messen, sondern er »zählt« die Umdrehungen des Tachowellenantriebs am Getriebegehäuse und setzt sie in Kilometerangaben um. Nach wieviel Tachowellenumdrehungen ein Kilometer auf der Straße zurückgelegt wurde, hängt von der Reifengröße und der Achsübersetzung ab.

Störungen am Tachometer

○ Eine zitternde Tachonadel weist gewöhnlich darauf hin, daß die Tachowelle einen Knick hat und bald brechen wird.
○ Bei einem Fahrzeug mit hoher Laufleistung kann auch der Tachoantrieb im Getriebe verschlissen sein.

Tachometerwelle ausbauen

● Unten am Getriebe die Rändelmutter der Tachowelle losdrehen. Läßt sie sich von Hand nicht lösen, kann auch eine Kombizange zu Hilfe genommen werden.

● Instrumententafel ausbauen (siehe Seite 218).
● Dichtstopfen in der Spritzwand hinter dem Bremskraftverstärker herausdrücken.
● Tachowelle zum Motorraum hin herausziehen.

Ausbau der Tachometerwelle (1): Läßt sich die Rändelmutter (2) von Hand nicht lösen, kann als Hilfsmittel auch eine Kombizange genommen werden.

● Beim Einbau darf die Tachowelle nicht stark abgebogen oder gar geknickt werden, sonst ist sie bald wieder defekt.
● Dichtstopfen wieder feuchtigkeitssicher eindrükken, ggf. etwas Silikonfett verwenden, damit das Gummi besser hineinrutscht.
● Achten Sie darauf, daß die Welle beim Aufschieben auf den Tachometer richtig einrastet.

Drehzahlmesser

Wie oft die Kurbelwelle des Motors rotiert, zeigt der Drehzahlmesser an. Dazu erhält er die Zündimpulse von der Zündspule Klemme 1 bzw. dem Steuergerät der Zünd/Einspritz-Steuerung übermittelt. Die werden von der Elektronik im Instrument summiert und aufbereitet an das Meßwerk des Zeigerinstruments weitergegeben.
Bei Störungen gilt es die entsprechenden Leitungen zu prüfen. Auch in der Leiterplatte der Instrumententafel kann der Fehler stecken. Der Drehzahlmesser selbst kann mit Eigenmitteln nicht repariert werden.

Kühlmittel-Temperaturanzeige

Die Anzeige für die Kühlmitteltemperatur funktioniert ähnlich wie die Tankanzeige. Plusstrom erhält das Instrument bei eingeschalteter Zündung, die Masseverbindung stellt der Temperaturfühler am Thermostatgehäuse her. Dieser Fühler ist ein veränderlicher Widerstand, der mit zunehmender Erwärmung den Stromzufluß weiter freigibt, so daß das Bimetall im Instrument stärker beheizt wird und die Nadel weiter ausschlägt.

Störungen

○ Fehlerhafte Anzeige der Kühlmitteltemperatur bei gleichzeitig ungenauer Benzinstandsanzeige lassen auf einen schadhaften Spannungskonstanter schließen.
○ Keine Anzeige kann ihre Ursachen im Temperaturfühler oder Instrument haben.

Kühlmittel-Temperaturanzeige prüfen

● **Temperaturfühler prüfen:** Zuständiges Kabel am Geber im Motorraum (siehe unten) abziehen und an blankes Metall (Masse) halten.
● Zündung kurz einschalten: Wandert die vorher regungslose Anzeigenadel nun zügig über die Skala, ist der Temperaturfühler defekt – austauschen.
● Rührt sich nichts im Anzeige-Instrument, ist die Zuleitung zur Instrumententafel unterbrochen, die Leiterfolie oder das Anzeige-Instrument defekt.
● **Anzeige-Instrument prüfen:** Instrumententafel ausbauen, Anzeige-Instrument abschrauben.
● An der Rückseite eine 9-Volt-Batterie als Stromquelle anschließen.
● Rührt sich die Anzeigenadel nicht, ist das Anzeige-Instrument defekt.

Die Tankanzeige

Der Tankgeber im Kraftstofftank besteht aus einem Schwimmer und einem elektrischen Widerstand. Mit Einschalten der Zündung erhält das Anzeigegerät in der Instrumententafel Spannung. Den Stromkreis schließt der veränderliche Widerstand im Tankgeber, der die Verbindung zur Masse herstellt. Je nach Stromdurchfluß wird das Bimetall im Anzeige-Instrument mehr oder weniger beheizt, und die daran befestigte Zeigernadel schlägt entsprechend aus.
Steht der Schwimmer bei vollem Tank in seiner höchsten Stellung, ist der Widerstand am Tankgeber

Zur Funktionsprüfung des Temperaturfühlers (links 1,8- und 2,0-Liter-Motor, rechts 2,4-Liter-Motor) Stecker am Fühler abziehen und an Masse halten. Zündung kurz einschalten: Die Anzeigenadel muß über die Skala wandern.

Mit einer 9-Volt-Batterie kann – wie hier gezeigt – die Funktion der Temperaturanzeige geprüft werden.

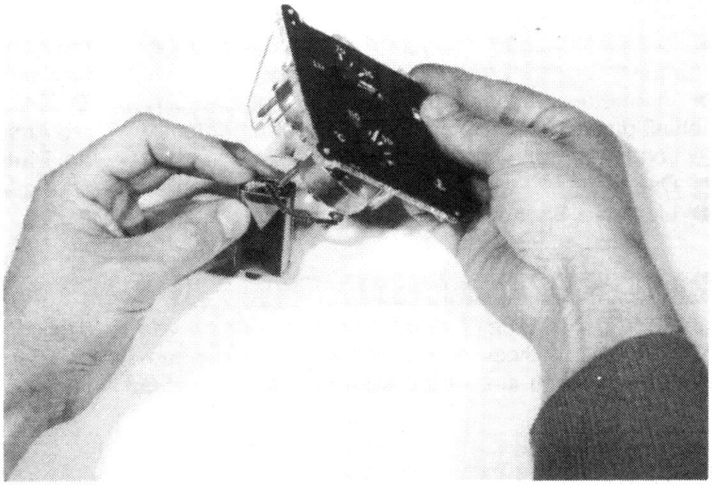

überbrückt, das Anzeige-Bimetall wird voll beheizt und läßt den Zeiger voll ausschlagen. Mit abnehmendem Tankinhalt sinkt der Schwimmer, der dadurch höhere Widerstand hemmt den Stromdurchfluß zum Bimetall, die Nadel zeigt weniger an.

Störungen

- ○ Zu hoher oder zu niedriger Stand: Spannungskonstanter defekt oder Tankanzeige zeigt falsch an.
- ○ Keine Anzeige: Spannungskonstanter bzw. Tankgeber oder Anzeige-Instrument defekt.

Störungssuche

- ● Stellen Sie fest, daß sowohl Tank- wie Temperaturanzeige nichts oder falsch anzeigen, liegt es am Spannungskonstanter.
- ● Bei Falschanzeige durch verbogenen Schwimmerarm Tankgeber ausbauen (Seite 63).
- ● Biegen des Schwimmerarms nach oben verringert die Anzeige. Biegen nach unten ergibt einen höheren Anzeigewert. Aber nur vorsichtig biegen!
- ● **Tankgeber prüfen:** Stecker am Geber abziehen.
- ● Hilfskabel in den Steckanschluß des blau/schwarzen Kabels stecken und direkt an Masse halten.
- ● Zündung ganz kurz einschalten – schlägt der Zeiger auf »Voll« aus, ist der Tankgeber defekt.
- ● Bewegt sich die Nadel nicht, ist entweder das blau/schwarze Kabel zur Instrumententafel unterbrochen, die Leiterfolie oder das Anzeige-Instrument defekt.
- ● **Anzeige-Instrument prüfen:** Instrumententafel ausbauen, Anzeige-Instrument abschrauben.
- ● Das Anzeigegerät wird mit einer 9-Volt-Batterie auf die gleiche Weise wie das Kühlmittel-Temperaturanzeige-Instrument geprüft.

Der Spannungskonstanter

An der Rückseite der Instrumententafel ist ein kleines Bauteil mit drei Anschlüssen angeschraubt – der Spannungskonstanter. Er muß die Tank- und Temperaturanzeige mit absolut gleichmäßiger Spannung versorgen. Andernfalls lassen Spannungsschwankungen die Zeigernadeln pendeln.
Wenn beide Geräte »verrückt spielen« oder gar nichts anzeigen, liegt es sicher am Spannungskonstanter.

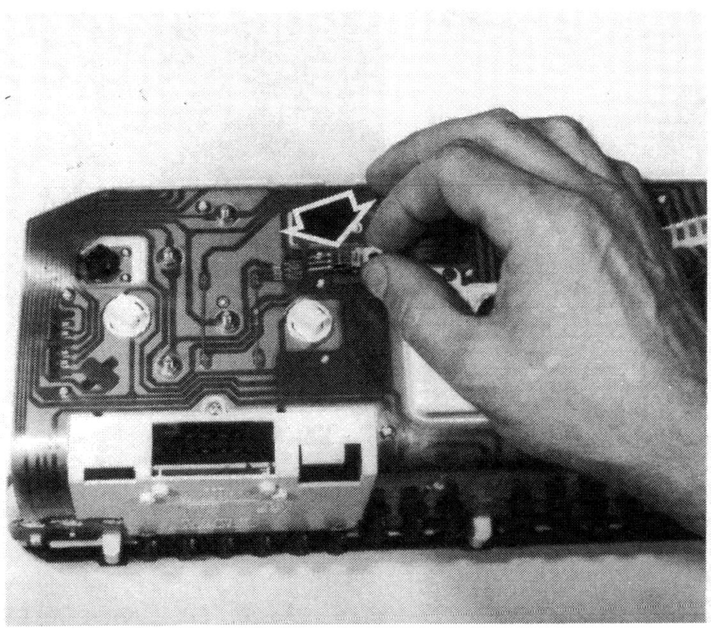

Der Spannungskonstanter (Pfeil) befindet sich auf der Rückseite der Instrumententafel. Zum Ausbau Befestigungsschraube losdrehen und Konstanter von den Steckkontakten abziehen.

Spannungs-konstanter prüfen

- Instrumententafel ausbauen, aber Kabel angeschlossen lassen, Zündung einschalten.
- Voltmeter zwischen mittleren und oberen Anschluß des Konstanters anklemmen (Instrumententafel von hinten betrachtet).
- Das Meßgerät muß 9,75–10,25 Volt anzeigen.
- Liegt die Spannung außerhalb der Toleranz, ist der Konstanter defekt. Keine Spannung da: Stromzufuhr prüfen.
- Dazu das Voltmeter zwischen mittleren und unteren Anschluß des Konstanters anschließen. Liegt keine Batteriespannung an, muß nach der Unterbrechung in der Zuleitung gesucht werden.

Kontrolleuchten in der Instrumententafel

Unten in der Instrumententafel ist eine Vielzahl von Kontrolleuchten für die unterschiedlichsten Funktionen eingebaut. Auf diese wollen wir in den folgenden Abschnitten eingehen. Wie die kleinen Glühbirnen der Kontrollämpchen ausgebaut werden, erfahren Sie auf Seite 221.

Ladekontrolle

Bei laufendem Motor darf die Ladekontrolle weder glimmen noch aufleuchten. Sonst sitzt ein Fehler in der Stromversorgung, siehe Störungsbeistand auf Seite 188. Brennt das rote Lämpchen beim Einschalten der Zündung nicht, ist vermutlich die Glühlampe durchgebrannt, oder aber das Kabel zur Lichtmaschine ist defekt bzw. hat sich gelöst. Mehr über die Ladekontrolleuchte erfahren Sie auf Seite 185.

Öldruckkontrolle

Bei eingeschalteter Zündung liegt an der Öldruckkontrolle Spannung an. Solange kein Öldruck aufgebaut wird, ist ihr Stromkreis durch den Öldruckschalter geschlossen – sie brennt.
Bei steigendem Öldruck im Motor öffnet der Öldruckschalterkontakt, der Stromkreis wird unterbrochen, und die Kontrolle verlöscht. Kaltes Motoröl ist ziemlich zähflüssig. Das ergibt hohen Öldruck, der die Kontrolle schon beim oder gleich nach dem Anlassen des Motors verlöschen läßt. Im heißgefahrenen Motor im Hochsommer ist das Öl dünnflüssiger, und bei dem entsprechend niedrigen Druck verlöscht die Kontrolle erst bei höheren Drehzahlen.

Störungssuche

Leuchtet die Öldruckkontrollampe plötzlich während der Fahrt auf, ist das grundsätzlich ein Alarmzeichen:

- Brennt sie nur kurz bei scharfem Bremsen oder in schnell gefahrenen Kurven, dürfte der Ölstand unter die Minimalmarke abgesunken sein – Ölstand prüfen und, wenn nötig, Öl nachfüllen.
- **Leuchtet die Lampe dauernd, müssen Sie sofort anhalten.**
- Dann zuerst kontrollieren, ob das Kabel vom Öldruckschalter zur Warnlampe Kurzschluß hat: Zündung einschalten, Kabelstecker am Öldruckschalter abziehen.
- Die Lampe muß nun bei stehendem Motor verlöschen; das beobachtet am besten ein Helfer.
- Brennt sie dagegen weiter, ist das Kabel irgendwo durchgescheuert und hat Massekontakt. Das ist harmlos für den Motor – Sie können weiterfahren.
- Normalerweise zeigt das Aufleuchten der Öldruckkontrolle, daß an den Schmierstellen des Motors nicht der nötige Öldruck herrscht.
- Das liegt jedoch meistens nicht an einem Defekt an der Ölpumpe, sondern weit öfter an einem klem-

**Der Öldruckschalter (Pfeil) signalisiert über die Öldruck-Warnleuchte im Armaturenbrett, ob an den Motorlagern ausreichender Öldruck vorhanden ist.
Links sehen Sie den Öldruckschalter des 1,8- bzw. 2,0-Liter-Motors. Rechts sieht man den Öldruckschalter am 2,4-Liter-Motor.**

menden Druckregelventil (siehe dazu Seite 31) oder an schlagartigem Ölverlust.

● In Betracht kommt da z.B. eine lose Ölablaßschraube.

● Stellt sich der Fehler als gefährlich für den Motor heraus, muß der Omega abgeschleppt werden.

● Bei ständig aufleuchtender Ölkontrolle ist nicht selten ein defekter Öldruckschalter schuld. Regelrecht nachgeprüft werden kann das aber nur durch Auswechseln des Schalters.

● Behelfsmäßige Kontrolle: Steckerzunge des Öldruckschalters etwas hin- und herbewegen. Verlöscht die Lampe jetzt, wenn der Motor kurz gestartet wird?

● Bleibt die Öldruckkontrolle beim Zündschlüsseldreh dunkel? Zündung einschalten, Steckverbindung am Öldruckschalter trennen und an blankes Metall halten.

● Brennt nun das Warnlicht, liegt es am Öldruckschalter. Schalter austauschen.

● Leuchtet nichts, ist die Zuleitung oder die Glühlampe selbst defekt.

Blinker-Kontrolleuchten

Die beiden Blinker-Kontrolleuchten erhalten Strom im Blinker-Rhythmus von derselben Leitung, die auch zu den jeweiligen Blinkleuchten führt. Von den rechten Blinkleuchten erhält die rechte Blinkerkontrolle Strom, von den linken die linke. Die Zuleitung erfolgt ohne Sicherung. Die Masseverbindung beider Kontrolleuchten kommt von der zentralen »Masse-Versorgung« der Instrumententafel.

Fernlichtkontrolle

Bei eingeschaltetem Fernlicht oder beim Lichthupen erhält die Fernlichtkontrolle von der »Fernlicht«-Sicherung (Seite 166) des rechten Scheinwerfers Strom. Ob die Fernlichtfäden wirklich brennen, kann sie aber nicht anzeigen; das muß man selbst kontrollieren. Die Masse-Zufuhr kommt auch hier von der Instrumententafel.

Kontrolleuchte des Automatikgetriebes

Wird bei Fahrzeugen mit elektronischem Automatikgetriebe das sportliche Fahrprogramm gewählt oder bei Fahrzeugen mit hydraulischem Automatikgetriebe die D3-Fahrstufe eingeschaltet, leuchtet links in der Instrumententafel die zuständige Kontrolleuchte auf. Den Massekontakt hierzu erhält das Lämpchen vom Steuergerät des Automatikgetriebes.

Blinkt die Kontrolleuchte bei Fahrzeugen mit elektronischem Automatikgetriebe während der Fahrt, liegt ein Defekt im System vor. In die Werkstatt fahren und kontrollieren lassen.

Brennt die Lampe im sportlichem Fahrbetrieb bzw. bei gedrückter D3-Taste nicht, Sicherung kontrollieren bzw. Lämpchen auswechseln.

Motorkontrolleuchte

Die Fehlerlampe leuchtet während der Fahrt, wenn ein Defekt aufgetreten ist, der zu Schäden am Motor führen kann. Das Steuergerät der Einspritzung bzw. des elektronisch geregelten Vergasers »merkt sich« im sogenannten Fehlerspeicher einmal aufgetretene Fehler und teilt sie bei Abfrage dem Mechaniker über einen Blinkcode mit (Fehlerlampe blinkt in bestimmtem Rhythmus).

Zur Eigenkontrolle leuchtet die Lampe bei eingeschalteter Zündung und verlöscht bei laufendem Motor.

Handbrems-Kontrolleuchte

Bei angezogener Handbremse schließt ein Schalter am Handbremshebel die Verbindung zur Masse. Damit kann die Kontrollampe, die bei eingeschalteter Zündung an ihrem anderen Anschluß mit Spannung versorgt wird, aufleuchten. Bei gelöster Handbremse verlöscht sie wieder.

Störungssuche

● **Die Lampe brennt nicht bei angezogener Handbremse:** Glühlampe ausbauen und kontrollieren (Seite 221).

● Brachte das keinen Erfolg, Handbrems-Kontrollschalter freilegen. Dazu:

● Mittelkonsole ausbauen (Seite 257).

● Beide Befestigungsschrauben der Handbremse herausdrehen und Handbremshebel anheben.

● Kabelstecker am Schalter (siehe Bild nächste Seite) abziehen und Stecker an blankes Metall halten.

● Brennt die Lampe jetzt, war der Schalter defekt.

● **Die Lampe verlöscht nicht bei gelöster Handbremse:** Kabel am Schalter der Handbremse lösen, wie vorstehend beschrieben, doch Stecker in der Luft hängen lassen.

● Brennt die Lampe nicht mehr, war der Schalter defekt.

● Leuchtet sie dagegen weiter, ist das Kabel durchgescheuert und hat Massekontakt.

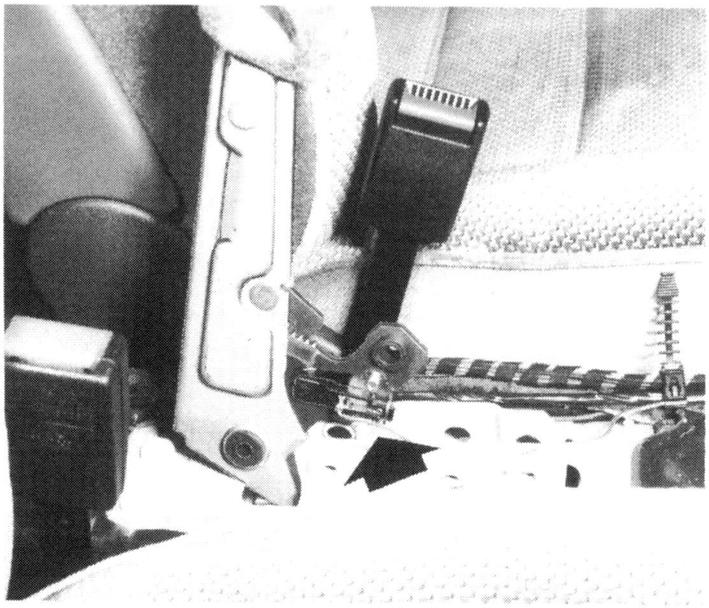

Zum Ausbau oder zur Prüfung des Handbremsschalters muß die Mittelkonsole ausgebaut werden. Nach Abschrauben und Anheben des Handbremshebels kommt der Handbremsschalter (Pfeil) zum Vorschein.

ABS-Kontrolleuchte

Bei Fahrzeugen mit Anti-Blockier-System brennt diese Kontrolleuchte zur Funktionskontrolle beim Einschalten der Zündung. Wenn nicht, Lämpchen auswechseln. Bei laufendem Motor muß die Anzeige verlöschen. Brennt sie dagegen während der Fahrt, liegt ein Defekt im Anti-Blockier-System vor. In die Werkstatt fahren und kontrollieren lassen (siehe auch Seite 151).

Anhänger-Blinkerkontrolle

Sie blinkt rhythmisch mit, wenn bei angeschlossener Anhängerbeleuchtung die betreffende Blinkleuchte am Anhänger funktioniert. Ist am Anhänger (oder am Zugwagen) eine Blinkleuchte defekt, blinkt die Kontrolle beim jeweiligen Richtungsblinken nicht mit.
Bei eingeschalteter Warnblinkanlage und angeschlossener Anhängerbeleuchtung leuchtet die Kontrolle auch dann auf, wenn eine der Hänger-Blinkleuchten nicht funktioniert.

Warnblink-Kontrolleuchte

Diese Kontrolleuchte im Druckschalter leuchtet bei eingeschalteter Warnblinkanlage im Gleichtakt mit den vier Blinkleuchten auf. Spannung erhält die Leuchte über die zuständige Sicherung. Ein Wechsel der Glühlampe ist nicht möglich.

Nebelscheinwerfer-Kontrolleuchte

Die Nebelscheinwerfer-Kontrolleuchte bezieht Strom über das Nebelscheinwerferrelais bzw. über die zuständige Sicherung. Sie kann – wie auch die Fernlichtkontrolle – nur anzeigen, ob die Nebelleuchten eingeschaltet sind.
Über die Birnen in den Nebelscheinwerfern sagt die Kontrolleuchte nichts aus, wohl aber über die Sicherung. Ein Wechsel der Glühlampe ist nicht möglich.

Kontrolleuchte für Nebelschlußlicht

Für die Nebelschlußlicht- Kontrolleuchte gilt dasselbe wie für die Nebelscheinwerfer-Kontrolle: Strom kommt über die zuständige Sicherung vom Nebelschlußleuchtenrelais.

Das Check-Control-System

Serienmäßig besitzt der Omega GLS und der Omega CD das sogenannte Check-Control-System. Es überwacht sieben Funktionen bzw. Betriebszustände nach Einschalten der Zündung und nach Einschalten des Fahr- und Bremslichts. Ebenso wird während der Fahrt aktiv kontrolliert. Damit ersetzt beziehungsweise ergänzt das Check-Control-System eine Anzahl der in Standardausrüstung vorhandenen herkömmlichen Kontrolleuchten.
Nach Einschalten der Zündung leuchten zur Lampenkontrolle alle Anzeigen ca. vier Sekunden auf. Sind alle Funktionen in Ordnung, verlöschen die Anzeigen bis auf die Bremslichtkontrolle. Beim ersten Betätigen der

Bremse erfolgt die Überprüfung der Bremsleuchten, und die Anzeige verlöscht bei funktionierenden Bremsleuchten ebenfalls.
Das Aufleuchten der einzelnen Symbole bedeutet folgendes:

○ **Bremsflüssigkeitsstand:** Flüssigkeitsstand zu niedrig.
Die Kontrollampe beginnt zu leuchten, wenn der Bremsflüssigkeitsstand für ca. 14 Sekunden ununterbrochen zu niedrig ist.

○ **Scheibenwaschanlage:** Diese Anzeige macht auf zu niedrigen Wasserstand im Scheibenwasch-Wasserbehälter aufmerksam.
Ist der Flüssigkeitsstand für ca. 27 Sekunden ununterbrochen zu niedrig, wird die Anzeigeleuchte eingeschaltet.

○ **Motoröl:** Motorölstand zu niedrig.
Der Motor wird auch während der Fahrt ständig überwacht. Verlöscht nach Einschalten der Zündung die Kontrolleuchte nicht, lag bei der vorangegangenen Fahrt innerhalb von 15 Minuten sechs Mal für jeweils 11 Sekunden ein zu niedriger Ölstand vor.
Blinkt hingegen die Anzeigelampe, wird akuter Ölmangel signalisiert. Blinkt die Leuchte während der Fahrt, sofort anhalten und Motor abstellen. Ölstand kontrollieren.

○ **Kühlmittel:** Kühlmittelstand im Ausgleichbehälter zu niedrig.
Liegt die Störung bereits beim Einschalten der Zündung vor, leuchtet die Anzeige nach beendeter Lampenkontrolle weiter.

○ **Beleuchtung:** Ausfall einer Abblend- oder Schlußlichtlampe.
Dieser Prüfschritt kann beim Check-Control-System nicht im automatischen Prüfablauf vorgenommen werden. Zur Kontrolle muß der Fahrer zuvor das Abblendlicht einschalten. Gleichzeitig werden nun Abblendlicht und Rücklicht überprüft.
Gleichzeitiger Ausfall beider Abblendlicht- und Rücklicht-Glühfäden kann das System konstruktionsbedingt nicht anzeigen. Allerdings ist das auch ein unwahrscheinlicher Defekt.

○ **Bremslicht:** Ausfall eines Bremslichts. Ist eine Anhängerkupplung ab Werk montiert, signalisiert die Kontrolleuchte auch den Ausfall einer Anhänger-Bremslichtlampe.
Beim Einschalten der Zündung wird ein Bremslichtfehler simuliert, d.h. nach beendeter Lampenkontrolle leuchtet die Anzeige weiter. Bei der ersten Bremsbetätigung wird bei intakter Bremslichtanlage die Anzeige gelöscht. Liegt im Bremslichtkreis ein Fehler vor, bleibt die Leuchte eingeschaltet. Tritt während der Fahrt ein Defekt auf, wird die Anzeigeleuchte bei der nächsten Bremspedalbetätigung eingeschaltet. Bei einem Sicherungsdefekt erfolgt die Warnung sofort. Beim Anhängerbremslicht wird nur der Ausfall einer der beiden Glühlampen erkannt und angezeigt. Das Lampenkontrollgerät des Check-Control- System ist auf eine Glühlampenleistung von 2 × 21 Watt ausgelegt. Die Verwendung von Glühlampen mit abweichender Leistung bzw. das Vorhandensein von mehr als nur zwei Bremsleuchten am Anhänger kann zu einer Fehlanzeige führen.

○ **Bremsbeläge:** Beläge der vorderen Bremsen auf minimale Belagstärke abgenutzt.
Als Sensor dient hierzu eine im Bremsbelag eingesteckte, verkleidete Drahtschlinge. Ist der Bremsbelag abgenutzt, wird die Schlinge aufgetrennt (unterbrochen) und die Kontrolleuchte eingeschaltet.

Die Schalter

Wenn ein elektrisches Gerät im Omega eingeschaltet werden soll, muß der betreffende Schalter betätigt werden. Zum Bereich Schalter gehört natürlich auch das Zündschloß.

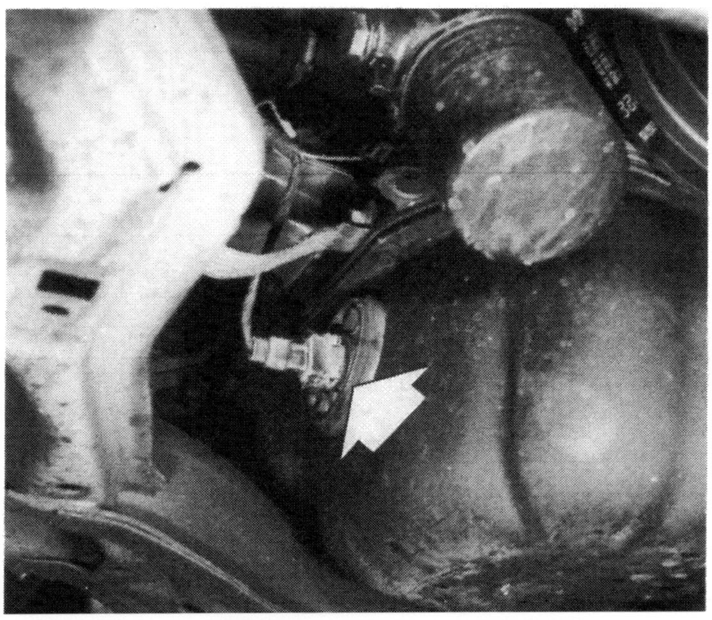

Bei Fahrzeugen mit Check-Control sitzt seitlich an der Ölwanne ein Geber (Pfeil), der ständig den Stand des Motoröls überwacht.

Hebelschalter

Obschon sie zu den meistgebrauchten Schaltern im Auto gehören, hat man mit den Hebelschaltern kaum Probleme.
Zur Störungssuche genügt es, die Lenksäulenverkleidung abzuschrauben.

Hebelschalter ausbauen

● Obere und untere Lenksäulenverkleidung losschrauben (Seite 237).
● Rasthebel beidseitig am Hebelschalter zusammendrücken und betreffenden Schalter nach außen von der Lenksäule abnehmen.
● Verriegelung lösen und Mehrfachstecker vom Hebelschalter abziehen.

Kippschalter

Kippschalter sitzen im Omega in der Mitte des Armaturenbretts.
Leider lassen sich die Lämpchen der Schalterbeleuchtung nicht einzeln auswechseln. Ist die Lampe defekt, muß der Schalter komplett ersetzt werden.

Kippschalter ausbauen

● Kippschalter mit einem schmalen Schraubendreher aus dem Ausschnitt im Armaturenbrett abbauen.
● Hierzu Schraubendreher unten in die Aussparung am Schalter schieben und gegen die Verriegelung drücken.
● Gleichzeitig Schalter mit ruckelnden Bewegungen herausziehen.
● Beim Einbau Schalter bis zum Einrasten eindrücken.

Lichtschalter

Im Omega ist der Lichtschalter links im Armaturenbrett untergebracht. Unter seinem Drehknopf befindet sich ein Rändelrad zur Regulierung der Instrumentenbeleuchtung.
Die Beleuchtung des Lichtschalters übernimmt ein Glassockellämpchen, das nicht ausgetauscht werden kann. Ist das Lämpchen defekt, muß der komplette Lichtschalter ersetzt werden.

Lichtschalter ausbauen

● Zum Ausbau des Lichtschalters muß der Drehknopf abgenommen werden.
● Drehknopf ziehen »Innenleuchte ein« und rechtsdrehen »Abblendlicht ein«.
● Unten am Drehknopf kommt eine kleine Aussparung zum Vorschein. Schmalen Schraubendreher in die Aussparung einschieben, gegen die Verriegelung des Drehknopfes drücken und gleichzeitig Knopf abziehen.
● Beide Verriegelungsbügel des Schalters zusammendrücken und mit einer Zange den Schalter vorsichtig aus der Aussparung im Armaturenbrett herausziehen.

Drehschalter

Heizungsgebläse

Der Drehschalter des Heizungsgebläses läßt den Strom direkt oder über drei unterschiedlich große Widerstände zum Gebläsemotor fließen. So ergeben sich vier Geschwindigkeitsstufen. Die fünfte Geschwindigkeits-

Linken Hebelschalter ausbauen: Rasthebel (Pfeile) oben und unten am Schalter andrücken und Schalter nach außen von der Lenksäule abnehmen.

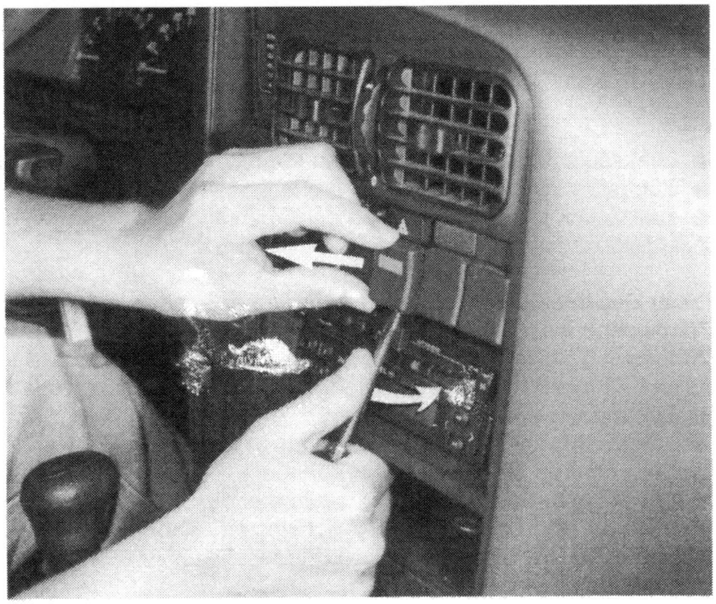

Mit einem Schraubendreher können Kippschalter, wie hier am Warnblinkschalter gezeigt, aus dem Armaturenbrett ausgebaut werden.

stufe – in diesem Fall die langsamste – wird erreicht, indem man den Strom über alle Widerstände fließen läßt. Die Vorwiderstände, die den Stromfluß in den langsamen Stufen reduzieren, sitzen jedoch nicht im Schalter, sondern im Gehäuse des Gebläses.

Drehschalter Heizungsgebläse ausbauen

● Heizhebeleinheit ausbauen (Seite 244).
● Mehrfachstecker vom Gebläseschalter abziehen.
● Zum Ausbau des Drehschalters können die Bowdenzüge an der Heizhebeleinheit angeschlossen bleiben.
● Haltenasen des Drehschalters mit einem schmalen Schraubendreher rechts und links an der Heizhebeleinheit aushängen.
● Drehschalter von der Heizhebeleinheit abnehmen.

Zündschloß

Das Zündschloß dient nicht nur dazu, dem Besitzer des Zündschlüssels den Motorstart zu ermöglichen, sondern sperrt nach Abziehen des Zündschlüssels auch die Lenkung.
Während das Schloßteil nur in seltenen Fällen seinen Geist aufgibt, kann der in einem Kunststoffteil eingegossene Schaltkontaktsatz – also der Zünd/Anlaßschalter – eher die Ursache für eine Störung sein. Ob er defekt ist, können Sie nach Abschrauben der unteren Lenksäulenverkleidung prüfen.

Zünd-Anlaß-schalter ausbauen

Das Schalterteil des Zündschlosses kann die Ursache von Störungen sein, wenn die Kontakte abgenutzt sind. Ein Fehler, der fast nur bei älteren Wagen vorkommt.
● Batterie abklemmen.
● Untere Lenksäulenverkleidung abbauen (Seite 244).
● Am Umfang des Zündschlosses beide Madenschrauben herausdrehen.
● Zünd/Anlaß-Schalter vom Lenkradschloß abnehmen, dabei die Stellung des Kontaktschalters beachten.
● Mehrfachsteckverbindung der Zuleitungskabel trennen.

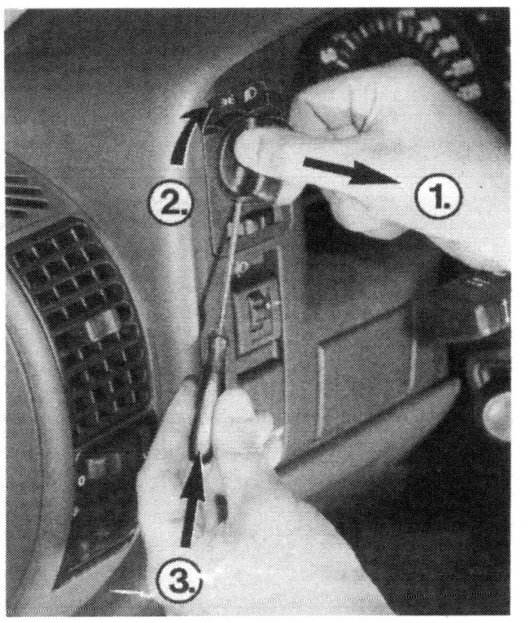

Links: Die Leuchtweitenregulierung wird mit einem Schraubendreher aus dem Ausschnitt im Armaturenbrett herausgehebelt.
Rechts Ausbau des Lichtschalters:
1. Drehschalter ziehen (»Innenleuchte ein«).
2. Schalter rechtsdrehen (»Abblendlicht ein«).
3. Schmalen Schraubendreher unten in die Aussparung stecken, gegen die Verriegelung drücken, gleichzeitig Drehknopf abziehen. Weiterer Ausbau siehe Text links.

Schließzylinder für Zündschloß ausbauen

● Lenksäulenverkleidung ausbauen (Seite 244).
● Zündschlüssel in Stellung »II« drehen.
● Drahtstück in die Bohrung an der Oberseite des Zylindergehäuses stecken.
● Arretierungsfeder mit dem Drahtstück niederdrükken und Schließzylinder aus dem Lenkradschloß herausziehen.

Zündung kurzschließen

Diese Beschreibung soll keinen Autodieb aus Ihnen machen, sondern Ihnen vielmehr helfen, bei defektem Zündschloß weiterfahren zu können. Der Zündschlüssel muß natürlich vorhanden sein, und er muß sich im Zündschloß drehen lassen, damit die **Lenksperre entriegelt** werden kann. Bei Defekten am Lenkschloß selbst sollten Sie nicht mehr weiterfahren, denn die Lenkradsperre könnte sonst während der Fahrt einrasten.
● Lenksäulenverkleidung abbauen.
● Mehrfachstecker mit einem kleinen Schraubendreher vom Zünd/Anlaß-Schalter abhebeln.
● Mit einem Kabelstück oder Büroklammer die Stekkerbuchse der beiden dicken schwarzen Kabel (Klemme 30 und 15) miteinander verbinden. Die Zündung ist damit eingeschaltet.
● Zum Starten des Motors basteln Sie sich eine zweite isolierte Drahtbrücke, die zunächst nur mit dem schwarz/roten Kabel verbunden wird.
● Die zweite Drahtbrücke nun kurz gegen die bereits bestehende Brücke halten und sofort wieder wegziehen: Der Anlasser wirft jetzt den Motor an.
● Zweite Brücke am besten ganz entfernen und die erste gut isolieren, damit sie nicht mit einem blanken Teil in Berührung kommen kann. Sonst gibt's einen saftigen Kurzschluß, denn das schwarze Kabel – von der Batterie kommend – besitzt keine Sicherung.
● Zum Abstellen des Motors die Verbindung zwischen den beiden schwarzen Kabeln abziehen.

Schalter prüfen

● Mit einer Prüflampe mit Nadelkontakt können Sie die Kabelisolierung durchstechen und feststellen, welche Kabel Spannung führen.
● Suchen Sie den zum jeweiligen Schalter passenden Stromlaufplan ab Seite 167 heraus.
● Zuerst wird geprüft, ob der Schalter überhaupt Spannung geliefert bekommt; hierzu muß vielfach die Zündung oder die Beleuchtung eingeschaltet werden.
● Dann wird kontrolliert, ob der Schalter in entsprechender Stellung die Spannung weiterleitet.
● Am Beispiel des **Zünd/Anlaß-Schalters** sieht das folgendermaßen aus:
● Untere Lenksäulenverkleidung ausbauen, um an die Anschlußkabel heranzukommen.
● Kabel mit der Prüflampe an Masse anschließen.
● Mit der Prüfspitze die Isolierung durchstechen:
● Das schwarze Klemme-30-Kabel muß ständig Batteriestrom führen.
● Das dünne schwarze Klemme-15A-Kabel (Leitungsquerschnitt 4 mm^2) steht ausschließlich in Schlüsselstellung »Zündung ein« unter Strom.
● Das schwarze Kabel der Klemme 15 erhält Spannung in Stellung »Zündung ein« und »Anlassen«.
● Die schwarz/rote Leitung von Klemme 50 für den Startbefehl an den Anlasser steht nur in Stellung »Anlassen« unter Spannung.
● Auf diese Weise können Schalter geprüft werden, an deren Anschlußkabel man mit einer Prüflampe herankommt. Können die Anschlußkabel eines Schalters nicht ohne größeren Aufwand freigelegt werden, wird folgendermaßen geprüft:
● Beispiel **Schalter** der Nebelschlußleuchte: Schalter ausbauen.
● Zuerst wird geprüft, ob der Schalter in Ordnung ist. Ohmmeter an den Kontaktzungen »4« und »8« anschließen.
● Das Ohmmeter muß in Schalterstellung »Ein« 0 Ω anzeigen. In Schalterstellung »Aus« zeigt das Gerät ∞ Ω an.
● Ist der Schalter in Ordnung, werden die Anschlußklemmen geprüft.
● Um die Anschlußklemmen identifizieren zu können, nehmen Sie den Schalter zur Hand. Mit Hilfe der bezeichneten Kontaktzungen (1 bis 4 und 8) lassen sich die Anschlußklemmen bestimmen. Nun kann geprüft werden, ob die betreffenden Klemmen Strom führen bzw. Kontakt zur Masse haben.

Relais und Steuergeräte

Zur Bordelektrik gehören eine Reihe Relais, die gemeinsam im Sicherungskasten oder Relaiskasten im Motorraum untergebracht sind. Des weiteren besitzt der Omega einige Schalt- und Steuergeräte, die an verschiedenen Stellen im Fahrzeug auf separaten Anschlüssen eingesteckt sind.
○ Ein einfaches Schaltrelais wird für leistungsstarke Stromverbraucher verwendet. Leitet man den Strom auf langen Kabelwegen über den dazugehörigen Schalter, gibt es Spannungsverlust. Außerdem werden die Schalterkontakte durch den hohen Stromfluß stark beansprucht. Bei einer Relaisschaltung benutzt man den Schalter nur für den geringen Schaltstrom, womit nicht der Verbraucher direkt, sondern dessen Relais eingeschaltet wird.
○ Bestimmte Relais können zusätzliche Funktionen auslösen. So schaltet das Blinkrelais die Blinkimpulse, das

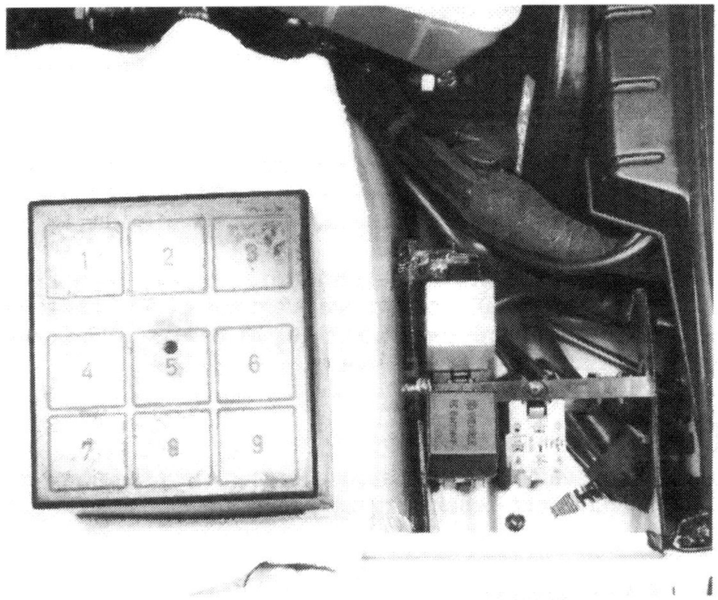

Der Relaiskasten sitzt links hinten im Motorraum. Welche Relais im Kasten untergebracht sind, lesen Sie im Bildtext unten.

Relais der Wisch-Wasch-Intervallschaltung steuert den Intervallbetrieb und den Trockenlauf der Scheibenwischer nach dem Scheibenwaschen.

○ Schalt- und Steuergeräte besitzen mehr oder minder umfangreiche elektronische Schaltungen für bestimmte Funktionen, bisweilen ist auch noch ein Relais eingebaut. Als Beispiel seien hier nur das Steuergerät für Zentralverriegelung oder das Schaltgerät für Innenlicht-Abschaltverzögerung genannt.

Relais-Funktion

○ Beim Einschalten des betreffenden Verbrauchers wird im Relais durch den an Klemme 86 ankommenden »Schaltstrom« der Schaltstromkreis zu Klemme 85 geschlossen.

○ Dadurch zieht eine Magnetspule einen kräftigen Kontakt gegen Federdruck an und schließt so den Stromkreis für den »Arbeitsstrom«.

○ Der Arbeitsstrom wird zur Vermeidung von Spannungsabfall auf kurzem Weg direkt an Klemme 30 des Relais herangeführt und von dort weiter – bei geschlossenen Schalterkontakten – über Klemme 87 an den Stromverbraucher weitergeleitet.

Relais-Störungssuche

○ An Klemme 30 muß immer Spannung anliegen, sofern es sich nicht um ein Relais handelt, dessen Verbraucher von einem anderen abhängt. Beispiel: Das Relais der Nebelleuchte erhält nur dann Strom, wenn Licht eingeschaltet ist.

**Die Relais (R), Sicherungen (S) und Steuergeräte (St) im Omega:
A – Relaisträger links im Motorraum: 1 – (R) Kraftstoffpumpe oder (R) Gemischvorwärmung; 2 – Abschaltrelais Kompressor oder (S) EZV oder (S) Gemischvorwärmung; 3 – (R) Steuergerät EZV oder (R) Drehzahl oder Abschaltrelais Kompressor; 4 – (R) Drehzahl oder (R) Überspannungsschutz ABS (oder A 7); 5 – (R) Scheinwerferreinigungsanlage (oder A 8); 6 – entfällt; 7 – (R) Überspannungsschutz ABS; 8 – (R) Scheinwerferreinigungsanlage; 9 – entfällt.
B – Seitenwand vorn unten rechts: 1 – (St) Zentralverriegelung; 2 – (St) Motronic oder Ecotronic.
C – rechter unterer Instrumententafelhalter: 1 – (St) elektrischer Geschwindigkeitsregler.
D – entfällt.
E – Rampe Hintersitz: 1 – (R) Hintersitzheizung; 2 – Geber automatische Niveauregulierung.
F – Seitenwand vorn unten links: 1 – Zeitrelais Außenspiegel heizbar (nur MJ '87).
G – links unter dem Instrumentenhalter: 1 – Sensor Glühlampen; 2 – entfällt; 3 – entfällt; 4 – Rückschaltsperre.
H – Relaisträger hinter Sicherungskasten: 1 – (S) Horn (oder H 2, H 3); 2 – (R) Geschwindigkeitsregler oder (S) Horn; 3 – (S) Horn oder (R) Anlasser; 4 – (R) Intervall Wischer/Wascher Heckscheibe oder (R) Gebläse Klimaanlage 5. Stufe (oder H 6); 5 – (R) Klimaanlage; 6 – (R) Gebläse Klimaanlage 5. Stufe bis MJ '88 oder (R) Anlasser; 7 – (R) Gebläse Klimaanlage 1. Stufe ab MJ '88 oder (R) Kompressor Klimaanlage (nur MJ '87); 8 – (R) Fanfare (nur MJ '87) oder (R) heizbare Außenspiegel/Heckscheibe.
J – Sicherungskasten: 1 – (R) heizbare Heckscheibe, ab MJ '88 oder (R) Fanfare; 2 – (R) Nebelscheinwerfer; 3 – (R) Weitstrahler; 4 – Sicherungsabzieher; 5 – (R) Intervall Wischer/Wascher Frontscheibe; 6 – Blinkrelais; 7 – Warnsummer; 8 – Sicherungen.**

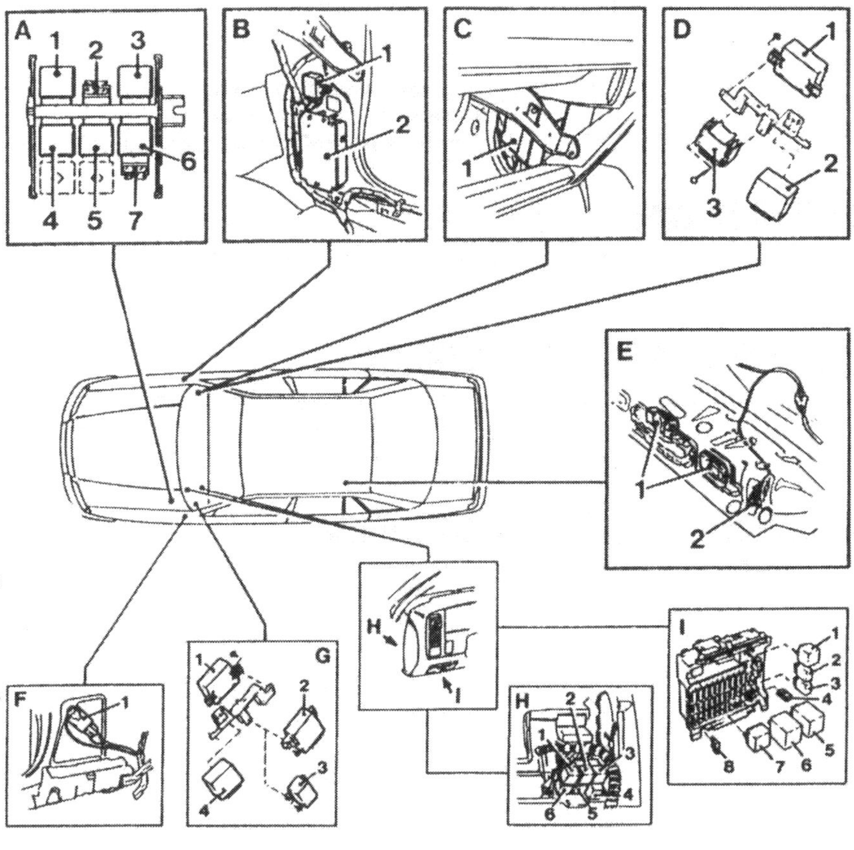

○ Zur Kontrolle Relais ein Stück herausziehen und mit Prüflampennadel Klemme 30 antippen.
○ Relais abziehen, Klemme 86 mit Batterie-Plus und Klemme 85 mit Masse verbinden. Die Magnetspule muß den Relaiskontakt deutlich hörbar anziehen, sonst ist das Relais defekt.

Behelf bei defektem Relais

● Relais aus dem Stecksockel abziehen.
● Klemme 30 und 87 im Relaissteckfeld mit einer Büroklammer überbrücken. Dadurch erhält der betreffende Verbraucher Dauerstrom.
● Zum Abschalten die Kurzschlußbrücke abziehen, da der betreffende Schalter in diesem Fall ja überbrückt ist.

Die Zeituhr

Die quarzgesteuerte Uhr geht ausgesprochen exakt, die Abweichungen liegen unter 5 Sekunden pro Tag. Läuft die Zeigeruhr nicht, beschränkt sich die Fehlersuche auf die zuständige Sicherung oder das stromzuführende Kabel.

Der Bordcomputer

Der Bordcomputer sitzt beim Omega CD serienmäßig, bei den übrigen Modellen auf Sonderwunsch am selben Einbauort wie die Zeituhr.
Er bietet dem Fahrer die folgenden Anzeigen bzw. Funktionen auf Abruf:
○ Uhrzeit (Daueranzeige)
○ Momentanverbrauch
○ Durchschnittsverbrauch
○ Reichweite
○ Durchschnittsgeschwindigkeit
○ Außentemperatur
○ Stoppuhr

Signale für den Bordcomputer

Meßwerte und Signale, aus denen der Bordcomputer seine Informationen bezieht oder errechnet, liefern die folgenden Bauteile:
○ Schwingquarz der Zeituhr
○ Wegstrecken-Frequenzgeber am Tachometer bzw. am Getriebe (Fahrzeuge mit LCD-Instrument)
○ Kraftstoffpumpenrelais
○ Steuergerät Einspritzanlage (Verbrauchssignal)
○ Tankgeber
○ Außentemperaturfühler am vorderen Stoßfänger
○ Zündschloß

Störungen

Erscheint oben im Anzeigefeld und unten links neben der Uhrzeit der Buchstabe »F«, so ist das als Krankmeldung des Computers zu verstehen. Eingriffe von Laienhand sind hier nicht möglich, doch ist der Bordcomputer »diagnosefähig«, d.h. der Diagnosecomputer in der Opel-Werkstatt liefert schnell Auskunft über die Ursache der Störung.

Fingerzeig: Spannungsspitzen, wie sie unter ungünstigen Umständen bei einem Kurzschluß im Versorgungs-Stromkreis des Computers entstehen, können der Computer- Elektronik das Leben kosten. Auch »offene« Eingänge sind gefährlich. Deshalb z.B. den Temperaturfühler nicht ausgesteckt lassen.

Anzünder

Bei eingeschalteter Zündung erhält der elektrische Anzünder Strom über die zuständige Sicherung. Falls der Anzünder trotz intakter Sicherung nicht funktioniert, ist der Heizwendeleinsatz locker oder durchgebrannt.

Licht-Warnsummer

Ein Summer in einem Relaisgehäuse ertönt, wenn bei geöffneter Tür und abgezogenem Zündschlüssel noch Licht brennt. Wem das ermahnende Schnarren lästig wird, kann den links oben im Sicherungskasten sitzenden Störenfried entfernen.

Heizbare Heckscheibe

bis Modelljahr '87

Strom von Klemme 30 erhält die heizbare Heckscheibe bei geschlossenen Relaiskontakten über das Heckscheiben-Relais. Um das Relais zum Schalten zu bewegen, wird der Tippschalter der heizbaren Heckscheibe gedrückt (»Ein«-Kontakt). Das bewirkt, daß Strom kurzzeitig von Klemme 15 zur Spule des Relais fließt. Die Spule zieht dadurch die beiden Kontakte an. Der eine Kontakt schließt den Stromkreis zur Selbstversorgung der Spule, denn die Spule wird ja nur kurz über den Einschalt-Stromkreis zum »Anziehen« gebracht. Der zweite Kontakt schließt den Stromkreis zur heizbaren Heckscheibe.

Ausgeschaltet wird die Heizung durch Unterbrechung der Stromversorgung zur Spule. Dies geschieht entweder durch Schalterdruck (»Aus«-Kontakt) oder durch Abschalten der Zündung. Wird nach dem Abschalten der Motor wieder angelassen, muß erneut der Schalter gedrückt werden, damit die Spule anziehen kann. Eine unnötige Beheizung der Heckscheibe ist somit ausgeschlossen.

ab Modelljahr '88

Bei dieser Schaltung erhält die heizbare Heckscheibe über ein Zeitschaltrelais Strom von Klemme 30. Wird der Schalter der heizbaren Heckscheibe gedrückt, fließt Strom von Klemme 15 zum Relais. Die Spule im Relais zieht an und schließt über einen Kontakt den Arbeits-Stromkreis zur Heckscheibenheizung. Dies geschieht aber nur, wenn der Motor läuft, da das Relais nur schalten kann, wenn es ein Spannungssignal von der Leitung der Lichtmaschinen-Ladekontrolle bekommt.
Nach ca. 15 Minuten oder mit Abschalten des Motors schaltet das Zeitschaltrelais selbsttätig die Spannungsversorgung zur Spule ab – der Arbeitsstromkreis zur Beheizung der Heckscheibe wird unterbrochen.
Bei Fahrzeugen mit elektrisch verstellbaren Außenspiegeln ist das Zeitschaltrelais auch für die Spiegelbeheizung zuständig.

Störungssuche

Falls die heizbare Heckscheibe kalt bleibt, kommen folgende Möglichkeiten in Betracht:

- Zuständige Sicherung kontrollieren.
- Schalter defekt. Ausbauen (Seite 228) und prüfen (Seite 230).
- Funktion des Heckscheibenrelais prüfen, siehe Seite 231.
- Ist das Relais in Ordnung, Zuleitung zum Relais kontrollieren.
- War bisher kein Fehler zu finden, weiteren Kabelverlauf zur Heckscheibe prüfen.
- Sitzen die Kabelstecker an der heizbaren Heckscheibe fest?
- Mit Elektrik-Prüflampe kontrollieren, ob hinten am Anschlußkabel der Scheibe Spannung anliegt.
- Sind Heizfäden beschädigt und dadurch unterbrochen, hilft Leitsilberlack. Dieser wird z.B. von Doduco hergestellt und ist im Autozubehörhandel erhältlich.

Scheibenwischer und -wascher prüfen

Ständige Kontrolle

- Zündung einschalten.
- Laufen die Scheibenwischer in allen Geschwindigkeiten und gehen sie beim Ausschalten in die Parkstellung zurück?
- Funktioniert die Wischintervallschaltung und die Wisch-Wasch-Automatik?
- Spritzt Wasser aus den Wascherdüsen?
- Arbeiten – wo vorhanden – Heckwischer und -wascher?

Scheibenwaschwasser auffüllen

Ständige Kontrolle

Abgasrückstände, Öldunst und Silikon aus Lackpflegemitteln setzen sich hartnäckig aufs Glas. In der warmen Jahreszeit empfiehlt sich ein Reinigungszusatz zum Waschwasser; im Winter Gefrierschutz und Reinigungsmittel.

- Zuerst Zusatzmittel und anschließend Wasser einfüllen, damit sich die Flüssigkeiten im Wascherbehälter gut vermischen.
- Bei tiefem Frost können die Wascherdüsen doch einfrieren. Zur Vorbeugung empfiehlt sich hier die Zumischung von ⅓ Brennspiritus, der allerdings aufdringlich riecht.

Fingerzeige: Waschwasser sollten Sie nicht aus den an den Tankstellen bereitgestellten Wasserkannen einfüllen. Oft finden sich darin Öl- oder Fettrückstände, die sich anschließend auf Ihrer Windschutzscheibe niederschlagen und bei Regen einen störenden Schmierfilm auf das Wischerfeld zaubern.
Wenn das Sichtfeld auf der Windschutzscheibe trotz Reinigungszusatz im Waschwasser schlierig bleibt, hilft das altbekannte Messingputzmittel »Sidol« (nicht Sidol Spezial) weiter. Es wird mit einem Lappen aufgetragen und muß antrocknen, ehe der weiße Staub mit einem sauberen Lappen abgerieben wird. Damit werden Öl-, Lackpflegemittel- und sonstige Rückstände zuverlässig entfernt.

Spritzstrahl einstellen

- Nadel in das Loch der Spritzdüse stecken.
- Das Düsenloch selbst befindet sich in einer Kugel, die mit Hilfe der Nadel verdreht wird.
- Spritzdüse drehen, bis die Spritzwasserstrahlen etwas unterhalb der gedachten Mittellinie auf die Windschutzscheibe auftreffen.

Fingerzeig: Hat die Wascherdüse öfters Verstopfung, hilft ein herkömmlicher Benzinfilter aus dem Zubehörladen, der einfach in den Wasserschlauch von der Wascherpumpe zu den Düsen zwischengeschaltet wird.

Scheibenwischer auswechseln

Die Gummis der Scheibenwischer halten etwa ein halbes Jahr. Danach können Sie sich entscheiden, ob Sie ein komplettes Wischerblatt oder – billiger – nur das Wischergummi erneuern wollen. In jedem Fall muß das Wischerblatt vom Wischerarm abgebaut werden.

- Motorhaube öffnen und Wischerarm hochklappen.
- Kunststoffhebel an der Mittelachse des Wischerblattes nach unten drücken.
- Gleichzeitig das Wischerblatt vom Wischerarm ziehen.
- Beim Einbau Wischerblatt bis zum Einrasten der Haltenocke auf den Wischerarm drücken.

Wischergummi auswechseln

Ist das Metallgestänge des Wischerblatts noch in Ordnung, braucht nur das Wischergummi ausgewechselt zu werden:

- Wischergummi nach Muster im Zubehörladen kaufen (Werkstätten haben sie selten vorrätig).
- Halteklammer um das Wischergummi an einem Ende des Wischerblatts aufbiegen.
- Altes Gummi herausziehen und die beidseits eingelegten Metallstreifen am neuen Gummi einsetzen. Darauf achten, daß die Krümmung nach unten (zur Scheibe hin) zeigt.
- Neues Wischergummi einschieben und Halteklammer wieder zusammenquetschen.

Fingerzeig: Besonders Sparsame montieren lediglich auf der Fahrerseite einen neuen Scheibenwischer, der Beifahrer erhält den bisherigen linken Wischer. Beim nächsten Mal wiederholt sich das Spiel; links der neue, rechts der bisherige linke Wischer.

Wischerarme ausbauen

- Motorhaube öffnen.
- Die Wischerarmachse ist mit einer schwarzen Schutzkappe abgedeckt. Mit dem Daumen gegen die Schutzkappe drücken, gleichzeitig Schutzkappe hochklappen.
- Darunterliegende Sechskantmutter von der Wischerarmachse abschrauben, Unterlegscheibe abnehmen.
- Wischerarm mit ruckelnden Bewegungen von der Verzahnung der Scheibenwischerwelle abziehen.
- Falls dies nicht möglich ist, setzen Sie zwei mit Lappen umwickelte Schraubendreher unten am Wischerarm an und hebeln ihn so von der Welle.
- Wischerarme beim Einbau so festschrauben, daß die Wischer 2 cm von der Scheiben-Unterkante entfernt stehen.
- Heckwischerarm bei senkrechter Stellung des Wischerblatts anschrauben.

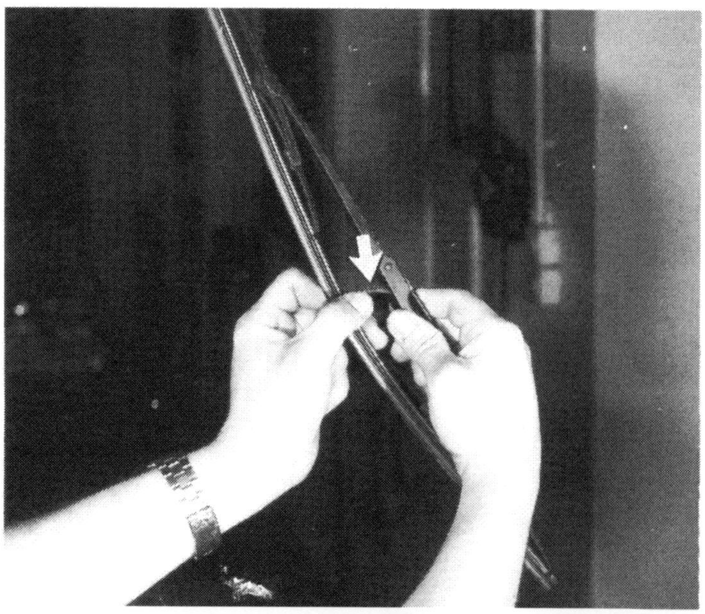

Um das Wischerblatt vom Wischerarm abzubauen, muß das kleine Hebelchen (Pfeil) nach unten gezogen werden, damit die Raste aus der Aussparung am Wischerarm ausklinkt.

Das Wischerblatt zerlegt. Es bedeuten:
1 – Metallgestänge;
2 – Metallstreifen;
3 – Wischergummi.

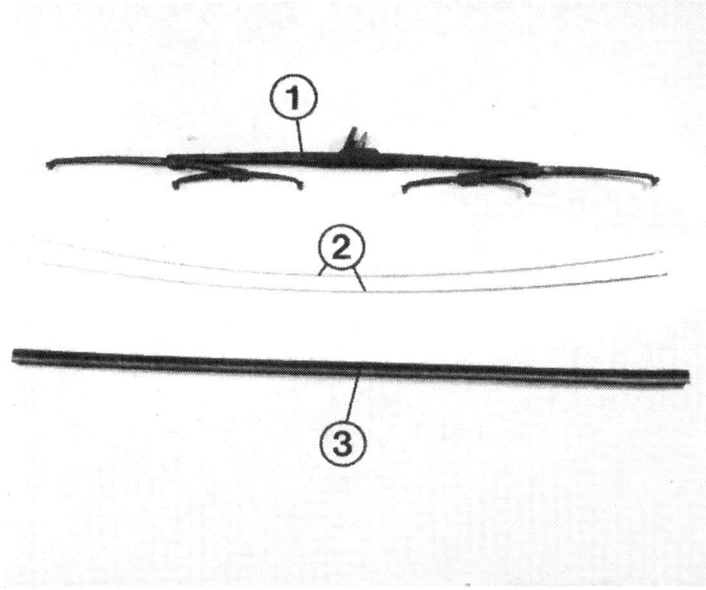

Störungsbeistand

Scheiben-wischerblätter

Die Störung	– ihre Ursache	– ihre Abhilfe
A Wasser und Schmutz werden gleichmäßig über das Wischfeld verteilt	1 Scheibe durch Lackpflegemittel, ölartige Rückstände oder Insektenleichen verschmutzt	Auf die Scheibe »Sidol« Messingputzmittel auftragen. Nach dem Antrocknen mit sauberem Lappen abreiben
	2 Wischergummi verschlissen	Austauschen
	3 Wischerarm am Anlenkpunkt des Wischerblattes nicht parallel zur Scheibe	Wischerarmende nachbiegen
B Im Wischfeld bleiben feine Wasserstreifen stehen	Siehe A 2	
C Im Wischfeld bleiben feine Wassertropfen zurück	Neigungswinkel des Wischergummis zu flach	Wischergummi austauschen
D Im Wischfeld bleibt ein breiter Wasserfilm zurück	Ungleiche Druckverteilung durch verbogene oder defekte Anpreßfeder im Wischerblatt	Wischerblatt austauschen
E Im Wischfeld bleiben einige Wasserfelder zurück	1 Anpreßdruck des Wischerarms zu gering	Anpreßdruck überprüfen, Gelenk und Feder leicht einölen, ggf. Wischerarm ersetzen
	2 Scheibenwischerantrieb verschlissen	Kontrollieren, defekte Teile ersetzen
	3 Wischerarm lose auf seiner Achse	Festschrauben
	4 Wischerarm verbogen	Nachbiegen
	5 Wischerblatt verbogen	Austauschen
F Im Wischfeld bleiben oben am Rand Wasserfelder zurück	1 Siehe E 1	
	2 Siehe D	
G Wischerblatt rattert	Zu viel Spiel in der Verbindung von Wischerarm und Wischerblatt bzw. dem Kunststoff-Verbindungsteil	Wischerblatt, -arm oder Verbindungsteil austauschen

Scheibenwischermotor

Der Scheibenwischermotor erhält Strom über die zuständige Sicherung (siehe Seite 166). Die Kabelklemmen am Wischermotor haben folgende Bedeutung:

- ○ 53 liefert Spannung für die erste Wischergeschwindigkeit
- ○ 53B liefert Spannung für die zweite Wischergeschwindigkeit
- ○ 53A ist die ständige Stromzufuhr zum Wischermotor (zuständig für den Wischerrücklauf)
- ○ 53E läßt nach Abschalten die Wischer in Parkstellung zurücklaufen und sorgt für das Abstoppen des Motors in Endstellung.

Fingerzeig: Bei eingeschalteter Zündung dürfen die Wischerblätter nicht außerhalb ihrer Parkstellung blockiert sein – etwa durch dicken Schnee oder weil sie angefroren sind. Klemme 53A liefert dann nämlich ununterbrochen Spannung. Da der Wischermotor durch die festhängenden Scheibenwischer-

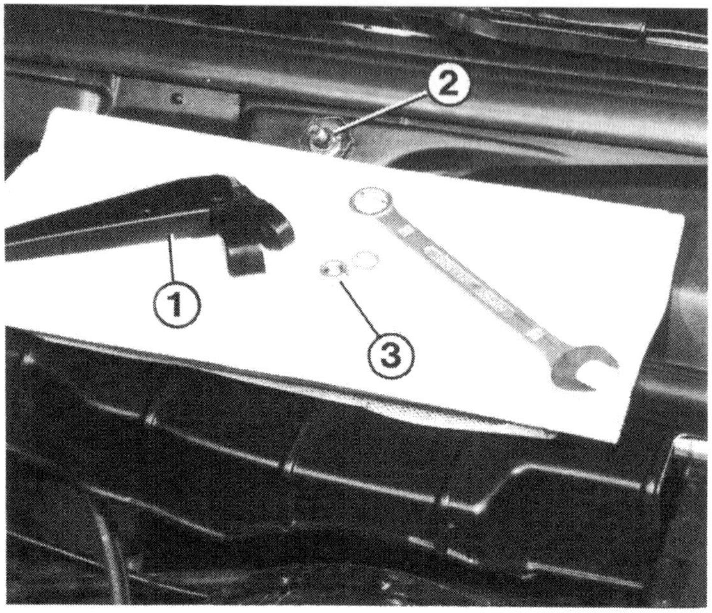

Der Scheibenwischerarm sitzt auf einer kerbverzahnten Welle, damit Verdrehen weitgehend ausgeschlossen ist. Zum Ausbau des Wischerarms (1) die Befestigungsmutter (3) lösen. Sehr oft wird sich der Wischerarm jedoch nicht ohne weiteres von der Wischerwelle (2) ziehen lassen, weil die Kerbverzahnung korrodiert ist und die Teile »zusammenbacken«. In diesem Fall beidseitig mit Lappen umwickelte Schraubendreher unten am Wischerarm ansetzen und von der Welle hebeln.

blätter aber nicht drehen kann, brennt er nach einer gewissen Zeit durch. In einem solchen Fall die Wischerblätter abheben, damit sie in ihre Endstellung laufen können.

Wischermotor oder Zuleitung defekt?

Zur Klärung, ob der Wischermotor oder die Zuleitung bzw. der Schalter defekt ist, hilft Ihnen folgende Prüfung:

- Wischerarme abbauen und Kunststoffmuttern der Scheibenwischerwellen losschrauben.
- Gummidichtung vom Wasserabweiser abziehen und Wasserabweiser von der Spritzwand abheben.
- Mehrfachstecker am Wischermotor abziehen.
- Nun werden zwei Hilfskabel gelegt. Eines vom Pluspol der Batterie zu Klemme 53 oder 53B (Anschlüsse des gelben oder weißen Kabels).
- Das zweite Kabel wird vom Minuspol der Batterie zu Klemme 31 am Scheibenwischermotor gelegt (dahin, wo das braune Kabel steckt).
- Der Scheibenwischermotor muß jetzt, je nach benutzter Klemme, in Stufe I oder II laufen. Tut er das nicht, ist er defekt.
- Läuft er jetzt, liegt der Fehler im Schalter bzw. der Zuleitung.

Scheibenwischermotor ausbauen

- Batterie abklemmen.
- Wischerarme abbauen und Kunststoffmuttern der Scheibenwischerwellen losschrauben.
- Spritzwasserschlauch abziehen.
- Gummidichtung vom Wasserabweiser abziehen und Wasserabweiser von der Spritzwand abheben.
- Am Wischermotor Rastnasen des Mehrfachsteckers mit einem kleinen Schraubendreher anheben und Stecker abziehen.
- Befestigungsschrauben losdrehen.
- Scheibenwischergestänge zusammen mit dem Wischermotor aus dem Wasserfangkasten nehmen.
- Wird der Wischermotor vom Gestänge losgeschraubt, Stellung der Antriebskurbel in Ruhestellung markieren (für den späteren Wiedereinbau). Am besten zeichnen Sie die Kurbelstellung auf dem Halteblech des Wischermotors an.
- Bei Einbau eines neuen Wischermotors diesen erst ohne Antriebskurbel durchlaufen lassen, damit er in seine Endstellung läuft.
- Erst jetzt die Antriebskurbel gemäß der beim Ausbau angezeichneten Markierung festschrauben.

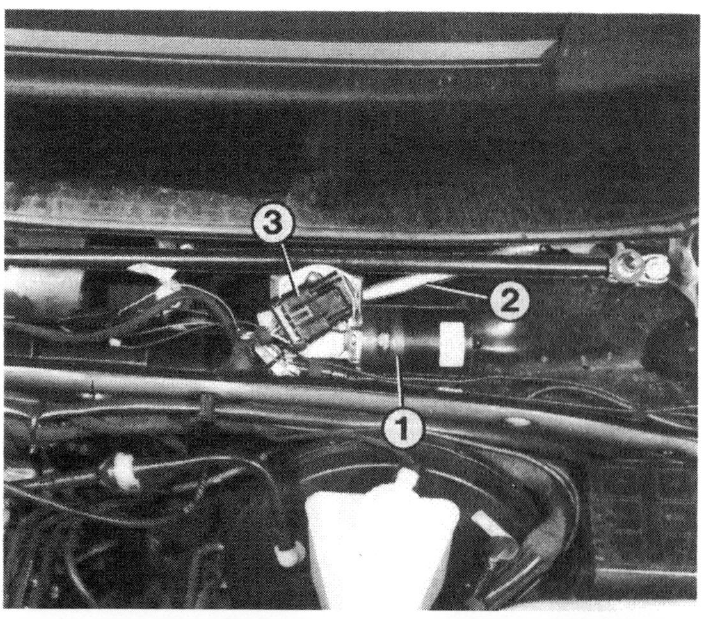

Bei abgenommenem Wasserabweiser sehen Sie den Scheibenwischermotor (1) mit Gestänge (2) und Anschlußstecker (3).

Scheibenwischer

Die Störung	– ihre Ursache	– ihre Abhilfe
A Scheibenwischer laufen nicht	1 Sicherung defekt	Austauschen
	2 Wischerantriebskurbel lose	Festschrauben
	3 Schwarz/violettes Stromzufuhrkabel vom Sicherungskasten zum Wischerschalter unterbrochen	Leitung überprüfen
	4 Masseleitung zum Wischermotor unterbrochen	Leitung überprüfen
	5 Wischermotor durchgebrannt	Austauschen
B Scheibenwischer laufen nicht in Stufe I	1 Klemme 53 am Wischermotor defekt	Motor austauschen
	2 Klemmen 53 A/53 im Wischerschalter unterbrochen	Schalter austauschen
C Scheibenwischer laufen nicht in Stufe II	1 Leitung Klemme 53 B vom Wischerschalter zum Motor unterbrochen	Leitung überprüfen
	2 Klemmen 53 A/53 B im Wischerschalter unterbrochen	Schalter austauschen
	3 Klemme 53 B am Wischermotor defekt	Motor austauschen
D Scheibenwischer laufen nur in Stufe II	Leitung Klemme 53 vom Wischerschalter zum Motor unterbrochen	Leitung überprüfen
E Keine Wischerrückstellung	1 Leitungen Klemmen 53 E/53 A unterbrochen	Leitungen kontrollieren
	2 Wischermotor defekt	Mit Prüflampe kontrollieren: Zwischen Klemme 53 A und Masse muß Lampe dauernd brennen. Zwischen Klemme 53 E und Masse muß Lampe kurz vor Erreichen der Parkstellung verlöschen. Bei Gegenprüfung zwischen Klemme 53 E und Batterie-Plus muß Lampe kurz vor Erreichen der Parkstellung aufleuchten. Wenn nicht, Motor austauschen
F Scheibenwischer laufen nicht im Intervallbetrieb	1 Wisch-Wasch-Relais defekt	Austauschen
	2 Leitung Klemme J zwischen Wischerschalter und Relais unterbrochen	Leitung überprüfen
	3 Kontakt J im Wischerschalter defekt	Schalter austauschen
G Intervallbetrieb läßt sich nicht ausschalten	1 Siehe E 1	
	2 Siehe F 1	
	3 Kontakt J im Wischerschalter öffnet nicht	Schalter austauschen
	4 Kurzschluß der Leitung Klemme J zum Wischerschalter	Leitung instand setzen
H Scheibenwischer wischen nach Wascherbetätigung nicht trocken	Siehe F 1	
J Scheibenwischer bleiben nach dem Abschalten nicht oder nur kurz in Park-Stellung stehen	Mangelhafter Kontakt am Schleifkontakt im Wischermotor	Wischermotor zerlegen. Kontakte blankschleifen. Ggf. Motor austauschen

Elektrisch beheizte Waschwasserdüsen

Trotz Frostschutzbeimischung kann das Scheibenwaschwasser durch den kalten Fahrtwind in den Spritzdüsen einfrieren. Dagegen hilft die bei den Modellen GLS und CD serienmäßige und bei den anderen Modellen gegen Aufpreis lieferbare Düsenbeheizung.
Direkt vor den Düsen sitzt ein Kunststoffgehäuse mit einem temperaturabhängigen Heizwiderstand. Mit Einschalten der Zündung erhält dieser Widerstand Spannung. Durch den anfangs hohen Stromfluß werden die Düsen schnell aufgetaut. Zum Halten der Temperatur fällt der Strom nach der Aufheizphase wieder ab.

Störungssuche

- Mit einem Spannungsprüfer bei eingeschalteter Zündung kontrollieren, ob Spannung anliegt bzw. die Masseverbindung intakt ist.
- Zum Prüfen zwei dünne Nadeln in die Anschlußkabel der betreffenden Düse stechen und Spannungsprüfer anschließen.
- Liegt keine Spannung an, Leitungsunterbrechung suchen.
- Fehlt es nicht an der Stromversorgung, muß die Düse ersetzt werden.

Der Heckscheibenwischer des Omega Caravan bei abgenommener Innenverkleidung. Zusätzlich gekennzeichnet sind:
1 – Mehrfachstecker des Wischermotors;
2 – Befestigungsschrauben des Wischermotors.

Heckwischermotor

Caravan

Der Wischermotor für die Heckscheibe des Omega Caravan wird auf Schalterdruck über ein Relais aktiviert. Damit ist gleichzeitig der Heckwischer-Intervallbetrieb eingeschaltet.
Klemme 53 liefert Strom für den Wischermotor, Klemme 53 A dient der Wischerrückstellung.
Beim Druck auf die Wipptaste des Schalters läuft die eigene Wasserpumpe vorn im Motorraum am Waschwasserbehälter los, und mit einer gewissen Verzögerung tritt das Waschwasser hinten an der Spritzdüse aus.

Heckwischermotor ausbauen
Caravan

- Wischerarm abbauen, Befestigungsmutter der Wischerachse losschrauben.
- Heckklappe öffnen. Wo vorhanden, Heckklappen-Lautsprecher ausbauen.
- Innenverkleidung von der Heckklappe abclipsen.
- Kabelsteckverbindung des Wischermotors trennen.
- Massekabel abschrauben.
- Beide Befestigungsschrauben lösen und Wischermotor mit Halter von der Heckklappe abnehmen.

Scheinwerfer-Waschanlage

Bei eingeschalteter Beleuchtung erhält die betreffende Pumpe am Waschwasserbehälter beim Zug am Wisch-Wasch-Hebel über ein zwischengeschaltetes Relais ihren Arbeitsstrom. Sie pumpt das Wasser zu den beiden Spritzdüsen. In die Leitung ist ein Stauventil eingesetzt, damit das Wasser sofort an den Düsen austritt.
Zur Störungssuche gehen Sie gleich vor wie bei der normalen Waschanlage.Zusätzlich wird das Relais der Scheinwerfer-Waschanlage überprüft. Läßt die Reinigungswirkung zu wünschen übrig, müssen die Spritzstrahlen mit einer kräftigen Nadel eingestellt werden.

Radio

In unseren Beschreibungen gehen wir lediglich auf die Einbauweise wie ab Werk ein.

Radio ausbauen

- Bei Radios mit Anti-Diebstahl-Codierung sicherstellen, daß die Code-Nummer vorliegt.
- Batterie abklemmen.
- Vier 1,5 mm-Innensechskantschrauben in der Frontplatte des Radios herausschrauben.
- Entriegelungsbügel (bisweilen bei Radio-Einbausätzen mit dabei) in die vier Bohrungen stecken und Radio aus der Mittelkonsole ziehen.
- Oder vier passende Nägel oder Drahtstifte in die Bohrungen schieben und damit die Haltefedern entriegeln.
- Radio aus dem Ausschnitt herausziehen.
- Kabel- und Antennenstecker abziehen.
- Vor dem Einbau Entriegelungsbügel abnehmen. Dazu Halteclips seitlich am Radio mit einem kleinen Schraubendreher zusammendrücken.
- Elektrische Anschlüsse und Antenne an der Rückseite des Radios anschließen.
- Radio so weit in die Montageöffnung drücken, bis die Haltefedern einrasten.
- Bei Radio mit Anti-Diebstahl-Codierung Code-Nummer nach Bedienungsanleitung eingeben.

Mit einer Messerklinge kann der Frontlautsprecher aus dem Ausschnitt oben im Armaturenbrett herausgehebelt werden.

Fingerzeige: **Der Anti-Diebstahl-Code muß bei jeder Unterbrechung der Stromversorgung neu eingegeben werden – nach Abklemmen der Batterie, Auswechseln der Radiosicherung oder Trennen der Radio-Stromversorgung.**
Spannungsversorgung nie bei laufendem Radio trennen. Es kann Schwierigkeiten bei der Wiedereingabe des Anti-Diebstahl-Codes geben.

Lautsprecher im Armaturenbrett ausbauen

Oben rechts und links im Armaturenbrett sitzen beim Omega die Frontlautsprecher. Hier der Aus- bzw. Einbau:

- Der Lautsprecher ist lediglich mit Haltezapfen in der Aussparung im Armaturenbrett eingeclipst.
- Lautsprecher mit einer Messerklinge vorsichtig heraushebeln.
- Mehrfachstecker vom Lautsprecher abziehen.
- Beim Einbau Lautsprecher in die Aussparung eindrücken.

Türlautsprecher ausbauen

Zum Ausbau der Türlautsprecher muß die Türverkleidung abgenommen werden (siehe Seite 250).

- Vier Innensechskantschrauben losdrehen und Lautsprecher vom Distanzstück abnehmen.
- Kabelstecker abziehen und Lautsprecher abnehmen.

Hintere Lautsprecher ausbauen

- **Limousine:** Wo vorhanden, hintere Kopfstützen abbauen.
- Lautsprecher-Abdeckung mit einer Messerklinge vorsichtig etwas anheben und von Hand ausclipsen.
- Befestigungsschrauben des Lautsprechers herausdrehen.
- Lautsprecher aus dem Ausschnitt in der Hutablage herausheben und Mehrfachsteckverbindung trennen.
- **Caravan:** Laderaumklappe öffnen.
- Vier Innensechskantschrauben am Lautsprecher herausschrauben.
- Lautsprecher von der Laderaumklappe abnehmen und Kabelsteckverbindung trennen.

Um die Türlautsprecher ausbauen zu können, muß die Türverkleidung abgebaut werden. Anschließend kann der Lautsprecher durch Lösen der Befestigungsschrauben (Pfeile) und Abziehen des Kabelsteckers vom Distanzstück abgenommen werden.

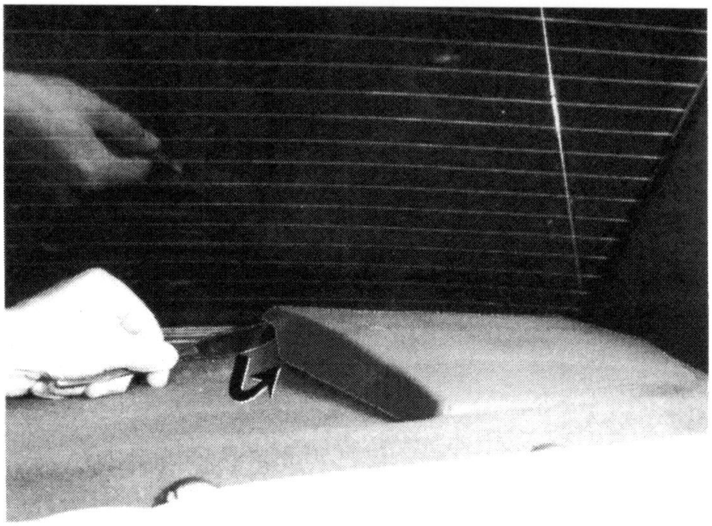

Bei der Limousine können die Abdeckungen der hinteren Lautsprecher mit einer Messerklinge von der Hutablage abgehebelt werden.

Elektrische Spiegelverstellung

Wenn sich mehrere Fahrer ein Auto teilen, lernt man diese Einrichtung bald zu schätzen, besonders auf der rechten Seite. Außerdem werden die Spiegelflächen bei entsprechender Ausstattung nach Druck auf den Schalter für ca. 15 Minuten beheizt. Ausbau und Wechsel des Spiegelglases finden Sie auf Seite 255 beschrieben.

Störungssuche

- Spiegelverstellung: Falls sich nichts regt, kontrollieren Sie die zuständige Sicherung (Seite 166).
- Bei den folgenden Prüfungen muß die Zündung eingeschaltet sein.
- Schalterblende mit einem schmalen Schraubendreher oder einer Messerklinge vorsichtig aus dem Ausschnitt im Griffstück heraushebeln.
- Schalter nach Anleitung auf Seite 230 und anhand des Stromlaufplans überprüfen.
- Ist der Schalter in Ordnung, prüfen Sie den Elektromotor der Spiegelverstellung.
- Dazu Spiegelglas ausbauen und Verstellmotor durch Lösen der Befestigungsschrauben vom Spiegelgehäuse abnehmen.
- Kommt bei eingeschalteter Zündung und betätigtem Schalter Spannung an den Kontakten des Motors an bzw. ist der Masseanschluß in Ordnung?
- Wenn ja, ist der Verstellmotor defekt.
- Vorübergehend läßt sich der Außenspiegel durch Verdrehen von Hand verstellen.
- Bei ausgefallener Spiegelbeheizung prüfen Sie den Stromweg vom Schalter über das Relais zum Spiegel (bis Modelljahr '88 hinter der Seitenwand im Fahrerfußraum, ab Modelljahr '89 im Relaisträger hinter dem Sicherungskasten).

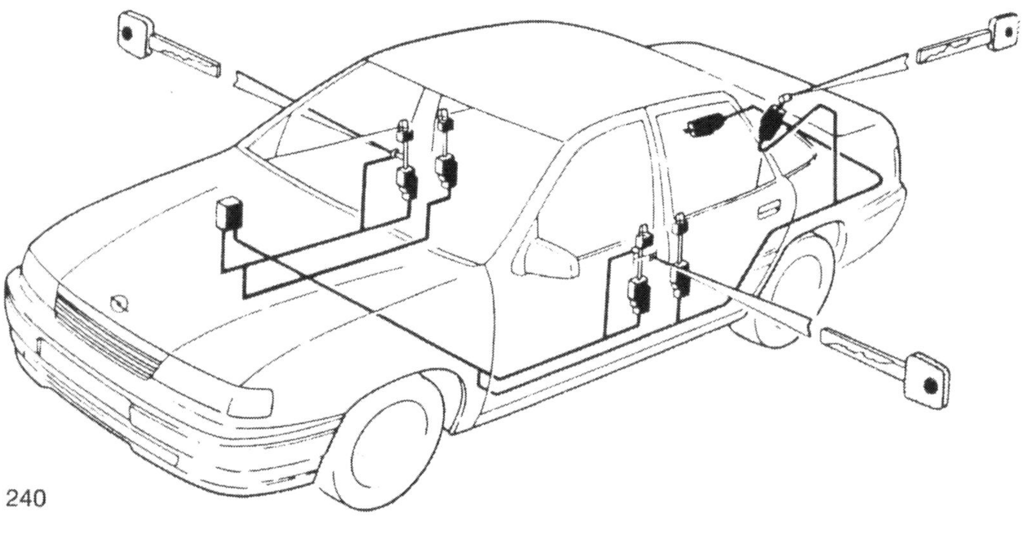

Die Zeichnung zeigt Einbaulage und Bauteile der Zentralverriegelung. Die Schlüsselsymbole weisen auf diejenigen Stellen am Fahrzeug, von denen aus die Zentralverriegelung betätigt werden kann.

Die Abbildung zeigt den Stellmotor der Tankklappenverriegelung (Pfeil) bei abgenommener rechter Kofferraumverkleidung. Die Betätigungsstange der Verriegelung ist nach vorn gerichtet (auf dem Bild nicht sichtbar).

Die Zentralverriegelung

Sie besteht aus dem Steuergerät mit Verzögerungsschalter, den Stellmotoren in den Türen, dem Stellmotor im Kofferraumdeckel bzw. in der Laderaumklappe und dem Stellmotor in der Tankklappe. Die Ansteuerung erfolgt über Schalter, die sich an den Schlössern der Vordertüren, in den Stellmotoren der Hintertüren sowie im Stellmotor für den Kofferraumdeckel bzw. der Laderaumklappe befinden. Zusätzlich besitzt die Zentralverriegelung eine Diebstahlsicherung, die jedoch nur über das Fahrertürschloß aktiviert werden kann, indem der Schlüssel um 90° nach rechts gedreht wird. Bei aktivierter Diebstahlsicherung werden in der Fahrertür der Schließzylinder und in den übrigen drei Türen die elektrischen Stellmotoren mechanisch blockiert.
Der Koffer- bzw. Laderaum kann durch Schlüsseldrehung nach links und Abziehen des Schlüssels in dieser Stellung zusätzlich gesichert werden. Allerdings bleibt der Koffer- bzw. Laderaum dann nach dem Entriegeln der Türen geschlossen. Um nach Unfällen den Zugang zum Fahrzeuginnenraum zu ermöglichen, ist im Steuergerät ein Stoßschalter eingebaut, der ab einer bestimmten Aufprallstärke sämtliche Türen entriegelt.

Fingerzeige: Das Steuergerät muß, um die Funktionen des Stoßschalters sicherzustellen, fest am Fahrzeug montiert sein.
Sollte die Zentralverriegelung einmal ausfallen, können Türen und Kofferraumdeckel bzw. Laderaumklappe auch herkömmlich per Schlüssel geöffnet und verriegelt werden. Ebenso lassen sich die

Funktionsschaltbild der Zentralverriegelung

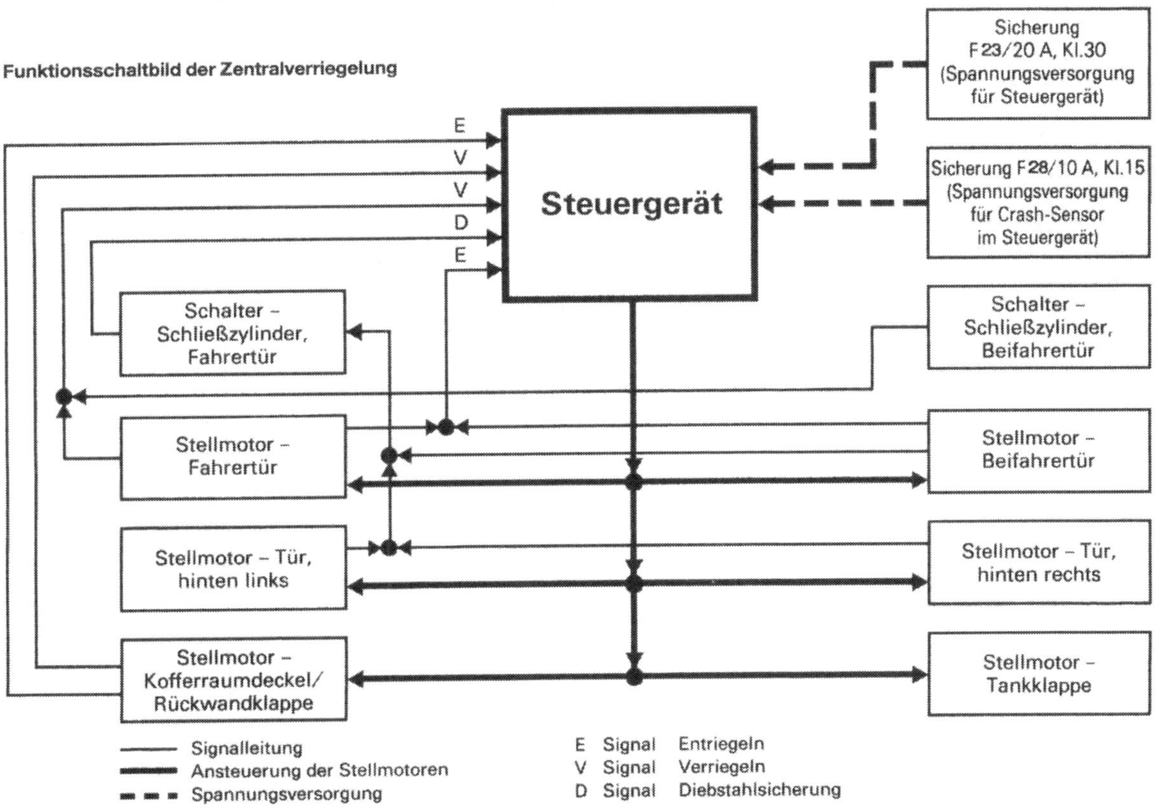

Türverriegelungsknöpfe von Hand betätigen. Das Entriegeln der Tankklappe erfordert dagegen mehr Aufwand: Nach Abnahme der rechten Kofferraumverkleidung muß der Verriegelungshebel am Stellmotor der Tankklappe in Fahrtrichtung nach hinten gezogen werden.

Elektrische Fensterheber

nur vorn

Sind nur Fensterheber in den Vordertüren eingebaut, handelt es sich um eine einfache Schaltung ohne elektronische Regelung. Die Fenster werden auf Tastendruck durch die elektrischen Fensterhebermotoren geöffnet bzw. geschlossen.

Vier Fensterheber

Wenn im Omega alle Türfenster elektrisch betätigt werden können, hält die elektronische Fensterhebersteuerung besondere Funktionen bereit: Der **Einklemmschutz** stoppt während der automatischen Schließbewegung die Scheibe und läßt sie wieder nach unten laufen, wenn im Bereich von etwa 20 cm bis 4 mm unterhalb des Fensterrahmens ein Widerstand spürbar wird (z. B. eingeklemmte Hand).

Komfortschaltung: Bei ausgeschalteter Zündung und geschlossenen Türen oder bei geöffneter Fahrertür lassen sich sämtliche Fenster beliebig oft öffnen und schließen. Wird dagegen die geöffnete Fahrertür wieder geschlossen, ist die Fensterheberfunktion blockiert (Diebstahlschutz).

Störungen

Die Motoren der elektrischen Fensterheber werden auf die gleiche Weise ausgebaut wie die mechanischen Heber. Eine Reparatur des Elektromotors ist nicht vorgesehen.

- Wenn sich keine Fensterscheibe mehr rührt, Sicherung überprüfen (Seite 166).
- Arbeitet nur ein Fensterheber nicht, bauen Sie den Schalter des Fensterhebers aus und überprüfen ihn.
- Ist der Schalter in Ordnung, betreffende Türverkleidung abnehmen.
- Kabelstecker am Fensterhebermotor abziehen und mit Prüflampe kontrollieren, ob beim Betätigen des Fensterhebers auch tatsächlich Spannung anliegt.
- War bis hier kein Fehler zu entdecken, ist der Fensterhebermotor defekt.
- Kam dagegen keine Spannung am Motor an, muß der Kabelverlauf bzw. das Steuergerät überprüft werden.
- Schlechter Lauf einer Scheibe dürfte an einer verklemmten Fensterführung liegen.

Behelf unterwegs

Mit streikendem Fensterheber brauchen Sie trotzdem nicht mit offenem Fenster durch Wind und Wetter zu fahren:

- Ist der Schalter defekt, überbrücken Sie mit einem isolierten Kabelstück am abgezogenen Mehrfachstecker so lange die verschiedenen Kontakte, bis die Scheibe nach oben läuft.
- Geht das nicht, Zuleitung zum Elektromotor trennen (keine Verbindung mehr zum Steuergerät), ein Hilfskabel vom Batterie-Pluspol und ein zweites von Masse zum Elektromotor legen und Scheibe nach oben laufen lassen.
- Ist der Hebermotor blockiert, können Sie bei abgenommener Türverkleidung das Fenster vom Fensterheber abbauen, siehe Seite 250.
- Scheibe jetzt nach oben schieben und in dieser Stellung mit starkem Klebeband (z. B. Packband) oder einem Holzkeil fixieren.

Laue Winde

Frische Luft tritt zwischen Motorhaube und Frontscheibe ein und wird vom Fahrtwind oder zusätzlich vom Gebläse in den Innenraum gedrückt. Bei eingeschalteter Heizung verläuft der Luftstrom durch den Wärmetauscher, einen kleinen Heizkörper, durch den aufgeheiztes Motorkühlmittel fließt. Ist die Heizung abgestellt, strömt die Luft unter Umgehung des Wärmetauschers über einen anderen Kanal in den Innenraum. Ein Heizventil, das die Wasserzufuhr zum Wärmetauscher reduziert oder abstellt, wird bei dieser luftseitig gesteuerten Heizungsversion nicht gebraucht.

Heizung und Lüftung prüfen

- Heizhebel bei warmgefahrenem Motor ganz nach oben schieben – strömt Warmluft aus?
- Funktioniert die Luftverteilung nach oben und unten?
- Heizhebel zurückschieben – nach kurzer Zeit darf nur noch kalte Luft aus den Öffnungen strömen, sonst schließt die Mischluftklappe nicht richtig.
- Strömt aus allen Öffnungen Warm- oder Kaltluft?
- Läuft das Gebläse in sämtlichen Stufen?

Das Luftgebläse

Der Gebläsemotor läuft in fünf Geschwindigkeiten, die durch den Drehregler »Luftzufuhr und Gebläse« am Armaturenbrett eingestellt werden.
Die Geschwindigkeitsstufen werden durch Zuschalten verschieden großer Widerstände (bzw. durch Hintereinanderschalten derselben) erreicht. Die Widerstände sind in die Plus-Zuleitung zum Gebläsemotor eingeschaltet. Die Masseverbindung ist konstant, während der Pluskontakt »verbessert« bzw. »verschlechtert« wird.

Gebläsemotor ausbauen

Der Gebläsemotor ist zusammen mit seinem Lüfterrad gewuchtet, so daß beide Teile auch nur gemeinsam ausgetauscht werden können.

- Bei geöffneter Motorhaube beide Wischerarme ausbauen (Seite 234).
- Dichtgummi vom Wasserabweiser abziehen.
- Wasserabweiser ausbauen. Dazu die Plastikmuttern von den Wischerachsen abschrauben. Wasserabweiser von der Spritzwand abheben.
- Scheibenwischermotor zusammen mit dem Gestänge ausbauen (Seite 236).
- Rastzungen zusammendrücken und Mehrfachstecker vom Vorwiderstand am Gebläsemotor abziehen.
- Staubschutz rund um das Gebläse abschrauben.
- Abdeckungen für die Gebläseräder aushaken und abnehmen.
- Kreuzschlitzschraube in der Mitte des Gebläses herausdrehen.
- Gebläse im Uhrzeigersinn drehen und aus dem Gehäuse herausnehmen.

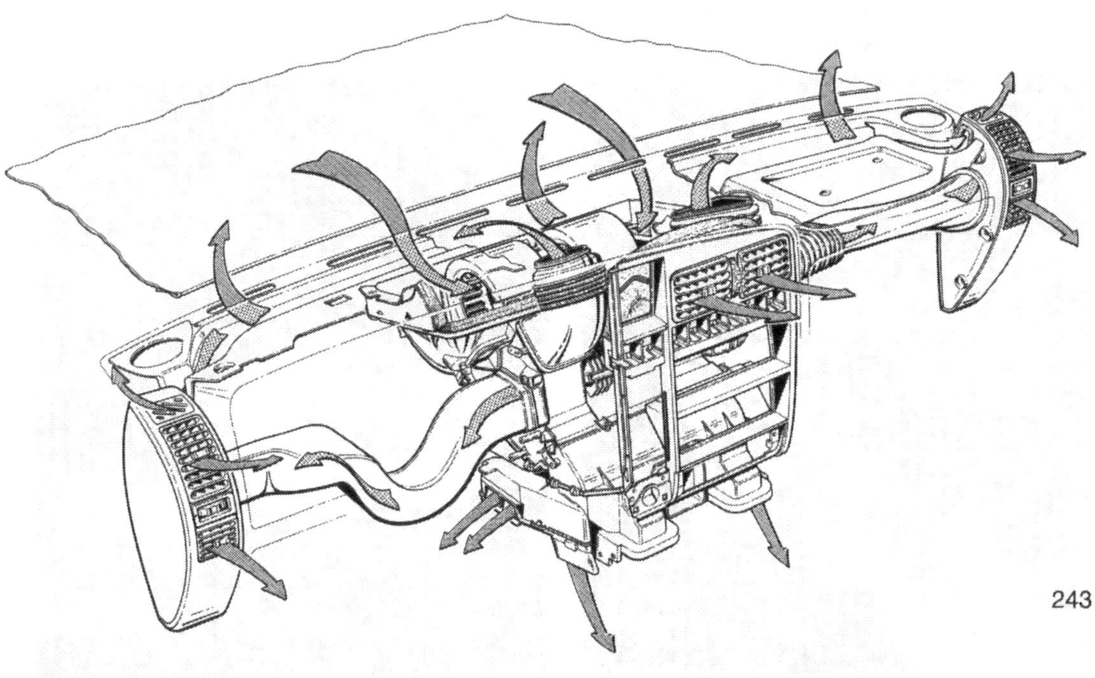

Die Pfeile deuten die Frisch- bzw. Warmluftverteilung im Omega an: Der Luftstrom läßt sich durch sechs verstellbare Düsen (außen und in der Mitte) individuell verteilen. Zur Entfrostung der Windschutzscheibe besitzt das Armaturenbrett einen Frischlufkanal mit Richtdüsen, die den Luftstrom auf gezielte Bereiche der Frontscheibe leiten. Zusätzlich werden in der Entfrosterstellung die beiden vorderen Seitenscheiben im Bereich der Rückspiegel belüftet.

Gebläse-Vorwiderstände ausbauen

Bei einem defekten Vorwiderstand wird der komplette Vorwiderstandshalter ausgetauscht. Der Halter ist direkt am Gebläsemotor aufgesteckt. Zum Ausbau des Vorwiderstandshalters muß der Gebläsemotor nicht ausgebaut werden.

- Gebläsemotor freilegen, siehe Gebläsemotor ausbauen.
- Mehrfachstecker entriegeln und vom Vorwiderstand abziehen. Zur Ausbauerleichterung Abdeckungen des Gebläsemotors aushaken und abnehmen.
- Beide Kabelstecker vom Vorwiderstand abziehen.
- Vorwiderstandshalter entriegeln und Vorwiderstand abnehmen.

Gebläseschalter ausbauen

- Heizungs-/Lüftungs-Betätigung ausbauen.
- Mehrfachstecker vom Gebläseschalter abziehen.
- Gebläseschalter mit einem kleinen Schraubendreher aus der Bedienungseinheit herausdrücken.
- Glühleuchte mit Leuchtenhalter vom Schalter abziehen.
- Neuen Schalter in die Bedienungseinheit eindrücken.
- Glühleuchtenhalter und Mehrfachstecker aufschieben.
- Heizungs-/Lüftungs-Betätigung einbauen.

Heizungs-/Lüftungs-Betätigung ausbauen

- Batterie abklemmen.
- Links am Verteilergehäuse Seilzug der Mischluftklappe aushängen. Hierzu Kunststoffklammer mit Schraubendreher nach außen klappen und Drahtspirale am Ende des Seilzugs vom Klappenhebel abnehmen.
- Zigarettenanzünder aus der Konsole herausziehen.
- Zigarettenanzünder-Abdeckung mit den Fingernägeln oder mit einer Messerklinge von der Konsole abhebeln.
- Beide Befestigungsschrauben der Bedienungseinheit losschrauben.
- Bedienungseinheit so weit aus dem Armaturenbrett herausziehen, bis der Mehrfachstecker des Gebläseschalters zugänglich wird.
- Mehrfachstecker des Gebläseschalters seitlich zusammendrücken und vom Schalter abziehen.
- Sämtliche Heizungszüge von der Bedienungseinheit aushängen und mit Klebeband markieren.
- Gebläseschalter entriegeln und von der Bedienungseinheit abziehen.
- Ggf. Glühleuchte mit Leuchtenschalter vom Gebläseschalter abnehmen.

Wärmetauscher ausbauen

Der Wärmetauscher wird vom Kühlmittel durchflossen und sieht aus wie ein kleiner Kühler. Er sitzt im Luftverteilergehäuse hinter der Stirnwand.

- Kühlmittel ablassen und auffangen.
- Im Beifahrerfußraum Abdeckung unter dem Armaturenbrett abbauen. Dazu Kunststoff-Verriegelung 90° linksdrehen.
- Vor dem Abschrauben der Heizungsrohre Lappen unter die Rohre legen, um auslaufendes Kühlmittel aufzufangen.
- Halteplatte der Heizungsrohre vom Wärmetauscher losschrauben und abnehmen.
- Heizungsrohre vom Wärmetauscher abziehen.
- Wärmetauscher aus dem Luftverteilergehäuse herausziehen.
- Beim Einbau der Heizungsrohre auf richtigen Sitz der O-Ringe achten.
- Nach dem Einbau Kühlsystem befüllen und entlüften (Seite 54).

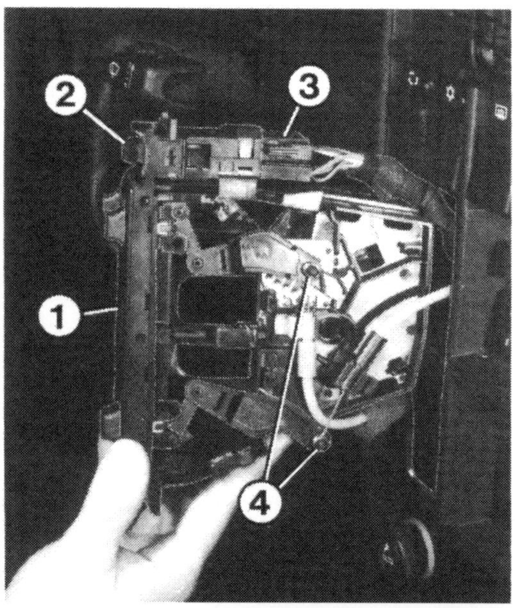

Links: Die Heizungs-/Lüftungs-Betätigung (1) aus dem Ausschnitt im Armaturenbrett herausgenommen. Es bedeuten:
2 – Gebläseschalter;
3 – Mehrfachstecker des Gebläseschalters;
4 – zwei der Betätigungszüge.
Rechts: Nach Ausbau des Wasserabweisers ist der Gebläsemotor (Pfeil) zugänglich.

Mittlere Luftdüse ausbauen

- Zum Ausbau einer der beiden mittleren Luftdüsen benötigen Sie ein Messer oder eine Spachtel.
- Das Werkzeug außen zwischen Luftdüse und Armaturenbrett schieben, Luftdüse vorsichtig aus dem Ausschnitt heraushebeln.
- Zum Einbau Luftdüse einfach eindrücken.

Seitliche Luftdüsen ausbauen

- Seitliche Abdeckung mit einem kleinen Schraubendreher abhebeln. Hierzu den Schraubendreher in die Aussparungen stecken und Abdeckung Stück für Stück ausclipsen.
- Luftdüsen von Hand aus den Aussparungen im Armaturenbrett herausdrücken.
- Das Rändelrad kann ebenfalls ausgebaut werden.
- Dazu Gestänge hinten am Rändelrad mit einem Schraubendreher aushängen.
- Rändelrad mit Schraubendreher heraushebeln.

Störungsbeistand

Heizung und Lüftung

Die Störung	– ihre Ursache	– ihre Abhilfe
A Heizgebläse läuft nicht	1 Sicherung defekt	Auswechseln
	2 Gebläseschalter defekt	Schalter ausbauen und prüfen
	3 Gebläsemotor defekt	Prüfen, ob bei eingeschalteter Zündung und eingeschaltetem Gebläse Spannung am Motor anliegt. Wenn ja, Motor auswechseln
B Heizgebläse läuft nur in einer Geschwindigkeitsstellung nicht	Vorwiderstand defekt	Vorwiderstand am Gebläsemotor ersetzen
C Heizungsleistung läßt während der Fahrt plötzlich nach	Wärmetauscher durch Kühlmittelverlust leergelaufen	Sofort anhalten, sonst besteht Gefahr für die Zylinderkopfdichtung! Undichtigkeit beheben und Kühlsystem auffüllen
D Heizleistung ungenügend	1 Heizungszug gerissen	Kontrollieren, ggf. ersetzen
	2 Mischluftklappe bzw. Luftverteilerklappe öffnet nicht	Betätigungszug, Klappen- und Hebelstellung kontrollieren
	3 Laubstückchen haben sich vor den Wärmetauscher gelegt	Gebläse ausbauen, Wärmetauscher mit Staubsauger reinigen
	4 Kühlerthermostat schließt nicht völlig, aufgeheiztes Kühlmittel strömt zu früh in den Kühler	Thermostat austauschen
E Heizung läßt sich nicht abstellen	Siehe D 1	
F Geräusche im Bereich des Heizungsgebläses	1 Laub oder Schmutz eingedrungen	Gebläse reinigen
	2 Lüfterrad hat Unwucht, Lager defekt	Gebläsemotor ausbauen und prüfen, ggf. ersetzen

Die Klimaanlage

Ähnlich wie zu Hause im Kühlschrank wird ein gasförmiges Kältemittel durch einen Kompressor verdichtet. Letzterer wird von der Motor-Kurbelwelle über einen Keilriemen angetrieben. Beim Verdichten verflüssigt sich das Kältemittel und gelangt in den Verdampfer am Armaturenbrett. Der sieht aus wie ein Kühler. Darin verdampft das Kältemittel und kann hierdurch Wärme aufnehmen. Die durch den Verdampfer geführte Luft strömt abgekühlt in den Innenraum. Über einen Kondensator neben dem Wasserkühler im Motorraum gelangt das Kältemittel wieder zurück zum Kompressor. Zur verstärkten Kondensierung bläst ein Zusatzventilator dauernd Luft durch den Kondensator.

Fingerzeig: Das Kältemittel der Klimaanlage besteht aus Fluorkohlenwasserstoff (FCKW). FCKW zerstört nicht nur die Ozonschicht – auch der direkte Umgang mit diesem Stoff ist gefährlich. Die Berührung mit FCKW verursacht schwere Erfrierungen auf ungeschützter Haut und im Augenbereich. Die Arbeit am Kältemittelkreislauf der Klimaanlage ist deshalb Werkstattsache. Einige Opel-Vertretungen haben sich hierauf spezialisiert. Sie sind entsprechend den Sicherheitsbestimmungen ausgerüstet und verfügen über ausgebildete Klimaanlagen-Fachkräfte.

Keilriemen

Für die einwandfreie Funktion der Klimaanlage muß der Keilriemen des Kältekompressors richtig gespannt sein. Mehr darüber auf Seite 187.

Zimmer mit Aussicht

Die Karosserie ist weit mehr als ein »Dach über dem Kopf« für die Insassen. Sie soll geringes Gewicht, Verwindungssteifigkeit, hohe Formfestigkeit der Fahrgastzelle und energievernichtende »Knautschzonen« an Bug und Laderaum aufweisen. Darüber hinaus muß die Karosserie eine ansprechende Formgebung besitzen, die natürlich eine gewisse Markenzugehörigkeit nicht verleugnen darf.

Demontierbare Teile

Mit einiger Geschicklichkeit kann man die Stoßfänger und die vorderen Kotflügel alleine ausbauen. Wollen Sie aber die Motorhaube, Laderaumklappe bzw. Kofferraumdeckel oder Türen demontieren, brauchen Sie unbedingt einen Helfer, der diese großen und schweren Teile hält, während Sie schrauben. Andernfalls ist schnell irgendwo der Lack zerkratzt.

Wagenfront

Kühlergrill ausbauen

- Motorhaube öffnen.
- Oben am Luftleitblech die drei Befestigungsschrauben des Kühlergrills herausdrehen.
- Kühlergrill unten nach hinten drücken, bis die drei Haltenasen des Grills aus dem Stoßfänger ausrasten.
- Kühlergrill nach oben abnehmen.
- Beim Einbau Haltenasen des Kühlergrills in die Öffnungen im Stoßfänger stecken und Grill bis zum Einrasten nach vorn ziehen.
- Kühlergrill oben anschrauben.

Stoßfänger

Ausbau vorn

- Kühlergrill ausbauen.
- Bei Fahrzeugen mit Nebelscheinwerfern Kabelbaum der Nebelscheinwerfer vom Stoßfänger ausclipsen und Kabelstecker trennen.
- Kunststoffspreizniete der Radhausschalen im vorderen Bereich abnehmen. Radhausschalen an den Stoßfängerenden hervorziehen.
- Unten links und rechts in den Radläufen je eine Sechskantschraube herausdrehen.
- Befestigungsschrauben des Stoßfängers links und rechts an den Längsträgern herausdrehen.
- Stoßfänger aus den seitlichen Führungen nach vorn herausziehen und von der Wagenfront abnehmen.
- Beim Einbau Stoßfänger mit Helfer auf die seitlichen Führungen schieben. Dazu Seitenstücke nach innen drücken, gleichzeitig Stoßfänger nach hinten schieben, bis die Gleitstücke in die Blechhalter eingerastet sind.
- Stoßfänger ausrichten und an den Längsträgern anschrauben (12 Nm).

Ausbau hinten

- In den Radläufen je einen Kunststoffclip abdrükken. Dazu Stift in der Mitte des Clips mit einem passenden Durchschlag herausdrücken. Kunststoffclip vom Radlauf abdrücken.

Die Fotos zeigen Ihnen, wo die beiden Befestigungsschrauben (Pfeile) des vorderen Stoßfängers sitzen.

Oben ist der Kühlergrill mit insgesamt 3 Kreuzschlitzschrauben (schwarze Pfeile) am Frontblech angeschraubt. Unten ist der Kühlergrill lediglich in den Stoßfängern eingeclipst (weiße Pfeile).

● Unten am Wagen Stoßfänger links und rechts von den beiden Halterungen ausclipsen.
● **Caravan:** Rechte Befestigungsmutter des Stoßfängers von der Wagenunterseite her losdrehen.
● Linke Befestigungsmutter vom Wageninnenraum aus losschrauben. Hierzu Laderaumabdeckung ausclipsen und Ersatzradabdeckung hochklappen. Befestigungsmutter lösen.
● **Limousine:** Im Kofferraum Innenverkleidung der Rückwand ausbauen. Dazu links und rechts die runden Kunststoffmuttern losschrauben. Innenverkleidung von der Rückwand abdrücken.
● Befestigungsmuttern des Stoßfängers losschrauben.
● **Alle Modelle:** Stoßfänger zusammen mit Helfer vom Heck abnehmen.

Stoßfänger pflegen

Die Kunststoff-Stoßfänger werden mit zunehmendem Alter oft sehr unansehnlich. Das zu verhindern oder den Prozeß hinauszuzögern, kann durch gute Pflege gelingen:
○ Nach der Wagenwäsche mit Reinigungszusätzen Stoßfänger mit Wasser nachspülen und abledern.
○ Unbedingt vermeiden, daß Verdünnung, Kraftstoff oder Kaltreiniger (bei der Motorwäsche) auf den Stoßfänger gerät. Wenn doch, mit klarem Wasser nachspülen.
○ Kunststoff-Reiniger (Armor All, Caramba KST 100, Liqui-Moly Schaum-Glanz, Polifac Kunststoff-Auffrischer) schaffen bei leicht angegrauten Stoßfängern eine fast neuwertige Oberfläche, wenn das Teil vorher gründlich gereinigt wurde. Allerdings hält die Freude nur begrenzte Zeit.
○ Bei total verwitterter Oberfläche hilft nur noch lackieren. Lacksysteme für Kunststoffteile liefert der Zubehörhandel.

Die Motorhaube

Haube ausbauen

● Motorhaube öffnen.
● Wo vorhanden, Kabelstecker von der Waschdüsenheizung abziehen und Kabel aus der Motorhaube herausziehen.

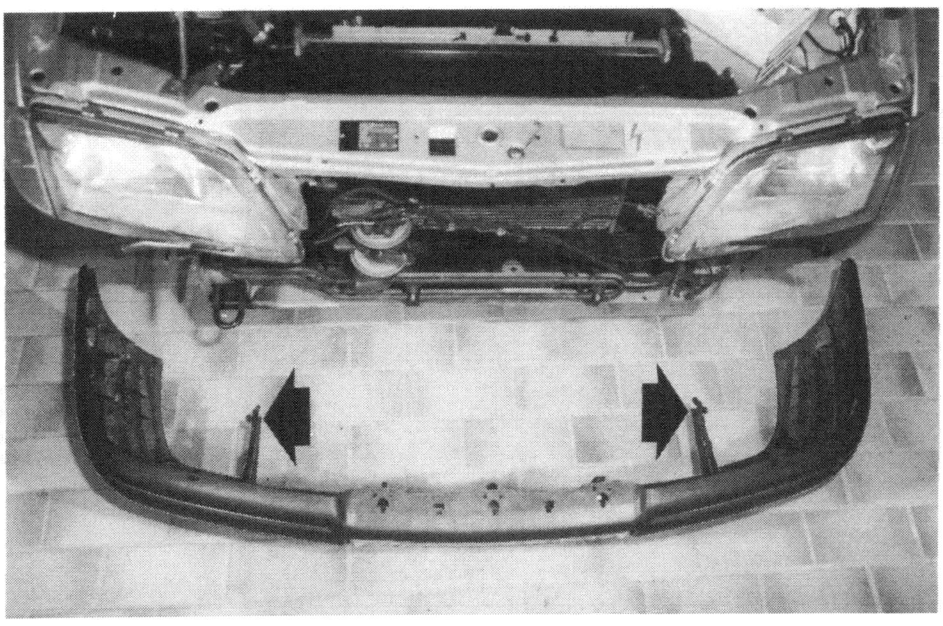

Der vordere Stoßfänger ausgebaut. Die schwarzen Pfeile deuten auf die Befestigungsschrauben, mit denen der Stoßfänger an die Karosserie angeschraubt wird.

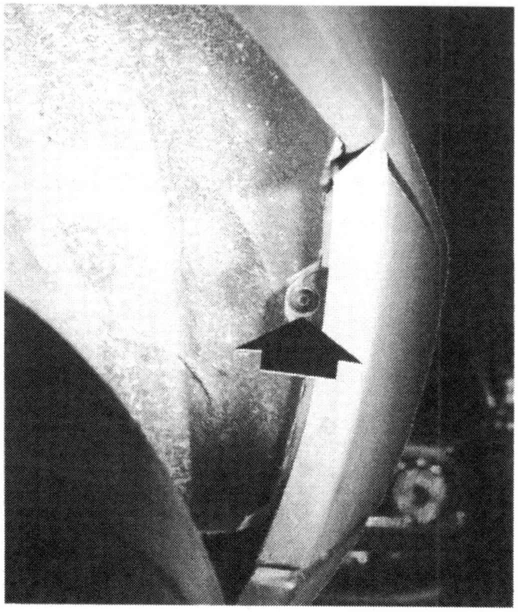

Enden des hinteren Stoßfängers lösen: Hierzu Kunststoffclip (Foto rechts) abdrücken. Unten im Radkasten läßt sich der Stoßfänger von der Halterung ausclipsen (Foto links).

● Ebenso Kabelstecker der Motorraumleuchte abziehen und aus der Haube herausziehen.
● Zuleitungsschlauch für die Scheibenwaschdüsen am T-Stück abziehen.
● Zentrierschraube der Haube rechts und links lockern.
● Die Haube ist zu schwer, um sie allein auszubauen. Deshalb Haube mit Helfer von rechts und links halten.
● Jetzt die gelockerten Schrauben vollends herausdrehen und Haube abnehmen.
● Wird dieselbe Haube wieder eingebaut, braucht die Haubeneinstellung bei dieser Ausbaumethode nicht korrigiert zu werden.
● Beim Zusammenbau Schlauch und Kabel mit Draht in die Haube einziehen.

Motorhauben-Scharnier komplett wechseln

Zum Auswechseln eines Haubenscharniers muß die Motorhaube nicht ausgebaut werden.
● Motorhaube öffnen und Haube von Helfer an der Seite halten lassen, an der das Scharnier gewechselt werden soll.
● Befestigungsschrauben des Haubenscharniers losschrauben und Scharnier abnehmen.
● Neues Scharnier einsetzen und anschrauben.
● Motorhaube einstellen.
● Anzugsdrehmoment: Scharnier an Haube 20 Nm, Scharnier an Stirnwand 25 Nm.

Motorhaube einstellen

Bei geschlossener Motorhaube muß der Abstand zu den beiden Kotflügeln gleich sein. An der Vorderkante soll die Haube mit den Kotflügeln fluchten. Auch die Höheneinstellugn muß stimmen: Die Haube soll mit ihrer Oberkante in gleicher Höhe mit den beiden Kotflügeln stehen. Um diese Einbaulage zu erreichen, gibt es Einstellmöglichkeiten, die im folgenden aufgeführt sind.
● Wurden die Haubenscharniere gewechselt, müssen diese so an die Stirnwand angeschraubt werden, daß die Motorhaube nach dem Absenken einen Spalt weit offen steht.
● Der Höhenabstand zwischen Haubenkante und oberem Blinkereck soll dabei ca. 25 mm betragen. Diese Einstellung verhindert ein mögliches Klappern der Haube im Fahrbetrieb.

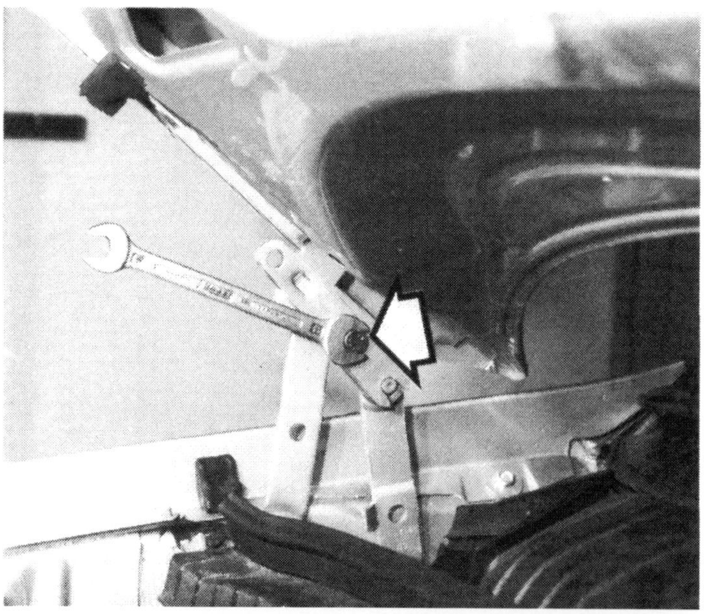

An den Scharnieren der Motorhaube sitzt je eine Zentrierschraube (Pfeil). Nach Lösen der beiden Schrauben kann die Motorhaube zusammen mit einem Helfer abgenommen werden.

Zur vorderen Höheneinstellung der Motorhaube Blechmutter am Haubenblech lösen. Schloßzapfen mit einem Gabelschlüssel entsprechend verdrehen, bis der Abstand vom Haubenblech zur Scheibe am Schließzapfen 40–45 mm beträgt.

● Zur Einstellung in Längsrichtung werden die Schrauben oben zwischen Schanier und Haube gelöst.
● An der Vorderkante der Haube erfolgt die Höheneinstellung über den Haubenverschluß:
● Gummipuffer rechts und links in die Motorhaube hineindrehen.
● Kontermutter mit einer Rohrzange lösen und Schloßzapfen mit einem Gabelschlüssel heraus- oder hineindrehen, bis der Abstand vom Haubenblech zur Scheibe am Schließzapfen 40–45 mm beträgt.
● Durch Schließen der Haube die Höheneinstellung vorn (rechts und links) prüfen.
● Kontermutter wieder festziehen.
● Darauf achten, daß der Schloßzapfen genau in die Öffnung am Frontblech einschwenkt. Wenn nicht, kann er nach Lösen der Kontermutter seitlich verschoben werden.
● Gummipuffer in der Motorhaube so weit herausdrehen, bis die Haube an der Oberkante bündig zu den Kotflügeln sitzt.

Haubenzug auswechseln

● Befestigungsklammer des Haubenzugs am Frontblech neben der Batterie abschrauben.
● Kühlergrill ausbauen.
● In die Öffnung greifen und Haubenzug am Motorhaubenschloß aushängen.
● Relaiskasten-Abdeckung links hinten im Motorraum abnehmen.
● Im Fahrerfußraum Abdeckung unter dem Armaturenbrett ausbauen. Hierzu Kunststoffhalter mit einem Schraubendreher eine Viertelumdrehung linksdrehen, Abdeckung abnehmen.
● Haubenzug am Entriegelungsgriff aushängen. Zug vom Motorraum aus herausziehen.
● Neuen Haubenzug im Motorraum verlegen und am Haubenschloß einhängen.
● Haubenzughülle mit der Befestigungsklammer so am Frontblech befestigen, daß der Zug genügend Spiel hat. Geprüft wird am Entriegelungsgriff. Dieser soll sich bis zum spürbaren Widerstand 5–10 mm ziehen lassen.

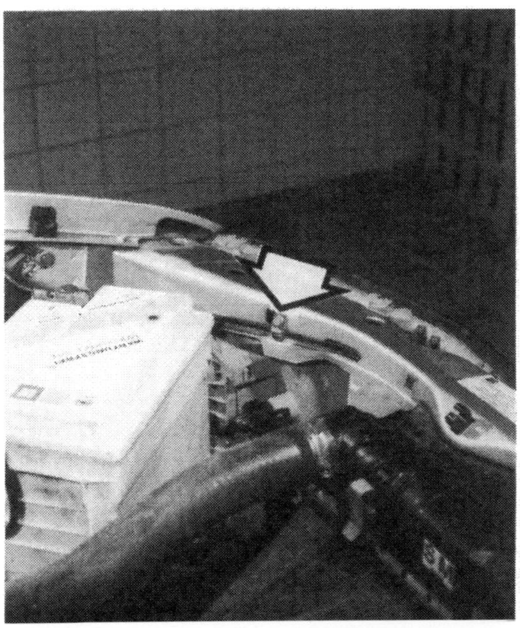
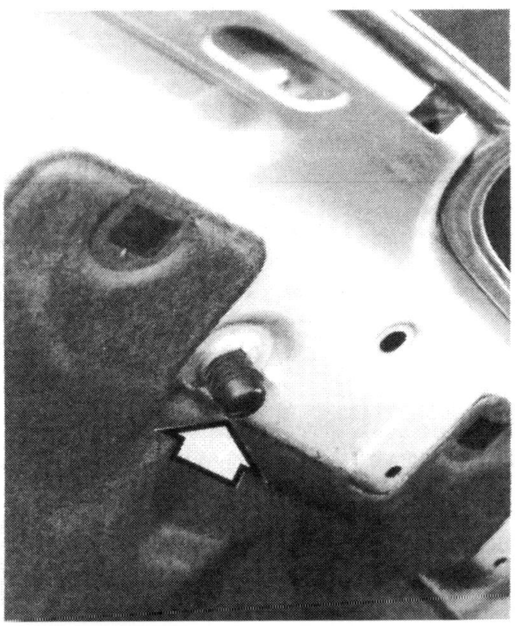

Links: Mit der auf dem Foto gezeigten Befestigungsklammer (Pfeil) kann das Spiel des Haubenzugs eingestellt werden. Rechts: Nach Einstellen der Motorhaube werden die Gummipuffer (die Abbildung zeigt den rechten Puffer) so weit herausgedreht, bis die Oberkante der Haube bündig zu den Kotflügeln sitzt.

Die Kotflügel

Lediglich die vorderen Kotflügel lassen sich abschrauben. Die hinteren Seitenteile bilden dagegen eine verschweißte Einheit mit der restlichen Karosserie.

Radhausschale abbauen

Die Kunststoff-Radhausverkleidung an der Innenseite der vorderen Kotflügel verhindert, daß sich Schmutznester in den Winkeln an der Kotflügel-Innenseite bilden. Denn an solchen Stellen gedeiht mit Vorliebe Rost.

- Wagen hochbocken.
- Betreffendes Vorderrad abbauen.
- Im Radkasten mit einem kleinen Kreuzschlitzschraubendreher oder einem passenden Durchschlag die Kunststoffstifte aus den insgesamt fünf Spreiznieten heraustreiben.
- Zwei Kunststoffmuttern von den Fixierbolzen abschrauben.
- Radhausschale aus dem Radkasten herausnehmen.
- Zum Einbau können die alten Kunststoffstifte und Spreizniete verwendet werden.

Kotflügel ausbauen

- Stoßfänger ausbauen (Seite 246).
- Blinkleuchte abmontieren (Seite 209).
- Radhausschale abbauen.
- Motorhaube an der unteren Kante mit Klebeband gegen Lackbeschädigungen schützen.
- Sieben Schrauben an der Kotflügel-Oberkante herausdrehen.
- Im Wageninnern Seitenverkleidung abnehmen und eine Befestigungsschraube herausdrehen.
- Eine Schraube unten am Wagenboden losdrehen.
- Zwei Schrauben vorn unten am Kotflügel lösen.
- Kotflügel vorsichtig von der Karosserie abdrükken, damit es nicht zu Lackschäden kommt.
- Alte Dichtungsreste entfernen und die Anlageflächen mit Versiegelungsmasse abdichten.
- Neuen Kotflügel einpassen. Dabei auf den Spalt zur Tür und zur Motorhaube achten.
- Befestigungsschrauben anziehen.
- Auf die Kotflügel-Innenseite Schutzwachs auftragen.

Seitenleisten abbauen

- Seitenleiste aus der Verklebung abziehen.
- Das geht meist nur nach Erwärmung mit einem Fön und auch dann kaum, ohne die Leiste zu beschädigen. Also neue besorgen.
- Klebestelle auf dem Blech mit Reinigungsbenzin und Silikonentferner reinigen.
- Neue Seitenleiste mit dem Fön erwärmen (nicht über 80°C).
- Schutzfolie auf der Leiste abziehen.
- Seitenleiste Stück um Stück auf das Blech auflegen, ausrichten und im Klebebereich festdrücken – besonders an den Enden.

Die Türen

Der Ausbau einer Tür wird nur nach einer Beschädigung vonnöten sein. Diese Arbeit erfordert zum einen besondere Werkzeuge, wie z.B. das Ausschlagwerkzeug KM 298 zum Austreiben der Spannhülsen in den Türscharnieren. Zum anderen ist handwerkliche Erfahrung Voraussetzung: Eventuell verbogene Türscharniere müssen ebenfalls mit Spezialwerkzeug gerichtet werden.

Des weiteren werden beim Einbau einer sogenannten Rohtür (noch verwertbare) Teile der alten Tür für die neue übernommen, außer der Verkleidung also auch der Schließzylinder, die Türgriffe, Fensterheber und -scheiben, Fensterführungen usw. Vor Beginn einer solchen Arbeit sollten Sie sich überlegen, ob die eigenen Fähigkeiten und das vorhandene Werkzeug dazu ausreichen oder ob die Arbeit nicht lieber der Werkstatt überlassen werden sollte.

Türdichtungen pflegen

Die Türdichtungen am Omega bedürfen besonderer Pflege, denn rissige Dichtungen bewirken nicht nur Undichtigkeiten, sondern auch höhere Windgeräusche während der Fahrt. Beste Pflege für die Dichtungen ist Hirschtalg. Der hat den angenehmen Nebeneffekt, die Dichtungen winters nicht an der Karosserie festfrieren zu lassen, was lästiges Auftauen mit dem Fön erspart.

Türschloßanlage einstellen

Bei älteren Fahrzeugen können sich die Gummidichtungen der Türen setzen. Das führt zu Klappergeräuschen, Zugluft und Eindringen von Regenwasser.

- Stellung des Schloßbügels an der B-Säule mit Filzstift kennzeichnen.
- Schloßanschlag mit TORX-Schlüssel um eine halbe Umdrehung lösen.
- Bügel etwas nach innen schieben und festziehen.
- Bei neuer Tür diese bei gelockertem Schloßanschlag vorsichtig schließen.
- Die Tür wieder vorsichtig öffnen und den Schloßanschlag in dieser Stellung festschrauben.

Türen zerlegen

Türverkleidung ausbauen

Diese Arbeit wurde aus den Kapitel »Der Innenraum« vorgezogen, da sie für die weiteren Zerlegungsschritte der Tür wichtig ist.

Links: Der Schließbügel kann zum Einstellen der Tür-Hinterkante nach Lösen der TORX-Schrauben verschoben werden. Rechts: Gewußt wie: Elektrokabel oder reißfeste Schnur zwischen Fensterkurbel und Gummiring legen und straff anziehen. Nun die Kurbel so weit drehen, bis sie von selbst von der verzahnten Welle des Fensterhebers abspringt. Achten Sie dabei auf die dahinterliegende Halteklammer, die beim Abspringen der Kurbel verloren gehen könnte.

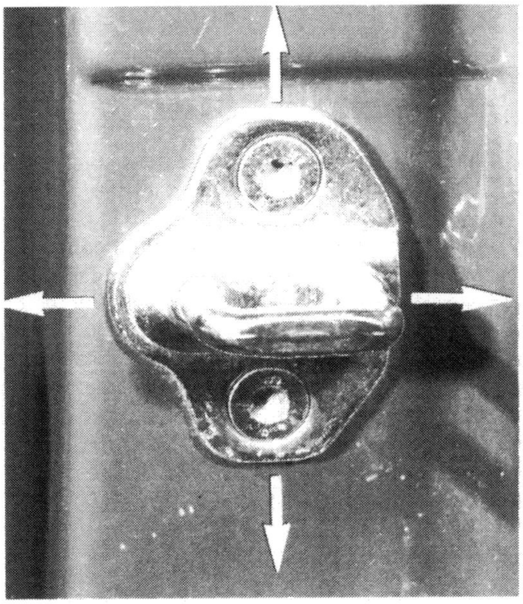

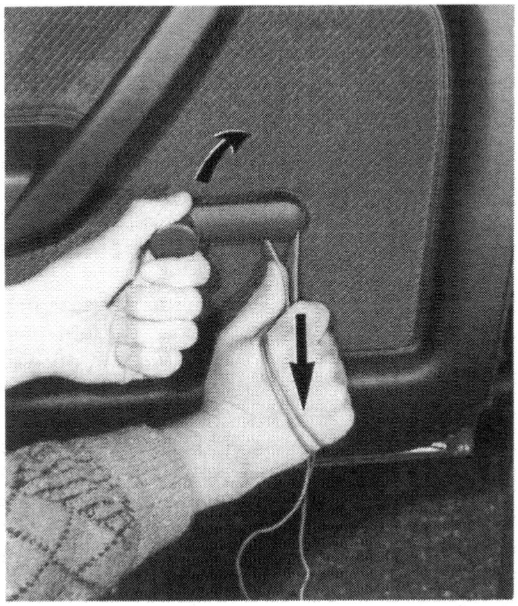

Beschrieben ist der Ausbau der Türverkleidung an den Vordertüren. Die Verkleidung an den hinteren Türen ist sinngemäß gleich zu behandeln.

● Fensterkurbel abnehmen. Die Werkstatt benutzt hierzu das Spezialwerkzeug KM 317. Nehmen Sie als Hilfsmittel ein Elektrokabel und ziehen es zwischen Türkurbel und Kunststoffring.

● Kabel kräftig nach unten ziehen, gleichzeitig Türkabel langsam drehen, bis sie von der Achse springt (siehe rechts oben).

● Türkurbel, Halteklammer und Kunststoffring abnehmen.

● Griffschale des Türinnengriffs mit einer Messerklinge vorsichtig abhebeln.

● Darunterliegende Kreuzschlitzschraube losschrauben.

● Mit einem Schraubendreher Gummiabdeckung aus dem Türhaltegriff heraushebeln. Hierzu Schraubendreher am unteren Teil der Abdeckung ansetzen.

● Dreiecksblende für den Spiegelfuß abnehmen. Dazu runde Kunststoffkappe mit Messerklinge abhebeln. Darunterliegende Kreuzschlitzschraube herausdrehen. Blende am vorderen Teil vom Türrahmen abdrücken, nach hinten schieben und vollends abnehmen.

● Türknopf nach oben ziehen. Roten Halteclip mit einem schmalen Schraubendreher abhebeln und Türknopf von der Betätigungsstange abziehen. Der Halteclip sitzt mitunter so fest, daß er beim Abhebeln zerbricht. Als Ersatzteil ist der Clip nur zusammen mit dem Knopf erhältlich.

● Verkleidungsstück des Verriegelungsknopfes losschrauben.

● Unten und seitlich an der Türverkleidung insgesamt vier Kreuzschlitzschrauben herausdrehen.

● Im Haltegriff zwei Befestigungsschrauben losdrehen.

● In den hinteren Teil der Ablage greifen. Verriegelungsclip eindrücken und gleichzeitig Türverkleidung etwas vom Türblech wegziehen.

● Verkleidung an einer Ecke mit einem breiten Schraubendreher oder Löffelstiel von der Tür abhebeln. Mit der Hand hinter die Verkleidung fassen und die restlichen Halteclips ablösen.

● Mit Gefühl und niemals ruckartig ziehen, sonst reißen die Clips aus den Kunststoffaufnahmen der Verkleidung.

● Wo vorhanden, Mehrfachstecker für die elektri-

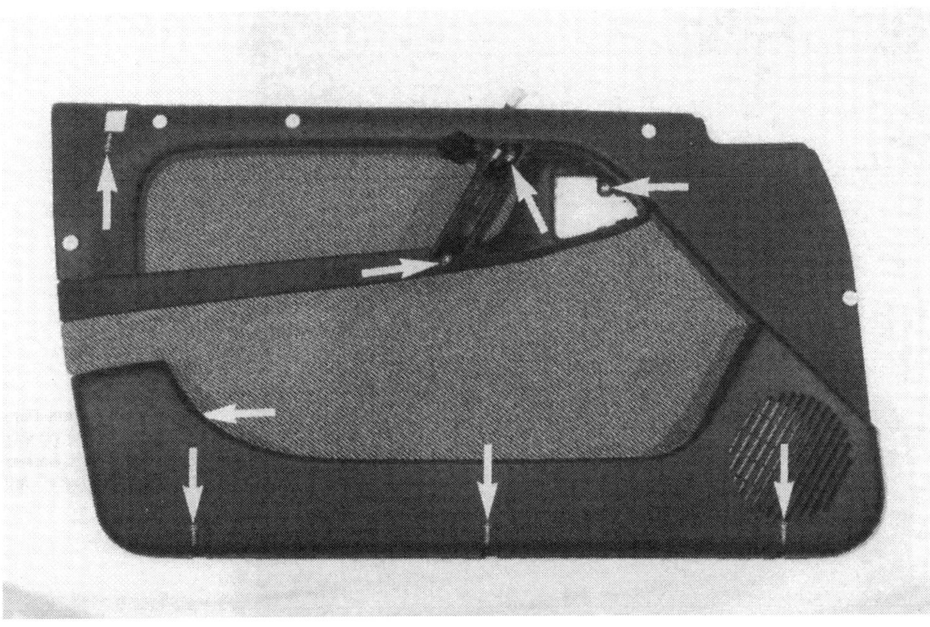

Die Pfeile zeigen auf die Befestigungsteile der vorderen Türverkleidung. Die weißen Halteclips haben wir ihrer Lage entsprechend auf der Türverkleidung abgelegt.

sche Spiegelverstellung hinter der Türverkleidung trennen.

● Die aufgeklebte Folie vorsichtig vom Türblech abziehen, damit sie anschließend wieder angeklebt werden kann.

● Beim Zusammenbau muß die Folie unbedingt wieder angeklebt werden. Sie hält Schwitzwasser aus dem Türkasten von der Verkleidungspappe fern, so daß diese nicht aufquellen kann. Ist die alte Folie zerrissen, kann man sich aus einer Abdeckfolie ein passendes Stück zurechtschneiden.

● Türverkleidung ansetzen und einen Halteclip nach dem anderen an die vorgesehenen Löcher in der Tür ansetzen und eindrücken.

● Die Clips können in den Kunststoffaufnahmen der Verkleidung etwas verschoben werden, so daß sie immer in die Löcher passen. Zum Eindrücken müssen die Clips genau vor den Löchern stehen. Wer blind drauflosschlägt, zerquetscht die Halteclips.

● Um die Fensterkurbel einzubauen, müssen Sie die Halteklammer so auf die Türkurbel aufschieben, bis sie in den Aussparungen einrastet.

● Nun die Fensterkurbel mit der eingesetzten Klammer auf die verzahnte Welle des Fensterhebers schieben. Mit der flachen Hand auf die Kurbel drükken, bis die Klammer in die Nut der Welle einrastet.

Türschloß ausbauen

● Türverkleidung ausbauen.

● Schutzfolie teilweise abziehen.

● Betätigungsstangen am Türschloß aushängen.

● Drei TORX-Schrauben (T30) lösen und Türschloß aus dem Türkasten herausnehmen.

Tür-Außengriff ausbauen

● Türverkleidung ausbauen.

● Schutzfolie im Bereich des Türgriffes abziehen. Darauf achten, daß die Folie hierbei nicht einreißt.

● Sicherungsfeder mit zwei Schraubendrehern von der Griffschale abhebeln. Dazu das eine Ende der Feder anheben, gleichzeitig mit dem anderen Schraubendreher die Sicherungsfeder in Richtung Wagenfront drücken.

● Türgriff und Griffschale vorsichtig aus dem Ausschnitt im Türblech herausnehmen.

● Verriegelungsstange vom Schließzylinder aushängen.

● Bei Fahrzeugen mit Zentralverriegelung Haltespange an den Kontaktschaltern abhebeln und Schalter vom Türgriff abnehmen.

● Beim Einbau zuerst Türgriff einsetzen.

● Achten Sie darauf, daß die Entriegelungsstange des Türgriffes richtig im Verbindungsstück eingehängt ist.

● Türgriffschale einhängen und in den Ausschnitt einsetzen. Halteklammer innen anbringen.

● Nach dem Zusammenbau Funktion des Türgriffes prüfen.

Schließzylinder ausbauen

● Tür-Außengriff ausbauen.

● Schlüssel in den Schließzylinder stecken, damit beim Herausziehen des Zylinders die Schließplatten und Federn nicht herausfallen.

● Große Sicherungsklammer mit einem Schraubendreher von der Griffschale abhebeln.

● Schließzylinder von der Griffschale abnehmen.

● Sicherungsring am hinteren Ende des Schließzylinders abdrücken.

● Verriegelungsteil abnehmen. Achten Sie darauf, daß die Rückzugsfeder nicht wegspringt.

● Bevor der Schlüssel abgezogen wird, Schließzylinder mit Klebeband umwickeln.

● Neuen Schließzylinder mit Rostlöser-Isolierspray (Seite 264) schmieren.

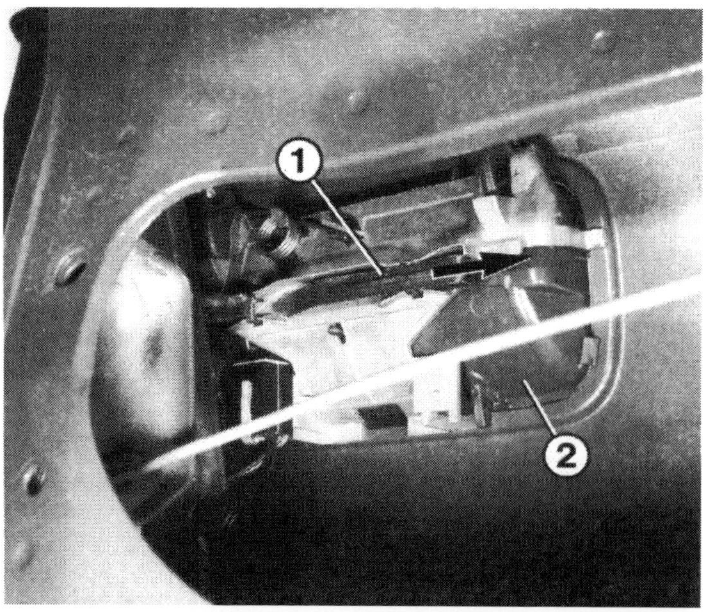

Zum Ausbau des Tür-Außengriffes muß die Sicherungsfeder (1) von der Griffschale (2) abgezogen werden. Sicherungsfeder hierbei in Pfeilrichtung abdrücken.

Das Foto zeigt folgende Einzelteile:
1 – Schließzylinder mit Zündschlüssel;
2 – Verriegelungsteil;
3 – Sicherungsklammer;
4 – Griffschale;
5 – Sicherungsring.

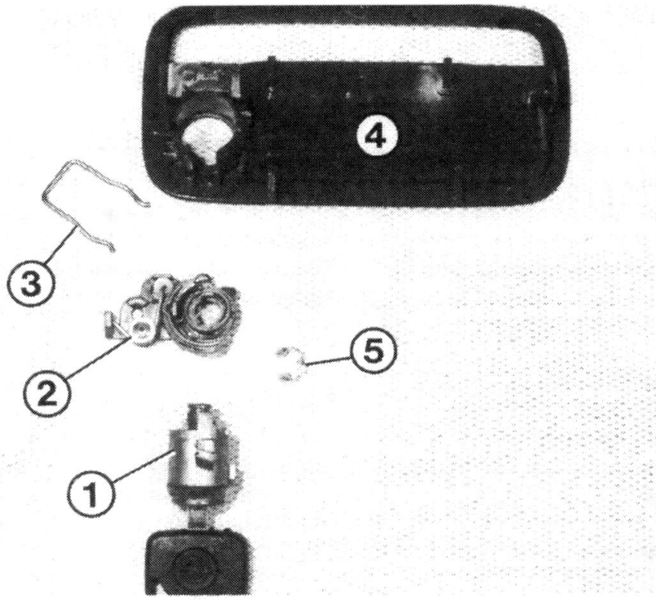

Fensterheber ausbauen

Für das Befestigen des Fensterhebers benötigen Sie eine Blindnietzange und vier (vordere Tür) bzw. sechs (hintere Tür) Blindniete der Größe 4,8 x 11 mm. Sollten Sie keine Blindnietzange besitzen, kann der Fensterheber auch mit entsprechend kurzen Schrauben angeschraubt werden.

- Türinnenverkleidung ausbauen.
- An der Vordertür Lautsprecher ausbauen und abklemmen; Dichtung zwischen Lautsprecher und Folie nicht beschädigen.
- Vorder- und Hintertür: Schutzfolie abziehen.
- Fensterscheibe auf halbe Höhe stellen und mit zwei Holzkeilen im Türschacht festklemmen.
- Mit einem 8,5-mm-Bohrer die Befestigungsniete des Fensterhebers abbohren. Vorsichtig bohren, bis der Nietkopf abfällt. Türblech nicht anbohren.
- Nietreste mit Durchschlag ausschlagen.
- An der Vordertür Fensterheber-Einstellschiene vom Türblech losschrauben. Vorher die Einbaulage des Fensterhebers markieren.
- Fensterheber aus der Fensterschiene aushängen.
- Vorder- und Hintertür: Fensterheber aus der unteren Öffnung im Türschacht herausnehmen.
- Fensterheber in den Türschacht einsetzen. An der Vordertür Heberarm in die Fensterschiene einhängen. An der Hintertür Gleitstück in die Fensterführungsschiene einsetzen.
- Fensterheber an den Bohrungen ausrichten und mit einer verstellbaren Gripzange am Türblech festspannen.
- Fensterheber festnieten.
- An der Vordertür Schrauben der Fenster-Einstellschiene entsprechend der angebrachten Markierungen festschrauben. Ggf. Fenstereinstellung mit diesen Schrauben korrigieren.
- Vor dem Einbau der Türverkleidung Funktion der Fensterheberbetätigung prüfen. Die Fensterscheibe muß sich leicht rauf- und runterkurbeln lassen.

Elektrische Fensterheber ausbauen

Der Ausbau der elektrischen Fensterheber unterscheidet sich kaum vom Ausbau der manuellen Fensterheber. Hier die abweichenden Arbeiten:

- Vor dem Herausnehmen des Fensterhebers Kabelsteckverbindung zum Hebermotor trennen.
- Nach dem Einbau des Fensterhebers Funktion des Hebers prüfen: Der Elektromotor muß das Fenster ruckfrei bewegen.
- Besitzt Ihr Fahrzeug elektrische Fensterheber an Vorder- und Hintertüren, muß nach Einbau des Fensterhebers die Heberelektronik neu programmiert werden:
- Alle Türen schließen, Zündung einschalten.
- Nacheinander alle Fenster durch ständiges Drükken des Betätigungsschalters vollständig schließen. Schalter für mindestens 5 Sekunden weiter gedrückt lassen.
- Eine Neuprogrammierung der Heberelektronik ist ebenfalls erforderlich, wenn eine der zuständigen Sicherungen ausgetauscht, die Batterie abgeklemmt oder die Fensterheberelektrik vom Bordnetz getrennt wurde.

Türfenster ausbauen
Vordere Tür

- Türverkleidung abbauen.
- Befestigungsschrauben des Türlautsprechers losschrauben. Lautsprecher abnehmen und abklemmen.
- Schutzfolie abziehen.
- Fensterheber ausbauen.
- Außenspiegel abmontieren.
- Türschachtleisten und Türdichtungen abziehen.
- Vordere Fensterführungsschiene losschrauben. Vorher die Einbaulage markieren. Dazu Schraubenköpfe mit Filzstift umkreisen.
- Fenster nach oben aus dem Türschacht herausheben.
- Beim Einbau der vorderen Fensterführungsschiene darauf achten, daß die Anschlagteile an der Fensterscheibe nicht abgedrückt werden.
- Nach dem Einbau Funktion prüfen.
- Wo nötig, Fenster mit der Fensterheber-Einstell-

schiene parallel zum oberen Türrahmen ausrichten. Anschließend Schiene festschrauben.
● Oberen Fensteranschlag zur Türdichtung einstellen. Dazu beide obere Einstellschrauben der vorderen Führungsschiene lösen. Ebenso die Einstellschraube an der hinteren Türrahmenkante unter der Türdichtung lösen.
● Obere Anschläge so einstellen, daß die äußere Dichtlippe der Türdichtung nicht von der Fensterscheibe angehoben wird.

Türfenster ausbauen
Hintere Tür

● Türinnenverkleidung abbauen.
● Schutzfolie abziehen.
● Fensterheber ausbauen.
● Türschachtleisten und Türdichtungen abziehen.
● Beide Befestigungsschrauben der Fensterführungsschiene oben am Türrahmen losschrauben.
● Zwei Befestigungsschrauben am Türblech herausdrehen und Fensterführungsschiene aus dem Türschacht herausnehmen.
● Fenster nach oben aus dem Türschacht herausziehen.
● Beim Einbau der Fensterführungsschiene darauf achten, daß die Anschlagteile an der Fensterscheibe nicht abgedrückt werden.

Feststehendes Fenster ausbauen
Hintere Tür

● Türinnenverkleidung ausbauen und Schutzfolie teilweise abziehen.
● Beide Befestigungsschrauben der Fensterführungsschiene oben am Türrahmen losschrauben.
● Mittlere Befestigungsschraube der Führungsschiene lösen.
● Führungsschiene nach vorn drücken.
● Fensterschachtdichtungen unten und hinten lösen.
● Feststehendes Fenster nach vorn aus dem Rahmen herausziehen.
● Zum Einbau Führungsrille der Fensterdichtung mit Silikon-Spray besprühen und Fenster in den Türrahmen eindrücken.

Außenspiegel

Ausbau

● Bei manueller Spiegelverstellung Verstellhebel abziehen.
● Dreiecksblende innen ausbauen. Dazu runden Kunststoffclip mit einer Messerklinge heraushebeln.
● Darunterliegende Befestigungsschraube losschrauben und Blende am vorderen Teil vom Türrahmen abdrücken und ausclipsen. Anschließend Blende nach hinten schieben und aus dem Fensterrahmen herausnehmen.
● Spiegelfuß von innen abschrauben, dabei Spiegel von außen festhalten.
● Bei elektrischer Spiegelverstellung Kabelstecker vom Spiegelgehäuse abziehen.
● Zum Einbau Kabelstecker aufschieben und Spiegel am Türrahmen ansetzen und festschrauben.
● Achten Sie beim Anschrauben des Spiegels darauf, daß die Fensterdichtungslippe über dem Spiegelgehäuse liegt. Ggf. Dichtung etwas anheben und Gehäuse darunterschieben.
● Spiegelfußabdeckung einbauen und Funktion der Spiegelverstellung sowie Spiegelbeheizung prüfen.

Fingerzeig: Funktion und Kontrolle der elektrischen Spiegelverstellung finden Sie auf Seite 240 im Instrumentenkapitel beschrieben.

Links: Mit einer Spachtel läßt sich das Spiegelglas aus der Kugelkopflagerung herausdrücken. Rechts der elektrisch verstellbare Außenspiegel. Vergessen Sie beim Einbau des Spiegelglases nicht, die Kabelstecker an den Kontakten anzuschließen (Pfeile). Anschließend Spiegelglas einsetzen und so festdrücken, daß die Kugelköpfe richtig einrasten.

Die Spiegelgläser sind beim elektrisch wie auch beim mechanisch verstellbaren Spiegel nur eingeclipst.

Spiegelglas ersetzen

- Arbeitshandschuhe anziehen, falls es Bruch gibt.
- Von seitlich einen Spachtel oder ein Kunststoffplättchen hinter das Spiegelglas stecken.
- Spiegel vorsichtig aus der Kugelkopflagerung herausdrücken.
- Bei elektrischer Spiegelverstellung Kabelstecker vom Spiegelglas abziehen.
- Zum Einbau Spiegelglas in die Kugelkopflagerung einsetzen und festdrücken, bis es einrastet. Auch hier wieder Arbeitshandschuhe tragen.
- Spiegelglas nochmals innen und unten andrükken, so daß auch die Kugelköpfe der Spiegelverstellung einrasten.

Kofferraum- bzw. Laderaumklappe

Ausbau

- **Limousine:** Einbaulage des Kofferraumdeckels markieren. Dazu Schraubenköpfe mit Filzstift umkreisen.
- Bei Fahrzeugen mit Zentralverriegelung Stellmotor vom Kofferraumdeckel losschrauben und Mehrfachstecker vom Stellmotor trennen. Kabelbaum aus dem Kofferraumdeckel herausziehen.
- Zusammen mit Helfer Kofferraumdeckel von den Scharnieren abschrauben.
- **Caravan:** Innenverkleidung der Laderaumklappe losschrauben.
- Bei Fahrzeugen mit Zentralverriegelung Kabelstecker am Stellmotor abziehen.
- Kabelstecker am Heckwischermotor, zu den Kennzeichenleuchten und zur heizbaren Heckscheibe trennen.
- Schlauch der Scheibenwascherdüse lösen.
- Kabelbäume aus der Laderaumklappe herausziehen.
- Sicherungsklammern abhebeln und Gasdruckdämpfer von den Befestigungen an der Klappe abnehmen.
- Sicherungsring von den Scharnierbolzen abziehen.
- Beide Scharnierbolzen zur Wagenmitte herausdrücken und Laderaumklappe zusammen mit Helfer abnehmen.

Schloß der Kofferraum-/Laderaumklappe ausbauen

- Klappe öffnen.
- **Caravan:** Lautsprecher von der Laderaumklappe losschrauben und abklemmen.
- Innenverkleidung von der Laderaumklappe abschrauben.
- **Alle Fahrzeuge:** Schloß von der Laderaumklappe bzw. vom Kofferraumdeckel losschrauben.
- Betätigungsstange aushängen und Schloß abnehmen.

Schließzylinder der Kofferraum-/Laderaumklappe ersetzen

- Kofferraumdeckel bzw. Laderaumklappe öffnen.
- Wo vorhanden, Innenverkleidung der Klappe abbauen.
- Schlüssel in das Schloß stecken, damit beim Ausbau des Schließzylinders die Schließplatten und Federn nicht herausfallen.
- Sicherungsring am hinteren Ende des Schließzylinders abhebeln. Achten Sie darauf, daß beim Abhebeln der Sicherungsring nicht verloren geht.
- Betätigungshebel abnehmen und Schließzylinder von außen abnehmen.
- Neuen Schließzylinder mit Rostlöser-Isolierspray schmieren und Schließzylinder einbauen.

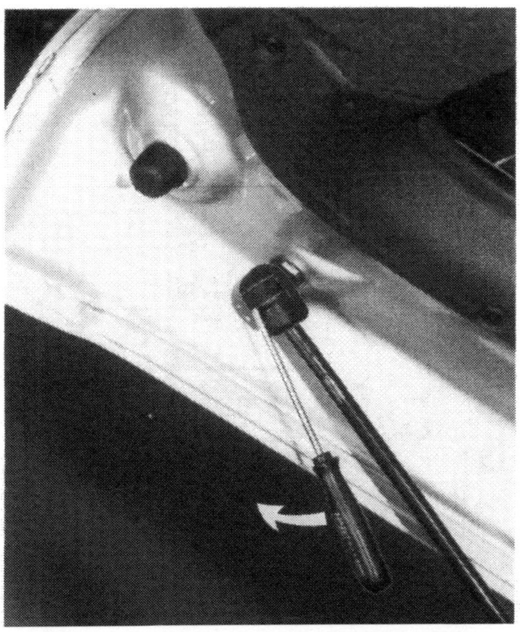

Ausbauen der Laderaumklappe: Links: Sicherungsklammern an den Gasdruckdämpfern mit einem kleinen Schraubendreher abhebeln und Dämpfer von der Laderaumklappe abdrücken. Rechts: Sicherungsringe mit einem Schraubendreher von den Scharnierbolzen abziehen und Bolzen zur Wagenmitte herausdrücken.

Das Schiebedach

Dieses Fenster zum Himmel erfordert für problemlose Funktion eine exakte Einstellung. Das kann man nach entsprechender Anleitung auch als Heimwerker, aber die hierzu notwendigen Beschreibungen würden den Rahmen dieses Buches sprengen.

Störungssuche am elektrischen Schiebedach

Wenn der elektrische Antrieb nicht mehr funktioniert, können Sie sich selbst helfen.

- Zuerst die zuständige Sicherung kontrollieren.
- Innenleuchte ausbauen (Seite 211).
- Zwei Kreuzschlitzschrauben der Abdeckung für den Schiebedachmotor losdrehen.
- Abdeckung vorn herunterziehen und hinten aushaken.
- Ggf. Steckanschluß zur Innenleuchte trennen und diese ablegen.
- Zündung einschalten und prüfen, ob am Anschluß der schwarzen Leitung Spannung anliegt.
- Ebenfalls Massekontakt prüfen.
- Ist Spannung da, könnte es am Schalter liegen.
- Aber auch ohne Strom können Sie das Schiebedach schließen.
- Schraubendreher in die Schlitzschraube stecken und hochdrücken.
- Zum Schließen des nach hinten gefahrenen Schiebedachs Schraubendreher rechtsdrehen.
- Aus der Aufstellposition schließen Sie durch Linksdrehen.

Undichtes Schiebedach

Ein undichtes Schiebedach hat seine Ursache in verstopften Ablaufrohren, von denen je eines an jeder der vier Ecken des Schiebedachkastens angeschlossen ist. Denn eindringen darf das Wasser, aber ablaufen muß es auch können.

○ Bei undichtem Schiebedach deshalb alle vier Ablaufschläuche durchstoßen.
○ Die hinteren beiden Ablauföffnungen sind auch bei zurückgefahrenem Schiebedach kaum zu erreichen (mit Taschenlampe in den Schiebedachkasten leuchten).
○ Die Ablaufschläuche des Schiebedaches münden vorn – von außen unsichtbar – in die Hohlprofile der Türschweller. Das eingetretene Wasser läuft durch die Ablauflöcher unten am Schweller ab. Dazu dürfen diese nicht verstopft sein.
○ Die hinteren beiden Schläuche enden unter den Seitenwangen des Stoßfängers.
○ Zum Reinigen eignet sich z. B. die Spirale einer alten Tachometerwelle. Manchmal genügt auch schon ein Draht.

Die Scheiben

Die Front- und Heckscheibe sind »kraftschlüssig verklebt«. Dieses Verfahren ist bei der Suche nach möglichst glattflächigen Karosserien nahezu unumgänglich. Die hinteren Dreiecksfenster (Limousine) bzw. Seitenfenster (Caravan) sind geschraubt. Die geschraubten und geklebten Scheiben am Omega sind konstruktive Elemente und wurden in die Festigkeitsberechnungen der Karosserie mit einbezogen.
Für den Selbsthelfer bedeuten geklebte Scheiben das »Aus«. Ohne Spezialwerkzeug ist da nichts zu machen – ein Fall für die Werkstatt.
Die geschraubten Scheiben hingegen kann man nach Abbau der umliegenden Verkleidungsteilen von der Karosserie abschrauben.

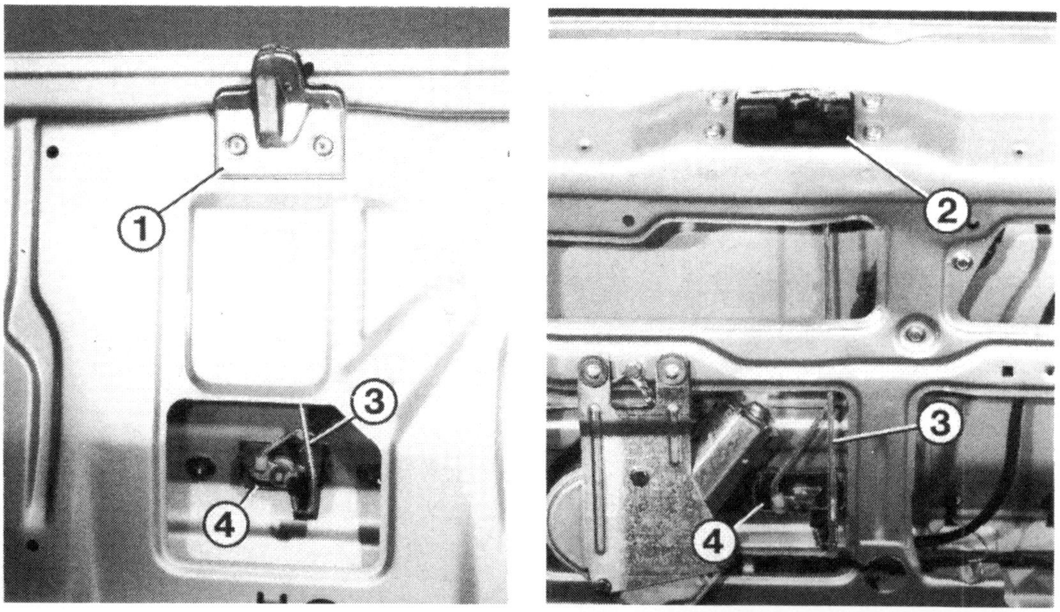

Nach Losschrauben des Kofferraum- (1) bzw. Laderaumklappenschlosses (2) Betätigungsstange (3) am Druckknopf (4) aushängen und Schloß vollends abnehmen.

Schöner wohnen

Ausgereifte Fertigungstechniken geben Plastikteilen, Stoffbezügen und Bodenbelägen ein immer edleres Aussehen. Dazu sind die Teile, die den Innenraum eines Autos ausmachen, zum optimalen Raumgewinn oft raffiniert geformt. Müssen solche Teile ausgebaut werden, stellt man schnell fest, daß fast keine Befestigungsschraube mehr sichtbar ist. Oftmals müssen zuvor angrenzende oder überdeckende Verkleidungsteile ausgeclipst werden, um an die betreffende Schraube oder Mutter zu gelangen. Hier scheitert die Reparatur, wenn man den Trick zum Ausbauen nicht weiß.

Armaturenbrett

Handschuhkasten ausbauen

- Handschuhfach öffnen.
- Deckglas der Handschuhfachleuchte mit einem kleinen Schraubendreher heraushebeln.
- Kabelsteckverbindungen trennen und Leuchte abnehmen.
- Vier Befestigungsschrauben vorn am Handschuhkasten herausdrehen.
- Handschuhkasten aus dem Ausschnitt herausziehen.
- Kabelsteckverbindung am Kontaktschalter der Handschuhfachleuchte trennen.

Lenksäulenverkleidung ausbauen

- Bei Fahrzeugen mit höhenverstellbarem Lenkrad Verstellhebel herausschrauben.
- Unten an der Lenksäulenverkleidung insgesamt fünf Kreuzschlitzschrauben herausdrehen.
- Unteres Verkleidungsteil vom Gummiring am Zündschloß abziehen.
- Oberes Verkleidungsteil von der Lenksäule abnehmen.

Mittelkonsole

Konsole ausbauen

- Unten im Fahrer- und Beifahrerfußraum je eine Kreuzschlitzschraube an der Konsole herausdrehen.
- In der Ablage vor dem Schalthebel die beiden Kunststoffabdeckungen mit einem kleinen Schraubendreher abhebeln.
- Darunterliegende Kreuzschlitzschrauben herausdrehen.
- Schalthebel-Faltenbalg unten zusammendrücken, von der Konsole abziehen und nach oben schlagen.
- Beide Befestigungsschrauben der Schalthebelschacht-Abdeckung losschrauben.
- Abdeckung von der Konsole abnehmen.
- Handbrems-Faltenbalg zusammendrücken und umstülpen.
- Bei Fahrzeugen mit Bordcomputer Abdeckung hinter dem Schalthebel ausclipsen. Schalter von der Abdeckung abdrücken und Abdeckung abnehmen.
- Im hinteren Ablagefach die beiden Befestigungsschrauben herausdrehen, mit denen die Konsole am Kardantunnel befestigt ist.
- Hierzu muß bei Fahrzeugen ohne Komfortkonsole der Deckel im Ablagefach abgehebelt werden.
- Bei Fahrzeugen mit Komfortkonsole stattdessen Kassettenfach aus dem Ausschnitt heraushebeln.

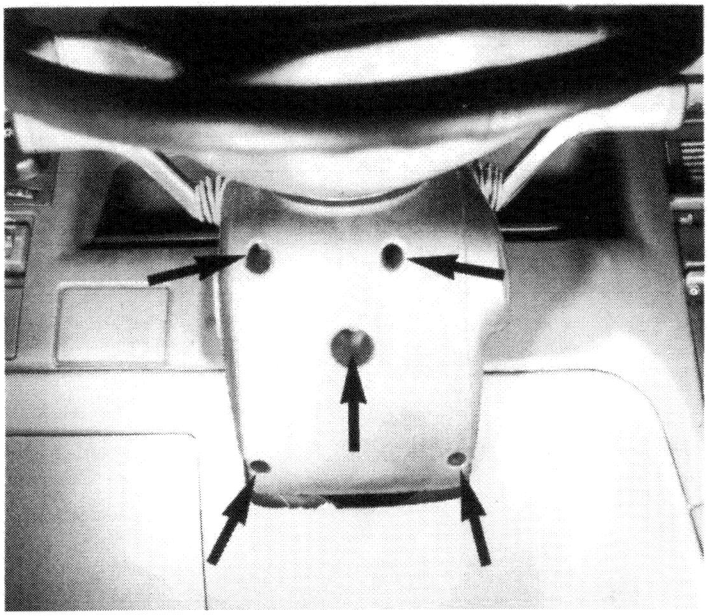

Lenksäulenverkleidung ausbauen: Insgesamt 5 Kreuzschlitzschrauben (Pfeil) unten an der Lenksäulenverkleidung herausdrehen. Unteres Verkleidungsteil abnehmen. Oberes Verkleidungsteil von der Lenksäule abheben.

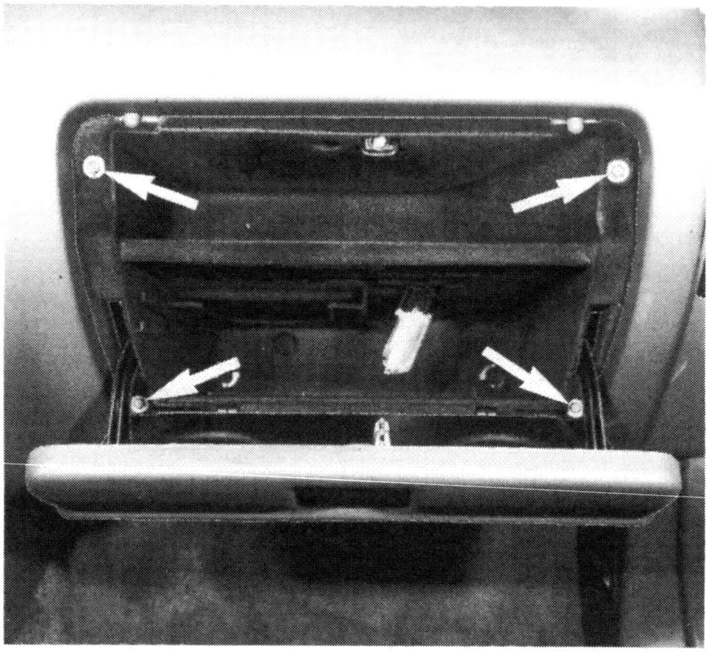

Nach dem Ausbau der Handschuhfachleuchte und Herausdrehen der vier Befestigungsschrauben (Pfeile) kann das Handschuhfach aus dem Armaturenbrett herausgenommen werden.

- Mittelkonsole ein Stück weit nach hinten ziehen.
- Wo vorhanden, Kabelsteckverbindungen elektrischer Schalter hinten unterhalb der Konsole trennen.
- Konsole nach oben vom Kardantunnel abnehmen.

Sitze

Vordersitz ausbauen

- Sitz nach hinten schieben.
- Befestigungsschrauben an den vorderen Enden der Sitzschienen herausdrehen.
- Sitz nach vorn schieben.
- Hintere Schrauben losdrehen.
- Wo vorhanden, Kabelsteckverbindungen für Sitzheizung trennen.
- Vordersitz aus dem Fahrzeug herausheben.

Kopfstützen ausbauen

- Kopfstütze bis zur Endstellung hochziehen.
- Beide Entriegelungsknöpfe in der Sitzlehne eindrücken, gleichzeitig Kopfstütze aus der Sitzlehne herausziehen.
- Beim Einbau Kopfstütze bis zum Einrasten einschieben.

Rücksitzbank ausbauen

- **Sitzbank:** Entriegelungshaken rechts und links der Sitzbank ziehen.
- Sitzbank aushaken und vom Bodenblech abheben.

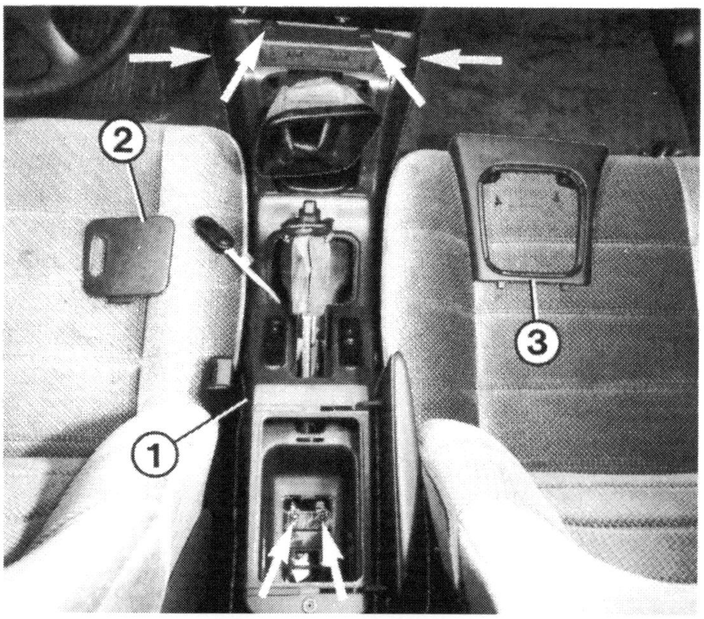

Der Ausbau der Mittelkonsole (1). Es bedeuten:
2 – Abdeckung hinter dem Schalthebel;
3 – Schalthebelschacht-Abdeckung.
Die Pfeile zeigen, wo die Befestigungsschrauben der Mittelkonsole sitzen.

Links: Die Befestigungsschrauben der Vordersitze sind mit Sicherungsmasse eingedreht. Zum Lösen der Schrauben eignet sich am besten eine Rätsche mit der dazu passenden Stecknuß (Pfeil). Rechts: Nach Ziehen der Entriegelungshaken (Pfeil) links und rechts der Sitzbank kann die Bank ausgehakt und vom Bodenblech abgenommen werden.

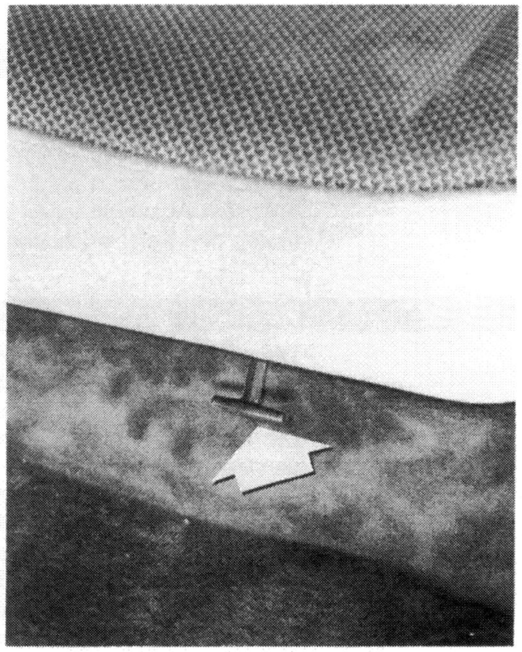

- Sitzbank aus dem Fahrzeug herausnehmen.
- **Rückenlehnen:** Zuerst die Rücksitzbank ausbauen.
- An den Innenseiten der Lehnen Polster unten zurückdrücken und Befestigungsmuttern von den Scharnieren abschrauben.
- An den Außenseiten der Lehnen bei der Limousine Filzbelag ein Stück weit von der Rückwand abziehen.
- Befestigungsschrauben der außenliegenden Scharniere herausdrehen.
- Rückenlehnen abnehmen.
- **Limousine:** Mit dem Abschrauben der Rückenlehnen kann auch die Mittellehne abgenommen werden.
- Zum Ausbau der Seitenlehnen Rücksitzbank ausbauen.
- Untere Blechlasche umbiegen.
- Seitenlehne abnehmen.

Der Dachhimmel

Der Omega besitzt als Verkleidung für das Dach einen sogenannten Formhimmel. Dieses große Fertigteil ist zwar lediglich eingeclipst; dennoch können wir den eigenhändigen Aus- und Einbau nicht empfehlen.

Sicherheitsgurte prüfen

Zeigen die Gurte einen der nachfolgend genannten Mängel, sollten sie ausgewechselt werden, damit sie im Notfall wirklich schützen können:

- ○ Welliges Gurtband
- ○ Ausgefranste Kanten
- ○ Aufgerissenes Gewebe
- ○ Angerissene Nähte
- ○ Wenn ein »lahmer« Automatikgurt öfters zwischen Tür und Karosserie eingeklemmt wurde, wodurch er mit der Zeit an Festigkeit verliert.

Fingerzeig: Schmutzige Gurte werden ausschließlich mit Seife und Wasser gesäubert. Benzin oder chemische Reinigungsmittel greifen die Gewebestruktur an.

Heilix Blechle

Der Omega besitzt schon ab Werk recht aufwendige Maßnahmen zum Schutz vor Rost, wie Sie gleich im nächsten Abschnitt lesen werden. Die Weichen für relativ geringen Wertverlust sind also gestellt. Es liegt an Ihnen, den Korrosionsschutz auf lange Zeit zu erhalten.

Rostschutzmaßnahmen ab Werk

Teile der Karosserie, die wegen ihrer Form nicht ausreichend gegen Korrosion zu schützen sind, werden aus ein- oder beidseitig verzinkten Blech gefertigt. Beim Omega gehören dazu Türen, Motorhaube, Schweller und der Stehblechbereich. Weniger gefährdete Teile sind mit einer Rostschutzgrundierung versehen.
Die für Rost anfälligen Bördelkanten der beweglichen Karosserieteile sind mit einer PVC-Dichtungmasse versiegelt, und einzelne Schweißnähte erhalten eine spezielle Punktschweißgrundierung. Die fertige Rohkarosserie wird entfettet und phosphatiert, wobei dieser Schutzfilm in die Hohlräume dringt und zugleich den Untergrund für die folgende Lackschicht bildet. Bei der Tauchgrundierung wird die Grundfarbe in einem elektrisch leitenden Bad »kataphoretisch« aufgetragen. Anschließend werden besonders gefährdete Bereiche des Karosseriebodens mit Unterbodenschutz versehen, der auf einer Basis aus PVC und Kunstharz besteht. Nach der Endlackierung werden die Schweller innen mit einer Spritzpistole ausgewachst, und Wachs dient auch als Wassersperre für den Motorraum und für den Unterbau.
Die vorderen Radkästen haben Schutzeinsätze aus PVC-Material.

Garantie auf Lack und Karosserieteile

Unter die von Opel gewährte Neuwagengarantie, die sich auf ein Jahr erstreckt, fallen auch Lack- und Rostschäden, wenn sie nachweisbar auf Produktionsmängel beruhen.
○ Ein Schaden im Lack durch Steinschlag – also Einwirkung von außen – oder durch falsche Behandlung mit ungeeigneten Pflegemitteln wird nicht von der Garantie gedeckt.
○ Ein durch Steinschlag oder Bodenberührung beschädigter Unterbodenschutz darf nicht sich selbst überlassen, sondern muß ausgebessert werden.
○ Wenn bei einer Unfallreparatur die Lackierung bzw. der Rostschutz der neu eingesetzten Teile nicht sachgemäß ausgeführt wurde, haftet Opel dafür ebenfalls nicht.

Unterbodenschutz kontrollieren

Wartung Nr. 23

Die Schutzschicht der Wagenunterseite muß sorgsam geprüft und ggf. nachgearbeitet werden. Das können Sie selbst machen, wenn Sie eine sichere Aufbockmöglichkeit für den Omega haben (Hebebühne, Auffahrrampe). Unterbodenschutz kaufen Sie am besten bei Ihrem Opel-Händler. Nicht alle Unterbodenschutzmaterialien eignen sich für die Verwendung am Opel. So kann es Haftprobleme bei Materialien auf Bitumenbasis geben.

- Unterboden gründlich waschen.
- Gesamte Unterseite mit einer hellen Lampe ableuchten und auf schadhafte Stellen untersuchen.
- Beschädigte Stellen im Unterbodenschutz mit

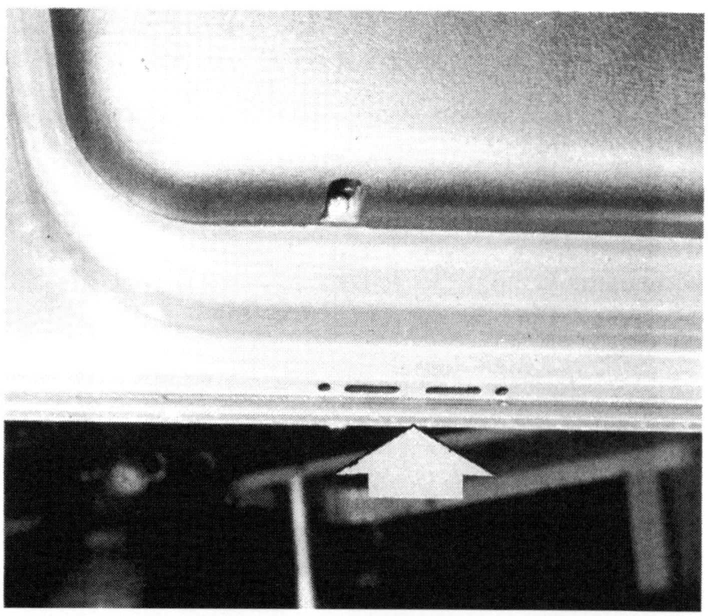

Auch an den Unterkanten der Türen befinden sich Wasserablauflöcher (Pfeil), durch die eingedrungenes Wasser ablaufen kann.

Spachtel, Schaber und Drahtbürste bis aufs blanke Blech freilegen.

- Rostansätze so weit als möglich blankschleifen.
- Gesäuberte Fläche mit Zinkstaubfarbe als Rostgrundierung bestreichen.
- Ebene oder größere Flächen werden mit streichbarem Unterbodenschutzmaterial behandelt.
- Für schwer zugängliche Fugen und Ecken ist eine Sprühdose mit Unterbodenschutz günstiger.
- Besser ist Wachs-Unterbodenschutz: Er kann sowohl zum zusätzlichen Konservieren der werksseitig aufgespritzten PVC-Unterbodenschutzschicht verwendet werden wie auch zum Behandeln von Reparaturstellen.

Fingerzeig: Beim Sprühen von Unterbodenschutz müssen die Bremsen mit Papierbogen oder Kunststoffolie gegen den schmierigen Nebel abgedeckt werden.

Wagenunterseite waschen

Eine wirkungsvolle und zugleich preiswerte Pflege für die Wagenunterseite ist – vor allem im Winter – das regelmäßige Abspritzen mit einem scharfen Wasserstrahl. Auftausalz und Straßenschmutz sollen sich nicht lange in den Kanten und Ecken des Bodens festsetzen können, denn sie binden Feuchtigkeit. Die ohnehin schlecht zugänglichen Ecken trocknen nie ganz aus, was letztendlich den Rostfraß erheblich fördert. Dank der vorderen Radhausschalen sind die Vorderkotflügel ganz gut geschützt. Schmutzkrusten können sich an folgenden Stellen festsetzen:

○ Im Blechfalz am Rand der hinteren Radausschnitte;
○ in den hinteren Radkästen;
○ im Spritzbereich der Hinterräder rechts und links des Koffer- bzw. Laderaums;
○ unter den Seitenwangen der hinteren Stoßfänger.

Für die Unterwagenwäsche brauchen Sie zumindest einen Wasserschlauch mit Spritzdüse. Es gibt auch abgewinkelte Spritzdüsen (z. B. von APA), mit denen man den am Boden stehenden Wagen abspritzen kann, ohne selbst allzu naß zu werden. Am günstigsten ist allerdings ein Dampfstrahlgerät, wie es Tankstellen besitzen. Erkundigen Sie sich, ob es in Ihrer Nähe ein solches Gerät zur Selbstbedienung gibt.

Fingerzeig: Streusalzrückstände und Feuchtigkeit werden mit zunehmenden Temperaturen besonders aggressiv. Deshalb ist mancher Laternengaragen-Wagen weniger vom Rost befallen als einer, der in der beheizten Garage stand.

Wasserablauflöcher reinigen

Wartung Nr. 24

Keine Schweißnaht ist so dicht, daß nicht Wasser eindringen kann. Aus diesem Grund sind an allen Hohlprofilen im Wagen Wasserablauflöcher angebracht. Sind diese durch Schmutz oder Unterbodenschutz verstopft, kann eindringendes Wasser nicht mehr ablaufen, sondern fördert den Rostfraß von innen heraus. Besonders gefährdet sind die Längsversteifungen der Karosserie.

- Löcher regelmäßig mit einem Pfeifenreiniger durchstoßen.
- Bei einem Fahrzeug mit Schiebedach zusätzlich die Wasserabläufe der Dachöffnung kontrollieren.

Lackierung prüfen

Wartung Nr. 26

- Steinschlagschäden an der Lackierung müssen schon bald ausgebessert werden, bevor sich Rostansatz breit macht. Dazu eignet sich am besten sogenannter Tupflack, den es in kleinen Fläschchen samt Tupfpinsel zu kaufen gibt.
- Ist die beschädigte Lackstelle bereits unterrostet, Rost abschleifen – je nach Umfang mit Glasfaser-Radierstift, Schleifpapier oder elektrischem Winkelschleifer.
- Vor dem Decklack Rostgrundierung auftragen.

Fingerzeig: Mehr über die Pflege und Reparatur der Lackierung und der ganzen Karosserie beschreibt unser Sonderband Nr. 45 mit dem Titel »Die Autokarosserie«.

Störungsdienst

Wir gehen bei unserer Fehlersuche davon aus, daß der Motor keine mechanischen Leiden hat. Weiter nehmen wir an, daß das Triebwerk unvermittelt stehenblieb bzw. nicht mehr anspringen will.

Reihenfolge der Fehlersuche

Dreht der Anlasser den Motor durch?
Tut er's nicht oder nur unwillig, lesen Sie bitte weiter unter »Fehlerquelle Elektrik«. Wird der Motor dagegen flott durchgedreht, müssen zur weiteren Eingrenzung die folgenden Fragen der Reihe nach beantwortet werden.

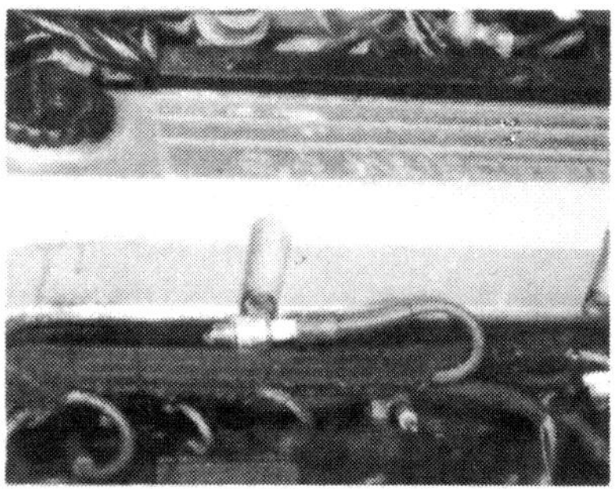

Funken die Zündkerzen?
Einen Kerzenstecker abziehen, Zündkerze herausschrauben, in den Kerzenstecker hineinstecken und auf blankem Motorblockmetall ablegen. Noch besser: Kerze elektrisch leitend mittels eines Starthilfekabels mit dem Motorblock verbinden. Von einem Helfer den Anlasser durchdrehen lassen. **Zündkabel und Kerze nicht berühren,** siehe Seite 194. Springen Funken über? Wenn ja, nächste Frage abklären. Falls nicht, weiterlesen unter »Fehlerquelle Zündung«.

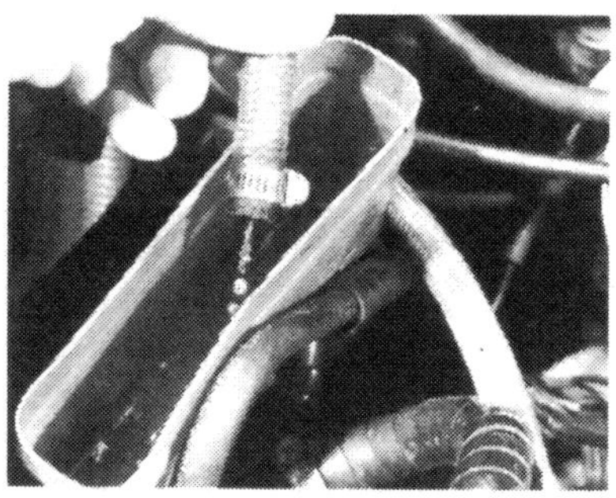

Wird der Vergaser mit Kraftstoff versorgt?
Kraftstoffzulaufschlauch vom Vergaser abziehen und in ein Gefäß (Kappe der Warndreieck-Hülle) halten. Von Helfer den Anlasser betätigen lassen: Spritzt Benzin heraus, ist die Kraftstoffzufuhr in Ordnung. Der Fehler könnte am Vergaser liegen (Fehlersuche Seite 75 und 80). Kommt kein Benzin, weiterlesen unter Fehlerquelle Kraftstoffversorgung.

Wird die Einspritzanlage mit Kraftstoff versorgt?
Kraftstoffrücklaufschlauch bzw. -leitung abschrauben. Hilfsschlauch auf den Stutzen aufschieben und das freie Ende des Schlauches in ein Gefäß halten. Von Helfer den Anlasser kurz durchdrehen lassen. Spritzt Benzin heraus, läuft die Kraftstoffpumpe. Wenn nicht, lesen Sie bitte unter »Fehlerquelle Kraftstoffversorgung« weiter. War kein Fehler an der Kraftstoffversorgung zu finden, bleibt die Einspritzung als Fehlerquelle. Oder die Pumpe läuft, bringt aber zu wenig Druck.

Zuerst die Sichtprüfung

Bevor wir uns Gedanken dazu machen, wieso unser Opel-Motor wohl nicht anspringen will, lohnt sich ein erster prüfender Blick in den Motorraum. Möglicherweise ist der Fehler offensichtlich:

○ Kabelstecker an Teilen der Zündanlage oder einem Teil der Einspritz- bzw. Vergaseranlage abgefallen?

○ Kontrollieren Sie den festen Sitz der Zündkabel am Verteiler und an den Kerzensteckern (die Zündung darf nicht eingeschaltet sein!).

○ Sämtliche Unterdruckschläuche im Motorraum auf ihren entsprechenden Stutzen aufgesteckt?

○ Kondenswasser am und im Verteilerdeckel? Alle Teile der Zündanlage – auch die Zündspule – müssen sauber und trocken sein, sonst besteht die Gefahr von Kriechströmen und Spannungs-Überschlägen.

○ Benzingeruch im Motorraum? Ist ein Kraftstoffschlauch undicht oder hat er sich gar gelockert?

Fehlerquelle Elektrik

○ Die Kontrollampen im Armaturenbrett brennen nicht bei eingeschalteter Zündung: Batterie ist völlig entladen oder die Batterieklemmen sind lose.

○ Kontrollampen verlöschen beim Betätigen des Anlassers: Batterie stark entladen oder altersschwach (Seite 182) oder Anlasser hat Kurzschluß.

○ Kontrollampen werden beim Schlüsseldreh geringfügiger dunkler; Anlasser dreht sich nicht: Magnetschalter klemmt bzw. defekt oder Anlasser defekt.

○ Kontrollampen brennen hell beim Schlüsseldreh; Anlasser dreht nicht: Klemme-50-Kontakt im Zündschloß defekt (Seite 230), Klemme-50-Leitung am Magnetschalter lose oder Magnetschalter defekt.

Fehlerquelle Zündung

○ Alle Steckeranschlüsse im Bereich der Zündspule und Zündverteiler richtig aufgesteckt?

○ Risse im Zündspulengehäuse, Brandspuren von Funkenüberschlägen?

○ Verteilerdeckel abnehmen. Sind Kriechstromspuren an der Innenseite sichtbar (Seite 199)? Federt die Kontaktkohle in der Deckelmitte einwandfrei? Grünspan an den Kontaktstiften?

○ Steckverbindung zum induktiven Impulsgeber (Seite 197) in Ordnung. Geber evtl. ausbauen und prüfen, ob die Stirnseite verschmutzt ist. Reinigen.

○ Sind die Steckeranschlüsse am Zündungs-Schaltgerät (Vollelektronische Zündung) bzw. am Steuergerät fest? Ist evtl. ein einzelner Steckkontakt im Mehrfachstecker zurückgerutscht?

○ Als letztes hilft nur das komplette Durchprüfen der Zündanlage (ab Seite 196).

Fehlerquelle Kraftstoffversorgung

○ Kein Benzin im Tank – das ist gar nicht so abwegig. Beim Einspritzer zeigt sich Kraftstoffmangel zuerst durch Motorstottern in Kurven. Wagen aufschaukeln und horchen, ob es im Tank plätschert.

○ Kraftstoffpumpe (Seite 65 bzw. 66) defekt.

○ Benzinfilter verstopft, siehe Seite 65 bzw. 67.

○ Bei intaktem Benzinnachschub gerät – z.B. bei ständigen Startproblemen – der Vergaser bzw. die Einspritzanlage in Verdacht. Die Fehlersuche finden Sie auf den Seiten 75, 80 und 94 beschrieben.

Verzeichnis der Störungsbeistände

Über das Buch verteilt finden Sie Störungsbeistände zu den einzelnen Bauteilen. Hier die Zusammenstellung:

Hardware

Mit dem Autopflege-Hobby verhält es sich wie beim Computer: Die Software – also die Wissensseite – stellt dieses Handbuch dar. Mit der Hardware – dem Werkzeug – läßt sich manches in die Tat umsetzen.

Werkzeug-Grundausstattung

In der nachfolgenden Liste haben wir zusammengestellt, was uns als vielseitig verwendbare Grundausstattung empfehlenswert erscheint:

- ○ Doppel-Gabelschlüssel, 6 x 7, 8 x 10, 13 x 15, 17 x 19
- ○ Gabel/Ringschlüssel kurz, SW 10, 13 bzw. 17 beidseitig
- ○ Ringschlüssel gekröpft, 10 x 13 und 17 x 19
- ○ Steckschlüssel 8 x 10 und 15 x 17
- ○ Satz Innensechskantschlüssel am Ring, 2–8 mm
- ○ Zündkerzenschlüssel, SW 20,8, ausziehbar
- ○ Radschraubenschlüssel, SW 17
- ○ Schraubendreher für Querschlitzschrauben, 3, 6 und 8 mm breit
- ○ Schraubendreher für Kreuzschlitzschrauben, verschiedene Größen
- ○ Schraubendreher für Querschlitzschrauben, kurz mit kräftigem Griff
- ○ Winkelschraubendreher für Kreuzschlitze und Querschlitze
- ○ Kombizange
- ○ Rohrzange, 240 mm lang
- ○ Seitenschneider
- ○ Schlosserhammer, 300 g schwer
- ○ Satz Fühlerblattlehren, 0,05–0,8 mm
- ○ Flachmeißel
- ○ Durchschlag, 3 mm Durchmesser
- ○ Elektrik-Prüflampe bzw. Spannungsprüfer mit Leuchtdioden zur Prüfung von Elektronik-Bauteilen

Weitere Werkzeuge

TORX-Schlüssel: TORX-Schrauben sehen ähnlich aus wie Innensechskantschrauben, doch besitzen sie statt Innensechskant einen sternförmigen Einsatz. Am Omega häufiger verwendet sind die Größen T20, T25, T30 und T40. Kauf von weiteren Schraubenschlüsseln nur nach Bedarf.

Stecknüsse mit den dazugehörigen Verlängerungsstücken und Betätigungswerkzeugen, wie Knarre (Rätsche) und Hebel, ermöglichen wesentlich schnelleres Arbeiten.

Zum Einstecken der Betätigungswerkzeuge haben die Steckeinsätze ein Vierkantloch mit ½" (Zoll) oder ⅜" Kantenlänge. Die ⅜"-Ausführung ist dabei weniger verbreitet, jedoch in vielen Fällen handlicher beim Autobasteln.

Drehmomentschlüssel: Für den Heimwerker genügt die Ausführung mit Skala durchaus. Unerläßlich ist der Drehmomentschlüssel zur Zylinderkopfmontage, aber auch bei anderen Schrauben, die mit dem richtigen Drehmoment angezogen werden sollen.

Spannbandschlüssel zum Lösen des Ölfilters. Lohnt sich, wenn der Ölwechsel öfters selbst gemacht wird.

Flüssige Hilfen

Rostlöser für festgerostete Verschraubungen gibt es genügend im Angebot. Besonders gut fanden wir die sofort wirkenden Schnellrostlöser. Herkömmliche Lösemittel brauchen eine gewisse Einwirkzeit.

Isoliersprays sind ebenfalls ausgesprochen kriechfähig. Vielfach sind die Rostlöser zugleich solche Isoliersprays, die bei Feuchtigkeit in der Autoelektrik den feinen Wasserfilm unterwandern und dadurch verhindern, daß Batteriestrom über den leitenden Wasserfilm als Kurzschluß oder »Kriechstrom« abgeleitet wird.

Korrosionsschutzwachs verhindert im Motorraum Korrosionserscheinungen unter winterlicher Streusalzeinwirkung.

Kupferfett, auch Heißschrauben-Compound genannt, verhindert das Festrosten von Verschraubungen, die extrem hohen Temperaturen ausgesetzt sind. Im Auto sind das Auspuffschrauben und Zündkerzen. Zu empfehlen ist dieser Schmierstoff aber auch an anderen Schrauben, die der Korrosion ausgesetzt sind.

Fingerzeig: Achten Sie darauf, nur umweltfreundliche Spraydosen (Kennzeichen: Plakette mit dem »Blauen Engel«) zu verwenden.

Datendrang

Beinahe alle Angaben über ein Auto lassen sich in irgendeiner Form in Zahlen wiedergeben – die »Technischen Daten«. Dazu gehören auch die Kurzbeschreibung von Motor, Fahrwerk und Elektrik.
Seit Modelljahr 1982 werden weltweit 17stellige Fahrzueg-Identifizierungsnummern verwendet. Eine solche Nummer beginnt mit dem Opel-Code WOL, gefolgt von viermal 0, dann erscheint eine zweistellige Zahl für den betreffenden Opel-Typ. Der nächste Buchstabe nennt das Modelljahr (G = 1986, H = 1987, J = 1988, K = 1989, L = 1990, M = 1991, N = 1992, P = 1993). Eine weitere Zahl gibt das Herstellerwerk an. Die letzten sechs Ziffern benennen die eigentliche Herstellungsnummer in dem jeweiligen Modelljahr.

Motor

Typ		18 NV	E 18 NVR	18 SV	18 SEH	C 20 NE	20 SE	C 24 NE
Bauart		Längs eingebauter wassergekühlter Vierzylinder-Viertaktmotor in Reihenbauweise						
Kat		ungeregelt	–	–	–	geregelt	–	geregelt
Bohrung	mm	84,8	84,8	84,8	84,8	86,0	86,0	95,0
Hub	mm	79,5	79,5	79,5	79,5	86,0	86,0	85,0
Hubraum	cm³	1796	1796	1796	1796	1998	1998	2410
Verdichtung		9,2:1	9,2:1	10,0:1	10,0:1	9,2:1	10,0:1	9,2:1
Höchstleistung nach DIN	kW/PS	60/82	65/88	66/90	85/115	85/115	90/122	92/125
bei Drehzahl	1/min	5400	5200	5200	5600	5400	5200	4800
Höchstes Drehmoment	Nm	135	143	148	160	170	175	195
bei Drehzahl	1/min	3000	3200	3400	4600	2600	2600	2600
Ventilsteuerung		Nockenwelle oben im Zylinderkopf (OHC), Antrieb durch Zahnriemen						Nockenwelle seitlich im Zylinderkopf (CIH), Antrieb durch Duplex-Rollenkette
Ventile		hängend eingebaut, hydraulischer Ventilspielausgleich						
Steuerzeiten								
Einlaß öffnet vor OT		22°	22°	29°	23°	23°	23°	38°
Einlaß schließt nach UT		61°	61°	65°	71°	71°	71°	84°
Auslaß öffnet vor UT		67°	67°	66°	60°	60°	60°	78°
Auslaß schließt nach OT		33°	33°	29°	35°	35°	35°	44°
Kompressionsdruck	bar	9–12	9–12	9–12	9–12	9–12	9–12	9–12
Mindestwert	bar	7	7	7	7	7	7	7
Motoraufhängung		Hydrolager, glykolgefüllte Gummielemente						
Schmiersystem		Druckumlaufschmierung mit Wechselfilter im Ölhauptstrom						
Ölpumpe		Sichel-pumpe	Sichel-pumpe	Sichel-pumpe	Sichel-pumpe	Sichel-pumpe	Sichel-pumpe	Zahnrad-pumpe
Öldruck bei 80°C und 2000/min	bar	2,0	2,0	2,0	2,0	2,0	2,0	2,0
Mindestöldruck bei 80°C und Leerlauf	bar	0,3	0,3	0,3	0,3	0,3	0,3	1,0
Kühlsystem		Wasserumlaufkühlung mit Flügelradpumpe, Thermostat, Leichtmetallkühler, Ausgleichbehälter[1] und temperaturgesteuerter Visco-Ventilatorkupplung						
Antrieb der Wasserpumpe		Zahnriemen	Zahnriemen	Zahnriemen	Zahnriemen	Zahnriemen	Zahnriemen	Keilriemen
Kühlerbauart		Fallstrom	Fallstrom	Fallstrom	Fallstrom	Fallstrom	Fallstrom	Querstrom
Thermostat Bauart		Bypass	Bypass	Bypass	Bypass	Bypass	Bypass	Bypass
Öffnungsbeginn bei	°C	92	92	92	92	92	92	92
Volle Öffnung bei	°C	107	107	107	107	107	107	107
Kennzeichnung		92	92	92	92	92	92	92/107
Kühlsystem-Verschlußdeckel								
Überdruckventil öffnet bei	bar	1,2–1,3	1,2–1,3	1,2–1,3	1,2–1,3	1,2–1,3	1,2–1,3	1,2–1,3
Siedepunkt	°C	125	125	125	125	125	125	125
Lüfterdurchmesser	mm	360	360	360	360	360	360	360
Anzahl der Flügel		5	5	5	5	5	5	5

[1] in Verbindung mit Check-Control

Kraftstoffanlage Vergaser

Motor	18 NV	18 SV
Vergaser	Pierburg 2E3-Registervergaser	
Leerlaufdrehzahl	800–850/min	850–900/min
Schnelleerlauf	1900–2300/min	1900–2300/min
CO-Gehalt	max. 1,0 Vol.%	0,5–1,0 Vol.%
Leerlauf-Kraftstoff/Luftdüse	42,5/130	42,5/137,5

Motor	18 NV, 18 SV	
Stufe	I	II
Hauptdüse	x107,5	x132,5
Luftkorrekturdüse	x110	x90
Anreicherungsrohr Höhe über Vorzerstäuber	24–26 mm	–
Schwimmergewicht	5,75–5,95 g	–
Schwimmerniveau	28–30 mm	–
Einspritzmenge	1,3 cm^3/Hub	–
Starterklappenspalt klein	2,0–2,3 mm	–
groß	3,0–3,3 mm	–
Einstellmaß »A« Stufenscheibe	0,9 ± 0,2 mm	–

Motor	18 NV, 18 SV	
Stufe	I	II
Starterklappe Zwangsöffnung		
Spalt »B« Schaltgetriebe	1,5–3,5 mm	–
Spalt »B« Automatik	3,0–5,0 mm	–
Thermozeitventil hat Durchgang	unter ca. +28°C	–
geschlossen	über ca. +35°C	–
Widerstand bei 20–30°C	4,5–7,5 Ω	–
Grundeinstellung Drosselklappe	0,95–1,05 mm	0,05 mm
Freigabe der Zwangsrücknahme der II. Stufe Maß »Y«	–	0,6–1,0 mm
Maß »Z«	–	0,2–0,6 mm

Motor	E 18 NVR	
Vergaser	Pierburg 2EE-Registervergaser (Ecotronic)	
Leerlaufdrehzahl	770–870/min	
CO-Gehalt bei Leerlaufdrehzahl	0,5–1,5 Vol.%	
CO-Gehalt bei aktivierter Anhebung	0,1–0,3 Vol.%	
Stufe	I	II
Hauptdüse	x110	x135
Luftkorrekturdüse mit Mischrohr/Kennzahl	x110/101	x70/93
Vorzerstäuber/Gemischaustritt	8,0 mm/2,5 mm	7,0 mm/3,0 mm
Leerlauf-Kraftstoff/Leerlaufluftblende	x52,5 mm/2,25 mm	–
Düsennadelnummer	5	–
Übergangsluft	1,0 mm	–
Kraftstoffübergangssystem	90	–
Schwimmernadelventil	1,5 mm	–

Motor	E 18 NVR	
Stufe	I	II
Schwimmergewicht (trocken)	7,4–8,4 g	–
Schwimmerniveau Maß »H«	26,5–28,5 mm	–
Lufttrichter	22,0 mm	26,0 mm
Unterdruckdose	67,5 mm	0,95 mm
Abgasrückführungsventil	0,95	–
Kennzahl Seilscheibe	78	–
Kennzahl Unterdruckdose	39/85	–
Freigabe der Zwangsrücknahme der II. Stufe Maß »Y«	–	0,7–1,3 mm
Maß »Z«	–	0,1–0,7 mm

Kraftstoffanlage Einspritzung

Motor	18 SEH	20 SE	C 20 NE	C 24 NE
Bosch-Einspritzanlage	L3-Jetronic	Motronic 4.1	Motronic 4.1	Motronic 1.5
Kraftstoffdruck im Leerlauf	2,4–2,6 bar	2,4–2,6 bar	2,4–2,6 bar	2,9–3,1 bar
Kraftstoffdruck in der Rücklaufleitung	0,3–1,5 bar	0,3–1,5 bar	0,3–1,5 bar	0,3–1,5 bar
Fördermenge der Kraftstoffpumpe	100–140 l/h	100–140 l/h	100–140 l/h	100–140 l/h
Betriebsspannung	7–15 V	7–15 V	7–15 V	7–15 V
Kraftstoffiltervolumen	0,2 l	0,2 l	0,2 l	0,2 l
Öffnungsdauer der Einspritzventile (Motor betriebswarm)				
Schaltgetriebe	2,3–3,0 ms	2,3–3,2 ms	2,3–3,2 ms	2,2–2,9 ms
Automatikgetriebe	2,3–3,0 ms	2,3–3,2 ms	2,3–3,2 ms	2,3–3,0 ms
Kodierstecker Innenwiderstand				
98 ROZ	470 Ω	470 Ω	470 Ω	470 Ω
95 ROZ	220 Ω	220 Ω	220 Ω	220 Ω
Prüfwerte				
Luftmengenmesser				
Klemme 2/Klemme 4	–	8–2500 Ω	8–2500 Ω	8–2500 Ω
Klemme 3/Klemme 4	–	300–550 Ω	300–550 Ω	300–550 Ω
Temperaturfühler Ansaugluft +15°C bis +30°C	15,5–17,0 Ω	1450–3300 Ω	1450–3300 Ω	1450–3300 Ω
Leerlaufdrehsteller	–	8–10 kΩ	8–10 kΩ	8–10 kΩ
Zusatzluftschieber	30–65 kΩ	–	–	–
Drosselklappenschalter				
Leerlaufkontakt	0–10 Ω	0–10 Ω	0–10 Ω	–
Vollastkontakt	>2 kΩ	>2 kΩ	>2 kΩ	–

Kraftübertragung

Typ	18 NV	E 18 NVR	18 SV	18 SEH	C 20 NE	20 SE	C 24 NE
	Asbestfreie Einscheiben-Trockenkupplung mit zentraler Tellerfeder, manuelle Nachstellung						
Kupplungsbetätigung	Mechanisch mit Bowdenzug						
Belag-Außendurchmesser mm	200	216	200	216	216	216	240
Belag-Innendurchmesser mm	134	144	134	144	144	144	155
Scheibendicke mm	10,5±1	9,0±1	10,5±1	9,0±1	9,0±1	9,0±1	9,4±1
Gesamtbelagfläche cm^2	346	407	346	407	407	407	527
Zulässiger Seitenschlag mm	0,4	0,4	0,4	0,4	0,4	0,4	0,4
Schaltgetriebe	Schrägverzahntes, vollsynchronisiertes Fünfganggetriebe mit Mittelschaltung; Getriebebezeichnung R 25						
Übersetzungen	bis Modelljahr '89/ab Modelljahr '90						
1. Gang	4,044/3,954						
2. Gang	2,264/2,188						
3. Gang	1,434/1,387						
4. Gang	1,000/1,000						
5. Gang	0,842/0,845						
Rückwärtsgang	3,748/3,534						
Achsantrieb	3,70						
Automatikgetriebe bis Modelljahr '88	Hydraulisch gesteuertes Automatikgetriebe mit Dreielement-Drehmomentwandler und Wandlerkupplung; Getriebebezeichnung AW 03-71 L						
Automatikgetriebe ab Modelljahr '89	Elektronisch-hydraulisch gesteuertes Automatikgetriebe mit Dreielement-Drehmomentwandler und Wandlerkupplung – Programmwahl Economy/Sport/Winter; Getriebebezeichnung AR 25						
Übersetzungen	bis Modelljahr '88/ab Modelljahr '89						
1. Gang	2,45/2,40						
2. Gang	1,45/1,48						
3. Gang	1,00/1,00						
4. Gang	0,69/0,72						
Rückwärtsgang	2,21/1,92						
Achsantrieb							
bis Modelljahr '88	3,90	3,90	3,90	3,90	3,70	3,70	–
ab Modelljahr '89	–	–	–	–	3,90	–	3,70

Fahrwerk

Vorderradaufhängung	Einzelradaufhängung mit Querlenkern unten, Mc Pherson-Federbeinen und Pendel-Stabilisator
Lenkung	Kugelumlauflenkung (Servolenkung außer Caravan LS) mit selbsttätigem Rücklauf
Lenkgetriebeübersetzung	14,7:1 mit Servolenkung, 22:1 ohne Servolenkung
Spurkreisdurchmesser	9,95 m
Wendekreisdurchmesser	10,80 m
Vorderachseinstellung	Siehe Tabelle Seite 119
Hinterradaufhängung	Einzelradaufhängung mit Dreiecks-Schräglenkern und Querträger, tonnenförmige Miniblock-Schraubenfedern, Zweirohr-Teleskopstoßdämpfer, Drehstab-Stabilisator
Hinterachseinstellung	Siehe Tabelle Seite 119
Felgen	Siehe Seite 153
Reifen	Siehe Seite 152

Bremsanlage

Modell	1,8-Liter	2,0- und 2,4-Liter	Modell	1,8-, 2,0- und 2,4-Liter
Bauart	Geteiltes hydraulisches Zweikreis-Bremssystem mit Bremskraftverstärker			
Fußbremse vorn	Einkolben-Schwimmsattelbremse, Hersteller GMF, massive Bremsscheiben	Einkolben-Faustsattelbremse, Hersteller ATE, innenbelüftete Bremsscheiben	Fußbremse hinten	Zweikolben-Festsattelbremse mit automatischer Nachstellung, massive Bremsscheiben
Bremsscheibe vorn			Bremsscheibe hinten	
Durchmesser mm	258	258	Durchmesser mm	270
Stärke neu/mindestens mm	12,7/9,7	24,0/21,0	Stärke neu/mindestens mm	10,0/7,0
Stärke nach Feindrehen (Mindestmaß) mm	10,7	22,0	Stärke nach Feindrehen (Mindestmaß) mm	8,0
Zulässiger Scheibenschlag (Scheibe eingebaut) mm	0,1	0,1	Zulässiger Scheibenschlag (Scheibe eingebaut) mm	0,1
Zulässige Riefentiefe mm	0,4	0,4	Zulässige Riefentiefe mm	0,4
Bremsbelagstärke mit Trägerplatte neu/mindestens mm	15,4/7,0	15,4/7,0	Bremsbelagstärke mit Trägerplatte neu/mindestens mm	15,0/7,0
Handbremse	Über Seilzug auf in der Bremsscheibe integrierte Bremstrommeln wirkend			

Elektrische Anlage

Bordspannung	12 V
Batterie	44 bzw. 55 Ah
Generator	14 V 55 A/770 W, 14 V 70 A/980 W oder 14 V 90 A/1260 W
Keilriemen	Siehe Tabelle Seite 188
Zündsystem	Elektronische Kennfeldzündung mit Oktanzahl-Umschaltung
Zündkerzen	Siehe Tabelle Seite 203
Zündkerzen-Elektrodenabstand	0,7–0,8 mm
Zündfolge	1–3–4–2
Anlasser-Bauart	Schub-Schraubtrieb-Anlasser betätigt durch Zünd/Anlaßschalter
Anlasserleistung	1,4 kW

Füllmengen (in l)

Ölmenge ohne Filterwechsel	4,0
Ölmenge mit Filterwechsel	4,5
Kühlsystem mit Heizung 1,8-/2,0-Liter	6,4
Kühlsystem mit Heizung 2,4-Liter	7,8
Kraftstofftank Limousine	75
Kraftstofftank Caravan	70
Getriebe	1,2
Automatikgetriebe	5,5
Bremssystem	ca. 0,5
Scheibenwaschanlage	3,3
Scheibenwaschanlage mit Scheinwerfer-Reinigungsanlage	5,5

Abmessungen (in mm)

Modell	Limousine	Caravan
Länge	4687	4730
Breite	1772	1772
Höhe bei Leergewicht	1445	1480[1]
Bodenfreiheit	151	122
Radstand	2730	2730
Spurweite vorn	1450	1450
Spurweite hinten	1468	1464

[1] mit Dachreling 1530 mm

Modell	Limousine	Caravan
Laderaumlänge bis Vordersitz	–	2016
Laderaumlänge bis Hintersitz	–	1184
Laderaumöffnungsbreite	–	759
Laderaumbreite am Radeinbau	–	1129

Anhängelasten (in kg)

Motor	18 NV	E 18 NVR	18 SV	18 SEH	C 20 NE	20 SE	C 24 NE
Zulässige Anhängelast bei 12 % Prüfsteigung							
Anhänger ohne Bremse/Limousine	600	600	600	600	600	600	600
Anhänger ohne Bremse/Caravan	565	565	565	565	565	565	600
Anhänger mit Bremse/Limousine mit Schaltgetriebe	1150	1200	1200	1250	1400	1400	1600
Anhänger mit Bremse/Limousine mit Automatikgetriebe	1500	1500	1500	1350	1300	1500	1600
Anhänger mit Bremse/Caravan mit Schaltgetriebe	950	1050	1050	1100	1250	1350	1500
Anhänger mit Bremse/Caravan mit Automatikgetriebe	1350	1350	1350	1250	1150	1350	1600
Stützlast	75	75	75	75	75	75	75
Dachlast	100	100	100	100	100	100	100

Suchen und Finden